Die Dynamik der Eigentumsverhältnisse
in Ostdeutschland seit 1945

Erdkundliches Wissen

Schriftenreihe
für Forschung und Praxis

Begründet von
Emil Meynen

Herausgegeben
von Martin Coy,
Anton Escher
und Thomas Krings

Band 144

Karl Martin Born

Die Dynamik der Eigentumsverhältnisse in Ostdeutschland seit 1945

Ein Beitrag zum rechtsgeographischen Ansatz

 Franz Steiner Verlag Stuttgart 2007

Umschlagabbildungen (Luftbilder):
© Landesvermessungsamt Mecklenburg-
Vorpommern

Bibliographische Information der Deutschen
Bibliothek
Die Deutsche Bibliothek verzeichnet diese
Publikation in der Deutschen Nationalbibliographie;
detaillierte bibliographische Daten sind im Internet
über <http://dnb.ddb.de> abrufbar.

ISBN 978-3-515-09087-2

ISO 9706

Jede Verwertung des Werkes außerhalb der
Grenzen des Urheberrechtsgesetzes ist unzulässig
und strafbar. Dies gilt insbesondere für Übersetzung,
Nachdruck, Mikroverfilmung oder vergleichbare
Verfahren sowie für die Speicherung in Datenver-
arbeitungsanlagen.
© 2007 Franz Steiner Verlag Stuttgart.
Gedruckt auf säurefreiem, alterungsbeständigem
Papier.
Druck: Druckhaus Nomos, Sinzheim
Printed in Germany

VORWORT

Die vorliegende Arbeit beschäftigt sich mit einer Thematik, die jedem Leser vertraut und alltäglich erscheint: Eigentum, Besitz und Nutzung sind Kategorien, die sowohl das Leben des Einzelnen als auch die Gestaltung und das Funktionieren ganzer Gesellschaften bestimmen.

Wie kommt ein Geograph dazu, sich mit diesen Fragestellungen auseinanderzusetzen? Während meines Aufenthalts in Großbritannien war ich in zwei Forschungsprojekten zu juristischen Dienstleistungen und Restitutionsfragen einer intensiven Auseinandersetzung mit der Gedankenwelt der Geography of Law ausgesetzt. Ich habe diese Anregungen dankbar aufgegriffen.

Mein Dank gilt zunächst allen in den Gang der Untersuchung involvierten öffentlichen Einrichtungen in Ostdeutschland, dem Land Mecklenburg-Vorpommern, dem Landkreis Uecker-Randow und dem Amt Löcknitz. Ohne die vielfältige Unterstützung, die bereitwillige, unkomplizierte Gewährung von Akteneinsicht und zahlreiche Fachgespräche mit Einblicken in die Praxis wäre eine derartige Studie nicht möglich gewesen. In ähnlicher Weise bin ich von der Bevölkerung im Landkreis Uecker-Randow durch die Teilnahme an Befragungen, Interviews und Runden-Tisch-Gesprächen unterstützt worden.

Als frühen Förderer meiner rechtsgeographischen Ambitionen möchte ich Professor Dr. Dietrich Denecke danken. Er hat nicht nur meine ersten Schritte auf diesem Gebiet begleitet, sondern mich in meinem eingeschlagenen Kurs über einen langen Zeitraum bis heute bestätigt.

Professor Dr. Mark Blacksell (Plymouth, UK) war der wesentliche Initiator und Wegbegleiter dieser Untersuchung. Auch nach meinem Weggang aus Plymouth erwies er sich als geduldiger Diskussionspartner und Quelle inspirierender Gedanken. Ich bin ihm und seiner Frau Sarah in tiefer Dankbarkeit verbunden.

Mein besonderer Dank gebührt Professor Dr. Georg Kluczka, der den Fortgang der Untersuchung interessiert verfolgte, in Diskussionen wichtige Akzente setzte und den geographischen Bezug nachdrücklich einforderte. Ich hatte das Glück, in einem Umfeld arbeiten zu dürfen, das meinen eigenen Interessen mit Verständnis und fürsorglichem Beistand begegnete.

Ich danke weiterhin den Herausgebern der Reihe „Erdkundliches Wissen" für die Aufnahme der Arbeit; der Freien Universität Berlin gebührt Dank für die vielseitige Unterstützung während der Erstellung der Arbeit.

Letztlich wäre aber ohne die Unterstützung durch meine Frau Insa die Erarbeitung dieser Studie nicht möglich gewesen, ich danke ihr für ihre Geduld während des Erstellungsprozesses, für ihr Verständnis für wochenlange Aufenthalte im „Feld" und die selbstlose Zurückstellung eigener Interessen in der Phase, in der sich Familiengründung und Forschungsarbeit überlappten.

Berlin, im Juli 2007 Karl Martin Born

INHALTSVERZEICHNIS

Vorwort	V
Inhaltsverzeichnis	VII
Verzeichnis der Abbildungen und Tabellen	XII
Verzeichnis der Abkürzungen	XVII

1 Einführung ... 1
- 1.1 Hintergrund ... 2
  - 1.1.1 Politische, wirtschaftliche und soziale Transformationsprozesse ... 2
  - 1.1.2 Transformation und Eigentumsrechte ... 6
  - 1.1.3 Betrachtungsansätze eigentumsrechtlicher Regelungen ... 9
- 1.2 Fragestellung und Zielsetzung ... 11
  - 1.2.1 Fragestellung ... 11
  - 1.2.2 Zielsetzung der Untersuchung ... 14
  - 1.2.3 Ausblick ... 14
- 1.3. Aufbau der Arbeit ... 16
- 1.4. Methodisches Vorgehen ... 18

2 Forschungsstand aus Sicht der Rechts-, Wirtschafts-, Politik- und Sozialwissenschaften sowie aus ethisch-moralischer Perspektive ... 21
- 2.1 Rechtswissenschaften ... 21
  - 2.1.1 Theorie der Eigentumsrechte ... 22
  - 2.1.2 Theorie des Restitutionsrechts ... 24
  - 2.1.3 Historische Beispiele ... 24
  - 2.1.4 Gesamtdarstellungen und anwendungsorientierte Arbeiten ... 25
  - 2.1.5 Spezialstudien ... 26
  - 2.1.6 Disziplinübergreifende Arbeiten ... 28
- 2.2 Wirtschaftswissenschaften ... 29
  - 2.2.1 Theorien zur Entstehung von Eigentum ... 30
  - 2.2.2 Eigentum und Transformation ... 32
  - 2.2.3 Eigentum und Privatisierung ... 35
  - 2.2.4 Einzelaspekte ... 38
  - 2.2.5 Eigentumswandel und Landwirtschaft ... 40
- 2.3 Politik- und Sozialwissenschaften ... 45
  - 2.3.1 Transformation ... 46
  - 2.3.2 Eigentum, Privatisierung, Restitution ... 47

		2.3.3 Agrarpolitik als Analyse sektoraler Staatstätigkeit...............	53
	2.4	Der ethisch-moralische Blick auf Restitution und Privatisierung...	59
	2.5	Kritische Würdigung..	66
3	**Sachenrechtliche Beziehungen im geographischen Kontext............**		**69**
	3.1	Eigentum, Besitz und Nutzung in geographischer Perspektive	71
		3.1.1 Anthropogeographie	78
		3.1.2 Wirtschaftsgeographie	83
		3.1.3 Agrargeographie	84
		3.1.4 Siedlungsgeographie...	94
		3.1.5 Regionale Geographie...	98
	3.2	Die Geography of Law als Forschungsfeld und Erklärungskontext der Geographie	105
		3.2.1 Definitorische Fragen..	106
		3.2.2 Betrachtungsebenen der Geography of Law.........................	107
		3.2.3 Forschungszusammenhänge der Geography of Law	111
		3.2.4 Fragestellungen und Betrachtungsansätze der Geography of Law	113
		3.2.5 Räumliche Maßstabsebenen der Geography of Law	115
		3.2.6 Für die Geography of Law relevante Rechtsbereiche...........	118
		3.2.7 Reichweite und Intensität rechtlicher Festsetzungen aus der Perspektive der Geography of Law	120
	3.3	Die Geography of Law als Erklärungskontext sachenrechtlicher Veränderungen	123
4	**Private sachenrechtliche Beziehungen im sozialen, wirtschaftlichen und landschaftlichen Kontext..**		**125**
	4.1	Die Sicherheit privater sachenrechtlicher Beziehungen als Grundpfeiler marktwirtschaftlicher Entwicklung	125
		4.1.1 Juristische Perspektive..	126
		4.1.2 Ökonomische Perspektive...	127
		4.1.3 Sozialwissenschaftliche Perspektive.....................................	129
		4.1.4 Geographische Perspektive...	131
	4.2	Sachenrechtliche Strukturen in der sozialistischen Gesellschaftsordnung..	133
		4.2.1 Strukturbildende Prozesse...	134
		4.2.2 Sachenrechtliche Bestimmungen in der DDR	148
		4.2.3 Implikationen der sachenrechtlichen Bestimmungen für den Transformationsprozess	152

4.3 Die sozial- und wirtschaftspolitische Bedeutung von sachenrechtlichen Beziehungen als definitorische Determinanten 154

4.4 Gerechtigkeit, Kontinuität and Effizienz als Rahmenbedingungen
der Transformation in Ostdeutschland 162
    4.4.1 Privatisierung 163
    4.4.2 Regelung offener Vermögensfragen 164
    4.4.3 Sektorale Betrachtung: Landwirtschaft................................ 170
    4.4.4 Gerechtigkeit, Kontinuität und Effizienz aus syste-
matischer Sicht... 172

4.5 Persistenzen, Brüche und dynamische Neu- bzw. Rekonfigurationen sachenrechtlicher Beziehungen 179
    4.5.1 Sachenrechtliche Veränderungen... 180
    4.5.2 Entwicklungspfade sachenrechtlicher Beziehungen............ 182
    4.5.3 Persistenzen und Neu- bzw. Rekonfigurationen sachen-
rechtlicher Beziehungen... 184
    4.5.4 Die Dynamik sachenrechtlicher Entwicklungen im Raum ... 186

**5 Konfliktpotentiale der Privatisierungs-, Reprivatisierungs- und
Restitutionskonzepte nach 1989.. 188**

5.1 Handlungskonzepte und Konfliktfelder 188

5.2 Interessengruppen.. 194

5.3 Das Konzept der Restitutionsintensität, -komplexität und -
reichweite als Instrument einer vergleichenden Betrachtung
sachenrechtlicher Veränderungen 197

6 Die Dynamik der Eigentumsverhältnisse in Ostdeutschland............ 207

6.1 Methodisches Vorgehen zur Abgrenzung des Untersuchungs-
gebietes 207

6.2 Der Untersuchungsraum 209

6.3. Die Entwicklung der Agrarstruktur in Ostdeutschland 218

6.4 Sachenrechtliche Entwicklungen... 227
    6.4.1 Privatisierung 227
    6.4.2 Restitution 239
    6.4.3 Reprivatisierung... 250

**7 Die Auswirkungen sachenrechtlicher Veränderungen auf Land-
schaft, Sozialstruktur und Wirtschaft 258**

7.1 Veränderungen im Landschaftsbild... 260
    7.1.1 Landschaftselemente 262
    7.1.2 Landschaftsbild 264
    7.1.3 Stadtgestalt 266

7.2 Soziale Veränderungen 273

7.2.1 Verfahrensgerechtigkeit 273
7.2.2 Betroffenheitsmuster 279
7.2.3 Bewertungs- und Interpretationsmuster 281
7.3 Wirtschaftliche Veränderungen 288
7.3.1 Die Agrarstrukturentwicklung im Amt Löcknitz ab 1953 289
7.3.2 Die Entwicklung von Kooperationen: Das Beispiel
Thüringen (KÜSTER 2002) 294
7.3.3 Die Entwicklung sachenrechtlicher Beziehungen aus der
Perspektive der Betriebsinhaber und Unternehmensleiter ... 301
Exkurs: Sachenrechtliche Auswirkungen von Windenergie-
anlagen 308
7.4 Zwischenfazit 309

8 Die Dynamik der Eigentumsverhältnisse im Kontext anderer raum- und sozialwirksamer Prozesse 310

8.1 Nicht sachenrechtlich bedingte raum- und sozialwirksame
Prozesse in Ostdeutschland 310
8.1.1 Siedlungs- und Landschaftsbild 313
8.1.2 Infrastruktur 314
8.1.3 Wirtschaft 316
8.1.4 Gesellschaft 317
8.1.5 Räumliche Planung 318
8.2 Gegenwärtige und zukünftige Interaktionen und Interdependen-
zen zwischen sachenrechtlichen und anderen raum- und sozial-
wirksamen Prozessen 320
8.3 Die gegenwärtigen landwirtschaftlichen Strukturen zwischen
sachenrechtlicher Transformation und post-produktivistischer
Landwirtschaft 324

**9 Die Geography of Law und die Dynamik sachenrechtlicher
Beziehungen** 332

9.1 Identifikation der Raumrelevanz sachenrechtlicher
Festlegungen 332
9.2 Die Geography of Law als Erklärungsansatz gegenwärtiger und
historischer sachenrechtlicher Prozesse mit geographischer
Relevanz 335
9.3 Die Bedeutung der Dynamik sachenrechtlicher Beziehungen im
Transformationsprozess 337
9.4 Ziele, Implementationsstrategien und Rezeption sachenrecht-
licher Veränderungen in Ostdeutschland 338

9.5 Der Stellenwert rechtsgeographischer Perspektiven bzw. der Betrachtung der Dynamik sachenrechtlicher Beziehungen als methodischer Ansatz der Geographie der ländlichen Räume 341

9.6 Ausblicke auf zukünftige Anwendungsmöglichkeiten des Ansatzes für die Geographie der ländlichen Räume 343

Quellenverzeichnis **345**

VERZEICHNIS DER ABBILDUNGEN UND TABELLEN

ABBILDUNGSVERZEICHNIS

Abb. 1:	Transformation und Eigentumsrechte	7
Abb. 2:	Entwicklungspfade von Sachenrechten	8
Abb. 3:	Handlungsoptionen von Eigentümern im Spannungsfeld öffentlich-rechtlicher Institutionen und Vorschriften	76
Abb. 4:	Das Entwicklungsmodell der formalen und sozialen Struktur des Grundeigentums-Systems	77
Abb. 5:	Wirkungen der Natur auf den Menschen nach RATZEL (1882)	79
Abb. 6:	Typologie der konventionellen Agrarreform zur Schaffung von Familienbetrieben	104
Abb. 7:	Räumliche Maßstabsebenen der Geography of Law	117
Abb. 8:	Geographische Untersuchungsgebiete und Themenstellungen der Geography of Law	117
Abb. 9:	Unmittelbare Auswirkungen rechtlicher Festsetzungen auf Raum-, Sozial- und Wirtschaftsstruktur	119
Abb. 10:	Die thematische Gliederung sachenrechtlicher Beziehungen aus geographischer Sicht	132
Abb. 11:	Staatliches und privates Eigentum an landwirtschaftlichen Nutzflächen in der DDR, 1950–1965	145
Abb. 12:	Entwicklungspfade im sachenrechtlichen Transformationsprozess	160
Abb. 13:	Handlungsoptionen im Transformationsprozess in ländlichen Räumen	161
Abb. 14:	Sachenrechtliche Veränderungen in Ostdeutschland nach 1945	180
Abb. 15:	Entwicklungspfade sachenrechtlicher Beziehungen für landwirtschaftliche Unternehmen in Ostdeutschland nach 1933 (vereinfachtes Schema)	182
Abb. 16:	Schema der Brüche, Persistenzen, Neu- und Rekonfigurationen sachenrechtlicher Beziehungen in Ostdeutschland nach 1933	185
Abb. 17:	Schematische Darstellung der Restitutionsintensität	198
Abb. 18:	Schematische Darstellung der Restitutionskomplexität	199
Abb. 19:	Schematische Darstellung der Restitutionsreichweite	199
Abb. 20:	Verortung der Beispiele in die Matrix aus Restitutionsintensität, -komplexität und Reichweite	203
Abb. 21:	Der Landkreis Uecker-Randow und das Amt Löcknitz in Mecklenburg-Vorpommern	208
Abb. 22:	Die Zuordnung des Untersuchungsgebiets zur Gliederung der naturbedingten Landschaften von SCHULTZE (1955)	211
Abb. 23:	Die Veränderungen der territorialen Gliederung des heutigen Landkreises Uecker-Randow, 1927 bis heute	213
Abb. 24:	Raumkategorien und Raumstrukturtypen der BBR 2001 und 2005	214

Verzeichnis der Abbildungen und Tabellen XIII

Abb. 25: Veränderung der Agrarstruktur im nordöstlichen Vorpommern: Anzahl der Betriebe nach Flächengröße und Anteil an Gesamtfläche der Betriebe 215
Abb. 26: Differenzierung der Unternehmen nach Rechtsform (Anteil an Gesamtzahl der Unternehmen und Anteil an Gesamtfläche), Uecker-Randow und Amt Löcknitz, 2003 218
Abb. 27a: Struktur der Landwirtschaft der DDR: Anzahl der landwirtschaftlichen Unternehmen 219
Abb. 27b: Struktur der Landwirtschaft der DDR: Bewirtschaftete Fläche 220
Abb. 28: Veränderung der Agrarstruktur in Ostdeutschland: Anzahl der Betriebe nach Flächengröße und Anteil an Gesamtfläche der Betriebe, 1991–2003 221
Abb. 29: Entwicklung der durchschnittlichen Betriebsgröße der landwirtschaftlichen Betriebe seit 1992 222
Abb. 30: Regionale Differenzierung: Entwicklung der Anteile an Gesamtzahl und Gesamtfläche nach Betriebsgrößen, 1991–2003 223
Abb. 31: Die agrarstrukturelle Entwicklung in Ostdeutschland nach Rechtsform der Unternehmen und Anteil an Gesamtzahl und gesamter landwirtschaftlicher Fläche 224
Abb. 32: Anteil der Größenklassen landwirtschaftlicher Unternehmen an der Gesamtzahl der landwirtschaftlichen Unternehmen und an der gesamten landwirtschaftlichen Fläche 225
Abb. 33: Entwicklung der Erwerbstätigkeit in Land- und Forstwirtschaft, Fischerei in Ostdeutschland, 1989–2003 226
Abb. 34: Flächenverkäufe der BVVG in ha, kumuliert 1993–2004 228
Abb. 35: Verpachtung landwirtschaftlicher Flächen durch die BVVG und Anteil an der landwirtschaftlichen Gesamtfläche 229
Abb. 36: Erlöse der BVVG aus Verkauf und Verpachtung, 1993–2004 (in Mio. €) 230
Abb. 37: Differenzierung der durch die BVVG verpachteten Flächen nach Antragstellern und Ländern (31.12.2003) 232
Abb. 38: Differenzierung der durch die BVVG verpachteten Flächen im Landkreis Uecker-Randow nach Antragstellern (30.3.2001) 233
Abb. 39: Immobilienbestand der TLG am 30.6.1996 nach Ländern 235
Abb. 40: Immobilienbestand des TLG und kumulierte Verkäufe, 1995–2004 236
Abb. 41: Entwicklung der Vermietungstätigkeit der TLG, 1995–2004 237
Abb. 42: Immobilienbestand, Immobilienvermögen und Umsatzerlöse der TLG, 1995–2004 238
Abb. 43: Verkäufe der TLG im Landkreis Uecker-Randow, 1991–April 2004 238
Abb. 44: Differenzierung der bis April 2004 durch die TLG veräußerten Objekte nach Anzahl der Objekte 239
Abb. 45: Antragsentwicklung für die Restitution von Immobilien und Flächen in Ostdeutschland, 1991–2004 240
Abb. 46: Anteil der restitutionsbelasteten Fläche an der landwirtschaftlichen Nutzfläche im Amt Löcknitz 241
Abb. 47: Entwicklung der Bearbeitung offener Vermögensfragen bei Immobilien und Flächen nach Bundesländern, 1991–2004 242
Abb. 48: Art der Entscheidung für Immobilien und Flächen, 31.12.2004 244
Abb. 49: Entwicklung der Entscheidungsarten für Immobilien und Flächen, 1992–2004 245

Verzeichnis der Abbildungen und Tabellen

Abb. 50: Entwicklung der Bearbeitung: Anzahl der Ämter zur Regelung offener Vermögensfragen und Beschäftigte, 1991–2004 246
Abb. 51: Anzahl der Widerspruchs- und Verwaltungsgerichtsverfahren in Bezug auf abgelehnte Anträge, 1992–2004 247
Abb. 52: Erfolgsquote der Widersprüche und verwaltungsgerichtlichen Überprüfungen, 31.12.2004 247
Abb. 53: Restitutionsintensität, -komplexität und -reichweite in Ostdeutschland nach 1933 249
Abb. 54: Antragsstand für Entschädigungs- und Ausgleichsleistungsgesetz, 1996–2004 252
Abb. 55: Mit EALG-Anträgen belastete landwirtschaftliche Nutzflächen in Ostdeutschland, 2004 252
Abb. 56: Differenzierung der Stattgaben für Grundvermögen nach EALG, 1996–2004 253
Abb. 57: Regionale Differenzierung des Bearbeitungsstandes, 31.12.2004 254
Abb. 58: Preisbegünstigte EALG-Verkäufe landwirtschaftlicher Nutzfläche in ha 255
Abb. 59: Im Zuge der Bodenreform enteignete Unternehmen, Häuser und Grundstücke im Landkreis Uecker-Randow 256
Abb. 60: Nach EALG veräußerte land- und forstwirtschaftliche Fläche im Landkreis Uecker-Randow, 1998–2003 257
Abb. 61: Veränderungen der Natur- und Kulturlandschaft in der Flur Bergholz, 1953, 1987, 1998 und 2004 261
Abb. 62: Entfernte und neu errichtete Landschaftselemente in der Flur Bergholz, 1953 und 1998 264
Abb. 63: Flurmuster von Bergholz, 1953, 1987 und 1998 265
Abb. 64: Eigentumsrestitution in Bergholz 266
Abb. 65: Räumliche Wirkungen der Grundeigentumstransformation nach WIKTORIN (2000: 136) 268
Abb. 66: Stadtgestalt und Restitution in einem fiktiven Wohngebiet in Gotha 270
Abb. 67: Erfolgsquoten der Eigentumsrestitution im Amt Löcknitz 277
Abb. 68: Restitution als sozio-ökonomischer Einflussfaktor in Ostdeutschland 280
Abb. 69: Fairness und soziale Abfederung des Restrukturierungsprozesses 287
Abb. 70: Agrarstrukturelle Dynamik im Amt Löcknitz, 1950–2004 292
Abb. 71: Durchschnittliche Betriebsgröße der landwirtschaftlichen Unternehmen im Amt Löcknitz nach Unternehmensformen, unaggregiert und aggregiert (2004) 293
Abb. 72: Kontinuität von landwirtschaftlichen Betriebsstätten 1990 und 2003 294
Abb. 73: Varianten der postsozialistischen Entwicklung von Kooperationen in Thüringen: Anteil der 1995 bestehenden Betriebe an der Gesamtzahl (oben) und der Gesamtfläche (unten) 297
Abb. 74: Umwandlungsvarianten der Flächen von Haupterwerbsbetrieben in Thüringen 299
Abb. 75: Bewertung der Unterstützung bei der Betriebsgründung 304
Abb. 76: Wirkungskette zur Ausbildung von Strukturschwächen in ländlichen Regionen („Regionaler Teufelskreis") 312
Abb. 77: Infrastrukturelle Ausstattung der ländlichen Siedlungen im Amt Löcknitz, 2003 315
Abb. 78: Erreichbarkeit von Mittel- und Oberzentren in Ostdeutschland, 2004 319

TABELLENVERZEICHNIS

Tab. 1:	Elemente der Systemtransformation nach Weltbank	4
Tab. 2:	Rechtsbereiche und raumbezogene Wirkungskreise	118
Tab. 3:	Bewertung der räumlichen, sozialen und wirtschaftlichen Wirksamkeit ausgewählter rechtlicher Festsetzungen	121
Tab. 4:	Strukturbildende Prozesse im Sachenrecht in Ostdeutschland	135
Tab. 5:	Die Zusammensetzung des Bodenreformfonds am 1. Januar 1950	137
Tab. 6:	Änderungen der landwirtschaftlichen Betriebsstruktur in der SBZ/DDR, 1939–1951	138
Tab. 7:	Die Verteilung der Flächen des staatlichen Bodenfonds, 1950	139
Tab. 8:	Anteil des staatlichen Bodenfonds an der land- und forstwirtschaftlichen Nutzfläche	140
Tab. 9:	Die Zusammensetzung des Bodenreformfonds in Mecklenburg am 1. Januar 1950	140
Tab. 10:	Die Verteilung der Flächen des staatlichen Bodenfonds in Mecklenburg, 1950	140
Tab. 11:	Die Bewertung sozial- und wirtschaftspolitischer Implikationen sachenrechtlicher Festsetzungen durch marktwirtschaftliche und sozialistische Systeme	159
Tab. 12:	Chronologie der wichtigsten Ereignisse mit sachenrechtlichen Bezug im Bereich der Landwirtschaft	164
Tab. 13:	Sachenrechtliche Veränderungen in ländlichen Räumen Ostdeutschlands nach 1933	181
Tab. 14:	Persistenz, Neukonfiguration, Rekonfiguration als dynamische Entwicklungsprozesse sachenrechtlicher Beziehungen in ländlichen Räumen	186
Tab. 15:	Privatisierungskonzepte in Ostdeutschland, 1990–1994	189
Tab. 16:	Konfliktfelder und alternative Lösungsmöglichkeiten im sachenrechtlichen Transformationsprozess	190
Tab. 17:	Unterschiede und Gemeinsamkeiten zur Agrarpolitik in den landwirtschaftlichen Berufsvertretungen in den NBL	195
Tab. 18:	Übersicht der Beispiele für historische Restitutionsvorhaben	202
Tab. 19:	Übersicht der Teillandschaften des Untersuchungsgebietes nach SCHULTZE (1955)	209
Tab. 20:	Strukturmerkmale des LK Uecker-Randow und des Amtes Löcknitz	214
Tab. 21:	Übersicht über mögliche Unternehmensrechtsformen	216
Tab. 22:	Privatisierung von BVVG-Flächen im LK Uecker-Randow, 2001	230
Tab. 23:	Kategorien von erwerbsberechtigten Personen, Gruppen und Unternehmen für BVVG-Flächen	231
Tab. 24:	Begünstigter Verkauf landwirtschaftlicher Flächen nach EALG in Mecklenburg-Vorpommern, 1997–2002	255
Tab. 25:	Entfernte und neu errichtete Landschaftselemente in der Flur Bergholz, 1953–1998	263
Tab. 26:	Städtebauliche Entwicklung in Ueckermünde, 1995–2005 (243 Objekte)	268
Tab. 27:	Städtebauliche Entwicklung restitutionsbehafteter Objekte in Ueckermünde, 1995–2005 (65 Objekte)	269

Tab. 28: Anteil restitutionsbelasteter und -unbelasteter Grundstücke im Altbaubereich Gothas (1997) 271
Tab. 29: Struktur der Antragsteller auf Restitution enteigneten Eigentums im Amt Löcknitz 275
Tab. 30: Enteignungstatbestände für Restitutionsanträge im Amt Löcknitz 278
Tab. 31: Bearbeitungszeiten der Restitutionsanträge im Amt Löcknitz 279
Tab. 32: Varianten der Entwicklung Thüringer landwirtschaftlicher Kooperationen nach 1989 (KÜSTER 2002) 295
Tab. 33: Repräsentativität der Umfrage: Betriebsformen 301
Tab. 34: Repräsentativität der Umfrage: Betriebsgrößen 301
Tab. 35: Gründungsjahre der befragten Unternehmen 302
Tab. 36: Entstehungsumstände der befragten Betriebe 302
Tab. 37: Bewertung des administrativen Prozesses der Errichtung des Betriebs 303
Tab. 38: Bewertung der sachenrechtlichen Transformation 306
Tab. 39: Kurz- und langfristige Erwartungen der Betriebsinhaber 307

VERZEICHNIS DER ABKÜRZUNGEN

ABL	Alte Bundesländer
AfL	Amt für Landwirtschaft (Mittelbehörde des Ministeriums für Ernährung, Landwirtschaft, Forsten und Fischerei Mecklenburg-Vorpommern) (Standorte in Wittenburg. Parchim, Bützow, Franzburg, Altentreptow und Ferdinandshof)
AG	Aktiengesellschaft
ALG	Ausgleichsleistungsgesetz (eigentlich: Gesetz über staatliche Ausgleichsleistungen für Enteignungen auf besatzungsrechtlicher oder besatzungshoheitlicher Grundlage, die mehr rückgängig gemacht werden können)
ARE	Aktionsgemeinschaft Recht und Eigentum
ARoV	Amt zur Regelung offener Vermögensfragen
BARoV	Bundesamt zur Regelung offener Vermögensfragen
BGB	Bürgerliches Gesetzbuch
BGH	Bundesgerichtshof
BM	Bundesministerium
BMELF	Bundesministerium für Ernährung, Landwirtschaft und Forsten (ab 22.1.2001: Bundesministerium für Verbraucherschutz, Ernährung und Landwirtschaft (BMVEL))
BMVEL	Bundesministerium für Verbraucherschutz, Ernährung und Landwirtschaft (vor dem 22.1.2001: Bundesministerium für Ernährung, Landwirtschaft und Forsten (BMELF))
BRD	Bundesrepublik Deutschland
BVerfGE	Entscheidung des Bundesverfassungsgerichts
BvS	Bundesanstalt für vereinigungsbedingte Sonderaufgaben (Nachfolgeinstitution der Treuhandanstalt)
BVVG	Bodenverwertungs- und –verwaltungs GmbH
DBV	Deutscher Bauernverband
DDR	Deutsche Demokratische Republik
EALG	Entschädigungs- und Ausgleichsleistungsgesetz
eG	Eingetragene Genossenschaft
EinigungsV	Einigungsvertrag vom 31. August 1990
EuGHMR	Europäischer Gerichtshof für Menschenrechte in Straßburg
GbR	Gesellschaft bürgerlichen Rechts
GG	Grundgesetz für die Bundesrepublik Deutschland vom 23. Mai 1949
GmbH	Gesellschaft mit beschränkter Haftung
GmbH&Co KG	Gesellschaft mit beschränkter Haftung und Kommanditgesellschaft
GPG	Gärtnerische Produktionsgenossenschaft der DDR

Verzeichnis der Abkürzungen

HE	Haupterwerb(sbetrieb)
KAP	Kooperative Abteilung Pflanzenbau der DDR
KG	Kommanditgesellschaft
LAG	Landwirtschaftsanpassungsgesetz (eigentlich: Gesetz über die strukturelle Anpassung der Landwirtschaft an die soziale und ökologische Marktwirtschaft in der Deutschen Demokratischen Republik vom 29. Juni 1990)
LARoV	Landesamt zur Regelung offener Vermögensfragen
LN	Landwirtschaftliche Nutzfläche
LPG	Landwirtschaftliche Produktionsgenossenschaft der DDR (als Tier- (T) oder Pflanzenproduktion (P))
LVZ	Landwirtschaftliche Vergleichszahl
NBL	Neue Bundesländer
NE	Nebenerwerb(sbetrieb)
SBZ	Sowjetisch besetzte Zone
SMAD	Sowjetische Militäradministration in Deutschland
THA	Treuhandanstalt (ab 1994: Bundesanstalt für vereinigungsbedingte Sonderaufgaben BvS)
TLG	Treuhandliegenschaftsgesellschaft
UNCHS	United Nations Human Settlement Programme /Habitat
VdgB	Vereinigung der gegenseitigen Bauernhilfe (1946 gegründete DDR-Bauernorganisation)
VEB	Volkseigener Betrieb der DDR
VEG	Volkseigenes Gut der DDR
VermG	Vermögensgesetz (eigentlich: Gesetz zur Regelung offener Vermögensfragen)
ZBE	Zwischenbetriebliche Einrichtung in der Landwirtschaft der DDR
ZGE	Zwischengenossenschaftliche Einrichtung in der Landwirtschaft der DDR

1 EINFÜHRUNG

„For a long period to come the principle of individual property will be in possession of the field; and even if in any country a popular movement were to place Socialists at the head of a revolutionary government, in however many ways they might violate private property, the institution itself would survive, and would either be accepted by them or brought back by their expulsion, for the plain reason that people will not lose their hold of what is at present their sole reliance for subsistence and security until a substitute for it has been got into working order. Even those, if any, who have shared among themselves what was the property of others would desire to keep what they had acquired, and to give back to property in the new hands the sacredness which they had not recognized in the old." (MILL 1879)

„Die Teilung Deutschlands, die damit verbundenen Bevölkerungswanderungen von Ost nach West und die unterschiedlichen Rechtsordnungen in beiden deutschen Staaten haben zu zahlreichen vermögensrechtlichen Problemen geführt, die viele Bürger in der Deutschen Demokratischen Republik und in der Bundesrepublik Deutschland betreffen.

Bei der Lösung der anstehenden Vermögensfragen gehen beide Regierungen davon aus, dass ein sozial verträglicher Ausgleich unterschiedlicher Interessen zu schaffen ist. Rechtssicherheit und Rechtseindeutigkeit sowie das Recht auf Eigentum sind Grundsätze, von denen sich die Regierungen der Deutschen Demokratischen Republik und der Bundesrepublik Deutschland bei der Lösung der anstehenden Vermögensfragen leiten lassen." (GEMEINSAME ERKLÄRUNG VOM 15. JUNI 1990)

Die geradezu prophetischen Worte des britischen Staatsphilosophen JOHN STUART MILL unterstreichen zum einen den von ihm unterstellten Willen eines einzelnen Bürgers zum Erhalt seines Privateigentums und sagen zum anderen massive Verteilungskämpfe bei einer Neuordnung der Eigentumsverhältnisse voraus. Ähnliches impliziert die GEMEINSAME ERKLÄRUNG VOM 15. JUNI 1990 beider deutscher Regierungen, in der davon ausgegangen wird, dass ein sozial verträglicher Ausgleich unterschiedlicher Interessen zu schaffen ist. Wie zutreffend diese – vordergründig pessimistisch erscheinende – Einschätzung war, wird aufmerksamen Zeitungslesern beinahe vierteljährlich anhand von Entscheidungen oberster Gerichte[1], Abschlussbilanzen involvierter Unternehmen[2] und Diskussionen um die entwicklungshemmende Wirkung vermögensrechtlicher Probleme nachdrücklich vor Augen geführt. Die von MILL und beiden deutschen Regierungen konzedierten Veränderungen vermögensrechtlicher Beziehungen nach einem Systemwechsel sollen hier als „Dynamik von Eigentumsrechten"[3] bezeichnet werden und

---

1   Zuletzt bspw. durch die Entscheidung des Europäischen Gerichtshofs für Menschenrechte in Straßburg zur Enteignung von Inhabern von Bodenreformgrundstücken vom 22.1.2004 (EUROPEAN COURT OF HUMAN RIGHTS 2004)
2   So z.B. die jährlichen Berichte der BVVG über ihre Privatisierungstätigkeit (für 2004: JASCHENSKY 2004)
3   Eigentlich „Dynamik sachenrechtlicher Beziehungen" (siehe Kap. 1.1.2)

einen Prozess umschreiben, in dem bestehende Eigentumsrechte ein- oder mehrfach eingeschränkt oder transferiert wurden. Dieser Veränderungsprozess kann öffentliches und privates Eigentum gleichermaßen betreffen. In dieser zeitlich auf den Zeitraum von 1933 bis 2004 und regional auf Ostdeutschland beschränkten Studie steht die vermögensrechtliche Neuordnung privaten Eigentums im Mittelpunkt der Betrachtung. Die umfangreichen Regelungen der Vermögenszuordnung zwischen Bund, Ländern, Kreisen und Kommunen bleiben hier unberücksichtigt.[4]

1.1 HINTERGRUND

1.1.1 Politische, wirtschaftliche und soziale Transformationsprozesse

Am Anfang einer Analyse der Dynamik von Eigentumsrechten steht notwendigerweise die Betrachtung der Prozesse, die diese Dynamik initiiert und modifiziert haben. Aus sozial- und politikwissenschaftlicher Sicht werden diese Prozesse gemeinhin als Transformation, Systemwechsel, Systembrüche oder Transition bezeichnet. Ohne auf die durchaus vorhandenen und in der umfangreichen Literatur zu diesem Thema nachgewiesenen terminologischen Differenzierungen einzugehen, sollen an dieser Stelle grundlegende definitorische Anstrengungen vorgestellt und einige aktuelle Forschungsprobleme skizziert werden. Abstrakt ausgedrückt handelt es sich bei Transformation um „... Modernisierungsprozesse, deren Richtung Akteuren und Beobachtern prinzipiell bekannt ist, nämlich die nachholende Entwicklung der Institutionen von Demokratie, Marktwirtschaft und Wohlstand sowie die Ausbildung entsprechender Einstellungen und Verhaltensweisen" (ZAPF/HABICH 1995: 137). Wie schwierig und definitorisch überlappend die politikwissenschaftliche Forschung mit dem Begriff der Transformation umgeht, zeigt eine Analyse von ROLF REISSIGS Thesen zum Perspektivwechsel in der Transformationsforschung (REISSIG 1996): Er kommt nicht umhin, Begriffe wie „Systemwechsel", „nachholende Modernisierung", „Transformation" oder „Systembruch" zu verwenden, da sie die unterschiedlichen Forschungsperspektiven der Politik- und Sozialwissenschaften reflektieren[5]. Für ihn stellt Transformation dann auch die „Gesamtheit der charakteristischen Systemumbrüche und sozialen sowie politischen Wandlungsprozesse postsozialistischer Gesellschaften" dar. Wichtig ist dabei, dass dieser Prozess in vier Phasen (Politischer Machtwechsel – Transitionsphase als Wandel der politisch-institutionellen Ordnung – Sozialer und politischer Wandel – Übergang zu eigendynamischen Entwicklungsverläufen) abläuft und somit die „Verortung" als auch Bewertung individueller Transformationsbeispiele schwierig macht (REISSIG 1996: 249).[6]

---

4   Vergleiche zur Neuordnung öffentlichen Eigentums WOLLMANN/DERLIEN/KÖNIG/RENZSCH/ SEIBEL (1997) und KÖNIG/ HEIMANN (1996).
5   Vergleiche zur Typologie der Theorie- und Methodenansätze von Transformationstheorien BEYME (1994: 162).
6   Die diesem Modell inneliegenden Konflikte zu dem von BEYME (1994: 145) vorgeschlagenen dreiphasigen Modell (Liberalisierung – Demokratisierung – Konsolidierung) sollen hier nicht

Aus geographischer Perspektive postuliert HELLER (1997: 14) eine präzise Abgrenzung und differenzierte Verwendung der Begriffe der Transformation und Transition: Aus seiner Perspektive der Betrachtung der politischen, sozialen und wirtschaftlichen Veränderungen in Osteuropa besteht der wesentliche Unterschied zwischen beiden Begriffen im Charakter des Veränderungsprozesses: Abgeschlossene und in ihrer Gesamtheit erfass-, mess- und bewertbare Prozesse grundlegender Umgestaltung und Umwandlung sind als Transition anzusprechen, während Transformationen noch nicht abgeschlossen sind und als ergebnisoffen charakterisiert werden können. Zahlreiche Transformationsprozesse sind zwar von der Verfolgung bestimmter, mehr oder weniger deutlich definierter Leitbilder geprägt, doch können Wechsel im politischen System auch zu entsprechenden Modifikationen des Leitbildes führen. Definitorische Schwierigkeiten ergeben sich ähnlich wie in den Sozial- und Politikwissenschaften bei der Festlegung des Abschlusses des Umwandlungsprozesses und des Beginns eigenständiger Entwicklung.

Die geographische Transformationsforschung in Deutschland wurde bereits wenige Jahre nach dem Beginn der Umwälzungen in Mittel- und Osteuropa auf mehreren Tagungen einer gründlichen Revision unterzogen.[7] FASSMANN (2000: 13–16) konstatiert dabei ein nur mäßiges Interesse am östlichen Europa, das sich vor allem auf die Untersuchung der „sichtbaren Manifestationen der Transformation", also der Veränderungen, Friktionen und Prozessreglern konzentriert. Im Einzelnen differenziert er mit dem Global- und Sector-Approach-Ansatz zwei paradigmatische Zugänge, die er einer Phase des Beobachtens und Ordnens von Wissen zuordnet. Allerdings muss hier angemerkt werden, dass die transformationsbezogenen Arbeiten durchaus von hoher Komplexität gekennzeichnet sind, da sie systembezogene Forschung mit zeitlichen und räumlichen Dimensionen verknüpfen (FÖRSTER 2000: 55, STADELBAUER 2000: 64). Die für die weitere geographische Auseinandersetzung mit Transformationsprozessen so wichtige Frage nach einer spezifischen Theoriebildung wird unterschiedlich beantwortet: FASSMANN (2000: 18) stellt diese Frage in den Kontext des nur vorübergehenden Charakters der Transformation, während andere Autoren des Bandes Anknüpfungspunkte zu Modernisierungs-, Globalisierungs- und Systemtheorien identifizieren. Defizite in der geographischen Transformationsforschung liegen vor allen in einer starken räumlichen Konzentration auf Ostdeutschland, Polen, Ungarn und Tschechien mit einer Vernachlässigung anderer osteuropäischer Staaten, der Vernachlässigung des ländlichen Raums und der unzureichenden Berücksichtigung der historischen Dimension mit Persistenzen und Brüchen; darüber hinaus liegen kaum Übersichtsarbeiten mit vergleichendem Charakter vor (STADELBAUER 2000: 65; FÖRSTER 2000: 57).

---

vertieft werden; wichtig erscheint allerdings der Hinweis auf die unterschiedliche Einordnung des politischen gegenüber dem sozio-ökonomischen Wandel.

7 So 1996 während der Festveranstaltung und Tagung anlässlich der 100-Jahr-Feier des Instituts für Länderkunde (MAYR 1997) und 1988 im Rahmen der Tagung „Transformationsforschung: Stand und Perspektiven" (EUROPA REGIONAL 8 (2000)).

Aus einer Synopse von Systemwandel- und Transformationsprozessen vor 1990, die als „Übergangsprozesse von Diktaturen unterschiedlichen Typs zu Demokratien unterschiedlicher Prägung" (REISSIG 1993: 11) bezeichnet werden[8], mit solchen nach 1990 leitet REISSIG (1993: 12) die Notwendigkeit ab, für die postsozialistischen Prozesse eine eigene Fallgruppe der Transformation zu schaffen: „Bei den realsozialistischen Ländern ist es in jeder Hinsicht ein tiefgreifender Systemwandel; ein Wandel der Eigentumsstrukturen, der Herrschaftsordnung, der Akteure, der Eliten, der sozialen Beziehungen, der politischen Ideologie". Ähnlich argumentieren BEYME und NOHLEN (1997: 765), wenn sie den aus Südeuropa und Lateinamerika bekannten Systemwechsel durch die Zielvorstellung politischer Entwicklung i.S. der Etablierung einer pluralistischen Demokratie charakterisieren und den postkommunistischen Systemwechsel insofern herausheben, als dass hier nicht nur Diktatur von Demokratie, sondern auch sozialistische von kapitalistischen Wirtschafts- und Gesellschaftsformen abgelöst werden müssen. An dieser Stelle erfolgt auch eine deutliche definitorische Abgrenzung zur Systemwandeltheorie, die auf der Annahme einer Reformierbarkeit sozialistischer Systeme beruhte und anstelle einer Änderung der Struktur und Funktion des politischen und ökonomischen Systems eine effektivere Organisation einzelner Bestandteile des politischen und ökonomischen Systems erwartete (BEYME/ NOHLEN 1997: 766). Stärker fokussiert auf den eigentumsrechtlichen Kontext dieser Arbeit erscheinen die Diskurse um die inhaltliche Ausgestaltung der Transformationsprozesse: Während BLOMMESTEIN, MARRESE und ZECCHINI (1991: 11) zu den unerlässlichen Inhalten der Umwandlung osteuropäischer Zentralverwaltungswirtschaften Debatten über Eigentumsrechte, politische Institutionen, Marktorientierung, Finanzinfrastruktur, makroökonomische Policies und Sozialsysteme zählen, trennen SWINNEN und MATHIJS (1997: 334) Privatisierung von Transformation: Offenbar umfasst für sie Transformation eher politische als sozio-ökonomische Aspekte, wobei sie Eigentumsstrukturen ursächlich als sozio-ökonomische Aspekte interpretieren. Deutliche Hinweise auf die Komplexität des Transformationsprozesses und insbesondere die Notwendigkeit der Adressierung von Eigentumsproblemen finden sich auch in der Aufstellung der Elemente der Systemtransformation, die die Weltbank 1991 veröffentlichte (WORLD BANK 1991 abgedruckt in STRECKER 1994: 206) (Tab. 1).

Tab. 1: Elemente der Systemtransformation nach Weltbank

1. Macroeconomic Stabilization and Control

- Implementation of stabilization programs:
     - Government and enterprises:
        - Fiscal tightening
        - Tight credit policies
 - Addressing existing problems (money overhang, bank losses)
 - Expenditure switching measures for external balance

---

[8] Im einzelnen differenziert REISSIG (1993: 11) drei Fallgruppen:
- Die Entwicklung in Deutschland, Italien und Japan nach 1945
- Die Entwicklung in Spanien, Portugal und Griechenland während der 70er Jahre
- Die Entwicklung im Lateinamerika der 80er Jahre

2. Price and Market Reform
- Goods and services:
    - Domestic price reform
    - International trade liberalization
    - Distribution systems (transport and marketing services
    - Housing services
- Labor:
    - Liberalizing wages and labor market
- Finance:
    - Banking system reform
    - Other financial markets
    - Interest rate reform

3. Private Sector Development, Privatization, Enterprise Restructuring
- Facilitating entry and exit of firms
- Enterprise government
- Establishing private property rights:
- Agricultural land, industrial capital
- Hosing stock and industrial real estate
- Sectoral and enterprise restructuring, including breakup of monopolies

4. Redefining the Role of the State
- Legal reforms:
    - Constitutional, property, contract, banking, competition etc.
    - Reform of legal institutions
    - Regulatory framework for natural monopolies
- Information systems (accounting, audit)
- Tools and institutions for indirect economic management:
    - Tax system and administration
    - Budgeting and expenditure control
    - Institutions of indirect monetary control
- Social areas:
    - Unemployment insurance, pension, disability
    - Social services: health, education etc.

Quelle: WORLD BANK *(1991: 12) abgedruckt in* STRECKER *(1994: 206)*

Diese Reflexionen der definitorischen Schwierigkeiten des Umgestaltungsprozesses in Osteuropa nach 1989 wäre aber unvollständig, wenn nicht die von zahlreichen Autoren explizit hervorgehobene Sonderrolle der Neuen Bundesländer genannt werden würde: REISSIG (1993: 14/15) merkt an, dass weder in der DDR noch in der BRD Konzepte für eine Systemtransformation bestanden. Statt der Formulierung alternativer Entwicklungspfade, wie sie in anderen postsozialistischen Staaten später reflektiert wurden[9], entstand der Wunsch nach einer Kopie Westdeutschlands, wodurch inhaltliche Grundmuster und Typen der Transformation – einfacher Systemwechsel von Plan- zu Marktwirtschaft und von Einparteienherrschaft zur Mehrparteiendemokratie – vorgezeichnet waren. Der damit verbundene Transfer von politischen, wirtschaftlichen und sozialen Institutionen, Strukturen und Verfahren führte dann zu einer im Vergleich zu den anderen osteuropäischen Staaten besonderen Sichtweise: Die Probleme der Einheit erscheinen weniger als Probleme der Transformation denn als Folgen und Probleme der westdeutschen Vereinigungspolitik (WIESENTHAL 1996: 46). In Anlehnung an die beiden letzten Thesen von REISSIG (1996: 256–260) eröffnet gerade diese Sonderstellung des ostdeutschen Transformationsprozesses die Möglichkeit, theoretische Innovationen zu entwickeln und internationale Debatten auf Ostdeutschland an-

---

9   Siehe z.B. ALEXANDER (1994)

zuwenden. Als neue Analyseebene bietet sich seiner Meinung nach die Dynamik des realen Transformationsgeschehens als offener Prozess mit Konflikten, Ambivalenzen und Möglichkeiten auf dem Hintergrund von Handlungsoptionen externer und endogener Akteure an (REISSIG 1996: 260).

1.1.2 Transformation und Eigentumsrechte

Die Rolle eigentumsrechtlicher Fragestellungen bei der Bewältigung der Transformation ist bereits 1991 durch die Weltbank (siehe Tabelle 1) unterstrichen worden – allerdings muss man berücksichtigen, dass Transformations- und Restaurierungsprozesse aus historischer Sicht keine unbekannten Prozesse darstellen: In seiner Untersuchung historischer Beispiele der Behandlung von Konfiskationen temporärer Regierungen nach Wiederherstellung der alten Ordnung beschreibt BIEHLER (1994: 123–157) insofern Sonderfälle, als dass bei den von ihm angeführten Beispielen die ursprüngliche verfassungs- und eigentumsrechtliche Ordnung wiederhergestellt wurde. Besonderen Wert erhält diese Untersuchung durch die Konzentration auf restaurierende Systemwechsel, bei denen sich persistente Elemente der Eigentumsregelung beider Regimes – sowohl des Ancien Regimes als auch des Interim Regimes – in unterschiedlicher Intensität erhalten haben.

Im Kontext von Transformations- und Systemwechselprozessen besteht abhängig vom inhaltlichen Umfang der Prozesse aus theoretischer Sicht immer die Möglichkeit der Tangierung von Eigentumsrechten. Für die Geographie postuliert STADELBAUER (2000: 62) die Auseinandersetzung mit Rechtsnormen auf zwei Ebenen: zum einen bei der Differenzierung der Maßstabsebenen und daraus abgeleiteter Unterschiede und zum anderen bei der Analyse der Elemente, die den Transformationsprozess ausmachen und bedingen. Als wesentliche Determinante einer solchen Betrachtung erweist sich dabei der Bezugspunkt der Transformation: Liegt er in der Zukunft, d.h. hat das neue System keinen Bezug zur Vergangenheit, ergeben sich als mögliche Varianten neben der Persistenz der bestehenden Ordnung Verstaatlichung, Enteignung und Privatisierung. Für Systemwechsel mit Bezug zur Vergangenheit lassen sich entsprechend den vorherigen Maßnahmen gegenläufige Prozesse denken (Abb. 1).

Abb. 1: *Transformation und Eigentumsrechte*

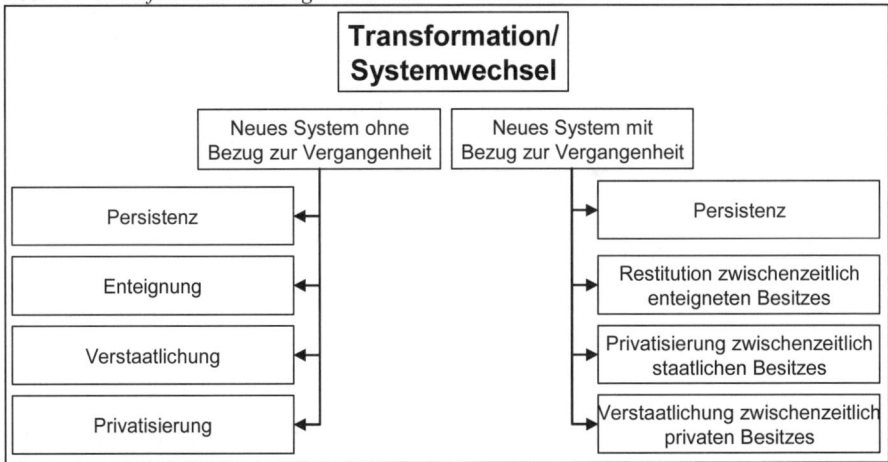

Quelle: *Eigene Darstellung*

Es ist allerdings an dieser Stelle darauf hinzuweisen, dass die von der Öffentlichkeit und umgangssprachlich als „Eigentumsrechte" bezeichneten Sachenrechtsbeziehungen aus wissenschaftlicher – insbesondere juristischer Sicht – weiter in Eigentums-, Besitz- und Nutzungsrechte zu differenzieren sind. Hierbei umfassen Eigentumsrechte als „intensivste" Form der Sachenrechtsbeziehungen die (vollständige) rechtliche Herrschaft einer Person über eine Sache oder einen Sachteil: „Der Eigentümer einer Sache kann, soweit nicht das Gesetz oder Rechte Dritter entgegenstehen, mit der Sache nach Belieben verfahren und andere von jeder Einwirkung ausschließen" (§ 309 BGB). Demgegenüber bezeichnet der Begriff Besitz grundsätzlich die tatsächliche Herrschaftsmacht einer Person über eine Sache. Maßgebend für die Frage, ob jemand eine Sache in Besitz hat, ist also nicht, ob diese Sache seinem Vermögen zugeordnet wird (vgl. Eigentum), sondern ob er – unabhängig von der rechtlichen Zuordnung – die Sache tatsächlich innehat. In diesem Sinne hat auch der Mieter Besitz an der Wohnung. Besitzrechte als eingeschränkte Form der Eigentumsrechte (u.a. kein Recht auf Veräußerung oder Zerstörung der Sache) können weitergehend zu reinen Nutzungsrechten reduziert werden. Sie können u.a zeitlich und nach Art der Nutzung begrenzt gewährt werden. Das nachfolgende Schaubild (Abb. 2) verdeutlicht die transformatorische Relevanz dieser Differenzierung, da die jeweiligen Rechte gewährt oder entzogen (i.S. einer Umverteilung) oder aber partiell auf- oder abgewertet werden können (i.S. einer Neu- oder Umdefinition von Sachenrechten). Notwendigerweise ergeben sich also Entwicklungspfade für einzelne sachenrechtliche Beziehungen in der Transformation.

Abb. 2: *Entwicklungspfade von Sachenrechten*

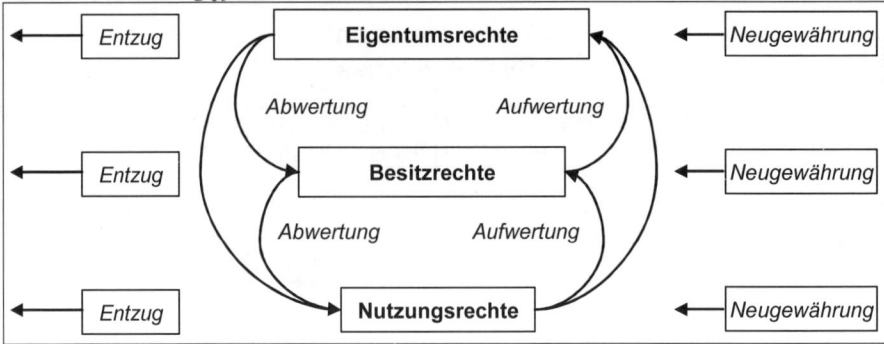

Quelle: *Eigene Darstellung*

Für Ostdeutschland sind in diesem Kontext die Privatisierung volkseigenen Eigentums, die Reprivatisierung von in Volkseigentum überführten Eigentums, die Rückgabe bzw. Entschädigung ungesetzlich enteigneten Eigentums sowie die Umwandlung bestehender nutzungsrechtlicher Beziehungen relevant.[10] Obgleich es sich im Kern um dieselben Prozesse handelt – die Veränderung sachenrechtlicher Beziehungen[11] während der Transformation – muss an dieser Stelle bereits auf den durchaus differenzierten teleologischen Charakter dieser Regelungen hingewiesen werden: Privatisierung- und Reprivatisierungsprozesse wurden in allen postsozialistischen Staaten aus wirtschaftspolitischen Gründen initiiert, um marktwirtschaftliche Prozesse in Gang zu bringen und die Effizienz der Unternehmen zu steigern. Restitution hingegen – und bei sachenrechtlicher Tangierung auch strafrechtliche Rehabilitierung – speisen sich in ihren politischen Motivationen überwiegend aus rechtspolitischen Überlegungen, da nach Auffassung der postsozialistischen rechtsstaatlichen Institutionen Unrechtstatbestände der Vorgängerregimes zu korrigieren sind, um zum einen Gerechtigkeit bzw. den Willen zur Durchsetzung von Gerechtigkeit zu demonstrieren und zum anderen aber auch ein deutliches Zeichen einer negativen Vergangenheitsbewertung zu setzen. Der Bevölkerung soll auf exekutiver und judikativer Ebene der Bruch mit der Vergangenheit vermittelt werden. So führt BATT (1994: 89) in ihrer Bewertung der Option „Restitution enteigneten Besitzes" dazu aus: „…the legitimation of new post-communist regimes rests on their capacity to demonstrate their commitment to writing off the wrongs of the past as far as they are able.". Ganz voneinander trennen las-

---

10 Diese Differenzierung weicht bewusst von ROGGEMANN (1996: 33/34) ab, der zwischen Privatisierung als „Überführung ehemals in sozialistischem, staatlichem oder gesellschaftlichem Eigentum stehender Rechtsobjekte in die Hände privater Eigentümer, seien es natürliche oder juristische Personen" und Re-Privatisierung als Wiedereinsetzung enteignete Alteigentümer bzw. deren Erben unterscheidet. ROGGEMANN übersieht bei seiner Definition die Möglichkeit, vormals enteignete Rechtsobjekte zwar nicht zurückzugeben, aber den ehemaligen Eigentümern ein Vorkaufsrecht zuzubilligen.
11 Obgleich es sich juristisch gesehen um eine definitorische Inkorrektheit handelt, werden im folgenden Text „sachenrechtliche Festsetzung" und „Eigentumsrechte" aus Gründen der Verständlichkeit synonym gebraucht.

sen sich diese beiden Ansätze nicht, zumal mit der Reprivatisierung an ehemalige Alteigentümer (ehemalige Alteigentümer können in begrenztem Umfang ihre Altflächen zu vergünstigen Preisen erwerben) eine interessante Mischform vorliegt, in der wirtschaftliche und moralische Intentionen Berücksichtigung fanden. Die hier nur umrisshaft skizzierte Dynamik von Eigentumsverhältnissen hat sich deutlich in den ostdeutschen Wirtschaftsverhältnissen niedergeschlagen. Die aktuellen Diskussionen um die Deindustrialisierung Ostdeutschlands, die hohe Arbeitslosigkeit und der rasche Ausdifferenzierungsprozess von Regionen unterschiedlicher sozio-ökonomischer Entwicklung[12] legen hiervon Zeugnis ab. Immer wieder artikuliert sich die generelle Kritik an Inhalt und Form des sozialen und wirtschaftlichen Transformationsprozesses an der Tätigkeit der hierfür zuständigen Institutionen[13]: Die Treuhandanstalt (THA) als Privatisierungsinstitution, die Ämter zur Regelung offener Vermögensfragen (ARoV) als Restitutionsinstitutionen[14] und die Bodenverwaltungs- und -verwertungsgesellschaft (BVVG) als größter und staatlicher Grundbesitzer in Ostdeutschland[15] wurden für die schleppende wirtschaftliche Entwicklung verantwortlich gemacht.

1.1.3 Betrachtungsansätze eigentumsrechtlicher Regelungen

Schon diese kurze Auseinandersetzung mit der Problematik der Dynamik der Eigentumsrechte in Transformationsprozessen verdeutlicht den Facettenreichtum dieser Fragestellung und weist zugleich auf die unterschiedlichen disziplinenspezifischen Betrachtungsansätze eigentumsrechtlicher Regelungen hin. Zunächst ist hier sicherlich auf die originäre juristische Herangehensweise zu rekurrieren, die von eher rechtstheoretischen einen Bogen zu rechtspraktischen Fragestellungen spannt. Solche Fragestellungen betreffen die:
– Rechtsstaatliche Verantwortung des gegenwärtigen Staates und seiner Rechtsordnung für die Vergangenheit,
– Rückwirkung von geltendem Recht,

---

12 Dazu insbesondere für den ländlichen Raum WEISS (2002)
13 Für die investitionshemmende und -verzögernde Wirkung von Restitutionsanträgen argumentiert BALLHAUSEN (1994: 214) in seiner Replik auf MIELKE (1994), der zwar eine verzögernde Wirkung wahrnimmt, sie aber als notwendiges Übel bezeichnet, das lediglich in der Öffentlichkeit als gut kommunizierbare Erklärung für den gegenwärtigen Zustand der wirtschaftlichen Entwicklung in den Neuen Bundesländern gebraucht wird (S. 212). Zu einem ähnlichen Ergebnis waren bereits im Jahre 1991 FIEBERG und REICHENBACH (S. 1979) gekommen, die die unterschiedlichen Investitionshemmnisse erschöpfend aufzählen und daraus die Unmöglichkeit einer Gewichtung einzelner Hemmnisfaktoren ableiten.
14 CZADA (1997: 29) weist auf die hohe Anzahl an Widerspruchs- und Verwaltungsgerichtsverfahren im Restitutionsprozess hin, betont aber auch die geringen Erfolgsquoten, die seiner Meinung nach auf eine qualitativ hochwertige Arbeit der jeweiligen Institutionen schließen lässt.
15 In Zusammenhang mit der Entwicklung der Landwirtschaft in den Neuen Bundesländern sieht GERKE (2003: 56) die BVVG an prominenter Stelle, verhindere sie doch durch ihre Flächenverteilungspolitik die Entwicklung diversifizierter Betriebsformen.

- Bewertung von sachenrechtlichen Veränderungen aus natur-, völker-, verfassungs- und zivilrechtlicher Perspektive,
- Bewertung der historischen sachenrechtlichen Festsetzungen (Eigentum, Besitz, Nutzung) der überkommenen Rechtsordnung und Überleitung bzw. Transformierung in die neue Rechtsordnung,
- Differenzierung der sachenrechtlichen Auf- und Abwertungsprozesse nach verwaltungs- und zivilrechtlichen Kriterien (legitim – legal), und die
- Ausgestaltung und Fortentwicklung von juristischen Normen zur Privatisierung, Reprivatisierung, Restitution und strafrechtlichen Rehabilitierung.

Eine Differenzierung der ökonomisch intendierten Betrachtungsansätze und Interessenfelder fällt angesichts der wirtschaftspolitischen und mikro- bzw. makroökonomischen Orientierungen nicht leicht und ist sicherlich nur als eine erste Annäherung zu verstehen. Hierbei sind die folgenden Fragen zu bearbeiten:
- Welche Steuerungsmöglichkeiten des Staates bieten die einzelnen Alternativen Persistenz, Privatisierung oder Restitution?
- Welche Wirtschaftsform soll angestrebt werden? Spannweite von Staatsverwaltungswirtschaft zu Freier Marktwirtschaft.
- Können eigentumsrechtliche Regelungen genutzt werden, um die Entwicklung einzelner Wirtschaftssektoren zu beeinflussen?
- Können eigentumsrechtliche Regelungen genutzt werden, um in einzelnen Sektoren bestimmte Unternehmensformen zu fördern?
- Welche beschäftigungspolitischen Folgen zeigen die einzelnen Optionen?
- Welche finanziellen Be- bzw. Entlastungen sind mit den einzelnen Optionen verbunden?
- Welche Kosten – insbesondere versunkene Kosten – entstehen bei der Implementation der Optionen?
- Können die Optionen genutzt werden, um Ausmaß und Intensität ausländischer Investitionen zu steuern?

In einem politik- und sozialwissenschaftlichen Zusammenhang zählen Fragen der Neuregelung von Eigentumsrechten sicherlich zum wichtigen Kernbereich der Transformationsforschung, da neben die Verteilung von Eigentum in einer Gesellschaft immer (macht-)politische und soziale Implikationen treten.
- Reform der Eigentumsrechte als politisches Zeichen
- Interpretation der Vergangenheit
- Umverteilung von Ressourcen
- Partizipation von Bürgern am Transformationsprozess und ggfls. Beteiligung an den Transformationsgewinnen und -kosten

In der Tradition von Eigentumstheoretikern wie A. SMITH, J. S. MILL oder J. RAWLS stehen Betrachtungsansätze, die auf die moralische Auswirkungen von sachenrechtsbezogenen Veränderungen abheben:
- Entspricht die jeweilige Regelung den Anforderungen von sozialer Gerechtigkeit?
- Werden durch eigentumsrechtliche Regelungen Sieger oder Verlierer des Transformationsprozesses geschaffen?
- Wie wird die Vergangenheit interpretiert?

1 Einführung

- Entkoppelt die eigentumsrechtliche Regelung Menschen von ihrem bisherigen Produktionsleben?
- Werten die Regelungen zur Heilung illegaler eigentumsrechtlicher Eingriffe die Regelungen zur Heilung systemimmanenter menschenrechtsbezogener Eingriffe ab?

Und letztlich stellt sich grundsätzlich die Frage, ob und wieweit sich die Geographie mit eigentumsrechtlichen Fragestellungen auseinandersetzen soll. Obgleich dieser Frage ein eigenes Kapitel (Kapitel 3) gewidmet ist, sollen an dieser Stelle schon die wesentlichen Anknüpfungspunkte zwischen Geographie und Eigentum bzw. Eigentumsveränderungen genannt werden:

- Auswirkungen der Änderungen der Eigentumsverhältnisse auf die Physiognomie der Landschaft: Rezente, persistente, temporäre oder fossile Landschaftselemente
- Wirtschaftsgeographische Perspektive der Standorte, Eigenschaften und Vernetzung der Unternehmen: Dynamik und Persistenz der Eigentümerstruktur, Größe, Spezialisierung
- Sozialgeographischer Kontext: Gesellschaftliche Differenzierung in Inhaber von sachenbezogenen Rechten, Nicht-Mehr- Inhaber von sachenbezogenen Rechten und Neu- Inhaber von sachenbezogenen Rechten, Migrationsbewegungen, Marginalisierungsgefühle
- Politische Geographie: Persistenz und Dynamik von sachenrechtlichen Beziehungen aufgrund bestehender Machtgefüge, Stigmatisierung von Enteigneten und Antragstellern, Auseinandersetzungen um räumlich lokalisierte Ressourcen, räumliche Verteilung der auf Sachenrechte bezogenen Interessen, räumliche Verteilungspolitiken, raumwirksame Entscheidungsprozesse, raumbezogene Partie- und Verbandsaktivitäten
- Geography of Law: Räumliche Dimensionen von rechtlichen Festsetzungen: Raumwirksame Effekte, Betroffenheit, Intensität

1.2 FRAGESTELLUNG UND ZIELSETZUNG

1.2.1 Fragestellung

Aus der oben kurz angerissenen Problematik der Dynamik von sachenrechtsbezogenen Beziehungen und der Prämisse, dass diese Dynamik tatsächlich aus geographischer Sicht betrachtet werden kann, lassen sich zunächst vier Hauptfragen formulieren. Die Motivation für diese Studie ergibt sich im wesentlich aus zwei „Handlungsanweisungen", in denen die geographische und die transformationstheoretische Dimension eingefordert werden: Zum einen differenziert WIRTH (1979: 185/186) in seiner Darstellung von Prozessen mit Raumbezug zwischen „räumlichen", „raumwirksamen" und „raumrelevanten" Prozessen und orientiert sich dabei an der Einteilung von WEBER (1968: 16): Bei den oben umrissenen Prozessen der sachenrechtlichen Veränderungen muss es sich dabei um raumrelevante Prozesse handeln, da sie „im Bereich von sozialen oder ökonomischen oder politischen oder technologischen Systemen ablaufen" und „im Raum selbst ablaufen, [die] eine Veränderung der Raumstruktur beinhalten, die ohne einen Bezug auf den Raum überhaupt nicht definiert werden können." (WIRTH 1979: 185). Dass sachenrechtliche Festsetzungen und Veränderungen (Forschungs-)Gegenstände der Geographie sein müssen, ergibt sich aus allen bei GREGORY (2000: 780–782) dargestellten Konnotationen der menschlichen und sozialen Implikationen des Begriffs „Räumlichkeit". Die geographische Relevanz von sachenrechtlichen Veränderungen i.S. des staatlich festgesetzten Ordnungssystems aus Eigentum, Besitz, Niesbrauch, Nutzung etc. ist bereits durch BOESLER (1969) beschrieben worden, der in seinem Schema zur Integration der raumwirksamen Staatstätigkeit in das theoretische System kulturlandschaftlicher Entwicklungsprozesse (S. 15) staatliche Prozessregler, die direkt und indirekt Raumwirksam nach sich ziehen, herausgearbeitet hat. Als allgemeine Staatstätigkeit nennt er die Wirtschafts-, Finanz-, Verkehrs-, Wohnungs- und Verteidigungspolitik (S. 13). Natürlich kann diese, am Konzept der Geofaktoren angelehnte Vorstellung nur eine eindimensionale Sicht der Prozesse darstellen, da Interaktionen, Feed-Back-Prozesse oder Selbstregulierungsvorgänge nicht vorgesehen sind; sie dient allerdings als theoretisches Grundkonzept für zahlreiche weiterführende Studien (z.B. DEGETHOFF 1991, SCHRÖDER 1993, BORN 1996). Zum anderen fordert REISSIG (1996: 256–260) eine intensive – wenn auch vorsichtige – Auseinandersetzung mit den Transformationsprozessen in Ostdeutschland, die er zwar als isolierten Sonderfall sieht, aber ihnen dennoch zubilligt, „auch neue Chancen zur theoretischen Innovation und zum Anschluss an die internationalen Debatten [zu] eröffnen" (REISSIG 1996: 256). Dabei bietet die Auseinandersetzung mit sachenrechtlichen Veränderungen zum einen die Möglichkeit, Transformationspfade und -logiken aus einer eigenständigen empirischen Perspektive zu analysieren und zum anderen zu erproben, ob und wie die vorhandenen Ansätze einer Rechtsgeographie auf die Transformation in Ostdeutschland anzuwenden sind. Insofern impliziert seine Forderung nach einer Abkehr von herkömmlichen Forschungsperspektiven auch eine „Handlungsanweisung" für diese Untersuchung und „zur Analyse

1. der Dynamik des realen Transformationsgeschehens als offenen Prozess mit seinen Konflikten, Ambivalenzen und möglichen Öffnungen – unter besonderer Berücksichtigung der Handlungspotentiale und -logiken der endogenen Akteure sowie der Entwicklung der sozialen und lebensweltlichen Dimension von Transformation und Integration;
2. der DDR-Gesellschaft, der komplexen Ausgangsbedingungen und ihrer Wirkungen auf die Transformationsprozesse in Ostdeutschland:
3. der ost-westdeutschen, mithin gesamtdeutschen Transformation und Modernisierung;
4. des Vergleichs zwischen den ostdeutschen und den anderen postsozialistischen Transformationen; insbesondere der verschiedenen Entwicklungspfade und -logiken, ihrer Ursache und Effekte." (REISSIG 1996: 260)

Dementsprechend umfassen die vier Hauptfragen dieser Untersuchung das Interaktionsfeld von sachenrechtlichen Festsetzungen und Geographie. Mithin zielt die

vorliegende Untersuchung darauf, die „Räumlichkeit" von Eigentumsrechten im Transformationsprozess darzustellen.
1. Zunächst ist zu erläutern, welche Raumrelevanz diese sachenrechtlichen Festsetzungen und ihre prozesshaften Veränderungen tatsächlich entfalten können. Konkret bedeutet dies, die physiognomischen, wirtschafts- und sozialgeographischen Auswirkungen zu identifizieren, ihr Ausmaß zu ermitteln und eventuelle Phasen voneinander abzugrenzen.
2. Weitergehend muss danach gefragt werden, wie weit die Ansätze der Geography of Law genutzt werden können, um gegenwärtige und historische Prozesse, die eine geographische Relevanz entwickeln, zu erklären. Hier stellt sich vor allem die Frage, in welchem Umfang die in urbanen Kontexten gewonnenen Erkenntnisse auch auf den ländlichen Raum übertragbar sind. Darüber hinaus lässt sich gerade in Hinblick auf die – im transformatischen Kontext notwendige – Konzentration auf Eigentumsrechte fragen, wie weit die in den einschlägigen Gesetzen (Privatisierungs-, Reprivatisierungs- und Restitutionsgesetzen) implizierten räumlichen Veränderungsprozesse nicht besser aus der weiteren Perspektive der gesamtgesellschaftlichen Transformation und Adaption marktwirtschaftlicher Denk- und Verhaltensmuster erklärt werden sollten.
3. Abgeleitet aus der Analyse der geographischen Relevanz vermögensrechtlicher Fragen besteht nun noch erheblicher Klärungsbedarf zur Bedeutung vermögensrechtlicher Fragen im Transformationsprozess. Hier ist sowohl auf die theoretische Bedeutung und Entstehung von Eigentumsrechten zu rekurrieren als auch auf den Stellenwert, der eigentumsrechtlichen Fragen in der heutigen Diskussion um die Transformation ländlicher Räume zugewiesen wird.
4. Letztlich folgt hieraus eine Betrachtung, wie geographische bzw. rechtsgeographische Transformationsfolgen zu anderen Transformationsfolgen in Beziehung zu setzen sind. Die Geography of Law steht in ihrer Forschungsperspektive am Interaktionspunkt von Recht, Raum und Gesellschaft (BLOMLEY 2000a: 435), wobei mögliche Pfadentwicklungen oder Dependenzen nicht außer Acht gelassen werden sollten.

Aus diesen vier Hauptfragen lassen sich nun weitere Fragen ableiten, die zum einen die Thematik eigentumsrechtlicher Veränderungen vertiefen und zum anderen Subjekte und Objekte im eigentumsrelevanten Transformationsprozess auf dem Hintergrund ihrer Handlungsoptionen bzw. ihrer Überformungen und Modifikationen analysieren sollen.

– In der vorliegenden Arbeit werden Privatisierung, Reprivatisierung und Restitution als die wesentlichen Bestandteile der Transformation im ländlichen Raum verstanden; diese Interpretation erfordert eine Klärung, in welchem Ausmaß gerechtigkeits- und effizienzorientierte Argumente gefunden wurden und Eingang in die jeweilige Gesetzgebung bzw. deren Umsetzung gefunden haben.
– Eine große Rolle spielt gerade im ostdeutschen Transformationsprozess die Interaktion von vergangenheits- und zukunftsorientierten Strategien der Eigentumsbildung im ländlichen Raum, die einerseits in der Ausblendung bestimmter historischer Enteignungsprozesse und andererseits in der weitgehend

automatischen eigentumsrechtlichen Aufwertung von Nutzungsrechten kumulierten. Hier ist sowohl nach politischen und juristischen Beweggründen zu suchen als auch die – durchaus gegebene – geographische Dimension zu berücksichtigen.
- Zur Umsetzung der vermögensrechtlichen Veränderungsprozesse bedurfte und bedarf es Verwaltungsinstitutionen, die als Akteure wesentlichen Einfluss auf den Transformationsprozess genommen haben. Deren Handeln ist ebenfalls unter dem Gesichtspunkt geographischer Wirksamkeit zu betrachten.
- Letztlich muss dann danach gefragt werden, wie die eigentumsrechtlichen Maßnahmen im Raum rezipiert wurden: Gerade hier steht dann die Frage nach „Gewinnern" und „Verlierern" des eigentumsrechtlichen Transformationsprozesses im Mittelpunkt der Anstrengungen.

1.2.2 Zielsetzung der Untersuchung

Aus den oben dargestellten Fragestellungen ergeben sich somit drei Zielsetzungen, die nicht nur das theoretische Verständnis von Transformationsprozessen erweitern, sondern auch weitergehend Impulse für eigentums- und rechtssetzungsbezogene Betrachtungsansätze liefern. Hierbei ist vor allem darauf hinzuweisen, dass bisher rechtsgeographische Fragestellungen in der deutschsprachigen Geographie eher marginal behandelt wurden, so dass sich die Notwendigkeit ergibt, diese zwar als spezialisiert wahrgenommene, aber letztlich doch für die Erklärung der Umwelt essentielle Erklärungsansätze in ihrer Breite darzustellen und ggfls. für die Nutzung im ländlichen Raum unter Transformationsbedingungen zu modifizieren. Im Einzelnen soll die Untersuchung
- eine umfassende Analyse der Dynamik der Eigentumsrechte in einem überschaubaren Raum beinhalten,
- die Eignung der theoretischen Herangehensweise der Geography of Law für den ländlichen Raum unter Transformationsbedingungen nachweisen, und
- ggfls. Ergänzungen und Modifikation dieser Herangehensweise formulieren, um für zukünftige Forschungen über ein methodologisches Rüstzeug zu verfügen.

1.2.3 Ausblick

Als weit über diese Zielsetzungen hinausgehende, aber dennoch für einen Ausblick als lohnend aufscheinende Zusammenhänge soll hier zum einen auf die von KLEIN (1996) diskutierten Wechselwirkungen zwischen westlichen Industrieländern und östlichen Transformationsfeldern abgehoben werden und zum anderen einige der noch „ausstehenden" sachenrechtlichen Problemfälle genannt werden.

Obgleich die von KLEIN (1996: 17) formulierten Ziele seines Beitrages mit der Betrachtung östlicher Transformationsvorgänge in einem historischen Kontext gegenseitiger Wechselbeziehungen und der Erfassung von Rückwirkungen der östlichen Transformation auf westliche Wandlungsprozesse einen weiten Bogen spannen und von einer politikwissenschaftlichen und modernismuskritischen Auseinandersetzung mit den Folgen der postsozialistischen Transformation für postfordistische Systeme geprägt ist, können sie zumindest im deutschen eigentumsrechtlichen Kontext nachvollzogen werden: Es scheint kein Zufall zu sein, dass die Wiedereinführung marktwirtschaftlicher Eigentumsstrukturen und das Bemühen zur Korrektur vermögensrechtlichen Unrechts in Ostdeutschland zeitlich unmittelbar vor einer Periode lag, in der gerade von westdeutscher Seite durch die Vertriebenenverbände umfangreiche vermögensrechtliche Ansprüche an Polen und Tschechien gerichtet wurden – mit dem Argument der Notwendigkeit der Wiedergutmachung historischen Unrechts. Es fällt nicht schwer, hier einen Zusammenhang zu erkennen, in dem im Umfeld des Beitritts dieser Staaten zur Europäischen Union und der Erkenntnis der juristischen und verwaltungstechnischen Machbarkeit von Restitutionsregelungen in Ostdeutschland derlei Begehrlichkeiten auch weiter östlich geäußert werden. Insofern zeigte hier ein Transformationsprozess in Ostdeutschland erhebliche Wechselwirkungen auf Westdeutschland.[16]

Obgleich die Regelung sachenrechtlicher Beziehungen aus historischer Perspektive kein Phänomen der Gegenwart ist – BIEHLER weist u.a. auf das Athener Ausgleichskommen von 403 v. Chr. hin (1994: 127) – und in Mitteleuropa die eigentumsrechtlichen Verwerfungen und Restaurationen beider Weltkriege[17] aus geschichts- und politikwissenschaftlicher Sicht untersucht wurden, scheint es, als würden sie auch im aktuellen politischen Tagesgeschehen einen größeren Stellenwert einnehmen – was aber auch auf die spezifische Wahrnehmung des Verfassers zurückgeführt werden kann.

Aus Perspektive der Betrachtung gegenwärtiger und noch nicht ganz abgeschlossener Versuche der Regelung sachenrechtlicher Beziehungen bietet sich für einen Ausblick die Betrachtung noch offener vermögensrechtlicher Regelungen an. Diese lassen sich nach dem Verursacherprinzip in vier Gruppen einteilen:
– Post-Sozialistische offene Vermögensfragen: Vor allem Russland[18] und – ansatzweise – auch China beschäftigen sich mit Wegen zur Restitution und Re-

---

16 Die andere denkbare ost-westliche Wechselwirkung der Erlangung von Eigentumstiteln durch Westdeutsche in Ostdeutschland soll hier nicht als Wechselwirkung bezeichnet werden, da es sich nur um einen linearen Zusammenhang handelt.
17 Siehe für den Ersten Weltkrieg bspw. CLOUT (1996); für den Zweiten Weltkrieg den Sammelband von HERBST und GOSCHLER (1989) und insbesondere die Darstellungen bei SCHWARZ (1974 und 1989).
18 Im November 2003 bot sich dem Verfasser die Möglichkeit, während der durch die Konrad-Adenauer-Stiftung in Moskau organisierten Konferenz „Das Eigentumsrecht und seine Restitution – Erfahrungen im postkommunistischen Europa und ihre Bedeutung für Russland" nicht nur die westlichen Erfahrungen mit Restitutionsprozessen („Die Neu- und Umverteilung von Eigentum in der neueren Geschichte des Westens an ausgewählten Beispielen") darzustellen, sondern auch einen Einblick in die Schwierigkeiten möglicher Restitutionsregelungen in Russland zu erhalten, da bspw. ganz unterschiedliche Gruppen (Anhänger des Zaren, Kulaken, Anti-Kommunisten, Anti-Stalinisten etc.) Ansprüche stellen und dabei aus den Augen verlieren, dass jegliche Restitutionsregelung die Vergangenheit interpretiert und in ihrem Falle einzelne Gruppen von der Restitution ausschließt.

privatisierung; selbstverständlich handelt es sich hier um erste vorsichtige Sondierungen, da einerseits die bereits durchgeführten Privatisierungsanstrengungen Restitution und Reprivatisierung konterkarieren und andererseits die Anerkenntnis historischer illegaler Enteignungen zu einer Reinterpretation der Vergangenheit führen muss.

- Post-Koloniale offene Vermögensfragen: Die Brisanz der Regelung offener sachenrechtlicher Beziehungen in Post-Kolonialstaaten lässt sich am treffendsten im südlichen Afrika beobachten, wo in Südafrika[19] mit der Landreform gute Erfahrungen mit dem Ausgleich historischer und gegenwärtiger Eigentums-, Besitz- und Nutzungsrechte gemacht wurden. Weitaus komplexer erscheint die Situation in Simbabwe[20] und Namibia, wo die Frage der Restitution offenkundig von ihrem gerechtigkeitsbezogenen Anspruch gelöst und ausschließlich der politischen Sphäre eines „Reward"-Systems für bestimmte politische Klientelgruppen zugeordnet wurde.
- Post-Separatistische offene Vermögensfragen: Ebenso wie in der Bundesrepublik Deutschland bis 1989 die Vermögensfrage der in der DDR enteigneten Werte „offen" gehalten wurde, behalten sich die beiden noch geteilten Staaten Zypern und Korea eine endgültige Regelung der Neuordnung sachenrechtlicher Beziehungen nach einer Wiedervereinigung noch vor. In Zypern fand das Thema Eingang in die politische Auseinandersetzung um den Beitritt der Gesamtinsel zu EU, in Südkorea beschäftigen sich Verfassungsrechtler intensiv mit dieser Frage[21].
- Post-Diktatorische offene Vermögensfragen: Die jüngsten Auseinandersetzungen im Kosovo[22] und im Irak haben die Bedeutung offener Vermögensfragen im Kontext diktatorischer Regimes unterstrichen, da in beiden Fällen gezielt durch die Zerstörung von Grundbuch- und Katasterämtern in militärisch aussichtsloser Lage nicht nur eine Politik der verbrannten Erde betrieben wurde, sondern auch die vormals unterdrückten und enteigneten Minderheiten systematisch ihres Rechts auf Restitution beraubt wurden.

1.3 AUFBAU DER ARBEIT

Der Aufbau der Arbeit orientiert sich an der besonderen geographischen Betrachtung des Prozesses sachenrechtlicher Veränderungen im Transformationsprozess, der bisher überwiegend in rechts-, wirtschafts-, sozial- oder politikwissenschaftlichen Zusammenhängen diskutiert und analysiert wurde. Eigentums-, Besitz- und Nutzungsrechte und ihre Dynamik im Transformationsprozess sollen in ihrer geographischen Dimension und insbesondere in ihren Auswirkungen analysiert werden und somit dazu beitragen, die Relevanz dieser Rechtsinstrumente für die sozial- und wirtschaftsräumliche Entwicklung des ländlichen Raumes in Ost-

---

19 Siehe BISMARK (1999) und Ntsebeza/Hall (2007)
20 Siehe BOWYER-BOWER (2002)
21 Siehe SHIN (1993) und später PYO (2001)
22 Siehe UNHSP (2001: 36)

1 Einführung

deutschland darzustellen. Dementsprechend kann ein theorie- von einem empirie-geleiteten Teil abgegrenzt werden. Am Anfang einer Auseinandersetzung mit raum- und gesellschaftsrelevanten Prozessen steht die Darstellung der jeweiligen Forschungsstände aus Sicht der beteiligten Disziplinen und Betrachtungsansätze (Kap. 2). Hier ist zunächst zwischen juristischen, wirtschaftlichen und sozialen Diskursen und Erklärungsmustern zu differenzieren, an die sich dann die spezifischen raumrelevanten Betrachtungen der Geographie anschließen (Kap. 3). In diesem Zusammenhang wird auch der Versuch unternommen, die Konzepte der Geography of Law als disziplinspezifische Analyseansätze vor dem Hintergrund posttransformatorischer sachenrechtlicher Veränderungen zu bewerten. Darauf aufbauend werden die sozialen, wirtschaftlichen und landschaftlichen Implikationen unterschiedlicher Eigentumskonzepte dargestellt (Kap. 4). Eigentumsstrukturen und ihre sozio-ökonomischen bzw. raumrelevanten Auswirkungen der sozialistischen und marktwirtschaftlichen Wirtschafts- und Gesellschaftsordnung werden gegenüber gestellt und in ihrer sozial- und wirtschaftspolitischen Bedeutung als definitorische Determinanten dieser Systeme interpretiert. Selbstverständlich muss an dieser Stelle dann auch auf den schwierigen Transformationsprozess nach 1989 eingegangen werden und die wichtigen rechts-, sozial- und wirtschaftspolitischen Implikationen, die sich hinter den Schlagwörtern Gerechtigkeit, Kontinuität und Effizienz verbergen, erläutert werden. Als Eckpunkte einer späteren empirischen Betrachtung der sachenrechtlichen Veränderungen im Transformationsprozess sollen Persistenzen, Brüche und dynamische Veränderungen – Neu- oder Rekonfigurationen – identifiziert und analysiert werden, so dass ein Modell sachenrechtlicher Schichtungen entsteht, die in unterschiedlichen rechtlichen, wirtschaftlichen, sozialen und geographischen Beziehungszusammenhängen zum Vorschein kommen. Aus dieser Perspektive werden anschließend die Konfliktpotentiale der Privatisierungs-, Reprivatisierungs- und Restitutionskonzepte dargelegt und ein Konzept zur vergleichenden Betrachtung sachenrechtlicher Veränderungen entwickelt (Kap. 5).

Im empirischen Teil (Kap. 6 und 7) widmet sich der einführende Abschnitt der Darstellung der Privatisierungs- und Restitutionskonzepte nach 1989 und geht dabei besonders auf die mit diesen Regelungen verbundenen Konfliktpotentiale und Lösungsmöglichkeiten ein. In diesem Kontext werden auch die jeweiligen Interessengruppen anhand ihrer sachenrechtlichen Alternativkonzepte und Handlungsmuster vorgestellt. Weiterführend wird in einem vergleichenden Ansatz mit den Begriffen der Restitutionsintensität, -komplexität und -reichweite ein Instrument entwickelt, das sachenrechtliche Veränderungen zumindest in Bezug auf Restitutionsmaßnahmen zu klassifizieren vermag. Daran anschließend werden für den Bereich des Amtes Löcknitz (Mecklenburg-Vorpommern) exemplarisch die Dynamik der Eigentumsrechte aufgezeigt und die wirtschaftlichen, sozialen und landschaftlichen Auswirkungen der jeweiligen Regelungen nach Umfang und Intensität dargestellt.

Abschließend und in Erweiterung des empirischen Teils wird die Relevanz der Dynamik der Eigentumsverhältnisse im Kontext anderer raum- und sozialwirksamer Prozesse thematisiert und der Frage nachgegangen, ob und wieweit dieser Teilaspekt des Transformationsprozesses zur Peripherisierung und Marginalisierung des Untersuchungsgebietes beigetragen hat (Kap. 8). Sicherlich steht hierbei die Entwicklung der Landwirtschaft aus ökonomischer und ökologischer Sicht im Mittelpunkt des Interesses. Am Ende der Untersuchung steht die Reflektion der Wertigkeit des Bezugsrahmens „Geography of Law" für die Erforschung und Erklärung der geographischen Dimension sachenrechtlicher und darüber hinaus privat- bzw. öffentlich-rechtlicher Festsetzungen (Kap. 9).

1.4. METHODISCHES VORGEHEN

Am Anfang der methodologischen Annäherung an ein solches, stark von empirischen Arbeiten geprägtes Forschungsvorhaben steht die Auswahl eines geeigneten Untersuchungsgebietes. Dabei waren zwei Aspekte besonders zu berücksichtigen: Das Untersuchungsgebiet sollte über eine hinreichende Komplexität der Dynamik der Eigentumsverhältnisse nach 1945 verfügen; gleichzeitig musste der Zugang zu datenschutzrechtlich sensiblen Informationen aus den Ämtern zur Regelung offener Vermögensfragen, der landwirtschaftlichen Behörden und der BVVG gewährleistet sein. Darüber hinaus war bei der Auswahl des Gebietes auch die potentielle Resonanz auf sozialwissenschaftlich intendierte Untersuchungsmethoden zu berücksichtigen.

Ein maßgeblicher Anteil dieser Voruntersuchungen wurde im Rahmen des VW-Forschungsprojektes „*Eigentumsrückübertragung und der Transformationsprozess in Deutschland und Polen nach 1989*", in dem der Verfasser von 1999 – 2001 als wissenschaftlicher Mitarbeiter an der University of Plymouth beteiligt war, durchgeführt. Dieses Projekt widmete sich in einem vergleichenden Ansatz der Restitution enteigneten Eigentums in Deutschland und Polen. Die Projektpartner, das Geographische Institut der University of Plymouth (Prof. M. Blacksell, Dr. K. M. Born), das Institut für Stadt- und Regionalsoziologie der HU Berlin (Prof. H. Häußermann, B. Glock, K. Keller) und das Institut für Rechtssoziologie der Universität Krakow (Prof. G. Skapska, W. Kadylo), untersuchten dabei neben den jeweiligen Rahmenbedingungen von Restitution auch ausgewählte Beispiele aus dem städtischen (Berlin, Gotha, Krakow) und dem ländlichen Bereich (Uecker-Randow, Wojwodschaft Opole). Dieses Forschungsprojekt baute in weiten Teilen auf den Erfahrungen der durch die britische ESRC bzw. die Leverhulme-Stiftung geförderten Forschungsprojekten zu „Access to law and legal services in Germany`s New Bundesländer" und „The Politics of Ethnicity in Poland and the European Union" auf, an denen der Verfasser ebenfalls an maßgeblicher Stelle beteiligt war.

Bei der Auswahl der Untersuchungsgebiete zeigte sich rasch, dass der eigentlich angestrebte Vergleich zwischen dem von ehemaliger Gutswirtschaft geprägten Norden mit dem durch Familienbetriebe geprägten Süden der Neuen Bundesländer nicht möglich war, da nur in Mecklenburg-Vorpommern ein Zugang zu den als zentral angesehenen Quellen der Ämter zur Regelung offener Vermögensfragen möglich war. In Thüringen und Sachsen wurde ein solches Anliegen von den zuständigen Landesämtern verwehrt. Darüber hinaus sprachen auch pragmatische Gründe für eine Beschränkung auf Uecker-Randow: Forschungsarbeiten der University of Plymouth[23] und des Max-Planck-Instituts für Soziale Anthropologie[24] verliefen erfreulich und bestätigten die Eignung der Region für weitergehende Untersuchungen. Das ausgewählte Untersuchungsgebiet, das Amt Löcknitz im Landkreis Uecker-Randow, zeichnet sich durch einen komplexen Verlauf der Eigentumsverhältnisse nach 1945 aus, da hier Folgen der Bodenreform (Enteignungen und Ansiedlungen von Neubauern), der gebietlichen Veränderungen (Grenzlage zu Polen) und der politisch intendierten Enteignungen der DDR-Behörden mit den Folgen einer umfangreichen Kollektivierung zusammentreffen. Gleichzeitig ergab sich nach 1990 durch die notwendige Extensivierung der landwirtschaftlichen Betriebe, der sozio-ökonomischen Bedingungen hoher Arbeitslosigkeit, starker Abwanderung und Marginalisierung in geographischer und politischer Hinsicht eine hohe Dynamik und Diversität von Eigentumsrechten, die nicht nur in einen Mix unterschiedlicher Betriebsformen, sondern auch in einen äußerst dynamischen Prozess der Betriebsgründung bzw. -neugründung mündeten.

Die im Rahmen dieser Untersuchung angewandten Methoden verbinden „klassische" Quellenanalysen mit sozialwissenschaftlich geprägten Explorationen. Im Einzelnen war die Anwendung der nachfolgenden Methoden notwendig:
- Quellenanalyse:
  - Auswertung der Restitutionsverfahren im Amt Löcknitz: Statistische Überblicke (Erfolgsquote, Herkunft der Antragsteller, beantragte Objekte, Enteignungsgründe etc.) und geographische Darstellung in Flurkarten (Umfang der Antragstellung, räumliche Differenzierung von Antragstellung und Erfolgsquoten auf Ebene einzelner Fluren bzw. für den gesamten Amtsbereich)
  - Daten aus Amt für Landwirtschaft bzw. statistisches Landesamt Mecklenburg-Vorpommern: Entwicklung der landwirtschaftlichen Unternehmen seit 1990
  - Auswertung der Bestände des Kreisarchivs Uecker-Randows bzw. des Landesarchivs Mecklenburg-Vorpommern zur Rekonstruktion der Entwicklung der LPG seit 1950
  - Auswertung des Unternehmensregisters am Amtsgericht Neubrandenburg seit 1989 zur Rekonstruktion der Entwicklung der landwirtschaftlichen Unternehmen: Umwandlung der LPG, Neugründungen, Umgründungen etc.
  - Luftbildauswertung: Veränderungen im Nutzungsbild einer Flur seit 1954 zur Dokumentation von Brüchen und Persistenzen in der Landnutzung

---

23 Im Jahr 1999 hatte B. VAN HOVEN-IGANSKI Untersuchungen zur Lage von Frauen im ländlichen Raum durchgeführt und sich dabei vor allem auf Interviews und Focus-Groups-Interviews gestützt (VAN HOVEN-IGANSKI 2000)
24 Seit 2000 beschäftigt sich eine Arbeitsgruppe des Max-Planck-Instituts für ethnologische Forschung (Halle) mit den eigentumsrechtlichen Fragen im Transformationsprozess (HANN 2000). G. MILLIGAN widmet sich hier aus anthropologischer Sicht den Auswirkungen des Transformationsprozesses im Landkreis Uecker-Randow.

- Empirische Forschungen:
  - Kartierungen in ausgewählten Gemeinden zur Gebäudenutzung
  - Expertengespräche mit Vertretern der Ämter zur Regelung offener Vermögensfragen, der BVVG, TLG, Ämter für Landwirtschaft und landwirtschaftlicher Organisationen
  - Runder-Tisch-Gespräche mit Betroffenen in einer Gemeinde
  - Befragung der Landwirte im Amt Löcknitz nach ihren Erfahrungen mit eigentumsrechtlichen Fragen im Transformationsprozess

Die Untersuchungen selbst fanden zwischen 1996 und 2004 statt, also einem Zeitraum, der aus der Perspektive sachenrechtlicher Veränderungen sowohl eine hinreichende Distanz zu den Anfängen der jeweiligen Veränderungsprozesse aufweist und somit qualifizierte Bewertungen von Betroffenen und Experten erlaubt als auch ex-nunc- und – in geringerem Maße und sicherlich nicht unumstritten[25] – ex-post-Betrachtungen ermöglicht.

Das Forschungsvorhaben unterlag auch unvermeidlichen Einschränkungen, die im Wesentlichen auf datenschutzrechtliche Gründe zurückgeführt werden können. So war es nicht möglich, direkt mit Antragstellern und Betroffenen der Restitutionsregelungen in Kontakt zu treten, da die Gewährung der Einsichtnahme in die Verfahrensakten der Ämter zur Regelung offener Vermögensfragen mit der Auflage eines kategorischen Verbots der direkten und indirekten Kontaktaufnahme der Verfahrensbeteiligten verbunden war. Dennoch können aus den Runden-Tisch-Gesprächen und informellen Gesprächen des Verfassers mit Bürgern im Amt Löcknitz Rückschlüsse gezogen werden. Darüber hinaus gewann das Forschungsprojekt zur Eigentumsrückübertragung in Deutschland und Polen durch seine Präsenz im Internet zeitweilig den Charakter einer Informationsplattform, bis heute sieht sich der Verfasser gelegentlich mit eigentumsrechtlichen Anfragen der interessierten Öffentlichkeit konfrontiert und kann so wertvolle Einblicke in Bewertungs-, Handlungs- und Verfahrensmuster gewinnen, die zwar weniger empirischen, aber zumindest individuell-exemplarischen Charakter aufweisen.

---

25 Für die Einschätzung der Perspektive als Ex-nunc-Betrachtung spricht sicherlich die Tatsache, dass Privatisierung und Restitution nominell als noch ablaufende Prozesse bezeichnet werden: Die beiden Privatisierungsagenturen des Bundes (BVVG und TLG) sind weiterhin mit ihren Aufgaben beschäftigt, während der Stand der Regelung offener Vermögensfragen für Immobilien und Flächen am 30.6.2004 für die gesamten Neuen Bundesländer einschließlich Berlin-Ost 97,07 % (für Mecklenburg-Vorpommern sogar 98,7 %) erreicht hatte (BUNDESAMT ZUR REGELUNG OFFENER VERMÖGENSFRAGEN). Allerdings ergibt sich gerade für den Bereich der Befragung von Personen im Zuge der Runden-Tisch-Gespräche und Befragungen die Schwierigkeit, dass deren Fälle aus persönlicher Perspektive abgeschlossen waren, gleichzeitig aber die öffentliche Perzeption sachenrechtlicher Veränderungen starken Schwankungen, die bspw. durch spektakuläre Fälle, Gerichtsentscheidungen oder politischer Diskussionen hervorgerufen wurden, unterlag. Insofern kann hier eine Ex-Post-Perspektive zumindest partiell erkannt werden.

2 FORSCHUNGSSTAND AUS SICHT DER RECHTS-, WIRTSCHAFTS-, POLITIK- UND SOZIALWISSENSCHAFTEN SOWIE AUS ETHISCH-MORALISCHER PERSPEKTIVE

In den folgenden Ausführungen zu den einzelnen Fragestellungen wird der Forschungsstand anhand der Literatur geschildert, wobei die Komplexität und die Unterschiedlichkeit der jeweiligen fachspezifischen Herangehensweisen an das Problem der Regelung eigentumsrechtlicher Veränderungen aufgezeigt werden. Hierbei ist es erneut notwendig, zwischen geographischen, juristischen, ökonomischen, politik- und sozialwissenschaftlichen sowie ethisch-moralischen Herangehensweisen zu differenzieren.

Die im Zusammenhang dieser Arbeit besonders hervorzuhebende Auseinandersetzung der Geographie mit eigentumsrechtlichen Fragen wird in einem eigenen Kapitel (Kapitel 3) dargestellt. Hierbei sollen vor allem die Begriffe Eigentum, Besitz und Nutzung aus agrargeographischer Perspektive betrachtet werden und der Frage nachgegangen werden, inwieweit und aus welcher Perspektive die bisherige agrargeographische Forschung diesen wichtigen Aspekt der „Verfasstheit" von Landwirtschaft und ländlichem Raum berücksichtigt hat.

2.1 RECHTSWISSENSCHAFTEN

Einer Betrachtung der Auseinandersetzung der Rechtswissenschaften mit Fragen der sachenrechtlichen Veränderungen im Transformationsprozess muss vorausgestellt werden, dass hier grundsätzlich drei unterschiedliche Themenfelder differenziert und individuell voneinander behandelt werden: Fragen der Regelung offener privatwirtschaftlicher Vermögensfragen, Fragen der Privatisierung und Fragen der Restitution von Kommunalvermögen.[1]

Demgegenüber differenziert ROGGEMANN (1996: 33/34) nur zwischen Privatisierung und Re-Privatisierung und orientiert sich dabei weniger an den Ursachen der jetzt zu korrigierenden Eigentumsverhältnisse als an den beiden möglichen Heilungswegen. Dabei übersieht er theoretisch mögliche – und praktisch umgesetzte – Mischformen zwischen Privatisierung und Re-Privatisierung, die den bevorzugten Flächenerwerbs durch nicht-restitutionsberechtigte ehemalige Eigentümer ermöglicht.[2] Da es sich bei Regelungen zur Privatisierung überwiegend um wirt-

---

1   Dementsprechend gliedert RÄDLER (2004) seine Darstellung der Rechtslage nach der Herstellung der staatlichen Einheit in Deutschland in (A) Verfassungsrechtliche Probleme, (B) Regelung offener Vermögensfragen, (C) Treuhandanstalt und (D) Restitution von Kommunalvermögen.
2   Konkret geht es hier um die Opfer der Konfiskationen der Sowjetischen Militäradministration (SMAD) in der Sowjetischen Besetzten Zone (SBZ), deren Restitutionsansprüche zwar vom Vermögensgesetz (VermG) und der Rechtsprechung ausdrücklich ausgeschlossen wurden, die

schafts- und unternehmensrechtliche Regelungen handelt und die Neuregelung des Vermögens der öffentlichen Hand nicht Gegenstand dieser Untersuchung sein soll, werden sie hier nicht betrachtet. Erst eine spätere Darstellung der Umwandlung der ostdeutschen landwirtschaftlichen Betriebe wird auf die Regelungen der unternehmensrechtlichen Privatisierung im LAG eingehen.

2.1.1 Theorie der Eigentumsrechte

Eine erste Auseinandersetzung mit der juristischen Interpretation von sachenrechtlichen Veränderungen im Transformationsprozess eröffnet das verfassungsrechtliche Gebot des Eigentumsschutzes in Art. 14 GG. Ohne auf die umfangreiche verfassungsrechtliche Diskussion um den Eigentumsbegriff des GG einzugehen[3], muss die Frage der Nennung von Enteignungen bzw. deren Entschädigungspflichtigkeit im Art. 14 Abs. 3 GG im Lichte der Enteignungen bzw. deren Wiedergutmachung durch das VermG angesprochen werden, zumal ein Großteil der juristischen Literatur zum Vermögensrecht dieser Frage breiten Raum beimisst. Nach herrschender Meinung besteht nämlich nur ein geringer Zusammenhang zwischen den Regelungen des Art. 14 GG und dem Vermögensgesetz, da Art. 14 GG nur für Enteignungen, die verfassungsrechtlich legitimiert, also mit Gemeinwohlinteressen begründet sein müssen, angewendet werden darf (BLECKMANN/PIEPER 2004: Rn. 80). Ähnlich stellt PAPIER (1995: 160) dar, dass der Eigentumsschutz des Grundgesetzes zwar die wirtschaftliche Basis einer freien Existenz und Entfaltung des Individuums garantiert, damit aber kein Anspruch auf die Herstellung oder die Wiederbeschaffung des von einer fremden bzw. früheren Hoheitsgewalt entzogenen Eigentums abgeleitet werden kann. Dieser wichtige – weil in der Öffentlichkeit immer wieder falsch interpretierte – Aspekt wird letztlich auch vom Bundesverfassungsgericht unterstrichen, das mehrfach[4] klargestellt hat, dass die Wiedergutmachung (national-)sozialistischer Enteignungen eher der Sphäre politischer als verfassungsrechtlicher Entscheidungen zuzuordnen ist; in diesem Zusammenhang spielt die Eigentumsgarantie des Art. 14 GG keine Rolle, da das Grundgesetz Eigentumsrechte nur gegenüber dem westdeutschen Gesetzgeber schützt.

Weiter ausholend nähern sich BROCKER (1993) und CZADA (1997) aus rechtsphilosophischer Sicht dem Aspekt der Eigentumsrechte, indem sie auf die Frage des Übergangs von der Okkupationstheorie des Eigentums zur Arbeitstheorie des Eigentums rekurrieren. Unter der Okkupationstheorie, die zuerst von Cicero entwickelt wurde, versteht man den Prozess der Schaffung von Privateigentum. Zentrale Elemente dieser bis ins 16. Jahrhundert geltenden Theorie waren die Annahmen, dass aus einer ursprünglichen Gütergemeinschaft heraus Privateigentum bzw. die individuelle Verteilung von Gütern durch eine „Erste Besitznahme"

---

aber nach § 3 ALG in Verbindung mit der Flächenerwerbsverordnung vom 20.12.1995 privilegierten Zugang zum ostdeutschen Bodenmarkt genießen.
3   Siehe dazu z.B. die umfangreichen Nachweise bei DOEHRING (1984: 344ff.).
4   so BVerfGE 84, 90 oder 94, 12

("prima occupatio") herausgelöst wurden und naturrechtlich durch die Parallelität zum Gemeinschaftseigentum geschützt war. Der Staat selbst durfte in das Eigentum seiner Bürger nur dann eingreifen, wenn es das Gemeinwohl erforderte. Eigentum wird hier also als Produkt menschlichen Handelns gesehen, das von gesellschaftlichen, juristischen und politischen Verhältnissen abhängig war. Eine wesentliche und bis heute im GG wieder findbare Neuinterpretation von Privateigentum führte 1689 JOHN LOCKE ein: Er behauptete, Eigentum entstehe nicht durch Okkupation und Vertrag, sondern ausschließlich durch persönliche Arbeit und Leistung: Nur wer einen eigenen Gegenstand erzeugt und hergestellt hat, hat das Recht auf seinen exklusiven Besitz und Gebrauch (BROCKER 1993: 125). Somit richten sich Eigentumsrechte nicht mehr gegen andere Privatbesitzer oder die Gemeinschaft, sondern als Herrschaftsrecht auf die Sache selbst. Da durch die Ausübung von Herrschaftsrecht andere Menschen an der Ausübung eben dieses Herrschaftsrechts gehindert werden, lässt sich die soziale Komponente von Eigentum leicht als „Summe der Bedingungen, unter denen die Rechtspersonen sich den Gebrauch der Sachgüter wechselseitig gestatten" (BROCKER 1993: 395) bezeichnen. Mithin ergibt sich also kein einheitliches Eigentumsrecht, sondern ein Bündel aus Rechten und Pflichten mit historisch und gesellschaftlich differenzierten Nuancen.

Die Existenz dieser 13 Grundelemente des Eigentums (BECKER 1977 übersetzt durch BROCKER 1993: 395/396) führt dann zu einer wesentlichen Weiterentwicklung der juristischen Auseinandersetzung mit Eigentum: Aus Eigentumstheorien werden Eigentumsrechtstheorien, in denen Verfügungsrechte, deren Begründung, Struktur und Schutz thematisiert werden (CZADA 1997: 35). Insgesamt lassen sich so drei Funktionen von Eigentum differenzieren: Eigentum als Personenverhältnis zwischen Eigentümern, Eigentum als Rechtsbündel aus mit dem Objekt verbundenen Rechten, und Eigentum als Resultat historisch gesellschaftlicher Entscheidungen: „Property rights and institutions are to be evaluated by reference to social ends, and they may properly be modified, as they were at first invented, by public authority for such purposes. ... Property is nothing but a rule-governed social artifice" (WHELAN 1980: 126). Da dem Staat in diesem Geflecht aus Rechten und Pflichten die Rolle des Schützers des Eigentums bzw. der in ihm manifestierten Verträge und Verpflichtungen zufällt, gewinnt nun die Frage der Behandlung „systemwidrigen" Handelns des Staates besondere Bedeutung, da einerseits nicht deutlich ist, ob und wieweit der Nachfolgestaat für die Handlungen des – aus seiner Sicht – Unrechtsstaats Verantwortung trägt, und andererseits die Wiederherstellung alter Rechte mit dem Entzug anderer Rechte verbunden sein kann. CZADA (1997: 41) fasst daher das eigentumsrechtliche Dilemma auf dem Hintergrund konsequentialistischer Eigentumsbegründungen dahingehend zusammen, dass „das zugrunde liegende Gerechtigkeitsproblem eigentumsrechtlich nicht zu lösen ist", da der frühere Zustand nicht wiederherstellbar ist. TOMUSCHAT (1996: 9) weist darauf hin, dass aus juristischer Sicht bei Restitutionsfragen nicht nur Aspekte der Gerechtigkeit, sondern auch Postulate des Gemeinwohls – hier der Gedanke der Rechtssicherheit und des Vertrauensschutzes – zu berücksichtigen sind.

Insofern stößt an dieser Stelle die juristische Debatte um die Wiederherstellung alter sachenrechtlicher Beziehungen wieder auf das Postulat der Sozialpflichtigkeit des Eigentums aus Art. 14 GG. Fraglich ist dann nur, ob die Sozialpflichtigkeit, die das GG dem Eigentümer auferlegt, auch für den Staat gelten muss, der somit zwischen Gemeinwohl- (Herstellung rechtsstaatlicher Verhältnisse) und Individualinteressen (Vertrauensschutz für den Einzelnen) abwägen muss.

2.1.2 Theorie des Restitutionsrechts

Aus der rechtwissenschaftlichen Diskussion der Eigentumsrechte entspinnt sich dann die Auseinandersetzung um eine Theorie des Restitutionsrechts bzw. um eine Begründung für Restitution. Neben dem Ursprung[5] und dem rechtstatsächlichen Hintergrund[6] der Regelung muss hier vor allem auf den Zweck der Regelung abgehoben werden (MOTSCH 2004: Rn. 9–21): „Die Regelung offener Vermögensfragen dient der Wiederherstellung normaler Eigentumsstrukturen und der Wiedergutmachung bestimmter Eingriffe in das Privateigentum" (MOTSCH 2004: Rn. 9). Ausgehend von der Wirksamkeit enteignender Eingriffe der DDR werden diese nicht etwa für nichtig erklärt – was im übrigen ja auch im Widerspruch zur sonstigen Anerkennung der DDR gestanden hätte – sondern nach einem schuldrechtlichen Anspruch des Geschädigten in bundesdeutsche Eigentumsstrukturen umgewandelt. Wiedergutmachung als Ausdruck gerechtigkeitsorientierter Intentionen des Gesetzgebers und normale Eigentumsstrukturen als Inbegriff effizienzorientierter Politik werden hier besonders hervorgehoben. Einen dritten Aspekt, den MOTSCH nicht nennt, enthält die Formulierung der GEMEINSAMEN ERKLÄRUNG VON 15. JUNI 1990, die ausdrücklich die soziale Dimension einer Restitutionsregelung hervorhebt.[7]

2.1.3 Historische Beispiele

Sicherlich ist eine Darstellung der rechtswissenschaftlichen Diskussion der sachenrechtlichen Veränderungen nach 1990 ohne eine Darstellung historischer Vorgänger unvollständig. Neben der Arbeit von BIEHLER (1994), die sich auf historische Konfiskations- und Restitutionsprozesse beschränkt[8], ist hier vor allem auf die Analyse der Restitutionsprozesse nach dem Zweiten Weltkrieg abzuheben

---

5   Bereits im Grundlagenvertrag vom 21.12.1972 kamen die BRD und die DDR zu der Überzeugung, dass wegen unterschiedlicher Rechtspositionen die Vermögensfragen nicht geregelt werden konnten und offen blieben.
6   Hintergrund ist zum einen die allgemein eigentumsfeindliche Politik der DDR-Regierungen (Enteignungen, zwangsweise Überführung in Volkseigentum) und zum anderen die bis 1990 in der DDR noch nicht durchgeführte vermögensrechtliche Auseinandersetzung mit den Enteignungen des Nazi-Regimes zwischen 1933 und 1945.
7   Zum Verhältnis dieser drei Ansprüche siehe Kapitel 3.4 .
8   Die enteignenden Maßnahmen der SMAD werden als Konfiskation und nicht als Enteignungen bezeichnet, da sie durch einen Drittstaat oder eine Besatzungsmacht durchgeführt wurden.

(SCHWARZ 1974 und 1989). Er schildert hierin nicht nur den legislativen Weg des Gesetzes aus der Feder alliierter Richter, sondern setzt sich auch kritisch mit der damaligen deutschen Opposition gegen das Gesetz auseinander. Wichtig ist hierbei, dass die Intention des Gesetzgebers – geboren aus moralischen und politischen Zwängen einerseits und wirtschaftlichen und finanziellen Möglichkeiten andererseits – eher vom Gedanken der Rechtssicherheit als zukunftsorientiertem Wert als von der Wiedergutmachung als vergangenheitsorientiertem Wert geleitet war. Dementsprechend verweist SCHWARZ (1974: 375) auf den Umfang der Restitutionsleistungen (ca. 8 Mrd. DM) im Vergleich zu 60–70 Mrd. DM Entschädigungszahlungen und konstatiert, dass der Kreis der Restituierten – und somit der davon Betroffenen – wesentlich geringer war als der der Beansprucher von Wiedergutmachung und Entschädigung.

Interessanterweise fehlt eine solche vergleichende Betrachtung von Restitution und Entschädigung in der gegenwärtigen Literatur, was zum einen mit dem gerade erst begonnenen Prozess der Entschädigungs- und Ausgleichsregelung erklärt werden kann, zum anderen aber auf die deutliche Trennung der jeweiligen Gesetzgebungen zurückzuführen ist. Lediglich PAPIER (1995) verweist auf die besondere Stellung des EALG als besondere Schnittstelle zwischen der Heilung von Nazi- und DDR-Enteignungen (durch das VermG und das Entschädigungsgesetz) und des Ausgleichs von besatzungsrechtlichen Konfiskationen (durch das Ausgleichsleistungsgesetz) und unterstreicht die Bedeutung der Verzögerung, mit der das EALG erst 1994 in Kraft trat. Sicherlich führte dies zu einer Entkoppelung beider Regelungsinhalte.

2.1.4 Gesamtdarstellungen und anwendungsorientierte Arbeiten

Breiten Raum nehmen die Gesamtdarstellungen des Restitutionsrechts in der juristischen Literatur ein. Sie lassen sich grob in zwei Kategorien differenzieren: Zum einen die Arbeiten, die sich stark auf die Regelungen nach 1990 beschränken und die sachenrechtlichen Regelungen der DDR höchstens als Kulisse darstellen (z. B. CRAUSHAAR 1991, FRIEDLEIN 1992, STROBL 1992 oder DREES 1995) und zum anderen die Arbeiten (z. B. KLUMPE/NASTOLD 1992 oder BOHRISCH 1996), in denen eine Gesamtdarstellung sachenrechtlicher Veränderungen seit 1945 in der Abfolge „SMAD-Konfiskationen – DDR-Enteignungen – Transformationsphase – Wiedervereinigung" geleistet wird. Gerade diese Arbeiten eignen sich für eine Darstellung der Dynamik sachenrechtlicher Festsetzungen.

Dass die Frage sachenrechtlicher Veränderungen nach 1990 nicht nur aus wissenschaftlicher Sicht großes Interesse weckt, liegt angesichts der in Frage kommenden Immobilien- und Flächenwerte nahe. Eine Folge dieses Interesses ist eine recht hohe Zahl an juristischen Übersichtswerken und Kurzführern, die sich nicht nur an mit der Materie befasste Juristen, sondern auch direkt an Betroffene wenden (z. B. KLUMPE/NASTOLD 1992 an Immobilienerwerber, FRIAUF 1993 an Immobilienunternehmen, KÖRNER 1991 an Antragsteller aus den ABL, VERMÖGENSRECHTLICHE ANSPRÜCHE 1990 oder BM JUSTIZ 1991 an Behörden,

Rechtsanwälte und Betroffene, THEISSEN/BATT 1994 an Verfügungsberechtigte[9], oder FRICKE/MÄRKER 2002). Zu dieser Gruppe der eher „anwendungsorientierten" Arbeiten kann man auch die Untersuchungen subsumieren, in denen empirisches Material zur Regelung offener Vermögensfragen publiziert wird: So verweist MIELKE (1994) in seinen Ausführungen zum Restitutionsgrundsatz (im Gegensatz zur alternativen Lösung der reinen Entscheidungslösung) auf die bisherigen Ergebnisse der Arbeit der Vermögensämter und interpretiert sie als Beweis für eine nicht existierende investitionshemmende Wirkung des VermG. In einem Rechtsgutachten analysiert JENKIS (1993) 200 Restitutionsanträge und setzt sich kritisch mit Unklarheiten und Regelungsdefiziten des VermG auseinander, um somit Aussagen über die Effektivität der Arbeit der Vermögensämter treffen zu können – ein Aspekt, der auf dem Hintergrund der andauernden Diskussion um die vermeintliche investitionshemmende Wirkung des Restitutionsverfahrens große Bedeutung erlangt.

2.1.5 Spezialstudien

Eine weitere Gruppe juristischer Arbeiten lässt sich als Spezialstudien zu ausgewählten Problemen der sachenrechtlichen Veränderungen subsumieren. Hierbei sind an erster Stelle die Studien zu sachenrechtlichen Inhalten des DDR-Rechts zu nennen: In seiner Einführung zur Rechtsordnung der DDR gibt HEUER (1995) einen Überblick über die sachenrechtlichen Veränderungen durch die Einführung des Zivilgesetzbuches der DDR und der verschiedenen Verfassungsänderungen. Weitaus detaillierter widmen sich die Autoren in dem von RODENBACH (1990) herausgegebenen Handbuch zum Grundstücks- und Immobilienrecht in der DDR der Entstehung und Gestaltung sachenrechtlicher Beziehungen in der DDR; dabei werden auch aus Sicht des federführenden Finanzministeriums Eckwerte einer vermögensrechtlichen Regelung geschildert. In diesem Zusammenhang ist auch die von ROHDE (1990) zusammengestellte Sammlung der wichtigsten Rechtsvorschriften zum Grundeigentums- und Bodennutzungsrecht der DDR zu sehen, die sich primär an die Mitarbeiter der Kataster-, Grundbuch- und Vermögensämter richtet. Eine umfassende Darstellung des Bodenrechts der DDR findet sich bei HEUER (1991), der insbesondere in seinen Ausführungen zu den rechtlichen Regelungen des landwirtschaftlichen Bodeneigentums (1991: S. 14 ff.) eine wichtige Grundlage für das Verständnis der Regelungen nach 1989 legt. Aus verwaltungsrechtlicher Sicht analysiert THÖNE (1993) den Prozess der Regelung offener Vermögensfragen und der Neugestaltung ländlicher Arbeit. Seine Arbeit umfasst dabei sowohl juristische als agrarökonomische Aspekte und weist so streckenweise interdisziplinären Charakter auf. Leider gelingt es ihm aber nicht, die Ver-

---

9 Als Verfügungsberechtigte bezeichnet § 2 Abs. 3VermG den Personenkreis, in deren Eigentum oder Verfügungsmacht das umstrittene Objekt steht; es kann sich um natürliche oder juristischer Personen handeln (z.B. staatliche Verwalter, Wohnungsbaugesellschaften, Wohnungsbaugenossenschaften etc.)

zahnung von rechtlicher und ökonomischer Sphäre darzustellen, da er sich auf die Darstellung der sehr umfangreichen Fakten beschränken muss.

Die weitaus größte Gruppe von Spezialuntersuchungen zu sachenrechtlichen Veränderungen im Zuge der Transformation betrifft die Konfiskationen auf besatzungsrechtlicher oder besatzungshoheitlicher Grundlage. Neben Darstellung der juristischen Wertung dieser Maßnahmen stehen vor allem die strittigen Regelungen des Vermögensgesetzes – Restitutionsausschluss und Ausgleichsleistungen – im Mittelpunkt der Diskussion (z. B. ZAHNERT 2000, ARMBRUST 2001, BERZL 2001, SCHWEISFURT 2000, GERTNER 1995, PRIES 1994, RECHBERG 1996, WAGNER 1995, GRAF 2004, SCHMIDT 1999 oder BIEHLER 1994). Dass gerade diese Regelung in der juristischen Literatur so breiten Raum einnimmt, liegt zum einen an der völkerrechtlichen Komplexität der Materie und zum anderen an dem sich hier öffnenden Spannungsfeld zwischen Recht und Politik: „Die im Zuge des Einigungsprozesses angelegte weitgehende Festschreibung der besatzungshoheitlichen Konfiskationen dürfte daher weniger die Folge äußerer Zwänge sein als vielmehr das Ergebnis innerdeutscher politischer Bewertungen." (BECK 1996: 416). Ausgangspunkt der Diskussionen ist das sog. Bodenreform-Urteil[10] des Bundesverfassungsgerichts vom 23.4.1991, in dem die Regelung des § 3 Abs. 8 Ziffer a für verfassungsgemäß erklärt wird, da sich aus dem Grundgesetz kein Anspruch auf Herstellung oder Wiederbeschaffung des von einer fremden bzw. früheren Hoheitsgewalt entzogenen Eigentums ableiten lässt. Der heutige Präsident des Bundesverfassungsgerichts PAPIER (1995: 163) weist aber darauf hin, dass die völkerrechtliche Begründung eines Prärogativs der UdSSR oder DDR nicht gegeben war und mithin gerade in der Öffentlichkeit der Eindruck entsteht, die Bodenreformregelung des VermG sei „als letzter hoheitlicher Akt der UdSSR" zu interpretieren. In ähnlich differenzierter Form, aber mit einem anderen Ergebnis nähert sich VITZTHUM (1995) der Frage der SMAD-Konfiskationen, indem er neben juristischen Problemen – er bemängelt mangelnde Kodifizierung und Kontinuität und entdeckt statt dessen Übergangs- und Durchgangsrecht als „Loseblattrecht (1995: 16) – auch umfangreiche politische Schwierigkeiten und Faktoren betrachtet (Finanzpolitik, Wirtschaftspolitik, Bewertung des DDR-Unrechts). Dementsprechend kommt er zu dem Ergebnis, dass die differenzierte Behandlung von SMAD- und DDR-Enteignungen im VermG im Zuge einer Teilungsunrechtslehre abzulehnen ist – mithin handelt es sich um gleichwertige Vorgänge, die allerdings unterschiedlich geregelt werden können (S. 124). Seine abschließende Kritik der vermögensrechtlichen Regelung fällt allerdings aus juristischer Sicht fast vernichtend aus, wenn er feststellt, dass „politisch-fiskalische und agrar-, forst-, struktur- und sozialpolitische Orientierungspunkte [..] die Gebote des Rechtsstaates (Vertrauensschutz) und des Gleichheitssatzes (Gebot der Folgerichtigkeit) in den Hintergrund gedrängt [haben]." (S. 224). Für ihn sind vermögensrechtliche Auseinandersetzungen in ihrer heutigen Ausgestaltung weniger auf den Gegensatz zwischen Ost und West als zwischen Staat und Bürger bezogen, da hier das an den Staat übertragene Eigentum vom Bürger beansprucht wird. Eine Darstellung der

10 BVergGE 84, 90ff.

Materie aus Sicht der Bundesregierung gab der damalige Bundesjustizminister SCHMIDT-JORZIG (1995) und versuchte, in zehn Thesen zu einer Versachlichung der Diskussion beizutragen. Im Kern verweist er auf die besondere Problematik der besatzungsrechtlichen und besatzungshoheitlichen Natur der Maßnahmen und schlägt vor, statt von Restitutionsausschluss von einem Revisionsverbot zu sprechen, da der Prozess der Konfiskationen nicht mehr aufgehoben werden kann.

Zu den Spezialuntersuchungen zählen ebenso die Auseinandersetzungen mit der sachenrechtlichen Behandlung öffentlichen Vermögens (z. B. ECKERT 1994, JUNGE 1996 oder – stärker aus verwaltungsrechtlicher Sicht – KÖNIG/HEIMANN 1996). Einem Sonderfall sachenrechtlicher Veränderungen widmet sich FRITSCHE (1996), der der Frage nachgeht, ob und wieweit zivilrechtliche Ansprüche im Restitutionsverfahren möglich sind, d. h. ob die Verträge, die ausreisewillige DDR-Bürger mit Dritten über die Übertragung von Vermögenswerten abschlossen, rechtswidrig sind. Obgleich der BGH 1992 diese Fälle an das Vermögensgesetz verwies (S. 119), besteht nach seiner Auffassung doch der grundsätzliche Mangel dieser Entscheidung in der Subsumierung zivilrechtlicher Rechtsgeschäfte unter Teilungsrecht des VermG – mithin ein weiterer Nachweis für die von VITZTHUM (1995: 16) bemängelten Unklarheiten und Inkonsequenzen.

Schließlich ist an dieser Stelle noch an die Kurzdarstellungen der praktischen Umsetzung der jeweiligen Gesetzeslage zu erinnern: Gerade im unmittelbaren zeitlichen Anschluss an die Wiedervereinigung und mit ihr der Übertragung des westdeutschen Rechts auf Ostdeutschland ergab sich eine deutliche Belastung der für sachenrechtliche Veränderungen zuständigen Behörden und Ämter. So schildert SCHMIDTBAUER (1992) eindrücklich die einschneidenden Veränderungen, die sich mit der Einführung des westdeutschen Sachenrechts in den Grundbuchämtern ergaben. Neben einer Darstellung der Grundbuchführung in der DDR erläutert SCHMIDTBAUER anschaulich die personellen und materiellen Probleme nach der Wiedervereinigung. In ähnlicher Weise erläutert WITTMER (1996) die Arbeit der Ämter zur Regelung offener Vermögensfragen in Brandenburg und hebt den Sonderfall Brandenburgs hervor, in dem die neun berlinnahen ARoV ca. 75 % aller Brandenburger Restitutionsanträge bearbeiten müssen. Zu diesen Arbeiten zählt auch der Bericht von YERSIN und LOFING (1996) über den 3. Berliner Kongress zur Regelung offener Vermögensfragen im Oktober 1995, bei dem neben rechtlichen auch prozedurale Aspekte[11] zur Sprache kamen. Eine Darstellung der Arbeit der ARoV gibt auch LOCHEN (1993) aus verwaltungsrechtlicher Sicht.

2.1.6 Disziplinübergreifende Arbeiten

Abschließend bleibt noch auf Untersuchungen aus juristischer Perspektive hinzuweisen, die eine kritische Auseinandersetzung mit der Thematik unter Einbeziehung nicht-juristischer Themen versuchen. Ein Beispiel hierfür ist die Frage einer

---

11 So berichten die Autoren, dass die Präsidenten des BARoV und der LARoV mit einigem Stolz darauf hinwiesen, dass nur ca. 30–35 % der Grundstücke zurückgegeben worden seien. Auf die hier gezeigte Grundhaltung ist später in Kapitel 6 noch einzugehen.

möglichen investitionshemmenden Wirkung der Restitutionsregelung, bei der neben juristischen auch wirtschaftliche, verwaltungsrechtliche und verwaltungstechnische Aspekte Berücksichtigung finden müssen. Bereits 1991 setzen sich FIEBERG/REICHENBACH mit dieser Thematik auseinander und verweisen grundlegend auf die Vielseitigkeit von Investitionshemmnissen in den NBL, die nicht ausschließlich auf die Restitutionsregelung zurückgeführt werden können: Personelle und technische Probleme in den Verwaltungen, der nicht funktionierende Grundstücksmarkt, die Restitutionsansprüche, die Umweltbelastungen und sonstige, vor allem von infrastrukturellen Ausstattungsmängeln herrührende Mängel (S. 1978/ 1979). Leider war es ihnen angesichts des gerade anlaufenden Restitutions- und Transformationsprozesses nicht möglich, einzelne Faktoren in ihrer Wirkungskraft zu quantifizieren. CLAUSSEN (1992: 297) ergänzt diese Liste um soziologische und psychologische Probleme in den NBL, die seiner Meinung nach auch zur schleppenden Entwicklung beitragen. Dasselbe Thema ist auch Gegenstand einer heftigen Kontroverse zwischen MIELKE (1994) und BALLHAUSEN (1994), die die investitionshemmende Wirkung unterschiedlich bewerten: Während MIELKE (1994: 213) aufgrund einer Analyse von Restitutionsdaten zu dem Ergebnis kommt, dass Restitution nicht zu einer Lähmung der NBL führt und sogar Personen aus den NBL zugute kommt, stellt BALLHAUSEN (1994: 215) unmissverständlich fest, dass „die Entscheidung für die Rückgabe bei Vorrang lediglich besonders bevorrechtigter Investitionen nach Einzelfallentscheidung ... noch immer ein wesentliches Hindernis für den wirtschaftlichen Aufschwung in den neuen Ländern dar[stellte und stellt]." Als Grundübel sieht er in diesem Zusammenhang die im § 3 Abs. 3 VermG festgesetzte Verfügungs- und Genehmigungssperre für betroffene Objekte, die faktisch zu einem Investitionsverbot werden. Beide Autoren greifen in ihrer Argumentation für oder wider die Restitutionsregelung immer wieder auf den Aspekt der Vergleichbarkeit von Enteignungs- und Personenunrecht zurück – eine Frage, die gerade aus sozialwissenschaftlicher Sicht intensiv diskutiert wird.

Auf den Aspekt der Übertragung der bundesdeutschen Erfahrungen auf andere Länder ist bereits in Kap. 1.2.3 hingewiesen worden.

2.2. WIRTSCHAFTSWISSENSCHAFTEN

Aus Sicht der Wirtschaftswissenschaften wird der Frage der sachenrechtlichen Beziehungen besondere Bedeutung zugewiesen, da diese einerseits in die jeweiligen Theorien miteingebunden werden müssen und andererseits gerade der Transformationsprozess in Osteuropa durch die Wiedereinführung privater Eigentumsrechte mitgestaltet wird; entscheidend ist hier, durch welche Instrumentarien und mit welcher Intensität und Geschwindigkeit der Implementationsprozess privater Eigentumsrecht abläuft.

Die nachfolgenden Ausführungen können kein Gesamtbild der wirtschaftswissenschaftlichen Auseinandersetzung mit sachenrechtlichen Beziehungen vermitteln, da ein solcher Versuch nicht nur unangemessen, sondern auch angesichts der Komplexität der Materie und seiner Verknüpfung zu anderen Teilbereichen bzw. Nachbardisziplinen – Recht, Soziologie, Psychologie etc. – den Rahmen sprengen würde. Stattdessen sollen vier wesentliche Bereiche angerissen werden, deren Darstellung für den Kontext der geographischen Betrachtung von Eigentumsrechten signifikant und aussagekräftig erscheint: Theorien zur Entstehung von Eigentum, Eigentum und Transformation, Eigentum und Privatisierung sowie Privatisierung in der Landwirtschaft.

2.2.1 Theorien zur Entstehung von Eigentum

Am Anfang einer wirtschaftswissenschaftlichen Auseinandersetzung mit sachenrechtlichen Bezügen steht sicherlich die Frage nach der Herkunft des Eigentums. Obgleich lange davon ausgegangen wurde, dass der Ursprung eigentumsrechtlicher Festsetzungen in germanischen Dorfverfassungen zu sehen sei – durch die Zuweisung von Nutzungsrechten an Individuen durch die Dorfgemeinschaft wird deren Interesse an eine dauerhafte und nachhaltige Bewirtschaftung derselben Fläche initiiert – (WAGNER 1894: 413/417), scheint dieser nachfrageorientierte Ansatz daran zu mangeln, dass nicht nachgewiesen werden kann, wie der Kauf der Landes finanziert wurde.

Demgegenüber verweist STRECKER (1994: 209) darauf, dass der Kern der Eigentumsordnung in der Aufnahme und Absicherung von Krediten durch Eigentum liegt und mithin „erst die Möglichkeit der Verschuldung durch die Beleihung von Privateigentum [...] die Voraussetzung zu solcher Produktion [schafft]" (STRECKER 1994: 209). Mit dieser grundsätzlichen Kritik an teleologischen Erklärungsversuchen und der Ablehnung der Vorstellung der Entstehung von Eigentum aus Dorfverfassungen spannt STRECKER einen Bogen zu den Forschungen von HEINSOHN und STEIGER (1994 und 1996), die aus geldtheoretischer Sicht nach Ursprung und Wesensart von Eigentum suchen. Sie sehen Eigentumsrechte nicht als Endpunkt oder Beiwerk von Marktwirtschaften, sondern als konstituierendes Element, da die Geldschuld die Schuldner dazu zwingt, produktiv zu handeln, um Raten und Zinsen der Hypothek abzuzahlen (HEINSOHN/STEIGER 1994: 340). In ihrem Werk zu Eigentum, Zins und Geld (1996: 89ff) weisen sie später darauf hin, dass Eigentum und Besitz zwar eng miteinander verknüpft sind, aber doch durch den entscheidenden Schritt von der Feudal(=Besitz-)gesellschaft zur Eigentumsgesellschaft getrennt sind. Während Stammes- und Feudalgesellschaften Besitz als die wesentliche sachenrechtliche Beziehung etabliert haben, werden in Eigentumsgesellschaften individuellen Gegenständen volle Dispositionsrechte zugeordnet, die wiederum durch Individuen wahrgenommen werden können. Eigentumsrechte werden so zu Motoren für alle weiteren ökonomischen Aktivitäten.[12]

Der Diskurs um die Entstehung von Eigentumsrechten hat gerade aus transformationstheoretischer Sicht die Frage aufgeworfen, ob und wieweit Privateigen-

---

[12] Dementsprechend betonen HEINSOHN/STEIGER (1996: 90) auch, dass Ökonomie von griechischen oikos (= Haus) und nomoi (= Netz von Vertragswerken) abgeleitet sei.

tum wiederhergestellt werden muss. Da das Instrument des Privateigentums an sich nie vollständig abgeschafft worden war – natürlich konnten Bürger individuelles Gebäudeeigentum behalten bzw. erwerben – handelt es sich bei der vermögensrechtlichen Transformation streng genommen nur um die Schaffung bzw. Wiedereinführung von Eigentum an Produktionsmitteln. Wenn HEINSOHN und STEIGER nicht-monetäre Wirtschaftstheorien dahingehend kritisierten, dass sie nicht zwischen Besitz und Eigentum differenzieren und somit nicht erklären können, wie es zu wirtschaftlicher Dynamik mit Austauschbeziehungen und Abhängigkeitsverhältnissen kommt, lassen sich evolutionäre Entwicklungen wie die rasche Entwicklung Deutschlands von einem Agrarstaat zu einem modernen Industriestaat in Folge der Stein-Hardenbergischen Reformen trefflich erklären (1994: 243); es bleibt jedoch der Zweifel, ob eine solche Entwicklung auch in Transformationsstaaten, in denen sachenrechtliche Debatten durch das Begriffspaar „Privatisierung" und „Restitution" hinlänglich als zukunfts- und vergangenheitsorientiert charakterisiert werden können, geschehen kann, da hier deutliche Pfaddependenzen gegeben sind und mit beiden Modellen – Besitz in Form von Genossenschaften und Eigentum in Form von Immobilien und als Erinnerung an die Vergangenheit – Alternativen vorhaben und bereits geprobt wurden.

Gerade für die theoretische Analyse des Transformationsprozesses wurden vielfach Ansätze der Property-Rights-Theorie genutzt, da durch sie weniger der Gegenstand selbst als der Rechtsinhaber, seine Rechtsstellung gegenüber anderen und seine Handlungsoptionen beleuchtet werden. Die Attraktivität dieser Theorien stellt sich ebenfalls in der Nähe zu neoliberalen Theorien dar, die vollständige Märkte oder allwissende Marktteilnehmer postulieren und so ökonomische Gleichgewichte und vollständige Allokation von Ressourcen herbeiführen. Tatsächlich lassen sich nach BRÜCKER (1995: 23) vier Phasen der Auseinandersetzung von ökonomischer Theorie und Eigentumsrechten unterscheiden: Während die Klassiker der Nationalökonomen wie ADAM SMITH und KARL MARX die Struktur der Eigentumsverhältnisse in das Zentrum ihrer Überlegungen stellten, geriet diese Frage im Zuge der walrasianischen Mikroökonomie zu einem theoretischen Diskursthema ohne direkten Einfluss auf die Theoriebildung.

Erst die österreichische Schule von FRIEDRICH VON HAYEK, LUDWIG VAN MISES und JOSEPH SCHUMPETER betonten dann wieder die herausragende Bedeutung von Privateigentum für die Funktion von Marktwirtschaften. Gerade die neuen Ansätze der Neuen Institutionenökonomie mit der Property-Rights-Theorie, der Transaktionskosten-Theorien und der Principal-Agent-Theorie widmeten sich in der jüngeren Vergangenheit wieder der Bedeutung von Eigentumsrechten. Die Property-Rights-Theorie übt in Zusammenhang mit Fragen der Klärung oder Neufestlegung von sachenrechtlichen Beziehungen die größte Attraktivität aus, da sie die Sphäre der juristischen Beschreibung von Eigentum verlässt und diese insofern erweitert, als dass nun auch Rechtspositionen erfasst werden, die nur mittelbar mit dem Eigentumsgegenstand in Verbindung gebracht werden können (z.B. das Recht, die Unterlassung der Verschmutzung freier Güter wie Wasser oder Luft zu verlangen (HEUCHERT 1989: 132). BACKHAUS und NUTZINGER (1982: 3) gehen sogar so weit, sie als einen „im Grunde einfachen und der mikroökonomischen Analyse bruchlos folgenden verhaltenstheoretischen Ansatz, der sich vor allem deswegen grundsätzlich zur Analyse institutioneller Veränderungen eignet, weil er klar benennbare und überprüfbare Implikationen enthält, so dass sich oftmals empirisch sinnvolle Studien mit verfügbaren Daten durchführen und daraus theoretische Schlussfolgerungen ziehen lassen" zu charakterisieren.

HEUCHERT (1989: 132) und STRECKER (1994: 215) weisen deutlich darauf hin, dass der Begriff der Property-Rights nicht mit den deutschen, aus § 903 BGB und Art. 14 GG bekannten Eigentumsrecht zu verwechseln ist: Property Rights umfassen „Sozial akzeptierte Handlungsmöglichkeiten" oder „ökonomische Verfügungsrechte (HEUCHERT 1989: 132). Dass Property Rights eine weitaus breitere Konnotation aufweisen als Eigentumsrechte, wird auch bei BRÜCKER (1995: 65) deutlich, der Property Rights als „sozial und rechtlich sanktionierende Verhaltensbeziehungen zwischen Menschen, die sich auf die Existenz knapper Güter beziehen" bezeichnet und dementsprechend Eigentumsrechte im römischen Recht als Sonderfall der Property Rights charakterisiert, da das Recht auf Nutzung (usus), das Recht auf Aneignung der Erträge (usus fructus) und das Recht aus Veränderung und Veräußerung eines Gutes (abusus) miteinander verbunden sind. Das Verständnis des Konzeptes von Property Rights ergibt sich erst in Zusammenhang mit der Vorstellung der Teilbarkeiten bzw. des Transfers von Rechten und der Rolle der Transaktionskosten, die dadurch entstehen. So weist BORN (1996: 112–115) in Zusammenhang mit kulturlandschaftserhaltenden Maßnahmen in New England (USA) auf die Möglichkeiten der Teilbetrachtung und -behandlung einzelner Komponenten des Eigentumsrechtes hin, indem Entwicklungsrechte (Development Rights) aufgekauft oder steuermindernd gespendet werden. Die in diesem Prozess entstehenden Transaktionskosten aus Verhandlungen, Beurkundungen etc. müssen von den Eigentümern wieder minimiert werden, indem sie finanzielle Erlöse und Steuerminderungen erhalten und innerhalb der Gesellschaft eigentumsbezogene Wertschätzung genießen. An diesem Beispiel zeigt sich auch der dualistische Charakter der Eigentums- bzw. Property-Rights-Theorie: Aus eigentumstheoretischer Sicht haben die Eigentümer einen Teil ihrer Eigentumsrechte – das Recht, maximalen Profit aus Eigentum zu ziehen – aufgegeben, aus Sicht der Property-Rights- Theorie hingegen manifestiert sich in dieser Regelung die Einschränkung von Vermögensrechten durch gesellschaftliche Bedingungen – der Wille zur Erhaltung historischer Kulturlandschaften. Gerade die Vertreter institutionenökonomischer Analysen (BRÜCKER 1995, MLČOCH 1998) verbinden beide Theorien, um Transformations- und Privatisierungsprozesse analysieren und evaluieren zu können.

2.2.2 Eigentum und Transformation

Die Beschäftigung mit den wirtschaftswissenschaftlichen Theorien zu Eigentumsrechten wird vielfach auf dem Hintergrund der Transformation osteuropäischer Staaten geführt, die in den meisten Fällen eigentumsrechtliche Fragen nach sich ziehen. Hier soll aber zunächst der Frage nachgegangen werden, mit welchen Herangehensweisen und inhaltlichen Auseinandersetzungen die Wirtschaftswissenschaften den Prozess der Transformation analysiert haben. Angesichts der Fülle der Literatur und dem Ziel dieser Abhandlung, weniger transformatorische als sachenrechtliche Veränderungen zu betrachten, soll hier nur ein sehr kursorischer Überblick gewährt werden.

Die Auseinandersetzung mit dem Phänomen der plötzlichen Systemwechsel in den Wirtschaftswissenschaften wurde erstmals unter dem Eindruck der russischen Oktoberrevolution geführt – hier allerdings unter den Vorzeichen der Transformation von kapitalistischen zu sozialistischen Wirtschaftssystemen. Interessanterweise orientierte sich diese Debatte im Gegensatz zur heutigen weniger an Fragen des Tempos, des Verfahrens oder der Schrittfolge, sondern an Diskursen der praktischen Durchführbarkeit einer solchen Transformation. In einem Beitrag zu Fragen der Wirtschaftsrechnung in sozialistischen Staaten entwickelt LUDWIG VON MISES (1920: 91) gemäß den damaligen ökonometrischen Standards die These von der Unmöglichkeit sozialistischer Wirtschaftsrechnung, da ein Zusammenhang zwischen Arbeitsleistung, Investitionskosten und Entlohnung durch Produktgutscheine nicht gegeben sei. Später (1922) entwickelt er die These von der Unvereinbarkeit von Sozialismus und Kapitalismus, der sich am deutlichsten darin manifestiere, dass es keinen Übergang von dem einen zum anderen gebe. SCHUMPETER (1950a: 348) erkennt zwar die prinzipielle Machbarkeit – und somit auch den potentiellen Erfolg des Sozialismus – an, verweist aber grundlegend auf das inhärente Konfliktpotential zwischen sozialistischer Wirtschaftsordnung und politischem System, da die Durchsetzung der Planwirtschaft nicht mit demokratischen Grundsätzen vereinbar sei.

Diesen Gedanken aufgreifend und den Zusammenhang zwischen Ordnungsmechanismen der Wirtschaft und der Gesellschaft weiter konkretisierend entwickelt EUCKEN (1952) seine Idee der Interdependenzen der Ordnung, d.h. dass die Interdependenz der Wirtschafts- und Sozialordnung eine Mischung von kapitalistischen und sozialistischen Ordnungen nicht zulassen. Die Umkehrung der Transformationsdebatte ab den 1960er Jahren ist von zwei Gegenpolen und einer vermittelnden Position geprägt: Während SCHUMPETER (1950b: 101) die Ausbreitung des öffentlichen Sektors als Vorboten der Einführung des Sozialismus interpretierte, erkannte ROSTOW (1960) bei einer Betrachtung der Entwicklung der sozialistischen Staaten die Perspektive demokratischer und wirtschaftlicher Entwicklung, die sich aus Industrialisierung und Massenkonsum speisen würden. Im engeren Sinne dieser Konvergenzdebatte nimmt TINBERGEN (1963) an, dass sich beide Wirtschaftssysteme durch Erfahrungen und gegenseitigem Lernen aufeinanderzubewegen und die jeweils passenden Elemente des anderen Systems implementieren würden (z.B. Liberalisierungstendenzen oder interventionistische Maßnahmen). Gleichwie man den Transformationsprozess in Osteuropa aus konvergenztheoretischer Sicht betrachten möchte, kommt man nicht umhin, anzuerkennen, dass im Kern der Transformationsdebatte weniger das Ziel der Umstrukturierung des Wirtschaftssystems als die Erhöhung des Wohlstandes liegt. Die tatsächlich gegebene Umstrukturierung des Wirtschaftssystems lässt sich vielmehr als Folge dieses Zieles und als Entscheidung der maßgeblichen politischen Eliten interpretieren (BRAINARD 1991).

Der Frage der Ausgestaltung des Transformationsprozesses widmet sich WELFENS (1996: 173), der Transformation als strukturelle Herausforderung begreift und als Folgen der Transformation den institutionellen Wandel, die makroökonomischen Anpassungen und die angebotsseitige Modernisierung nennt. Obgleich er Transformation als einen postsozialistischen Aufholprozess beschreibt, werden eigentumsrechtliche Fragen nicht als interne Weichenstellungen benannt (obgleich sie bei der späteren Beschreibung der Entwicklung in Polen, Ungarn und Tschechien natürlich eine große Rolle spielen). Demgegenüber schlägt LEPTIN (1995: 309) die Bezeichnung „Umbruch" als treffenderen Ausdruck[13] für die Veränderungen in Osteuropa vor und differenziert später die Struktur des Transformationsprozesses (sic) in die durchaus gängige Kategorisierung politischer, rechtlicher, wirtschaftlicher und sozialer Probleme. Die besondere Stellung der Eigentumsverfassung manifestiert sich darin, dass er sie zwar formal unter rechtlichen Problemen subsumiert, ihr aber wichtige Bedeutung für die Entwicklung einer bürgerlichen Gesellschaft und der Marktwirtschaft beimisst.[14]

Weitaus kritischer betrachten KREISSIG und SCHREIBER (1994: 31) den Transformationsprozess, wenn sie vor einer „Lateinamerikanisierung der mittel- und osteuropäischen Staaten" warnen. In ihrer Aufzählung der Maßnahmen zur Transformation von Wirtschaft und Industrie in Ostdeutschland sehen sie aus akteurstheoretischer Perspektive neben dem Transfer von Kapital und institutionellem Rahmen die Wiederherstellung von Privateigentum als Voraussetzung für Modernisierung und Wachstum und heben sich damit von den Vorgaben der Weltbank (siehe Tabelle 1), die die Herstellung privater Eigentumsrechte untergeordnet sieht, ab. Einer solchen eigentumszentrierten Perspektive, wie sie im Übrigen auch HEINSOHN und STEIGER (1994: 340–342) vertreten, wenn sie die Schaffung von Eigentum als Initialzündung für (geld-)wirtschaftliche Entwicklung sehen und in diesem Zusammenhang das Fehlen einer eigentumsbezogenen Wirtschaftstheorie bemängeln, stellt MLČOCH (1998: 291) die These gegenüber, dass aus den beiden Trends der Implementation von auf Privateigentum basierenden Wirtschaftssystemen durch euro-amerikanische Gesellschaften und der Rückkehr der postsozialistischen Staaten zu ebensolchen Wirtschaftssystemen hypothetische Alternativen für eine institutionelle Evolution folgern. Seine Modelle der „Repeated Evolution"[15] und der „Anticipated Evolution"[16] basieren allerdings gleichfalls auf privaten Eigentumsrechten, lediglich die Reichweite der Restitution bzw. Rekonstruktion unterscheidet sich. Ausschließlich die Kritiker des Transformationspro-

---

13 Seiner Meinung nach verbindet der Begriff „Umbruch" den Modernisierungsgedanken aus „Reform", die technisch-organisatorischen Probleme aus „Transformation" und die Grundsätzlichkeit der Änderungen aus „Revolution".
14 Auf den auf A. SMITH zurückgehenden Grundgedanken der Verbindung von Demokratie und Marktwirtschaft soll an dieser Stelle nicht eingegangen werden.
15 Wiederherstellung des vor-kommunistischen Zustandes und dann nachholende Evolution.
16 Optimierung bzw. Anpassung des eigenen Wirtschafts- und Gesellschaftsmodells aufgrund einer Analyse bestehender kapitalistischer Systeme.

zesses an sich und die Verfechter eines dritten oder vierten Weges ziehen das Instrument des Privateigentums per se in Frage (ALEXANDER 1994).

2.2.3 Eigentum und Privatisierung

An die Frage der ökonomischen Diskussion des Transformationsprozesses und der Erkenntnis der engen Verbindung zwischen Transformation und Eigentumsrechten schließen sich die Fragen an, wie aus Sicht der Wirtschaftswissenschaften der Prozess der Privatisierung bewertet wird und wie (historische) Eigentumsrechte und Privatisierungspolitiken miteinander verwoben sind. Zunächst ist hierbei die Frage zu klären, warum im Transformationsprozess Privatisierung als Notwendigkeit gesehen wird.

BRÜCKER (1995: 27) weist zunächst darauf hin, dass eine Abschaffung der Zentralverwaltungswirtschaft und die Liberalisierung nur als Modifikationen des bestehenden Systems gelten könnten, nur die Institutionalisierung einer privaten Eigentumsordnung und die Privatisierung des staatlichen Wirtschaftssektors machen eine Transformation aus. Aus seiner institutionenökonomischer Sicht, die ja im Gegensatz zur herkömmlichen Mikroökonomie mit der Allgemeinen Gleichgewichtstheorie auf das Element des Eigentums nicht verzichten kann, sondern geradezu auf sachenrechtliche Differenzierungen angewiesen ist, erhebt er Eigentum zu „einer relevanten Kategorie für die Erklärung wirtschaftlichen Handelns (BRÜCKER 1995: 30). Im Spannungsbereich von staatlichen und privaten Eigentumsrechten kommt gemäß der Property-Rights-Theorie den privaten Eigentumsrechten eine höhere Bedeutung zu, da sie bei präziser Definition und starker sozialer Unterstützung (als Institution) eine enge Beziehung zwischen dem Nutzen des Individuums und den Erträgen und Kosten seiner Entscheidung herstellen. Gegenüber staatlichen Unternehmen weisen private Unternehmen also wesentliche Effizienzvorteile auf. Eigentum hat also durch Inflationsbekämpfung (gegen Kapitalentwertung), Budgetrestriktionen (gegen Steuererhöhungen), Marktwissen und Transaktionskostenminimierung erheblichen Einfluss auf die Kohärenz und die Effizienz von Wirtschaftssystemen. Wie stark solche Effizienzeffekte ausfallen können, weist BRÜCKER (1995: 92ff.) anschließend nach.

Zweifel an dem hier prinzipiell vermuteten Effizienzvorsprung äußert KOOP (1994: 298) und führt in die Diskussion um die Gründe für Privatisierung den Aspekt des Wettbewerbs ein, indem er argumentiert: „Die theoretischen und empirischen Argumente sprechen also dafür, die Schaffung von Wettbewerbsstrukturen auf Hüter- und Faktormärkten zu forcieren und die Privatisierung im Transformationsprozess voranzutreiben, wobei das Hauptaugenmerk auf die Schaffung wirksamer Anreiz- und Kontrollstrukturen gelegt werden sollte" (KOOP 1994: 300). Ein weiteres Argument für Privatisierung bringt der damalige Generaldirektor der Bank von Italien LAMBERTO DINI (1994: 11) aus Sicht der G-10-Staaten ein, indem er auf weiter reichende wirtschaftspolitische Implikationen der Privatisierung hinweist: Die Regierungen bestätigen durch Privatisierungsanstrengungen ihren Reformwillen zur Marktwirtschaft, die Marktteilnehmer können nun eindeutiger planen und ihre Kosten reduzieren, und die Schaffung privater Eigentumsrechte erzeugt „vested interests" in der Bevölkerung, die nun den Transformationsprozess als ganzes unterstützen wird.

Über die konkrete Ausgestaltung der jeweiligen Privatisierungsstrategie herrschen hingegen je nach theoretischer Grundausrichtung unterschiedliche Ansichten vor: Während einer Tagung der OECD im Juni 1990 formulierten BLOMMESTEIN, MARRESE und ZECCHINI (1991: 15) eine Privatisierungssequenz, die den Gesamtprozess in drei Schritte gliedert und Elemente der Restitution, Landreform, Unternehmensumwandlung und Wettbewerbspolitik miteinander verbindet.[17] Demgegenüber spricht sich ROBERTS (1992: 1) für eine Abfolge von Privatisierungsmaßnahmen aus, die zunächst die Herstellung des makro-ökonomischen Gleichgewichts, der Einführung marktfähiger Preise und dann einen substantiellen Strukturwandel vorsieht. Ganz in Tradition mikro-ökonomischer Denkweisen sieht er Privatisierung ausschließlich als Verfahren zur Einführung von Marktkräften in Zentralverwaltungswirtschaften und hofft, dass die Marktkräfte dann auch den Strukturwandel initiieren können.

Aus gegensätzlicher, institutionenökonomischer Sicht entwickelt BRÜCKER (1995: 92) zwar keine Privatisierungssequenz, aber er analysiert unter Effizienzeffekten alternative Privatisierungsverfahren (Voucher-Allokation, Naturalrestitution, Börse, Auktionsverfahren, MBO/MBI und informelle Verhandlungen) und kann so eine tabellarische Übersicht der Allokationseffekte von Privatisierungsverfahren vorlegen (S. 130). Einen anderen Weg der tabellarischen Auflistung von Privatisierungseffekten unternimmt CHILOSI (1994: 37), der Modalitäten, Geschwindigkeit und finanzielle Ergebnisse in den Mittelpunkt seiner Bewertung stellt. Aus sachenrechtlicher Sicht fällt die terminologische Unschärfe beider Tabellen auf, die neben Privatisierungsverfahren eben auch Re-Privatisierungs- und Restitutionsverfahren betrachten. Darauf, dass die oben dargelegten Privatisierungssequenzen nur theoretischen Charakter haben können, weist MLČOCH (1998: 292) hin, wenn ausführt, dass die drei Evolutionsalternativen „Institutional Xerox", „Repeated Evolution" und „Anticipated Evolution" immer auf dem Hintergrund von bereits existierenden Strukturen – offen oder versunken – zu sehen sind und somit den Handlungsspielraum entscheidend einengen: Als Beispiel nennt er die in Tschechien noch vorhandenen Katasterunterlagen, die bis 1499 zu-

---

17 Erster Schritt:
- Wiederverstaatlichung aller volkseigenen Objekte zur Herstellung eindeutiger Eigentumsverhältnisse
- Kleine Privatisierung durch Bieterwettbewerb
- Durchführung einer Landreform
- Umwandlung aller Staatsunternehmen in GmbHs

Zweiter Schritt:
- Einrichtung eines Wettbewerbsumfelds durch die Regierung
- Stabilität, Finanzreformen, Demonopolisierung und Preisfreigabe als Hauptaufgaben der Wirtschaftspolitik

Dritter Schritt:
- Privatisierung der Staatsunternehmen, wenn sie wie wettbewerbsfähige Unternehmen agieren

rückgehen und als „Institutionelles Gedächtnis" Privatisierungsentscheidungen vorstrukturieren. Ähnlich argumentiert HEINRICH (1994: 68), der nicht nur unterschiedliche wirtschaftspolitische Zielvorgaben der einzelnen Länder als Steuerungsoptionen identifiziert, sondern auch die vorgefundenen offiziellen oder auf Gewohnheitsrechts fußenden sachenrechtlichen Zuordnungen für die Ausgestaltung des Privatisierungsprozesses verantwortlich macht.

Letztlich sehen auch die Wirtschaftswissenschaften Konflikte und Schwierigkeiten im Privatisierungsprozess. So nennt HEINRICH (1994: 46–49) Einnahmemaximierung, Effizienzsteigerung und Verteilungsgerechtigkeit als Schlüsselelemente zur Bewertung des Erfolgs von Privatisierungsmaßnahmen und postuliert somit auch einen angemessenen Zielerreichungsgrad, führt aber weiter aus, dass Konflikte zwischen Verteilungsgerechtigkeit und Effizienzsteigerung langfristig durch das Marktgeschehen zugunsten der Effizienzsteigerung gelöst werden – mit anderen Worten geraten die – gerade im Hinblick auf Enteignungen so wichtigen – Aspekte der Verteilungsgerechtigkeit gegenüber Effizienz und Einnahmemaximierung ins Hintertreffen. Ebenso werfen BLOMMESTEIN, MARRESE und ZECCHINI bereits früh (1991: 13) die Frage auf, ob die Umverteilung von Volkseigentum durch Privatisierung den Grundsatz der Fairness widerspiegelt, da weite Teile der Bevölkerung keinen Zugriff hätten und weiterhin die Reihenfolge von Privatisierung und Demonopolisierung für die neuen Eigentümer wesentliche Vor- oder Nachteile generieren könnte. Weitaus kritischer äußert sich HÖLSCHER (1994: 97), der eine Überschätzung des Instruments „Privatisierung" für einen Anstoß wirtschaftlicher Entwicklung im Transformationsprozess erkennt. Für ihn spielen aus neo-institutionalistischer Perspektive weniger eigentumsrechtliche als wirtschaftspolitische und wirtschaftsrechtliche Weichenstellungen eine Rolle, da „im Hinblick auf die Minimierung von Transaktionskosten eine möglichst schnelle (im Grund beliebige) Definition der Rechtslage geboten ist" (S. 106). Demzufolge ist es nur konsequent, wenn KOOP (1994: 317/318) die Erwartungen an Privatisierungsmaßnahmen deutlich dämpft: „Zusammenfassend kann argumentiert werden, dass der geringe Erfolg der Privatisierung unter bestimmten Bedingungen kein sonderlich schwerwiegendes Problem für die Transformationsländer darstellen muss, weil der Privatisierung der großen Staatsunternehmen im Transformationsprozess ohnehin zu große Bedeutung beigemessen wurde. Insbesondere wenn Mechanismen Anwendung finden, die zum einen neu entstehende privatwirtschaftliche Unternehmen bevorteilen (oder zumindest nicht schlechter stellen als Staatsunternehmen) und die zum anderen verhindern, dass staatliche Unternehmen im Transformationsprozess durch generöse Subventions- und Kreditzuweisungen die makroökonomische Stabilität gefährden, können Misserfolge bei der Privatisierung mit einiger Gelassenheit akzeptiert werden. Diese evolutorische Privatisierungsstrategie lebt davon, dass eine Privatwirtschaft ganz neu entsteht, zu der erfolgreich privatisierte Staatsunternehmen hinzukommen, während der Sektor der Staatsunternehmen langsam am Ressourcenentzug zugrunde geht."

2.2.4 Einzelaspekte

Der ökonomische Zusammenhang zwischen Transformation, Eigentum und Privatisierung bildet den Kern zahlreicher Arbeiten, die sich institutionellen und inhaltlich-gestalterischen Einzelaspekten widmen. Zunächst soll hier auf die wirtschaftswissenschaftliche Auseinandersetzung mit der Arbeit der Treuhandanstalt (THA) verwiesen werden. In einem zusammenfassenden Aufsatz versucht PRIEWE (1994) eine vorläufige Bewertung der staatlichen Privatisierungsagentur und streicht dabei besonders den Umfang der Privatisierung, die finanzielle Ausstattung und die Beschäftigtenentwicklung hervor. Ausgehend von einer Analyse der Bewertungsprobleme – von Anfang an waren die Aufgaben der THA zwischen Privatisieren und Sanieren nicht eindeutig geklärt – erkennt er weniger Probleme bei der makroökonomischen Umsetzung als bei der wirtschaftspolitischen Steuerung, die durch unklare Vorgaben und mangelnde Kontrolle für die damals noch abzuarbeitenden Probleme verantwortlich gemacht werden kann (PRIEWE 1994: 28–30). Aus Sicht der THA selbst verdeutlicht WERNICKE (1994: 238) die Vielgestaltigkeit der Arbeit der THA, die neben der Rückführung der unternehmerischen Tätigkeit des Staates durch Privatisierung und dem Aufbau einer auf Privateigentum beruhenden sozialen Marktwirtschaft eben auch diese Prozesse sozialverträglich umsetzen sollte. In seiner Darstellung nehmen immobilien- und bodenbezogene eigentumsrechtliche Fragen allerdings keinen Raum ein. Die Vielfalt der Arbeiten, die sich mit der Tätigkeit der THA auseinandersetzen, kann an dieser Stelle nicht erschöpfend dargestellt werden, daher soll hier nur darauf hingewiesen werden, dass sich in Anbetracht der Intensität und des Umfangs der Privatisierungspolitik neben „neutralen" (KÖHLER 1995, Freese 1995, CARLIN 1994) auch kritische, oft einseitig argumentierende Abhandlungen (z.B. LIEDTKE 1993, KÖHLER 1994, LUFT 1996) finden. Inzwischen liegt auch ein Abschlussbericht der THA-Nachfolgeorganisation Bundesanstalt für vereinigungsbedingte Sonderaufgaben (BvS) vor (BvS 2003).

Dass die sachenrechtlichen Regelungsbedarfe – oft pauschal zusammengefasst als „Regelung offener Vermögensfragen" – auch Auswirkungen auf die Grundstückswerte in Ostdeutschland haben, erläutert BISCHOFF (1994) aus Sicht der Treuhandliegenschaftsgesellschaft (TLG), dem für Immobilienfragen zuständigen Tochterunternehmen der THA. Nach einer profunden Darstellung der sachenrechtlichen Situation in der DDR und den späteren NBL kommt er zu dem Schluss, dass offene sachenrechtliche Fragen keinen Einfluss auf den Wert des Grundstücks haben, da das Objekt an sich und nicht der Eigentümer Gegenstand einer solcher Wertermittlung ist: „Die Frage des „richtigen Eigentümers" ist kein Bestandteil der Verkehrswertermittlung, die gerade objektiv ohne Ansehen des und Rücksicht auf den Eigentümer stattfinden muss" (BISCHOFF 1994: 180). Davon unbeachtet bleiben allerdings Fragen der tatsächlichen Marktfähigkeit der Objekte und ihrer hypothekarischen Belastung. In diesem Sinne äußert sich auch die Analyse der Standortwahl und Investitionshemmnisse durch GAULKE und HEUER (1992), die – allerdings bezogen auf den Stand von 1991 zu dem Schluss kommen: „Ein Kernproblem für die weitere Entwicklung der Städte und Gemeinden in den neuen Bundesländern ist letzten Endes die schnelle Klärung der offenen Vermögensfragen. Solange die Eigentumsfrage ungeklärt ist, kommen Kaufverträge nicht zustande, und auch die dingliche Sicherung von Darlehen ist nicht möglich. Dies behindert die zügige Realisierung von Investitionsvorhaben in entscheidendem Maße. Die Kommunen müssen wissen, unter welchen Voraussetzungen sie als gegenwärtige Verfügungsberechtigte rückübertragungsbefangene Grundstücke an Investoren veräußern können. Inwieweit die inzwischen beschlossenen Nachbesserungen zum Gesetz über besondere Investitionsmaßnahmen die bisherigen Probleme lösen, muss abgewartet werden." (S. 14).

In einem vergleichbaren Zusammenhang stehen die Arbeiten von NÖLKEL (1993) und LÜHR (1995), die sich aus der Perspektive eines Wirtschaftsministeriums bzw. des Steuerrechts der Frage der Investitionsförderung in den NBL nähern. Dabei plädiert NÖLKEL (1993: 1916) für eine Umkehrung des Prinzips „Restitution vor Entschädigung", um die Investitionstätigkeit so intensivieren zu können. Dieser Vorschlag, der seit Beginn des Gesetzgebungsverfahrens diskutiert wird, vernachlässigt die nicht nur theoretische Möglichkeit der Investition durch Alteigentümer, sondern verkennt auch die extreme Schere zwischen dem Wert des Objekts und der Höhe der Entschädigungsleistung. Ebenso werden Aspekte der historischen Kontinuität der Regelung vor dem Hintergrund der Folgen des Zweiten Weltkriegs negiert. Darüber hinaus besteht der Verdacht, dass die Restitutionsregelungen einen nur investitionsverzögernden Charakter hatten.[18] LÜHR (1995: 66) weist darauf hin, dass die Investitionsförderung durch die öffentliche Hand in den NBL grundsätzlich durch Eigentumsfragen, den Verwaltungsaufbau und die Defizite in der technischen Kommunikationsinfrastruktur behindert werden.

Die Verbindung zwischen Mittelstand, Mittelstandspolitik und sachenrechtlichen Regelungen stellen SCHMIDT und KAUFMANN (1992) her, die nach einer fundierten Darstellung der Chronologie der Enteignungen in der SBZ/DDR die Entwicklung der rechtlichen Rahmenbedingungen für die Rückgabe enteigneter Unternehmen schildern. Im darauf folgenden empirischen Teil mit der Auswertung von 648 Fragebögen konstatieren sie als Haupthemmnisse im Restitutionsprozess Verzögerungen durch die Arbeit der Behörden, durch die historisch gewachsene Komplexität der Unternehmen, die erst aufwendig entflochten werden müssen, durch mehrere Anspruchsberechtigte und durch die Kombination aus älteren, fortführungswilligen und jüngeren, fortführungsunwilligen Antragstellern. Verhinderungsfaktoren sehen sie in Altschulden, Altlasten, bestehenden Arbeitsverhältnissen, Entflechtungsschwierigkeiten und der fehlenden Entschädigungsregelung (S: 89). Abschließend heben sie die Bedeutung der Restitution als Vorbildfunktion für die Bevölkerung der NBL hervor, da so anstelle anonymer Investoren aus den ABL Personen aus den NBL treten und die Bevölkerung sich nun mit dem

---

18 Vgl. dazu auch BORN/BLACKSELL/BOHLANDER/GLANTZ (1998).

marktwirtschaftlichen System identifizieren könne[19]: „Aus diesem Grund ist ein zügiges Vorantreiben des Reprivatisierungsprozesses und die Sicherung der Lebensfähigkeit der Betriebe eine wichtige Aufgabe für die nahe Zukunft, da eine erfolgreiche Reprivatisierung eine Vorreiterrolle für einen wirtschaftlichen Aufschwung und eine soziale Zufriedenheit und Ausgewogenheit spielen kann (SCHMIDT/KAUFMANN 1992: 160). In einer Fallstudie für Leipzig weist SIEBENHÜNER (1995) nach, dass weniger die Restitutionsregelung an sich, als vielmehr die mangelnde Bereitschaft bzw. die Mittel zur Ablösung der Altschulden unter den mittelständischen Antragstellern fehlte. Andererseits sieht er aber auch eine deutliche Differenzierung der Bewertung der ungelösten Eigentumsfragen zwischen Ost und West - Unternehmer aus den ABL nahmen diese deutlich wichtiger als jene aus den NBL (Rang 6 von 14 gegenüber Rang 14 von 14) (SIEBENHÜNER 1995: 60).

Das aus ökonomischer Sicht nahe liegende Feld der Analyse ostdeutscher Einkommens- und Vermögensentwicklung wurde von OFFERMANN (1994) bearbeitet: Obgleich er in seiner Betrachtung der Vermögensverteilung in den NBL davon ausgeht, dass das Geld-, Haus-, Grund-, Wertpapier und Produktivvermögen betrachtet werden muss, grenzt er seine Betrachtung auf das Geld- und Produktivvermögen ein und unterlässt somit den Versuch, die Auswirkungen der sachenrechtlichen Regelungen auf Privathaushalte zu untersuchen.

2.2.5 Eigentumswandel und Landwirtschaft

An eine Betrachtung der wirtschaftswissenschaftlichen Auseinandersetzung mit Privatisierungsprozessen muss sich aus der Sicht der Analyse der Dynamik der Eigentumsverhältnisse die Darstellung des wirtschaftswissenschaftlichen Diskurses um Eigentumswandel und Landwirtschaft anschließen. Hierbei soll wiederum eine Betrachtung von allgemeinen, mit Transformations- und Privatisierungsprozessen verbundenen Themen zu spezielleren, nur einzelne Facetten des Transformationsprozesses behandelnden Arbeiten erfolgen.

In einer die Landreformen in Estland analysierenden Arbeit widmet sich ABRAHAMS (1996: 3–6) der besonderen Bedeutung von Landreformen[20] in postsozialistischen Ländern. Als Ausgangspunkt dient ihm dabei die Analyse der immanenten Bedeutung von Land in agrarisch geprägten Gesellschaften, die sich nicht nur in einer besonderen Beziehung zu Landbesitz manifestiert, sondern auch deutliche Konflikte zwischen ökonomisch und agrarsozial intendierten Transfor-

---

19 Allerdings kann diese Aussage für die Fälle dienen, in denen der ehemalige Betriebsinhaber in der DDR (und sogar im Betrieb) blieb. Regelmäßig war dies bei den sog. 1972-Enteignungen der Fall.

20 Der im englischsprachigen Raum geläufige Begriff der „Land Reform" umfasst im Unterschied zum deutschen Begriff der Landreform als agrarpolitisches Umverteilungsmittel allgemein alle denkbaren durch die Politik induzierten Veränderungen des Landbesitzsystems. Diese Forschungsrichtung widmet sich also Privatisierung-, Restitutions- und Restrukturierungspolitiken.

mationsschritten hervorbringt. Im Einzelnen nennt ABRAHAMS die Konfliktfelder der praktischen Umsetzung der Landreform, der Diskrepanz zwischen Transformation und Landreform im ländlichen Raum und des Gegensatzes zwischen überkommener ländlichen Sozialstruktur und neuen Familienunternehmen. Obgleich seine Untersuchung von agrarsoziologischen Forschungsfragen geprägt ist, liefert er mit der Dichotomie zwischen überkommenen und zukünftigen Strukturen ein wichtiges Analyseinstrument für eine agrarökonomische Bewertung der Transformation, die über die Aufzählung statistischer Daten hinausgeht. RABINOWICZ und SWINNEN (1997) gehen über diesen Ansatz hinweg und verengen das Betrachtungsfeld aus agrarökonomischer Sicht auf Privatisierungs- und Dekollektivierungsprozesse. Sie legen hierzu wesentliche theoretische Grundlagen vor, indem sie aus der Perspektive der Transaktionskostenökonomie einzelne Aspekte des landwirtschaftlichen Transformationsprozesses analysieren. Fragen der ökonomischen Effizienz, der politischen Optionen im Reformprozess und der sozialen Auswirkungen stehen im Mittelpunkt ihrer Untersuchung, die auf Studien in Transformationsstaaten basiert. Sie kommen letztlich zu dem Ergebnis, dass die Bedeutung der distributiven Elemente im Transformationsprozess ebenso unterschätzt wird wie die Frage der politischen Organisation und Artikulation der betroffenen Gruppen. In einer weiterführenden vergleichenden Studie der Landreformen in Osteuropa identifiziert er (SWINNEN 1997: 375–381) drei Determinanten für die Ausgestaltung von Landreformen: Die Qualität der Eigentumstitel nach der Kollektivierung, die Ethnizität der Bewohner und die Eigentumsstrukturen aus der Vor-Kollektivierungszeit. Obgleich diese Untersuchungen im Spannungsfeld von politik- und wirtschaftswissenschaftlicher Perspektive angelegt sind, sind sie für den transaktionskostenökonomischen Ansatz von Relevanz, da sie die wesentlichen „Kostenverursacher" von Landreformen identifizieren.

Eine weitere, von der Agrarökonomie bearbeitete Fragestellung geht auf die Diskussion um die geeignete landwirtschaftliche Transformationsmethode in den Neuen Bundesländern zurück. Aus der Erkenntnis des Mangels an Konzepten oder Anleitungen zur Umgestaltung der Landwirtschaft in Ostdeutschland verweist HAGEDORN (1991: 19–22) auf den Theorieansatz der Evolutionären Ordnungstheorie, die als Ableitung der Neuen Institutionenökonomie eine systematische Übertragung des ökonomischen Kosten-Nutzen-Kalküls auf die Ebene der Schaffung und Restrukturierung von Institutionen versucht. Im Wesentlichen fokussiert dieser Ansatz seine Fragestellung auf die Fragen der zukünftigen landwirtschaftlichen Betriebsgröße und Organisationsform; als Regelelemente in diesem Prozess werden Produktionskosten (bei Familienunternehmen hoch) und Transaktionskosten (bei Großunternehmen hoch) genannt. Hinzu kommen „versunkene Transaktionskosten", d.h. Transaktionskosten, die nicht in betriebswirtschaftlichen, sondern in politisch-rechtlichen Bereichen zu suchen sind und die u.a. die Frage der Klärung der Eigentumsverhältnisse umfassen (HAGEDORN 1991: 21). Aus der Analyse dieser Transaktionskosten und zusätzlicher externer – politischer – Faktoren kommt er zwar zu dem Ergebnis, dass die Transformation der Agrarverfassung in den neuen Bundesländern nach einer längeren Phase betrieblicher Heterogenität auf bäuerliche Familienbetriebe hinauslaufen wird, muss aber auch anerkennen, dass die Transformation nicht allein dem Markt, sondern auch politischen Entscheidungen zu Eigentumsfragen und sozialen Härten überlassen werden darf (S. 31/32).

Auf die so wichtige Frage der Klärung der eigentums- und besitzrechtlichen Ansprüche weist KREBS (1991: 100) hin und zeigt auf, dass solche Ansprüche für die noch bestehenden Betriebe eine massive Beeinträchtigung darstellen, da sie sich von Gebäuden trennen, Vermögensauseinandersetzungen mit Mitgliedern führen, Ansprüche von Alteigentümern bedienen und ihre Flächen arrondieren müssten. Wie der Transformationsprozess in der Landwirtschaft tatsächlich ausgestaltet sein soll und welche agrarpolitische Zielsetzungen umgesetzt werden sollten, erläutert LÜCKEMEYER (1993) aus Sicht des BMELF. Zentrales agrarstrukturpolitisches Ziel ist dabei die Schaffung einer „vielseitig strukturierten, leistungsfähigen und umweltverträglichen Landwirtschaft [...], in der die Betriebe in verschiedenen Erwerbs-, Betriebs- und Rechtsformen je nach den Vorstellungen ihrer Betreiber organisiert sind." (LÜCKEMEYER 1993: 205). Nicht zufällig verweist er aber auf die Agrarstruktur der NBL, die er nicht als das Ergebnis von fundierten betriebswirtschaftlichen Überlegungen, sondern als Resultat von Zufälligkeiten interpretiert. An dieser Stelle wird deutlich, dass offenbar das BMELF im Jahr 1993 organisationsgeleitete Argumente betriebswirtschaftlichen Erwägungen vorzog, da der Restrukturierungsprozess in den NBL zwar deutlich schneller voranschritt als in den ABL, aber auch noch nicht konsolidiert war – mithin ein Indiz für ein weiteres Festhalten am Leitbild des Bäuerlichen Familienbetriebs.[21]

In einer vergleichbaren Analyse der zukünftigen Anpassungsprobleme der Agrarwirtschaft in den neuen Bundesländern legt BARTLING (1991) nach einer Analyse der Situation der DDR-Landwirtschaft und der EG-Marktordnung dar, dass neben der Freisetzung und Alternativbeschäftigung bzw. -verwendung von Arbeitskräften und Nutzflächen die Regelung privater Eigentumsrechte zu den wesentlichen Problemen der Transformation des Agrarsektors zählen; im Kern beeinflussen diese drei Prozesse dann auch die Stabilität bzw. Instabilität der Unternehmen. Einer ähnlichen Frage widmet sich SCHMITT (1991), beschränkt sich aber auf die Zukunftsaussichten von LPG und VEG. Aus einem Vergleich von Betriebsgröße, Spezialisierungsgrad, Kostenbelastung und inneren Kohärenz[22] kommt er zu dem Ergebnis, dass die bestehenden Betriebe nicht effizient und wettbewerbsfähig sind und somit einem tief greifenden strukturellen Anpassungsprozess unterliegen müssen. Eine ähnliche Einsicht in die mangelnde ökonomische Wettbewerbsfähigkeit der LPG veranlasst BÖHME (1992: 56), einen anderen Weg der Restrukturierung einzuschlagen: Da die alten Eigentums- und Besitzver-

---

21 Siehe dazu auch HAGEDORN (1992).
22 Im Gegensatz zu den USA, wo die bestehenden Betriebsformen das Ergebnis freiwilliger, marktwirtschaftlich gesteuerter Prozesse ist, entstanden die DDR-Strukturen durch gewaltsame, ideologische, politische, administrative und ökonomische Eingriffe (SCHMITT 1991: 38). Hierbei übersieht SCHMITT aber, dass der Einrichtungsprozess von LPG und VEG zwar teilweise gewaltsam war, um 1990 aber eine recht hohe Identifikation mit den Betrieben zu beobachten war.

hältnisse nicht mehr rekonstruierbar seien – weder aus betriebswirtschaftlichen noch aus praktischen Gründen[23] – solle man die Umwandlung der LPG in neue Betriebsformen abwarten - eigentums- und besitzrechtliche Auseinandersetzungen könne man dann nur bei liquidierten Unternehmen durchführen.

Derselben Fragestellung der Zukunft der landwirtschaftlichen Unternehmen in Ostdeutschland, jedoch mit anderer Herangehensweise, nähern sich SCHMITZ und WIEGAND (1991) in ihrer Untersuchung von betriebswirtschaftlichen Entscheidungsmustern unter Betriebsleitern in der DDR. Sie identifizieren als wesentliche Probleme im Transformationsprozess Preisbrüche, Kostensteigerungen, Liquidationsengpässe, Überalterung des Maschinenpark und Konkurrenzdruck und beobachten bei ihren Probanden weit verbreitete Unsicherheit und Zukunftsangst, die im Wesentlichen auf eigentums- und besitzrechtliche Probleme zurückgeführt werden können (S. 12). An dieser Stelle wird eine Diskrepanz zwischen der wirtschaftswissenschaftlichen Bewertung sachenrechtlicher Festsetzungen und der tatsächlich durch die Betroffenen wahrgenommenen Bedeutung dieser Fragen deutlich: Obgleich in der Befragung von 121 Experten durch SCHMITZ und WIEGAND über weite Strecken der betriebs- und volkswirtschaftliche Sachverstand der Probanden deutlich wurde – etwa bei der Bewertung von Pflanzenschutzmitteln, Erträgen, Absatzmärkten oder der Zukunftseinschätzungen nach Vorteilen, Nachteilen, Problemen und Chancen – reduzieren sich die Gründe für die Anpassungsprobleme auf Sachverhalte, die weniger ökonomisch als politisch zu lösen sind. Insofern darf es nicht verwundern, dass im Zuge dieses kurzen Überblicks über die agrarökonomische Auseinandersetzung mit Eigentumsrechten agrarpolitische oder transaktionskostenorientierte Beiträge dominieren.

Den stärksten eigentumsrechtlichen Bezugspunkt weist der Beitrag von STEDING (1991) auf, in dem er aus agrarrechtlicher Sicht die Zukunftschancen der LPG bewertet und zu dem Ergebnis kommt, dass trotz aller Bezugspunkte zum BGB und der Notwendigkeit der Herstellung eindeutiger Eigentumsverhältnisse – er bezeichnet das Genossenschaftseigentum der DDR als „eine Art Privateigentum aufhebendes sozialistisches Gruppeneigentum" (S. 89) – die Eigentumsverhältnisse nicht grundsätzlich im Sinne einer Totalrevision in Frage gestellt, sondern die bestehenden Unternehmen in andere Betriebsformen übergeleitet werden sollten.

An die über weite Strecken von hypothetischen und allenfalls von theoretischen Überlegungen und ersten Umbrüchen gekennzeichneten Diskussionen der unmittelbaren Nach-Wende-Zeit schließen sich nun die Übersichtsarbeiten zum Transformationsprozess in der Landwirtschaft an. Hier ist zunächst auf die zwar kurze, aber mit umfangreichem Zahlenmaterial angereicherte Darstellung von DETER (1995) zu verweisen, der die gesetzlichen und politischen Aufgaben nennt

---

23 Als Gründe gibt BÖHME (1991: 57) an: Unmöglichkeit der Rückgängigmachung der Konzentration und Spezialisierung, Schaffung von zu kleinen Unternehmen, Mangel als einzelbäuerlichen Verhaltens- und Denkweisen, nicht genutzte oder verfallene einzelbäuerliche Betriebsstätten und Differenzierung der LPG-Mitglieder in bodeneinbringende und nichtbodeneinbringende Mitglieder.

und dann die einzelnen Umsetzungsschritte darstellt. HAGEDORN (1992: 75ff) analysiert in seinem Beitrag zum Leitbild des bäuerlichen Familienbetriebs neben definitorischen und agrarpolitischen Diskursen auch die Frage, wie sich diese Betriebsform unter dem Einfluss der Transformation entwickelt hat. Erstaunlicherweise kommt er – wenn auch ohne statistische Belege – zu der Schlussfolgerung, dass es in der agrarökonomischen und landwirtschaftspolitischen Debatte zu einer Konvergenz von Meinungen kommt. Aus agrarökonomischer Sicht sind bäuerliche Familienbetriebe durchaus konkurrenzfähig und daher wünschenswert; gleichzeitig dreht die landwirtschaftspolitische Leitbilddebatte die Diskussion um die Groß- oder Familienbetriebe dergestalt um, dass nunmehr nicht Familienbetriebe wachsen, sondern Großbetriebe zu überlebensfähigen Einheiten abschmelzen sollen. HAGEDORN sieht dementsprechend bäuerliche Familienbetriebe mit zwei bis drei Arbeitskräften und mehreren 100 ha LN.

In einer ersten Untersuchung der Anpassungsstrategien von 250 LPG weisen KÖNIG und ISERMEYER (1993) nach, dass der Erfolg der Umwandlung der LPG im wesentlichen von der Wahl der Betriebsform und dem Zeitpunkt der Entscheidung abhängt; obgleich sie eigentumsrechtliche Fragen als Probleme aufführen, scheinen diese keine größere Bedeutung im Umwandlungsprozess zu besitzen. In einer Untersuchung von drei Betrieben von sog. Wiedereinrichtern[24] gelingt KLÜTZ/ PETERS/BRÜCKNER (1992) eine Typologie dieser Unternehmen, in der sie zwischen Nebenerwerbsbetrieben als zusätzliche Einkommensquelle nach einer Vorruhestandsregelung, Nebenerwerbsbetriebe als Vorbereitung auf Vollerwerbsbetriebe und Vollerwerbsbetrieben differenzieren. In einer kritischen Rückschau auf fünf Jahre landwirtschaftlicher Vereinigungspolitik unterstreicht MÜLLER (1996) aus der Perspektive der bäuerlichen Landwirtschaft die Kontinuität der großbetrieblichen Strukturen und verweist auf die aus ihrer Sicht nicht genutzte Chance der Entwicklung einer bäuerlich strukturierten und ökologisch und ökonomisch zukunftsweisenden Landwirtschaft. Sie kommt allerdings nicht umhin, die ökonomische Leistungsfähigkeit der bestehenden Großbetriebe – insbesondere im Marktfruchtbereich – zu erwähnen.

Den umfassendsten Überblick über die Umwandlungsprozesse der Landwirtschaft in den NBL geben BECKMANN und HAGEDORN (1997) bzw. HAGEDORN (1997). Ausgehend von den politischen Entscheidungen, die zum LAG und EALG führten, rekonstruieren sie anhand von Betriebsorganisation, Betriebsgröße und Eigentumsformen den Weg der LPG und VEG durch Dekollektivierung und Privatisierung bei gleichzeitigen Optionen der Restitution und Privatisierung. Zu diesen Übersichtsarbeiten muss auch die Untersuchung von KÜSTER (2002) gezählt werden, in der unter Nutzung umfangreichen empirischen Materials der Transformationsprozess aus Sicht der Landwirte geschildert wird. Obgleich es sich um eine Arbeit aus agrarsoziologischer Perspektive[25] handelt, finden sich in

---

24 In der Terminologie des § 2 Abs. 2 ALG werden unter dem Begriff des Wiedereinrichters die Betriebsgründer subsumiert, die ihren vorher bestehenden Betrieb – unabhängig, ob der Betrieb konfisziert, enteignet oder in eine LPG eingebracht wurde – wieder errichtet haben.
25 Dementsprechend findet sich die Arbeit auch im Abschnitt 7.3.2 .

ihr zahlreiche agrarökonomische Informationen zu den untersuchten Betrieben und dem jeweils eingeschlagenen Umwandlungskurs. Abschließend muss noch die Arbeit des früheren DDR-Landwirtschaftsministers HANS LUFT (1998) erwähnt werden, in der der Transformationsprozess aus der Perspektive der LPG geschildert wird. Hierbei wird deutlich, dass für eine Betrachtung transformatorischer Prozesse definitorische Klarheit und inhaltliche Genauigkeit unumgänglich sind: So erübrigen sich angesichts der Unterschiede zwischen DDR-LPG-Recht und BRD-eG-Recht Vergleiche zwischen beiden Betriebsformen, die dann als Übergang von LPG zu eG interpretiert werden.

Eine letzte Gruppe agrarökonomischer Arbeiten kann als die Untersuchung von transformationsspezifischen Einzelaspekten subsumiert werden. So beschäftigen sich STEDING (1994) aus agrarrechtlicher und LASCHEWSKI (1998) aus agrarökonomischer Sicht mit Fragen der Umwandlung von LPG zu Agrargenossenschaften. Gerade die Ausführungen LASCHEWSKIs zur Typisierung von Agrargenossenschaften (S. 98 ff) und zum Entscheidungsfindungsprozess der Fortführung des Kollektivbetriebs (S. 114 ff.) verdeutlichen die hohe Bedeutung von Eigentum sowohl in der konkreten ökonomischen Bedeutung als Asset als auch in seiner konnotativen Bedeutung als Bezugspunkt bäuerlichen Lebens und Wirtschaftens. Als agrarökonomische Spezialabhandlung muss auch das Werk von LÖHR (2002) gelten, der sich in seiner umfassenden Darstellung der Arbeit der THA nicht nur aus politikwissenschaftlicher Perspektive nähert, sondern auch die Ergebnisse der Privatisierung (S. 164) kritisch reflektiert. Einen ähnlichen Versuch der Bewertung der landwirtschaftsbezogenen Arbeit der THA wagt STROTHE (1994), der sich in besonderer Weise der Frage der Problematik der Agrarmarktgestaltung nähert und somit eine Betrachtungsrichtung einführt, die LÖHR (2002) vernachlässigt. In einer Zusammenschau aus THA-Politik, Vermögensaufteilung, Altschuldenregelung und Lohnkostenproblematik stellt er erhebliche Diskrepanzen in der Förderungspolitik fest und konstatiert eine einseitige Förderung von kleinen und familienorientierten Betrieben (STROTHE 1994: 29). Deutlich akzentuiert er die Auswirkungen der Flächenpolitik der THA, die in Privatisierung, Verpachtung und Restitution differenziert wird und in ihrer Ausgestaltung für die Probleme des ländlichen Raums mitverantwortlich gemacht wird.

2.3 POLITIK- UND SOZIALWISSENSCHAFTEN

Die Thematik der Systemtransformation und der sie begleitenden Phänomene nehmen in der politik- und sozialwissenschaftlichen Literatur breiten Raum ein. Im Kontext dieser Untersuchung zur Dynamik der sachenrechtlichen Beziehung muss sich eine Darstellung des Forschungsstandes auf Fragen der Transformation im Allgemeinen, auf die Rolle des Eigentums in politik- und sozialwissenschaftlichen Diskursen und auf die auf den ländlichen Raum bezogenen sozial- und politikwissenschaftlichen Analysen beschränken. Hierbei liegt mit der überblicksähnlichen Darstellung von KAPPHAN (1996) eine breit gegliederte Übersicht zu den räumlichen Folgen des Transformationsprozesses im ländlichen Raum vor.

Demgegenüber konzentriert sich BASTIAN (2003) auf die politischen Hintergründe der Enteignungen und Kollektivierungen nach 1945 und streift nur am Rande die post-transformatischen Entwicklungen.

2.3.1 Transformation

Auf wesentliche Aspekte der politik- und sozialwissenschaftlichen Forschung ist bereits einleitend als Hintergrund für diese Untersuchung eingegangen worden; zusätzlich sei hier auf die zusammenfassende Darstellung der Transformationsforschung bei EISEN und KAASE (1996) verwiesen, die neben einer Einführung in die terminologischen Verstrickungen von Transformation und Transition auch der Frage nach einem deutschen Sonderfall in der vergleichenden Transformationsforschung nachgehen. An dieser Stelle muss nochmals an den durch die Transformationsprozesse in Ostdeutschland und Osteuropa hervorgerufenen Paradigmenwechsel in den Sozialwissenschaften erinnert werden. Da sowohl die Transformations- als auch die DDR-Forschung durch die Wende 1989 völlig überrascht wurden und weder über Themen noch Theorien zur Erklärung des Systemwechsels bzw. der Systemannäherung verfügten, ergab sich für sie die Suche nach neuen Forschungsfeldern und Paradigmen (GIESEN/LEGGEWIE 1991: 7). Der von GIESEN und LEGGEWIE entwickelte Katalog aus fünf Forschungsfeldern widmete sich zwar sowohl empirischen als auch theoriebezogenen Fragestellungen und Transformationsproblemen, litt aber gleichzeitig unter dem Mangel an geeigneten Erklärungsmustern, da viele in den Sozialwissenschaften entwickelte Theorien Bezüge zu sozialistischen Ideologien, Utopien oder Realitäten aufwiesen. GIESEN und LEGGEWIE fordern daher die Implementation neuerer Ansätze, die die klassischen Gegensatzpaare aus Mikro-Makro, System und Wandel, Fortschritt und Krise durch eine stärkere Prozessorientierung ersetzen (S. 13). Ganz ähnlich argumentiert MERKEL, der zusätzlich darauf verweist, dass politische und sozioökonomische Prozesse in ihrer räumlichen und zeitlichen Kontextgebundenheit nicht durch ein einziges Paradigma, sondern entweder durch mehrere Paradigmen gekennzeichnet sein können oder aus einer entsprechenden Abstraktionsdistanz betrachtet werden müssen (MERKEL 1994: 304). Gerade in Bezug auf die Untersuchung eigentumsrechtlicher Veränderungen ist ihm in dieser Hinsicht zuzustimmen, da eine Betrachtung dieses Prozesses aus ausschließlich akteursorientierter oder einseitig systemtheoretischer Sicht unmöglich ist: zweifellos sind eigentumsrechtliche Fragen im Transformationsprozess systembedingt, da sie zu den Kernelementen der Marktwirtschaft gezählt werden, allerdings sind sie ebenso akteursorientiert, da schon ein Blick auf den Umgang der anderen Transformationsstaaten mit dieser Materie Handlungsoptionen der Akteure offenbart. Als einen wichtigen Erklärungsansatz für die länderspezifische Ausgestaltung des Transformationsprozesses führt LEHMBRUCH (1995) den Begriff der Transformationsdefizite ein und versucht so, politische Strategien der Problemvereinfachung – vor allem durch Institutionentransfers – zu erklären. Die von ihm identifizierten Defizite an Konsens, Informationen, Zeit und Koordinierung führten dann u.a. zur Übernahme des Prinzips „Restitution vor Entschädigung" (S. 32) oder der Persistenz landwirtschaftlicher Strukturen (S. 39). Eine solche Analyse erscheint aus politikanalytischer Sicht überzeugend, allerdings vernachlässigt sie den wichtigen Aspekt der weniger institutionen- als traditions- bzw. zweckmäßigkeitsorientierten Neugestaltung: Die Regelung offener Vermögensfragen musste sich eben auch an den Regelungen der Wiedergutmachung des NS-Regimes orientieren – zumal man hier überwiegend gute Erfahrungen sammeln konnte – während die Persistenz der Agrarstrukturen exakt die Zielsetzung der Schaffung leistungsfähiger Agrarstrukturen umsetzte.

2.3.2 Eigentum, Privatisierung und Restitution

Eine erste Annäherung an die sozial- und politikwissenschaftliche Perzeption von Eigentum, Privatisierung und Restitution liefern anthropologische Studien zur gesellschaftlichen Bedeutung von Eigentum. In seiner Darstellung der anthropologischen Forschung zum Begriff des Eigentums und seiner Ausprägungen weist HANN (1993: 299/300) darauf hin, dass die bis auf HOBBES und LOCKE zurückgehenden Konzeptionen von Eigentumsrechten als absolute Rechte des Eigentümers gegenüber anderen zwar als Grundlage moderner kapitalistischer Systeme begriffen werden können, aber aus anthropologischer Sicht die Dichotomie eines „entweder privat/individuell oder gemeinschaftlich" nicht anwendbar erscheint und offenbar auch nicht die Realität widerspiegelt. In zahlreichen Studien zu nichtsesshaften oder vorbäuerlichen Gesellschaften konnten Anthropologen nachweisen, dass in diesen Gesellschaften Eigentum bzw. die Nutzung von Eigentum eng mit der Sozialverfassung der Gruppe verbunden waren und nicht individuell betrachtet werden können. GLUCKMAN (1943) entwickelt in diesem Zusammenhang die These, „that property relations are intrinsically social and political relations" (HANN 1993: 301). Für sein Untersuchungsgebiet in Ungarn kann HANN nun herausarbeiten, dass die Betrachtung von Eigentumsrechten aus einer weiteren als der ökonomischen Perspektive insofern fruchtbar ist, als dass bei einer Einbeziehung historischer – HANN integriert in seine Betrachtung des gegenwärtigen Systemwechsel auch die von 1945 – und sozialer Dimensionen die Reduktion von Privatisierung und Restitution auf rein juristische oder ökonomische Fragen als Rechte über Land oder Nutzungsoptimierung als zu eng empfunden wird. Er argumentiert, dass in einem sozialen Kontext eine Abwägung zwischen der Erlangung von Rechten und Vergünstigungen und dem Verlust von Landrechten durch die Kollektivierung – und nach 1990 umgekehrt durch den Erhalt von Landrechten und den Verlust von sozialen Errungenschaften – unabdingbar ist (S. 313). Diese Überlegungen der über liberale Eigentumskonzepte hinwegreichenden sozial-integrativen Funktion von Eigentum präzisiert HANN (1998: 8) weiter, indem er als entscheidende Pole zwischen den ökonomischen und den sozialen Eigentumsbegriffen die Gegenständlichkeit einer Sache einerseits und deren Integration in soziale Rechte und Netzwerke andererseits benennt. Er differenziert in seinem Ansatz der „embeddedness" (Eingeschlossenheit) von Eigentum eine Mikroebene, auf der Eigentumsbeziehungen die zahlreichen Wege bilden, durch die Menschen ihre sozialen Identitäten bilden, indem sie Gegenstände ihrer Umwelt nutzen und in Beziehung zu sich selbst bringen, und eine Makroebene, auf der Eigentum politische Kraft entwickelt, indem dadurch die Verteilung von Gegenständen in der Gesellschaft gesteuert werden kann (S. 3). In einer neueren Veröffentlichung schließlich nutzt HANN (2000) die von BENDA-BECKMANN (1999) entwickelten Ebenen von sozialer Organisation und Eigentum[26] und wendet sie auf die Neuen Bundesländer an: In diesem sozialwissenschaftlichen Betrachtungskontext verbindet sich Postsozialismus mit der Privatisierung von Eigentum und den daraus erwachsenen sozialen und ökonomischen Problemen, da zur Implementation von Eigentums- auch Bürger- und Menschenrechte gehören. In seinen Augen sind diese Rechte ähnlich nachhaltig zerstört wie in ehemaligen Kolonien, wo die Institution des Stammeseigentum auch nicht revitalisiert werden konnte (HANN 2000: 18/19). Von einem ähnlichen Blickwinkel nähert sich VERDERY (1994) den anthropologischen Konnotationen von Eigentum, wenn sie auf die wechselnden Konkretisierungsgrade von Eigentumsrechten in postkapitalistischen und postsozialistischen Transformationsprozessen hinweist. In ihren Augen führen Privatisierung und Restitution nicht nur zu einem Verlust der im Sozialismus gegebenen „Elastizität von Land"[27], sondern konstruieren bzw. rekonstruieren auch neue soziale Identitäten, die sich ausschließlich auf Eigentumsrechte stützen. In einer Analyse des Privatisierungs- und Restitutionsprozesses in Rumänien stellt sie fest, dass dort ein bereits flexibles Eigentumssystem durch ein noch weitaus flexibleres ersetzt wurde und somit dem Ideal marktwirtschaftlichen Konzeptionen stabiler Eigentumsverhältnisse nicht entsprochen wurde. Die Gestaltung von Eigentums- und Verfügungsrechten für marginalisierte Gruppen der Gesellschaft (Alte, Städter etc.) verweist auf überlappende Nutzungsrechte, Verpflichtungen und Ansprüche und manifestiert, dass Privatisierung in Rumänien offenbar nur eine Chimäre ist (VERDERY 1998: 170–180).

Den Beziehungen zwischen Eigentümern, Besitzern oder Nutzern und dem Boden gehen aus soziologischer Perspektive KRYSMANSKI (1967) und SCHÄFERS (1968) nach. Beide durch das Zentralinstitut für Raumplanung an der Universität Münster herausgegebene Arbeiten betonen die Wechselbeziehungen zwischen Raum und Gesellschaftssystem und versuchen, mit Hilfe empirischer Erhebungen die Wertigkeit einzelner Raumnutzungsformen unterschiedlicher Intensität (Eigentum, Besitz und Nutzung) zu ergründen. KRYSMANSKI (1967) gliedert ihre Ausführungen in bodenbezogene Besitzverhältnisse, bodenbezogenes Nutzungsverhalten und bodenbezogenes Identifikationsverhalten und unterstreicht damit

---

26 Kulturelle Ideale und Ideologien, Konkrete normative und institutionelle Regeln, soziale Eigentumsbeziehungen und soziale Praktiken
27 Unter „elasticity of land" versteht VERDERY (1994) den sozialistischen Umgang mit Land, der durch eine Neuparzellierung bzw. Aufhebung der bestehenden Parzellierung Grenzen aufhob und so Besitz- und Nutzungsstrukturen schuf, die durch die Kollektive leicht zu verändern waren. Diese Elastizität kann sowohl physisch-geographischer Natur – von VERDERY am Beispiel eines mäandrierenden Flusses erläutert – als rechtlicher Natur sein, da Kollektive durchaus das Land ihrer Mitglieder miteinander tauschten.

drei wesentliche soziologische Aspekte der Bodenbezogenheit: Mit den Begriffen Besitz, Nutzung und Identifikation nimmt sie allerdings keine funktionale, sondern eine perspektivenorientierte Betrachtung vor, in der der Begriff des Eigentums als intensivste Stufe sachenrechtlicher Beziehungen fehlt. Dieser Mangel ist insofern hinnehmbar, als dass es sich um eine soziologische Arbeit handelt, in der die juristische Definition zwischen Eigentum und Besitz – weil durch die Befragten kaum wahrgenommen – keine Rolle spielt. Sie orientiert sich an SCHRADERs Arbeit zur Bedeutung von Besitz in der modernen Konsumgesellschaft (1966), in der dieser fünf Perspektiven einer Betrachtung von sachenrechtlichen Beziehungen vorstellt.[28]

Deutlich wird bereits an dieser Stelle, dass diese Betrachtungsperspektiven auch in räumlicher Dimension interpretiert werden können, da Familienstrukturen – vor allem dort, wo sie lange tradierten Pfaden folgen –, Siedlungsformen, Arbeit und Beruf sowie soziale Schichtung zu geographischen Strukturen werden können. Neben der Darstellung der Bedeutung von sachenrechtlichen Bezügen in unterschiedlichen örtlichen (Land – Stadt) und soziologischen Kontexten widmet sie sich der Frage, wieweit die Einstellung zu Besitz in seinen unterschiedlichen urbanen Formen (Einzelhäuser, Reihenhäuser, Mehrfamilienhäuser unterschiedlicher Höhe) für die Planung von Relevanz sein kann.[29]

Ihr letzter, an den Arbeiten K. LYNCHs orientierter Abschnitt zu identifikationsstiftenden Wirkung von sachenrechtlichen Beziehungen verweist wohl am stärksten auf einen Motivbereich sachenrechtlicher Veränderungen im Transformationsprozess: Die Restitution enteigneten Eigentums bzw. die Herauslösung kollektivierten Eigentums aus dem Gemeinschaftsbesitz dient nicht nur der Wiederherstellung von Gerechtigkeit, sondern es wertet den Antragsteller in seiner sozialen Position und seiner Identifikation als Eigentümer auf.

Umfangreiches empirisches Material zu dieser Studie liefert SCHÄFERS (1968), der in seinen theoretischen Vorüberlegungen insbesondere auf die juristischen Bestimmungen zu Bodenbesitz und Bodenaufteilung eingeht. Obgleich diese Bestimmungen Ausdruck historischer Definitions- und Klarifikationsprozesse sind, können sie aus soziologischer Sicht als Normen interpretiert werden, an denen sich soziales Handeln und damit verknüpfte Motivationen orientieren. Daher lässt sich auch hier wieder ein Bezug zur gegenwärtigen Neuordnung der sachenrechtlichen Beziehungen herstellen, da der historische Klarifikationsprozess (von sozialistischem zu marktwirtschaftlich orientiertem Sachenrecht) unmittelbare Auswirkungen für soziales Handeln und Motivationen in Bezug auf Sachenrechte hatte.[30] Obgleich die Arbeit von umfangreichem empirischem Material durchzogen ist, versagt sich SCHÄFERS (1968: 131) einer endgültigen Bewer-

---

28 Aspekt der Familienstruktur, Aspekt der Siedlungsform, Aspekt „Arbeit und Beruf", Aspekt der sozialen Schichtung, Aspekt der „politischen Einstellung" (SCHRADER 1966: 209)
29 In diesem Zusammenhang führt sie bspw. eine Liste von Schwierigkeiten und Fehlerquellen der Wohnwunschanalyse an, die zu Fehlplanungen geführt hat (KRYSMANSKI 1967: 125 ff.).
30 Als Beleg für diese These der Unmittelbarkeit des Handels in sachenrechtlichem Bezug lässt sich der Fall eines Antragsstellers in einem Restitutionsfall nennen, dessen Antrag vom 9.11.1989, also dem Fall der Mauer, datiert.

tung der Bedeutung von Boden als soziale Tatsache in der Stadt Münster, so dass ein ambivalentes Bild zwischen konvergenten und divergenten Meinungen der Eigentümer und Nicht-Eigentümer bleibt.

Gegenüber diesen von anthropologischen Denk- und Forschungsansätzen durchzogenen Analysen scheint die Darstellung der Tragweite des Eigentums bei CZADA (1997) in ihrer politikwissenschaftlichen und auf Ostdeutschland beschränkten Perspektive stark verengt, sie gewinnt aber durch die Verbindung einer historischen Betrachtung der Theorien zum Eigentum mit der Tragweite des Eigentum als materieller und ideeller Wert. In diesem Zusammenhang weist er darauf hin, dass die Wiedergutmachung von Unrecht nicht mit der Herstellung historischer Zustände identisch sein muss (S. 40).

Vor einer Betrachtung der politikwissenschaftlichen Auseinandersetzung mit sachenrechtlichen Beziehungen soll hier noch kurz auf die Analyse der Verteilungs- und Wohlfahrtseffekte der Privatisierung hingewiesen werden. Die Verbindung zwischen ökonomischer Allokation und der gerechten Verteilung von Ressourcen liegt zwar auf der Hand, da die Wohlfahrtseffekte der Privatisierung auf die Gesellschaft verteilt werden müssen, doch fordern Privatisierungs- und Transformationstheoretiker wie KORNAI (1991: 11/12) durchaus eine strikte Trennung von ethischen und ökonomischen Anforderungen: „Although the market and capitalist property have many useful qualities, above all the stimulation to efficient economic activity, fairness and equality are not among their virtues. They reward not only good work but good fortune, and they penalize not just bad work but ill-fortune. While they are useful to society as a whole by encouraging exploitation of good fortune and resistance to ill-fortune, they are not "just". I think, it is ethically paradoxical to mix slogans of fairness and equality into a programme of capitalist privatization". Im Gegensatz dazu widmet sich BRÜCKER (1995: 158–179) Fragen der Gerechtigkeitsnormen und überprüft verschiedene Privatisierungs- und Restitutionsverfahren im Hinblick auf ihre gerechtigkeitstransportierende Wirkung. Noch pointierter auf Restitution bezogen und in ihren Schlussfolgerungen die gültige Restitutionsregelung als moralisch unzulänglich ablehnend äußern sich BÖNKER und OFFE (1993, inhaltlich identisch in 1994 und OFFE 1996). Im Mittelpunkt ihrer Untersuchung stehen normative Fragen nach moralischen Rechtfertigungen der Regelung.[31]

Aus politikwissenschaftlicher Sicht betrachtet BATT (1994) politische Handlungsoptionen für Privatisierungspolitiken, die ihrer Auffassung nach im wesentlichen von zwei Faktorenbündel gesteuert werden: Zum einen gilt aus internationaler Sicht Privatisierung als Grundvoraussetzung für jegliche wirtschaftliche Unterstützung und zum anderen artikulieren auf nationaler Ebene einzelne Gruppen ihre privatisierungspolitischen Partikularinteressen. Dementsprechend ist die Zahl der Optionen aus handlungstheoretischer Sicht begrenzt und kann in einem rationalen Bewertungsprozess zu einer Optimierung bzw. zu einer Evaluierung der eingeschlagenen Handlungsoption leiten. Dementsprechend hat CZADA (1994) als eine wesentliche Eigenschaft der Treuhandanstalt ihre Etablierung als „La-

---

31 Weitere Ausführungen zu diesem Thema finden sich in Kapitel 2.4 .

chende Dritte" zwischen Bund und Ländern (S. 33) genannt, mit der sie als Dienstleister der Länder beim Aufbau sozialverträglicher regionaler Wirtschaftsstrukturen auftrat.

Ebenfalls aus politikwissenschaftlicher Sicht, aber eher auf die Probleme der politischen Wahrnehmung und Instrumentalisierung von Privatisierungspolitiken bezogen analysiert PRÜTZEL-THOMAS (1995) die politische Auseinandersetzung um die Wirkung der Eigentumsfrage für die wirtschaftliche Entwicklung. In einer Kombination der Dokumentation des einschlägigen Gesetzgebungsprozesses und der Implementation dieser Gesetze durch THA und Vermögensämter kommt sie zu dem Schluss, dass, obwohl andere Faktoren die wirtschaftliche Entwicklung stärker beeinflussten, das Restitutionsproblem als Mythos etabliert und instrumentalisiert wurde. Es diente der Bevölkerung in den Neuen Bundesländern als simplifizierter und obendrein in westdeutschen Gesetzen und Gesetzgebungskompetenzen verorteter Erklärungsansatz für die mangelnde Entwicklung und der THA als ständiges Argument, die Restitutionsregelung nicht auf die Opfer der Bodenreform 1945–49 auszudehnen und ihren eigenen Erfolg zu schmälern.

Die politische Nutzung von sachenrechtlichen Veränderungsprozessen in Transformationsprozessen weist auch MÄNICKE-GYÖNGYÖSI (1996) nach, wenn sie die Fragen thematisiert, ob und wieweit Privatisierungs- und Restitutionsregelungen aktiv derart gestaltet wurden, dass die Interessen bestimmter gesellschaftlicher Gruppen umgesetzt werden konnten. Zwar kann sie für ihre Beispielländer Polen, Tschechien und Ungarn rekonstruieren, wie und durch welche Gruppen die jeweiligen Regelungen beeinflusst wurden, doch vermag sie nicht, symbolische von weniger symbolischen Politikelementen zu differenzieren. Diesem Feld nähert sich PAFFRATH (2004) umso entschlossener, indem sie die politische und juristische Auseinandersetzung um die Nichtrestitution der Bodenreformopfer 1945–49 als machtpolitische Auseinandersetzung interpretiert und darstellt.

Neben diesen theoretischen Auseinandersetzungen mit der Dynamik sachenrechtlicher Veränderungen im Transformationsprozess wurden nach 1990 eine Vielzahl von empirischen Einzeluntersuchungen durchgeführt, die sich der Problematik der Dynamik der Eigentumsrechte aus Sicht der Betroffenen – Personen, Städte oder Regionen – nähern. Gemäß der hohen Intensität, die diese Prozesse in städtischen Umfeldern entfalten, liegt ein Schwerpunkt der Arbeiten im städtischen Raum. In einer ersten Analyse der Restitutionsproblematik in Altbaugebieten Berlins gelingt es DIESER, DOLETZKI und WILKE (1994) einzelne Motivgruppen unter den Alteigentümern zu identifizieren und daraus für die Stadterneuerung im Ostteil der Stadt Problemfelder auszuweisen: So existieren starke Konflikte zwischen der emotionsbelasteten Restitutionsproblematik und dem technischen Prozess der Stadterneuerung und bilden auf lokaler Ebene den Grundkonflikt jeglicher Restitutionslösung zwischen Gerechtigkeit und Effizienz erneut ab. In einer späteren Analyse zeichnet DIESER (1996: 137/138) ein differenziertes Bild der Auswirkungen von Restitution auf städtische Räume. Demzufolge verbleiben dem Land Berlin trotz Restitution noch ausreichend Wohnungen zur sozialverträglichen Wohnungspolitik, während gleichzeitig die Restitution zu einer völlig neuen Eigentümerstruktur und evtl. sozialunverträglichen Modernisierungen führen wird.

Zu einem ähnlichen Schluss kommt BORST (1996) für den Bereich der Privatisierung vormals staatlicher bzw. kommunaler Wohnungsbestände. Ein umfassendes Gesamtbild der Transformationsprozesse, ihrer politischen Ursachen und sozialen Folgen im Bereich des Wohnungswesens zeichnet HÄUßERMANN (1996a). Die sozialen Folgen der Restitution von Grundeigentum in Deutschland und Polen beleuchten GLOCK, HÄUßERMANN und KELLER (2001), indem sie erstmals die rechtlichen Voraussetzungen in beiden Staaten miteinander vergleichen und daraus ableitend auf der Grundlage empirischer Untersuchungen in beiden Staaten soziale Folgen identifizieren. Die hier angerissenen Konfliktfelder können GLOCK und KELLER (2002) für zwei Gebiete in Berlin (Prenzlauer Berg und Kleinmachnow) noch weiter vertiefen und darstellen, wie die Überformung der Eigentumsverhältnisse in beiden Gebietstypen (innerstädtischer Altbau und vorsozialistisches Suburbia) und die differenzierte Anknüpfung des Vermögensgesetzes an diese Eigentumshistorien zu unterschiedlichen Konfliktlinien und -intensitäten geführt hat.

Die umfangreichste und detailreichste Studie zu den städtebaulichen und sozialen Auswirkungen der Restitutionsregelungen in städtischen Bereichen legte REIMANN (2000) vor, die nicht nur ein umfassendes und detailreiches Bild der vermögensrechtlichen Neuordnung von Immobilien zeichnet, sondern die räumlichen und sozialen Implikationen dieser Regelungen darstellt. Dabei verbindet sie die Analyse von gebäudebezogenen Informationen seit 1873, die es ihr ermöglichen, für einen kompletten Straßenzug den historischen Wandel der Eigentumsstruktur (fast) lückenlos zu rekonstruieren, mit einer Untersuchung des Investitionsverhaltens der aktuellen Eigentümer. In einer Bilanzierung der Folgen der eigentumsrechtlichen Veränderungen kommt sie zu folgenden Ergebnissen: Das rechtliche Instrumentarium der Restitution stellte tatsächlich eine Blockade für die Stadterneuerung dar, durch Restitution und anschließendem Verkauf der Immobilien ergab sich ein umfangreicher Wandel der Eigentümerstruktur. Zusammenfassend lassen sich mittelbare von unmittelbaren Restitutionsfolgen differenzieren, da restituierte Objekte mehrheitlich von den Alteigentümern an Investoren veräußert wurden, die die Objekte in kurzer Zeit erneuerten oder sanierten. Hierbei stand gewinnorientiertes Handeln im Vordergrund.

Demgegenüber existieren für den ländlichen Raum nur wenige Arbeiten, die sich mit den Auswirkungen der sachenrechtlichen Veränderungen im Transformationsprozess befassen. In einer anthropologischen Studie untersucht EIDSON (2001) die komplexen eigentumsrechtlichen Veränderungen in einer Siedlung mit hoher eigentumsrechtlicher Transformationsintensität, da sich hier nicht nur die politischen Veränderungen niederschlagen, sondern auch im Zuge des Braunkohleabbaus Enteignungen vorgenommen wurden. Obgleich diese Arbeit als „Vorstudie" zu einer umfassenden anthropologischen Darstellung der eigentumsrechtlichen Veränderungen in Ostdeutschland[32] konzipiert ist, erlaubt sie Einblicke in die Mechanismen der Veränderungen und deren Auswirkungen auf das Verständnis und die persönlichen Beziehungen zu Eigentum. Als ein Beispiel für die Analyse der Umwandlungsprozesse im Zuge der Dekollektivierung kann die Arbeit von VERDERY (1998) in einem rumänischen Dorf gelten. Es gelingt ihr, nicht nur die Mechanismen der staatlichen Privatisierungspolitik aufzudecken (s.o.), sondern auch die Auswirkungen dieser Politiken auf unterschiedliche Bevölkerungsgruppen darzustellen. Dementsprechend nimmt die Analyse von Rechten und Machtkonstellationen breiten Raum ein, wobei Macht nicht nur als politische, sondern auch als eigentums- bzw. verfügungsrechtsgebundene Macht interpretiert wird (S. 172ff).

2.3.3 Agrarpolitik als Analyse sektoraler Staatstätigkeit

Im Zusammenhang mit der Analyse der Dynamik der Eigentumsverhältnisse im ländlichen Raum kommt der Betrachtung der Agrarpolitik als Analyse sektoraler Staatstätigkeit besondere Bedeutung zu, da ein Großteil der sachenrechtlichen Veränderungen mittel- und unmittelbar auf politische Entscheidungen zurückzuführen ist. Dabei sollen die Anteile rechtswissenschaftlicher oder wirtschaftswissenschaftlicher Überlegungen zur Ausgestaltung des Transformationsprozesses keineswegs geschmälert werden. Tatsächlich ist es nicht immer einfach, hier deutliche Trennlinien zwischen Rechtswissenschaften, Ökonomie und Sozialwissenschaften zu ziehen, da die Agrarökonomie per se aufgrund der politischen Eingriffsintensität des Bundes, der Länder und letztlich auch der Europäischen Union politik- und sozialwissenschaftliche Aspekte für ihre Erwägungen hinzuziehen muss.

Insbesondere die Darstellung von GLAEßNER (1993) verdeutlicht anhand der politischen und ökonomischen Prozesse der Vereinigung, in welche Sonderrolle die Landwirtschaft in den Neuen Bundesländern gedrängt ist. Obgleich eine allgemeine, übersichtsartige Darstellung fehlt, kann man wesentliche Zielkonflikte der Agrarpolitik in den NBL deutlich erkennen: Ausgehend von den ökonomischen Krisenfaktoren im Einigungsprozess und den Problemen der Umstrukturierung der Planwirtschaft kritisiert er zum einen die mangelnden Investitionen in den NBL[33] und zum anderen die politische Fehlentscheidung der Konstruktion der THA. Weiterführend konstatiert er angesichts der Parallelen in der Leitungsstruktur zwischen DDR und Treuhand die Notwendigkeit des Bestandes bestimmter institutioneller Brücken zum alten System, um den Umbau der Volkswirtschaft nicht im Chaos enden zu lassen (S. 58). Natürlich gewinnt diese Aussage

---

32 Eine ähnlich konzipierte Studie führt G. MILLIGAN (ebenfalls MPI for Social Anthropology) im Nordosten der NBL durch.

33 Auf dem Hintergrund der gegenwärtigen Debatte um die Effektivität der Förderung Ostdeutschland – ausgelöst durch das sog. Dohnanyi-Papier im Sommer 2004 – gewinnt die Berechnung GLAEßNERs (1993: 48), dass in den ABL immer noch deutlich höhere Investitionsquoten pro Kopf erzielt werden als in den NBL, besondere Bedeutung.

im Diskurs um Kontinuität und Neubeginn eine große Bedeutung und muss später im Hinblick auf Verbandsorganisation oder Betriebsstrukturen diskutiert werden. In diese Richtung gehen auch seine abschließenden Überlegungen einer Zwischenbilanz, in denen er den grundsätzlichen Zielkonflikt zwischen der Vermeidung von Devastierungen[34] aus politischen Gründen und der gewünschten Devastierung aus ökonomischen Motiven als größte Herausforderung für die Politik umreißt. Leicht lassen sich beide Ansätze auf die Entwicklung der Landwirtschaft übertragen, da durch die Möglichkeit der rechtlichen Umgestaltung der LPG der Kern aus materiellen und personellen Ressourcen als Brücke zur Vergangenheit bestehen blieb. Gleichzeitig schuf die Regelung zur Neu- und Wiedereinrichtung von landwirtschaftlichen Betrieben oder die Privatisierung der VEG eindeutige Zeichen für einen Bruch mit der Vergangenheit.[35]

Die umfangreichste und fundierteste Studie zur Umgestaltung der Landwirtschaft in den NBL aus politikwissenschaftlicher Sicht findet sich bei WIEGAND (1994), der nicht die wesentlichen Etappen dieser Entwicklung beleuchtet, sondern auch die politischen Hintergründe, die diese Entwicklung angestoßen haben, darstellt. So bezieht er in seine Analyse nicht nur das LAG als wesentliche Determinante der agrarstrukturellen Entwicklung ein, sondern widmet sich auch der Frage der Etablierung eines Marktordnungssystems im Rahmen der Agrarunion – ein Punkt mit seiner Meinung nach ebenso großer Bedeutung wie die LPG-Umwandlung, da echte Chancengleichheit der verschiedenen Organisationsformen in der Förder- und Privatisierungspolitik die LPG-Nachfolgeunternehmen zur Aufgabe gezwungen hätte (WIEGAND 1994: 50). Weitere grundlegende Arbeiten zur politischen Gestaltung des Transformationsprozesses im Agrarsektor legten – auch aus agrarökonomischer Sicht – HAGEDORN (1991, 1992 und 1997) und CLASEN/JOHN (1996) vor. Insbesondere CLASEN und JOHN gelingt es, die Sonderstellung des Agrarbereiches deutlich herauszuarbeiten, indem sie darauf hinweisen, dass in diesem Wirtschaftssektor kein erfolgreiches, sondern vielmehr ein inkonsistentes und politisch wie ökonomisch teures Modell angeboten wird. Weiterhin weisen sie auf den hohen politischen Symbolgehalt des Agrarsektors hin: „Abhängig von der nationalen und historisch-kulturellen Entwicklung des Landes können prä-sozialistische Eigentumsstrukturen mit nationalen, kulturellen und traditionellen Mythen verknüpft sein. Ihre Wiederherstellung im Transformationsprozess kann eine besondere Bedeutung sowohl in der öffentlichen Diskussion als auch bei der Profilierung politischer Akteure gewinnen. Solche Variablen können die Debatte über Eigentumsfragen und Transformationspfade erheblich beeinflussen" (CLASEN/JOHN 1996: 192). In ihrem Resümee verdeutlichen sie die Modifikation des agrarpolitischen Leitbildes vom bäuerlichen Familienbetrieb zu markt-

---

34 Der Begriff der Devastierung ist hier sicherlich nicht im Kontext der geographisch gebräuchlichen wüstungsschaffenden Prozesse zu verstehen, vielmehr bezieht er sich auf Umstrukturierungen in von Altindustrien geprägten Regionen (Ruhrgebiet, Mittelengland oder US-Ostküste) mit der Entstehung ausgedehnter Brown Sites.

35 Die Frage nach möglichen Devastierungen soll hier thematisiert werden: Einerseits bestehen konkurrenzfähige Betriebe, andererseits sind infrastrukturelle Ausstattung und Beschäftigungsrate dramatisch zurückgegangen.

und produktivitätsorientierten Betrieben und somit einer Persistenz ostdeutscher Handlungsmuster. Allerdings wird dieses Bild einer weitgehend autonomen und zunächst auch voll binnengesteuerten Transformation – die ersten Anfänge liegen ja im LAG der DDR –, die ihren Ausdruck in der bewussten Abkehr von vor-Bodenreform Agrarstrukturen fand, überlagert von späteren, westdeutschen Struktur- und Fördervorgaben. In ihrem vergleichenden Ansatz mit Russland und Estland arbeiten sie besonders die Entkoppelung von Eigentumsstruktur, betriebswirtschaftlicher Struktur und ordnungspolitischem Leitbild heraus, wodurch im Rahmen der Selbstorganisation der sektoralen Transformation im Vergleich zu anderen Wirtschaftssektoren mehr wettbewerbsfähige Betriebe erhalten werden konnten.[36]

Demgegenüber beschränkt sich der Beitrag von UNGER (1993) auf die Darstellung der politischen und ökonomischen Zwänge im Transformationsprozess und ist, wie viele Arbeiten auf diesem Gebiet, weniger von analytischer Schärfe als von dem Versuch, Nachteile der dynamischen Weiterentwicklung des Agrarsektors und Vorteile einer (theoretischen) Persistenz der DDR-Strukturen aufzuzeigen, geprägt. So verweist UNGER (1993: 10) in seinen Ausführungen zu den politischen Zwängen auf das LAG als Druckinstrument zur LPG-Umwandlung und stellt es in den Kontext der Handlungsfreiheit der Genossenschaftsmitglieder einerseits und des agrarpolitischen Leitbildes des bäuerlichen Familienbetriebs andererseits. Diese Mischung als struktur- und handlungstheoretischem Ansatz verstellt dabei den Blick auf die Vielfalt der Handlungsoptionen und unterstellt den LPG-Vorsitzenden und ihren Betriebsleitern mangelnde Entscheidungskompetenz.

Die Entwicklung der ostdeutschen Landwirtschaft nach 1989 wird beispielhaft für Thüringen von KÜSTER (2002) vorgenommen. Aus agrarsoziologischer Sicht zeichnet sie nicht nur ein stringentes Bild der Ausgangsbedingungen ab 1989 und der Strukturentwicklung in Thüringen, sondern es gelingt ihr auch, aus der Fülle des empirischen Materials zur Unternehmensentwicklung Typen herauszuarbeiten[37]. Dabei verbindet sie die Auswertung umfangreichen Materials aller landwirtschaftlichen Unternehmen in Thüringen mit Interviews, die sie sowohl mit Betriebsinhabern als auch mit Experten aus der Landwirtschaftsverwaltung führte. Besonderen Wert erhält ihre Untersuchung durch die Darstellung der Entscheidungssituation und der daraus synthetisierbaren Entscheidungspfade einzelner Unternehmen, da hier nicht nur primär agrarökonomische Parameter zum Tragen kommen, sondern eben auch individuenbezogene Einstellungen und Aktivitäten thematisiert werden. Zusammenfassend kann sie drei Umwandlungsvarianten plus Mischformen herausarbeiten und sie nicht nur auf bestimmte Kooperationsformen zurückführen, sondern sie auch geographisch differenzieren: Genossenschaften sind in Mittelgebirgslagen zu finden, während Wieder- und Neueinrichter die attraktiven Lößgebiete und das Thüringer Becken bevorzugten

---

36 Allerdings darf hier nicht vergessen werden, dass zwar ein Großteil der Betriebe erhalten blieb, aber 70 % der Arbeitskräfte entlassen wurden.
37 Vgl. dazu auch die Ausführungen in Kap. 7.3.2 .

(KÜSTER 2001, S. 80). Weiterhin verweist sie auch auf die Wirksamkeit von historisch geprägten Agrarstrukturen, da in „Bauerndörfern" und „Gutsdörfern" die Kollektivierung unterschiedlich schnell durchgesetzt wurden; dieser zeitliche Verzug und damit auch die stärkere Verbundenheit der Landwirte mit ihrem Land beeinflusste die Dekollektivierung (KÜSTER 1998: 51). Aus geographischer Sicht werden die Dynamik von Eigentumsverhältnissen und ihre Raumwirksamkeit hier besonders gut deutlich – umso unbefriedigender ist dann ihr Verzicht auf jegliche kartographische Umsetzung in einer späteren Arbeit (KÜSTER 2002).

Einen Sonderaspekt der politikwissenschaftlichen Auseinandersetzung mit der Transformation in der Landwirtschaft stellen die oftmals grundsätzlichen Charakter annehmenden Diskurse um die zukünftige Gestaltung der Agrarstruktur dar. Während diese Frage aus agrarökonomischer Sicht mit hinreichender Klarheit behandelt wurde (vgl. HAGEDORN 1997, ABRAHAMS 1996 oder SWINNEN 1997), besteht aus politikwissenschaftlicher Sicht noch Nachholbedarf.[38] Deutlicher äußern sich die von Partikularinteressen bewegten Betroffenen und legen eigene Analysen des politischen Entscheidungsprozesses vor. So bilanziert HIRN (1993: 29) die sozioökonomischen Veränderungen im landwirtschaftlichen Bereich der Neuen Bundesländer und kommt zu dem Ergebnis, dass es hier im Gegensatz zu den Alten Bundesländern keine Übergangsphase zur Strukturanpassung gab. Die Geschwindigkeit dieser Entwicklung und die offensichtliche Hilflosigkeit der Akteure zur Steuerung dieses Prozesses nimmt er zum Anlass, um die Agrarpolitik aus Sicht von Familienunternehmen zu schildern. In ähnlicher Weise und ebenfalls aus der Perspektive der Neu- und Wiedereinrichter legt DETTMER (1993) zunächst die Entwicklung der Agrarstrukturen dar und leitet aus der entstandenen Vielfalt der Betriebs- und Unternehmensformen ab, dass diese zwar erwünscht war, aber sich die politischen Motivationen dafür offenbar weniger aus agrarpolitischen Erwägungen, denn aus Konzeptlosigkeit speisten (DETTMER 1993: 108). Anschließend differenziert er fünf Problembereiche[39], die die – aus seiner Sicht notwendige – Umstrukturierung der LPG zu Einzelunternehmen behindert haben. Ähnlich äußert sich GERKE (2001 und 2003), der neben der allgemeinen Agrarpolitik immer wieder die Vergabepraxis von Land und Pachtland als diskriminierend für die Klein- und Mittelbetriebe hinstellt (GERKE 2001: 93).

Den Kontrast zu diesen einseitig gefärbten Analysen bilden die Agrarberichte der Bundesregierung, in denen nicht nur die Veränderungen der Agrarstruktur, sondern auch die agrarpolitischen Ziele der jeweiligen Bundesregierung dargestellt werden (BMELF/BMVEL 1991–2003). In den Kontext der Partikularinteressen gehören auch die Darstellungen von BAMMEL (1991) und DETTMER (2001),

---

38 So findet das Problem der politischen Gestaltung des Strukturwandels in der Landwirtschaft in keinem der Berichtsbände der „Kommission für die Erforschung des sozialen und politischen Wandels in den neuen Bundesländern e.V" Erwähnung.
39 „Das ideologische Umfeld während der Wende und heute. Sozialistischer Frühling der LPGen. Vom Entstehen des Landwirtschaftsanpassungs (LAG)", „Das Landwirtschaftsanpassungsgesetz und seine Novellierungen", „Der Förderdschungel. Ein unangepasstes Förderinstrumentarium", „Offene Rechtsprobleme" und „Entwicklung der landwirtschaftlichen Verbände: Von der Vereinigung der gegenwärtigen Bauernhilfe bis Heeremann."

die darlegen, wie nach 1989 aus der Vereinigung der gegenseitigen Bauernhilfe (VdgB) mehrere landwirtschaftliche Interessenverbände entstanden. Diese, im wesentliche bipolare Struktur zwischen dem Deutschen Bauernverband (DBV) als Organisation der Großunternehmer[40] und den im Deutschen Landbund organisierten Verbänden der Klein- und Mittelbetriebe unterscheidet sich insofern von den Alten Bundesländern, als dass zum einen nur 50 % der Betriebe organisiert sind und zum anderen zwischen den beiden Polen unüberbrückbare Gegensätze (bspw. zur Agrarstruktur, zum Strukturwandel, zur Altschuldenregelung etc.) bestehen (DETTMER 2001: 88/89).

Bezeichnenderweise finden sich gerade für die Thematik der Umwandlung Landwirtschaftlicher Produktionsgenossenschaften in Eingetragene Genossenschaften mehrere Arbeiten. Während WANNENWETSCH (1995) am Beispiel einer Kooperative[41] in Sachsen die unterschiedlichen Entwicklungspfade darstellt, widmet sich LASCHEWSKI (1998) dem Genossenschaftswesen im Allgemeinen. Gerade WANNENWETSCH gelingt es dabei, neben den agrarökonomischen und betriebswirtschaftlichen Gesichtspunkten der Transformation und des auf dem Betrieb liegenden Umwandlungs- und Anpassungsdruck auch die sozioökonomische Perspektive herauszuarbeiten. So setzt er sich nicht nur mit der Umwandlung der Kooperative in das Landgut Mühlau auseinander, sondern führt auch Interviews mit Inhabern von Haupt- und Nebenerwerbslandwirten, die als Wiedereinrichter aus der Kooperative entstanden sind. Hierbei wird deutlich, dass die wesentlichen Determinanten für die Betriebsgründung bzw. die Weiterführung unter ungünstigen ökonomischen Rahmenbedingungen landwirtschaftliche Traditionen, Startchancen als ehemalige Führungskräfte der Kooperation und die Verfügbarkeit außerlandwirtschaftlichen Einkommensquellen waren. Dieses Faktorenbündel führte dann zu einem Aufbrechen und Ausdifferenzieren der vormals homogenen Gruppe der Genossenschaftsbauern in unterschiedliche Personengruppen und somit letztlich zu einer Differenzierung in „Gewinner" und „Verlierer" des landwirtschaftlichen Transformationsprozesses (WANNENWETSCH 1005: 139).

Eine umfangreiche Studie zu den gegenwärtigen und zukünftigen Perspektiven von Genossenschaften in Ostdeutschland (KRAMBACH/WATZEK 2000) arbeitet eine erstaunliche Persistenz der Genossenschaftsidee zwischen LPG und e.G. heraus, die sich u.a. in einer hohen Betriebsverbundenheit äußert. Diese empirisch durch Befragungen untermauerten Ergebnisse verweisen aus sachenrechtlicher Sicht zum einen auf die offensichtliche Ablösung individuenbezogenen zugunsten genossenschaftlichen Eigentums und zum anderen auf den Generationenbruch

---

40 Interessanterweise ergibt sich hier eine deutliche regionalpolitische Differenzierung innerhalb der DBV: In den Alten Bundesländern wird weiterhin der landwirtschaftliche Familienbetrieb propagiert und unterstützt, während in den Neuen Bundesländern Großbetriebe und deren Existenzsicherung zur Hauptklientel zählen.
41 Obgleich im Titel der Arbeit von einer LPG die Rede ist, wird bei der Lektüre deutlich, dass es sich um eine Kooperative, d.h. um einen Zusammenschluss von LPG (T) und (P) handelt.

zwischen den „Zwangskollektivierten"[42] und den heutigen Genossenschaftsbauern.

Im Kontext der sozioökonomischen Veränderungen im ländlichen Raum seit 1990 ist auf vier Arbeiten hinzuweisen, die aus sozialwissenschaftlicher Perspektive die Auswirkungen der Transformation auf die Beschäftigten thematisieren. KRAMBACH (1991) schildert die schwierige Situation der Genossenschaftsbauern, die sich innerhalb eines relativ kurzen Zeitraums und unter dem Druck wirtschaftlicher und sozialer Veränderungen für ein Verharren im genossenschaftlichen System oder einen Neuanfang als Wiedereinrichter entscheiden mussten. Er arbeitet durch die Befragung von 114 Genossenschaftsmitgliedern heraus, dass Erwartungen und Hoffnungen an erfolgreiche genossenschaftliche Zusammenarbeit und die Verbundenheit mit der genossenschaftlichen Gemeinschaft als Hauptgründe für das Verharren genannt wurden, während die Zweifel an den eigenen unternehmerischen Fähigkeiten nur zusätzliche Argumentationshilfe leisteten. Interessanterweise wird in diesem Kontext die Frage der Flächenausstattung der zukünftigen Einzelbetriebe nicht thematisiert – offenbar spielte sie im Entscheidungsprozess keine Rolle. Von großer Bedeutung für die eigene Untersuchung bleibt aber die Feststellung von KRAMBACH bezüglich der veränderten Wertschätzung von Eigentum: „Entfremdung von Eigentum in den Genossenschaften führte zu einer Deformation der Eigentümerfunktion und -verantwortung" (KRAMBACH 1991: 106). Als Beweis für diese These verweist er auf die durchaus erfolgreichen Betriebsgründungen durch ehemaliges Führungspersonal der LPG, bei denen offenbar Eigentümerfunktion und -verantwortung noch vorhanden waren. Ob dies als Erklärungsansatz bestehen kann, muss dahingestellt sein; man muss aber bei der Suche nach Erklärungsmustern für eine solche sozialökonomische Differenzierung andere Faktoren mit in Betracht ziehen: Leitungskader verfügten über eine bessere Ausbildung und sie hatten privilegierten Zugang zu Informations- und Manipulationsmöglichkeiten.[43]

Ganz ähnlich äußert sich BERNIEN (1995: 359ff.), die einen spezifischen Sozialisierungsprozess vom Einzel- zum Genossenschaftsbauern seit 1950 beobachtet und konstatiert, dass es den Typ und das Berufsbild des Landwirts weder von der Persönlichkeit noch von der Qualifikation her in hoher Anzahl in den NBL gab. Zu ähnlichen Ergebnissen kommt LAMPLAND (2002) in ihrer Untersuchung der Biographien von Führungskräften ehemaliger Agrargenossenschaften in Ungarn und fordert, die Nuancen von Eigentumsrelationen, Produktionsmethoden und Managementpraxis genau zu beachten, um die sozioökonomischen Transformationsprozesse korrekt analysieren zu können (LAMPLAND 2002: 56). In Bezug auf die oben bereits angesprochenen Informations- und Manipulationsmöglichkeiten

---

42 Natürlich ist der Begriff der „Zwangskollektivierung" generalisierend, da einzelne Gruppen der bäuerlichen Gesellschaft, vor allem Klein- und Neubauern, der Kollektivierung positiv gegenüber standen.

43 Damit soll nicht dem häufig genannten Generalverdacht flächenhafter krimineller Machenschaften bei der LPG-Umwandlung das Wort geredet werden; Manipulationsmöglichkeiten ergaben sich vor allem im Vorfeld der Information der Mitglieder über die Vor- und Nachteile bestimmter Privatisierungsverfahren.

der Führungskader unterstreicht sie, „dass schon seit der sozialistischen Periode bestehende Kontakte zwischen den geschäftsführenden Eliten der Genossenschaften und deren Arbeiterschaft nunmehr in klassische paternalistische Beziehungsverhältnisse zum größeren Vorteil des Direktors ausgebaut werden können" (S. 76). Eine wichtige Ergänzung dieser beiden Studien bildet die Arbeit von NEU (2001), die anhand eines Fallbeispiels von 719 Personen aus vier LPG nachweisen kann, dass nach der Privatisierung der LPG nur 24 % der ehemaligen Genossenschaftsbauern überhaupt wieder eine Erwerbstätigkeit aufnehmen konnten. Sie schließt daraus, dass im Transformationsprozess kollektive Handlungsspielräume die Privatisierung der Betriebe erleichterten und somit deren Überlebensfähigkeit sicherten; gleichzeitig wurden dadurch aber individuelle Handlungsspielräume dramatisch eingeschränkt, da nur noch spezifische Anforderungsprofile nachgefragt wurden (NEU 2001: 244).

Aus sachenrechtlicher Sicht verweisen diese Arbeiten auf eine völlig andere Betrachtungs- und Analyseebene: Nicht nur ausschließlich die rechtlichen, wirtschaftlichen oder politischen Rahmenbedingungen steuern die Entwicklung im ländlichen Raum (und somit auch die Dynamik der Eigentumsverhältnisse), sondern den individuellen, personen- und persönlichkeitsbezogenen Faktoren kommt eine ebenso wichtige Bedeutung zu.

2.4 DER ETHISCH-MORALISCHE BLICK AUF RESTITUTION UND PRIVATISIERUNG

Rechts-, Wirtschafts- und Sozialwissenschaften setzen sich mit der Thematik der sachenrechtlichen Dynamik überwiegend aus einer Perspektive auseinander, die an eine Darstellung der theoretischen Implikationen empirische Ergebnisse aus dem Transformationsvorgang anschließt. Eine solche Herangehensweise beinhaltet immer eine Reflexion der Beweggründe, die für die Propagierung der spezifischen Privatisierungs- oder Restitutionsstrategie sprechen, und kann dabei bestimmten juristischen, ökonomischen oder sozialwissenschaftlichen Denkschulen zugeordnet werden. Regelmäßig finden sich dann zu Beginn der eigentlichen Ausführungen Bezüge zu den moralischen oder ethischen Beweggründen für oder gegen Privatisierung bzw. Restitution, die aber in den seltensten Fällen weiter ausgeführt, sondern als gegeben hingestellt werden. So genügt für die rechtswissenschaftliche Auseinandersetzung mit Privatisierungs- und Restitutionsgesetzen regelmäßig der Hinweis auf die besondere Stellung von Eigentum im Grundgesetz und Bürgerlichem Gesetzbuch sowie auf die Verpflichtung des Rechtsstaates frühere Eigentumsrechtsverletzungen zu heilen. Aus ökonomischer Sicht lässt sich in neoliberaler, aber auch institutionenökonomischer Perspektive die Notwendigkeit von Privatisierung und Restitution einfach durch Effizienzmaximierung begründen. Schließlich stützen sich sozialwissenschaftliche Arbeiten u.a. aus anthropologischer Sicht auf die identitäts- und gruppenbewusstseinsschaffende Wirkung von Eigentum, sowohl in Bezug auf Einzel- als auch auf Gemeinschaftseigentum.

In der Diskussion um Restitution oder Privatisierung in städtischen Räumen differenziert REIMANN (2000: 26) Argumentationen und Rechtfertigungsstrategien, die entweder durch moralische Verpflichtungen gekennzeichnet werden, oder deren Wesensgehalt von der Abschätzung der Folgen, die eine solche Regelung entfalten könnten, bestimmt ist. Insofern lässt sich zwischen einem vergangenheits- und einen zukunftsorientierter Argumentationsstrang unterscheiden, die zum einen den Aspekt der Herstellung von Gerechtigkeit und zum anderen die potentiellen und sozialen Folgen der jeweiligen Regelung unterstreichen. Die Wurzeln dieser beiden Argumentationsketten liegen in unterschiedlichen normativen Theorien des Privateigentums, die dichotomisch als naturrechtliche Argumentation i.S. JOHN LOCKES oder als funktionalistische, das Eigentum als konstituierendes Element einer funktionsfähigen und erfolgreichen Wirtschaft interpretierend differenziert werden.

Die nachfolgende Darstellung der bisherigen ethisch-moralischen Auseinandersetzung mit Privatisierung und Restitution als Hauptelemente sachenrechtlicher Veränderungen im Transformationsprozess kann keinen Gesamtüberblick über diese Materie bieten. Stattdessen sollen vier Diskursebenen eigentumsrechtlicher Veränderungen vorgestellt werden.

Die allen diesen Betrachtungsansätzen vorgelagerte Frage nach dem Charakter und der Intensität der Verbindung zwischen Individuum und Eigentum, die über rein juristische oder wirtschaftliche Zusammenhänge hinausgeht, ist mit dem Begriff der „embeddedness" bereits einführend erläutert worden (siehe HANN 1998). Aus der hier gewählten moralisch-ethischen Perspektive auf Eigentum ist die positive Konnotation von Eigentum mit sozialen Netzwerken und sozialer Identität besonders hervorzuheben, da nachgelagerte Fragen zur Restitution und ihrer gesellschaftlichen Wirkung implizit auf diesem Denkmodell aufbauen. Zunächst ist auf die identitätsstiftende Wirkung von Eigentum hinzuweisen, deren Entstehung verhaltenstheoretisch auf der Mikroebene durch Mensch-Umwelt-Beziehungen erklärt wird. Individuen entwickeln ihre soziale Identität u.a. dadurch, dass sie Gegenstände in ihrer Umwelt nutzen und dadurch in Beziehung zu sich selbst bringen; natürlich ist die Ausgestaltung dieser Beziehung zu einem Objekt durch rechtliche oder ökonomische Rahmenbedingungen determiniert, doch darf bei diesem Erklärungsansatz nicht übersehen werden, dass die Bildung der sozialen Identität nicht nur durch die sachenrechtlichen Beziehungen zu einem, sondern zu mehreren Objekten geprägt wird. Dieses Netzwerk aus sachenrechtlichen Beziehungen, das durch Parameter wie Intensität (differenziert nach Eigentum, Besitz, Pacht, Nutzung etc.), Häufigkeit der Nutzung, Häufigkeit der Sache an sich, Nachfrage durch andere Individuen, Einbindung des Objekts in andere sachenrechtliche Netzwerke etc. bestimmt wird, setzt das Individuum zunächst in eine soziale Beziehung zu anderen Individuen mit ähnlichen sachenrechtlichen Beziehungen zu diesem Objekt und weiterhin in eine soziale Beziehung zu anderen Individuen der Gesellschaft, die über gleiche oder ähnliche Eigentumsverflechtungen verfügen. Obgleich bereits auf der Mikroebene durch die Aktivitäten anderer Individuen Einschränkungen in sachenrechtlicher Hinsicht hinzunehmen sind, spielen diese Einschränkungen auf der Makroebene eine noch stärkere Rolle, da hier durch politische Entscheidungen Macht über die Verteilung von sachenrechtlichen Beziehungen zwischen Individuen und Objekten ausgeübt wird. Hierbei ist nicht nur an direkt enteignende Eingriffe, sondern auch an indirekte Enteignungen durch die Beschränkung der staatlichen Wohlfahrt und dem daraus resultierenden Zwang zur Veräußerung von Eigentum zu denken (HANN 1998: 4).

In einem weitergehenden, von BENDA-BECKMANN (1999) entwickelten Konzept kann zwischen vier unterschiedlichen Ebenen in Bezug auf Eigentum differenziert werden: Kulturelle Ideale und Ideologien prägen gerade in ihrer dichotomem Ausformung von Gemeinschafts- und Individualeigentum – am prägnantesten im Gegensatzpaar Sozialismus – Kapitalismus – die Ausformung und Nutzung von Objekten in einem sachenrechtlichen Kontext. Konkrete normative und institutionelle Regeln erläutern die Festlegung bestimmter Eigentumsrechte und der auf das Eigentum bezogenen Rechte und Pflichten – insbesondere dann, wenn unterschiedliche Bevölkerungsgruppen aus wirtschaftlichen oder religiösen Gründen zu unterschiedlichen Bewertungen von Objekten kommen. Die sozialen Eigentumsbeziehungen umfassen die o.g. Bündel von Rechten, die die Menschen mit dem Eigentum verbinden; sie können multifunktional ausgerichtet sein und durchaus je nach rechtlicher Norm auch unterschiedlichen Charakter annehmen. Letztlich sind dann soziale Praktiken zu betrachten, die in Bezug auf Objekte und Prozesse stehen, die Eigentum betreffen (HANN 2000: 6–8).

Gerade aus moralisch-ethischer Sicht lässt sich mit dem Thema Restitution zunächst die Frage der Vergangenheitsbewältigung verbinden. Bereits STROBL (1992: 84) hält fest, dass der Restitutionsanspruch ein öffentlich-rechtlicher Anspruch ist, die Zusammenführung einer in beiden deutschen Staaten gegenläufigen Entwicklung der Eigentumsfragen bewirkt und nicht nur die Vorzeichnung einer zukünftigen Entwicklung der Eigentumsrechte, sondern auch Korrekturen des staatlichen Handelns der DDR umfasst. Insofern gehört auch aus juristischer Sicht Eigentumsrestitution zu den Möglichkeiten der Vergangenheitsbewältigung. Als theoretische Möglichkeiten der Vergangenheitsbewältigung nennt sie dann eine Bandbreite von der Aufrechterhaltung aller in der Vergangenheit geschaffenen Zustände, über Einzelfallkorrekturen bis hin zur vollständigen Revision aller Veränderungen. Im Verlauf ihrer Arbeit legt STROBL dann dar, zu welchen Lösungsmöglichkeiten gegriffen wurde und wie diese Lösungen auf dem Hintergrund des Vertrauens- und Erforderlichkeitsgrundsatzes zu bewerten sind. Obgleich diese Diskussion ausschließlich auf juristischer Ebene geführt wird, werden hier mit dem Gegensatzpaar „Vertrauensschutz" und „Erforderlichkeit" die wesentlichen Parameter für eine moralische Bewertung der jeweiligen Restitutionspraxis im Kontext vergangenheitsbewältigender Politiken gelegt.

Dass es inzwischen solche Politiken gibt und welche Wirkung von ihnen ausgeht, hat HERMANN LÜBBE (2001) dargestellt: Für ihn etablieren sich Schuldeingeständnisse als ein neuer Ritus internationaler Beziehungen, ablesbar an den Worten der Entschuldigung für die Praxis der Sklaverei durch den us-amerikanischen Präsidenten Clinton in Afrika, die russisch-polnische Aussöhnung über das Massaker von Katyn oder der Umgang Kanadas mit seinen indigenen Völkern. Unter den Wirkungen dieser schuldeingeständnisbereiten „Vergangenheitsvergegenwärtigung" subsumiert er neben der identitätsstiftenden Wirkung von Leidensgemeinschaften und der Unwidersprechlichkeit von damit verbundenen Pflichten eben auch die notwendige Historisierung der schlimmen Vergangenheit anstelle der allgegenwärtigen Verdrängung. Man muss allerdings an dieser Stelle hinzufügen, dass LÜBBE einen relativen rezenten Prozess internationaler Politik beschreibt, der auch nicht automatisch für die jeweilige Innenpolitik gelten muss. So hat bspw. der Restitutionsprozess in Deutschland nach dem Zweiten Weltkrieg nicht automatisch zu einer Auseinandersetzung mit der Vergangenheit geführt, sondern sogar Protest beschworen (vgl. SCHWARZ 1974: 70).[44] In seinem Schlusswort führt SCHWARZ aus: „Und es ist schließlich denkbar, dass eine kommende Generation diesen Rechtsvorgang als eine quälende Erinnerung aus ihrem historischen Bewusstsein verdrängen wird" (SCHWARZ 1974: 384).

Eng verbunden mit diesem Ansatz einer inhaltlichen Verknüpfung von sachenrechtlichen Veränderungen und der Korrektur historischer, als Unrecht empfundener Prozesse ist die Frage der moralischen Rechtfertigung der Restitution des Eigentums, wie sie BÖNKER und OFFE (1993 und 1994) aufwerfen. In ihrer Analyse betonen sie die Notwendigkeit der Betrachtung von Restitution unter den Aspekten der Effizienz – vorgegeben durch das Gegensatzpaar der Privatisierung an Investoren und der Restitution an Alteigentümer – und der Gerechtigkeit – thematisiert in der Bewältigung der kommunistischen Vergangenheit und des Umgangs mit dem damals verübten Unrecht. Obgleich dieser Ansatz deutlich die (scheinbare) Dichotomie zwischen volkswirtschaftlicher und ethisch-moralischer Bewertung herausarbeitet, wird bei BÖNKER und OFFE nicht immer deutlich, wie sie Restitution in Abgrenzung zur Privatisierung definieren. Obgleich sie beiden Ansätzen den Charakter eigenständiger Problemkreise zugestehen (S. 318), geht aus dem Schaubild der Optionen der Reform der Eigentumsrechte nicht eindeutig hervor, dass Restitution kein Unterfall der Privatisierung ist.[45] Diese Interpretation von Restitution erscheint auf den ersten Blick zwar plausibel, da sie die Instrumente zur Erlangung des jeweiligen Eigentums nennt, es sich aber nicht um eindeutig voneinander absetzbare Begriffe mit Gegensatzcharakter handelt: Eigentumsrechte bzw. Restitutionsansprüche können – zumindest im deutschen Restitutionsrecht – veräußert werden. Es ist vielmehr an dieser Stelle nochmals darauf hinzuweisen, dass die Rückgabe illegal enteigneten Eigentums keine wirtschaftliche Transferleistung ist, sondern lediglich eine Rückgängigmachung bzw. Aufhebung staatlicher Unrechtsmaßnahmen. Als Belege für eine solche Interpretation von Restitution können das übliche Verfahren der Rückgabe von Hehlerware[46] und der Umstand, dass in vielen Restitutionsanträgen gar keine Restitution

---

44 Sogar DIE ZEIT (29.4.1948) bezeichnete Restitution nicht als Geist der Gerechtigkeit, sondern als Akt alliierter Vergeltung.
45 Im Schaubild wird an Gabel 4 die Privatisierung auf der Basis von Ressourcen der Privatisierung auf der Basis von Rechten gegenübergestellt und Rechte oder finanzielle Ressourcen als „Währungen der Mikro-Privatisierung" dargestellt
46 Hierbei handelt es sich um Gegenstände, die sich nicht im Eigentum des Verkäufers befinden (§ 435 BGB Rechtsmangel).

stattfinden musste, da sich das Eigentum rechtlich noch im Besitz des Antragstellers befand[47], herangezogen werden.

Trotz dieser begrifflichen Unklarheiten trägt die systematische Darstellung der Moralität von Restitutionsregelungen durch BÖNKER und OFFE wesentlich dazu bei, einen moralisch-ethischen Bezugsrahmen zu entwickeln und insbesondere den Zusammenhang zwischen der Korrektur und Kompensation materieller und immaterieller Schädigungen darzulegen. Aufgrund ihrer Definition von Moralität als die Gründe, mit denen ein Akteur sein Handeln rechtfertigt und verteidigt, differenzieren sie zwischen deontologischen und konsequentialistischen Rechtfertigungsstrategien und folgen somit erneut ihrem grundlegenden Axiom der Trennung von Gerechtigkeit und Effizienz. Sie versäumen allerdings nicht, darauf hinzuweisen, dass in der politischen Praxis beide Rechtfertigungsstrategien miteinander kombiniert werden und sich je nach Betonung deontologischer oder konsequentialistischer Elemente in drei Typen einteilen lassen.

Obgleich die Darstellung und Interpretation dieser Untersuchung, deren Wert in einer erstmaligen und systematischen Auseinandersetzung mit der ostdeutschen Restitutionsproblematik aus moralischer Sicht liegt, an späterer Stelle erfolgen muss, soll hier auf die beiden wesentlichen Ergebnisse der Untersuchung hingewiesen werden. Aus deontologischer Sicht lässt sich festhalten, dass in den meisten Fällen Restitutionspolitiken nur selten in expliziter und konsistenter Weise moralisch begründet wurden (S. 341), aus konsequentialistischer Sicht ergeben sich eher negative als positive Folgen, so dass durch konsequentialistische Argumente keine Begründung von Restitution, sondern nur der teilweisen Abgabe staatlichen Vermögens gegeben werden kann (S. 346). Aus dieser Analyse heraus erkennt OFFE später (1996: 128) die Notwendigkeit einer klaren Abwägung zwischen den Vor- und Nachteilen von Restitution und plädiert für eine Verteilung von Reprivatisierungsvouchern an alle Bürger anstelle einer Restitution an individuelle Antragsteller. Diese Empfehlung greift aber gerade aus moralischer Perspektive zu kurz, da ein solches Verfahren als postkommunistische Umsetzung kommunistischer Strategien der Vergesellschaftung von Privateigentum interpretiert werden kann.

An diesen Diskurs der moralischen Aspekte von Restitutionsregelungen – leider haben BÖNKER und OFFE weitergehende Veränderungen sachenrechtlicher Beziehungen nicht in ihre Betrachtung mit eingebracht – muss sich eine Betrachtung der sachenrechtlichen Veränderungen aus der Perspektive gerechtigkeitssuchender Theorien anschließen. Gerechtigkeit, ursprünglich die Übereinstimmung mit geltendem Recht, erfuhr eine konnotative Erweiterung um eine umfassendere und stärker moralische Bedeutung und beinhaltet nach heutiger Auffassung objektiv die inhaltliche Richtigkeit des Rechts und subjektiv die Rechtschaffenheit einer Person. In ihren Grundsätzen umfasst sie das Gleichheitsgebot, die Unparteilichkeit sowie die Grundsätze der Verfahrensgerechtigkeit, der Wechselseitig-

---

47 In vielen Fällen verzichteten die Behörden der DDR auf eine Änderung des Grundbuchs, so dass der Antragsteller eigentlich nur die Wiederherstellung voller Verfügungsrechte beantragen müsste.

keit, der Tauschgerechtigkeit und der ausgleichenden (korrektiven) Gerechtigkeit (HÖFFE 2001: 10–12). Aus diesen theoretischen Reflexionen lässt sich durchaus ein Bogen zu den tatsächlichen Regelungen der sachenrechtlichen Veränderungen schlagen, da eine distributive oder redistributive Maßnahme eines Staates immer juristischen, politischen und sozialen Anforderungen genügen müssen. Kernelement einer solchen Theorie muss also die Berücksichtigung bzw. die Herstellung sozialer Gerechtigkeit sein. Dabei kann der Aspekt der Re-Privatisierung und Restitution in engem Zusammenhang mit den Grundsätzen der ausgleichenden (korrektiven) Gerechtigkeit im Sinne HÖFFEs (2001) gesehen werden.

Wie weit auch in diesem Kontext die Antworten aus philosophischer Sicht auseinander gehen können, zeigt der von KRAMER (1992) vorgelegte Vergleich der Theorien der sozialen Gerechtigkeit bei JOHN RAWLS und NOBERT NOZICK. Soziale Gerechtigkeit nach RAWLS (1999) umfasst dabei die Gestaltung der Distribution von Grundrechten und -pflichten sowie der Früchte der gesellschaftlichen Zusammenarbeit durch die wichtigsten gesellschaftlichen Institutionen, zu denen neben politischen Akteuren auch Interessenvertretungen sowie rechtsprechende Institutionen zählen. Da er als Ziel einer Theorie der sozialen Gerechtigkeit die Formulierung von Grundsätzen für die Zuweisung von Rechten und Pflichten und die richtige Verteilung gesellschaftlicher Güter postuliert, können seine Überlegungen – mit Einschränkungen – auch auf distributive Prozesse im Transformationsprozess angewandt werden. Einfache Privatisierungsverfahren sind hier an erster Stelle zu nennen, während Restitutionsverfahren i.S. einer Wiederherstellung alter Rechtsstellungen nur unter den allgemeinen Bedingungen seiner Gerechtigkeitsprinzipien zu nutzen sind. Im Mittelpunkt seiner Überlegungen stehen die Ziele der gesellschaftlichen Fürsorge für Benachteiligte und des Ausgleichs von Unterschieden, die durch zwei Gerechtigkeitsprinzipien umgesetzt werden sollen. Dabei wird zum einen das Recht auf die individuelle Partizipation an Grundfreiheiten postuliert und zum anderen soziale und wirtschaftliche Ungleichheiten anerkannt, aber auch so modifiziert, dass sie den am wenigsten Begünstigten den größtmöglichen Vorteil bringen. Im Hinblick auf die Verwertbarkeit dieser Theorie für Fragen der sachenrechtlichen Veränderungen im Transformationsprozess ergibt sich eine deutliche Diskrepanz zwischen den redistributiven Ansätzen der Verbesserung der Lebenssituation der gesellschaftlichen Gruppen, die soziale Gerechtigkeit an Einkommen, Wohlstand und Vermögen am nötigsten brauchen, und des Postulats, das „Gerechtigkeit als Form einer sozialen Umverteilung ohne Berücksichtigung der Vergangenheit" sieht (KRAMER 1992: 83). Unklar erscheint hier bspw. die Abgrenzung zwischen den Opfern staatlicher Enteignungsmaßnahmen, die zwar einerseits dringend auf soziale Gerechtigkeit an Einkommen, Wohlstand und Vermögen angewiesen wären, andererseits aber diese Ansprüche aus der Vergangenheit begründen.

Eine Gegenposition zu RAWLS nimmt ROBERT NOZICK (1974) ein: In seinem von RYAN (1982: 325) als Nachtwächterstaat umschriebenen Gesellschaftsmodell geht er davon aus, dass Marktkräfte automatisch eine nach dem produktiven Beitrag des Einzelnen gerechte Verteilung von Wohlstand herstellen. In klassisch neoliberaler Manier basiert seine Theorie über die Verteilung von Eigentum darauf, dass der Transfer von Eigentumsrechten in voller Zustimmung und ohne Druck geschieht und somit gerechte Verteilungsmuster entstehen. Er erklärt sich daher zum Verfechter einer Position, die die Verbindung von privatem Eigentum und persönlicher Freiheit als Schlüsselargument gegen die Besitzeinschränkungen des Wohlfahrtstaates und der distributiven Gerechtigkeit i.S. RAWLS nutzen (RYAN 1982: 324–331).

In Bezug auf den hier verfolgten Focus der sachenrechtlichen Beziehungen ist zunächst darauf hinzuweisen, dass NOZICK seine Theorie nur auf persönliches Privateigentum angewendet hat, alle vermögens-, eigentums- und nutzungsrechtlichen Nuancen sachenrechtlicher Beziehungen bleiben unberücksichtigt, da sie durch die Entfaltung von Außenwirkung seinem Gerechtigkeitsgedanken als Folge eines gesellschaftlichen Produktivbeitrags entgegenstehen. Weiterhin ist sein Ansatz durch einen Vergangenheitsbezug gekennzeichnet und bietet sich scheinbar für die Nutzung im transformatischen Kontext an. Allerdings thematisiert NOZICK nicht, wie mit Eigentum verfahren werden sollte, das durch ungerechte Machenschaften gebildet wurde und dadurch nicht dem Produktivbeitrag, sondern politischer oder juristischer Machtpositionen entsprungen ist.

Obgleich diese wenigen theoretischen Auseinandersetzungen mit Fragen des Eigentums und der Neuordnung sachenrechtlicher Beziehungen in retrospektiver bzw. zukunftsorientierter Perspektive die Schwierigkeiten der Gesetzgebung widerspiegeln, verdienen sie eine weitergehende Diskussion unter dem Gesichtspunkt der konkreten vermögensrechtlichen Lösungen im Transformationsprozess (Kapitel 3).

Einen bemerkenswerten Standpunkt zur Frage der Restitutionsregelung nimmt VERNON (2003) ein, der sich dezidiert gegen das Konzept restitutiver Politik- und Rechtsmaßnahmen wendet. Er argumentiert, dass universale Rechtsgrundsätze ausreichen, um die zahlreichen Fälle der Rückgabe von Land oder der Entschädigungsleistungen für die Opfer von Rassismus und Gewaltherrschaft zu regeln. Die bestehenden, von ihm als partialistisch dargestellten Restitutions- und Entschädigungsregelungen entwickeln eher kontraproduktive Wirkungen, da sie die Enteignungs-, Vertreibungs- oder Tötungsakte selbst einer unübersichtlichen Kritik und offensichtlichen Verschleierungsmaßnahmen unterziehen. Letztlich würden die zu behandelnden Verbrechen durch Untersuchungen und Rechtfertigungsversuche relativiert oder sogar in ihrer Abscheulichkeit diskreditiert. Dieser Argumentation ist mit Blick auf die versuchte Relativierung der Verbrechen der Regimes Hitlers oder Stalins oder der Suche nach Kriterien für die (Un-)Redlichkeit von Veräußerungen zuzustimmen, allerdings muss in derartigen Überlegungen auch der Eigenwert und die Symbolkraft der jeweiligen Restitutions- und Rehabilitierungsgesetzgebungen Berücksichtigung finden.

Abschließend bliebe eine solche Diskussion moralischer und ethischer Diskurse um Eigentum unvollständig, wenn man nicht das Spannungsfeld zwischen materiellen und immateriellen Schadensansprüchen und ihrer spezifischen politischen und gesetzgeberischen Lösungen betrachten würde. Obgleich LÜBBE (2001) und OFFE (1996: 120) bereits auf mögliche Diskrepanzen hingewiesen haben, soll hier auf ein Essay von ABRAHAM H. FOXMAN, dem Direktor der Anti-Defamation

League, von 1999 hingewiesen werden, in dem er festhält, dass der Versuch der Restitution von Holocaust-Opfern die wahren Motive des Vernichtungsfeldzugs der Nazis verstellt, da heute weniger das Leid der Ermordeten und ihrer Angehörigen als die Regelung materieller Schadenansprüche im Mittelpunkt des Interesses stehen. Mithin wird Gerechtigkeit durch die damit beschäftigten Anwaltsfirmen auf die Regulierung materieller Schäden reduziert. In diesem Zusammenhang kritisiert FOXMAN die Regelung der Schweiz, die zwar in umfangreichem Maße finanzielle Entschädigung leistet, sich einer Aufarbeitung ihrer Rolle in der Judenverfolgung (durch das Abweisen jüdischer Flüchtlinge an der Grenze) aber entzieht. Verheerend ist FOXMANs Urteil über den us-amerikanischen Anwalt Ed Fagan, der nach eigenen Worten Hitler hinterher zieht, um Verluste einzuklagen: Er bezeichnet ihn als einen skrupellosen Geschäftsmann.

2.5 KRITISCHE WÜRDIGUNG

Obgleich die hier vorgenommene Sichtung und Bewertung der bisherigen Forschungsstände der jeweiligen Disziplinen zu sachenrechtlichen Veränderungen im Transformationsprozess sicher nicht als vollständig gelten kann, soll an dieser Stelle doch aus kritischer Sicht auf verbreitete Unzulänglichkeiten und noch nicht in angemessener Tiefe behandelten Themen hingewiesen werden.

Zunächst ist anzumerken, dass in einem großen Teil der hier gesichteten Literatur – mit Ausnahme der juristischen Arbeiten – die einzelnen sachenrechtlichen Veränderungen nicht eindeutig und systematisch voneinander abgegrenzt wurden: Privatisierung, Reprivatisierung, Restitution, Wiedergutmachung, Entschädigung in natura oder Wiederherstellung alter Rechte werden nebeneinander verwendet, ohne auf die spezifischen Charakteristika der einzelnen Verfahren (Zahlung eines Kaufpreises, Identität des Grundstücks, Wiederherstellung erloschener Rechte oder Bestätigung noch existierender Rechte etc.) einzugehen. Im Ergebnis führt eine solche terminologische Unschärfe zum einen zu Schwierigkeiten bei der Identifizierung von politischen Handlungsmotivationen (wirtschaftliche Effizienz, soziale und politische Gerechtigkeit) und zum anderen zu Unsicherheiten in der Bewertung transformationsbedingter sachenrechtlicher Beziehungen, da wirtschaftliche (durch Privatisierung) und soziale (durch Restitution) Folgen nicht deutlich genug voneinander abgegrenzt werden können.

Auffällig ist weiterhin die geringe Zahl disziplinübergreifender, transdisziplinärer Arbeiten, obwohl die Arbeiten von MATHIJS und SWINNEN (1997) in ihrer Verbindung der Analyse landwirtschaftsbezogener Politiken mit dem unternehmerischen Handeln der jeweils Betroffenen den Wert eines solchen Ansatzes unterstreichen. Deutlich wird das Fehlen disziplinübergreifender Ansätze bei den sozialwissenschaftlichen Studien zu Restitution und Privatisierung. Obgleich diese Arbeiten auf umfangreichen, empirisch gewonnenen Informationen basieren, bleibt eine räumliche Umsetzung und somit auch eine räumliche neben den sozialen und wirtschaftlichen Differenzierungen aus.

2 Forschungsstand

Der hohen Attraktivität und der Gegenwartsbezogenheit – über weite Strecken auch Anwendungsorientierung – der Thematik der Transformation ist es zu schulden, dass einer hohen Anzahl aktueller komparativer Untersuchungen auf europäischer und internationaler Ebene nur eine geringe Zahl historisch-komparativer Studien gegenübersteht. Restitution und Privatisierung sind in ihren juristischen, sozio-ökonomischen und soziologischen Dimensionen keine einmaligen Ereignisse, wie die Studie von BIEHLER (1994) zu historischen Konfiskationsprozessen unterstreicht. Vergleichende Arbeiten könnten nicht nur Hinweise auf die Folgen bestimmter Privatisierungs- und Restitutionspolitiken geben, sondern auch die gegenwärtigen Diskurse um den Erfolg von Privatisierungskonzepten in anderen osteuropäischen Staaten dahingehend erweitern, als dass aus der Ex-Post- anstelle einer Ex-nunc-Perspektive analysiert werden könnte. Sicherlich bedarf es hier aber zunächst einer gründlichen Suche nach sachenrechtsbezogenen Arbeiten aus den Geschichtswissenschaften bzw. den jeweiligen historisch ausgerichteten Teilbereichen der Einzeldisziplinen (z.B. der Wirtschafts- und Sozialgeschichte).

Ein letzter Punkt betrifft die deutliche Diskrepanz zwischen der wissenschaftlichen Auseinandersetzung mit sachenrechtlichen Veränderungen im Transformationsprozess und der öffentlichen Diskussion dieses Themas: Das Buch von DAHN (1994) zu Restitutions- und Privatisierungszusammenhängen in Ostdeutschland kann neben zahlreichen Beiträgen in regionalen und überregionalen Zeitungen als ein Beispiel dafür stehen, wie sachenrechtliche Veränderungen mit Diskursen zu Gerechtigkeit, Sieger-Verlierer-Dichotomie oder Ost-West-Befindlichkeiten in Verbindung gebracht werden. Jede neue Einzelfallentscheidung, Gerichtsentscheidung oder politische Diskussion belebt die Debatte in den öffentlichen Medien, während gleichzeitig – erneut mit Ausnahme der juristischen Literatur, die sicherlich noch zahlreiche nationale und internationale Entscheidungen und Gesetzesmodifikationen abzuarbeiten haben wird – das wissenschaftliche Interesse angesichts der bereits geleisteten Arbeiten und des bevorstehenden Ende des sachenrechtlichen Umstrukturierungsprozesses stagniert.

Die Synopse der drei wesentlichen Betrachtungs- und Interpretationsmuster von sachenrechtlichen Festsetzungen – sei es als Eigentum, Besitz, Nutzung oder Niesbrauch – ergibt ein nur partiell von Überlappungen geprägtes Nebeneinander von juristischen (Eigentumsrechte als eine komplexe, Befugnisse und Pflichten in sich aufnehmende, wandelbare Rechtsstellung des Eigentums (HEUCHERT 1989: 127)), ökonomischen (Rechte, die dem Rechtsträger gegenüber anderen Individuen zugewiesen sind, sowie Rechtspositionen, die nicht an das Eigentum an einer Sache geknüpft sind, sich aber auf solche beziehen (Forderung der Unterlassung der Verschmutzung freier Güter) (HEUCHERT 1989: 132)) und anthropologischen („Embeddedness" (HANN 1998) Eigentumstheorien. Da alle drei Interpretationsmuster ohne räumliche Tiefe i.S. einer räumlich verteilten oder durch räumliche Verteilungsmuster oder durch den Standort selbst bestimmten Struktur auskommen, stellt sich die Frage, ob und wie geographische Konzepte um Nähe, Raum und Standort zu einer weitgehenden Erklärung bestehender sachenrechtlicher Beziehungen dienen können. Eine solche „geographische Eigentumstheorie" könnte nicht nur die angesprochenen Eigentumstheorien um diese raum-zeitliche Dimension erweitern, sondern auch durch die Integration wahrnehmungs- sowie handlungstheoretischer Konzepte in Bezug auf die Beziehungen zur Umwelt und den Objekten dieser Umwelt eine weitere Analyseebene hinzufügen.

3 SACHENRECHTLICHE BEZIEHUNGEN IM GEOGRAPHISCHEN KONTEXT

Die diesem Kapitel vorausgegangene Zusammenschau des Forschungsstandes der Rechts-, Wirtschafts-, Politik- und Sozialwissenschaften kam u.a. zu dem Ergebnis einer fehlenden räumlichen Tiefe in den Analyse- und Interpretationsebenen. Die hier betrachteten Arbeiten berücksichtigten weder die räumliche Verteilung noch die durch diese Verteilung entstandenen Muster und Strukturen sachenrechtlicher Beziehungen unterschiedlicher Intensität und Ausprägung. Sachenrechtliche Phänomene wurden aus den jeweiligen wissenschaftstheoretischen Kontexten heraus betrachtet und auf dem Hintergrund des Transformationsprozesses nach 1989 interpretiert. Aus räumlicher Perspektive gewannen nur die Makroebene der vergleichenden internationalen Betrachtung und die auf nationaler Ebene erlebbare Dichotomie zwischen städtischen und ländlichen Räumen an Bedeutung.

Dementsprechend bleibt es die Aufgabe der Geographie, mögliche Zusammenhänge zwischen sachenrechtlichen Beziehungen und dem Raum zu ergründen und diese in das Gerüst geographischer Betrachtungsansätze einzubinden. Fraglich ist hier, ob BLOMLEY zuzustimmen ist, wenn er die Vernachlässigung eigentumsrechtlicher Fragen durch die Geographie konstatiert: „Geographic writing on property rights and property more generally is surprisingly undeveloped. The politics embodied in real property rights, for example, are deeply geographical to the extent that they entail conflicts over the meanings and uses of space, both 'social' and 'natural' " (BLOMLEY 2000b: 651).

Vor einer Darstellung der Thematisierung von sachenrechtlichen Beziehungen durch einzelne Teildisziplinen der Geographie soll in einer ersten Exploration geographischer Betrachtungsmöglichkeiten die Grundlage für die Postulierung dieses Zusammenhanges zwischen Geographie und sachenrechtlichen Beziehungen gelegt werden.

Eigentlich bedarf es keiner tiefgreifenden Begründung für eine Auseinandersetzung mit an Sachen gebundenen Rechten durch die Geographie, da sich diese über einfache Raumkonzepte in der Anthropogeographie erschließen. Folgt man der Darstellung WARDENGA's (2002: 8/9) zu den vier Raumbegriffen der Geographie, lässt sich leicht ableiten, dass die sachengebundene Rechte im Raum am ehesten in der Kategorie 3 „Räume als Kategorie der Wahrnehmung" und – noch treffender – in der Kategorie 4 „Räume als Elemente von Kommunikation und Handlung" zu verorten sind. An Objekte gebundenen Rechte sind aus dieser Perspektive in einem räumlichen Kontext zu sehen, da die Objekte nicht isoliert voneinander existieren, sondern nebeneinander stehen. So treffen in der einfachsten sachenrechtlichen Beziehung – der des Eigentums – Objekte ständig aneinander und bilden in sich wieder voneinander abgegrenzte Räume: So kennt die Stadtplanung bspw. öffentliche Räume, die in ihrem sachenrechtlichen Charakter durch öffentliche im Gegensatz zu privaten Eigentumsrechten gekennzeichnet sind. In einem nächsten Schritt kann ausgehend von der Wahrnehmbarkeit sachenrechtlicher Beziehungen – bspw. durch Einfriedungen, Schilder oder gestalterische Qualität etc. – ein wichtiger Schritt zur räumlichen Differenzierung der Räume geleistet werden. Hierbei ist auch darauf hinzuweisen, dass in einer Vorstufe zur weiterführenden konstruktivistischen Perspektive sachenrechtliche Beziehungen oder Intensitätsdifferenzierungen dieser Beziehungen eine räumlich wahrnehmbare Gestalt erhalten können. Neben den bereits genannten Einfriedungen oder Schildern zählt hierzu insbesondere die individuelle Gestaltung physiognomisch homogener Räume: So weisen kleinteilige Feldfluren trotz gleicher Bodenbedingungen unterschiedliche Nutzungsarten auf, die in der unternehmerischen Entscheidungsfreiheit und letztlich wiederum in der Intensität von Eigentums-, Besitz- und Verfügungsrechten begründet liegen. Die konstruktivistische Perspektive schließlich stellt den direktesten Bezug zu sachenrechtlichen Beziehungen her: „Räume werden in der Perspektive ihrer sozialen, technischen und gesellschaftlichen Konstruiertheit aufgefasst, indem danach gefragt wird, wer unter welchen Bedingungen und aus welchen Interessen wie über bestimmte Räume kommuniziert und sie durch tägliches Handeln fortlaufend produziert und reproduziert" (WARDENGA 2002: 8).

Die hier angesprochene und als soziale, technische und gesellschaftliche Konstruiertheit von Räumen subsumierte Interpretation von Räumen kann allerdings nicht ohne ihre rechtlichen – und in räumlicher Sicht sachenrechtlichen – Bezugsmuster und Rahmenbedingungen interpretiert werden. Eingängige Beispiele für diese Perspektive sind aus sachenrechtlicher Sicht Mobilitäts- und Aktivitätseinschränkungen, die Gestattung bzw. Duldung bestimmter Nutzungen und – aus der grundgesetzlichen Verpflichtung des Eigentums heraus – der Zwang zur Unterlassung bzw. zur Durchführung bestimmter Handlungen.

In diesem Kontext stellt sich auch die Frage nach dem von WERLEN (2000) vertretenen handlungsorientierten Ansatz in der Sozialgeographie: Prinzipiell ist dieser Ansatz ebenso wie vorausgegangene behaviouristisch orientierte Erklärungsansätze menschlichen Handelns für die verfolgten Überlegungen anwendbar, da sachenrechtliche Beziehungen immer in einem sozialräumlichen Kontext zu sehen sind. Schwerer wiegt hier die Frage, welche tatsächliche Bedeutung der Faktor „Sachenrechtliche Beziehung" innerhalb der sozial-kulturellen Faktorengruppe, die Teil der wahrnehmungs- und verhaltensleitenden Faktoren (vgl. Abb. 11 bei WERLEN 2000) ist, hat. Ganz unbestritten entfalten sie eine verhaltensbeeinflussende Kraft; gleichzeitig sind sie in Bezug auf handlungstheoretische Überlegungen eben auch Teil des Bezugsrahmens der Orientierung zwischen einzelnen Optionen.

Angesichts der beinahe schon als trivial zu bezeichnenden Zusammenhänge der Wirkungen sachenrechtlicher Beziehungen und Festlegungen auf menschliches Handeln und Verhalten – ein deutlicher Hinweis auf diese Tatsache verbirgt sich bereits im Art. 20 GG mit dem Hinweis, dass alle Staatsgewalt u.a. auch durch die Rechtsprechung ausgeübt wird[1] – muss hier nochmals darauf hingewiesen werden, dass sich die besondere Wertigkeit der Untersuchung dieser Zusammenhänge gerade im Transformationsprozess ergibt, in dem sachenrechtliche Festlegungen plötzlichen Veränderungen unterlagen und sich somit nur noch eingeschränkt als Bezugsrahmen im modernen sozialgeographischen Sinn eigneten; Untersuchungen zum Verhalten und Handeln sozialer Gruppen und Individuen bedürfen daher gerade unter diesem Aspekt der Berücksichtigung institutioneller Veränderungen.

In den nächsten beiden Abschnitten soll daher zunächst der Frage nachgegangen werden, wie die einzelnen Teilgebiete der Geographie mit den sachenrechtlichen Kategorien von Eigentum, Besitz und Nutzung umgingen, bevor dann mit der Geography of Law ein Zweig oder eine Betrachtungsrichtung innerhalb der Geographie vorgestellt wird, die für eine weitere Analyse prädestiniert zu sein scheint.

3.1 EIGENTUM, BESITZ UND NUTZUNG IN GEOGRAPHISCHER PERSPEKTIVE

Der nachfolgende Versuch der Darstellung sachenrechtsbezogener Arbeiten aus der Perspektive der Geographie beinhaltet zunächst eine Darstellung des Umgangs mit dieser Thematik in einigen Lehrbüchern der Anthropogeographie von RATZEL bis heute und verengt dann den Fokus auf die Teilgebiete der Geographie (Wirtschaftsgeographie, Agrargeographie, Siedlungsgeographie, Regionale Geographie), die aus fachlicher Sicht sachenrechtsbezogene Fragestellungen am ehesten aufgreifen sollten.

Vorangestellt werden dieser Darstellung aber zwei Aufsätze, deren besonderer Wert in der Klarheit der Formulierung des Zusammenhangs zwischen Grundeigentum und Geographie besteht. Leider wurden beide Aufsätze bisher nur unzureichend rezipiert (keine Nennung bei HEINEBERG (2003), SCHENK/SCHLIEPHAKE (2005), SICK (1993), BECKER (1998), HENKEL (1993) oder ARNOLD (1997)).

Der Schweizer Geograph WERNER GALLUSSER (1979) setzt sich intensiv mit der geographischen Bedeutung des Grundeigentums auseinander, wobei er ausgehend von dem Befund, dass dem Grundeigentum aus der Perspektive der Geographie noch nicht genügend Bedeutung zugemessen wird, die Forderung formuliert, dass mit der Diskussion der rechtlichen Aspekte des Eigentums nicht nur ein Erkenntniszugewinn für die ganze Geographie verbunden ist, sondern insbesondere für die angewandte Geographie und die Raumplanung konkrete Einblicke in die Bedeutung sowie die Wirkungszusammenhänge sachenrechtlicher Beziehungen eröffnet werden. In seinen Erörterungen beschränkt er sich bewusst auf das Grundeigentum, da für ihn die höchste Stufe der sachenrechtlichen Beziehungen

---

1 Diese Bemerkung darf aber nicht dem Begriff des Rechtsstaats in direkte Verbindung gebracht werden: Eine durch Gesetze strukturierte Diktatur ist kein Rechtsstaat im neueren Sinne; vielmehr weist der Begriff des Rechtsstaats darauf hin, das dessen Rechtsordnung bestimmten Anforderungen genügt (DOEHRING 1984: 231–233)

die umfangreichsten Implikationen für das Untersuchungsfeld Mensch-Raum-Bodennutzung aufweist; tatsächlich zeigt sich, dass eine Vielzahl seiner Beobachtungen, wenn auch mit geringen Einschränkungen in Bezug auf Intensität, Reichweite und Dauerhaftigkeit, auch für Besitz- und Nutzungsformen zutreffend sind. Im Einzelnen unterteilt er seine Ausführungen zum Grundeigentum in sechs Teile:
– Grundeigentum als Funktion der Kultur
– Grundeigentum und Bodennutzung
– Grundeigentum als Ausdruck der Entwicklung
– Das Grundeigentum im räumlichen System
– Grundeigentum zwischen Freiheit und Gebundenheit
– Ausblick: Grundeigentum als räumliche Verantwortung

Der Zusammenhang von Grundeigentum und Kultur ergibt sich zunächst daraus, dass neben den geographischen Land(nutzungs-)mustern ein in funktionaler Hinsicht deutlich abgegrenzter „juristischer Raum" entsteht, der als Funktionalraum unsichtbar und dem geographischem Zugriff entrückt ist.[2] Die Ausgestaltung dieses Musters wird nun aus einer kulturgeschichtlichen Perspektive interpretiert und anhand von Forschungen zur Grundherrschaft oder zu Erbsitten verifiziert. Später dann, auf dem Hintergrund der Theorie der Entwicklungsstufen, werden die soziokulturellen Hintergründe der Bodenverteilung gerade in der Entwicklungsländerforschung thematisiert.

Mit den Begriffen Grundeigentum und Bodennutzung findet sich ein Begriffspaar, das in unterschiedlicher Intensität durch die Geographie bearbeitet wird. GALLUSSER verweist hier auf die zentrale Bedeutung der Bodennutzung in der Stadt- und Agrargeographie, während die Eigentumsverhältnisse unberücksichtigt bleiben. Im Lichte der sozialgeographischen Forschung zur Sozialbrache (initiiert durch HARTKE 1956), in der Nutzungsänderungen primär auf das Handeln der Landbesitzer und dann auf externe sozioökonomische Faktoren zurückgeführt werden müssen, erschließt sich die Notwendigkeit der Betrachtung eigentumsrechtlicher Fragen als explanatorischer oder sogar initiierender Rahmen für Nutzungsänderungen. Demzufolge sollten also systematische Aufnahmen raumdifferenter Eigentümerhierarchien wertvolle Hinweise zur Interpretation und Erklärung räumlich differenzierter Nutzungsansprüche bzw. Nutzungsveränderungen geben (S. 156).

Den Zusammenhang von Grundeigentum und Regionalentwicklung umschreibt GALLUSSER (S. 156) als „prospektiven Gehalt", der sich prinzipiell natürlich in der grundsätzlichen Möglichkeit der Veränderung der Nutzungsintensität des Eigentums, sei es durch den Eigentümer selbst oder durch einen späteren Käufer, manifestiert. Gerade in Regionen, die einem starken Veränderungsdruck un-

---

2   Der Unsichtbarkeit des juristischen Raums kann hier nicht ganz zugestimmt werden: Obwohl die Regelungsinhalte des Grundbuchs nicht in der Landschaft sichtbar sind, ist das Grundgerüst des juristischen Raums im Sinne der einzelnen Besitzparzellen in bestimmten Flurformen durchaus erkennbar. So sind in Hufenfluren die hofanschließenden Besitzparzellen erkennbar; ebenso lassen sich punkthafte (Grenzsteine) bzw. linienhafte (Raine etc.) Abgrenzungen von Besitzparzellen als Historische Kulturlandschaftselemente noch heute identifizieren (vgl. dazu die Ausführungen bei BORN 1996: 77–86, GUNZELMANN 1987 oder DENECKE 1997).

terliegen (Suburbanisierung, agglomerationsraumnahe Erholungsgebiete etc.) wirken sich neben planerischen auch sachenrechtliche Konditionen aus, da durch sie die Intensität der Veränderungen sowohl in räumlicher Dimension (bei kleinteilig parzellierten Regionen) als auch in Bezug auf die Nutzung selbst (durch vorliegende Einschränkungen) bestimmt wird. Er empfiehlt in diesem Zusammenhang die Nutzung der Erkenntnisse des „Property Developments", da die Einordnung eigentums- und nutzungsrechtlicher Zustände und Teilprozesse in die Sequenz Bewertung, Vorbereitung, Ausführung und Verkauf aus geographischer Sicht eine Beurteilung von Entwicklungsdynamiken und ihren Optionen mit sich bringt.

Zur Einordnung des Faktors Grundeigentum in räumliche Systeme bedarf es zunächst der Erfassung sachenrechtlicher Beziehungen und ihrer Intensität, um dann die wechselseitigen Verflechtungen zwischen Eigentümern, Besitzern, Nutzern und dem Raum darzustellen. Obgleich GALLUSSER (S. 158) hier marxistische Bestimmungsparameter erwähnt, in denen die Landeigentümer als bodenrentenoptimierende Akteure neben den Kapitalbesitzern und dem Staat stehen, bleibt festzuhalten, dass nur wenige Modelle existieren, in denen sachenrechtliche Festlegungen eingefügt wurden.[3] Zur theoretischen Durchdringung der Zusammenhänge von Eigentum und Raum ist es erforderlich, direkte räumliche Aussagen zu den betroffenen Lokalitäten mit den Nutzungsabsichten und den eigentumsrechtlichen Qualitäten der an der Raumdynamik Beteiligten zu verbinden. Somit werden funktionale Zusammenhänge zwischen Raum und dem Handeln der Akteure und ihre Interdependenzen in einen zusätzlichen Bezugsrahmen der sachenrechtlichen Beziehungen gesetzt und einfache wahrnehmungs- oder handlungstheoretische Konstrukte entscheidend ergänzt.

Auf eine weitere Eigenschaft sachenrechtlicher Beziehungen weist GALLUSSER (S. 159) hin, wenn er auf dem Hintergrund ökonomisch intendierter Bodenrenten-Modelle darauf hinweist, dass auch in marktwirtschaftlich orientierten Ländern Grundeigentum im Spannungsfeld von Freiheit und Gebundenheit steht. Gesetzliche oder moralische Restriktionen sollen die Steigerung der Standortrendite in sinnvoller Weise regulieren. Planungsrechtliche Einschränkungen bewirken so weitere, zumindest auf Gemeindeebene differenzierte Verwerfungen in Bodenmarkt und Bodennutzung. Die Steuerungsfaktoren für die Ausgestaltung dieser gemeindlichen Regulierungsmöglichkeiten sind vielfältig und hängen neben politischen auch von finanziellen Parametern ab, wesentlich ist hier, dass neben der Einschränkung der konkreten Nutzung durch die Eigentümer auch die Möglichkeit zum Ankauf bestimmter Flächen im Zuge des Vorkaufsrecht als ultima ratio besteht.

In einem durch die gegenwärtige Landschaftsdynamik der Schweiz geprägten Ausblick appelliert GALLUSSER an die räumliche Verantwortung der Grundeigentümer: Angesichts von Landschaftsverbrauch, -verschandelung und –missbrauch

---

3   GALLUSSER (1979: 159) verweist hier auf das Modell von LASCHINGER und LÖTSCHER (1978), die die Beziehungen zwischen Eigentümer und Nutzer dynamisch betrachtet haben und es in einen Kontext der Daseinsgrundfunktion gestellt haben.

stellt sich die Frage, ob die bisherigen Instrumente zur Gestaltung der Kulturlandschaft noch ausreichen: Raumplanung und Umweltschutzgesetzgebung schränken zwar die totalen Eigentumsrechte ein, doch es erscheint konstruktiver und besser vermittelbar, die Sozialbindung des Eigentums durch Reminiszenzen an Allmendetraditionen oder Patrimonien zu stärken. Neben den Individualeigentümern spielen in der Schweiz die Bürgergemeinden auf diesem Feld eine große Rolle, da sie im umfangreichen Maße Verfügungsrechte halten und somit kulturlandschaftserhaltend tätig werden können.

Der zweite grundlegende Beitrag zum Verhältnis von Grundeigentum und Raum stammt von ROBERT LEU (1988), der an GALLUSSERs Ausführungen anknüpft und die Konstellationen von Grundeigentum und ihre sozio-kulturellen Zusammenhänge in den Mittelpunkt seiner Betrachtungen stellt. Die Analyse der rechtlichen, sozialen, ökonomischen und administrativen Bedeutung von Grundeigentum soll dazu beitragen, die eigentumsrechtliche und physiognomische Landschaftsentwicklung gleichberechtigt nebeneinander zu betrachten („synthetische Betrachtungsweise"). LEU nähert sich der Frage des Zusammenhanges von Sozialgeographie und Rechtsnorm dabei von einer konstruktivistischen Perspektive, indem er den Zusammenhang zwischen raumbildenden Prozessen und räumlichen Organisationsformen, die er als „juristischen Raum", der durch Rechtsnormen und die Rechtsstruktur entstanden ist, interpretiert, betont. Demzufolge können also Akteure im Raum durch ihr Eingebundensein in gesellschaftliche Normen und Werte und die dadurch gegebenen Handlungsfreiräume in Gesellschaft und Raum charakterisiert werden. Umgekehrt kann auch der Raum als Ausdruck raumwirksamen, durch Gesetze eingeschränkten Handelns[4] gesehen werden. Eine derartige Landschaftsanalyse aus der Perspektive juristischer Handlungsoptionen kann also Herrschaftsansprüche, Handlungsvollmachten und Handlungsabsichten identifizieren und ein strukturiertes Gefüge mit funktionellen Wechselbeziehungen zwischen landschaftlicher Nutzung und sozialer Organisation hervorbringen (S. 115).

In diesem Kontext kommt der Ausgestaltung der räumlichen Verfügungsgewalt besondere Bedeutung zu, da diese erheblichen Modifikationen unterliegen kann: Teilrechte können übertragen, Grundpfandrechte eingeräumt, Einschränkungen durch öffentlich-rechtliche Vorschriften erlassen oder Gesamt- bzw. Teilrechte veräußert werden. Die Interdependenzen zwischen Eigentümern und Umwelt beschreibt LEU (1988: 117) anschaulich: „Das Grundeigentum lässt sich also im Kreuzpunkt zwischen umfassender Freiheit und staatlicher Kontrolle sowie zwischen Eigen-Verfügung und Fremd-Verfügung denken." Die hermeneutische Schwierigkeit liegt hier aber darin, dass aus Grundbüchern und Katastern keine

---

4 An dieser Stelle muss darauf hingewiesen werden, dass der häufig genutzte Begriff des „durch Gesetze eingeschränkten Handelns" durchaus in seiner ganzen Komplexität betrachtet werden muss, d.h. die hier genannte Einschränkung des Handelns kann auch eine Einschränkung des Nicht-Handelns implizieren – bspw. im Bereich der Bauerhaltung aus Gründen der öffentlichen Sicherheit und Ordnung oder die Handlungspflicht in entsprechend ausgewiesenen Bereichen (durch städtebaulichen Vertrag nach § 11 Abs. 1 Satz 2 Nr. 2 BauGB an; siehe auch BROHM 2002: § 6 Rn. 39; oder als städtebauliche Gebote in §§ 175–179 BauGB).

weitergehenden privat- oder gewohnheitsrechtlichen Aussagen gewonnen werden können und somit weiterreichende Untersuchungen notwendig werden.

Auf diesen, aus der Sozialgeographie gewonnenen Erkenntnissen aufbauend zeigt LEU, wie der Systemcharakter von Eigentum in seiner gesellschaftlichen Konnotation auch eine dynamische Entwicklung in zeitlicher Hinsicht erlaubt: Die Veräußerung bzw. die Weitergabe von Eigentumsrechten ist gerade im Bereich der Erbsitten durch soziale Konventionen determiniert, so dass neben juristischen auch gesellschaftliche Parameter als Entwicklungsfaktoren anerkannt werden müssen. Aufbauend auf ein Modell, das natürliche, durch Erbsitten bedingte an dem einen und politisch-rechtliche Veränderungen an dem anderen Ende der theoretischen Möglichkeiten von Veränderungsfaktoren identifiziert, entwirft er das Entwicklungsmodell der formalen und sozialen Struktur des Grundeigentums-Systems (S. 118). Dieses Modell verbindet die Betrachtung des Zustands der Rechtsperson als sozialen Aspekt mit der des Grundeigentums als formalen Aspekt und betrachtet die jeweilige Entwicklung entlang einer Zeitachse. Die Bedeutung dieses Modells liegt in der Veranschaulichung von kongruenten und nicht kongruenten Entwicklungen: Aus Perspektive der sozialen Aspekte bedeutet der Verkauf einer Parzelle von einem Individualeigentümer an einen anderen insofern eine kongruente Entwicklung, als dass sich der formale Aspekt der Parzelle nicht ändert und sie eine Individualparzelle bleibt. Bei einer Vererbung einer Parzelle von einem Eigentümer an eine Erbengemeinschaft hingegen ändert sich der soziale Aspekt deutlich, während die Parzelle aus formaler Perspektive unverändert bleibt. Ebenso kann eine Individualparzelle zu einer Baurechtsparzelle aufgewertet werden, während sich aus sozialer Perspektive keine Änderung ergibt.

Bereits hier wird deutlich, dass die Anwendung dieses Modells unter den Bedingungen des Transformationsprozesses eine große Attraktivität und einen erheblichen explanatorischen Erkenntnisgewinn nach sich ziehen muss. Betrachtet man nun die formalen Grundeigentumsveränderungen in historischer Dimension, so lassen sich im Idealfall Veränderungen und Persistenzen identifizieren, die dann wiederum als Indikatoren für sozioökonomische Veränderungen dienen können. Insofern vermittelt das Beispiel von LEU (S. 119, Abb. 3) mit den kaum noch auf den alten Zustand verweisenden Veränderungen von 1918 bis 1982 ein extremes Bild, das im Sinne von NITZ (1995) als Bruch in der Kulturlandschaftsentwicklung bezeichnet werden kann.[5] Welche landschaftlichen Folgen Veränderungen der formalen grundeigentumsrechtlichen Struktur haben können, verdeutlicht er in Tabelle 1 anhand der Beispiele Grenzverschiebung, Teilung, Zusammenlegung u.a.. Zur weiteren modellhaften Erklärung dieses Zusammenhanges entwirft er das Modell des Ursache-Wirkung-Bezugs einer Grundeigentumsänderung, in dem sich die lebensräumliche Wirklichkeit (Akteur mit Intentionen, sozialem Zwang und natürlichen bzw. quasi-natürlichen Prozessen) als Veränderungsprozess auf das Grundeigentum auswirkt und rechtliche, formale und soziale Aspekte des Eigentums verändert. Angesichts der zahlreichen Rückkopplungen zwischen Ei-

---

5   Allerdings muss man LEU hier zugute halten, dass er mit dem Beispiel einer Suburbanisierung die vielleicht extremste Form der eigentumsrechtlichen Veränderung gewählt hat.

gentum und Akteuren und externen, vom Akteur nicht verantwortbaren und primär auch nicht auf ihn, sondern auf das Grundstück fokussierten Veränderungsprozesse (u.a. Enteignungen) erscheint das Modell zu linear und simplifizierend und somit nur eingeschränkt für freiheitlich bzw. marktwirtschaftlich verfasste Eigentumssysteme anwendbar. Den Zusammenhang zwischen Raumzustand, Eigentumszustand und Parzellenstruktur in dynamischer Hinsicht leitet er aus dem „Modell zur Grundeigentums- und Umweltdynamik" von GALLUSSER (1984) ab, das die einzelnen „Schichten" der Landschaft in ihrer Kongruenz oder Nicht-Kongruenz als Entsprechung, Fassbarkeit und Verwirklichung charakterisiert.

Zusammenfassend spitzt LEU (S. 124) die Determinanten oder Prozessregler in allen, nicht primär von natürlichen oder quasi-natürlichen geoökologischen Prozessen induzierten Veränderungen auf die Handlungswilligkeit und die Handlungsfähigkeit (praktisch, ökonomisch und personenrechtlich) des Eigentümers sowie den geltenden Herrschaftsanspruch einer Privat- oder juristischen Person an einem Grundstück zu. Gerade der Herrschaftsanspruch kann dabei durch privatrechtliche Abmachungen und öffentlich-rechtliche Beschränkungen abgeschwächt oder übergangen werden. Dass Handlungswilligkeit, Handlungsfähigkeit und Herrschaftsanspruch im Zuge der Transformation von Staatsverwaltungs- zu Marktwirtschaften grundlegenden Veränderungen unterlagen, unterstreicht die Notwendigkeit der geographischen Auseinandersetzung mit dieser Thematik

Die Vielzahl der grundlegenden Überlegungen zur Rolle des Grundeigentums in beiden Arbeiten und die jeweiligen Versuche der Integration in Modelle lassen es an dieser Stelle erforderlich werden, eine schematische Übersicht der Handlungsoptionen von Eigentümern zu erarbeiten (Abb. 3).

Abb. 3: *Handlungsoptionen von Eigentümern im Spannungsfeld öffentlich-rechtlicher Institutionen und Vorschriften*

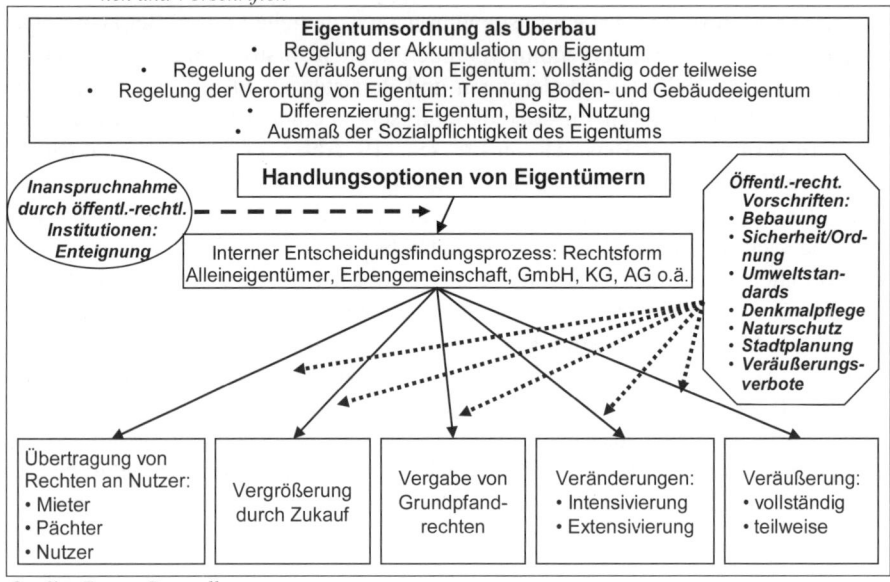

Eigentumsordnung als Überbau
- Regelung der Akkumulation von Eigentum
- Regelung der Veräußerung von Eigentum: vollständig oder teilweise
- Regelung der Verortung von Eigentum: Trennung Boden- und Gebäudeeigentum
- Differenzierung: Eigentum, Besitz, Nutzung
- Ausmaß der Sozialpflichtigkeit des Eigentums

Inanspruchnahme durch öffentl.-rechtl. Institutionen: Enteignung

Handlungsoptionen von Eigentümern

Interner Entscheidungsfindungsprozess: Rechtsform
Alleineigentümer, Erbengemeinschaft, GmbH, KG, AG o.ä.

Öffentl.-recht. Vorschriften:
- *Bebauung*
- *Sicherheit/Ordnung*
- *Umweltstandards*
- *Denkmalpflege*
- *Naturschutz*
- *Stadtplanung*
- *Veräußerungsverbote*

| Übertragung von Rechten an Nutzer: • Mieter • Pächter • Nutzer | Vergrößerung durch Zukauf | Vergabe von Grundpfandrechten | Veränderungen: • Intensivierung • Extensivierung | Veräußerung: • vollständig • teilweise |

Quelle: Eigene Darstellung

3 Sachenrechtliche Beziehungen im geographischen Kontext 77

Der Zusammenhang zwischen der Eigentumsordnung und den Handlungsoptionen von Eigentümern ergibt sich in drei Intensitätsstufen. Zunächst werden durch die politisch und grund- bzw. verfassungsgesetzlich legitimierte Eigentumsordnung verbindliche Regeln für den Umgang mit Eigentum gesetzt: Hierzu gehören neben Fragen des Grundstücksverkehrs (Akkumulation und Veräußerung) auch Aspekte der Charakterisierung von Eigentum in seiner Verortung, Differenzierung und ideologisch gefärbten Konnotationen. Innerhalb dieser Grenzen bleiben den jeweiligen Eigentümern nur Handlungsoptionen, die allerdings wiederum durch öffentlich-rechtliches Handeln beeinflusst werden. Die beiden Interventionsmöglichkeiten öffentlich-rechtlicher Institutionen treten an zwei Stellen im Entscheidungsprozess in Erscheinung: Zum einen unmittelbar und ohne jeglichen Bezug auf die Eigentumsform oder das tatsächliche Handeln und zum anderen im Kontext zwischen öffentlich-rechtlichen Interessen und den jeweiligen Handlungsoptionen des Eigentümers.

Dieses Schema der Handlungsoptionen von Eigentümern erlaubt noch keine qualifizierten Aussagen zu den von LEU (1988) als „formale und soziale Struktur des Grundeigentums-Systems" bezeichneten Zusammenhängen zwischen der Qualität der Fläche oder des Objektes und der dazu gehörigen natürlichen oder juristischen Person des Eigentümers. Im Hinblick auf das an späterer Stelle zu entwickelnde Modell der Handlungsoptionen von Eigentümern in ländlichen Räumen bzw. räumlich-sozialen Interaktionen von Eigentum im Transformationsprozess (siehe Kap. 4.3) soll hier das Entwicklungsmodell der formalen und sozialen Struktur des Grundeigentums-Systems nach LEU (1988: 118) (Abb. 4) dargestellt werden.

Abb. 4: *Das Entwicklungsmodell der formalen und sozialen Struktur des Grundeigentums-Systems*

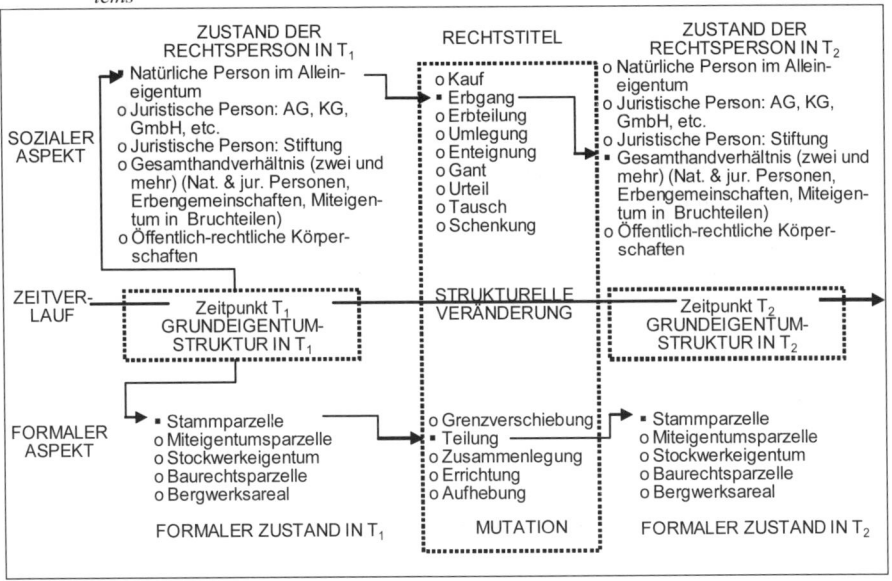

	ZUSTAND DER RECHTSPERSON IN T_1	RECHTSTITEL	ZUSTAND DER RECHTSPERSON IN T_2
SOZIALER ASPEKT	■ Natürliche Person im Alleineigentum o Juristische Person: AG, KG, GmbH, etc. o Juristische Person: Stiftung o Gesamthandverhältnis (zwei und mehr) (Nat. & jur. Personen, Erbengemeinschaften, Miteigentum in Bruchteilen) o Öffentlich-rechtliche Körperschaften	o Kauf ● Erbgang o Erbteilung o Umlegung o Enteignung o Gant o Urteil o Tausch o Schenkung	o Natürliche Person im Alleineigentum o Juristische Person: AG, KG, GmbH, etc. o Juristische Person: Stiftung ● Gesamthandverhältnis (zwei und mehr) (Nat. & jur. Personen, Erbengemeinschaften, Miteigentum in Bruchteilen) o Öffentlich-rechtliche Körperschaften
ZEITVERLAUF	Zeitpunkt T_1 GRUNDEIGENTUM-STRUKTUR IN T_1	STRUKTURELLE VERÄNDERUNG	Zeitpunkt T_2 GRUNDEIGENTUM-STRUKTUR IN T_2
FORMALER ASPEKT	■ Stammparzelle o Miteigentumsparzelle o Stockwerkeigentum o Baurechtsparzelle o Bergwerksareal FORMALER ZUSTAND IN T_1	o Grenzverschiebung ● Teilung o Zusammenlegung o Errichtung o Aufhebung MUTATION	■ Stammparzelle o Miteigentumsparzelle o Stockwerkeigentum o Baurechtsparzelle o Bergwerksareal FORMALER ZUSTAND IN T_2

Quelle: LEU 1988: 118

Der besondere Wert dieses Modells der beiden wesentlichen Facetten von Grundeigentum liegt aus sachenrechtlicher Perspektive darin, dass es Veränderungen des Zustands der Rechtsperson zwischen den Zeitpunkten T_1 und T_2 mit den entsprechenden Veränderungen des Grundeigentums in Relation setzt und somit als ein Modell der „sozio-legalen" Dynamik von sachenrechtlichen Beziehungen angesehen werden kann. Über diese Darstellung hinausgehend entwirft LEU (S. 121) eine Zusammenschau möglicher Handlungszusammenhänge zwischen Formalstruktur, Intentionen und Funktionalraum und leistet somit einen wichtigen Beitrag zum Verständnis von Veränderungsprozessen aus der Perspektive eigentumsrechtlicher Strukturen. Die Fokussierung der Betrachtung auf handlungstheoretische Zusammenhänge ist sicherlich mit dem damals aufkommenden Interesse an solchen Fragestellungen zu erklären; die besondere Perspektive LEUS als Planer auf kantonaler Ebene spielt hier sicherlich auch eine Rolle. Aus Sicht der Transformationsforschung mit ihren umfangreichen Veränderungen sachenrechtlicher Beziehungen bleiben hier allerdings Fragen nach Lageveränderungen offen. Ein entsprechend weiterentwickeltes Modell müsste zwangsläufig die sozialen, formalen und räumlichen Gesichtspunkte eines dynamischen Veränderungsprozesses erfassen (vgl. Kap. 4.3).

Dennoch kann hier festgehalten werden, dass die beiden Beiträge von GALLUSSER und LEU für die geographische Betrachtung von sachenrechtlichen Beziehungen durchaus die Funktion von Leitbildern wahrnehmen; umso mehr verwundert es, dass in den bisherigen geographischen Arbeiten gerade diese Aspekte recht wenig Aufmerksamkeit erfahren haben.

3.1.1 Anthropogeographie

In seinen die Anthropogeographie begründenden Werken „Anthropogeographie I oder Grundzüge der Anwendung der Erdkunde auf die Geschichte" und „Anthropogeographie – Die geographische Verbreitung des Menschen" geht FRIEDRICH RATZEL (1882 und 1891) bereits in seiner Darstellung der Differenzierung der Wirkung der Natur auf den Menschen (Abb. 5) indirekt auf sachenrechtliche Festsetzungen ein, indem er „Wirkungen auf den Zustand des Menschen" von „Wirkungen auf die Handlungen oder die Bethätigung der Menschen" abgrenzt (1882: 60).

Abb. 5:   *Wirkungen der Natur auf den Menschen nach* RATZEL *(1882)*

A. Wirkungen vom Willen unabhängig auf den Zustand des Menschen (Statische Gruppe)
   a. des Körpers. Physiologische Wirkungen
   b. der Seele. Psychologische Wirkungen.
B. Wirkungen auf die Willenshandlungen des Menschen (Mechanische Gruppe)
   a. Wirkungen, deren Ergebnis ein Geschehen:
      1) Handlungen hervorrufend; impulsive Wirkungen.
      2) Handlungen bestimmend:
         ά. direkte Wirkungen
         β. beschränkende Wirkungen.
   b. Wirkungen, deren Ergebnis ein Zustand:
      1) Zustand des Einzelnen: Ethnographisch
         ά. geistige,
         β. körperliche Wirkungen
      2) Zustand der Gesellschaft: Soziale und politische Wirkungen.

Quelle: RATZEL (1882: 61)

In seinem Schema zu dieser Differenzierung können unter „Zustand der Gesellschaft: Soziale und politische Wirkungen" auch (sachen-)rechtliche Zusammenhänge vermutet werden, die somit erstmals in den Fokus geographischer Betrachtungen geraten. Obwohl dieses Schema durchaus deterministischen Charakter aufweist, sollte man mit HOLT-JENSEN (1999: 43) anerkennen, dass es sich im Gegensatz zu den zahlreichen regionalen Studien dieser Zeit um einen Versuch der Systematisierung von Wirkungsprozessen handelte. Demgegenüber finden sich bei ELLSWORTH HUNTINGTON (1920) keine Hinweise auf die Rolle sachenrechtlicher Beziehungen, obwohl er neben den Mensch-Umwelt-Beziehungen und hier insbesondere der Wirkung des Klimas, der Landformen und des Bodens auch die regional differenzierten Bedingungen und die Beziehungen der Menschen untereinander als Grundprinzipien der Humangeographie nennt.

Wie stark demgegenüber der Zusammenhang zwischen sachenrechtlichen Beziehungen und der Landwirtschaft aus anthropogeographischer Sicht empfunden wurde, zeigt das Lehrbuch von ALFRED HETTNER aus dem Jahre 1947: Als allgemeine Faktoren des Wirtschaftslebens nennt er die Lage des Landes, Naturbeschaffenheit, Bodengestalt, Bodenbeschaffenheit, Bewässerung, Klima, Pflanzen- und Tierwelt, Arbeit, Technik, Kapital, Unternehmung, Austausch, Handel und Verbrauch und verbindet somit durchaus herkömmliche physisch-geographische mit anthropogeographischen (hier wirtschafts- und sozialgeographischen) Faktoren (S. 305). Erst in Bezug auf die Landwirtschaft nennt er dann sachenrechtliche Beziehungen: „Je nach der Kultur und den verschiedenen Verhältnissen des Besitzes, der Arbeit, der Technik, des Kapitals hat die Landwirtschaft verschiedenen Charakter" (S. 306).

Erst die Phase der Loslösung von länderkundlichen Beschreibungsschemata – und mit ihnen der fast zwangsläufigen Beschreibung landwirtschaftlicher Besitz- und Vererbungsformen – ermöglicht die Betrachtung sachenrechtlicher Beziehungen aus einer anderen, weniger lokalitätsbezogenen Perspektive. So findet sich in dem von quantitativen Methoden geprägten Lehrbuch von ABLER, ADAMS und GOULD (1971) unter der Kapitelüberschrift „Location and the use of land" eine deutliche Aufforderung zur Differenzierung zwischen Eigentümern und Mietern und deren spezifischen Aufwendungen (Kauf bzw. Miete), um Standortwahl und Landnutzungsmuster, wie sie vor allem in städtischen Räumen zu beobachten sind, zu verstehen (S. 340 ff).

Eine Einbettung des Faktors „Rechtliche Festsetzungen" in die Interpretation kulturlandschaftsgestaltender Aktivitäten bieten STODDARD, WISHART und BLOUET (1989: 103 ff.), wenn sie die Ablesbarkeit von Kultur an den jeweiligen Arte-, Sozio- und Mentifakten festmachen. Zu den Soziofakten zählen sie gesellschaftsbindende Elemente wie politische und rechtliche Rahmenbedingungen und Traditionen, Erziehungsmethoden, Familienstrukturen und religiöse Unternehmen, während Mentifakte die ideologische Grundlage und somit das Weltbild, die Werte und den Glauben einer Kultur widerspiegeln. Aus sachenrechtlicher Sicht und im Hinblick auf die oben geführte Diskussion um die Interpretation von sachenbezogenen Rechten in den Wirtschaftswissenschaften fällt auf, dass die hier behandelte Dynamik der sachenrechtlichen Beziehungen im Transformationsprozess sowohl den Soziofakten – als Ausgestaltung der jeweiligen rechtlichen Normen – als auch den Mentifakten – als Übergang von der ideologischen Grundlage des auf Kollektivrechten beruhenden Sozialismus zum auf Privateigentum basierenden Kapitalismus – zugeordnet werden kann.

Im Kontext einer strukturalistischen Betrachtung des Raums und somit im Rückgriff auf GIDDENS identifizieren CLOKE, PHILO und SADLER (1991: 116) Machtbeziehungen als Kern der sozialen Struktur eines Raums: „The generation, regeneration and transformation of power relations are essentially intertwined with the becoming of a place,..". Ohne Zweifel kann man hier als Machtbeziehungen nicht nur ökonomische, soziale und politische Beziehungen, sondern auch rechtliche Normen sehen. Dem Einwand, rechtliche Normen gingen in ihrer Substanz immer auf soziale und politische Grundwerte zurück, kann man entgegenhalten, dass das Rechtssystem an sich ein fast geschlossenes System ist, das in wesentlichen Kernbereichen weniger auf soziale und politische Anstöße als auf die eigene Tradition der Interpretation und Rechtssetzung zurückgreift.

Den deutlichsten Hinweis auf die Rolle rechtlicher Festsetzungen für die geographische Interpretation der Umwelt gibt MITCHEL in seiner Zusammenfassung „Cultural rights, cultural justice, cultural geography" (2000: 287–290). Sein Verständnis von Kulturgeographie als Geographie der Macht leitet zu neuen Fragen: Wie und unter welchen Umständen wird Macht ausgeübt und wie und unter welchen Umständen wird Macht im Raum sichtbar? Im Kontext von Integration und Ausgrenzung entlang der Grenzen von Rassen, Geschlechtern, Sexualität und ökonomisch definierten Gesellschaftsgruppen ergibt sich für ihn letztlich die Frage nach den Zugriffs- und Gestaltungsrechten dieser Gruppen auf den Raum („Who has the right to space?" S. 289). Sachenrechtliche Beziehungen spielen in diesem Kontext nun eine wichtige Rolle, da sie je nach Ausprägung eher als negative[6] oder als positive[7] Rechte gestaltet sind. So sind die mit Eigentumstiteln verbundenen Rechte eher den negativen Rechten zuzuordnen, während Besitz- und Nutzungsrechte in ihrem Anspruch an Teilhabe an der Verteilung von Gütern eher von positiven Rechten gekennzeichnet sind. Einen weiteren Grund für die Verbindung von Rechten und Kulturgeographie sieht er in der Bildung von Staaten und Nationen, die als ideologische, raumbezogene Gebilde gleicher Rechtssysteme interpretiert werden können. Zusammenfassend regt er eine Neue Kulturgeographie an, die nicht mehr orts-, sondern themengebunden forscht und in der die „Geographies of Belonging" eine wichtige Rolle spielen; mithin also rechtliche Festsetzungen als Individuen verbindende Elemente (S. 290).

Der Verweis auf das neuere Verständnis der Kulturgeographie als Geographie der Macht führt zu der Frage nach der Berücksichtigung sachenrechtlicher Zusammenhänge in der Politischen Geographie, die bereits RATZEL (1897: 41ff.) in seinen Ausführungen unter der Überschrift „Besitz und Herrschaft" gesehen und Besitz und Herrschaft über den Boden als konstitutive Elemente für die Verschränkung von Individuum und Staat durch Zusammenhalt, Lehnswirtschaft, gegenseitiger Unterstützung und Bindung interpretiert hat. Die heutige Aufgabenstellung der Politischen Geographie verdeutlicht mit ihrem Bezug auf Ressourcen und Konflikte eben auch sachenrechtliche Aspekte: „Political geography, in the broadest sense, is the academic study of all these various resource conflicts and the way in which they are solved. In other words, it is about the forces that go to shape the world we inhibit and how they play themselves out in the landscape across the globe." (BLACKSELL 2006: 1). Ohne auf die wechselvolle Geschichte der Politischen Geographie in Deutschland eingehen zu wollen (dazu REUBER/ WOLKERSDORFER 2005: 636 ff.), bleibt der Stellenwert sachenrechtlicher Fragen innerhalb der Politischen Geographie zumindest bis 1983 in Deutschland gering: BOESLER (1969) fasst in seiner Untersuchung des Kulturlandschaftswandels durch raumwirksame Staatstätigkeit Nutzungs- und Eigentumsrechte offenbar als Metastrukturen der Landschaft auf, die nicht direkt die Physiognomie und Funktion einer Kulturlandschaft beeinflussen; sein Betrachtungsfocus liegt vielmehr auf staatlichen Maßnahmen der Raumordnung, Regionalpolitik und Landesplanung.[8] Erst in seinem späteren Werk zur Politischen Geographie (1983) findet sich in der Modellbildung zu Politischem Prozess und geographischen Raum ein Verweis auf „Formen des Land- und Grundbesitzes" (S. 31).[9] Geprägt von den englischsprachigen Forschungsansätzen etabliert schließlich OSSENBRÜGGE (1983) Politische Geographie als räumliche Konfliktforschung und nennt unter dem Forschungsfeld

---

6 Als negative Rechte bezeichnet man die individuellen Schutzrechte, die meist in einem engen Zusammenhang mit staatlichen Eingriffen stehen.

7 Positive Rechte hingegen beinhalten nicht die Freiheit vor Eingriffen, sondern den Anspruch auf Gerechtigkeit, Partizipation etc..

8 Unklar bleibt an dieser Stelle allerdings, warum er die von ihm angesprochene Flurbereinigung nicht als Veränderung der Nutzungs- und Eigentumsrechte erkennt, sondern sie stattdessen ausschließlich als agrarökonomisches Instrument betrachtet und in ihren Auswirkungen auf die Landwirtschaftsstruktur und die Kulturlandschaft analysiert.

9 BOESLER bezieht sich dabei auf das Modell von COHEN und ROSENTHAL (1971).

der innerstaatlichen Politikbereiche mit der räumlichen Verteilungspolitik, den raumwirksamen Entscheidungsprozessen und den raumbezogenen Partei- und Verbandsaktivitäten drei Bereiche, die über weite Strecken von sachenrechtlichen Beziehungen beeinflusst sind (S. 28). Betrachtet man die gegenwärtigen Konzepte der Politischen Geographie, wie sie REUBER und WOLKERSDORFER (2005: 641ff.) differenziert darlegen, ergibt sich die Kontaktstelle zwischen Politischer Geographie und sachenrechtlichen Beziehungen am deutlichsten in den handlungsorientierten Ansätzen des „Spatial Turns": Zu den Leitfragen der Geographischen Konfliktforschung zählt neben der Untersuchung der Rolle der Strukturen, Rahmenbedingungen, Institutionen und Regeln (dazu auch Gesetze und Ordnungsvorgaben) auch die Analyse der räumlichen Strukturen selbst als „konfliktrelevante soziale Konstruktionen und Repräsentationen" (S. 646).

Schließlich muss als ein deutliches Indiz für die Bedeutung und die Berücksichtigung sachenrechtlicher Zusammenhänge zumindest in die englischsprachige Anthropogeographie die Aufnahme der Stichwörter „Geography of Law" and „Property Rights" in das DICTIONARY OF HUMAN GEOGRAPHY (BLOMLEY 2000a und b) gesehen werden.

In deutschsprachigen Einführungswerken zur Anthropogeographie fällt besonders die recht umfangreiche Berücksichtigung sachenrechtlicher Zusammenhänge bei HEINEBERG (2003: 119 ff.) auf; sie ist allerdings in einen agrargeographischen Kontext eingebettet, obgleich sie thematisch ebenso in die Kapitel zu ländlichen und städtischen[10] Siedlungen eingefügt werden könnte.

Hervorzuheben ist an dieser Stelle die umfangreiche Auseinandersetzung mit Fragen des Grundeigentums bei GALLUSSER (1979) und LEU (1988), die darauf hinweisen, dass sachenrechtliche Beziehungen die zugeordnete Bodennutzung nicht nur deuten, sondern auch ursächlich erklären; sie stellen damit das Gefüge des Grundeigentums dem der tatsächlichen Nutzung gegenüber und gehen dabei von einem funktionalen Zusammenhang zwischen Besitz- und Nutzungsparzellen aus.[11] Der Aspekt der Nutzung in seiner Dynamik hat die Sozialgeographie im Rahmen ihrer „Sozialbracheforschung" dargestellt und den Zusammenhang zwischen Brachfallen, dem Handeln der Akteure und der sozioökonomischen Prozessregler anschaulich erläutert (z.B. HARTKE 1956). Andererseits erlaubt diese Erkenntnis auch die Schlussfolgerung, dass sachenrechtliche Beziehungen – und hier insbesondere die konkreten Ausformungen von rechtlich verankerten Handlungseinschränkungen – als vorantreibende bzw. hemmende Kräfte räumlicher Entwicklung zu interpretieren sind.

---

10 Dort nur in Zusammenhang mit Hüttensiedlungen in Lateinamerika (S. 349).
11 Hierzu ist anzumerken, dass ein solcher Zusammenhang zumindest in ländlichen Räumen heute nur noch in Landschaften mit einem hohem Anteil an Familienbetrieben im Haupt-, Neben- und Zuerwerb zu beobachten ist; mit der Höhe der Pachtquote verwischen dann auch die Grenzen zwischen Eigentums- und Nutzungsmustern.

3.1.2 Wirtschaftsgeographie

Bei einer Interpretation sachenrechtlicher Beziehungen als Determinanten für Entwicklung und Stagnation gewinnt die Wirtschaftsgeographie und ihre Untersuchung der räumlichen Ordnung und Organisation von wirtschaftlichem Handeln besondere Bedeutung. Dementsprechend überrascht die doch geringe Intensität der Berücksichtigung sachenrechtlicher Beziehungen in allgemeinen Lehrbüchern zur Wirtschaftsgeographie – erst in agrar- und stadtgeographischen Fragen werden Eigentumsverhältnisse, Bodenmärkte und Bodenpreise als Faktoren thematisiert.

Das Lehrbuch von BATHELT und GLÜCKLER (2002) widmet sich zwar dem Produktionsfaktor Boden, differenziert ihn jedoch nur nach funktionalen Kriterien als landwirtschaftliche Nutzfläche, Fundort von Rohstoffen und Standort für Wohnungsbau, Industrie- und Verkehrsanlagen. Fragen der Verfügbarkeit von Boden für private und öffentliche Investitionen und die damit zusammenhängenden sachenrechtlichen Veränderungen (Enteignungen etc.) finden keine Beachtung (S. 53). Erst im Teil III „Zu einer relationalen Wirtschaftsgeographie" werden im Rahmen der Neuen Institutionenökonomie auch Transaktionskosten genannt, zu denen eben auch sachenrechtliche Veränderungen gezählt werden (S. 153ff.).

Ähnlich marginal bildet VOPPEL (1999) sachenrechtliche Beziehungen ab: Zwar gehören zu den Elementen, die als raumtheoretische Grundlagen der Wirtschaftsgeographie gelten, auch ökonomisch bewertete Lagequalitäts- und Grundstückspreisunterschiede, doch wird die Verfügbarkeit dieser Objekte nicht nur von ökonomischen, sondern auch von juristischen und gesellschaftlichen Faktoren gesteuert (S. 27); ebenso wenig zählt sie zu den Anforderungen (Lage, geeigneter Baugrund, Bodenqualität und qualitative Flächenbeanspruchung), die bei der unternehmerischen Standortwahl an Flächen gestellt werden (S. 31). Lediglich bei der Beschreibung der Standortpotentiale, die als Instrumente räumlicher Ordnung verstanden werden, finden sich Hinweise auf sachenrechtliche Festlegungen: Neben Primär- und Sekundärpotentialen werden Tertiärpotentiale genannt, unter denen raumbezogene immaterielle staatliche oder kommunale Maßgaben subsumiert werden (S. 39). Als ein Element dieser Potentiale nennt er dann die Wirtschaftsverfassung und somit implizit auch die jeweilige systemimmanente Präferierung von Individual- oder Gemeinschaftsbesitz (S. 148).

Verdeutlicht wird der Zusammenhang zwischen wirtschaftsgeographischen Fragestellungen und sachenrechtlichen Festsetzungen im städtischen Bereich. Unter dem Blickwinkel von Bodenmarkt und städtischer Raumnutzung ist die Grundrente als ökonomisches Regulativ der Flächennutzung an einen bestimmten Eigentümer gebunden; im Kontext rationalitätsorientierter Theorien soll ein Grundstück also einem Nutzer zufallen, der damit die höchste Rendite erwirtschaften kann. Die Begriffe der Grundrente und der Kapitalisierung verdeutlichen die ökonomischen Zusammenhänge der innerstädtischen Raumnutzung, während aus der Perspektive der Wirtschafts- und Sozialgeographie eine differenzierte Bewertung des Basis-Instituts Grundrente erfolgen muss. Dementsprechend wendet sich KRÄTKE (1995: 212) gegen die Interpretation von „Grundeigentum als gesellschaftlich parasitäre Institution und leistungsloses Besitzeinkommen" und hebt seine Regulations- und Koordinationsfunktion als Antagonist zur Grundrente hervor; privates Grundeigentum und Grundrente sichern gemeinsam die gesellschaftlich notwendige räumlich effiziente Produktion und Wertschöpfung. Fraglich bleibt angesichts dieser Bewertung aber, ob und wieweit die umfangreichen sachenrechtlichen Veränderungen im ostdeutschen Transformationsprozess, die durch Privatisierung oder der Restitution nachgeschalteten Veräußerungen eine Verschiebung innerhalb der Grundeigentümerschicht von privaten hin zu korporativen Eigentümern bewirkte, dieses Gleichgewicht erhalten blieb oder ob es zu Lasten privater Eigentümerinteressen zu einer stärkeren Akzentuierung verwertungsorientierter Handlungsoptionen kam. In ihren Ausführungen zum Wandel der Eigentümerstruktur städtischer Miethäuser beobachtet REIMANN (2000: 175) eine derartige Veränderung: „Wenngleich einem jedem Miethauseigentümer eine gewisse spekulative Absicht zu eigen ist, entsteht im Ergebnis der gegenwärtigen Eigentumsneuordnung eine strukturelle Dominanz des Interesses an der Rendite. Erstmalig seit dem Bau der Miethäuser setzen sich lokal nicht gebundene Eigentümer, die mit dem Kauf einer Immobilie eine reine Geldanlage im Zusammenhang mit aufwertenden Investitionstätigkeit verbinden, mehrheitlich durch."

3.1.3 Agrargeographie

Obgleich die Agrargeographie verschiedentlich als Teilgebiet der Wirtschaftsgeographie im Sinne einer Analyse einzelner Wirtschaftssektoren (z. B. bei HEINEBERG 2003) gesehen wird, soll ihr hier doch breiterer Raum eingeräumt werden, da ihr Aufgabenfeld nach SICK (1993: 8) eng mit sachenrechtlichen Fragestellungen verbunden ist: „Die Agrargeographie untersucht die von der Landwirtschaft gestaltete Erdoberfläche als Ganzes und in ihren Teilen nach der äußeren Erscheinung, nach der ökologischen, ökonomischen und sozialen Struktur und nach der Funktion, dabei werden die Wechselwirkungen dieser Faktoren und ihr raum-zeitlicher Wandel berücksichtigt." Auch auf dem Hintergrund der Aufgabenstellung der Darstellung der sachenrechtlichen Dynamik in ländlichen Räumen soll hier der Versuch unternommen werden, die Einbeziehung sachenrechtlicher Beziehungen in die Arbeit von Agrargeographen zu verifizieren. Die folgenden Ausführungen folgen dabei einem Schema, das von Lehrbüchern und forschungsleitenden Aufsätzen über spezielle Lehrbücher, Aufsätzen zu Ostdeutschland zu neueren Ansätzen der Agrargeographie reicht; abschließend soll hier die Geographie der ländlichen Räume Berücksichtigung finden.[12]

---

12 Obwohl die Geographie der ländlichen Räume auch siedlungsgeographische Fragen berührt, wird sie hier unter Agrargeographie subsumiert. Diese Vorgehensweise kann auch durch den Hinweis HENKELs (1993: 21) begründet werden, der die Geographie des ländlichen Raumes als übergreifende Klammer zur Agrargeographie, der Geographie ländlicher Siedlungen und der Historischen Geographie sieht. Die späteren Aussagen zur Siedlungsgeographie werden zeigen, dass sich dort viel Material in der Erforschung städtischer Phänomene verbirgt.

In einem grundlegenden Aufsatz hat BERNHARD (1915) Begründungen und Inhalte der frühen Agrargeographie dargelegt: Er sah dabei Agrargeographie als räumliche Ergänzung der Landwirtschaftslehre als theoriegeleitete Ökonomie der Landwirtschaft. Dementsprechend liegen keine Hinweise darüber vor, ob und in welchem Umfang die Wechselwirkung zwischen Betriebsform und Landwirtschaft angesichts der überwältigenden Aufgabe der systematischen weltweiten Aufnahme landwirtschaftlicher Nutzungen überhaupt thematisiert wurde. Ebenso wenig konnte sich STUDENSKY (1927) sachenrechtlichen Fragestellungen im Kontext der Agrargeographie widmen, da er nach der bereits in Teilen vollzogenen Typisierung von Produktionsbezirken anhand von Produktionselementen nun auch die Einbeziehung von Preisen und Produktivität postulierte und somit noch ganz am Anfang einer Integration anthropogener Aspekte in die bisherigen landschaftskundlichen Schemata stand.

Die Überwindung dieser Schwierigkeit findet sich bei WAIBEL (1933), der in seiner landwirtschaftlichen Faktorenlehre natürliche und anthropogene Bedingungen differenziert. Zu den anthropogenen Bedingungen zählen dann neben Arbeit und Kapital auch „der ganze Bereich menschlicher Kräfte, wie sie sich aus seiner Anzahl und Verteilung über die Erdoberfläche, aus seiner sozialen, wirtschaftlichen, kulturellen und vor allem auch geistigen Differenzierung ergeben." (WAIBEL 1933: 9). Neben diesen Betrachtungen, unter denen man durchaus sachenrechtliche Aspekte vermuten kann, schlägt er vor, den Begriff „Wirtschaftsform" und die damit verbundene Betrachtung des Verwertungsprozesses der wirtschaftlichen Tätigkeit durch eine Analyse von Betriebsformen und Betriebssystemen zu ergänzen. In diesem Zusammenhang führt er aus, dass Betriebssysteme (z.B. Wirtschaftssysteme, Bodennutzungssysteme, Feldsysteme oder Ackerbausysteme) keine willkürlichen Systeme sind, sondern immer im Kontext der sie bedingenden natürlichen, rechtlichen und wirtschaftlichen Verhältnissen zu betrachten sind (WAIBEL 1933: 11).

Eine Vertiefung dieses Gedankens findet sich später bei OTREMBA (1938), der in einem programmatischen, wenn auch über weite Strecken von der nationalsozialistischen Diktion beeinflussten Aufsatz, Stand und Aufgaben der deutschen Agrargeographie darstellt. Auf dem Hintergrund des Befundes, dass die Agrargeographie bisher zwischen reiner Verbreitungswissenschaft, physiognomischer Wissenschaft der Kulturpflanzen oder des landwirtschaftlich bedingten Landschaftsbilds geschwankt hat, zeichnet er mit der Analytischen, Synthetischen und Praktischen Agrargeographie Gegenentwürfe. Innerhalb der Analytischen Agrargeographie, die er als systematische und begriffsbildende Betrachtung der räumlich bedeutsamen Einzelerscheinungen der Landwirtschaft skizziert, weist er explizit auf sachenrechtliche Zusammenhänge hin: „Ein weiterer Bestandteil, der aber in der Agrargeographie noch nicht die richtige Würdigung gefunden hat, ist mehr rechtlicher Natur, aber in seiner regionalen Verschiedenheit sehr vielgestaltig, so dass er eingefügt werden muss. Dazu gehören die bäuerlichen Erbgepflogenheiten, die ja durch das Reichserbhofgesetz nur noch historisches Interesse haben, die rechtlichen Besitzverhältnisse, ob Eigentum oder Pachtland vorliegt, und schließlich die Frage des bäuerlichen Genossenschaftswesens, das ein wichtiges

Kriterium zur Kenntnis der Intensität der Betriebsform ist, wie das Beispiel des sehr alten und hochentwickelten Genossenschaftsgedankens in Belgien und Holland beweist." (OTREMBA 1938. 220).

Dass diese Anregungen in die gegenwärtige Agrargeographie aufgenommen wurden, verdeutlicht zunächst das Lehrbuch von SICK (1993: 86ff.), in dem die Eigentumsordnung als ein wichtiger Baustein der sozialen Strukturen benannt wird. SICK differenziert dabei zunächst zwischen Eigentum („rechtliches Gehören") und Besitz („faktisches Haben") und weist darauf hin, dass Eigentum und Besitz sowohl in der Hand Einzelner als auch in der von Gemeinschaften liegen können. Anschließend werden die wesentlichen Elemente einzelwirtschaftlicher- und gemeinschaftlicher Eigentumsformen dargestellt: Erbsitten und die Frage der Verfügungsrechte des Einzelnen über den Boden, den er in die Gemeinschaft eingebracht hat, wobei als Beispiele die Kolchosen der UdSSR und die LPG der DDR angeführt werden. Abschließend stellt er das Konzept der Pacht als Form der indirekten Bewirtschaftung dar.

Diese Darstellung der wichtigsten sachenrechtlichen Bezüge in der Agrarlandschaft leidet unter dem für Lehrbücher charakteristischen Mangel an der Berücksichtigung dynamischer Elemente innerhalb dieser Sphäre: Kollektivierung, Dekollektivierung, Verstaatlichung und Privatisierung werden als agrargeographische Schlüsselprozesse, die weite Teile Osteuropas bis heute kennzeichnen, nicht erwähnt.

Ein Beispiel dafür, wie sehr sachenrechtliche Bezüge auch in modernen agrargeographischen Darstellungen verloren gehen können, gibt BORCHERDT (1996): In seiner Darstellung der wichtigsten Grundbegriffe des landwirtschaftlichen Betriebs in struktureller und funktionaler Hinsicht führt er aus: „Die Frage des Eigentums an Grund und Boden gehört nur sehr randlich in diesem Zusammenhang. Trotzdem muss darauf eingegangen werden. Die landwirtschaftliche Nutzfläche eines Betriebs kann ganz aus Eigenland bestehen, es besteht auch die Möglichkeit, dass zum Eigenland noch Pachtflächen bewirtschaftet werden. Und es kann außerdem sein, dass Nutzungsrechte am Gemeindeeigentum (oder Gemeindeland) bestehen." (BORCHERDT 1996: 33). Obgleich sein gesamtes Analyseraster an den Problemen des Einzelbetriebs orientiert ist, erscheint diese Bewertung des sachenrechtlichen Aspekts doch verwunderlich, da Einzelbetriebe durchaus rechtlichen Veränderungen unterliegen: Sie können in Genossenschaften eingebracht werden bzw. aus ihnen herausgelöst werden, Maschinenringen beitreten, Erzeuger- und Absatzgemeinschaften bilden oder – wichtig auf dem Hintergrund der allgemein breiten Darstellung der Erbsitten – in andere Betriebsformen ungewandelt werden.

Von einem deutlich abgegrenzten Standpunkt nähert sich schließlich ARNOLD (1997) der Agrargeographie, indem er u.a. individuell-soziale von politischen Einflussfaktoren differenziert und so weniger die individuellen Betriebe an sich als vielmehr die gesamte landwirtschaftliche Struktur unter dem Einfluss einzelner Faktoren dokumentiert. Für ihn gehört die Reform des Eigentums und der Besitzverhältnisse zu den agrarpolitischen Instrumenten der Strukturpolitik, um leistungsfähigere Strukturen zu erhalten; u.a. nennt er die Umverteilung des Bodeneigentums, die Individualisierung des Bodeneigentums, die Bildung von Produktionsgemeinschaften oder die Verbesserung des Pachtwesens (ARNOLD 1997: 88).

Weitreichende und differenzierte Aussagen zur Bedeutung sachenrechtlicher Beziehungen in einem agrargeographischen Zusammenhang nehmen in der Darstellung der Agrar- und Forstgeographie durch NÜSSER/SCHENK/BUB in dem von SCHENK und SCHLIEPHAKE herausgegebenen Lehrbuch zur Allgemeinen Anthropogeographie (2005: 353–395) breiten Raum ein. Einen ersten Hinweis auf die Bedeutung des Faktors „Sachenrechte" gibt die explizite Einbeziehung der Territorialität von Nutzungsrechten als ein Element der agrarischen Ressourcennutzung innerhalb des Humanökologischen Beziehungsgefüges (2005: 358). Nutzungsrechte beeinflussen hiermit in ihrer raum-zeitlichen Ausformung sowohl die Veränderung der Art oder Intensität der Nutzung als auch die agrarische Tragfähigkeit abgegrenzter Räume. Um der Zielsetzung der Strukturierung und Gewichtung der räumlichen Differenzierung der Landwirtschaft gerecht zu werden, stellen die Autoren anschließend mit der betriebswirtschaftlichen und der standortbezogenen Perspektive zwei wesentliche agrargeographische Analysekonzepte vor. Innerhalb der betriebswirtschaftlichen Perspektive kommen sachenrechtliche Beziehungen vor allem als „schwer quantifizierbare („weiche") Einflussgrößen" (NÜSSER/ SCHENK/BUB 2005: 361) zum Tragen. Hierbei nennen die Autoren zwar die Besitzverhältnisse als eine von drei Einflussgrößen neben dem Produktionsziel und der Sozialform, übersehen an dieser Stelle aber, dass die von ihnen der Sozialform zugeordnete Differenzierung in Individuallandwirtschaft und Kollektivlandwirtschaft originär auf sachenrechtliche Beziehungen zurückzuführen ist; insofern legen sie den Begriff der Besitzverhältnisse eng aus, wie auch aus der historisch-geographischen Konnotation der Besitzverhältnisse mit der Feudalzeit hervorgeht. Ein ähnliches Interpretationsmuster findet sich in der Darstellung der anthropogenen Standortfaktoren, in der den Eigentumsverhältnissen und deren Bedeutung zwar breiter Raum eingeräumt wird, der erläuternde Text aber die Wirkungen von Erbsitten von der frühen Neuzeit bis zur Flurbereinigung der Gegenwart umfasst. Wesentliche, über diese Darstellung hinausreichende Aspekte sachenrechtlicher Beziehungen (z.B. Wegerechte, Pachtverhältnisse, Flurzwänge etc.) werden nicht thematisiert. Aus der Darstellung beider Analysekonzepte wird deutlich, dass sachenrechtliche Beziehungen durchaus wesentlichen Einfluss auf die Gestaltung der landwirtschaftlichen Nutzung und somit auch des Agrarraumes nehmen können. Obgleich es sich hier um die umfangreichste Berücksichtigung sachenrechtlicher Zusammenhänge innerhalb eines geographischen Lehrbuchs zur Agrargeographie handelt, werden ihre Komplexität und die von ihnen ausgehenden Sekundäreffekte nur unzureichend berücksichtigt: So besteht kein Zweifel, dass die in der Übersicht der agrarwirtschaftlichen Standortfaktoren (Abb. 8.10; S. 378) unter der Kategorie „Betriebsgrundlagen" aufscheinenden Besitzverhältnisse in einen engen Wirkungszusammenhang mit anderen Kategorien stehen (z.B. mit der Einstellung zum Beruf der Kategorie „Fachliche Fähigkeiten und Arbeitsleistung" oder mit den unter „Erzeugung" zusammengefassten Faktoren der Arbeitsverfassung und Arbeitskräfte bzw. Eigen- und Fremdkapital). Insofern werden die Interdependenzen zwischen den einzelnen Faktoren nur ansatzweise berücksichtigt und die wesentliche Stellung der sachenrechtlichen Beziehungen nur angedeutet; allerdings würde eine umfassende Darstellung dieser Zusammenhänge den Umfang eines derartigen Lehrbuches sprengen.

In der englischsprachigen Literatur fanden sich keine Hinweise auf die Berücksichtigung sachenrechtlicher Beziehungen in allgemeinen Lehrbüchern zur Agrargeographie. TARRANT (1974) setzt sich mit aktuellen Problemen der Landwirtschaft wie Standorttheorien, Regionalisierungsansätzen, Netzwerkbildungen (horizontal und vertikal) und Marketing auseinander – angesichts der seit dem 18. Jahrhundert in Großbritannien durchgeführten und bis heute Bestand habenden Landreform verwundert es nicht, dass Eigentums-, Besitz- und Nutzungsrechte kaum thematisiert werden.

Demgegenüber widmen sich die beiden Arbeiten von ECKART/WOLLKOPF (1994) und ECKART (1998) als Darstellungen der Entwicklung der Landwirtschaft in Deutschland seit 1945 den Problemen sachenrechtlicher Beziehungen im Transformationsprozess: So postuliert er die Absicherung des agraren Transformationsprozesses durch einen wirkungsvollen rechtlichen Rahmen, muss aber auch auf die umfangreichen Probleme bei der Zusammenführung von Boden- und Gebäudeeigentum[13] hinweisen, die den sozialen Frieden, die Investitionsbereitschaft und die Beleihbarkeit des Eigentums beeinträchtigen (ECKART/WOLLKOPF 1994: 188). In seinem Überblick zur Agrargeographie Deutschlands charakterisiert er den Veränderungsprozess nach 1990 nicht als eigentliche Transformation oder Übernahme westdeutscher Rechtsformen, sondern unterstreicht die Neuartigkeit der Schaffung von Rechtsformen wie AG, GmbH, eG, KG im landwirtschaftlichen Bereich (ECKART 1998: 408). Leider unterbleibt in diesem im Vergleich zur Darstellung der Alten Bundesländer oder der historischen Entwicklung zu kurz geratenen Kapitel eine vertiefte Auseinandersetzung mit den Folgen dieser Innovationen im Landwirtschaftssektor und insbesondere ihre Auswirkungen auf die Betriebsleiter bzw. -inhaber.

Als Beispiele für die Thematisierung sachenrechtlicher Bezüge in speziellen Lehrbüchern sei hier auf die Darstellung von BORN (1974) zur Entwicklung der deutschen Agrarlandschaft und BECKER (1998) zur Allgemeinen Historischen Geographie verwiesen, die sich beide aus historisch-geographischer Sicht der Agrarlandschaft nähern. In seiner Darstellung der in acht Epochen gegliederten Entwicklung weist BORN an mehreren Stellen auf Veränderungen der Besitz- und Nutzungsstrukturen hin: So ergaben sich im Zuge der Neuordnungen als Folge der Entsiedlungsprozesse der Wüstungsperiode auch sachenrechtliche Veränderungen durch Zusammenlegungen oder durch komplette Neuverhufungen bei einer zu hohen Anzahl wüstgefallener Hufen (1974: 75); darüber hinaus waren die mittelalterlichen und frühneuzeitlichen Sozialstrukturen in ländlichen Räumen mit ihrer Differenzierung in Altbauern und Kleinbauern unterschiedlicher Rangfolge auch immer mit differenzierten Rechten verbunden. „Diese Nachsiedler, die sich z.T. freilich bis in das hohe Mittelalter zurückverfolgen lassen, unterscheiden sich von

---

13 ECKART nennt hier über 200.000 Eigenheime und ca. 70.000 LPG-Bauten, die heute auf der Grundfläche von dritten Eigentümern stehen.

den anderen bäuerlichen Sozialgruppen nicht so sehr durch Betriebsgrößen und Dienstleistungsverpflichtungen, sondern eher durch eine Minderung der Gemeinrechte und besondere Siedlungsweisen. Die rechtliche Benachteiligung äußerte sich vor allem in Einschränkungen der Markennutzung." (BORN 1974: 78). Das prägnanteste Beispiel für die Wirkung qualitativ differenzierter sachenrechtlicher Ausstattungsniveaus individueller Hofstellen ist wohl die ab 1550 zu beobachtende Gutsbildung in den fruchtbaren Grundmoränenlandschaften Nordostdeutschlands, die sich auf die besonderen spätmittelalterlichen Besitzvoraussetzungen und die Schwäche der Staatsgewalt zurückverfolgen lassen.

Zusammenfassend lässt sich festhalten, dass ein Großteil der von BORN identifizierten Prozesse in der Entwicklung der Agrarlandschaft entweder direkt auf sachenrechtliche Faktoren zurückging oder aber deutliche Auswirkungen auf die sachenrechtlichen Beziehungen nach sich zog. Die Bedeutung sachenrechtlicher Veränderungen unterstreicht BORN später in seiner einleitenden Darstellung der heutigen, siedlungs- und flurbezogenen Forschung: „Ihre [Siedlungs- und Flurformen, Anmerkung KMB] Konstanz oder Veränderung wird als Folge herrschaftlicher bzw. staatlicher Einflussnahme, der Entwicklung von Sozialstrukturen und Rechtsgegebenheiten oder des Aufkommens wirtschaftlicher Neuerungen verstanden." (BORN 1977: 17)[14]; darüber hinaus stellt er die Betrachtung des Parzellengefüges anhand von Katasterkarten, Katasterbüchern und Grundbüchern als methodische Grundlage vor die Betrachtung der Parzellennutzung und der Suche nach physiognomisch fassbaren Relikte der Landnutzung und weist somit der Frage sachenrechtlicher Beziehungen – „das auf einer Katasterkarte ersichtliche Gefüge der Besitzverteilung" – besondere Bedeutung zu (BORN 1977: 18–20). Dementsprechend identifiziert er unter den möglichen Ursachen für Veränderungen von Siedlungs- und Flurformen eben auch das Durchsetzen rechtlicher Vorrangstellungen und präzisiert dies anschaulich anhand der Gutsbildung (BORN 1977: 71–74).

Ein anschauliches Beispiel für die noch nicht in vollem Umfang umgesetzte Berücksichtigung sachenrechtlicher Beziehungen bzw. der noch nicht erfolgten Perspektivenveränderung findet sich bei BECKER (1998: 54–61): Am Beispiel der Zelgensysteme[15] führt er die Variation dieser Kooperation von tradierten Übereinkommen über Anbauverabredungen bis zum Flurzwang an und begründet sie in der Notwendigkeit zumindest einer gemeinschaftlichen, die Einzelparzellen übergreifenden und termingebundenen Aktion, die sich aus Anforderungen der Agrartechnik, der gemeinsamen Weidenutzung oder der unzugänglichen Erschließung der Ackerfluren ergab. Aus sachenrechtlicher Perspektive ließe sich hier einwerfen, dass eine solche Kooperation auch als Aufgabe eines eigenständigen Verfügungsrechtes interpretiert werden kann und somit dem Prozess der „Verhand-

---

14 Weitere Ausführungen zur Bedeutung sachenrechtlicher Beziehungen in ländlichen Siedlungen bei BORN (1977) finden sich unter Kap. 3.1.4 .
15 Eine einprägsame Definition von Zelgen und Zelgensystemen findet sich bei NITZ (1973: 2): „...eine Ackerflur, die besitzmäßig aus zahlreichen Parzellen besteht und anbaumäßig in mehrere große Bezirke gegliedert ist, die in sich jeweils einheitlich bestellt sind, aber untereinander verschieden."

lung" solcher Kooperationen[16] breiterer Raum gegeben werden sollte. Den traditionellen Ansatz unterstreicht BECKER (1998: 61) wenn er festhält: „Um diese und ähnliche Beispiele – deren graduelle Unterschiede zum voll entwickelten Idealtyp der Zelgenwirtschaft durch mancherlei Übergänge gemildert werden – ohne Einschränkungen einbeziehen zu können, erscheint es sinnvoll, den Zelgenbegriff nicht so sehr an der gegenseitigen genossenschaftlichen Bindung der Beteiligten als vielmehr am physiognomischen fassbaren Element der besitzübergreifenden Bewirtschaftungseinheit in der Feldflur zu orientieren." Auch in seinen weiteren, an den Überlegungen von WIRTH (1979: 229) zu einer kulturgeographischen Kräftelehre angelehnten Aussagen werden sachenrechtliche Beziehungen kaum thematisiert; lediglich die Fragen der Erbsitten, deren geographische Verteilung oder der geographischen Ursachen des Auftretens bestimmter Erbsitten lassen sich einer sachenrechtlichen Thematik zuordnen (BECKER 1998: 246).

Auch in der angelsächsischen Betrachtung agrargeographischen Wandels finden sachenrechtliche Beziehungen Erwähnung: In seiner Analyse der sozialen und politischen Ökonomie der ländlichen Räume im Lichte post-produktivistischer Konzepte (vgl. ILBERY 1998) betont MARSDEN (1998: 24/25) veränderbare Eigentums- und Besitzrechte als Hauptfaktoren für die Inwertsetzung ländlicher Ressourcen auf den Hintergrund ihres Marktwertes.[17] Konkret bezieht er sich hier auf die Möglichkeiten der Nutzung unterschiedlich intensiver sachenrechtlicher Festlegungen, die Persistenz oder Dynamik in kurz-, mittel- oder langfristiger Perspektive implizieren können. Eine frühe Arbeit aus historisch-geographischer Perspektive (CHAPMAN 1987) setzt sich mit der Enclosure-Bewegung im 18. Jahrhunderts Englands auseinander und differenziert die verschiedenen Phasen dieses Prozesses nicht nur anhand ihrer Ergebnisse, sondern bezieht ausdrücklich die dazu erlassenen Gesetze mit die Betrachtung mit ein, da sie wichtige Hinweise für die Erklärung dieser Phasen geben.

Zur agrargeographischen Betrachtung Ostdeutschlands im Transformationsprozess liegt umfangreiches Material vor, das hier anhand einiger Beispiele auf die Berücksichtigung sachenrechtliche Bezüge hin geprüft werden soll. Die beiden Darstellungen von ECKART (1995) und ROUBITSCHEK (1992) zum Strukturwandel in der ostdeutschen Landwirtschaft verdeutlichen die unterschiedlichen Perspektiven in der Berücksichtigung sachenrechtlicher Veränderungen: ECKART (1995: 11–14) subsumiert Privatisierung, Restitution und Dekollektivierung unter den agrarpolitischen Maßnahmen zur Stützung der zusammenbrechenden Landwirtschaft (Kapitel IV) und kommt zu einer überaus positiven Bewertung: „Nach Können und persönlicher Zielsetzung ist es seither jedem Landwirt möglich, als bäuerlicher Haupt- und Nebenerwerbsbetrieb im Rahmen einer Genossenschaft

---

16 Es ist an dieser Stelle auch fraglich, ob der hier genutzte Begriff der Kooperation tatsächlich auf alle Zelgensysteme zutrifft: Die Gewährung von Überfahrrechten oder die Errichtung von Zelgen- bzw. Wechselzäunen stellt im Vergleich zur verbindlichen Festlegung von Fruchtfolge, Feldarbeiten oder Weidegängen einen ungleich stärkeren Eingriff in die Verfügungsrechte der Eigentümer dar. Darüber hinaus handelt es sich eher um die Regulierung bzw. Koordination von Maßnahmen als eine echte Zusammenarbeit.
17 Im englischsprachigen Raum hat sich dafür der Begriff der Commoditization eingebürgert.

oder in einer anderen Rechtsform zu arbeiten." (ECKART 1995: 13). Gleichzeitig grenzt er aber von dieser Bewertung deutlich seine Analyse der Tätigkeit der BVVG (Kapitel V) ab, zumal er die Klärung der Regelung offener Vermögensfragen fälschlich als Hauptaufgabe der BVVG sieht. Insgesamt drängt sich der Eindruck auf, dass im Umstrukturierungsprozess der ostdeutschen Landwirtschaft die Investitionsförderprogramme für wettbewerbsfähige und ökologisch verträgliche Landwirtschaft bzw. aus der Bund-Länder-Gemeinschaftsaufgabe „Verbesserung der Agrarstruktur und des Küstenschutzes" eine weitaus größere Wirkung entfalteten als die Korrektur historischer Enteignungs- und Kollektivierungsprozesse.

Demgegenüber widmet sich ROUBITSCHEK (1992: 58–63) den sachenrechtlichen Problemen des Strukturwandels in weitaus differenzierterer Weise, indem er aufbauend auf dem Veränderungsdruck, der auf den LPG lastete, Zukunftsperspektiven identifiziert und die einzelnen Optionen (Umwandlung, Auflösung, Reorganisation etc.) in Hinblick auf ihre ökonomischen und sozialen Folgen bewertet.

Ein Beispiel für eine fast völlige Ausblendung sachenrechtlicher Aspekte im Transformationsprozess der ostdeutschen Landwirtschaft liegt in dem Beitrag von ALBRECHT (1996) vor, der zwar den betrieblichen Strukturwandel und den Wandel der agrarsozialen Verhältnisse anhand umfangreichen Datenmaterials darstellt, aber die daran beteiligten Faktoren eher beiläufig erwähnt; für sie spielen sachenrechtliche Beziehungen offenbar nur im Forstbereich eine Rolle: „Voraussetzung für eine effektive Bewirtschaftung sowie Sicherung der landeskulturellen Funktion des Waldes ist allerdings eine baldige Klärung und Stabilisierung der Besitz- und Eigentumsverhältnisse, die durch die Bodenreform (1945–1949) in gravierender Weise verändert worden waren." (ALBRECHT 1996: 131).

Wie eine Analyse des Strukturwandels der Landwirtschaft und sachenrechtliche Beziehungen in Relation zueinander gebracht werden können, zeigen WOLLKOPF und WOLLKOPF (1992), indem sie den Funktionswandel und die damit verbundenen wirtschaftlichen und sozialen Folgen in den Vordergrund ihrer Betrachtung rücken: Da zu den Basisfunktionen der Landwirtschaft neben der ökonomischen, technologisch-organisatorischen und ökologischen eben auch die soziale Funktion der Einkommenssicherung, des Arbeitskräfteangebots und der starken standörtlichen und bodenbesitzrechtlichen Fixierung gezählt wird, wird die Umstrukturierung der LPG zu marktwirtschaftlichen Agrarunternehmen als sachenrechtlich induzierter Funktionsverlust gesehen, da Arbeitsplätze und Infrastruktureinrichtungen verloren gingen bzw. anderen Trägern zugeordnet wurden (WOLLKOPF/WOLLKOPF 1992: 17).[18]

Als lokale und noch dazu recht frühe Studie zu den agrargeographischen Auswirkungen der Transformation auf eine einzelne Siedlung muss der Beitrag von SADLER und JANZEN (1993) gelten: Ungeklärte Eigentumsverhältnisse, Altschulden und betriebliche Umwandlungsprobleme werden als die Hemmnisse des Umstrukturierungsprozesses in wettbewerbsfähige marktwirtschaftliche Betriebe

---

18 Ein ähnliches Interpretationsmuster prägt dementsprechend auch die Studie von WOLLKOPF (1996) zu Thüringen.

benannt und in ihren Auswirkungen am Beispiel der Gemeinde Heinersdorf erläutert; allerdings verharrt die Betrachtung in der Beschreibung der Auflösung der beiden VEG und geht nur am Rande und unstrukturiert auf die Wirkungen der Privatisierung ein: Die Schließung bzw. die Ausgliederung einzelner Betriebsteile sowie die Rückgabe von gemeindeeigenen Flächen an zwei Nachbargemeinden werden benannt, in ihren Auswirkungen aber nicht quantifiziert.

Der letzte Teilaspekt einer agrargeographischen Betrachtung umfasst die durch HENKEL (1993) geprägte komplexe Betrachtung des Ländlichen Raums. In seiner Darstellung der Eigentumsordnung verweist er zunächst auf die Differenzierung von Eigentum und Besitz, relativiert dann aber deren Bedeutung und weist auf die prägende Rolle von emotionalen und mystisch-religiösen neben juristischen, materiellen und rationalen Auswirkungen, Aspekten und Inhalten hin. Später führt er aus, dass Besitzgrößenstrukturen und die Exklusivität bzw. das Nebeneinander von Individual- oder Gemeinschaftseigentum durchaus wichtige Steuerungsfaktoren landwirtschaftlicher Entwicklung sind, da positive und negative sozioökonomische Erscheinungen und Prozesse in Bezug auf Arbeitsmotivation, Lebensstandard, Klassengegensätze, soziale Mobilität und individuelle Entfaltung der Persönlichkeit von ihnen beeinflusst werden (HENKEL 1993: 90).

Bereits an dieser Stelle wird der besondere Stellenwert von sachenrechtlichen Beziehungen in ländlichen Räumen deutlich: Ihre Bedeutung liegt gerade in ländlichen Räumen nicht nur in ihrer ökonomischen – und somit aus Sicht der Agrargeographie auch völlig zutreffend gedeuteten – ökonomischen Bedeutung, sondern auch in ihrer sozialen Konnotation. Neben der Embeddedness von sachenrechtlichen Beziehung (vgl. HANN 1998 und 2000) thematisiert HENKEL eben auch Fragen der sozialen Hierarchisierung und der Arbeitszusammenhänge (Entfremdung) – mithin also auch Fragen, die gerade im Transformationsprozess eine große Wertigkeit aufweisen.

Dass eine solche Einbeziehung sachenrechtlicher Beziehungen in die Betrachtung der ländlichen Räume weiterhin als exzeptionell gelten darf, verdeutlichen die Arbeiten von BRUNNER (1996), HOWITZ (1997) und KROLL (1995), die sich zwar mit Raumstrukturen bzw. dem gesamten ländlichen Raum befassen, jedoch die gerade für die NBL so bedeutsame Frage der Dynamik sachenrechtlicher Veränderungen nicht erwähnen. Obgleich sich KROLL (1995) mit den veränderten Raumbeziehungen der Menschen in Bezug auf die Funktionsbereiche Wohnen, Arbeiten, Versorgung, Bildung und Erholung auseinandersetzt, scheinen sachenrechtliche Aspekte in diesem funktionalen Kontext keine Rolle zu spielen – angesichts der massiven Veränderungen im Versorgungs- und Erholungsbereich eine überraschende Auslassung. Die Arbeiten von HOWITZ (1996) und BRUNNER (1996) sind dagegen stark agrarökonomisch orientiert, in denen die ländlichen Räume nur als Gebietskulisse für landwirtschaftliche Tätigkeit dienen.

Unter den wenigen englischsprachigen Arbeiten, die sich mit den Problemen ländlicher Räume in Deutschland auseinandersetzen, ist zunächst die Monographie von GEOFF und OLIVIA WILSON (2001) zu nennen. Sie verbindet eine umfangreiche Analyse des Transformationsprozesses in ländlichen Räumen mit postmodernen Betrachtungsansätzen, in denen sie das individuelle Handeln Einzelner auf dem Hintergrund des Raumes darstellt. Da der Raum bzw. die Gestaltung dieses Raumes aus dem Zusammenspiel unterschiedlicher Kräfte von Individuen und privaten wie öffentlichen Institutionen hervorgegangen ist, erlaubt eine Analyse der Machtverhältnisse und der Entscheidungswege Rückschlüsse auf die Ursachen, Ziele und den Ablauf bestimmter, aus räumlicher Sicht relevanter Entscheidungen. So thematisieren WILSON und WILSON nicht nur die Frage der Agrarpolitik und deren Veränderungen, sondern widmen sich auch sachenrechtlicher und betriebswirtschaftlicher Veränderungen in den NBL. In ihrem Beitrag zu DAVID TURNOCKs Sammelband zu Privatisierungsprozessen in Osteuropa (1998) vermittelt OLIVIA WILSON nicht nur einen Überblick über die sachenrechtlichen Veränderungen seit 1990, sondern bezieht selbstverständlich Fragen der Bevölkerungsentwicklung, der Dorferneuerung und des Umweltschutzes mit ein. Am Schluss ihrer Darstellung steht die Identifizierung von drei Typen ländlicher Räume, die durch starken Druck nicht-landwirtschaftlicher Faktoren, gute Raumausstattung und -anbindung bzw. peripherer Lage gekennzeichnet sind.

In ähnlicher Form, aber von einem anderen Ansatzpunkt nähert sich schließlich VOGELER (1996) der Frage sachenrechtlicher Veränderungen und deren Auswirkung auf ländliche Räume. Ausgehend von den beiden Hypothesen, dass bestimmte Staatstypen, darunter auch der Sozialismus, durch ihre spezifische Landwirtschaftspolitiken Landschaftstypen prägen und staatliche Einflussnahme vor allem als Privatisierung und Deregulierung implementiert werden, interpretiert er die Veränderung in den NBL als Akte staatlicher Hegemonie entgegen anderer Interessen. Als Einwand gegen diese Argumentation kann man zum einen sicherlich die von VOGELER (1996: 449) konstatierte Persistenz DDR-typischer Flurformen anführen und zum anderen darauf verweisen, dass die Privatisierung der LPG sowohl wirtschaftlichen wie auch gerechtigkeitsorientierten Leitlinien folgten und somit nur eingeschränkt dem staatlichen Sektor aufgebürdet werden können. Dennoch liefert VOGELER eine gründliche Analyse der sachenrechtlichen Veränderungen, in der er ökonomische, soziale und wirtschaftliche Einzelaspekte zusammenfügt und so ein Bild der Ergebnisse staatlichen Handelns in ländlichen Räumen zeichnet.

Zusammenfassend kann man festhalten, dass die Frage sachenrechtlicher Beziehungen in der agrargeographischen Diskussion auf theoretischer Ebene durchaus breiten Raum einnimmt und in ihrer Bedeutung für die historische Entwicklung des Agrarsektors bzw. der ländlichen Räume gewürdigt wird. Demgegenüber lässt die agrargeographische Auseinandersetzung mit dem Wandel in Ostdeutschland seit 1990 eine angemessene Berücksichtigung sachenrechtlicher Aspekte vermissen: Privatisierungs-, Reprivatisierungs- und Restitutionspolitiken bzw. -praktiken werden hier nur unzureichend thematisiert.

3.1.4 Siedlungsgeographie

Die Bedeutung sachenrechtlicher Beziehungen für siedlungsgeographische Betrachtungsansätze ergibt sich beinahe zwangsläufig aus ihren ökonomischen und sozialen Konnotation: Folgt man bspw. den Ausführungen HOFMEISTERs (1994: 17) zu Inhalten und zukünftigen Forschungsfeldern der Stadtgeographie, so bedarf es einer ausgewogenen Betrachtung von sozio-ökonomischen und physiognomischen Parametern in der Stadtentwicklung bzw. dem Stadtraum. Die Bedeutung sachenrechtlicher Beziehungen für die Stadtentwicklung wird durch die Aufzählung stadtraumstrukturierender Kräfte deutlich, allerdings betont der von HOFMEISTER (1994: 144) gewählte Begriff „Bodenpreisgefüge und seine Dynamik" die ökonomische Dimension, obgleich er in den dazugehörigen Ausführungen sachenrechtliche Beziehungen – u.a. den Sonderfall der Trennung zwischen Boden und Gebäude – anführt. Ebenso ambivalent ist die Behandlung sachenrechtlicher Beziehungen im Lehrbuch von HEINEBERG (2001): Er subsumiert in seiner Darstellung stadtgeographischer Betrachtungsansätze sachenrechtliche Konnotationen unter der sozialräumlichen Differenzierung nach sozialen und sozioökonomischen Merkmalen, Statuspositionen, sozialen Gruppen oder Schichten und Lebensstilgruppen. Ausdruck einer solchen sozialräumlichen Differenzierung seien Sozialstrukturatlanten, wie er am Beispiel Berlins verdeutlicht (2001: 142–152). Allerdings wurden weder in dem von ihm dokumentierten Sozialstrukturatlas des Landes Berlin aus dem Jahre 1997 noch aus dem Jahre 2003 sachenrechtliche Beziehungen als Variablen oder Indikatoren ausgewählt (SENATSVERWALTUNG FÜR GESUNDHEIT, SOZIALES UND VERBRAUCHERSCHUTZ 1997 und 2003). Daneben spielen sachenrechtliche Beziehungen eine offenbar marginale Rolle und werden im stadtökonomischen Kontext nur als einer von vielen Aspekten der betriebswirtschaftlichen Merkmale bzw. Geschäftsprinzipien benannt (HEINEBERG 2001: 170).

In weitaus größerem Umfang beschäftigt sich LICHTENBERGER (1998) mit sachenrechtlichen Beziehungen: „Als immanentes Thema von großer politischer Brisanz zieht sich die Bodenfrage, d.h. die Diskussion über die Eigentumsverhältnisse an Grund und Boden, durch die gesellschaftspolitische und planungsorientierte Literatur. Bodenpolitik war und ist ein integrierter Bestandteil der normativen Zielsetzung und legistischen Regulierungen von Stadtplanung und Raumordnung. Bodenpreistheorien zählen zum Standardrepertoire der Lehrbücher der Stadtgeographie" (LICHTENBERGER 1998: 167). Hierzu ist allerdings zu bemerken, dass Bodenpreistheorien zwar insofern sachenrechtliche Beziehungen in ihre Überlegungen mit einfließen lassen müssen, als dass der Boden verfügbar sein muss (= Eigentumsrechte), aber besitz- und nutzungsrechtliche Festlegungen ignorieren. Weiterhin nennt LICHTENBERGER sachenrechtliche Festsetzungen als eine unter mehreren politisch-administrativen Determinanten; interessanterweise lässt sie bei ihrer Betrachtung der „Akkumulation des Verfalls" der Stadt Budapest sachenrechtliche Festlegungen außen vor, obgleich die von ihr beschriebenen Zuwanderungsbewegungen von „outcasts" und „outdrops" nur bei schwachen Eigentumsrechten möglich sind – in Budapest eindeutig ein Resultat des Transformationsprozesses (LICHTENBERGER 1998: 289).[19]

Englischsprachige Lehrbücher der Stadtgeographie (z. B. CARTER 1995 oder HALL 1998) widmen sich der Frage sachenrechtlicher Beziehungen gleichfalls im sozio-ökonomischen bzw. standort(bodenrenten)theoretischen Kontext; allerdings ist hier festzuhalten, dass vor dem Hintergrund angelsächsischer Eigentumskonzeptionen eine sachenrechtliche Dynamik zwischen den einzelnen Kategorien, d.h. von Nutzung zu Besitz zu Eigentum oder ähnlich, nur im Kontext von illegalen Besetzungen thematisiert wird. Demgegenüber spielt dann auch die Frage der sachenrechtlichen Beziehungen innerhalb einer Intensitätsstufe eine größere Rolle, da sich hier Konzentrationstendenzen räumlich identifizieren lassen.

Ebenso weist BORN (1977: 42), wenn auch aus historisch-geographischer Sicht, auf die Bedeutung sachenrechtlicher Festsetzungen hin, wenn er den Einfluss der Grundherrschaft auf die Entstehung von Gruppensiedlungen darlegt. Auch in seinem abschließenden Postulat für weiterführende Forschungen bezieht er unter der kausalen Betrachtung als fördernde und hemmende Faktoren für Wachstum, Stagnation oder Wüstungsbildung bzw. unter der prozessualen Betrachtung als lenkende Kräfte wie Grundherrschaft, Behörden und Staat durchaus sachenrechtliche Beziehungen mit ein (BORN 1977: 203).

In welchem Umfang die Dynamik sachenrechtlicher Beziehungen siedlungsgeographische Relevanz erhalten kann, verdeutlicht GRAAFEN (1991) in seiner Arbeit zum Siedlungswesen im Deutschen Reich. In einer der wenigen rechtsgeographischen Arbeiten des deutschsprachigen Raums setzt er sich mit staatlichen Eingriffen in sachenrechtliche Beziehungen zum Zweck der Schaffung von Siedlungsstellen in ländlichen und städtischen Räumen auseinander. Er analysiert dabei die Wirkungen enteignender, enteignungsgleicher oder enteignungsähnlicher Eingriffe in das Eigentum (Vorkaufsrechte, Erzwungene Landlieferungsverbände, Hauszinssteuern) und stellt dar, welche räumlichen und sozio-ökonomischen Auswirkungen die Regelungen des Reichssiedlungsgesetzes und der Hauszinssteuervorschriften hatten.

Weniger von öffentlicher als von privater Seite interpretiert BÖHM (1980: 6) die Veränderungen sachenrechtlicher Beziehungen und formuliert auf dem Hintergrund eines akteurstheoretischen Ansatzes. „Die Landschaft ist das Ergebnis von geglückten bzw. missglückten Konfliktlösungen bodenbezogener Verhaltensweisen". Unter Nutzung der Faktorenanalyse kommt er zu dem Ergebnis, dass in städtischen Räumen der Grad der Verfügbarkeit von Boden, der Stand der Differenzierung des Bodenmarktes und die Intensität der Mobilität des Grundbesitzes als entscheidende Faktoren für die Gestaltung der inner- und randstädtischen Entwicklung angesehen werden können. In ländlichen Räumen hingegen spielte die Persistenz tradierter Besitzwechsel (Erbfall), die Nähe zu Städten und die wirtschaftliche Situation der Landwirte bzw. die Sozialstruktur eine wesentliche Rolle. Insgesamt gelingt es BÖHM, vier ländliche Gebiete unterschiedlichen Besitzwechselverhaltens zu differenzieren (1980: 236–239).

---

19 Dieser Aspekt wird übrigens bei HOFMEISTER (1994: 187) beschrieben.

Zu diesen wegweisenden Arbeiten, die die Relevanz sachenrechtlicher Beziehungen im Siedlungskörper darstellen, muss auch noch die Arbeit von KUNZMANN (1972) zu Grundbesitzverhältnissen und Stadterneuerung in Österreich treten, zumal sie in engem thematischen Zusammenhang mit der später zu besprechenden Arbeit von WIKTORIN (2000) steht. Aus geographischer Sicht kann diese Arbeit als Verbindungsglied zu den eigentumssoziologischen Arbeiten von KYSMANSKI (1967) und SCHÄFERS (1968) gelten, die sich ebenfalls auf den städtischen Raum beziehen und Eigentum am Boden als soziale Tatsache auf dem Hintergrund von Stadtplanung betrachten.[20] Ausgehend von der Prämisse, dass „die genaue Kenntnis der örtlichen und juristischen Besitzverteilung [...] eine wesentliche Erleichterung für die praktische Bodenpolitik, für die Formulierung von Planungszielen und die praktische Durchführung der Planung [darstellt] und[...] für sinnvolle und praktikable Standortfestlegungen auf Grund unserer Planungsgesetzgebung unerlässlich [ist]" (KUNZMANN 1972: 10), versucht er, die Interdependenzen zwischen Grundbesitzverhältnissen und anderen raum- und planungsrelevanten Strukturen zu ergründen und nachzuweisen. Aus seiner Sicht dominieren drei Sichtweisen die Diskussion um Stadterneuerung und tragen so zur Problematik bei: Sachenrechtliche Probleme sind juristische Probleme, funktionale Untersuchungen werden durch die Sozial- und Wirtschaftsgeographie betrieben, und Stadterneuerung ist eine Aufgabe für Städtebauer und Denkmalpfleger. Interdisziplinäre Zusammenarbeit zwischen den drei Beteiligten schien nicht besonders intensiv ausgeprägt zu sein, so dass es immer wieder nur zu partikularen Lösungsansätzen kam, in denen nur Eigentumsverhältnisse oder nur funktionale Zusammenhänge bearbeitet wurden. KUNZMANN analysiert nun anhand von acht österreichischen Städten[21] u.a. die Grundstücksstruktur (Grundstücksgrößen und Grundstückformen), die Verteilung des Grundbesitzes, die Übereinstimmung von Grundbesitz, Hauseigentum und Wohnnutzung und die Interdependenzen zwischen Grundbesitz und dem Maß der baulichen Nutzung, wie sie sich in der Wohndichte, der Beschäftigtendichte, der Geschossflächendichte und der Grundflächendichte manifestiert. Neben Befunden zu Grundstücksgrößen und Grundstücksformen[22] steht die Verteilung des Grundbesitzes im Mittelpunkt des Interesses, da aufgrund unterschiedlicher Faktoren (Verkehrszunahme, öffentliche Verwaltung, Tertiarisierung durch profitorientierte Körperschaften und Persistenz privatrechtlicher Beziehungen) der jeweilige Anteil am Grundbesitz Schwankungen unterliegt. Ein weiterer Aspekt, der auch im Zuge der Transformation in Ostdeutschland an Bedeutung gewann und bspw. von HÄUßERMANN (1996a) oder REIMANN (2000) thematisiert wurde, ist die Frage der Übereinstimmung von Grundbesitz, Hauseigentum und Wohnnutzung, die bei KUNZMANN (1972: 150) als Indikator für mögliche Zusammenhänge zwischen Eigentumsstruktur, Um-

---

20 Siehe dazu auch Kap. 2.3.2 .
21 Zwettl, Stein, Ried, Krems, Wiener Neustadt, Klagenfurt, Salzburg und Graz.
22 So sind Grundstücke unter 200 m², Grundstücke mit mehr als 200 m², aber unter 10 m Länge oder Breite, oder Grundstücke mit ungünstigem Zuschnitt bis 400 m² kaum mehr für städtische Investitionen nutzbar (KUNZMANN 1972: 147).

weltqualität und wirtschaftlicher Entwicklung interpretiert wird. Obgleich mit Vererbungszügen und Lageparametern (und somit der Möglichkeit, Wohnen und Arbeiten zu verbinden) zwei Interpretationsmuster vorliegen, kommt er zu dem Ergebnis, dass es eine Korrelation zwischen Stadtgröße, Entfernung zur Stadtmitte und dem Grad der Übereinstimmung zwischen Eigentum, Besitz und Nutzung geben muss. Wiederum werden hier also die Bedeutung und der inhaltliche Zusammenhang zwischen sachenrechtlichen und geographischen Parametern deutlich, die für die zukünftige Stadtentwicklung insofern relevant sind, als dass sie staatliches Handeln in der Stadt wirksam einschränken können: Das Fehlen öffentlicher Flächen nach deren Verkauf oder Umwidmung in Verkehrsflächen, der Rückgang privaten Eigentums und die steigende Bodenspekulation durch private Körperschaften erschweren den Sanierungsprozess.

Aus siedlungsgeographischer Sicht bleibt die Frage der Auswirkungen sachenrechtlicher Veränderungen im Transformationsprozess Ostdeutschlands ein weitgehend unbearbeitetes Feld. In ihrer richtungweisenden Arbeit zu sachenrechtlichen Veränderungen in Dresden nach 1990 vermerkt WIKTORIN, dass geographische Arbeiten zum Immobilienmarkt (z. B. SCHMIDT 1991 und 1995), zur Einzelhandelsentwicklung (z. B. MEYER 1996, MEYER/PÜTZ 1997) oder zu einzelnen Städten bzw. Stadtteilen (z. B. WIEST 1997) die Transformation der Grundeigentumsverhältnisse eher implizit als explizit thematisieren (WIKTORIN 2000: 7). Ausgehend von der Notwendigkeit, sachenrechtliche Veränderungen und ihre Implikationen auf die Stadtentwicklung in ihrer ganzen Komplexität zu analysieren, wählt sie die vier Betrachtungsebenen der Metaebene (gesamtgesellschaftliche Strukturen, Prozesse und Theorien), der Makroebene (raumwirksame Staatstätigkeit), der Mesoebene (innerstädtische Planungs-, Entscheidungs- und Handlungsprozesse) und Individualebene (Eigentümer, Besitzer oder Nutzer), so dass sie bereits aus rein theoretischer Betrachtung eine schematische Darstellung der Akteure und Beziehungen auf dem Hintergrund von Grundeigentum und Stadtentwicklung entwerfen kann (WIKTORIN 2000: 13). An dieser Darstellung der Interaktionen einzelner Akteure besticht die Einbeziehung stadtgeographischer bzw. stadtökonomischer Parameter: Städtebauliche, sozialräumliche und funktionsräumliche Strukturen bestimmen Bodennutzungsstruktur, Bodenpreisgefüge und Bodenmobilität und stehen somit im direkten Bezug zu den Grundeigentümern, die in öffentliche, private und genossenschaftliche Eigentümer differenziert werden. Die Analyse der Entwicklung der Innenstadt und der Äußeren Neustadt von Dresden ermöglicht ihr die Beantwortung der wesentlichen geographischen Fragen im Zusammenhang von sachenrechtlichen Veränderungen: Schwierigkeiten des Prozesses, Interessenskonflikte, Entstehung einer neuen Eigentümerstruktur und Typologie räumlicher Auswirkungen.

In ihrer Untersuchung der mecklenburgischen Rittergüter im Wandel vom 19. zum 21. Jahrhundert geht HALAMA (2006: 247ff.) auf die Entwicklung nach 1990 ein, indem sie zunächst die rechtlichen und politischen Weichenstellungen darstellt und darauf aufbauend die Auswirkungen des Transformationsprozesses auf ländliche Strukturen thematisiert. Für die in ihrem Untersuchungsgebiet belegenen Rittergüter analysiert sie die Entwicklung nach 1990 und stellt schließlich in einer Übersicht Kontinuitäten und Wandel der Nutzungen der einzelnen Objekte dar. Der Wert ihrer historisch-geographisch geprägten Arbeit liegt nicht nur im Detailreichtum zu den einzelnen Gütern, sondern auch in dem Bestreben, die Entwicklung nach 1990 anhand unterschiedlicher Faktoren nachzuzeichnen: So werden neben rechtlichen und landwirtschaftspolitischen Aspekten auch die Aktivitäten örtlicher Initiativen und rückkehrwilliger Alteigentümer behandelt und in ihrem Facettenreichtum aus Kooperation und Konflikt gewürdigt.

Weitere siedlungsgeographische Arbeiten mit sachenrechtlichem Bezug wurden im Zuge zweier rechts- und transformationsgeographischer Forschungsprojekte (zur Entwicklung juristischer Dienstleistungen in Ostdeutschland bzw. zur Eigentumsrückübertragung in Ostdeutschland und Polen[23]) erstellt. Zunächst geben BLACKSELL/BORN/BOHLANDER (1996b: 210–213) einen Überblick über die Folgen der Restitutionspraxis in städtischen Bereichen und identifizieren unklare, über Jahre hinweg bearbeitete Eigentumsrechte und daraus resultierenden Verfall der Bausubstanz als die am deutlichsten sichtbaren Folgen dieser Praxis. Aus sozialgeographischer Perspektive hingegen spielen die Verunsicherung der Bewohner, ihre Zukunftsängste und ihre Selbstorganisation eine bedeutende Rolle (vgl. dazu auch SMITH 1996). Später zeigen die Autoren anhand einer Fallstudie welche räumlichen Auswirkungen offene Vermögensfragen in unterschiedlich strukturierten Stadtteilen haben können und nutzen ein Raster aus verfahrensbezogenen, objektbezogenen und entscheidungsprozessualen Faktoren zur Beurteilung der städtebaulichen Entwicklung (BORN/BLACKSELL/BOHLANDER/GLANTZ 1998). Neben der Erkenntnis der Zweischneidigkeit der Wirkung von Restitutionsregelungen (aktive Unterstützung oder Hemmung von Entwicklungspotentialen) steht bei ihnen die positive Bewertung der Auswirkungen von Restitution, da „restituierte und anschließend veräußerte Gebäude je nach Lage in einem besseren Zustand als unbelastete Objekte sind" (S. 191).[24] Primär kann diese Entwicklung auf die unterschiedlichen Entscheidungs- und Handlungsmöglichkeiten der jeweils Begünstigten zurückgeführt werden.

3.1.5 Regionale Geographie

Sachenrechtliche Beziehungen spielen in regionalgeographischen Untersuchungen in Abhängigkeit von der jeweiligen Region eine unterschiedlich große Rolle: Während in Arbeiten zu Agglomerationsräumen – wie bereits aus den Befunden zur Stadtgeographie hervorgehend – Fragestellungen zur Differenzierung und raum-zeitlichen Entwicklung von Sachenrechten eine geringe Rolle spielen, gewinnen sie in ländlichen Räumen eine größere Bedeutung. In diesem Zusammenhang ist vordringlich auf Studien aus solchen Regionen hinzuweisen, in denen sachenrechtliche Beziehungen in zeitlicher Dimension größere Signifikanz als Ent-

---

23 Siehe Kap. 1.4.
24 Dieses Ergebnis, das der Verfasser bei einer Ortsbegehung im Jahre 2004 nochmals bestätigen konnte, erhellt den Streit um die investitionshemmende Wirkung der Restitutionsregelung (vgl. Kap. 2.1.4 und 2.1.6).

wicklungsfaktoren aufweisen. Neben Studien zu postsozialistischen Transformationsstaaten, in denen der Übergang von kollektiven zu individuellen Eigentums- und Besitzformen aus geographischer Sicht untersucht wird, erscheinen hier vor allem Studien zu Entwicklungsländern als lohnender Gegenstand: Zum einen sind zahlreiche Entwicklungsländer (immer noch) von komplexen sachenrechtlichen Beziehungen geprägt, die an die Zugehörigkeit zu Ethnien, Stämmen, Clans und Familien sowie zu Individuen gebunden sind und somit schon aus agrargeographischer Sicht ein wichtiges Forschungsfeld eröffnen, zum anderen haben in ihnen seit der Kolonialisierung umfangreiche transformatorische sachenrechtliche Veränderungen stattgefunden: Im Zuge der Kolonialisierung wurden koloniale sachenrechtliche Konzepte eingeführt und bestehende authochtone Systeme modifiziert oder abgeschafft; im Zuge der Dekolonialisierung wurden „verschüttete" Rechtsmuster wieder entdeckt und implementiert und letztlich wurden durch umfangreiche Landreformen aus entwicklungspolitischen Gründen Ansätze zur Neuordnung sachenrechtlicher Beziehungen unternommen.

Die nachfolgende Darstellung konzentriert sich auf die Aspekte der vielfältigen und teilweise miteinander konkurrierenden sachenrechtlichen Beziehungen in Entwicklungsländern anhand einzelner überblicksmäßiger Darstellungen. Daneben werden sachenrechtliche Implikationen der Landreformen angesprochen.

Eine intensive Auseinandersetzung mit sachenrechtlichen Beziehungen in Entwicklungsländern findet sich bereits in MANSHARDs Darstellung der Agrargeographie der Tropen (1968: 231 ff.), in der er darauf hinweist, dass für ein Verständnis der sich verändernden sozialen und wirtschaftlichen Bedingungen neben der Untersuchung der Landnutzung auch die Agrarverfassung und die Landbesitzverhältnisse besondere Aufmerksamkeit verdienen. In einer durchaus von modernen sozialgeographischen Konzeptionen („räumlich fixiertes Aktivitäts- und Funktionsfeld") geprägten Betrachtungsweise weist er zunächst auf die eingeschränkte Kompatibilität der afrikanischen Agrarverfassungen mit ihrer Verflechtung von Eigentums-, Besitz- und Nutzungsrechten mit wirtschaftlichen, sozialen, religiösen und politischen Faktoren hin und erläutert dann anhand einprägsamer Beispiele die Systeme der Rechtsträger und Rechtsformen. Besonderen Wert erhält seine Darstellung durch die Einbeziehung der dynamischen Komponente – sowohl in Bezug auf präkoloniale Wanderungsbewegungen als auch in Anbetracht der Notwendigkeit landwirtschaftlicher Entwicklung. Hier weist er darauf hin, dass genaue Kenntnisse über die inhaltliche Ausgestaltung entsprechender Regelungen ebenso fehlen wie verlässliche Informationen über deren räumliche Verteilung (S. 234). Umso erstaunlicher mutet es an, dass er dieses Prinzip der Verbindung von sozio-ökonomischen und sozio-legalen Festlegungen unter dem Postulat der landwirtschaftlichen Entwicklung aufgibt: Die von SIR HARRY JOHNSTON im sog. Uganda-Vertrag von 1900 durchgeführte totale Landreform, die nicht nur Parzellenformen, sondern auch Eigentumsrechte neu einführte und somit also gerade antagonistisch dem überkommenen System gegenüberstand, bezeichnet er als wichtiges Entwicklungsinstrument. „Diese erste Pionierleistung Sir Harry Johnstons hat sicher, trotz mangelnder Vorbereitung und anfänglicher Schwierigkeiten, zur ökonomischen Stabilität Ugandas beigetragen"

(MANSHARD 1968: 236). In Zusammenhang mit der durch lokale Erbsitten hervorgerufenen und durch europäische geprägte Flurformen unterstützten Zersplitterung der landwirtschaftlichen Flächen betont er den stark gesellschaftsdifferenzierenden Charakter solcher Maßnahmen, da soziale Differenzierung in Arm und Reich, soziale Segregation durch erzwungene Wanderungen und gesellschaftliche Dekonstruktion durch Wanderarbeitertum und Slumbildung erst durch solche nachhaltigen Eingriffe in sachenrechtliche Beziehungen hervorgerufen wurden. Schwer wiegt hier auch die Beobachtung unterschiedlicher Persistenzen von sachenrechtlichen Festlegungen – sowohl in ihrer Perzeption durch die Beteiligten als auch ihrer wirtschaftlichen Umsetzung: Während Teile der Bevölkerung (die „Eliten") bereits europäische Besitz- und Nutzungsverhältnisse präferierten, verharrten große Teile der Bevölkerung in traditionellen Mustern – mithin ein weiterer Konfliktherd. Sachenrechtliche Veränderungen sind demnach auch immer dahingehend zu untersuchen, welche Bevölkerungsgruppen diese Innovation aufgreifen und welche ihr eher verhalten gegenüberstehen.[25]

Die Bedeutung, die sachenrechtlichen Fragen inzwischen in der Entwicklungsländerforschung zukommt, soll hier anhand zweier Beispiele illustriert werden: Im AFRIKA-LEXIKON werden unter dem Stichwort „Bodenrecht" neben Legaldefinitionen von sachenrechtlichen Beziehungen die beiden vorwiegenden Formen des Kommunalen und des Feudalen Bodenrechts dargestellt. Sie werden dabei sowohl in einen historischen Kontext gestellt als auch in ihrer Bedeutung für die zukünftige Entwicklung Afrikas bewertet; dementsprechend scheinen Formen des kommunalen Bodenrechts mit der modernen Wirtschaftsordnung wenig kompatibel zu sein, da sie keinen Anreiz zur Melioration bieten, keine Bodenreserven vorhalten und insbesondere bei der partiellen Umwandlung der Flächen zu permanentem Feldbau schwerwiegende soziale Segregationstendenzen nach sich ziehen. Andererseits wird auch auf die Schwierigkeiten der Implementation westlich geprägter Eigentumsstrukturen hingewiesen und die Entstehung von Kleinbauernstellen in Kenia auf Katasterbasis in den Kontext kolonialer bzw. postkolonialer Entwicklungen gestellt (BAUM 2001: 103/104).

Einen wichtigen Beitrag zum Verständnis afrikanischen Bodenrechts aus geographischer Perspektive liefert SCHUKALLA (1998), der die Entwicklung des traditionellen Bodenrechts in Malawi auf dem Hintergrund des sozialen und wirtschaftlichen Entwicklungsprozesses beleuchtet. Seine Arbeit, die sich mit der grundsätzlichen Vereinbarkeit von traditionellem afrikanischen Bodenrecht und Konzepten ländlicher Entwicklung beschäftigt, erlangt auch in einem postsozia-

---

25 Natürlich sind die Ausführungen MANSHARDs von dem damaligen Glauben an eine entwicklungsfördernde Wirkung des Anbaus von Cash-Crops und einer generellen „Europäisierung" der Landwirtschaft, die ihren Ausdruck in der Forderung nach der Bewertung des Bodens als Wirtschaftsgut und nicht als Imageobjekt fand, geprägt. In heutigen Strategien zur ländlichen Entwicklung in den Ländern des Südens werden hingegen wieder traditionelle, sozial, kulturell und wirtschaftlich angepasste sachenrechtliche Festlegungen präferiert; zu den wichtigsten, Fragen sachenrechtlicher Beziehungen berührenden Instrumente zählen das Konzept der Ländlichen Regionalentwicklung (LRE) und des Watershed-Development-Programme (WDP) (hier insbesondere wasserrechtliche Aspekte) (SCHOLZ 2004: 168; 206ff.)

listischem Kontext Bedeutung, da hier ähnliche Schwierigkeiten der Persistenzen und Brüche im Rechts- und Sozialsystem vorliegen. Er untersucht dabei sachenrechtliche Veränderungsprozesse auf dem Hintergrund der Dualismustheorie und sieht darin ein Beispiel für die Parallelentwicklung von autochthonem afrikanischem Recht und europäischem Recht, „so dass sich in Malawi ein ausgeprägter Rechtspluralismus entwickelte, dessen räumliche Komponente das afrikanische Bodenrecht bis heute bildet" (SCHUKALLA 1998: 7). Versteht man wie SCHUKULLA sachenrechtliche Beziehungen als Spiegel traditioneller Gesellschaftsstrukturen, steht im Idealfall eine Parallelentwicklung zwischen veränderten Rechts- und Wirtschafts- bzw. Sozialstrukturen im Mittelpunkt entwicklungspolitischer Diskurse. Fraglich ist hier allerdings die Reihenfolge und Interdependenz der verschiedenen Prozesse: Ob und wieweit soziale, wirtschaftliche und bodenbezogene (Knappheits-)Entwicklungen auf veränderten sachenrechtlichen Beziehungen beruhen oder nur durch sie angestoßen wurden, bleibt in der Untersuchung offen; es liegt angesichts der frühen Einführung nicht-autochthoner Rechtsformen und der Veränderungen durch die stärkere Partizipation am Welthandel aber auf das Hand, dass es sich um parallele, sich wechselseitig verstärkende Effekte handeln muss. SCHUKALLA arbeitet die Schwierigkeiten bei der Kodifizierung von Rechtsbegriffen heraus, die zum einen ausschließlich mündlich überliefert und zum anderen auf dem Hintergrund weitaus komplexerer Gesellschafts- und Sozialsystemen – ablesbar an der Komplexität der sozialen und räumlichen Strukturprinzipien matri-, patri- oder virilinearer bzw. -lokaler Gesellschaften (S. 27 ff.) – entstanden sind. Bodenrecht gerät damit weniger zu einem juristischen als zu einem sozialen Regelungsinstrument. Als Analyseebene dient ihm dabei der Konflikt zwischen unterschiedlichen bodenrechtlichen Eigentumskonzeptionen anhand der Betrachtung von rechtlichen und räumlichen Kontinuitäten und Diskontinuitäten; somit steht die Herausarbeitung der Merkmale afrikanischen Bodenrechts aus geographischer Sicht, aufbauend auf der grundlegenden Arbeit MÜNKNERS (1984), im Mittelpunkt. Die hier genannten zentralen Merkmale afrikanischen Rechts (spirituelles Recht, Bauernrecht, Recht mit kollektivistischer Grundkonzeptionen, Recht, das der Ungleichheit der Rechtssubjekte aufbaut, und ungeschriebenes Recht) (SCHUKALLA 1998: 16), lassen sich mit Modifikationen auch in sozialistischen Rechtsdifferenzierungen (sozialistisches Eigentum, privates Eigentum, gesellschaftliches Eigentum, genossenschaftliches Eigentum etc.) erkennen und eröffnen neue Interpretationsmuster des Transformationsprozesses. Auf der Grundlage dieser Analysen formuliert SCHUKULLA zunächst Eingriffsszenarien in Abhängigkeit vom ökonomischen und sozialen Entwicklungsstand und letztlich fünf entwicklungspolitische Prämissen, die bei jeglichen Reformversuchen am traditionellen Bodenrecht zu berücksichtigen sind (S. 156). In diesen Empfehlungen, die auch Aspekte der historischen Persistenz, der Berücksichtigung verwandter Rechtsbereiche, der Partizipation und der Implementation umfassen, nehmen mit der Beachtung „wirtschaftlicher Voraussetzungen und der Konsequenzen bodenrechtlicher Änderungen" (S. 156) geographisch inspirierte Aspekte eine wesentliche Rolle ein. Die Frage der Nutzung, des landwirtschaftlichen Potentials und der zukünftigen Veränderungen bzw. Ausdifferenzierung sachenrechtlicher Beziehungen berührt sowohl die rechtliche Konnotation als auch die topographische Lage einer Parzelle im Raum. Insofern handelt es sich hier durchaus um einen Ansatz, der die Anregungen GALLUSSERs (1979) und LEUs (1988) bezüglich der sozialgeographischen Aspekte des Bodenrechts aufnimmt und auf entwicklungspolitische Veränderungsprozesse projiziert.

Den Interdependenzen zwischen sachenrechtlichen Beziehungen an den Ressourcen Boden und Wasser und historischen Entwicklungen widmet sich SCHMIDT (2004) in seiner beispielhaften Arbeit zum Boden- und Wasserrecht in Baltistan. Nach einer umfangreichen historisch-räumlichen Darstellung des Untersuchungsgebietes, in der er u.a. die politischen und demographischen Entwicklungen beschreibt, analysiert SCHMIDT (2004: 105ff.) die jeweiligen Eigentums-, Besitz- und Nutzungsrechte, wobei er autochthone und staatliche Kategorien differenziert. Für die für seine Untersuchung maßgeblichen Rechtsbeziehungen zur Ressource Boden differenziert er mit dem Land im Kommunalbesitz, Land in Individualbesitz, autochthonen Bodennutzungsregelungen, Veräußerung bzw. Vererbung sowie heterogene Bodenrecht aus unterschiedlichen Rechtskonzepten fünf Kategorien, die die Komplexität sachenrechtlicher Beziehungen verdeutlichen: Die Kategorien spiegeln nicht nur primär orts- und lagebezogene Parameter wider (Kommunal- und Individualland sind eindeutig geographisch verortbar), sondern auch gesellschaftsbezogene Entwicklungen der Nutzungs- und Veräußerungs- bzw. Erbrechte, die universal anwendbar sind. Zusätzliche Komplexität erhält dieses System durch die Einbeziehung der eigentlich wertschaffenden Ressource Wasser, die ähnlich wie in Mitteleuropa umfangreichen rechtlichen Festsetzungen unterliegt. Für SCHMIDT (2004: 254ff.) ergibt sich die Nachhaltigkeit der von ihm erfassten sachenrechtlichen Beziehungen zu Boden und Wasser zum einen durch die Vielzahl an Arrangements, die angepasst an die naturräumlichen und gesellschaftlichen Bedingungen flexibel gehandhabt werden und zum anderen durch die gleichzeitige starke interne gesellschaftliche Organisation und Gemeinschaftsidentität. Gefährdungen ergeben sich daher im Wesentlichen durch externe Faktoren wie außerlandwirtschaftliche Beschäftigung (z.B. im Tourismus) oder Arbeitsmigration unter Beibehaltung von Eigentums-, Besitz- und Nutzungsrechten; ein Beharren auf entsprechende Mitwirkungsmöglichkeiten bei der Ausgestaltung der Ressourcennutzung kann hier systembeeinträchtigend wirken.

Der zweite Abschnitt dieser Darstellung beschäftigt sich mit den bereits erwähnten transformatorischen sachenrechtlichen Veränderungen, die durch die Prozesse der Kolonialisierung und De-Kolonialisierung bzw. Landreform entstanden. Aus sachenrechtlicher Perspektive kann hier angemerkt werden, dass es sich um charakteristische Entwicklungsketten handeln kann: In der kolonialen Phase werden bestehende Strukturen stark modifiziert oder abgeschafft, während aus dem Mutterland importierte Strukturen (oft gegen den Willen der Bevölkerung oder Teilen von ihnen) implementiert werden; in der postkolonialen Phase ergeben sich mehrere Handlungsoptionen: Das bestehende System kann beibehalten, modifiziert, durch ein neues oder durch das prä-koloniale ersetzt werden, Mischformen sind selbstverständlich möglich.²⁶ Als ein gerade in den 1970er Jahren in zahlreichen Staaten propagiertes Modell zur tiefgreifenden Veränderung bestehender Bodenbesitz- und Bodenbewirtschaftungssystemen gilt die Land- oder Agrarreform. Prinzipiell identifiziert EHLERS (1979: 433) drei Bereiche, in denen durch Agrarreform Verbesserungen vorgenommen werden sollten:

- Ökonomischer Bereich:
  - Unwirtschaftliche Betriebsformen
  - Extreme Parzellierung der Betriebe
  - Mangelnde Kredite und Vermarktungseinrichtungen infolge geringer Investitionen in den Landwirtschaftssektor
  - Mangel an betriebswirtschaftlichen Initiativen als Ergebnis der bestehenden Abhängigkeitsverhältnisse
  - Geringe Mobilität von Leuten, Land und Kapital
  - Mangel an technischem Know-how
- Sozialer Bereich:
  - Ungleiche Eigentums- und Besitzrechte am Produktionsfaktor Grund und Boden und daraus resultierende Ungleichheit von Einkommen und Reichtum
  - Geringe Produktivität und damit geringe Einkommen der Kleinbetriebe
  - Ausbeutung der Landwirtschaft durch und Abhängigkeit von Grundherren
  - Verschuldung bei Geldverleihern, Grundeigentümern usw.
  - Mangelnde Alternativen im Arbeitsangebot und Unterbeschäftigung
- Politische Zielsetzungen:
  - Gegen Machtkonzentration in Händen der Warlords
  - Verteilung der Kontrolle über Ressourcen (Land, Wasser usw.) und Produktionsmittel
  - Verflechtung von wirtschaftlicher und politischer Macht

(nach EHLERS 1979: 433/434)

Die Darstellung der Zielsetzungen von Agrarreformen verdeutlicht zum einen die inhärente Absicht zur Veränderung sachenrechtlicher Beziehungen, weist aber auch in plakativer Weise darauf hin, dass sachenrechtliche Beziehungen primär dem sozialen Sektor zugeordnet werden und im ökonomischen und politischen Bereich nur eine untergeordnete Rolle spielen.

Mit dem genauen Ablauf von Agrarreformen beschäftigt sich MERTINS (1979: 405) und stellt eine Typologie der konventionellen Agrarreform zur Schaffung von Familienbetrieben vor, die durch ihre direkt auf sachenrechtliche Strukturen bezogene Einteilung besticht (Abb. 6).

---

26 Diese Abfolge von historischen Entwicklungen bzw. die Eröffnung von alternativen Handlungsoptionen, die von Kontinuität über Modifikation bis hin zu Restauration reicht, kann für alle sachenrechtlichen Veränderungsprozesse identifiziert werden, in denen ein bestehendes System nur temporär von einem anderen ersetzt wurde. Die Ausgestaltung des Prozesses hängt letztlich – exemplarisch für den Teilprozess der Restitution – von den Parametern der Restitutionsreichweite bzw. Restitutionseffektivität ab (vgl. Kap. 5.1).

Abb. 6: *Typologie der konventionellen Agrarreform zur Schaffung von Familienbetrieben*

1. **Juristische Sicherung bestehender Betriebe durch Landtitelzuerkennung, damit Überführung des z.T. seit Generationen genutzten Landes in Eigentum**
   a) bei Colono-(= squatter)-betrieben auf Staatsland,
   b) bei Colono-(= squatter)-betrieben auf Privateigentum,
   c) bei Arbeits-, Teilpacht- und anderen kleinen wie kleinsten Pachtbetrieben.
 2. **Neuschaffung von Familienbetrieben**
   a) innerhalb staatlicher Kolonisationsprojekte
   b) unterstützende Infrastrukturmaßnahmen und Kredithilfen in spontanen Kolonisationszonen (colonozación espontánea dirigida)
   c) auf gekauften und – gegen Entschädigung – enteigneten Ländereien,
   d) auf geschenkten Ländereien,
   e) auf an den Staat infolge Nichtnutzung bzw. unzureichender Nutzung zurückgefallenen Ländereien.

Quelle: MERTINS (1979: 405)

Hervorzuheben ist hier die deutliche Differenzierung von sachenrechtlichen Beziehungen: Die Überführung von Nutzungs- bzw. Besitzrechten in Eigentumsverhältnisse unterteilt nach den jeweiligen vorherigen Eigentümern (Staat oder Privatpersonen) und somit die Aufwertung von sachenrechtlichen Beziehungen (siehe Abb. 2) einerseits und andererseits die Neueinrichtung von Betrieben auf Flächen, die durch unterschiedliche, durchaus sachenrechtliche Fragen betreffende Maßnahmen (Kolonisation (von wem?), Kauf, Enteignung, Schenkung (unter steuerrechtlichen Vorteilen) oder Rückfall wegen Nichtnutzung) unter die Verfügungsrechte des Staates gelangten. Bereits an dieser Stelle kann darauf hingewiesen werden, dass der Transformationsprozess im landwirtschaftlichen Sektor Ostdeutschlands durchaus Parallelen zu dieser Entwicklung aufweist. Tatsächlich waren diese Bemühungen in Ecuador und Kolumbien nicht von großem Erfolg gekrönt: Es wurden überwiegend Squatter auf Staatsland bestätigt und nur in wenigen Fällen sachenrechtliche Aufwertungen auf Privatland[27] oder aber Enteignungen von Privatland vorgenommen.[28]

In einer kritischen Betrachtung von Agrarreformen betonen REITSMA und KLEINPENNING (1985: 69 ff.) den geringen Umfang der Neuverteilung von Eigentum, die Schwierigkeiten des Fehlens von Katastern und Grundbüchern, die Abhängigkeit der Ausführenden von den Informationen bestimmter Gruppen und die zu geringen Veränderungen von Machtstrukturen, die immer auch Eigentumsstrukturen sind.

---

27 Rechtssystematisch kann man die Umwandlung von Squatterrechten auf Privateigentum zu Volleigentum als entschädigungslose Enteignung interpretieren, da offenbar dann keine Entschädigung gezahlt wurde, wenn Squatter bereits ihrerseits durch Landnutzung eigene Rechte etabliert und die Eigentümer über einen längeren Zeitraum auf die volle Ausübung ihrer Eigentumsrechte verzichtet hatten; unterstützt wird diese Deutung durch MERTINS` Kategorisierung der Enteignung mit Entschädigung unter „Neuschaffung von Familienbetrieben".

28 In Kolumbien wurden zwischen 1962 und 1972 3,8 Mio ha Squatterfläche auf Staatsland in Volleigentum gewandelt, während dies nur auf 540.000 ha Privatland geschah (MERTINS 1979: 406)

Für die geographische Entwicklungsforschung kann festgehalten werden, dass die dort in Gegenwart und Vergangenheit beobachteten sachenrechtlichen Beziehungen bei Länderstudien eine wesentliche Rolle für die Darstellung agrarwirtschaftlicher und agrarsozialer Entwicklungslinien spielen. Allerdings werden sachenrechtliche Beziehungen oftmals in ihrer sozialstrukturierenden Wirkung erfasst, womit zwangsläufig ökonomische oder politische Zusammenhänge vernachlässigt werden. Aus der Perspektive der Analyse der geographischen Implikationen von sachenrechtlichen Beziehungen entsteht so ein unvollständiges und verzerrtes Bild komplexer Zusammenhänge, die gerade im Hinblick auf die (nachträgliche) Erklärung der Erfolglosigkeit von Agrarreformen große Bedeutung besitzen.

Der bisherige Überblick über die Berücksichtigung und die Bearbeitung sachenrechtlicher Beziehungen durch die Geographie und ihre Teildisziplinen vermittelt einerseits ein erstaunlich hohes Maß an Reflexion sachenrechtlicher Zusammenhänge und ihrer Auswirkungen auf raum-zeitliche Prozesse, andererseits sind diese Überlegungen aber auch durch ein hohes Maß an (teil-)disziplin-immanenter Begrenzung geprägt: Sachenrechtliche Zusammenhänge werden im jeweiligen wirtschafts-, sozial- oder siedlungsgeographischen Kontext gesehen. Es stellt sich hier also letztlich die Frage, ob der offenbar von seinen räumlichen Implikationen her unterschätzte Bereich der sachenrechtlichen Beziehungen nicht wirkungsvoller durch eine Teildisziplin der Geographie betrachtet werden kann. Mit der Geography of Law wurde in der englischsprachigen Geographie eine derartige Teildisziplin bereits etabliert, was u.a. an der Aufnahme eines entsprechenden Stichworts in das „Dictionary of Human Geography" (BLOMLEY 2000a), einem entsprechendem Lehrbuch (BLOMLEY/DELANEY/FORD 2001) und einer Aufsatzsammlung (TAYLOR 2006) ablesbar ist.

3.2. DIE GEOGRAPHY OF LAW ALS FORSCHUNGSFELD UND ERKLÄRUNGSKONTEXT DER GEOGRAPHIE

Der nachfolgende Abschnitt verfolgt zwei Ziele: Zum einen soll die Geography of Law als eine im angloamerikanischen Raum anerkannte Teildisziplin der Geographie umfassend dargestellt werden, bevor dann die Zweckmäßigkeit der Nutzung der Geography of Law als Erklärungskontext der eigenen Betrachtung untersucht wird. Da die Geography of Law bisher nur in geringem Maße im deutschsprachigen Raum rezipiert wurde, soll hier eine breit angelegte Darstellung stehen, die von den definitorischen Grundlagen über teildisziplinäre Erklärungs- und Entstehungsansätzen zu forschungsleitenden Fragestellungen reicht. Wesentlich sind weiterhin die räumlichen Bezugsmuster der Geography of Law und ihre intra- und interdisziplinären Verbindungen. Am Schluss dieser Betrachtung steht der Versuch einer schematischen Darstellung der geographisch relevanten Untersuchungsgebiete, die bisher von der Geography of Law abgedeckt wurden.

An dieser Stelle bedarf es einer Klärung des Verhältnisses von Geography of Law und der Politischen Geography. Oberflächlich betrachtet scheint es sich bei der Geography of Law um ein Teilgebiet der Politischen Geographie zu handeln, da rechtliche Festsetzungen durchaus als Ergebnisse politischer Aushandlungsprozesse zu sehen sind. Die Annahme dieser direkten Abhängigkeit zwischen Politik einerseits und Rechtssetzung und Rechtssprechung andererseits greift allerdings zu kurz, da gerade Rechtssetzung und Rechtssprechung ihrerseits auf umfangreiche Traditionen und eigenständige Werte zurückgreifen, die durchaus den Interessen der jeweiligen politischen Akteure entgegenstehen können; rechtliche Festsetzungen beeinflussen demnach in nicht unerheblichem Umfang auch politische Entscheidungsprozesse. Insofern ist auch aus dem Grundsatz der Gewaltenteilung heraus von einer starken wechselseitigen Interdependenz auszugehen. Für eine Sonderstellung der Geography of Law spricht auch deren Unmittelbarkeit bei der Beeinflussung räumlicher Aktivitäten: Sowohl durch statische Festsetzungen (Raumplanung, Raumordnung, Städtebau, Gestaltung, etc.) als auch durch Regelungs- und Regulierungselemente (Beteiligungsverfahren, Genehmigungsverfahren, etc.) wirken die Untersuchungsgegenstände der Geography of Law direkt auf die Akteure im Raum. Aus diesen Überlegungen lässt sich eine teilweise Kongruenz zwischen der Geography of Law und der Politischen Geographie ableiten; die Geography of Law kann als Teilgebiet der Politischen Geographie verstanden werden, das sich durch einen starken interdisziplinären Bezug zu den Rechts- und Sozialwissenschaften auszeichnet.

Der Kreis der Geographen, die sich intensiv mit den theoretischen Grundlagen der Geography of Law beschäftigt haben, ist relativ klein. Dadurch müssen sich die nachfolgenden Ausführungen auf einen recht schmalen Bestand stützen, der sich von der grundlegenden Arbeit von MARK BLACKSELL, CHARLES WATKINS und KIM ECONOMIDES (1986 und 1991) über die Arbeiten GORDON CLARKs (1981, 1989, 2001) bis zu NICHOLAS BLOMLEY (1988, 2000a und b, 2001) erstreckt. Darüber hinaus kann beim Versuch einer Annäherung an die Geography of Law inzwischen auf eine Vielzahl empirischer Arbeiten zurückgegriffen werden. Mit dem von TIINA PEIL und MICHAEL JONES herausgegebenen Sammelband „Landscape, Law and Justice" (2005) ist erst kürzlich eine breit angelegte, raumzeitlich differenzierte Kompilation von 31 Aufsätzen aus rechtsgeographischer Perspektive erschienen,

3.2.1 Definitorische Fragen

Wie viele andere Teildisziplinen der Geographie unterlag und unterliegt auch die Geography of Law einem Wandel von Betrachtungsansätzen und Forschungsinteressen. Da einige dieser Betrachtungsansätze und Forschungsinteressen bis in die 1920er Jahre zurückreichen, aber dennoch nichts von ihrem originären, bis heute weiter zu verfolgenden Wert verloren haben, fällt eine Definition der Geography of Law schwer, da sie traditionelle mit modernen Ansätzen verbinden muss. Wie schwierig ein solches Anliegen ist, lässt sich daran ablesen, dass die hier genutzten Schlüsseltexte auf umfangreiche Definitionsversuche verzichten und sich darauf verlassen, dass ihre Aussagen zur Untersuchung der räumlichen Auswirkungen von Gesetzen aussagekräftig genug sind. Ablesbar ist dieses Phänomen an den einleitenden Worten von BLOMLEY (1988: 31): "How, as geographers, are we to deal with law? There are two options. The first is to ignore law entirely. This is the easiest choice, yet not without its problems, since so doing we make some problematic assumptions as to the nature of law. The second option is to attempt to consider law from a geographical perspective". Ein Jahr später kann CLARK (1989: 310) aber bereits ohne eigene Zweifel eine Aufwertung dieses Betrachtungsansatzes konstatieren: „Analyzing the spatial impacts and consequences of law is an increasingly important field of research in geography". Ähnliches gilt für DELANEY/FORD/BLOMLEY (2001: xv–xvi), die die Zusammenhänge und Interdependenzen zwischen gesellschaftlichen, wirtschaftlichen und juristischen Fragestellungen und Betrachtungsweisen darstellen und die Konvergenz einzelner Ansätze unterstreichen; durch die Einführung der Berücksichtigung der räumlichen Dimension ergibt sich dann „the difference that a legal geography makes". Der disziplinhistorische Hintergrund und die scheinbar so offensichtliche und einfach anmutende Einbeziehung der räumlichen Dimension in ein Phänomen, das von anderen Disziplinen bereits in umfangreichen Studien erarbeitet wurde, erschwerten die Formulierung einer Definition. Erst BLOMLEY (2002a: 435) im DICTIONARY OF HUMAN GEOGRAPHY erarbeitete eine Definition, die vergangene und historische Betrachtungsweisen und Forschungsansätze zusammenführt: „The relation between the places and spaces of social life, and the enactment, interpretation and contestation of law, both formal and informal". Diese Definition ist durchaus als eine Synopse der drei von ihm identifizierten Hauptforschungsrichtungen zu interpretieren.

3.2.2 Betrachtungsebenen der Geography of Law

Erste Anstrengungen zur Verbindung von räumlichen Strukturen und dem Recht finden sich in den Arbeiten zur regionalen Verbreitung unterschiedlicher Rechtsformen, die neben einer detaillierten und kartographisch unterstützten Darstellung der geographischen Diversität von Rechtssystemen auch Erklärungsmuster aus deterministischer Sicht enthielten und auf die Rasse und die natürlichen Umweltbedingungen als maßgebliche Einflussfaktoren rekurrierten (WIGMORE 1928 und KOCOUREK/ WIGMORE 1918).

Eine zweite Betrachtungsrichtung vertieft die Raumwirksamkeit von rechtlichen Festsetzungen und erscheint so als eine spezifische Vertiefungsrichtung der orthodoxen Policy-Analysis Literatur, zumal sie sich ebenso durch eine angewandte, pragmatische und nicht-theoretische Betrachtungsweise auszeichnet (BLOMLEY 2002a: 436). Diese Bewertung erscheint angesichts der von BLOMLEY (2002a) und CLARK (1989) zitierten Arbeiten als zu harsch: Tatsächlich zeichnen sich die jeweiligen Arbeiten durch eine durchaus differenzierte Betrachtungsweise (z.B. die Auswirkungen rechtlicher Festsetzungen auf soziale und wirtschaftliche Raum- und Interaktionsmuster, die dann auch auf dem Hintergrund der jeweiligen gesellschafts- und wirtschaftlichen Theoriegebäude – z. B. Liberalismus – dargestellt werden) aus. In Deutschland wird diese Forschungsrichtung maßgeblich von RAINER GRAAFEN vertreten, der in mehreren Beiträgen wichtige Grundlagen für die Zusammenhänge zwischen rechtlichen Festsetzungen und Raumwirksamkeit hergestellt hat, exemplifiziert finden sich hier Arbeiten zur Ressourcenpolitik (1984a), zu geographischen Implikationen rechtlicher Instrumente (1984b) oder zur Kulturlandschaftserhaltung durch rechtliche Rahmenbedingungen (1999). Ein Beispiel für die weiterreichende Perspektive dieses Ansatzes ist der Beitrag von BLACKSELL/WATKINS/ECONOMIDES (1986), in dem nicht nur Erklärungsansätze für die Verbindung von Recht und Geographie erarbeitet werden, sondern auch ein Katalog an Forschungsfragen zur räumlichen Organisation juristischer Systeme erstellt wird. Sie schlagen vor, in einem ersten Schritt die räumliche Verteilung und die Eigenschaften von Anbietern und Nutzern juristischer Dienstleistungen zu erarbeiten. Darauf aufbauend soll der Versuch unternommen werden, die so identifizierten Strukturen zu erklären, um Hinweise auf grundlegende, strukturgestaltende Kräfte auf der Angebots- und Nachfrageseite zu erhalten. Anwendungsorientiert erfolgt dann die Umsetzung dieser Ergebnisse für die Planung von juristischen Infrastrukturangeboten. Um einen Beitrag zur Theorie der Geography of Law über die aus der wirtschafts- und regionalwissenschaftlichen Theorie bekannten Einschränkungen einer „reinen" Standortgeographie leisten zu können, bedarf es einer weitergehenden Einbeziehung der Fragestellung, wie soziale und kulturelle Prozesse die Standorte von juristischen Dienstleistungen in quantitativer und qualitativer Hinsicht beeinflussen. Dieser Ansatz, der in BLOMLEYs (2002a) und CLARKs (1989) Differenzierung der rechtsgeographischen Ansätze im Übergangsfeld von Raumauswirkungen rechtlicher Festsetzungen und kritischer Perspektive zu sehen ist, wurde in zwei Forschungsprojekten zu Großbritannien (BLACKSELL/ECONOMIDES/WATKINS 1991) und Ostdeutschland (BORN/BLACKSELL/BOHLANDER 1997 und 1999; BOHLANDER/BLACKSELL/BORN 1996, BLACKSELL/BORN/BOHLANDER 2000) erfolgreich angewandt.

Als dritte Betrachtungsebene der Geography of Law und mithin als Überwindung der von ihm als unilinear und unikausal charakterisierten ersten beiden Ansätze identifiziert BLOMLEY (2002a: 436ff.) die Untersuchung der komplexen Verbindung von rechtlichen, räumlichen und sozialen Belangen („the complex interrelations of the legal, the spatial and the social"). Dieser, auch als „Kritische Perspektive" bezeichnete Ansatz wird gleichfalls von CLARK (1998) und DELANEY/FORD/BLOMLEY (2001) in den Mittelpunkt ihrer Betrachtungen gestellt, da er zum einen die Interaktion zwischen Gesetzgebung und Geographie und zum anderen die Interdependenzen zwischen juristischen Rahmenbedingungen und sozialen Realitäten aufzeigen kann. Die Interaktion zwischen Gesetzgebung und Geographie ist hierbei in einem über die reine Raumwirksamkeit hinausgehenden Kontext zu sehen. CLARK (1989) bezieht sich dabei auf eine Studie von JOHNSTON (1984), der die Entscheidungen des Obersten Gerichts der USA auf dem Hintergrund der kapitalistischen Grundwerte von Privateigentum, Klassenzugehörigkeit, Machtposition, Rassenzugehörigkeit und institutionelle Fragmentierung dahingehend interpretiert, dass das Gericht einem engen Interpretationsmuster folgte und in seinen Entscheidungen zur Stadtentwicklung die Interessen der Eigentümer und den Bestand lokaler demokratischer Entscheidungsfindungsmechanismen in den Vordergrund stellte. Deutlich wird, dass hier Fragen der Interpretation und der Bedeutung von Entscheidungen auf einem kontextualen Hintergrund bewertet und somit die individuelle „Verstrickung" des Richters bzw. des Gerichts in die räumlichen und gesellschaftlichen Rahmenbedingungen mit in die Betrachtung einbezogen werden. Interpretiert man nun die Geography of Law als die raum-zeit-bezogene Auseinandersetzung mit den Bedingungen und Folgen der Konstruktion sozialer Realitäten durch ein juristisches Rahmenwerk (DELANEY/FORD/ BLOMLEY 2001: xv–xvi) ergibt sich eine wesentlich weiter reichende Perspektive.

Zum Verständnis dieser Perspektive ist es notwendig, die von den Rechtswissenschaften und insbesondere der Rechtssoziologe differenzierten Funktionen des Rechts[29] unter geographischen, d.h. räumlichen Gesichtspunkten zu betrachten. Dazu ist es zunächst notwendig, diese Funktionen des Rechts als gestaltende, interpretierende und konstruierende Elemente für soziale Realitäten anzuerkennen und sie dann auf dem Wege der Konvergenz sozio-juristischer mit raum-zeitlichen Dimensionen zusammenzuführen. Die durch das Recht geformte und interpretierte Soziale Realität kann so in einem geographischen Kontext als alltägliche Erfahrung von physischem Zugang und Ausschluss, von Vertreibung und räumlicher Fixierung empfunden werden. Sie spiegelt sich ebenso in der räumlichen Ausdehnung von Gemeinden und Staaten und deren Rolle als identitätsstiftende Elemente wider; sie manifestiert sich in den raum-zeitlichen lokalen, nationalen und globalen Austauschprozessen von Personen, Gegenständen und Informationen; schließlich wird sie im Bedeutungsverlust von Entfernung, Standort und Geschwindigkeit als hochgradig dynamisch erfahren. Zusammenfassend lässt sich so eine Verräumlichung des sozialen Lebens konstatieren, die gegenüber herkömmlichen nicht raumgebundenen Konzeptionen als komplexer, dynamischer und alternierender empfunden wird.

Die Interdependenzen der rechtlichen und sozialen Sphäre sind 2001 durch BLOMLEY (2004) in der Wiley-Lecture der Canadian Association of Geographers umfassend dargestellt worden. In einer Zusammenfassung seiner rechtsgeographischen Betrachtung des Kinderbuches „The Tale of Peter Rabbit" von Beatrix Potter postuliert er zwei Analyseebenen im Verhältnis von Gesellschaft, Recht und Raum: „Put another way, we need to think not only about the effects of law upon space but also about the ways social spaces affect law. ... Law pretends to be aspatial by effacing place. Property it supposed to be transcendental. However, it is necessarily enacted in particular places – thus, the geography of law is often a differentiated and localised one. (BLOMLEY 2004: 98). Exemplifiziert werden diese Analyseebenen anhand des Eigentums, das sowohl durch gesellschaftliche als auch durch räumliche Bezüge charakterisiert ist und letztlich als soziale und räumliche Macht („It [property] is a vector of power") identifiziert wird.

---

29 Recht als konstituierendes Element für soziale Realitäten; Recht als konstituierendes Element von sozialen Bedingungen und beziehungsbezogenen Identitäten; Recht als konstituierendes Element der institutionellen Welt und Recht als konstituierendes Element des sozialen Bewusstseins bzw. des Selbstbewusstseins (DELANEY/FORD/BLOMLEY 2001: xv)

Die Konvergenz zwischen sozialen, rechtlichen und räumlichen Perspektiven, die BLACKSELL/WATKINS/ECONOMIDES (1986: 373/374) in dem Drang zu normativen Ansätzen, der Tendenz zur Fragmentierung und Teildisziplinengründung und der Anwendung geographischer und juristischer Erkenntnisse zur Lösung sozioökonomischer Probleme erkennen, hat schließlich drei signifikante Konsequenzen: Die gegenseitige Berücksichtigung der jeweiligen Forschungserkenntnisse wird das Verhältnis von Raum und Gesetz nachhaltig dahingehend verändern, dass die jeweiligen Interaktionen und Interdependenzen eine größere Bedeutung erlangen und daher stärker als Erklärungsansätze herausgearbeitet werden. Die Interpretation von politischen und wirtschaftlichen Systemen auf lokaler, nationaler und internationaler Ebene aus geographischer Perspektive vermittelt neue Einsichten in deren Entstehung und Funktionsweise. Weiterhin wird die Frage der raumgestalterischen Kraft von rechtlichen Festsetzungen im Kontext von Rechtsprechung als Diskurs und Gesetzgebung als Macht verdeutlichen, dass Räume sowohl durch übergeordnete Konstanten wie Eigentum, Souveränität und Rechtsstaatlichkeit als auch durch nachgeordnete national oder lokal ausgeformte Festsetzungen geprägt werden können (vgl. Abb. 3 mit der Eigentumsordnung als Überbau und den öffentlich-rechtlichen Vorschriften als nachgeordnete Ausgestaltungselemente). Der letzte Punkt umfasst dann neue Überlegungen zur Konstruktion von sozialem Zusammenleben. Offenbar ergeben sich auch hier gerade in Machtdifferenzierungen einzelner Gruppen oder Individuen geographische Aspekte: Soziale Differenzierung und somit auch Macht zeigt sich oftmals in räumlichen Segregationsprozessen – nicht nur durch Migrationsvorgänge, sondern eben auch durch aktive, juristisch kodifizierte Ausgrenzungsmaßnahmen, die ihrerseits wiederum sozial differenzierend wirken können[30] (DELANEY/FORD/BLOMLEY 2001: xviii). BLOMLEY (2002: 436) fasst diesen Diskurs dergestalt zusammen, als dass er für die „critical legal geography" mehrere charakteristische Eigenschaften vorgibt:

– Aufbauend auf grundlegenden Zweifeln an überkommenen rechtlichen Strukturen und deren soziale Bedeutung werden Recht oder Raum nicht als unpolitische oder als unproblematische Folgen externer Kräfte verstanden; beide sind in der Tat tief in soziale und politische Strukturen verwurzelt.
– Recht wird als ein Bereich interpretiert, in dem miteinander konkurrierende Werte, Handlungen und Bedeutungen kontrovers diskutiert, aber auch unterdrückend bzw. machtgestaltend fixiert werden.
– Ähnlich ist der Raum selbst durch soziales Handeln konstruiert und wirkt gleichzeitig sozial konstituierend.
– Recht, Raum und Gesellschaft sind also miteinander durch ein enges Beziehungsgeflecht verbunden und müssen daher auch gemeinsam aus rechtsgeographischer Sicht betrachtet werden.

---

30 Beispiele hierfür sind die Gebote und Verbote: „Keep out", „Authorized Personnel only", „Members only", „Whites only" etc..

3.2.3 Forschungszusammenhänge der Geography of Law

Für das Verständnis der im vorherigen Abschnitt dargestellten Dreiteilung der Forschungsansätze der Geography of Law ist es unerlässlich, den jeweiligen Forschungszusammenhang, der zur Formulierung dieser Fragen und somit auch zur Schaffung dieser Teildisziplin geführt hat, zu beleuchten. Zunächst ist das Forschungsinteresse der Geography of Law mit der Prozessanalyse von Landschaftsveränderungen verbunden, die schließlich auch rechtliche Festsetzungen als Teile der landschaftsgestaltenden Kräfte einbezog. In diesem Zusammenhang stellt sich zum einen die Frage nach der Bedeutung dieser Kräfte im Vergleich zu anderen Kräften und zum anderen nach der Raumwirksamkeit juristischer Festsetzungen. GALLUSSER (1979) und LEU (1988) haben einen wesentlichen Beitrag zu dieser Frage geleistet. Die bei CLARK (1989: 314–318) aufgeführten Arbeiten zu dieser Thematik reichen von Untersuchungen des direkten Einflusses von rechtlichen Festsetzungen (z.B. im Bereich der Festlegung von Flächennutzungsintensitäten und Gestaltungsrichtlinien) bis zum Versuch, die Bedeutung dieser Festsetzungen auf dem Hintergrund makroökonomischer Theorien zu ergründen.

Über die Entstehung der jüngeren, als „Critical legal geography" bezeichneten Forschungsrichtung besteht innerhalb der Rechtsgeographie eine Kontroverse, die im wesentlichen die Frage thematisiert, ob es sich um eine einseitige Ausweitung der sozialwissenschaftlichen und geographischen Perspektive auf juristische Sachverhalte oder eine gleichzeitige Konvergenzmethode juristischer, sozialwissenschaftlicher und geographischer Betrachtungsansätze handelt. CLARK (1989: 314) spricht sich in diesem Zusammenhang dafür aus, dass der Zusammenhang zwischen Recht und Gesellschaft bzw. Wirtschaft weniger von den Rechtswissenschaften als von den Sozial- und Wirtschaftswissenschaften thematisiert wurde, und führt dafür neben dem Vorhandensein wissenschaftlicher Zeitschriften[31] auch wirtschaftswissenschaftliche Anstrengungen zur Übertragung ihrer Prinzipien auf das Recht oder die Interpretation von Gesetzestexten und Rechtssprechungen aus philologischer Sicht an. Für die Geographie bzw. die Regionalwissenschaften nennt er explizit TEITZ (1978) als einen der Pioniere auf dem Gebiet der Erarbeitung eines Zusammenhangs zwischen Rechtsstrukturen und Raumstrukturen.[32] Aus der Perspektive der Regionalwissenschaften – in diesem Fall in Zusammenhang mit Fragen der Deregulierung – betrachtet er den Einfluss rechtlicher Festsetzungen auf die Entwicklung regionaler Systeme und grenzt sich dadurch von anderen Arbeiten ab, die die normative Struktur des Rechts als Grundlage ihrer Betrachtung wählen und somit Rechtssetzungen nicht als regulierende, sondern als ausschließliche und normativ wirksame Faktoren begreifen. Diese Differenzierung zwischen der von CLARK (1989: 315) als „regulatory tradition" bezeichneten Vorgehensweise und der normativ orientierten Interpretationsrichtung lässt sich in

---

31 z.B. Journal of Law and Economics oder Journal of Legal Studies.
32 An dieser Stelle muss darauf hingewiesen werden, dass etwa zur selben Zeit GALLUSSER (1979) seine Darstellung der geographischen Bedeutung des Grundeigentums veröffentlicht, ohne auf TEITZ (1978) hinzuweisen.

vielen Fällen – als Beispiel können hier die Arbeiten von LEU (1988) aus Sicht der Landschaftsplanung oder von BLACKSELL/ECONOMIDES/WATKINS (1991) aus interdisziplinärer Perspektiven herangezogen werden - nicht eindeutig nachvollziehen, gewinnt aber insofern an wissenschaftstheoretischer Bedeutung, als dass sie klarstellen, dass die Raum- und Sozialwissenschaften ihren Fokus einseitig ausweiteten.

Demgegenüber vertreten DELANEY/FORD/BLOMLEY (2001: xvii) und BLACKSELL/WATKINS/ ECONOMIDES (1989: 373) die Auffassung, dass die Entstehung der Geography of Law eher im Sinne einer Konvergenz rechts-, sozial- und raumwissenschaftlicher Ansätze und Perspektiven interpretiert werden kann. DELANEY/ FORD/BLOMLEY (2001: xvi) halten fest, dass der Überschneidungsbereich von Sozial-, Rechts- und Raumwissenschaften als Grundlage für die Entstehung der Geography of Law gelten muss: „And just as socio-legal scholars might examine the ways in which legal phenomena can be seen as constitutive of social relations, social consciousness and experiential reality, socio-spatial scholars are revealing the conditions and contingencies of the spatial constitution of the social". Interessanterweise konstatieren sie eine weit verbreitete Unkenntnis über die Auswirkungen der räumlichen Dimension bei sozialwissenschaftlichen und insbesondere rechtssoziologischen Autoren, die sich in vielen Fällen nicht darüber bewusst gewesen wären, dass sie eigentlich rechtsgeographische Themen bearbeiten. Sie führen das darauf zurück, dass der „spatial turn" der Sozialwissenschaften auch die Rechtssoziologie erfasst habe, während gleichzeitig der „interpretative turn" der Sozialwissenschaften einen Überschneidungsbereich mit der Kritischen Rechtstheorie und ihrer Interpretation von Recht und Macht gebildet habe.

Im Gegensatz zu dieser Perspektive gehen BLACKSELL/WATKINS ECONOMIDES (1986: 372/373) nur von einer Konvergenz von Geographie und Rechtswissenschaften aus und verweisen hier zunächst auf ein gemeinsames Interesse an einer Theoriebildung und der Auseinandersetzung mit intellektuellen Traditionen aus Philosophie und Sozialwissenschaften. In diesem Zusammenhang bewerten sie die Tiefe des akademischen Austauschs zwischen Raum- und Rechtswissenschaften über Methoden, Definitionen und theoretische Perspektiven als bisher einzigartig, relativieren diese Konvergenz zwischen Raum- und Rechtswissenschaften aber durch den Hinweis auf die für beide Disziplinen immanente zentrale Rolle von sozialen Prozessen, die sowohl die Gestaltung des Rechtsstaates aus Gesetzen und Rechtsprechung als auch die des Raumes beeinflussen. Leitgedanke ist dabei die Suche nach grundlegenden Mechanismen, Regel- oder Gesetzmäßigkeiten, die menschliche und räumliche Beziehungen beeinflussen. Ihre Interpretation der Forschungszusammenhänge, die zur Entstehung einer Geography of Law führten, stellt in Abgrenzung zu DELANEY/FORD/BLOMLEY (2001) Raum, Recht und Gerechtigkeit als zentrale Elemente im Annäherungsprozess beider Disziplinen dar und verzichtet somit auf den „Umweg" der Instrumentalisierung der Sozialwissenschaften und insbesondere des „spatial turns" in der Rechtssoziologie. Sie unterstreichen diesen Ansatz durch Verweise auf konzeptionelle Arbeiten der Rechtswissenschaften zu räumlichen Problemen[33] einerseits und auf geographische Arbeiten mit rechtlichem Bezug[34] andererseits. Als konkrete Erklärungsansätze für eine Konvergenz von Rechts- und Raumwissenschaft benennen sie neben der beiderseitigen Abwendung von positivistischen Ansätzen hin zu normativen, soziale Realitäten erklärende und interpretierende Betrachtungsweisen den Trend zur Fragmentierung bzw. zur Entwicklung von Teildisziplinen: Obgleich diese Fragmentierung aus Sicht der Gesamtdisziplin sicherlich kritisch zu bewerten ist, birgt sie dennoch die Möglichkeit der gegenseitigen Wahrnehmung und des akademischen Austauschs zwischen den Teildisziplinen.

Ein dritter von BLACKSELL/WATKINS/ECONOMIDES (1986) erwähnter Trend bezieht sich auf die gemeinsame Fokussierung auf sozio-ökonomische Probleme, zu deren Erhellung Methoden und Ansätze beider Disziplinen genutzt werden können. In einer stark anwendungsorientierten Perspektive ist hier an Forschungen zu juristischen Dienstleistungen, zur Raumplanung oder zur rassen- bzw. geschlechtsspezifischen Diskriminierung zu verweisen.

3.2.4 Fragestellungen und Betrachtungsansätze der Geography of Law

Obgleich aus den obigen Ausführungen zu Entstehungsgeschichte und -zusammenhang der Geography of Law bereits ihre wesentlichen Fragestellungen dargelegt worden sind, bedarf der durch die Geography of Law als zentral betrachtete Diskurs um die Zusammenhänge und Wechselwirkungen zwischen Recht und Raum einer weiteren Ergänzung. Neben der hermeneutischen Interpretation der Entstehung der Geography of Law aus der Verräumlichung oder Verrechtlichung einzelner fachspezifischer Ansätze kann man die Annäherung von Recht und Raum mit CLARK (2001) auch als einen quasi dialektischen Prozess auffassen. Im Gegensatz zu seiner früheren (1989) Auffassung der einseitigen Ausweitung geographischer Betrachtungsweisen auf juristische Zusammenhänge spricht er nun von Schnittpunkten („Intersections" S. xi) zwischen Recht und Geographie, die sich im Wesentlichen aus den unterschiedlichen Erkenntnisinteressen beider Wissenschaften speisen. Während die Geographen ihr Hauptaugenmerk auf die Darstellung und Ergründung der Realität im Raum in unterschiedlichen Abstraktionsniveaus legen, beginnen Juristen ihre Betrachtung auf der Metaebene von Lösungsansätzen für die gesellschaftlichen Großprobleme oder anhand rechtsphilosophischer Erörterungen. Ausgehend von dieser Metaebene, die mit Begriffen wie Gerechtigkeit oder Gleichheit besetzt ist, erarbeiten sie ein umfangreiches Rechtsgebäude aus Bürgerrechten, Wohnungsrechten, Eigentumsrechten etc. als Idealkonzeptionen für die Funktionsweise moderner Gesellschaften, in denen konstant

---

33 z.B. die rechtsvergleichende Arbeit von WIGMORE (1928), die rechtssoziologischen Arbeiten mit geographischem Bezug von EHRLICH (1937) und TIMASHEFF (1939) oder BLACKs (1976) Ansatz horizontaler und vertikaler sozialer Distanzen aus juristischer Sicht.
34 Hier nennen die Autoren DAVID HARVEYs Studie zur Gerechtigkeit in Städten (1973) und GORDON CLARKs Untersuchung der Raumwirksamkeit der Rechtsprechung oberster amerikanischer Gerichte (1981)

konkurrierende Interessen auszugleichen sind. Mithin finden sich hier sozialphilosophische und sozialpolitische Aspekte als Motivation oder Begründungselemente derartiger Konzeptionen; in einem anderen, eher erklärenden Kontext dienen dieselben Aspekte der Geographie zur Erläuterung raum-zeitlicher sozioökonomischer Phänomene. Dieser Schnittpunkt von Theorie und Wirklichkeit, Prinzip und Umständen, Abstraktion und Kontextbezug (CLARK 2001: xi) prägt das dialektische Verhältnis von Rechtsetzung bzw. Rechtsprechung und Geographie.

Weiterhin existiert ein entscheidender Unterschied in Bezug auf die jeweiligen Problemlösungsansätze der beiden Denkrichtungen: Rechtsprechung und Gesetzgebung neigen dazu, rechtliche Prinzipien von einem allgemeinen, eher abstrakten Niveau auf konkrete Fälle hin anzuwenden[35] und somit quasi linear umzusetzen; demgegenüber neigen Geographen dazu, inhaltliche Bedeutung (Kontext) und örtliche Gegebenheiten mit in ihre Analyse einfließen zu lassen. Dementsprechend sieht CLARK (2001) in dieser Dichotomie zwischen Top-Down- und kontextorientierten Ansätzen einen Begründungszusammenhang für die Geography of Law und formuliert als übergeordnete Fragestellung das Aufzeigen des Zusammenhangs zwischen Theorie und Praxis, Prinzipien und lokalen Bedingungen sowie letztlich Abstraktion und Kontext.

Zum Verständnis der Geography of Law und ihrer Forschungsinteressen reicht die Betrachtung des Entstehungszusammenhangs und der Fragestellungen nicht aus, vielmehr ist auch nach den spezifischen, den jeweiligen Fragestellungen zugeordneten Betrachtungsansätzen zu fragen. Diese spiegeln sowohl den Stand der Weiterentwicklung des originären Forschungsinteresses – des Zusammenhangs zwischen rechtlichen Festsetzungen und Geographie – als auch den jeweiligen Standpunkt in der „Kritischen Phase" der Geographie wider. Die Phase der Betrachtung der Auswirkungen von rechtlichen Festsetzungen auf die Erdoberfläche folgt einer am Positivismus orientierten Betrachtungsrichtung, bei der es zunächst darum ging, die Auswirkungen der jeweiligen Regelungen zu betrachten und daraus abgeleitet Anhaltspunkte für die Steuerung räumlicher Entwicklung zu gewinnen. Dabei wurden oftmals lineare Zusammenhänge zwischen Ursache und Wirkung konstruiert.

Die drei weiteren Betrachtungsansätze der Geography of Law, die sich auf unterschiedlicher Abstraktionsebene mit der Interaktion zwischen Recht und Geographie auseinandersetzen, sind annähernd der postmodernistischen Phase zuzuordnen, indem sie sich ihrer Fragestellung aus der Perspektive nähern, die Umgebung als ein soziales Produkt zu interpretieren und somit im Zusammenhang mit der Klassen/Schichtenzugehörigkeit, der Kultur, der Rasse und dem Geschlecht (Gender) zu sehen. Zunächst ist hier auf die Betrachtung der direkten Interaktion zwischen rechtlichen Festsetzungen und dem Individuum aus geographischer Sicht zu verweisen, wie sie bspw. durch die Regelung von Zutrittsrechten umgesetzt werden. In einem ersten Abstraktionsgrad werden dann Beziehungsgefüge zwischen der durch rechtliche Festsetzungen gestalteten Umwelt und dem Indivi-

---

35 CLARK (2001: xi) verwendet in diesem Zusammenhang den Begriff der Einbahnstraße von oben nach unten.

duum thematisiert, so dass hier die Auswirkungen des Rechts zum einen unter dem Eindruck des „Filters" der Umwelt und zum anderen auch als indirekte Auswirkungen untersucht werden; zu diesen Festlegungen, die nur mittelbar das Individuum und seine Handlungsfreiheit betreffen, gehören bspw. Festsetzungen in Bebauungsplänen zur baulichen Qualität der dort zu errichtenden Gebäude. Die Kombination einzelner Parameter wie Grundflächenzahl, Geschossflächenzahl, minimale Grundstücksgröße etc. gestaltet im Sinne sozio-ökonomischer Steuerungsinstrumente die Umwelt und erschwert den Zuzug bestimmter gesellschaftlicher Gruppen.

In einer weiteren Abstraktionsstufe werden die Interaktionen zwischen Recht und Geographie betrachtet, die sich durch eine durch rechtliche Festlegung gestaltete Umwelt und den Individuen aus der Perspektive ihrer eigenen Raumbewertung ergeben. Eine Illustration dieses Betrachtungsansatzes lässt sich aus der Untersuchung juristischer Dienstleistungen in den Neuen Bundesländern nach 1990 gewinnen: Die Anzahl der vorhandenen Rechtsanwälte wurde durch das Vorhandensein von DDR-Rechtsanwälten und das Zulassungsrecht von weiteren Anwälten aus den Alten Bundesländern effektiv gesteuert. Für unterschiedliche Gruppen von Nachfragern nach juristischen Dienstleistungen ließen sich unterschiedliche Wahrnehmungen ihrer Umwelt ermitteln: Die mit juristischen Dienstleistungen weniger intensiv vertrauten Bürger der Neuen Bundesländer nahmen die faktische Unterversorgung weit weniger dramatisch wahr als die zugezogenen Bürger aus den Alten Bundesländern (vgl. dazu BORN/BLACKSELL/ BOHLANDER 1997 und 1999).

Abschließend ist zur Darstellung der Betrachtungsansätze der Geography of Law allerdings zu bemerken, dass die Weiterentwicklung und Erweiterung der Betrachtungsperspektive der Geography of Law und somit auch die Aufnahme postmodernistischer zugunsten positivistischer Ansätze nicht automatisch zu einer Entwertung älterer Konzeptionen führen sollte. Positivistische Ansätze einer Verbindung von rechtlichen Festsetzungen und räumlicher Gestalt stellen gerade in ihrer dynamischen Ausprägung als Auswirkungen von Veränderungen einen wichtigen Bestandteil der rechtsgeographischen Analyse dar.

3.2.5 Räumliche Maßstabsebenen der Geography of Law

Die räumlichen Maßstabsebenen der Geography of Law können in drei Bereiche differenziert werden (vgl. Abb. 7): Auf einer Metaebene steht die gesamte Durchdringung der Gesellschaft mit bestimmten Grundwerten, die sich oftmals durch die historische und politische Entwicklung eines Landes ergeben; CLARK (1989: 321) nennt in diesem Zusammenhang für die USA das Konzept des Liberalismus und beleuchtet, wie dieses Konzept durch unterschiedliche Gerichtsentscheidungen des US Supreme Courts berührt wurde. Neben diesen raumübergreifenden Werten lassen sich nun auf unterschiedlicher Maßstabsebene die beiden Säulen der formellen und informellen Festlegungen differenzieren. Im formellen Bereich werden Entscheidungen mit möglichen geographischen Implikationen durch Gesetzgeber und Gerichte auf nationaler, regionaler und lokaler Ebene getroffen. Die Entscheidungen und Festsetzungen dieser beiden Akteure entwickeln allerdings eine horizontale und vertikale Wirkung, in dem sie einerseits auf der jeweiligen Gebietsebene differenzierend wirken und so Geltungsbereiche voneinander abgrenzen und andererseits in hierarchischer Ordnung Gestaltungsspielräume der räumlich untergeordneten Institutionen präjudizieren. Zusätzlich zu diesen räumlichen Interdependenzen muss ebenso die Einflussnahme der Gerichte auf das Handeln von gesetzgebenden Institutionen Berücksichtigung finden, wie anhand wechselnder gerichtlicher Entscheidungen zu raumwirksamen Festsetzungen deutlich wird.[36]

Dieses Modell der horizontalen und vertikalen Dimension raumwirksamer rechtlicher Festsetzungen wird ergänzt durch informelle, kulturelle Handlungsschemata („cultural practices" bei JONES 2004) wie Erbsitten, Landnutzung, Allmenderechte etc.. Aus systematischer Sicht sind diese Handlungsschemata eigentlich in einem Überlappungsverhältnis der politischen und sozio-ökonomischen Metaebene mit der legal-administrativen Ebene zu betrachten; allerdings können gerade im Zusammenhang von Transformationsprozessen keine Wirkungszusammenhänge konstruiert werden, vielmehr können sich in diesen Handlungsschemata Relikte historischer Wirtschafts- und Gesellschaftssysteme verbergen, die allerdings bei retrospektiv orientierten Transformationsprozessen wieder zu gesellschaftlichen und wirtschaftlichen Metawerten werden.

Das Verhältnis zwischen formellen und informellen Festlegungen ist ebenso durch wechselseitige Abhängigkeiten, aber auch durch bewusste Ignoranz gekennzeichnet, da historisch und kulturell tradierte Festlegungen zwar durch Gesetzgebung und Gerichtsentscheidungen modifiziert oder entwertet werden können, aber oftmals vollständig oder partiell weiterwirken. Selbstverständlich folgen diese Festlegungen einem regionalen Verteilungsmuster, das bspw. in Verbreitungskarten der Erbsitten (z.B. bei HENKEL 1993: 93) dargestellt wird. In historischer Dimension können auch hier Festsetzungen unterschiedlicher Persistenz identifiziert werden, die eine Raumwirksamkeit über einen längeren Zeitraum entfalteten (vgl. BEIMBORN 1959).

---

36 Gerade für den Fall der im Rahmen dieser Untersuchung behandelten Restitutionsfälle lässt sich dieses Verhältnis gut dokumentieren, da die einschlägige Gesetzgebung immer wieder von Gerichtsentscheidungen bestätigt oder aber modifiziert wurde.

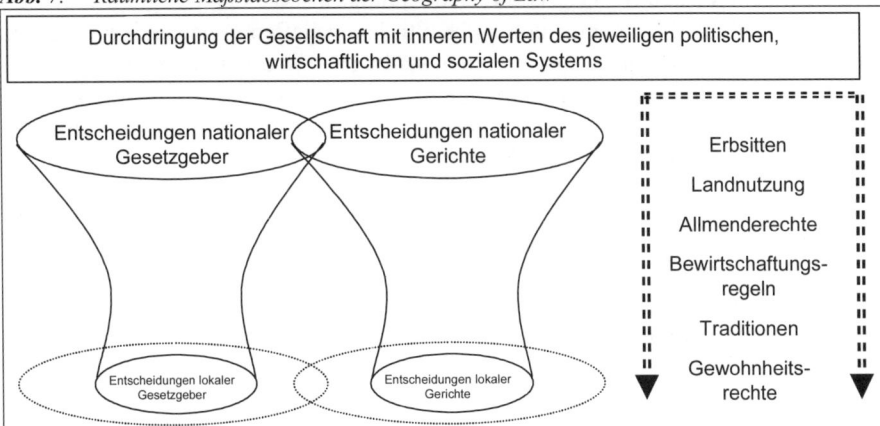

Abb. 7: *Räumliche Maßstabsebenen der Geography of Law*

```
Durchdringung der Gesellschaft mit inneren Werten des jeweiligen politischen,
                wirtschaftlichen und sozialen Systems

Entscheidungen nationaler    Entscheidungen nationaler
     Gesetzgeber                    Gerichte                Erbsitten

                                                            Landnutzung

                                                            Allmenderechte

                                                            Bewirtschaftungs-
                                                            regeln

                                                            Traditionen

    Entscheidungen lokaler     Entscheidungen lokaler       Gewohnheits-
        Gesetzgeber                 Gerichte                rechte
```

Quelle: Eigene Darstellung

Neben den unterschiedlichen Betrachtungsebenen maßstäblicher Art sollen an dieser Stelle auch die geographischen Räume und damit verbundene Themen der Geography of Law dargestellt werden. Natürlich kann eine solche Übersicht nicht vollständig sein, zumal DELANEY/FORD/BLOMLEY (2001: xvii) festhalten, dass sich viele der mit der Thematik beschäftigten Wissenschaftler gar nicht bewusst sind, dass sie wichtige Beiträge zur Geography of Law leisten. Insofern stellt die nachfolgende Übersicht (Abb. 8) keine vollständige Erfassung der vorhandenen Literatur dar, sondern zeigt nur einen an geographischen Kategorien orientierten Versuch einer Systematik dar.

Abb. 8: *Geographische Untersuchungsgebiete und Themenstellungen der Geography of Law*

1. Naturlandschaften:
- Schutzregelungen
- Nutzung- und Erschließungsregelungen
- Property Rights Movement

2. Kulturlandschaften:
  2.1. Städtische Räume:
  - Segregation: Klasse/Schicht, Geschlecht, Rasse, Religion
  - Landnutzungskonflikte
  - Privatisierungspolitiken
  - Sicherheits- und Ordnungspolitiken
  - Stadtgestaltung
  - Stadterneuerung

  2.2. Ländliche Räume:
  - Sachenrechtliche Konflikte: Eigentum, Besitz, Nutzung
  - Landnutzungskonflikte
  - Kulturelle Handlungsschemata
  - Schutzregelungen
  - Property Rights Movement
  - Zugang zu juristischen Dienstleistungen
  - Landesplanung und Raumordnung unterschiedlicher Ebenen (von Landesplanung bis Fachplanung der Flurbereinigung)
  - Landesentwicklung durch Förderprogramme

Quelle: Eigene Darstellung

Die Übersicht verdeutlicht, dass die Betrachtungsansätze der Geography of Law bisher sowohl auf Natur- als auch auf Kulturlandschaften angewandt wurden. In Bezug auf eine Differenzierung zwischen städtischen und ländlichen Räumen waren gerade städtische Räume in ihrer sozialräumlichen Komplexität dazu prädestiniert, die Auswirkungen juristischer Festsetzungen auf sozialräumliche Strukturen zu untersuchen.

3.2.6 Für die Geography of Law relevante Rechtsbereiche

Diese Differenzierung nach bestimmten Räumen erscheint für die Diskussion und die Weiterentwicklung der spezifischen Betrachtungsansätze der Geography of Law nicht weiterführend; zur Betrachtung von Raumwirksamkeiten und Interaktionen kann vielmehr eine einfache Kategorisierung einzelner rechtlicher Festsetzungen in Bezug auf ihre räumliche (physiognomische), soziale und wirtschaftliche Wirksamkeit beitragen. Dazu ist es zunächst notwendig, in der allgemeinen Systematik des deutschen Rechts[37] die Rechtsbereiche zu identifizieren, die eine rechtsgeographische Relevanz i. S. der Interaktion zwischen Recht und Raum entwickeln können. Diese rechtsgeographische Relevanz lässt sich wiederum den drei unterschiedlichen raumbezogen akzentuierten Wirkungskreisen der Physiognomie, der Sozialstruktur und der Wirtschaftsstruktur zuordnen. Eine solche Zuordnung kann nur auf der Ebene unmittelbarer, direkt wahrnehmbarer Zuordnungen geschehen. So ist das Umweltrecht den Wirkungskreisen Physiognomie und Wirtschaft zugeordnet, da hier die unmittelbarsten Effekte zu beobachten sind; diese Einordnung schließt aber die mittelbaren sozialen Effekte durch Wohnumfeldverbesserung bzw. -verschlechterung nicht aus. Die nachfolgende Tabelle (Tab. 2) zählt die Rechtsbereiche und die jeweiligen raumbezogenen Wirkungskreise auf und illustriert anschließend die „Reichweite" juristischer Festsetzungen in Bezug auf die jeweilige Raum-, Sozial- und Wirtschaftsstruktur (Abb. 9).

Tab. 2: *Rechtsbereiche und raumbezogene Wirkungskreise*

	Rechtsbereich		Raumbezogener Wirkungskreis A = Raumstruktur B = Sozialstruktur C = Wirtschaftsstruktur
1	Öffentliches Recht		
	1.1	Staats- und Verfassungsrecht	A
	1.2	Polizei- und Ordnungsrecht	B
	1.3	Bauordnungsrecht	ABC
	1.4	Gewerberecht	C
	1.5	Schulrecht	B

---

37 Als Referenz für eine Systematik des deutschen Rechts wurde auf die Übersicht der „Systematik des Bundesrechts" des BGBl-Modellprojektes des Instituts für Rechtsinformatik der Universität des Saarlandes zurückgegriffen (http://www.jura.uni-sb.de/BGBl/BGBLSYST.HTML) (abgerufen am 16.4.2005).

3 Sachenrechtliche Beziehungen im geographischen Kontext 119

	1.6	Planungsrecht	ABC
		1.6.1 Raumordnungsrecht Bund	ABC
		1.6.2 Landesplanungsrecht	ABC
	1.7	Städtebaurecht	AB
	1.8	Wirtschaftsverwaltungsrecht	C
		1.8.1 Handwerksrecht	BC
		1.8.2 Gaststättenrecht	BC
		1.8.3 Kartellrecht	C
		1.8.4 Außenwirtschaftsrecht	C
		1.8.5 Subventionsrecht	BC
	1.9	Umweltrecht	AC
		1.9.1 Immissionsschutzrecht	AC
		1.9.2 Abfallrecht	AC
		1.9.3 Wasserrecht	AC
		1.9.4 Naturschutzrecht	AC
		1.9.5 Gefahrstoffrecht	AC
		1.9.6 Atomrecht	AC
		1.9.7 Recht privilegierter Energieträger	AC
	1.10	Allgemeines und besonderes Verwaltungsrecht	
		1.10.1 Rechtspflegerecht	AB
		1.10.2 Kommunalrecht	A
		1.10.3 Wiedergutmachungsrecht	ABC
2	Zivilrecht		
	2.1	Sachenrecht	ABC

Quelle: Eigene Darstellung

Abb. 9: *Unmittelbare Auswirkungen rechtlicher Festsetzungen auf Raum-, Sozial- und Wirtschaftsstruktur*

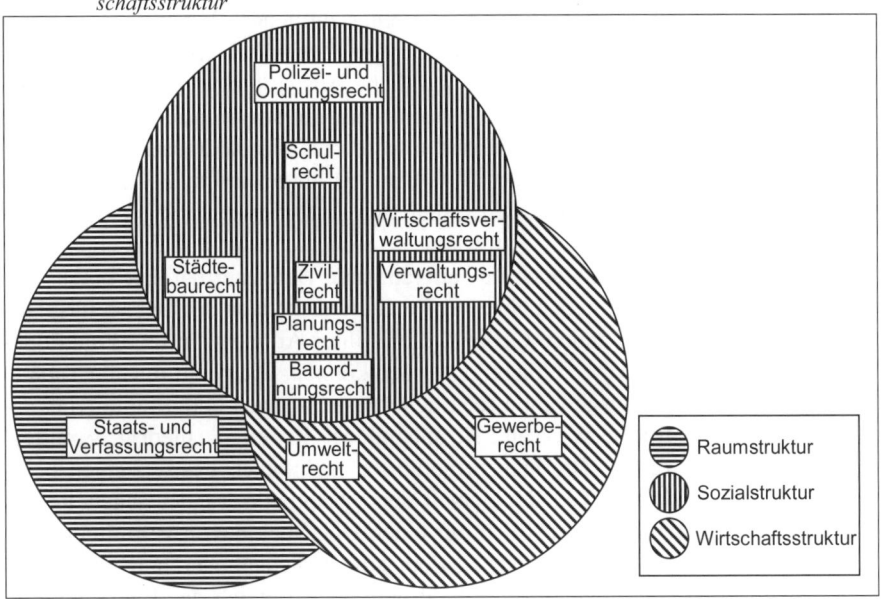

Quelle: Eigene Darstellung

3.2.7 Reichweite und Intensität rechtlicher Festsetzungen aus der Perspektive der Geography of Law

Die Abbildung verdeutlicht zum einen den breiten unmittelbaren Einfluss juristischer Festsetzungen auf die hier angesprochenen Strukturen und unterstreicht zum anderen den „sphärenübergreifenden" Charakter der Festsetzungen bereits bei der Betrachtung unmittelbarer Einflüsse. Würde man in einem weiteren Schaubild die mittelbaren Auswirkungen ebenso verdeutlichen, würden die meisten Rechtsbereiche im zentralen, dreifach überlappten Feld einzuordnen sein.

Neben dieser Zuordnung einzelner Rechtsbereiche zur Raum-, Sozial- und Wirtschaftsstruktur aus Sicht ihrer unmittelbaren Auswirkungen führen Überlegungen zur räumlichen Dimension rechtlicher Festsetzungen auch zu einem Versuch, die Intensität dieser Auswirkungen grob abzuschätzen. Der Begriff der Intensität ist in seiner originären Unbestimmtheit zwar wenig geeignet, einen Prozess zu beschreiben, der durch räumliche und zeitliche Entwicklungspfade gekennzeichnet ist; hier soll allerdings weniger auf die methodologischen Schwierigkeiten jedweder Klassifikation rekurriert werden, sondern nur auf die Tatsache unterschiedlicher raum-zeitlicher Reichweiten und Intensitäten eingegangen werden. In diesem Zusammenhang fasst der Begriff der Intensität also sowohl die unmittelbare Stärke der Rechtsetzung als auch deren Wirkung in einem Raum-Zeit-Gefüge mittlerer Reichweite zusammen. Die hier angesprochene raum-zeitliche Reichweite ist insofern von Bedeutung für diese Betrachtung, als dass sie aus zwei Perspektiven heraus berücksichtigt werden muss: Zum einen unterliegen die hier aufgeführten Festsetzungen per se einer zeitlichen Dynamik, da sie entweder nur zeitlich eingeschränkt wirken oder aber periodisch ersetzt bzw. aktualisiert werden. Zum anderen weisen sie räumliche Auswirkungen unterschiedlicher Reichweite auf, da durch sie andere, benachbarte oder sogar entferntere Bereiche tangiert werden können. Zur Verdeutlichung sei auf das städtebaurechtliche Instrument des Bebauungsplanes (§§ 8–10 BauGB) hingewiesen: Bebauungspläne werden regelmäßig ergänzt oder den geänderten Anforderungen angepasst; in ihren räumlichen Auswirkungen erstrecken sie sich nicht nur auf das eigentliche Gebiet, sondern mindestens auch auf angrenzende Bereiche; darüber hinaus hat jede Veränderung der baulichen Nutzung im Geltungsbereich des Bebauungsplans auch Auswirkungen auf andere Gebiete, die in ihrer Attraktivität und Funktionalität positiv oder negativ beeinträchtigt werden können. Die nachfolgende Tabelle (Tab. 3) versucht, für ausgewählte rechtliche Festsetzungen deren räumliche, soziale und wirtschaftliche Wirksamkeit anhand der Kriterien „niedrig", „mittel" und „hoch" zu bewerten. Die hier aufgeführten rechtlichen Festsetzungen beinhalten nur einen kleinen Teil der gemäß der Systematik des deutschen Rechts (s.o.) möglichen Bereiche und sollen nur einen Überblick davon vermitteln, welche thematische Spannweite zwischen dem aus städtebaulicher und geographischer Sicht durch eine hohe Bestimmtheit geprägten Bereich des Baurechts und den dem eher abstrakt wirkenden Wahlrecht mit dem Zuschnitt von Wahlkreisen liegen kann.[38]

Tab. 3: *Bewertung der räumlichen, sozialen und wirtschaftlichen Wirksamkeit ausgewählter rechtlicher Festsetzungen*

Rechtliche Festsetzung	Räumliche (physiognomische) Wirksamkeit	Soziale Wirksamkeit	Wirtschaftliche Wirksamkeit
Baurecht: B-Plan	hoch	hoch	hoch
Baurecht: F-Plan	mittel	hoch	hoch
Baurecht: Sanierungsgebiete	hoch	hoch	mittel
Schutzrecht: Unterschutzstellung von Objekten und Flächen	hoch	mittel	mittel
Juristische Dienstleistungen: Zuschnitt von Gerichtsbezirken	niedrig	hoch	niedrig
Juristische Dienstleistungen: Beschränkung des Zugangs zu Dienstleistungen durch Zulassungsrecht	niedrig	hoch	niedrig
Sachenrechtliche Regelungen: Eigentum, Besitz, Niesbrauch, Nutzung	hoch	hoch	hoch
Gefahrenabwehr: Funktionsausweisung	niedrig	hoch	hoch
Gefahrenabwehr: Mobilitätseinschränkung	mittel	hoch	niedrig
Gefahrenabwehr: Videoüberwachung	niedrig	hoch	niedrig
Steuerrechtliche Regelungen: Verteilung von Steuereinnahmen	niedrig	hoch	niedrig
Schulrecht: Ausweisung von Schuleinzugsgebieten	niedrig	hoch	niedrig
Politik: Zuschnitt von Wahlkreisen	niedrig	hoch	niedrig

Quelle: Eigene Darstellung

Natürlich ergibt sich eine solche Kategorisierung schon allein durch die Zunahme von Komplexität in einem Raummodell, das Interdependenzen zwischen den einzelnen Strukturbereichen postuliert; für die Geography of Law lässt sich daraus aber die Schlussfolgerung entwickeln, dass für eine Betrachtung der Raumwirksamkeit juristischer Festsetzungen alle Strukturbereiche und ihre jeweiligen Überschneidungsbereiche relevant sein müssen. Aus diesem Betrachtungskontext heraus begründet sich dann auch, welche Bedeutung der Geography of Law als Erklärungskontext für die Betrachtung sachenrechtlicher Veränderungen im Transformationsprozess zukommt.

Die hier eingeführten differenzierenden Elemente des Betrachtungs- und Erklärungskontextes erweisen sich auch bei einer weiterführenden Auseinandersetzung mit der Geography of Law als wichtige Hilfsmittel zum Verständnis dieser Subdisziplin. Während die Geography of Law als Betrachtungskontext auf die Bedeutung juristischer Faktoren für die – allgemein ausgedrückt – Gestaltung der Erdoberfläche hinweist, entwickelt sie als Erklärungskontext Aussagen zur Rolle dieser juristischen Faktoren im Entwicklungsprozess und versucht, deren Bedeu-

---

38 Im „LEGAL GEOGRAPHIES READER" von BLOMLEY/DELANEY/FORD (2001) finden sich Beispiele für die Analyse entsprechender rechtlicher Festsetzungen aus Sicht der Geography of Law.

tung zu quantifizieren. Die sich aus diesen Überlegungen ergebende Wertung bzw. Reihung der beiden Kontexte in die der Erklärung vorgelagerten und mithin weniger anspruchsvollen Betrachtung ist im spezifischen, durch hohe Komplexität und die Einwirkungen anderer Disziplinen gekennzeichneten Fall der Geography of Law nicht weiterführend. Während aus der Perspektive des Betrachtungskontextes die Zunahme der Komplexität im Zuge der Berücksichtigung mittelbarer Effekte als hypothesenunterstützend („Interaktionen zwischen Menschen, Recht und Raum sind im Raum wahrnehmbar") gelten muss, wirkt aus Sicht des Erklärungskontextes eine solche Komplexitätszunahme eher kontraproduktiv: Die aus „kritischer" Perspektive erstellten Arbeiten zu den Auswirkungen rechtlicher Festsetzungen auf sozialräumliches Verhalten sind bei einem zu hohem Abstraktionsniveau nicht mehr eindeutig in der Lage, juristische von anderen, sozialen oder ethnischen Faktoren zu trennen. Die Untersuchung von Marginalisierungsprozessen durch die Rechtsprechung anhand von sozial oder ethnisch beeinflussten Festsetzungen geht im Erklärungskontext zumeist in einem Erklärungsfächer aus rechtlichen und durch andere Faktoren induzierten Marginalisierungsprozesse Hand in Hand; da die Umwelt aus der Perspektive der Marginalisierten interpretiert wird bzw. Selbstverstärkungseffekte angenommen werden, kann der „Beitrag" der juristischen Festsetzungen nicht quantifiziert werden.[39]

Aus diesen Erwägungen heraus lässt sich ableiten, dass die Betrachtung rechtsgeographischer Zusammenhänge im Transformationsprozess von großer Sorgfalt um die „Reichweite" der Forschung geprägt sein sollte, um die Erhöhung der Komplexität durch die Einbeziehung neuer oder mit der ursprünglichen Fragestellung in engem Kontakt stehenden Betrachtungs- und Erklärungsdiskurse auf ein Ausmaß zu beschränken, das die Auswirkungen der juristischen Festsetzungen gegenüber denen anderer Prozesse noch nachvollziehbar macht. Natürlich bedeutet dies keine Ablehnung der Betrachtung anderer Prozesse – vielmehr soll hier aber darauf abgehoben werden, dass politische und insbesondere wirtschafts- und sozialpolitische Entscheidungen zum einen selbst Ergebnis rechtlicher Festsetzungen sein können (z.B. leitet sich der Wille zur Restitution aus rechtlichen (rechtsstaats- und gleichheitsbezogenen) Überlegungen ab), oder aber zum anderen als verursachende Faktoren genannt werden (z.B. der Zwang zum raschen Umbau der ostdeutschen Agrarstruktur).

---

39 Als ein Beispiel für einen solchen, die Komplexität sozialer Prozesse analysierenden Ansatz kann die Arbeit von FORD (2001) gelten, der ausgehend von unterschiedlichen Diskursen zur Rassendiskussion in den USA zwar wesentliche Entscheidungen des Obersten Gerichts anführt, aber gleichzeitig auch andere Faktoren benennt, indem er bspw. auf die Rolle des Abstiegs weißer Bevölkerungsgruppen für die schwarze Bevölkerung hinweist.

3.3 DIE GEOGRAPHY OF LAW ALS ERKLÄRUNGSKONTEXT SACHENRECHTLICHER VERÄNDERUNGEN

Am Schluss dieser Darstellung der Geography of Law als Forschungsfeld bzw. als eigenständige Teildisziplin der Geographie muss der Frage nachgegangen werden, ob und wieweit dieser Ansatz für den Anspruch der Analyse der Dynamik von Eigentumsrechten aus geographischer Perspektive zweckmäßig ist. Diese Betrachtung ist hier insofern notwendig, als es sich um ein Themenfeld handelt, das bisher nur aus anderen Forschungs- und Disziplinperspektiven bearbeitet wurde (siehe Kap. 3.1). Gleichzeitig ist bisher keine Arbeit bekannt, die den Ansatz der Geography of Law konkret für sachenrechtliche Veränderungen im Transformationsprozess genutzt hat.[40]

Zunächst ist darauf zu verweisen, dass die hier zu betrachtenden sachenrechtlichen Veränderungen ursächlich auf die Transformation von einer Staatsverwaltungswirtschaft zu einer sozialen Marktwirtschaft bzw. von einem sozialistisch zu einem demokratisch verfassten Staatswesen zurückzuführen sind.[41] Insofern stellt sich hier die Frage, ob in der Tradition der politikwissenschaftlichen Transformationsforschung nicht eine Policy-Analyse ein angemesseneres Instrument wäre. Dem kann entgegengehalten werden, dass eine solche Analyse zum einen im politischen Prozess an einer zu frühen Stelle ansetzen würde, da die zu untersuchenden Policies durch Gesetze und Verordnungen umgesetzt und ggfls. – auch durch richterliche Entscheidungen – modifiziert werden können, zum anderen müsste als räumliche Bezugsebene einer sachenrechtsbezogenen Policy Ostdeutschland insgesamt angenommen werden, wodurch der spezifische räumlich differenzierende Ansatz verloren gehen würde.

Andererseits würde eine ausschließliche Analyse der sachenrechtlichen Festsetzungen in Gesetzen, Verordnungen und richterlichen Entscheidungen dem Anspruch der Geography of Law nicht entsprechen: Wenn nach DELANEY/FORD/BLOMLEY (2001: XV) das Recht soziale Realitäten formt und konstruiert und soziale Realität ebenso in den Dimensionen von Zeit und Raum geformt und konstruiert wird, bedarf es einer tiefer gehenden Analyse des Rechts und der Rechtsumsetzungen, die diese raum-zeitlichen Veränderungen der sachenrechtlichen Beziehungen hervorriefen bzw. modifizierten.

Die Dynamik sachenrechtlicher Veränderungen könnte aber auch einfach nur anhand ihrer Resultate erfasst, analysiert und dann auf bestimmte prozessbestimmende Faktoren zurückgeführt werden. Diese einfache Wirkungsanalyse nach dem Ursache-Wirkungs-Schema würde aber nicht vermitteln, welche Komplexität und welchen „Wirkungsreichtum" die rechtlichen Festsetzungen entwickeln können. Nicht zuletzt würde eine solche Analyse vor dem Problem der Reichweiten-

---

40 Spezifische sachenrechtliche Aspekte der Restitution wurden für das Fallbeispiel Estland durch HEDIN (2005) bearbeitet, TAFF (2005) widmete sich der Frage der Verbindung von Naturschutzrecht und Landreformen in Lettland.
41 Vgl. hierzu auch die Ausführungen von BEYME/NOHLEN (1997), MERKEL (1994) und die Schriftenreihe der Kommission für die Erforschung des sozialen und politischen Wandels in den neuen Bundesländern.

bewertung einzelner Bestimmungsfaktoren stehen; gerade in einem Transformationsprozess des politischen, wirtschaftlichen, sozialen und juristischen Systems wäre es kaum möglich, den Einfluss bestimmter rechtlicher Festlegungen eindeutig von den Folgen anderer, vor allem sozio-ökonomischer Prozesse abzugrenzen.

Gerade die Komplexität des Transformationsprozesses in ländlichen Räumen kann durch die Geography of Law erhellt werden, da sich die Persistenzen und Diskontinuitäten im Landschaftsbild und der Nutzflächenstruktur nicht ausschließlich aus agrarpolitischen Veränderungen bzw. dem agrartechnischen Fortschritt erklären lassen. Vielmehr bedarf es hier der Rekurrierung auf ein zusätzliches, eventuell „ursächlicheres" Erklärungsmuster, wie es die sachenrechtlichen Veränderungen bieten können. Die Konstatierung der vielfältigen, regional durchaus differenziert zu beobachtenden wirtschaftlichen und sozialen Entwicklungen (Arbeitslosigkeit, Abwanderung, Mutlosigkeit etc.) unterstreicht aber die Notwendigkeit zu einer rechtsgeographischen Analyse dieser Prozesse. Insofern zeigen sich hier Parallelen zur historisch-genetischen Kulturlandschaftsanalyse (SCHENK 2000[42]), die ebenso eine Bewertung einzelner Faktoren in raum-zeitlichem Entwicklungsgefüge postuliert. Allerdings steht in ihrer Betrachtung die Kulturlandschaft im Mittelpunkt des Interesses, so dass einzelne Prozesse und die dahinter stehenden Faktoren als Erklärungshintergrund gesehen werden. Demgegenüber nimmt die Geography of Law eine geradezu kontroverse Perspektive ein, indem sie die die Dynamik auslösenden und beeinflussenden rechtlichen Festsetzungen in den Vordergrund rückt und den Kulturlandschaftswandel als nachgelagertes Phänomen begreift.

Darüber hinaus lässt sich die Passgenauigkeit der Geography of Law als Betrachtungs- und Erklärungsansatz für die sachenrechtliche Transformation auch daraus ablesen, dass die sachenrechtlichen Veränderungen in Ostdeutschland nach 1990 alle drei historisch gewachsenen Betrachtungsebenen der Geography of Law abdeckt, da hier sowohl unmittelbare geographische Effekte von Rechtsetzungen zu beobachten waren[43], die Interaktion zwischen Gesetzgebung und Geographie in räumlich und strukturell unterschiedlichen Regelungen sichtbar wurde[44] und schließlich unter den Betroffenen akzentuiert unterschiedliche Interpretationen der Rechtsetzung entstanden.[45]

Letztlich spricht neben der Passgenauigkeit dieses Ansatzes auch seine Originalität für ihn, da er in dieser Form noch nicht auf so dynamische sachenrechtliche Veränderungsprozesse angewandt wurde und somit dazu beitragen kann, diese Prozesse aus einer neuen Perspektive zu betrachten.

---

42 In diesem Sammelband finden sich unter dem Schwerpunktthema „Zukunftsperspektiven der genetischen Siedlungsforschung in Mitteleuropa" 22 Aufsätze zu den Perspektiven der genetischen Siedlungsforschung aus interdisziplinärer und internationaler Sicht.
43 z. B. anhand von Persistenzen und Diskontinuitäten bestimmter Landnutzungsmuster.
44 z. B. in Form unterschiedlicher Arbeitsaufträge für die im städtischen Raum tätige TLG gegenüber der in ländlichen Räumen wirkenden BVVG.
45 z. B. für die Frage der Restitution enteigneten Eigentums, die von den Alteigentümern, den gegenwärtigen Verfügungsberechtigten (=Nutzern) und der übrigen Öffentlichkeit völlig unterschiedlich interpretiert wurde.

4 PRIVATE SACHENRECHTLICHE BEZIEHUNGEN IM SOZIALEN, WIRTSCHAFTLICHEN UND LANDSCHAFTLICHEN KONTEXT

Nachdem in den beiden vorangegangenen Kapiteln die Darstellung der wissenschaftlichen Auseinandersetzung mit sachenrechtlichen Beziehungen im Mittelpunkt des Interesses gestanden hatte, sollen die sachenrechtlichen Beziehungen nun selbst in ihrem sozialen, wirtschaftlichen und landschaftlichen Kontext betrachtet werden. Dabei dient der Dualismus zwischen Marktwirtschaft und Zentralverwaltungswirtschaft bzw. zwischen der Präferenz für Privateigentum und dem Gedanken des Volkseigentums bzw. der Kontrolle über Produktionsgüter als Erklärungshintergrund für die Feststellung, dass in beiden Systemen sachenrechtlichen Beziehungen unterschiedlicher Wert beigemessen wurde und diese so eine ausgeprägte sozial- und wirtschaftspolitische Bedeutung als definitorische Determinanten erhalten haben. Im transformatorischen Kontext werden mit den Schlagwörtern Gerechtigkeit, Kontinuität und Effizienz drei Rahmenbedingungen des Veränderungsprozesses identifiziert, um dann den Persistenzen, Brüchen und dynamischen Neu- bzw. Rekonfigurationen sachenrechtlicher Beziehungen nachzugehen.

Am Ende dieses Kapitels soll ein Modell sachenrechtlicher Schichtungen, die in unterschiedliche rechtliche, wirtschaftliche, soziale und geographische Beziehungszusammenhänge eingebettet sind, stehen; diese müssen dann darauf hin untersucht werden, in welchen Beziehungs- und Begründungszusammenhängen sie entstanden sind und welche Relevanz sie im Transformationsprozess aufweisen.

4.1 DIE SICHERHEIT PRIVATER SACHENRECHTLICHER BEZIEHUNGEN ALS GRUNDPFEILER MARKTWIRTSCHAFTLICHER ENTWICKLUNG

Die Darstellung des konstituierenden Charakters privater sachenrechtlicher Beziehungen für die Entwicklung marktwirtschaftlich organisierter Gesellschaftssysteme fällt insofern nicht leicht, als dass auch aus historischer Perspektive beide eng miteinander verwoben sind. Mithin wird in Anlehnung an ADAM SMITH Privateigentum und Marktwirtschaft gleichgesetzt. Diese enge Verknüpfung führt dazu, dass die wesentlichen Argumentationsstränge aus juristischen, ökonomischen, sozial- und politikwissenschaftlichen Elementen nicht eindeutig voneinander abgegrenzt werden können. BROCKER (1993: 400) verdeutlicht diese Perspektive mit dem Hinweis auf den besonderen Charakter von Eigentum: „Damit muss Eigentum zugleich auch (als die Summe von Erlaubnis-, Ge- und Verbotsregeln) als der institutionalisierte Konsens einer Gesellschaft über die Mechanismen der Güterverteilung, des Gütererwerbs, des Tausches und der Veräußerung von Vermögenswerten aufgefasst werden, d.h. als konsensuell institutionalisiertes Regularium der distributiven Gerechtigkeit." Die Interaktionen zwischen der Ausgestaltung von Eigentumsrechten und der gesellschaftlichen Organisationsform betont BROCKER (1993: 403) in Anlehnung an WHELAN (1980: 126) mit der Definition von Eigentum als „ein soziales Artefakt, das von einer Gesellschaft entworfen und ausgestaltet werden kann, wie es nach ihrer Überzeugung den von ihr als besonders relevant erachteten Zielen und Zwecken am besten dient, und das allein nach Maßgabe dieser Aufgaben, die es nach der Überzeugung der (Mehrheit der) Bürger erfüllen soll, beurteilt werden kann."

Die nachfolgenden Ausführungen tragen die Argumente für das Institut gesicherter privater sachenrechtlicher Beziehungen bzw. des Eigentums aus juristischer, ökonomischer und sozialwissenschaftlicher Perspektive zusammen, um dann mit LEUs Entwurf zur thematischen Gliederung des Grundeigentums (1988: 117) und BLOMLEYs Darstellung der geographischen Dimension von Eigentum und Immobilien (2001a: 116f.) eine geographische Sichtweise vorzustellen. Die hier angeführten Argumente entstammen zum größten Teil der transformationsbezogenen Literatur, d.h. in zahlreichen Argumentationsketten lässt sich erkennen, dass der Übergang von Zentralverwaltungswirtschaften mit einem hohen Anteil staatlichen Eigentums zu Marktwirtschaften mit einem hohen Anteil privater Eigentumsverhältnisse erklärt und gefördert werden sollte.

4.1.1 Juristische Perspektive

Aus juristischer Sicht ist im Kontext einer Betrachtung der Bedeutung sachenrechtlicher Beziehungen für die Ausgestaltung marktwirtschaftlicher Systeme zunächst auf die Dichotomie zwischen Bürgerlichem Gesetzbuch und Grundgesetz hinzuweisen: Während das Bürgerliche Gesetzbuch im § 903 Eigentum als das Verhältnis der Zuordnung eines Objektes zu einer Person auf dem Hintergrund einer Rechtsgemeinschaft sieht (HEUCHERT 1989: 127), verschärft das Grundgesetz in Art. 14 die Sozialpflichtigkeit des Eigentums, indem es ein Rechtsgut zwar einem Rechtsträger zuweist, aber auch den Charakter dieser Zuordnung nach der Rechts- und Pflichtenstellung des Eigentümers innerhalb der Gesellschaft bemisst; insofern wird bereits auf der juristischen Diskursebene die Funktionsvielfalt von Eigentum unterstrichen. Über diese Grundelemente der Eigentumsordnung gehen auch die bei BROCKER (1993: 388) aufgeführten 13 Grundelemente des Eigentums[1] nicht hinaus, da er als Kernelemente jeder Eigentumsordnung drei Leitfragen formuliert:

– Wer soll Eigentümer sein?
– Was soll als Eigentum besessen werden?

---

1 Nach BECKER (1977): Recht zu besitzen; Recht zum Gebrauch; Verfügungsrecht; Recht der Einkommenserzielung; Recht der Konsumption und Zerstörung; Recht der Veränderung und Modifikation; Recht der Veräußerung; Recht des Vermächtnisses; Recht auf Sicherheit; An- und Abwesenheit zeitlicher Schranken; Schikaneverbot; Pfändbarkeit; residuale Bestimmungen.

– Welche Inhalte soll das jeweilige Eigentumsrecht haben?
Gerade die Frage der Ausgestaltung der jeweiligen Eigentumsrechte verweist dann auf sozialstaatlich motivierte Einschränkungen. Den Aspekt des Spannungsverhältnisses zwischen rechts- und sozialstaatlichen Implikationen sachenrechtlicher Beziehungen im Verfassungsrecht betont DOEHRING (1984: 252), indem er die Zielsetzung des Sozialstaates („Tendenz zur Herstellung der Teilhabe aller am gemeinsamen Wohl") und der des Rechtsstaats („Bewahrung von Rechten, insbesondere von wohlerworbenen Rechtspositionen") gegenüberstellt. Mangels einer Rangfolge beider Zielsetzungen und der Unmöglichkeit, allgemein gültige Abwägungsregeln zu entwerfen, bleibt die jeweilige Entscheidung zum einen den politischen Entscheidungsträgern oder aber zum anderen den Einzelentscheidungen der höchsten Gerichte überlassen (DOEHRING 1984: 257). Dieses Spannungsverhältnis ist nicht auf die verfassungsrechtliche Ebene beschränkt: ROGGEMANN (1996: 26) nennt in diesem Zusammenhang die Individual- und Sozialfunktion des Eigentums und betont deren Wirkung über die juristische Sphäre hinaus. Die Existenz antagonistischer Elemente im Eigentumsbegriff kann nach TOMUSCHAT (1996: 3) letztlich aber nur aus der Erfahrung der Gesellschaft mit anderen Formen der Zuordnung sachenrechtlicher Beziehungen - insbesondere im Transformationsprozess - oder aber unter Rückgriff auf das Menschenrecht der Gleichheit gewonnen werden: Erst die gleichmäßige Verteilung des Eigentums auf alle Mitglieder der Gesellschaft garantiert auch eine weitergehende Gleichheit oder Gleichberechtigung aller Mitglieder. An dieser Stelle wird deutlich, dass zumindest aus juristischer Perspektive sachenrechtliche Beziehungen nicht per se existieren können, sondern immer im Kontext der jeweiligen gesellschaftlichen Bedingungen gesehen werden müssen.

4.1.2 Ökonomische Perspektive

Die ökonomische Perspektive auf die Zusammenhänge zwischen sachenrechtlichen Beziehungen und marktwirtschaftlichen Systemen sind von den jeweiligen makro-, mikro- oder finanzökonomischen Perspektiven gekennzeichnet; auf die Unterschiede soll nicht im Detail eingegangen werden, da sie alle von der Notwendigkeit privatrechtlicher Eigentums- und Besitzverhältnisse für die Funktionsfähigkeit von Marktwirtschaften ausgehen. Insofern soll der Blick hier auf die unterschiedlichen Argumentationsmuster gelenkt werden, um den Stellenwert sachenrechtlicher Beziehungen abschätzen zu können. Einfache – und auch nicht von Ökonomen vorgebrachte – Argumente beziehen sich zum einen darauf, dass negative Erfahrung mit sozialistischen Wirtschaftssystemen und der inhärenten Vernachlässigung des Privateigentums zu einer Befürwortung privatrechtlich organisierter sachenrechtlicher Beziehungen führen (TOMUSCHAT 1996: 3) oder dass privatwirtschaftliche Eigentumsstrukturen ein wesentlicher Bestimmungsgrund für die Wohlfahrt eines Landes sind, da sie effiziente Wirtschaftsstrukturen schaffen (CZADA 1997: 5). Deutlicher werden hier die Ausführungen von SCHMIDT und KAUFMANN (1992: 19): „Eine marktwirtschaftlich organisierte Wirtschaft braucht klar definierte Eigentums- bzw. Verfügungsrechte, um die Kräfte und Eigeninitiativen freisetzen zu können, die die Marktwirtschaft gegenüber anderen Wirtschaftssystemen überlegen macht." Sie fügen noch hinzu, dass aus dem Blickwinkel der Makrotheorie klar definierte Eigentumsrechte zu einem Marktgleichgewicht führen, während aus der Sicht der Mikrotheorie unklare sachenrechtliche Beziehungen als Investitionshemmnisse gesehen werden.

Demgegenüber weist BRÜCKER (1995: 29) zunächst darauf hin, dass es aus ökonomischer Sicht zunächst keine Verbindung zwischen Eigentumsverfassung und Wirtschaftssystem gibt, da als Organisationsprinzip die Ressourcenallokation der entscheidende Faktor ist; ob diese Ressourcenallokation unter den Bedingungen öffentlicher oder privater sachenrechtlicher Beziehungen vor sich geht, ist irrelevant. Erst die Neue Institutionsökonomie, der sich BRÜCKER auf dem Hintergrund der Transformation in Ostdeutschland nähert, bedarf der Berücksichtigung der qualitativen Ausgestaltung von Eigentumsformen, da auf dem Hintergrund von Informations- und Transaktionskosten die Anreiz- und Sanktionsstruktur unterschiedlicher Eigentumsformen das Verhalten von Individuen und ökonomischen Institutionen beeinflusst. Nach seinen Worten wird erst durch diesen Ansatz Eigentum zu einer relevanten Kategorie für die Erklärung wirtschaftlichen Handelns, die letztlich dazu führt, dass dem Institut des Eigentums große Bedeutung für die Kohärenz und die Effizienz von Wirtschaftssystemen zugeordnet wird; allerdings leiten sich diese Kohärenz- und Effizienzvorteile direkt aus Budgetrestriktionen der Wirtschaftssubjekte und der Zunahme des Marktwissens durch die Marktteilnehmer ab (BRÜCKER 1995: 76/77).

Mithin zeigt sich hier, dass der Zusammenhang zwischen privaten sachenrechtlichen Beziehungen und Wirtschaftssystem weniger aus dem Instrument der sachenrechtlichen Beziehungen an sich, sondern aus dem sich daraus ergebenden Handeln der Subjekte konstruiert wird.

Den Zusammenhang zwischen privaten Eigentumsrechten und dem marktwirtschaftlichen System stellt ESTRIN (1994: 13) her, indem er Privateigentum nicht nur zum Grundstein der Marktwirtschaft bestimmt, sondern auch auf die aktivierende Kraft von Eigentum hinweist: Durch Eigentum am Unternehmen bzw. durch die Kopplung ihrer Existenz an das Unternehmen wird die Motivation von Managern erhöht; in ihrem Bestreben zur optimalen Nutzung ihres Eigentums werden Eigentümer zu Innovations- und Wachstumsträgern. Allerdings muss hier angemerkt werden, dass diese aktivierende Kraft bei richtigen Anreizen auch für nicht privat-, sondern genossenschaftlich organisierten Eigentumsformen denkbar ist. Deutlicher werden in dieser Hinsicht BLOMMESTEIN/MARRESE/ZECCHINI (1991: 12), die auf dem Hintergrund des Transformationsprozesses dasselbe Argument der Eigentumsrechte als Anreiz für Effizienzsteigerung nutzen, es aber nicht per se gelten lassen, sondern den privatwirtschaftlichen profitorientierten Anstrengungen die Erfahrungen bürokratischer Anreize in Staatsverwaltungswirtschaften gegenüberstellen.

Dieser Kernthese des Property-Rights-Ansatzes begegnen BACKHAUS und NUTZINGER (1982: 11) unabhängig von Transformationsdiskursen und weisen darauf hin, dass die einfache Gleichsetzung von Gemeineigentum mit Ressourcenverschwendung und Privateigentum mit ökonomisch rationalem Handeln nicht haltbar ist, da Gemeineigentum durchaus durch gemeinschaftliche Regeln ökonomisch effizient ausgestaltet sein kann; insofern zeigt sich auch hier, dass der Zusammenhang zwischen privaten sachenrechtlichen Beziehungen und Marktwirtschaft konstruiert erscheint.

Einen anderen Ansatz zur Erklärung des Zusammenhangs von Privateigentum und Marktwirtschaft verfolgen HEINSOHN und STEIGER (1994), die den Schwerpunkt ihrer Argumentation auf den Mechanismus zwischen Eigentum, dem dadurch abgesicherte Kredit, die dadurch entstehenden Schuldzinsen und letztlich die daraus entstehenden wirtschaftlichen Aktivitäten legen: „Es ist diese Geldschuld, die sie unvermeidlich zu einer monetären Bewertung ihrer Produktionsverfahren und Waren zwingt, die gerade durch diese Bewertung sich grundlegend von bloßen Gütern oder Produkten aus Nichteigentumswirtschaften unterscheiden. ... An Märkten gegen Geld zu verkaufende Waren konstituieren also keinesfalls die „Marktwirtschaft", sondern bilden den Endpunkt einer Operation, die mit Schuldkontrakten zwischen Eigentümern startet." (HEINSOHN/STEIGER 1994: 340/341). In einer späteren Darstellung (HEINSOHN/STEIGER 1996: 94) erklären sie schließlich nicht das Gegensatzpaar Privat - Kollektiv, sondern Eigentum - Besitz zum eigentlichen Begründungszusammenhang für die Entstehung marktwirtschaftlicher Wirtschaftssysteme: Erst die Möglichkeit, Eigentum als Sicherheit für Schuldner und Gläubiger einzusetzen und somit den Zwängen feudaler Besitzgesellschaften zu entgehen, wies den Weg zu intensiven, an langfristigen wirtschaftlichen Erfolgen gekoppelten Beziehungen zwischen Marktteilnehmern.

Am Schluss dieser Darstellung ist noch auf einen wichtigen Hinweis von RABINOWICZ und SWINNEN (1997: 1) einzugehen, die auf das Verhältnis von juristischen und wirtschaftlichen Rechtstiteln abheben und festhalten, dass juristische Rechtstitel zwar wirtschaftliche Rechtstitel verstärken, eigentlich aber weder notwendig noch ausreichend sind, um wirtschaftliche Rechtstitel zu generieren. Als Beispiel führen sie sozialistische Kollektive an, in denen die Eigentümer zwar einen juristischen Titel, aber keinen wirtschaftlichen Titel im Sinne einer freien Verwertung ihres Eigentums haben. Allerdings sollte man hierzu anmerken, dass es sich hier eher um eine juristische Frage der Ausgestaltung von Wirtschaftsrechten handelt; in einem funktionierenden Rechtsstaat ist die Erlangung von wirtschaftlichen Eigentumstiteln ohne juristischen Eigentumstitel kaum denkbar, da die Einrichtung eines Eigentumstitels immer eine Außenwirkung entfaltet, indem andere Personen von der Nutzung des Objekts ausgeschlossen sind.

4.1.3 Sozialwissenschaftliche Perspektive

Die sozialwissenschaftliche Analyse des Zusammenhangs zwischen privaten sachenrechtlichen Beziehungen und marktwirtschaftlichen Systemen bezieht sich zunächst in einem historischen Exkurs auf den grundlegenden Zusammenhang zwischen Eigentumsrecht und individueller Freiheit, wie er von SMITH, LOCKE oder HEGEL dargestellt wurde (vgl. dazu RYAN 1982: 323f.). Die Auseinandersetzung mit dem radikalliberalen (aus wirtschaftlicher wie politischer Sicht) Konzept NOZICKs (1974), der Marktkräfte als faire und gerechte Distributionswege von Eigentumsrechten ansieht, führt zu der Erkenntnis, dass private Eigentumsrechte aus sozialwissenschaftlicher Sicht immer als ein Bündel von Rechten mit unterschiedlichem Grad des Einflusses auf den Eigentümer bzw. andere Menschen zu sehen sind. So können einige diese Teilrechte, wie sie durch die Wirtschaftswissenschaften definiert werden (s.o. bei BECKER 1977), die Handlungsoptionen des Eigentümers und der anderer Menschen erweitern oder sogar ganz einschränken (RYAN 1982: 340).[2]

Für die Sozialwissenschaften sind aber andere Konnotationen von Eigentum weitaus bedeutsamer, da durch sie wesentliche Elemente des gesellschaftlichen Zusammenlebens ausgestaltet werden. So weist ABRAHAMS (1996: 2/3) darauf hin, dass sachenrechtliche Beziehungen allgemein – er bezieht sich allerdings nur auf Eigentum – über die eigentliche Inwertsetzung des Objekts hinaus weiterreichende soziale Auswirkungen haben. In diesem Zusammenhang nennt er das mit privaten sachenrechtlichen Beziehungen verbundene Konfliktpotential, das graduell an die Intensität der Produktivkraft des Nutzungsrechts gebunden ist. Land selbst bzw. die damit verbundenen Rechte zum Eigentum, Besitz und zur Nutzung werden so zur Quelle von Auseinandersetzungen innerhalb von Familien oder Dorfgemeinschaften.

Darüber hinaus gewinnen sachenrechtliche Beziehungen einen hohen moralischen und symbolischen Wert, den sie im Wesentlichen aus ihrer funktionalen Beziehung zu den Grundbedürfnissen des Wohnens, der Ernährung und des Arbeitens ziehen. Dieser Aspekt darf als konstitutives Element für pluralistische Gesellschaften nicht übersehen werden, da er sowohl die Mobilität von Land auf dem Bodenmarkt positiv bzw. negativ – bei impliziten Veräußerungsverboten – beeinflusst als auch in Migrationsintensitäten bzw. Verbundenheitsbeziehungen zum Wohnort der Familie ablesbar ist. Das ab den 1950er Jahren erforschte Phänomen der Sozialbrache lässt sich über weite Strecken auf Verbundenheitsgefühle mit Land bzw. einer landwirtschaftlichen Nutzung zurückführen (z. B. SCHULZE VON HANXLEBEN 1972: 18).

In diesem Zusammenhang verweist HANN (1998: 1/2) sogar darauf, dass das dominante liberale Paradigma aus Privateigentum, freien Individuen, Wettbewerbsmärkten, pluralistischen Bürgergesellschaften und Rechtsstaatlichkeit nicht uneingeschränkt gelten kann, da sachenrechtliche Beziehungen immer von politischen und juristischen Einschränkungen betroffen sind. Als Beispiel für solche Beeinträchtigungen führt er die Zuweisung privater Eigentumsrechte an die Ureinwohner Australiens an, obgleich diesen der Begriff des Privateigentums an Land nicht geläufig ist. Ähnlich kontrovers erscheinen aus seiner Sicht Gesellschaften in Ostasien, die trotz einer starken Einbindung in kapitalistische Wirt-

---

2 Dies verdeutlicht das Beispiel der Gewährung des Rechts auf Sicherung des Vermögensgegenstandes, dass in der Form der Errichtung einer Mauer anderen Menschen (und insbesondere dem direkten Nachbarn) das Recht auf Konsumption der landschaftlichen Qualität des eigenen Grundstücks entzieht.

schaftsstrukturen individuellem Privateigentum skeptisch gegenüberstehen und die Rolle der Familie, der Gemeinschaft oder des Kollektivs betonen. Aus der anthropologischen Perspektive von HANN ergibt sich dann auf der Mikroebene die Interpretation von Eigentumsbeziehungen als Möglichkeiten von Menschen, ihre soziale Identitäten zu bilden, indem sie Gegenstände in ihrer Umwelt nutzen und in Beziehung zu sich selbst bringen (HANN 1998: 3). Sachenrechtliche Beziehungen werden so zu sozialen Beziehungen zu Gegenständen, die bspw. in unterschiedlicher Intensität oder Häufigkeit genutzt werden können; die Vielzahl und Diversität dieser Beziehungen zu unterschiedlichen Objekten bildet dann ein Netzwerk sozialer Beziehungen zwischen den Objekten und den davon tangierten Menschen. Dass diese sozialen Beziehungen zu Objekten, die sich originär aus sachenrechtlichen Beziehungen speisen, natürlich auch eine räumliche Dimension aufweisen können, zeigt BLOMLEY (2001b: 119) anhand der Eigentumsstrukturen in einem Stadtteil von Vancouver auf: „It represents a complicated and fractured geologic layering of material and representational processes, implicated in local and increasingly globalized networks."

4.1.4 Geographische Perspektive

Am Ende dieses Abschnitts zur Bedeutung sachenrechtlicher Beziehungen als Grundpfeiler marktwirtschaftlicher Entwicklung soll die vertiefte Auseinandersetzung mit der geographischen Dimension von Eigentumsrechten in marktwirtschaftlichen Systemen stehen. Obgleich hier in Anlehnung zu wirtschaftsgeographischen Standorttheorien kein Versuch unternommen werden soll, die räumliche Ordnung sachenrechtlicher Beziehungen zu ergründen bzw. modellhaft darzustellen – ein solcher Versuch wäre angesichts der Multidimensionalität von sachenrechtlichen Beziehungen vermessen – , bedarf es doch einer Verdeutlichung der geographischen Dimension.

Die hier vorgestellten Überlegungen basieren auf den Beiträgen von LEU (1988: 117) zur thematischen Gliederung von Grundeigentum aus geographischer Sicht und von BLOMLEY (2001a) zur Prägung der Geographie des sozialen Lebens durch Eigentum. Ausgangspunkt einer solchen Diskussion ist die Feststellung der durch sachenrechtliche Beziehungen transportierten Werte einer Gesellschaft. Hierbei erscheint es äußerst schwierig, die gegenseitigen Interdependenzen zwischen diesen Werten und sachenrechtlichen Festlegungen auf einfache Ursache-Folgen-Beziehungen zu reduzieren, da neben Selbstverstärkungseffekten auch multidimensionale Zusammenhänge bestehen. Allerdings muss hier angemerkt werden, dass eine solche Diskussion den einschlägigen Disziplinen der Rechts-, Wirtschafts-, Sozial- und Politikwissenschaften überlassen werden muss, zumal eine solche Frage für die Auseinandersetzung mit der geographischen Dimension nachrangig erscheint. Unbestritten bleibt, dass sachenrechtliche Beziehungen, und insbesondere Eigentumsrechte, starke Konnotationen zum Gedanken der persönlichen Freiheit, der Sozialstaatlichkeit des Gemeinwesens bzw. der Sozialpflichtigkeit des Individuums, der individuellen ökonomischen Handlungsoptionen und der Verortung innerhalb sozialer Gruppen aufweisen.

Aus der Wahrnehmung dieser unterschiedlichen Aspekte von Grundeigentum erstellte LEU (1988: 117) einen Entwurf zu einem Schema, das rechtliche, formale und soziale Aspekte von Grundeigentum differenziert und die jeweiligen Eigentumsbeschränkungen und daraus abgeleiteten Manifestationen von Grundeigentum darstellt. In Anbetracht der bspw. von ABRAHAMS (1996) oder HANN (1998) angeführten starken sozialen Dimension sachenrechtlicher Beziehungen erschien es angebracht, LEUs Schema um diese spezifischen Aspekte zu erweitern, da sie eben auch räumlichen Charakter annehmen können; da die soziale Konnotation von sachenrechtlichen Beziehungen tatsächlich von Entscheidungen und Prozessen innerhalb menschlicher Gruppen beeinflusst sind, wurden die von LEU ursprünglich als soziale Aspekte gesehenen Eigentumsbeschränkungen juristischer Art um einen juristischen Aspekt erweitert und unter sozio-legale Aspekte subsumiert (vgl. Abb. 10).

Abb. 10: *Die thematische Gliederung sachenrechtlicher Beziehungen aus geographischer Sicht*

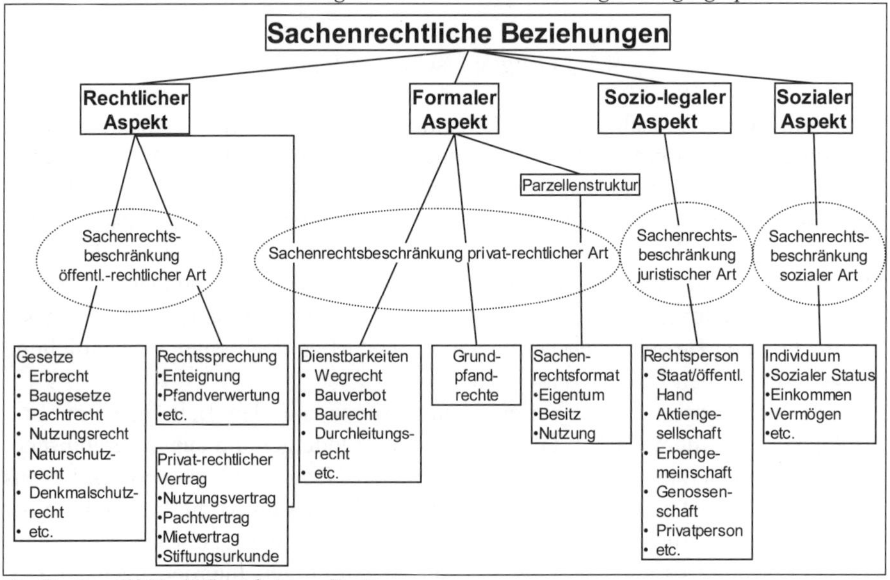

Quelle: *Leu (1988: 117) und eigene Ergänzungen*

Die Relevanz dieser Übersicht für die Erklärung des Stellenwerts sachenrechtlicher Beziehungen in marktwirtschaftlichen Gesellschaften liegt darin, dass überzeugend dargelegt wird, wie sich sachenrechtliche Beschränkungen unterschiedlicher Qualität (öffentlich-rechtlich, privat-rechtlich, juristisch und sozial) in Eigenschaften des jeweiligen Objekts widerspiegeln: Zum einen indirekt durch die Unterwerfung unter geltendes Recht (Erbrecht, Baugesetze etc), Rechtssprechung und Verträge, zum anderen aber direkt durch die aktive Ausgestaltung von Dienstbarkeiten, Sachenrechtsformaten oder juristischem oder sozialem Status. Mithin verdeutlicht diese Übersicht den Reichtum sachenrechtlicher Beziehungen, die das Objekt – und mit ihm den jeweiligen Eigentümer, Besitzer, Pächter oder Nutzungsberechtigten – in eine Vielzahl von Beziehungen unterschiedlicher Intensität zur öffentlichen Hand, zu anderen privaten Eigentümer, Besitzern etc. und zu Mitgliedern der eigenen sozialen Gruppe stellen. Dieses Beziehungsgeflecht, das BLOMLEY (2001: 115) mit den Worten „Yet real property is also important beyond the formal boundaries of the law, shaping social and political identities, struggles, and relations." zusammenfasste, erweist sich jedoch in der Realität als weitaus komplexer, da zu den gegenwärtigen rechtlichen und sozialen Komponenten auch die historische Dimension gezählt werden muss.[3]

Allerdings muss an dieser Stelle vermerkt werden, dass die Interpretation von Eigentum als ausgrenzendes Element, wie sie BLOMLEY (2001: 116) vornimmt, nicht in allen Punkten nachvollzogen werden kann. Sein Argument spannt den Boden von der physischen Ausgrenzung von Menschen durch Zäune zu sozialen Segregationsprozessen, die sowohl durch spezifische, teilweise ethniengebundene Rechtsverständnisse[4] als auch durch kapitalistische Wertkategorien, die sich in Bodenwertkarten manifestieren, ausgelöst werden. Demgegenüber ist aber darauf hinzuweisen, dass von sachenrechtlichen Beziehungen eine ebenso starke integrative Funktion ausgeht, da Eigentum, Besitz, Nutzung oder Pacht Mitglieder der Gesellschaft auch über lange Zeiträume hinweg in rechtliche und soziale Zusammenhänge einbinden und somit zu sozialstrukturstabilisierenden Instrumenten werden können.[5] Indirekt ergibt sich aus dieser Stabilisierungsfunktion dann die Verpflichtung, sachenrechtliche Beziehungen auch für die Aspekte des Landschaftsschutzes zu instrumentalisieren, wie es GALLUSSER (1974: 160) für die Schweiz vorschlägt.

An diese Darstellung der Zusammenhänge zwischen sachenrechtlichen und marktwirtschaftlichen Strukturen und ihrer Interdependenzen schließt sich eine entsprechende Analyse des Sachenrechts unter den Bedingungen der sozialistischen Gesellschaftsordnung in der DDR an, um Ausmaß und Intensität der Transformation in diesem wichtigen Bereich abschätzen zu können.

4.2 SACHENRECHTLICHE STRUKTUREN IN DER SOZIALISTISCHEN GESELLSCHAFTSORDNUNG

Im Gegensatz zum vorhergehenden Abschnitt konzentrieren sich die nachfolgenden Ausführungen weniger auf die juristischen, wirtschaftlichen oder sozialen Zusammenhänge zwischen sozialistischer Gesellschaftsordnung und den darin herr-

---

3 Die Bedeutung der historischen Dimension soll in Kap. 4.5 dargestellt werden.
4 Siehe die Übertragung des römischen Eigentumsbegriffes auf traditionelle Besitzgesellschaften des Südens, bei denen ein nicht vorhandenes Verständnis für die Eigenschaften von Eigentum gegenüber Besitz zu einer Ausgrenzung einzelner Gruppen führte.
5 Natürlich soll hier nicht die ausgesprochen hohe Wirkungsintensität sachenrechtlicher Zusammenhänge bei raschen Veränderungen der Bodenpreise oder der Grundrente negiert werden; in solchen Fällen kommt es dann tatsächlich zu sozialen und räumlichen Ausdifferenzierungsprozessen.

schenden sachenrechtlichen Strukturen im Sinne einer Herleitung aus den Thesen des Marxismus-Leninismus, sondern sie fassen konkret die Prozesse und Rechtssetzungen, die zur spezifischen Ausgestaltung der sachenrechtlichen Beziehungen in der DDR führten, zusammen. Abschließend werden die Auswirkungen der langjährigen Prägung durch diese sachenrechtlichen Beziehungsmuster für den Transformationsprozess umrissen, wobei nicht die Unternehmen, sondern die darin Beschäftigten im Mittelpunkt des Interesses stehen.

Die hohe Bedeutung, die sachenrechtlichen Beziehungen in der DDR zukam, leitet sich im Wesentlichen aus der marxistisch-leninistischen Ideologie ab, die davon ausgeht, dass die Eigentumsverhältnisse wesentliche Determinanten und Prozessregler für die Ausgestaltung der wirtschaftlichen und politischen Machtverhältnisse sind; in der marxistischen Theorie werden daher alle Erscheinungen des gesellschaftlichen Lebens auf die herrschenden Eigentumsverhältnisse zurückgeführt. Dementsprechend umschreiben MARX/ENGELS (1972: 105) die kommunistische Ideologie auch als die Abschaffung des Privateigentums. Allerdings muss bereits an dieser Stelle vermerkt werden, dass der von ihnen konstatierte Gegensatz von Eigentümern und Nichteigentümern – und in seiner Konsequenz die Herausbildung von Klassen und mithin Klassengegensätzen – in der DDR nicht völlig zugunsten von Volks- oder Genossenschaftseigentum aufgelöst, sondern vielmehr in ein fein abgestuftes System unterschiedlicher sachenrechtlicher Strukturen umgesetzt wurde.

An dieser Stelle sei hier noch darauf verwiesen, dass angesichts der Fülle einschlägiger Veröffentlichungen (siehe Kap. 2) hier nur eine kursorische und auf die geographischen Aspekte fokussierte Darstellung erfolgen muss; sie ist außerdem im Hinblick auf den Charakter des Untersuchungsgebietes auf ländliche Räume beschränkt, so dass bspw. Fragen der sachenrechtlichen Zwangsmaßnahmen gegen Privatbetriebe des Handwerks keine Berücksichtigung finden.

4.2.1 Strukturbildende Prozesse

Die sachenrechtlichen Festsetzungen in der DDR und insbesondere die Verteilung der einzelnen Eigentums-, Besitz- und Nutzungsformen lassen sich nur durch einen Rückblick auf die dafür verantwortlichen strukturbildenden Prozesse verstehen. Als Orientierungsrahmen für eine solche Darstellung dient dabei die nachfolgende Übersicht, in der die sachenrechtsbelastenden Maßnahmen den dadurch induzierten Reorganisationsmaßnahmen gegenüber gestellt sind (Tab. 4).

Tab. 4: *Strukturbildende Prozesse im Sachenrecht in Ostdeutschland*

Belastende Maßnahmen	Reorganisation

Anti-faschistische Enteignungen:
  Enteignung von Kriegsverbrechern und Kriegsschuldigen
  Enteignung von Nazi-Führern und aktiven Nazis
  Enteignungen von Anti-Kommunisten
Bodenreform:
  Enteignungen von landwirtschaftlichen Betrieben über 100 ha
	Aufstockung bestehender Betriebe
	Einrichtung neuer Betriebe („Neubauern")
	Einrichtung staatlicher Landwirtschaftsbetriebe (VEG)

Enteignungen für staatliche Vorhaben	Eigentum des Volkes
Enteignungen von Republik-Flüchtlingen	Eigentum des Volkes/Treuhandverwaltung
Enteignungen in Zusammenhang mit Gerichtsurteilen	Eigentum des Volkes
Kollektivierung	Schaffung landwirtschaftlicher Großbetriebe unterschiedlicher Integrationsstufen
Staatlich angeordnete Belastungen sachenrechtlicher Beziehungen	Eigentum des Volkes

Quelle: *Eigene Darstellung*

Diese Übersicht verdeutlicht, dass die Maßnahmen mit belastendem Charakter für private sachenrechtliche Beziehungen in ihrer Zielsetzung zum einen auf die Optimierung der landwirtschaftlichen Produktion und zum anderen auf die Vergrößerung des staatlichen Anteils am Produktiv- und Immobilienvermögen ausgerichtet waren.

Die erste Phase belastender Maßnahmen umfasst die in der Literatur und im öffentlichen Sprachgebrauch als Bodenreform bezeichneten Maßnahmen der Sowjetischen Militäradministration in Deutschland (SMAD). Tatsächlich sind hierbei aber die beiden Teilprozesse der Konfiskation gegenüber Kriegsverbrechern, Kriegsschuldigen, Nazi-Führern, aktiven Nazis und Anti-Kommunisten[6] und der entschädigungslosen Enteignung von landwirtschaftlichen Betrieben über 100 ha[7] zu differenzieren. Diese Unterscheidung ist insofern von großer Bedeutung, als dass sie durch eine veränderte rechtliche Bewertung und die Möglichkeit der Rehabilitierung zu Unrecht verurteilter und mit Konfiskation bestrafter Personen zu unterschiedlichen Rechtsergebnissen im Restitutions- bzw. Ausgleichsleistungsverfahren führt. Die Bodenreform in Ostdeutschland, die durchaus auf historische Vorläufer aus demokratischer Zeit (Reichssiedlungsgesetz von 1919[8],

---

6 THÖNE (1993: 12) bezeichnet Konfiskation als „einen entschädigungslosen Eigentumsentzug, der nicht primär zur Güterbeschaffung für die öffentliche Hand oder von dieser im öffentlichen Interesse geförderter Privater erfolgt, sondern als personenbezogener Eingriff oder als eigentumsrechtliche Strafmaßnahme gegenüber einer bestimmten Personengruppe wirkt."

7 Tatsächlich scheint es sich auch um eine Konfiskation zu handeln, da ja auch eine bestimmte Personengruppe betroffen war; tatsächlich fand aber im Gegensatz zur ersten Gruppe keine Einzelfallprüfung statt, darüber hinaus waren auch juristische Personen mit Streubesitz oder Erbengemeinschaften von diesen entschädigungslosen Enteignungen betroffen.

8 Durch das Reichssiedlungsgesetz wurden die Eigentümer von Betrieben über 100 ha zu „Landlieferungsverbänden" zusammengeschlossen; durch die Abgabe von Boden entstanden so zwischen 1919 und 1941 ca. 80.000 Neusiedlerstellen auf 974.000 ha, während 181.000 Betriebe um zusammen 312.000 ha erweitert wurden (MOHR 1995: 213).

Reichsheimstättengesetz von 1920; siehe DIX 2002oder GRAAFEN 1991) zurückblicken kann, wurde bereits 1944 im Moskauer Exil mit der Zielsetzung der Enteignung von Nazis und Kriegsverbrechern sowie Großgrundbesitzern zugunsten von Kleinbauern geplant (BASTIAN 2003: 82/83). Es handelt sich dabei übrigens nicht um eine singuläre Maßnahme in der sowjetischen Besatzungszone, da auch in den anderen Besatzungszonen (US-Amerikanisch 1946, Britisch 1947, Französisch 1947) Bodenreformen stattfanden. Die Intention in den westlichen Besatzungszonen war dabei vom Bemühen um eine Verringerung des politischen und wirtschaftlichen Einflusses des Großgrundbesitzes, eine rasche Demokratisierung und der Verbesserung der Nahrungsmittelproduktion geprägt, allerdings wurden hier Entschädigungen als Ausgleich gezahlt und die Flächen vollständig privatisiert (BIEHLER 1994: 24).

Demgegenüber lag der Zweck der „demokratischen Bodenreform"[9] in der SBZ in der Bestrafung der Kriegsverbrecher und Nazis, der Entmachtung der Junker und Großgrundbesitzer, der Steigerung der landwirtschaftlichen Produktion und der Versorgung der zahlreichen Flüchtlinge aus den ehemaligen deutschen Ostgebieten mit Land. Strittig ist diesem Zusammenhang, ob und wieweit diese Bodenreform als ein erstes vorbereitendes Instrument für die spätere Umwandlung der landwirtschaftlichen Betriebe in sozialistische Betriebsformen zu sehen ist: Während MOHR (1995: 214) die Bodenreform als einen ersten Schritt zur vollkommenen Sozialisierung aller Produktionsmittel beschreibt, weist PRIES (1994: 10) auf den offensichtlichen Widerspruch aus der Enteignung des Großgrundbesitzes und der anschließenden Verteilung an Privatbauern, die es in dieser Form in der sozialistischen Agrarlehre nicht geben sollte, hin.[10] Die Lösung dieser Frage liegt in der Ausgestaltung der spezifischen Betriebsgrößen und sachenrechtlichen Beziehungen der Neubauern: Ihre landwirtschaftlichen Betriebe waren klein, mit Schulden belastet[11] und als Nutzungseigentum mit Minderrechten ausgestattet (siehe Kap. 4.2.2). WANNENWETSCH (1995: 28) betont außerdem, dass eine sofortige Verstaatlichung des Bodens und der Betriebsmittel am Widerstand der Landwirte gescheitert wäre; außerdem hätten größere landwirtschaftliche Experimente kurzfristig zu einer Verschlechterung der Versorgungssituation geführt.

Die technische Umsetzung dieser umfangreichen Aufgabe wurde an über 10.000 Bodenreformkommissionen auf Gemeinde-, Kreis- und Landes- bzw. Bezirksebene delegiert, die zunächst eine Bestandsaufnahme der zur Verfügung stehenden Flächen und eine Liste von Anwärtern erstellten. Anschließend wurde ein Plan für die Bodenverteilung ausgearbeitet und auf verschiedenen Versammlungen mit den Interessenten und den übrigen Bauern diskutiert. Das Protokoll einer

---

9 Die Bezeichnung „Demokratische Bodenreform" geht darauf zurück, dass in Sachsen 1945 eine Volksabstimmung stattfand, bei der sich über 70 % der Stimmen für eine Bodenreform aussprachen (BIEHLER 1994: 19)

10 Darüber hinaus zeigten die Erfahrungen aus der Sowjetunion, wie schwierig die Eingliederung von Privatbauern in genossenschaftlich organisierte Betriebsformen vonstatten ging.

11 Die Belastung der Unternehmen mit Schulden ergab sich durch den Zwang, „für den Boden eine Summe zu entrichten, die dem Wert einer Jahresernte" entsprach (PRIES 1994. 22) und der Beteiligung an den Kosten für Vermessung und Katasterberichtigung (MOHR 1995: 216).

erfolgreichen Bauernversammlung erhielt als Satzung auf Landes- bzw. Bezirksebene Gesetzeskraft, womit die Eigentümer ins Grundbuch eingetragen wurden.

Die Bodenreform in der SBZ stellte durch die Schaffung eines Bodenfonds von über 3,2 Mio. ha ein erhebliches Reorganisations- und Redistributionspotential dar. Die folgenden Übersichten verdeutlichen dieses Potential, weisen aber auch auf erhebliche Defizite zwischen der ursprünglichen Zielsetzung und der Umsetzung hin. Aus Tab. 5 geht hervor, dass der Großteil der in Anspruch genommenen Flächen aus Enteignungen von Betrieben über 100 ha herrührt, während der Anteil des konfiszierten Eigentums von Nazis, Kriegsverbrechern oder Anti-Kommunisten nur bei 4 % liegt.[12] Betrachtet man jedoch die Zahl der enteigneten oder konfiszierten Betriebe, ergibt sich insofern ein anderes Bild, als dass dann der Anteil der konfiszierten Betriebe höher liegt und sich das Ausmaß der stärker politisch motivierten Konfiskationen gegenüber den eher ökonomisch motivierten Enteignungen offenbart, womit die duale Zielsetzung der Bodenreform unterstrichen wird.

Tab. 5: *Die Zusammensetzung des Bodenreformfonds am 1. Januar 1950*

A. Darstellung des Umfangs der Bodenreform bei IMMLER *(1971)/*BELL *(1992: 82)*

Enteignete Objekte	Anzahl der Betriebe	Anteil v.H. an Anzahl der Betriebe	Betriebsfläche in ha	Anteil v.H. an Betriebsfläche
Privatbesitz über 100 ha	7.160	50,8	2.517.357	76,3
Privatbesitz unter 100 ha	4.537	32,2	131.742	4,0
Staatsbesitz ohne Forsten	1.288	9,1	337.507	10,2
Staatsforsten	384	2,7	200.247	6,1
Siedlungsgesellschaften nationalsozialistischer Institutionen	169	1,2	22.764	0,7
Sonstiger Grundbesitz	551	3,9	88.465	2,7
Zusammen	**14.089**	**100**	**3.298.082**	**100**

Quelle: IMMLER *(1971: 30),* BELL *(1992: 82) und eigene Berechnungen*

B. Darstellung des Umfangs der Bodenreform bei SCHWEIZER *(1994)*

Enteignete Objekte	Anzahl der Betriebe	Anteil v.H. an Anzahl der Betriebe	Betriebsfläche in ha	Anteil v.H. an Betriebsfläche
Privatbesitz über 100 ha	7.112	51,9	2.504.732	77,7
Privatbesitz unter 100 ha	4.278	31,2	123.868	3,8
Staatsbesitz ohne Forsten	1.203	8,8	329.123	10,2
Staatsforsten	373	2,7	161.269	5,0
Siedlungsgesellschaften nationalsozialistischer Institutionen	129	0,9	18.321	0,6
Sonstiger Grundbesitz	604	4,4	88.051	2,7
Zusammen	**13.699**	**100**	**3.225.364**	**100**

Quelle: SCHWEIZER *(1984: 18) und eigene Berechnungen*

---

12 Offenbar kann der exakte Umfang der Bodenreform nicht festgestellt werden: Der überwiegende Teil der Literatur bezieht sich auf IMMLER (1971), dessen Daten von denen SCHWEIZERS (1994) um fast 73.000 ha abweichen. BELL (1992: 82) gibt die Daten von IMMLER an, verweist aber auf eigene Archivarbeit im Bundesarchiv-Bereich Potsdam (K-1, 8620).

Die Auswirkungen der Bodenreform lassen sich aus Tab. 6 ablesen: Neben den umfangreichen Änderungen der landwirtschaftlichen Betriebsstruktur zwischen 1939 und 1951 fällt aber auch auf, dass sich im Segment der Unternehmen mit 5–20 ha die durchschnittliche Betriebsgröße kaum verändert hat. Ganz offensichtlich diente also die Bodenreform eher der Schaffung neuer Betriebe als der Erweiterung bestehender Kleinbetriebe, da die Zahl der Betriebe mit 0,5–5 ha zwar abnahm, die Durchschnittsgröße aber konstant blieb.

Tab. 6: *Änderungen der landwirtschaftlichen Betriebsstruktur in der SBZ/DDR, 1939–1951*

Jahr	Größenklassen in ha LN					Betriebe insgesamt
	0,5–5	5–20	20–50	50–100	Über 100	
1. Zahl der Betriebe absolut						
1939	320.400	183.400	48.700	8.100	6.300	572.900[1]
1946	332.000	353.700	50.900	7.600	1.200	745.400
1951	369.300	370.400	43.400	4.500	900	788.500
2. Zahl der Betriebe in v.H.						
1939	55,9	32,0	8,5	1,4	1,1	100,0
1946	44,5	47,5	6,8	1,0	0,2	100,0
1951	46,8	47,0	5,5	0,6	0,1	100,0
3. Landwirtschaftliche Nutzfläche der Betriebe in 1.000 ha						
1939	579,9	2.031,1	1.463,6	538,1	1.812,3	6.396,0
1946	587,1	3.242,0	1.460,5	469,2	312,7	6.071,5
1951	669,5	3.646,7	1.324,4	283,7	275,1	6.199,4
4. Anteil an der LN der Betriebe in v.H.						
1939	9,1	31,8	22,9	8,4	28,3	100,0
1946	9,7	53,4	24,1	7,7	5,2	100,0
1951	10,8	58,8	21,4	4,6	4,4	100,0
5. Durchschnittliche Betriebsgröße in ha						
1939	1,81	11,97	30,05	66,43	287,67	11,16
1946	1,77	9,17	28,69	61,73	260,58	8,14
1951	1,81	9,85	30,52	63,04	305,66	7,86

[1] *Die hier angegebene Anzahl aller Betriebe umfasst vermutlich auch die Betriebe unter 0,5 ha, die in der Übersicht nicht angegeben sind.*
Quelle: IMMLER *(1971: 30) und eigene Berechnungen*

Tab. 7 verdeutlicht schließlich die Verteilung der Flächen des staatlichen Bodenfonds und legt dar, dass 31,6 % der Flächen zur Einrichtung staatlicher landwirtschaftlicher Betriebe genutzt wurden, um damit die Herstellung sozialistischer Produktionsstrukturen zu fördern; der Rest wurde zum größten Teil zur Errichtung neuer Betriebe genutzt, wobei hier die Umsiedler mit 23,8 % eine prominente Rolle spielten. Somit illustriert diese Übersicht das Ziel bzw. die Notwendigkeit der Einbindung der „Umsiedler" aus den ehemaligen deutschen Ostgebieten in die ostdeutsche Agrargesellschaft.[13]

---

13 Sie stellen die drittgrößte Gruppe der Nutznießer der Bodenreform – ihr Schicksal der Vertreibung und der anschließenden Zuweisung von Bodenreformland muss bei der Diskussion um die Behandlung der Bodenreform im sachenrechtlichen Transformationsprozess besondere Berücksichtigung finden.

Tab. 7: Die Verteilung der Flächen des staatlichen Bodenfonds, 1950
A. Darstellung bei IMMLER (1971: 30)

Klasse	Zahl	Anteil v.H. an Zahl der Betriebe	Verteiltes Land (Betriebsfläche) in ha	Anteil v.H. an Betriebsfläche
1. Verteilung zur Errichtung neuer und selbständiger landwirtschaftliche Betriebe				
landlose Bauern und Landarbeiter	119.121	21,3	932.487	29,1
Umsiedler	91.155	16,3	763.596	23,8
2. Verteilung zur Vergrößerung der landwirtschaftlichen Betriebe				
landarme Bauern	82.483	14,8	274.848	8,6
Kleinpächter	43.231	7,7	41.661	1,3
Altbauern (Waldzulage)	39.838	7,1	62.742	2
nichtlandwirtschaftliche Arbeiter und Angestellte	183.261	32,8	114.665	3,6
3. Verteilung zur Errichtung staatlicher landwirtschaftlicher Betriebe				
staatliche landwirtschaftliche Güter (VEG, Lehr- und Versuchsbetriebe, andere staatliche Betriebe)			1.010.462	31,6
4. Insgesamt verteiltes Land				
alle Personen und staatliche Organisationen			3.200.461	100

Quelle: IMMLER (1971: 30) und eigene Berechnungen

B. Darstellung bei LUFT (1998: 17)

Klasse	Zahl	Anteil v.H. an Zahl der Betriebe	Verteiltes Land (Betriebsfläche) in ha	Anteil v.H. an Betriebsfläche
1. Verteilung zur Errichtung neuer und selbständiger landwirtschaftliche Betriebe				
landlose Bauern und Landarbeiter	119.530	22	924,365	28,9
Umsiedler	89.529	16,5	754.976	23,6
2. Verteilung zur Vergrößerung der landwirtschaftlichen Betriebe				
landarme Bauern	80.404	14,8	270.949	8,5
Kleinpächter	45.403	8,4	43.969	1,4
Altbauern (Waldzulage)	39.786	7,3	60.140	1,9
nichtlandwirtschaftliche Arbeiter und Angestellte	169.427	31,2	111.203	3,5
3. Verteilung zur Errichtung staatlicher landwirtschaftlicher Betriebe				
staatliche landwirtschaftliche Güter (VEG, Lehr- und Versuchsbetriebe, andere staatliche Betriebe)			1.010.462	32,3
4. Insgesamt verteiltes Land				
alle Personen und staatliche Organisationen			3.200.461	100

Quelle: LUFT (1998: 17) und eigene Berechnungen

Allerdings ergaben sich im Hinblick auf die regionale Verteilung der Bodenreformflächen erhebliche Unterschiede, die im Wesentlichen auf die differenzierte Agrarstruktur in Ostdeutschland zurückzuführen ist und in ihrer Deutlichkeit die Gebiete der nordostdeutschen Gutswirtschaft von den mittel- und südostdeutschen Gebieten mit Klein- und Mittelbetrieben, die nicht der Bodenreform unterlagen, abgrenzt (Tab. 8).

Tab. 8: *Anteil des staatlichen Bodenfonds an der land- und forstwirtschaftlichen Nutzfläche, 1950*

Land	Anteil an der land- und forstwirtschaftlichen Nutzfläche (in %)
Mecklenburg	54
Brandenburg	41
Sachsen-Anhalt	35
Sachsen	24
Thüringen	15

Quelle: MOHR (1995: 215)

Für das Land Mecklenburg ergibt sich entsprechend der spezifischen Landwirtschaftsstruktur ein anderes Bild (Tab. 9 und 10). Obgleich die Zusammensetzung des Bodenfonds in Mecklenburg dem der gesamten DDR entsprach, zeigen sich markante Unterschiede bei der Verteilung des Landes, da in Mecklenburg offenbar stärker zugunsten der landlosen Bauern und Umsiedler verteilt wurde und somit auch der staatliche Anteil geringer war. Diese Differenz ergibt sich zum einem durch die wesentlich höhere Belastung Mecklenburgs mit Umsiedlern und zum anderen aus der schlechten Bodenqualität, die wenig Anreize zur Gründung staatlicher Agrarbetriebe bot.

Tab. 9: *Die Zusammensetzung des Bodenreformfonds in Mecklenburg am 1. Januar 1950*

Enteignete Objekte	Anzahl der Betriebe	Anteil v.H. an Anzahl der Betriebe	Betriebsfläche in ha	Anteil v.H. an Betriebsfläche
Privatbesitz über 100 ha	2.199	54,9	823.726	76,7
Privatbesitz unter 100 ha	1.287	32,1	66.224	6,2
Staatsbesitz	521	13,0	183.628	17,1
Zusammen	**4.007**	**100**	**1.073.578**	**100**

Quelle: BASTIAN (2003: 93) und eigene Berechnungen

Tab. 10: *Die Verteilung der Flächen des staatlichen Bodenfonds in Mecklenburg, 1950*

Klasse	Zahl	Anteil v.H. an Zahl der Betriebe	Verteiltes Land (Betriebsfläche) in ha	Anteil v.H. an Betriebsfläche
1. Verteilung zur Errichtung neuer und selbständiger landwirtschaftliche Betriebe				
landlose Bauern und Landarbeiter	38.286	33,4	368.852	39,3
Umsiedler	38.892	33,9	369.443	39,4
2. Verteilung zur Vergrößerung der landwirtschaftlichen Betriebe				
landarme Bauern	10.867	9,5	41.416	4,4
Kleinpächter	3.428	3,0	6.605	0,7
Altbauern (Waldzulage)	13.204	11,5	16.814	1,8
nichtlandwirtschaftliche Arbeiter und Angestellte	9.842	8,6	19.437	2,1

3. Verteilung zur Errichtung staatlicher landwirtschaftlicher Betriebe				
staatliche landwirtschaftliche Güter (VEG, Lehr- und Versuchsbetriebe, andere staatliche Betriebe)	214	0,2	115.000	12,3
4. Insgesamt verteiltes Land				
alle Personen und staatliche Organisationen			937.567	100

Quelle: BASTIAN (2003: 93) und eigene Berechnungen

Zusammenfassend kann für den Prozess der Bodenreform festgehalten werden, dass durch sie mehrere Ziele verfolgt wurden – im Vordergrund dieser Bemühungen standen Fragen der Bestrafung bestimmter Individuen durch Konfiskationen, der Zerschlagung großbäuerlicher Strukturen aus politischer und agrarökonomischer Sicht und letztlich der Sicherung der Versorgung landloser Bauern. Der Aspekt der Vorbereitung einer sozialistischen Agrarstruktur stand allenfalls im Hintergrund und wurde durch die Schaffung von Staatsbetrieben und Maschinen-Ausleih-Stationen als Vorstufe kollektiver Kooperation gefördert. Abschließend bleibt noch darauf hinzuweisen, dass im Zuge der Bodenreform zahlreiche Verbrechen gegen die Menschlichkeit verübt und Fehlurteile durch sowjetische Militärtribunale gefällt wurden.

Eine zweite Gruppe strukturbildender Prozesse im Sachenrecht Ostdeutschlands umfasst die Enteignungen für staatliche Vorhaben, also einen Bereich, der auch in nicht-sozialistischen Wirtschafts- und Regierungssystemen als ein legitimes Mittel zur Inanspruchnahme privater Grundstücke für gemeinnützige Aufgaben (vgl. Art. 14 GG) angesehen wird. Allerdings spielte der Entzug und die Beschränkung von Eigentum in der SBZ und späteren DDR eine weitaus größere Rolle als in Westdeutschland, da hier der Begriff der Gemeinnützung ungleich weiter interpretiert wurde und neben vergleichbaren Aufgaben der Landesverteidigung, des Bergbaus oder der Schaffung von Infrastruktur auch der öffentliche Wohnungsbau gezählt wurde (HEUER 1991: 64). Obgleich in der Literatur immer wieder auf das Aufbaugesetz von 1950 rekurriert wird, das als beispielhaft für diesen Typus von Gesetzgebung galt, darf nicht übersehen werden, dass bereits während der Besatzungszeit enteignungsrechtliche Bestimmungen auf dem Gebiet des heutigen Thüringen, Sachsen-Anhalt, Mecklenburg-Vorpommern, Brandenburg und Sachsen[14] erlassen wurden (RÄHMER 2004a: Rd. Nr. 5). Diese Gesetze und Verordnungen richteten sich zunächst auf die infolge der Kriegseinwirkungen zerstörten Städte und dienten dort der Durchsetzung von Bebauungsplänen durch die Schaffung großflächigen Landes- bzw. Volkseigentums. Die hier vorgesehenen Entschädigungsregelungen wurden später im Aufbaugesetz von 1950 bzw. im Entschädigungsgesetz von 1960 wieder aufgenommen und sahen vor, dass die Flächen und Objekte „in Anspruch genommen werden konnten", wodurch alle

---

14 Gesetz vom 18.10.1945 über den Wiederaufbau von Städten und Dörfern im Lande Thüringen; Verordnung über den Wiederaufbau im Krieg zerstörter Gemeinden vom 29.12.1945 (Sachsen-Anhalt); Verordnung Nr. 102 betreffend den Wiederaufbau von Städten und Dörfern vom 6.7.1946 (Mecklenburg-Vorpommern); Wiederaufbaugesetz vom 19.10.1946 (Brandenburg) und Verordnung über die Neufassung des Sächsischen Baugesetzes vom 1.3.1948.

Formen des Eigentums beschränkt werden konnten, aber nur in wenigen Fällen vor den Regelung der Entschädigung (mit über zehnjährigem Verzug) eine Grundbuchumschreibung erfolgte (FRICKE/MÄRKER 2002: 27). Die Entschädigung geschah in Geld unterhalb eines zulässigen Höchstpreises und ohne Berücksichtigung zukünftiger Erträge oder Gewinne. Die Auszahlung erfolgte in Raten von jährlich 3.000 Mark der DDR oder als Gesamtbetrag (HEUER 1991: 76). Beide Gesetze wurden erst 1984 durch das Baulandgesetz und das Entschädigungsgesetz abgelöst, worin u.a. die Beschränkung auf einzelne Städte und Regionen aufgehoben wurde.

Für die ländlichen Räume waren hingegen die Enteignungen für staatliche Maßnahmen von größerer Bedeutung: Sie wurden bereits ab Gründung der DDR 1949 erlassen und sukzessive den Erfordernissen der öffentlichen Hand bzw. den gesetzlichen Regelungen des Entschädigungsgesetzes und der Verfassungen der DDR modifiziert (Nachweis der einzelnen Gesetze bei RÄHMER 2004a: Rd. Nr. 10 ff.). Ihr Geltungsbereich erstreckte sich auf die Landesverteidigung, die Atomenergie, die Wasserwirtschaft bzw. den Hochwasserschutz, die Landeskultur und die Denkmalpflege. Obgleich die Höhe der Entschädigungs- und Ausgleichsleistungen durch Ministerratsbeschluss auf niedrigem Niveau gehalten wurde und gerade die Ausgleichsleistungen unübersichtlich gehalten waren, werden die Enteignungen und Entschädigungsleistungen durch diese Gesetze heute überwiegend als vereinbar mit rechtsstaatlichen Grundsätzen bezeichnet (RÄHMER 2004a: Rd. Nr. 2).[15] Für die Betrachtung der sachenrechtlichen Dynamik im Transformationsprozess gewinnt dieser Befund an Bedeutung, da er darauf hinweist, dass Enteignungen in ihrer rechtsstaatlichen Qualität in der DDR durchaus vorhanden waren. Man kann daraus eine Sensibilisierung und Differenzierungsgabe zwischen gerechten und ungerechten Enteignungen für die Bevölkerung ableiten.

Eine dritte Kategorie der strukturbildenden Prozesse im Sachenrecht in der DDR umfasst die Behandlung des Eigentums von Bürgern, die die SBZ bzw. DDR verlassen hatten; da es sich hier allgemein um die Einsetzung einer staatlichen bzw. treuhänderischen Verwaltung handelt, kommt der Frage nach dem gesetzlichen Charakter des Verlassens nur nachrangige Bedeutung zu. Insgesamt kannte das Rechtssystem der DDR drei Formen der staatlichen Verwaltung: Für Vermögenswerte geflüchteter Personen, für das Vermögen des sog. „alten Westbesitzes" und für das Vermögen von Ausländern. Die Regelungen selbst, die seit 1952 erlassen wurden, sind außergewöhnlich umfangreich[16] und unterlagen politisch motivierten Veränderungen, die nachfolgend unter besonderem Augenmerk des Eigentums von Republikflüchtlingen betrachtet werden sollen. Die Regelungen für die staatliche Verwaltung ausländischen – und inhaltsgleich auch des „alten Westbesitzes – lassen sich zu einer schleichenden Enteignungspolitik subsu-

---

15 Zwischen 1950 und 1960 wurden nach dem Aufbaugesetz ca. 21.000 Grundstücke in Anspruch genommen; nach Erlass des Entschädigungsgesetzes ab 1960 erhielten ca. 64.000 Berechtigte Entschädigungen von ca. 80 Mio. Mark der DDR, also 1.259 Mark der DDR pro Kopf (RÄHMER 2004b: Rd. Nr. 93).
16 FERBER (2004: Rd. Nr. 4–12) zählt in seiner Übersicht insgesamt 46 Rechtsgrundlagen auf.

mieren: Während zwischen 1945 und den ersten Jahren der DDR tatsächlich der Schutz des Vermögens und die ordnungsgemäße Verwahrung im Vordergrund stand, sollte ab 1976 in Zusammenhang mit einem Ministerratsbeschuss vom 23.12.1976 der Bestand reduziert werden; als Umsetzungsinstrument wurde hier die systematische Ver- und Überschuldung des Eigentums durch Auflagen zur Erzielung von Einkommen (Miethöhe) bei gleichzeitiger Verpflichtung zur Instandhaltung und Sanierung und der Auferlegung hoher Verwaltungsgebühren gewählt (FERBER 2004: Rd. Nr. 22). In der Behandlung des Eigentums der Personen, die die DDR verlassen hatten, lassen sich drei Phasen differenzieren (HEUER 1991: 24–27):

- Bis zum 17.7.1952 (Verordnung zur Sicherung von Vermögenswerten) wurden landwirtschaftliche Flächen von sog. Republikflüchtlingen entweder in Volkseigentum übernommen (Verordnung über nichtbewirtschaftete landwirtschaftliche Nutzflächen vom 8.2.1951) oder treuhänderisch verwaltet (Verordnung zur Sicherung der Bewirtschaftung der devastierten landwirtschaftlichen Betriebe vom 26.3.1952).
- Ab dem 17.7.1952 wurden diese Regelungen dahingehend verschärft, dass das Vermögen der sog. Republikflüchtlinge beschlagnahmt, in den staatlichen Bodenfonds eingebracht und dann den LPG bzw. VEG zur Nutzung übertragen wurde.
- Im Juni 1953 (Verordnung über die in das Gebiet der DDR und in den demokratischen Sektor von Groß-Berlin zurückkehrenden Personen) wurde die Verordnung vom 17.7.1952 zurückgenommen und die treuhänderische Verwaltung mit der Möglichkeit zur Verpachtung der Flächen eingeführt. Im Zuge dieser Treuhandverwaltung wurde dann wiederum eine Überschuldung und nachfolgende Enteignung angestrebt.

Für Flächen aus der Bodenreform galten diese Bestimmungen nicht, da diese automatisch bei Nicht-Bearbeitung an den staatlichen Bodenfonds zurückfielen und entweder (bis 1951) neu verteilt oder (nach 1952) an die LPG/VEG zur Nutzung übertragen wurden. Indirekt mit dem Problem der Republikflucht hängt die Frage des Umgangs mit Eigentum aus einem Erbfall ohne bekannten Erbberechtigten zusammen: Konnte das Staatliche Notariat der DDR keine inländischen Erben ermitteln – weil diese bspw. die DDR verlassen hatten – wurde das Eigentum in Volkseigentum überführt (FRICKE/ MÄRKER 2002: 89). Zusammenfassend kann festgehalten werden, dass der Umgang mit dem Vermögen der Republikflüchtlinge vom Willen zur möglichst raschen Enteignung und Eingliederung in sozialistische Sachenrechtsstrukturen geprägt war. Lediglich über einen kurzen Zeitraum hinweg reflektierte man die Möglichkeit, nach der Rückkehr der Flüchtlinge alte sachenrechtliche Beziehungen wieder aufleben zu lassen. Im landwirtschaftlichen Bereich hingegen stand die möglichst rasche Zuordnung der Flächen zu den staatlichen Betrieben zu deren Stabilisierung und Expansion im Vordergrund.

Eine weitere Ursache für sachenrechtliche Veränderungen waren Verurteilungen durch Gerichte, die neben Freiheits- oder Geldstrafen auch die Einziehung des gesamten Vermögens der Verurteilten zum Inhalt hatten. In der juristischen Literatur (RÄHMER 2004b: Rd. Nr. 110/111; FRICKE/MÄRKER 2002: 23/27) werden insbesondere Bestimmungen des Wirtschaftsstrafrechts (Verstöße gegen die Wirtschaftsordnung, Schutz des innerdeutschen Handels, Volkseigentum oder Boykotthetze) im Zeitraum zwischen 1948 und 1952 genannt; das Strafgesetzbuch der DDR von 1968 nannte die Vermögenseinziehung als Strafe bei Staats- und Aggressionsverbrechen sowie schweren Wirtschaftsdelikten. Ein Beispiel für die Nutzung dieser strafrechtlichen Instrumente für die Umsetzung wirtschaftspolitischer Interessen ist die sog. „Aktion Rose", während der im Frühjahr 1953 die Besitzer von 621 Hotels und Pensionen an der Ostseeküste inhaftiert, wegen angeblicher Wirtschaftsverbrechen verurteilt und ihres Eigentums beraubt wurden (VOLGMANN 2003: 6). Die heutige Rechtsprechung (BVerfGE 11, 150, 163) erklärt diese Regelungen des Wirtschaftsstrafrechts insgesamt für unvereinbar mit rechtsstaatlichen Grundsätzen.

Die neben der Bodenreform gravierendste sachenrechtliche Veränderung wurde ab 1952 mit dem Beginn der Kollektivierung umgesetzt.[17] Nach einer Vorbereitungsphase, in der Betriebe bis 20 ha bevorzugt und Betriebe über 20 ha durch die Festlegung von Tarif-, Ablieferungs- und Steuersystemen sowie die Belieferung mit Produktionsmitteln benachteiligt wurden, bildeten sich vor allem unter Kleinbetrieben Kooperationsformen unterschiedlicher Tiefe (LPG Typ I und II) heraus. Hierbei wirkte sich vor allem die Bodenreform und die damit verbundene Einrichtung von Klein- und Kleinstbetrieben vorteilhaft aus, da diese Landwirte durch die Nutzung von Maschinen-Ausleih-Stationen bereits an kooperative Arbeitsteilung gewohnt waren und durch die geringe Größe ihrer Betriebe am ehesten die Vorteile der Kollektivierung spüren konnten. Eine Rolle spielte hierbei auch der Gegensatz zwischen den alteingesessenen Landwirten mit Besitzgrößen bis 99 ha und der in sich insofern homogenen Gruppen der Neubauern, als dass sie ähnliche Betriebsgrößen, sozialen Status als Kleinbauern oder Schicksale als Flüchtlinge aus den ehemaligen deutschen Ostgebieten aufwiesen. Wie bereits erwähnt lässt sich aber nicht eindeutig ableiten, dass die Bodenreform mit ihren eingeschränkten Eigentumsrechten und ihren niedrigen Betriebsgrößen bewusst so ausgestaltet wurde, um eine spätere Kollektivierung zu erleichtern. Als Anfang 1960 noch etwa 50 % der landwirtschaftlichen Nutzfläche in privater Bewirtschaftung waren, begann die zweite Kollektivierungswelle, die von umfangreicher Agitation, Gewalt und Vertreibungen geprägt war. Sie führte dazu, dass Ende 1960 die Vollkollektivierung der Landwirtschaft abgeschlossen war und 90 % der landwirtschaftlichen Nutzfläche von LPG oder VEG bewirtschaftet wurden (vgl. Abb. 11).

---

17 Eine umfassende Darstellung der Kollektivierung findet sich u.a. bei BICHLER (1981: 20ff); die politischen und agrarökonomischen Hintergründe vermittelt u. a. SCHÖNE (2000).

4 Private sachenrechtliche Beziehungen in geographisch relevanten Kontexten 145

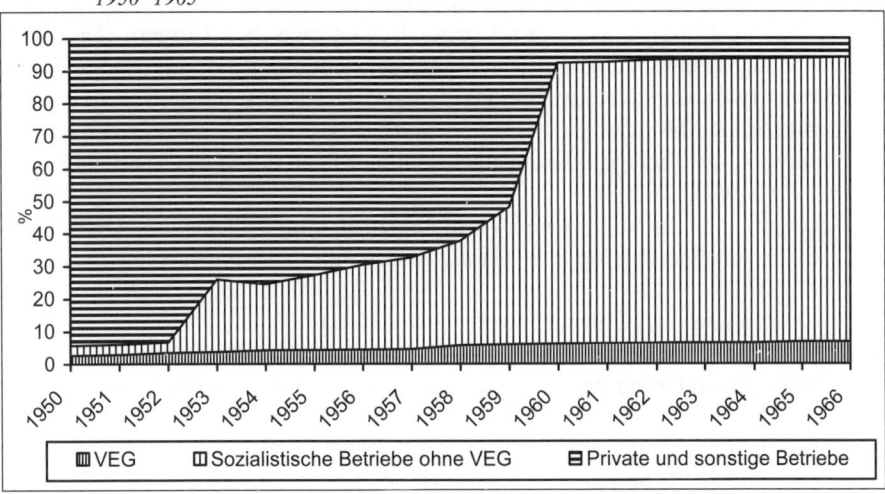

Abb. 11: *Staatliches und privates Eigentum an landwirtschaftlichen Nutzflächen in der DDR, 1950–1965*

[Diagramm: gestapeltes Flächendiagramm mit y-Achse 0–100 %, x-Achse 1950–1966, Kategorien: VEG, Sozialistische Betriebe ohne VEG, Private und sonstige Betriebe]

Quelle: STATISTISCHE JAHRBÜCHER DER DDR 1955–1970 und eigene Berechnungen

Obgleich die Kollektivierung die sachenrechtlichen Titel der LPG-Mitglieder nicht berührte, waren ihre Eigentumsrechte stark eingeschränkt, da keine direkten Verfügungsrechte mehr bestanden (s.u.). Weitaus stärker wirkte sich allerdings die weitere landwirtschaftliche Entwicklung aus, da durch die Organisation der LPG in Kooperationsbeziehungen und Kooperationsbetriebsformen (Agrochemische Zentren (AGZ), Zwischenbetriebliche Einrichtungen (ZBE), Agrarindustrielle Vereinigungen (AIV), Kooperationsverbände, Kooperative Abteilungen Pflanzenbau (KAP)) immer sachenrechtliche Beziehungen mitbetroffen waren – zum Bau der Anlagen oder zum Austausch von Flächen wurde selbstverständlich auf die Flächen der Mitglieder zurückgegriffen, die oftmals nach 1990 feststellen mussten, dass die von ihnen in die LPG eingebrachte Flächen in Wirklichkeit bebaut (und teilweise kontaminiert) oder aber an eine andere LPG gegangen waren (WANNENWETSCH 1995: 32).

Die letzte hier darzustellende Gruppe der strukturbildenden Prozesse im Sachenrecht Ostdeutschlands umfasst die staatlich angeordneten Belastungen sachenrechtlicher Beziehungen. Im Gegensatz zu den anderen Prozessen war sie nicht an einzelne Kampagnen oder singuläre Ereignisse wie die Bodenreform oder die Kollektivierung gebunden, sondern entfaltete ihre Wirkung gleichmäßig über einen längeren Zeitraum. Ziel dieser Maßnahmen war es, den Anteil privater Eigentumsrechte systematisch zu verringern, um dem Staat mehr Einflussmöglichkeiten auf Produktionsmittel und Wohnraum zu ermöglichen. Deutlichster Ausdruck dieser Politik war die Einführung des Zivilgesetzbuches der DDR (ZGB) im Jahre 1975, das eine grundlegend neue Kodifizierung von Eigentum durch die Ablösung des bis dahin auch in der DDR geltenden Bürgerlichen Gesetzbuches vorsah (siehe Kap. 4.2.2). Im Einzelnen sah das ZGB die nachfolgenden Einschränkungen privater Eigentumsrechte vor (vgl. LÖRLER 2004 und THÖNE 1993: 36):

- Abschaffung des Eigentums an nicht selbst genutzten Wohngebäuden (Funktionsbindung des persönlichen Eigentums in § 23 I ZGB)
- Prinzipielle Einschränkung der Vertragsfreiheit zwischen Bürgern (§§ 13–15 ZGB): allgemeine Verhaltenspflicht, Berücksichtigung individueller und kollektiver Interessen, verantwortungsbewusste Rechtsausübung, Beachtung der sozialistischen Moral
- Beurkundungspflicht von Grundstückskaufverträgen durch das staatliche Notariat (§ 67 ZGB)
- Genehmigungspflichtigkeit von Verfügungen an Grundstücken und Gebäuden:
  - Eigentumsübertragung von Baulichkeiten mit Nutzungsrechten (§ 269 II ZGB)
  - Übertragung von Grundstücken (§ 297 I ZGB)
  - Eintragung von Vorkaufrechten an Grundstücken (§ 306 ZGB)
  - Verzichtserklärung am Grundstückseigentum zugunsten des Volkes (§ 310 ZGB)
  - Überlassung land- und forstwirtschaftlicher Nutzflächen zur Kleingarten-, Freizeit- und Erholungsnutzung (§ 315 ZGB)
  - Begründung von anderen dinglichen Rechten an Grundstücken (§ 322 ZGB)
  - Eintragung von Hypotheken (§§ 453, 454 ZGB)[18]

Ein weiteres Instrument zur schleichenden Zurückdrängung des privaten Eigentums an Gebäuden und Flächen in der DDR bestand in der Grundstücksverkehrsordnung von 1977, die durch ihre Vorschriften sowohl die Attraktivität als auch die Anzahl der Objekte auf einem potentiellen Markt kontrollierte:

- Einhaltung der staatlich vorgegebenen Preise der Preisvorschriften von 1955
- Staatliches Vorerwerbsrecht
- Verzichtserklärung nach § 310 ZGB
- Verhinderung der Konzentration von Eigentums- und Nutzungsrechten: Kauf von Grundstücken nur bei Verkauf möglich; kein Erwerb über persönlichen Bedarf hinaus

Neben diesen Instrumenten war die Zwangsbeteiligung des Staates als Kommanditist eine gängige Maßnahme, private Unternehmen[19] erst zu halbstaatlichen und schließlich zu staatlichen Unternehmen umzuwandeln (SCHMIDT/KAUFMANN 1992: 7). Hierbei wurde privaten Unternehmen ab 1956 eine staatliche Kommanditbeteiligung aufgezwungen. Mit Hilfe einer konfiskatorischen Steuerpolitik, Kreditverweigerungen, Liefersperren und Absatzverpflichtungen und anderen diskriminierenden Maßnahmen wurden private Unternehmen dazu gedrängt, die Deutsche Investitionsbank oder direkt den zugeordneten VEB als Kommanditisten aufzunehmen; der bisherige Alteigentümer verblieb als Komplementär im Betrieb. Schlusspunkt dieser Entwicklung war die Enteignungswelle von 1972, als auf Be-

---

18 Insbesondere durch die Eintragung von Aufbauhypotheken nach § 457 ZGB zur Zwangsdurchführung von Sicherungs- oder Sanierungsmaßnahmen konnte die Überschuldung und darauf folgend der Eigentumsverzicht der Eigentümer herbeigeführt werden.
19 Diese Politik galt aber nur privaten, nicht-landwirtschaftlichen Betrieben!

schluss des Ministerrats der DDR die noch verbliebenen privaten Unternehmen in Volkseigentum überführt wurden.[20]

Abschließend muss nun noch auf einen wesentlichen sachenrechtlichen Prozess eingegangen werden, der nicht in die Kategorie „belastend" fällt, sondern eher als Reaktion auf die zunehmende Unzufriedenheit mit der Knappheit der Ressource Boden[21] bzw. mit dem Wunsch des Zurückdrängens privaten Eigentums zu sehen ist. Die Gewährung von dinglichen Nutzungsrechten auf volkseigenen sowie genossenschaftlich genutzten Grundstücken nach §§ 287 ff ZGB stellt an sich keinen wesentlichen Eingriff in sachenrechtliche Beziehungen dar, da es sich um staatliches bzw. genossenschaftliches Eigentum handelt. Bedeutung erlangt diese Praxis aber aus zweierlei Hinsicht: Zum einen bestand die Möglichkeit, auf diesen Flächen persönliches Eigentum an Gebäuden zu errichten und somit den alten, aus § 94 BGB übernommenen Grundsatz der Verbundenheit von Grundstücken und der darauf errichteten Gebäude zu durchbrechen; zum anderen handelte es sich bei den genossenschaftlich genutzten Flächen ja nominell immer noch um Privateigentum (oder Bodenreformeigentum) eines Genossenschaftsmitglieds, auf dem nun ein Gebäude errichtet wird, das nicht sein Eigentum sein kann. Neben diesen sachenrechtlichen Implikationen, die dann im Transformationsprozess zur Notwendigkeit des Erlasses des Sachenrechts- bzw. Schuldrechtsbereinigungsgesetzes führten, muss an dieser Stelle aber auch angeführt werden, dass die Einräumung dieser Möglichkeit zur Gewinnung von Eigentum bzw. von Nutzungsrechten hoher Qualität[22] ein wesentlicher Ausgleich zur ansonsten privateigentumsfeindlichen Politik der DDR war.

Bevor im nächsten Abschnitt die sachenrechtlichen Festsetzungen in der DDR erläutert werden, muss an dieser Stelle darauf hingewiesen werden, dass die hier geschilderten Maßnahmen nicht zu einer völligen Verstaatlichung der Produktionsmittel bzw. der Wohngebäude führten. BOHRISCH (1996: 26) führt völlig zu Recht eine häufige statistische Verwechslung von Eigentumsrechten und Nutzungsrechten an und hält fest, dass im landwirtschaftlichen Bereich zwar 86 % der gesamten Nutzfläche genossenschaftlich genutzt wurden, aber dennoch 70 % im

---

20 SCHMIDT/KAUFMANN (1992: 8) nennen 3.400 private Betriebe, 6.700 Betriebe mit staatlicher Beteiligung und 1.700 Produktionsgenossenschaften mit insgesamt 1 Mio. Beschäftigten. Die Betriebe wurden in die existierenden Kombinate eingegliedert, wobei die ehemaligen Eigentümer in zahlreichen Fällen als Betriebsleiter wegen ihrer Kenntnisse weiter beschäftigt wurden.

21 BOHRISCH (1996: 43) sieht einen direkten Zusammenhang zwischen der Zulassung dieser Nutzungsrechte und dem Aufstand des 17. Juni 1953, der von einer Phase der „Politik des neuen Kurses" gefolgt wurde.

22 Die Nutzungsverträge wurden unbefristet abgeschlossen und waren nach Bebauung des Grundstücks nur noch per Gerichtsbeschluss kündbar; sie waren außerdem vererbbar. Somit bestand ein hochwertiger Schutz des Nutzers bzw. eine effektive Einpassung der individuellen Nutzungsinteressen in die gesamtgesellschaftlichen Interessen (RÄHMER 2004c: Rd. Nr. 124).

Privateigentum der LPG-Mitglieder[23] und nur 29 % in Volkseigentum und nur 1 % in genossenschaftlichem Eigentum standen.

4.2.2 Sachenrechtliche Bestimmungen in der DDR

Die im vorherigen Abschnitt beschriebenen strukturbildenden Prozesse im Sachenrecht der SBZ/DDR verfolgten die Zielsetzung einer völligen Umgestaltung der überkommenen und im Wesentlichen durch das kapitalistische BGB geprägten Eigentumsform. Im Gegensatz zum BGB, das sachenrechtliche Beziehungen ausschließlich an die Rechtsstellung des Eigentümers, Besitzers, Pächters oder Nutzers bindet, verfolgte die Verfassung der DDR und später das ZBG eine grundlegende Differenzierung zwischen dem Eigentum an Konsumgütern und dem an Produktionsmittel wie Grund und Boden. Insofern ergab sich nach der Verstaatlichung durch die Bodenreform und die Vergesellschaftung durch die Kollektivierung die Schwierigkeit, das noch vorhandene Grundeigentum einer entsprechenden Eigentumskategorie, die der funktionalen Differenzierung in Konsumgüter und Produktionsmittel Rechnung trug, zuzuordnen. Als Ergebnis dieser Bemühungen wurde 1974 in die Verfassung der DDR eine prinzipielle Differenzierung zwischen sozialistischem (Art. 10 DDR-Verfassung 1974) und individuellem Eigentum (Art. 11 DDR-Verfassung 1974) vorgenommen. Die nachfolgende Übersicht verdeutlicht diese Differenzierung und zählt die grundlegenden Eigenschaften der jeweiligen Eigentumsform auf (nach HEUER 1991: 17, BOHRISCH 1996: 23–46 und LÖRLER 2004).

A. Sozialistisches Eigentum:
- Volkseigentum:
  - Ausschließlichkeit für Bodenschätze, Bergwerke, Kraftwerke, Talsperren, große Gewässer, Industriebetriebe, Banken, Versicherungen, volkseigene Güter, Verkehrswege, Seeschifffahrt, Luftfahrt, Post- und Fernmeldeanlagen
  - Unantastbar, d.h. nicht privatisierbar, verpfändbar oder belastbar
  - Staat als Eigentümer; die einzelnen Betriebe waren nur Rechtsträger bzw. Fondsinhaber
- Eigentum der gesellschaftlichen Organisationen der Bürger:
  - Rechtsträger: Organisationen mit politischen, wissenschaftlichen, sozialen und kulturellen Aufgaben
  - Die Mitglieder der Organisationen waren als Kollektiv Fondsinhaber, hatten aber keine kollektiven oder individuellen Ansprüche an den Vermögenswerten
  - Teilweise Volkseigentum in Rechtsträgerschaft der gesellschaftlichen Organisationen

---

23 Hier ist BOHRISCH definitorisch ungenau: unter den von den Mitgliedern in die LPG eingebrachten Flächen befanden sich auch Bodenreformflächen mit stark eingeschränkten Eigentumsrechten.

- Genossenschaftliches Eigentum:
  - Rechtsträger: Genossenschaften i.S. der sozialistischen Kollektive
  - Unteilbarkeit des genossenschaftlichen Eigentums: Rechtsträger war die Genossenschaft per se, so dass das einzelne Mitglied keinen individuellen zivilrechtlichen Anspruch hatte.
  - Teilweise Volkseigentum in Rechtsträgerschaft der Genossenschaften
B. Individuelles Eigentum:
- Persönliches Eigentum:
  - Befriedigung der materiellen und kulturellen Bedürfnisse der Bürger: Konsumgüter, täglicher Bedarf, Geld, den eigenen Wohn- und Erholungsbedürfnissen dienende Grundstücke und Gebäude
  - Erwerb durch Kauf, Schenkung, Erbschaft, Gerichtsentscheid; keine Regelung von Ersitzung oder Aneignung
  - Ausschluss von Produktionsmittel
  - Sonderform der Hauswirtschaften der bäuerlichen Genossenschaftsmitglieder (0,5 ha am Produktionsmittel Boden)
- Privateigentum:
  - Sonderform zwischen den im sozialistischem Eigentum befindlichen Produktionsmitteln und dem in persönlichen Besitz befindlichen Konsumgütern
  - „Beim Privateigentum handelt es sich somit um das unter kapitalistischen Gesellschaftsverhältnissen entstandene individuelle Eigentum, das seinen Ausbeutungscharakter verloren hatte." (BOHRISCH 1996: 38)
  - In die LPG eingebrachte Flächen, nicht selbstgenutzte Wohnungen, kleine Handwerks- und Gewerbebetriebe

Gerade für eine Untersuchung der sachenrechtlichen Beziehungen in ländlichen Räumen ist es unerlässlich, auf zwei Formen sachenrechtlicher Beziehungen einzugehen, die zum einen im sozialistischen System strukturprägenden Charakter annahmen und zum anderen im Transformationsprozess erhebliche Komplexitätspotentiale in sich trugen.

Das im Zuge der Bodenreform an die Neubauern verteilte Land wies einen besonderen Rechtscharakter auf, der letztlich in die Frage mündete, ob das Neubauerneigentum als vollwertiges Eigentum im Sinne des BGB bzw. als persönliches Eigentum im Sinne des ZGB anzusehen ist und der Neubauern als Eigentümer seiner Fläche gelten kann. Bereits der Wortlaut der Bodenreformurkunden weist auf die besonderen Eigenheiten dieses Landes hin.

SCHRAMM (2004: Rd. Nr. 1 ff.) hält fest, dass es sich gemäß den Bodenreformverordnungen der Länder und Art. 24 Abs. 6 DDR-Verfassung 1949 um Privateigentum handelt, das einer wesentlich strengeren Sozialbindung und einem besonderen Schutzstatus als bestehendes Privateigentum unterlag. Allerdings kann man aus den Einschränkungen des freien Verfügungsrechts am Privateigentum ableiten, dass der Neubauer kein Eigentum im Sinne des BGB erworben hat, sondern nur ein privates Nutzungsrecht am volkseigenen Boden wahrnimmt. PRIES (1994: 141) bezeichnet dieses Recht als „Recht sui generis ..., das zwischen Eigentum (§ 903 BGB), Pacht (§ 581 BGB) und Nießbrauch (§ 1030 BGB) anzusiedeln ist." Das Bodenreformland unterlag spezifischen Verboten, Rechten und Pflichten, die im wesentlichen darauf abzielten, die bestehende Fläche in ihrer Substanz zu erhalten und den Betrieb des Neubauern vor finanziellen Notlagen zu schützen (PRIES 1994: 25 ff.):

- Verbote: Teilungsverbot, Verkaufsverbot, Verpachtungsverbot, Verpfändungsverbot, Vererbungsverbot (mit Ausnahmegenehmigung)
- Rechte und Pflichten: Ablieferungspflicht, Besitz- und Nutzungsrecht

Erst die Integration der Neubauernwirtschaften in das System der kollektivierten Landwirtschaft brachte Veränderungen mit sich, da eine Ungleichstellung der einzelnen Genossenschaftsmitglieder nicht erwünscht war und im Zuge der zunehmenden Rückgabe von Neubauernwirtschaften die LPG nicht nur die landwirtschaftlichen Nutzflächen, sondern auch die Gebäude mit übernehmen musste. Als Resultat dieser Entwicklungen konnten nach 1975 (Besitzwechselverordnung) und 1988 (Zweite Besitzwechselverordnung) landwirtschaftliche Nutzflächen und Wohngebäude getrennt behandelt werden, so dass Flächen an den Bodenfonds zurückfielen und Gebäude als Bodenreformeigentum erhalten blieben[24]; ebenso wurden die Möglichkeiten der Vererbung erleichtert, um die Wohnsituation in ländlichen Räumen zu verbessern und junge Menschen an die Räume zu binden.

Zusammenfassend kann man für die Frage der Neubauernwirtschaften festhalten, dass hier ein Rechtsinstrument bestand, das keine historischen Vorläufer hatte und als Mischform verschiedener kapitalistischer Regelungen und der sozialistischen Dogmatik des staatlichen Zugriffs auf Produktionsmittel angesehen werden kann. Im Zuge der Umgestaltung der Landwirtschaft und der Veränderungen in ländlichen Räumen wurde es notwendig, pragmatische Lösungen zu entwickeln[25]; der Charakter der Neubauernwirtschaften als Arbeitseigentum ging dabei immer mehr zugunsten von persönlichem Eigentum bzw. Privateigentum verloren.

Für eine Darstellung der sachenrechtlichen Festsetzungen in der DDR ist es auch unerlässlich, die besondere Rechtsstellung der LPG in Bezug auf den Umgang mit den Flächen ihrer Mitglieder zu beleuchten; nicht zuletzt erklärt sich aus den Erfahrungen der Landwirte mit der Kollektivierung der spätere Umgang mit der Umwandlungsoption der Bildung einer Genossenschaft. Schon die oben dargestellte historische Entwicklung der Kollektivierung lässt erahnen, dass die Gemeinsamkeiten zwischen sozialistischen Produktionsgenossenschaften und kapitalistischen Genossenschaften nach Genossenschaftsrecht sehr gering sind. 1989 bestanden in Ostdeutschland 1.139 LPG-T, 2.696 LPG-P und 199 Gärtnerische Produktionsgenossenschaften, die zu 98 % als LPG des Typs III verfasst waren

---

24 Die Möglichkeit, nur das Gebäude als Bodenreformeigentum zu behalten, wirkte sich später im Transformationsprozess für zahlreiche Bewohner ohne landwirtschaftlichen Bezug fatal aus, da sie ihr vermeintliches Eigentum verlieren würden.
25 Als ein Beispiel für die Notwendigkeit nach pragmatischen Lösungen kann die Frage der Integration von Bodenreformstellen in die LPG unterschiedlicher Kollektivierungsintensität gelten, da hier in den Typen I und II nur Teile des landwirtschaftlichen Betriebes kollektiviert wurden.

(STATISTISCHES JAHRBUCH DER DDR 1990).[26] Zur Charakterisierung der Rechtsbeziehungen zwischen LPG und dem einzelnen Mitglied soll hier insbesondere auf die Rechte und Pflichten der Mitglieder sowie auf die Rechte der LPG eingegangen werden, da die mangelnde Symmetrie zwischen den Rechten und Pflichten der Genossenschaft und der Genossenschaftsmitglieder nicht nur ein Indiz für die agrarpolitischen Ziele der Kollektivierung an sich ist, sondern auch die Rechtsstellung der Genossenschaftsbauern bzw. ihre Entwicklung von freien Bauern zu angestellten Arbeitskräften ohne Bindung zu ihren Flächen verdeutlicht.

Die Rechte und Pflichten der Mitglieder umfassten (nach PRIES 1994: 45–53 und LPG-Gesetz 1982):

- Arbeit in der LPG
- Beteiligung an den genossenschaftlichen Einkünften
- Mitarbeit an der genossenschaftlichen Planung
- Pflicht zur Einbringung des Bodens
- Recht auf Erhalt von Bodenanteilen (dem nach Quantität und Qualität der eingebrachten Flächen auszuschüttenden Gewinn der LPG)
- Verfügungsrecht über den eingebrachten Boden
- Austrittsrecht mit Recht auf Rückgabe des Bodens (eher theoretisch)

Demgegenüber besaßen die LPG umfassende Rechte an den von ihr bewirtschafteten Flächen (nach THÖNE 1993: 26–28 und LPG-Gesetz 1982):

- Umfassendes, dauerndes und unentgeltliches Nutzungsrecht:
  - Flächen im Eigentum des der LPG beigetretenen Einzelbauern, seines Ehegatten sowie seine Pachtflächen
  - Flächen im Volkseigentum, die der LPG als sog. Rechtsträgerin zur unbefristeten Nutzung übergeben worden waren
  - Flächen von Nichtmitgliedern
- Nutzungsbefugnisse:
  - Bewirtschaftung des Bodens
  - Änderung der Nutzungs- und Kulturarten
  - Durchführung von Meliorationsarbeiten
  - Veränderung des Wege- und Grabensystems
  - Gewinnung von nicht-volkseigenen mineralischen Rohstoffen

---

26 In der DDR wurden ab 1960 drei Typen von LPG gegründet, die sich durch einen unterschiedlichen Sozialisierungsgrad des Eigentums unterschieden und die somit auf unterschiedliche bäuerliche Betriebsgröße ausgerichtet waren (THÖNE 1993: 23/24):
- Typ I: Genossenschaftliche Nutzung des in Eigentum oder Pacht ihrer Mitglieder stehenden Ackerlandes; formale Erhaltung des Bodeneigentums; Sozialisierung des Ackerlandes mit Besitz- und Nutzungsbefugnis; Grünland, Vieh und Inventar weiterhin persönliches Eigentum der Mitglieder
- Typ II: Ackerland und Mobiliareigentum sozialisiert; z.T. auch Sozialisierung von Grünland und Dauerkulturen; eingebrachtes Inventar als genossenschaftliches Eigentum; Bodeneigentum blieb persönliches Eigentum
- Typ III: Alle Bodenflächen in genossenschaftlicher Nutzung, formales persönliches Bodeneigentum; lebendes und totes Inventar und Wirtschaftsgebäude als genossenschaftliches Eigentum.

- Verfügungsbefugnisse:
  - Abgabe von Flächen für die persönliche landwirtschaftliche und kleingärtnerische Nutzung
  - Abgabe von Flächen zum Eigenheimbau
  - Abgabe von Flächen zur Durchführung gemeinsamer Aufgaben im Rahmen von Kooperationen[27]
  - Angabe von Flächen für die Nutzung durch staatliche Organe, Betriebe und Einrichtungen

Aus dieser Zusammenstellung wird die Divergenz zwischen Eigentums- und Nutzungsrecht in den LPG deutlich, da die bestehenden Eigentumsverhältnisse am Boden zwar formal nicht verändert waren, die Nutzungsrechte jedoch fast vollständig an die LPG abgetreten waren. Dementsprechend wertet BOHRISCH (1993: 28) die Kollektivierung der Landwirtschaft als einen ersten Schritt zur völligen Verstaatlichung des Bodens: „Das im Zuge der Zwangskollektivierung geschaffene Rechtsinstitut der genossenschaftlichen Bodennutzung überlagerte das Privateigentum bis hin zu dessen faktischer Inhaltslosigkeit. Es zielte in der DDR-Bodenrechtsterminologie auf die „Überwindung aller Schranken des Privateigentums gegenüber den Erfordernissen der genossenschaftlichen Bewirtschaftung."""

4.2.3 Implikationen der sachenrechtlichen Bestimmungen für den Transformationsprozess

Auf die sich aus der Darstellung der sachenrechtlichen Bestimmungen bzw. der Wertigkeit sachenrechtlicher Beziehungen ergebenden Aufgaben des Transformationsprozesses ist unter den Schlagwörtern der Restitution, Privatisierung, Reprivatisierung und Dekollektivierung bereits verwiesen worden; eine ausführliche Darstellung der einschlägigen Konzepte und Politiken erfolgt in Kapitel 5. An dieser Stelle soll demgegenüber der Versuch unternommen werden, die tägliche Konfrontation der Menschen in der DDR mit den spezifischen sachenrechtlichen Bestimmungen dahingehend zu interpretieren, wie die so erworbenen Erfahrungen und gesellschaftlichen Diskurse im Transformationsprozess ein- und umgesetzt werden können.

Zunächst kann hier vermutet werden, dass das Erleben und die Erfahrung von sachenrechtlichen Eingriffen unterschiedlicher Dynamik und rechtlicher bzw. moralischer Fundierung zwar nicht zu den alltäglichen, aber jedoch zu den häufigeren Ereignissen gezählt werden muss; hierzu reicht es aus, sich die Dynamik der sachenrechtlichen Veränderungen aus Bodenreform, Kollektivierung und nichtaufgabenbezogenen Enteignungen (z.B. wegen Republikflucht oder im Zuge von Strafverfahren) vor Augen zu führen. Diese Erfahrungen – sei es aus persönlichem Erleben oder aus Erzählungen – können dann zur Ausprägung der Sensi-

---

27 Nach der Trennung von Tier- und Pflanzenproduktion wurden LPG der Tier- und Pflanzenproduktion in Kooperationen organisiert, um Absatz- und Lieferungsbeziehungen zu etablieren (regionale Stoffkreisläufe).

bilität für gerechte bzw. ungerechte oder für legale bzw. illegale Enteignungen geführt haben.[28] Sollte eine solche Differenzierung bereits vor der Transformationsphase bestanden haben, könnten daraus umfangreiche Implikationen für die Bewertung der sachenrechtlichen Dynamik im Transformationsprozess verbunden sein, da es dann nicht nur darum ginge, die Regelungen der Transformation an sich zu bewerten, sondern darüber hinaus auch noch die eigene, prä-transformatorische Bewertung mit einfließen zu lassen. Mithin ergäben sich so völlig neue Interpretationsmuster, da transformatorischen Regelungen mit sachenrechtlichem Bezug nur in einigen Fällen – dem Restitutions- und Rehabilitierungsrecht – Gerechtigkeits- oder Rechtmäßigkeitskriterien anlegten, Privatisierungs- und Dekollektivierungsprozesse waren demgegenüber von anderen Intentionen geprägt.

Ein zweiter, eng mit dem obigen verbundener Aspekt betrifft die Frage der Auseinandersetzung mit sachenrechtlichen Fragestellungen: Obgleich die Verfassung und das ZGB der DDR im Vergleich zum GBG sachenrechtliche Beziehungen simplifizierten oder zugunsten ideologischer Ansprüche modifizierten, war damit keine völlige Ausblendung dieser Fragestellungen in der Gesellschaft verbunden. Sachenrechtliche Probleme wie die Gewährung von Nutzungsrechten für Erholungs- oder Garagenparkflächen, die Versuche zur Vermeidung der Überschuldung, die Fortführung oder Rückgabe einer Bodenreformwirtschaft oder die Berechnung des Bodenanteils in der LPG gehörten sicherlich zum Alltag in der DDR. Diese Überlegungen drängen zu der Annahme, dass die Beschäftigung mit sachenrechtlichen Problemen auch zu einem entsprechenden Kenntnis- und Erfahrungsstand geführt haben, womit die einfache These, dass mit der Einrichtung der Wirtschafts- und Währungsunion (1.7.1990) der völlig unbekannte Bereich des Sachenrechts in Ostdeutschland eingeführt wurden, entkräftet erscheint.

Allerdings muss hier darauf verwiesen werden, dass mit den sachenrechtlichen Regelungen der DDR auch Elemente verbunden waren, die dem neu einzuführenden Sachenrecht der Bundesrepublik entgegenstanden: Die eigentumsrechtliche Trennung von Fläche und Gebäude ist hier sicherlich an erster Stelle zu nennen. Nicht nur diese Regelung, sondern prinzipiell die gesamte Ausweitung von Nutzungsverträgen auf den sonst für Pacht- oder Mietverträge vorgesehenen Rechtsbereich wich erheblich von den westdeutschen Regelungen ab.

Zusätzliche Komplexität erhält diese Thematik durch die ohne Zweifel vorhandenen Beziehungen und Reminiszenzen an historische sachenrechtliche Beziehungen, wie sie HANN (1993: 303/304) für Ungarn festhält. Kap. 4.5 wird sich diesem Aspekt unter der Sichtweise von Persistenzen, Brüchen und dynamischen Neu- bzw. Rekonfigurationen nähern.

Die unmittelbaren Auswirkungen des sozialistischen Umgangs mit Sachenrechten manifestieren sich in der Vermögensdifferenzierung zwischen Ost- und

---

28 Ein möglicher Hinweis auf eine solche Differenzierung ergibt sich aus der allerdings posttransformatischen Bemerkung eines Teilnehmers des Runden-Tisch-Gespräches in Bergholz, der nicht nur Restitutionsansprüche in gerechtfertigte und ungerechtfertigte differenzierte, sondern in diesem Zusammenhang die Enteignung eines Dorfbewohners im Zuge der Unruhen des 17. Juni 1953 auch als ungerecht darstellte.

Westdeutschland: BUSCH (1997: 22–25) konstatiert erhebliche regionale Differenzierung in der Ausstattung ost- und westdeutscher Haushalte mit Grund- und Haus/Wohn-, Sach/Gebrauchs- und Geldvermögen. Er führt diese prägnanten Unterschiede nicht nur auf die Bekämpfung des Privateigentums an Produktionsmitteln zurück, sondern verweist auch auf die Marginalisierung und Entwertung des persönlichen und Privateigentums, das neben dem sozialistischen Eigentum nur noch rudimentäre Bedeutung aufwies.

4.3 DIE SOZIAL- UND WIRTSCHAFTSPOLITISCHE BEDEUTUNG VON SACHENRECHTLICHEN BEZIEHUNGEN ALS DEFINITORISCHE DETERMINANTEN

An die Darstellung der sachenrechtlichen Beziehungen in kapitalistisch und sozialistisch verfassten Gesellschaften schließt sich nun die Betrachtung der sozial- und wirtschaftspolitischen Bedeutung dieser Beziehungen an; dabei wird implizit davon ausgegangen, dass sachenrechtlichen Beziehungen und Strukturen innerhalb der jeweiligen Gesellschaftssysteme durchaus eine Bedeutung zukommt, die sie zu definitorischen Determinanten des jeweiligen Systems macht. Ebenso wie in Kap. 4.2 ist die Betrachtung sozialistischer Systeme weitgehend auf die DDR fokussiert; eine Darstellung der jeweiligen Aspekte in allen anderen ehemaligen sozialistischen Staaten Mittel- und Osteuropas ist an dieser Stelle nicht möglich.[29] Weitere definitorische Determinanten neben den hier betrachteten sachenrechtlichen Beziehungen umfassen bspw. aus politikwissenschaftlicher Sicht die Gestaltung politischer Meinungsbildungs- und Entscheidungsprozesse oder aus ökonomischer Perspektive die Gestaltung des Warenverkehrs zwischen Unternehmen.

Zunächst erscheint es an dieser Stelle angebracht, einen kurzen Überblick über die nachfolgend dichotomisch gebrauchten Begriffe der kapitalistischen und sozialistischen Sozial- und Wirtschaftsordnung zu geben. Hierbei ist zu beachten, dass den politischen Systemen des Kapitalismus bzw. Sozialismus mit den Schlagwörtern der Marktwirtschaft bzw. Planwirtschaft zwei Wirtschaftsformen zugeordnet werden, die sich in den beiden hier behandelten Teilen Deutschlands wieder finden. Dass darüber hinaus Politik- und Wirtschaftssysteme in Mischformen existierten (z. B. der Nationalsozialismus in Deutschland oder die sozialistische Marktwirtschaft im ehemaligen Jugoslawien), bleibt bei der Beschränkung auf Deutschland ungenommen; allerdings würde eine Ausweitung der Betrachtung auf diese Sonderfälle zu einer nicht beabsichtigten Unübersichtlichkeit führen. Nachfolgend sollen kurz die Kernelemente der jeweiligen Begriffe unter Nutzung des Lexikons der Politikwissenschaften (NOHLEN/SCHULTZE 2004) dargestellt werden.

---

29 Für den landwirtschaftlichen Bereich geben SWINNEN/MATHIJS (1997) und SWINNEN (1997) einen grundlegenden Überblick; eine Betrachtung der gesamtwirtschaftlichen Zusammenhänge – allerdings ohne Referenz auf den Transformationsprozess – liefert CASSEL (1984).

4 Private sachenrechtliche Beziehungen in geographisch relevanten Kontexten   155

- Kapitalismus: „Begriff, der ab etwa Mitte des 19. Jh. zur Charakterisierung des modernen Wirtschafts- und Gesellschaftssystems verwendet wird, wobei Kapital für alle im Prozess der Herstellung von Gütern benötigten Produktionsmittel steht. ... Allgemein versteht man unter Kapitalismus eine Gesellschafts- und Wirtschaftsordnung, in der (1) die Produktion und Verteilung von Gütern auf der Grundlage des Privateigentums an den Produktionsmitteln organisiert ist; (2) der gegenseitige Austausch der Güter mittels Geld auf dem Markt, also dezentral, erfolgt; (3) als Ziel des Produzierens der höchstmögliche Profit für den Produktionsmittelbesitzer angesehen wird; (4) mindestens vier sozio-ökonomische Klassen existieren: die Kapitalisten, die Arbeiterklasse, die Kleinbürger, die Klasse der Mittellosen; (5) die politische Herrschaftsinstitution Staat nur von außen über die Medien Recht, Geld oder Überredung in den als privat abgesteckten Raum der Wirtschaft eingreifen kann." (ESSER 2004: 407/408)
- Marktwirtschaft: „Bezeichnung für eine Wirtschaftsordnung mit dezentralen Planentscheidungen der am Wirtschaftsprozess Beteiligten, bei der der Markt mit seinem Preissystem als Informations- und Koordinationsinstrument genutzt wird. Marktwirtschaft wird sowohl als Idealtypus als auch als Realtypus verwendet, und teilweise werden die Begriffe Verkehrswirtschaft und Kapitalismus synonym benutzt. ... Die schwierigen Transformationsversuche früherer sozialistischer Planwirtschaften haben aber unterstrichen, wie stark funktionsfähige Marktwirtschaften insbesondere von der Eigentumsordnung, der Motivationsstruktur der Wirtschaftssubjekte und der Fähigkeit des Staates, für einen angemessenen ordnungspolitischen Rahmen zu sorgen, abhängig sind." (ANDERSEN 2004a: 514/515)
- Sozialismus: „große politische Strömungen des 19. und 20. Jh.; ihr Kern liegt in der Neugestaltung der Wirtschaftsordnung durch Überwindung kapitalistischer Eigentums-, Ausbeutungs- und Klassenverhältnisse zugunsten einer gesellschaftlich rational gesteuerten und egalitär geordneten Ökonomie als Grundlage einer umfassend gedachten gesellschaftlichen und politischen Emanzipation." (SCHILLER 2004: 882)
- Planwirtschaft: „auch als Zentralverwaltungswirtschaft (W. Eucken) oder Befehlswirtschaft bezeichnet, charakterisiert ein Wirtschaftssystem, bei dem eine zentrale Institution mit Hilfe eines verbindlichen Plans die gesamte Wirtschaftstätigkeit zu steuern versucht. Wie bei dem Gegentypus, der dezentral gesteuerten Marktwirtschaft, sind gedankliches Leitbild und reales System zu unterscheiden. ... Im wichtigsten Experimentierfall der realsozialistischen Systeme war allerdings Planwirtschaft mit dominierendem Staatseigentum gekoppelt und wurde zudem die Interdependenz von sozialistischer Planwirtschaft und sozialistischer Demokratie betont. Unter dem Machtaspekt bedeutet Planwirtschaft eine außerordentliche Machtkonzentration." (ANDERSEN 2004b: 659/660)

Diese kurzen definitorischen Anmerkungen unterstreichen die auch aus politikwissenschaftlicher Sicht wahrgenommene enge Verflechtung der einzelnen Begriffspaare; insofern werden nachfolgend im Kontext der sozial- und wirtschaftspolitischen Implikationen von sachenrechtlichen Beziehungen die Begrifflichkeiten annähernd synonym genutzt.

Zur Herausarbeitung des definitorischen Charakters sachenrechtlicher Beziehungen in beiden Systemen sollen zunächst einzelne Teilaspekte aus sozial- und wirtschaftspolitischer Sicht dargestellt und aus der Perspektive der beiden Systeme bewertet werden.[30] Hierbei soll versucht werden, eine Übersicht der Aspekte zu erstellen, die Gegensätzlichkeiten und Gemeinsamkeiten hervorhebt und somit auf potentielle Konfliktpotentiale im Veränderungs- und Transformationsprozess hinweist. Die hier vorzunehmende Bewertung der einzelnen sozial- und wirtschaftspolitischen Aspekte in beiden Systemen orientiert sich inhaltlich an den Elementen aus kapitalistischer bzw. marktwirtschaftlicher Sicht. Diese Perspektive kann insofern als zielgerichtet betrachtet werden, als dass sie das von den Transformationsstaaten selbst festgelegte Ziel der Etablierung demokratischer, pluralistischer und marktwirtschaftlicher Strukturen aufnimmt. Am Ende dieser Analyse der sachenrechtlichen Divergenzen beider Systeme steht dann die Darstellung von Handlungsoptionen oder Entwicklungspfaden im Transformationsprozess; hierbei soll allerdings nicht auf die herkömmlichen Diskurse des Systemwechsels oder der Transformation eingegangen werden, sondern auf theoretischer Ebene die Entwicklung der jeweiligen Rechtssysteme und der Rechtsobjekte analysiert werden. Die Darstellung der sozial- und wirtschaftspolitischen Bedeutung sachenrechtlicher Beziehungen erfolgt in Anbetracht der Darstellungen in Kap. 4.1 und 4.2 nur kursorisch – im Mittelpunkt der Betrachtung stehen vielmehr die unterschiedlichen Bewertungen, die die jeweiligen Systeme dem einzelnen Aspekt zuweisen.

A. Sozialpolitische Bedeutung sachenrechtlicher Beziehungen:
- Soziale Differenzierung und Zugehörigkeit zu einer bestimmten Gruppe durch sachenrechtliche Aspekte: In marktwirtschaftlichen Systemen wird dieser Effekt sachenrechtlicher Beziehungen akzeptiert und ggfls. durch Programme zum Eigentumserwerb abgeschwächt; in sozialistischen Systemen hingegen als Relikt kapitalistischer Gesellschaften und als Widerspruch zu den Grundsätzen der materiellen Gleichheit der Bürger interpretiert und aktiv bekämpft.
- Materielle Unabhängigkeit von staatlichem Wohnungsbau: In marktwirtschaftlichen Systemen gilt dies als Element liberaler Sozialpolitik und wird unterstützt; in sozialistischen Systemen wird es als Element der Ungleichheit der Bürger interpretiert.
- Unabhängigkeit von staatlicher Verteilungspolitik von flächenbezogenen Ressourcen: Aus marktwirtschaftlicher Sicht handelt es sich um ein Element der Integration der Bürger in den Flächen- und Immobilienmarkt; für sozialistische

---

30 Die hier entwickelten 15 Aspekte wurden in Anlehnung an sozial- und wirtschaftswissenschaftliche Überlegungen zu dieser Thematik formuliert und zusammengefasst; zurückgegriffen wurde auf ABRAHAMS (1996), BLOMLEY (2001a), CZADA (1997), EIDSON (2001), ESTRIN (1994), GALLUSSER (1979), GUTMANN/KLEIN (1984), HAGEDORN (1992), HANN (2000), HENKEL (1993), HEINSOHN/STEIGER (1996), KRAMBACH (1991), MUNTON (1995), ROGGEMANN (1996), THIEME/STEINBRING (1984), VERDERY (1998), WIEGAND (1994).

Systeme ist diese Unabhängigkeit als Widerspruch zum staatlichen Anspruch der Beherrschung der Produktionsmittel nicht akzeptabel.
- Bindung des Inhabers sachenrechtlicher Beziehungen an die Flächen bzw. das Objekt: In beiden Systemen positiv bewertet.
- Entwicklung einer regionalen und kulturellen Identität aufgrund der Verbundenheit mit der Fläche bzw. dem Objekt: In marktwirtschaftlichen Systemen als systemstabilisierend anerkannt; in sozialistischen Systemen ebenso, solange sich diese Identität keinen ideologiekritischen Charakter annimmt (Altbaugebiete in Dresden oder Berlin als Sammelpunkte regimekritischer Bürger (vgl. WIKTORIN 2000 und REIMANN 2000)).
- Entwicklung regionalen und lokalen Engagements aufgrund der regionalen und kulturellen Identität: In kapitalistischen Systemen wird regionales und lokales Engagement als endogene Entwicklungspotentiale einer Region gefördert; in sozialistischen Systemen hingegen kritisch beobachtet, um die staatliche Einheit nicht zu gefährden, regionale Disparitäten nicht weiter vertiefen zu lassen und regimekritische Intentionen dieser Bewegungen zu unterbinden.
- Sachenrechtliche Beziehungen fördern generationenübergreifendes Denken und führen zu einer Kontinuität bestehender Strukturen: In marktwirtschaftlichen Systemen positiv interpretiert; in sozialistischen Systemen Abwägung zwischen Kontinuität und damit verbundener Stabilität und den aus ideologischer Sicht notwendigen Veränderungen sachenrechtlicher Beziehungen mit dem Ziel der völligen Vergesellschaftung von flächenbezogenen Ressourcen.
- Sachenrechtliche Beziehungen als Hinderungsgrund für geographische Mobilität: In beiden Systemen als Hinderungsgrund sozialer und wirtschaftlicher Entwicklung interpretiert.

Neben diesen sozialpolitischen Implikationen sachenrechtlicher Beziehungen in marktwirtschaftlichen und sozialistischen Systemen bedürfen gerade die wirtschaftspolitischen Aspekte einer besonderen Aufmerksamkeit, da sie in erheblicher Weise den notwendigen Veränderungs- und Transformationsprozess beeinflussen. Auch hier erfolgt nur eine kursorische Darstellung der bereits vorher erwähnten Aspekte, da das Hauptaugenmerk auf der differenzierten Bewertung durch beide Systeme liegt.

B. Wirtschaftspolitische Bedeutung sachenrechtlicher Beziehungen
- Sachenrechtliche Beziehungen als Grundstock und Initiator für Eigeninitiative: Entsprechend der Theorie von HEINSOHN/STEIGER (1996) lassen sich sachenrechtliche Beziehungen als Grundvoraussetzungen für Hypotheken, Kredite und dadurch abgesicherte wirtschaftliche Aktivitäten interpretieren. In marktwirtschaftlichen Systemen wird dieser Aspekt aktiv propagiert; für sozialistische Staatsverwaltungswirtschaften spielt er hingegen keine Rolle, da wirtschaftliche Aktivitäten hier vom Staat ausgehen sollten und entsprechend finanziert werden.
- Sachenrechtliche Beziehungen als Beitrag zur materiellen Unabhängigkeit der Bürger durch Grund- und Immobilienkapitalausstattung: In marktwirtschaftlichen Systemen positiv bewertet; in sozialistischen Systemen besteht die Not-

wendigkeit der Differenzierung nach Eigentumsformen: Persönliches Eigentum zur eigenen Nutzung wird in der Verfassung der DDR benannt und somit anerkannt und geschützt. Gleichzeitig manifestierte sich in der Möglichkeit der Nutzungsverträge der Wille zur Verbesserung der Lebens- und insbesondere der Erholungsverhältnisse. Obgleich der Transfer von Eigentumsrechten durch Verkauf staatlicher Kontrolle unterlag, lässt sich eine Intention zur Duldung von Kapitalakkumulation erkennen. Ausgeschlossen war hiervon allerdings die Akkumulation von Kapital in Form von Mietobjekten, da persönliches Eigentum nur dem eigenen Konsum dienen sollte. Dementsprechend waren die Möglichkeiten zum Erwerb von Privateigentum deutlich eingeschränkter.
- Sachenrechtliche Beziehungen zur Sicherung und Festigung von Geschäftsverbindungen durch Kreditvergabe auf Eigentumsbasis: In marktwirtschaftlichen Systemen positiv bewertet als wesentliche Grundlage zur Expansion von Unternehmen. Demgegenüber bedürfen sozialistische Staatsverwaltungswirtschaften derartiger Mechanismen zur Kreditvergabe nicht, da Unternehmen durch staatliche Banken mit Krediten versorgt werden. Die Aufnahme von Hypotheken durch Private erfolgte fast ausschließlich zur Finanzierung von Erhaltungs- und Modernisierungsmaßnahmen.
- Sachenrechtliche Beziehungen als Instrument zur Schaffung von Unabhängigkeit durch bestehende Rechtstitel an einer Örtlichkeit: Rechtstitel an einer definierten, anschaubaren, auf dem Markt belast- bzw. veräußerbaren Fläche oder Immobilie verleiht dem Inhaber des Rechtstitels Sicherheit gegenüber staatlichen Eingriffen, Währungsschwankungen etc. . In sozialistischen Systemen bedarf es einer solchen Unabhängigkeit nur in geringem Umfang, da zum einen der Markt stark reguliert ist und zum anderen materielle Unabhängigkeit auf der Basis von Flächen- oder Immobilienbesitz nicht erforderlich war.
- Sachenrechtliche Beziehungen als Kontrolle über Produktionsmittel: Während es sich hier in kapitalistischen Systemen um ein Grundaxiom insbesondere liberaler Wirtschaftstheorien handelt, lehnen sozialistische Systeme die privatrechtliche Verfügungsgewalt über Produktionsmittel ab und gewähren sie nur restriktiv in ausgewählten und quantitativ beschränkten Bereichen.
- Sachenrechtliche Beziehungen und Wohnungsmarkt: Marktwirtschaftliche Systeme sehen für den Wohnungsmarkt eine Differenzierung sachenrechtlicher Beziehungen in Eigentum, Besitz und Miete vor; demgegenüber differenzieren sozialistische Systeme ausschließlich nach den Kriterien „Persönliches Eigentum zur Selbstnutzung", „Privateigentum" und „volkseigenes Eigentum". Insofern manifestiert sich in der Wohnungsmarktpolitik sozialistischer Staaten nicht nur ein volkswirtschaftliches Kalkül der Massenfabrikation vorgefertigter Elemente, sondern auch ideologisch eingefärbte Aversionen gegen Eigentümer (HÄUßERMANN 1996b: 10–14).
- Sachenrechtliche Beziehungen als Kontrollinstrument des Staates über den Flächen- und Immobilienmarkt: In sozialistischen Wirtschaftssystemen bestehen starke Restriktions- und Kontrollinstrumente des Staates über den Flächen- und Immobilienmarkt, um die Akkumulation von Objekten zu verhindern und öffentliche Maßnahmen frühzeitig durch eine entsprechende Flächenbevorratung

zu unterstützen. In kapitalistischen Systemen hingegen sind diese Instrumente (Vorkaufrecht der Gemeinden nach § 25 BauGB etc.) weit weniger stark ausgeprägt.

Die hier dargestellte Relevanz einzelner sachenrechtlicher Aspekte in den jeweiligen Systemen bedarf einer weitergehenden Analyse, in der die Bedeutung dieser Aspekte als definitorische Determinanten auch qualitativ festgehalten werden soll. Gleichzeitig dient eine solche Matrix auch der Identifikation von Bereichen unterschiedlich hoher Gegensätzlichkeiten zwischen beiden Systemen. Mithin kann eine solche Darstellung also dazu dienen, die sozial- und wirtschaftspolitischen Felder mit dem höchsten Konfliktpotential im Veränderungs- und Transformationsprozess darzustellen.

Tab. 11: Die Bewertung sozial- und wirtschaftspolitischer Implikationen sachenrechtlicher Festsetzungen durch marktwirtschaftliche und sozialistische Systeme

Sachenrechtliche Beziehungen und....	Bewertung in sozialistischen Systemen	Bewertung in marktwirtschaftlichen Systemen	Konfliktpotential im Veränderungs- und Transformationsprozess
Zugehörigkeit zu einer bestimmten Gruppe	--	+-	Mittel
Materielle Unabhängigkeit von öffentlichem Wohnungseigentum	-	+	Hoch
Unabhängigkeit von staatlicher Verteilungspolitik	--	++	Hoch
Bindung an die Fläche bzw. das Objekt	+	+	Gering
Entwicklung einer regionalen und kulturellen Identität	+	++	Gering
Entwicklung eines regionalen und lokalen Engagements	+	++	Gering
Förderung generationenübergreifenden Denkens und Kontinuität bestehender Strukturen	+-	+	Gering
Hinderungsgrund für geographische Mobilität	-	-	Gering
Grundstock für Eigeninitiative	+-	+	Mittel
Materielle Unabhängigkeit durch Kapitalausstattung	+-	+	Mittel
Sicherung/Festigung von Geschäftsbeziehungen	+-	+	Mittel
Unabhängigkeit durch Rechtstitel an Örtlichkeit	-	+	Hoch
Kontrolle über Produktionsmittel	--	+	Hoch
Wohnungsmarkt	+-	++	Mittel
Kontrolle des Staates über Flächen- und Immobilienmarkt	--	+-	Hoch

(+ = positive Bedeutung, ++ = starke positive Bedeutung; - = negative Bedeutung, -- = starke negative Bedeutung; +- = ausgewogen)
Quelle: *Eigene Darstellung*

Anhand dieser Matrix der Bewertung sachenrechtlicher Beziehungen aus der Perspektive beider Systeme wird deutlich, dass die Bereiche mit hohem Konfliktpotential im Veränderungs- und Transformationsprozess im fundamentalen Gegensatz zwischen einer Staatsverwaltungs- und einer von Einzelakteuren dominierten Marktwirtschaft zu suchen sind: So lassen sich große, beinahe gegensätzliche

160   4 Private sachenrechtliche Beziehungen in geographisch relevanten Kontexten

Veränderungen im Bereich der Abhängigkeit von staatlichem Handeln, dem Erwerb von Rechtstiteln an Örtlichkeiten als wirtschaftliche Unabhängigkeit und der Kontrolle von Produktionsmitteln sowie des Flächen- und Immobilienmarktes prognostizieren. Ein geringes Konfliktpotential ergibt sich für Fragen der Bindung an den Raum und damit verbundenen Aktivitäten einschließlich der eingeschränkten Mobilität durch sachenrechtliche Beziehungen.

Aus dieser Analyse der Bedeutung sachenrechtlicher Beziehungen innerhalb der beiden gesellschaftlichen Systeme leitet sich die Frage nach Handlungsoptionen und Entwicklungspfaden im Transformationsprozess ab. An dieser Stelle soll aber nicht den zahlreichen Diskursen um Handlungsoptionen und Entwicklungspfaden nachgegangen werden, sondern vielmehr aus rechtsgeographischer Perspektive die Frage verfolgt werden, welchen Veränderungen Rechtspersonen und Parzellen bzw. Objekte im Zuge des Veränderungs- und Transformationsprozesses unterliegen. Hierbei soll wiederum auf das Modell von LEU (1988: 118) rekurriert werden, wobei allerdings die strukturverändernden Prozesse die wesentlichen Aufgaben der Transformation von sozialistischen zu marktwirtschaftlichen Wirtschaftsformen widerspiegeln.

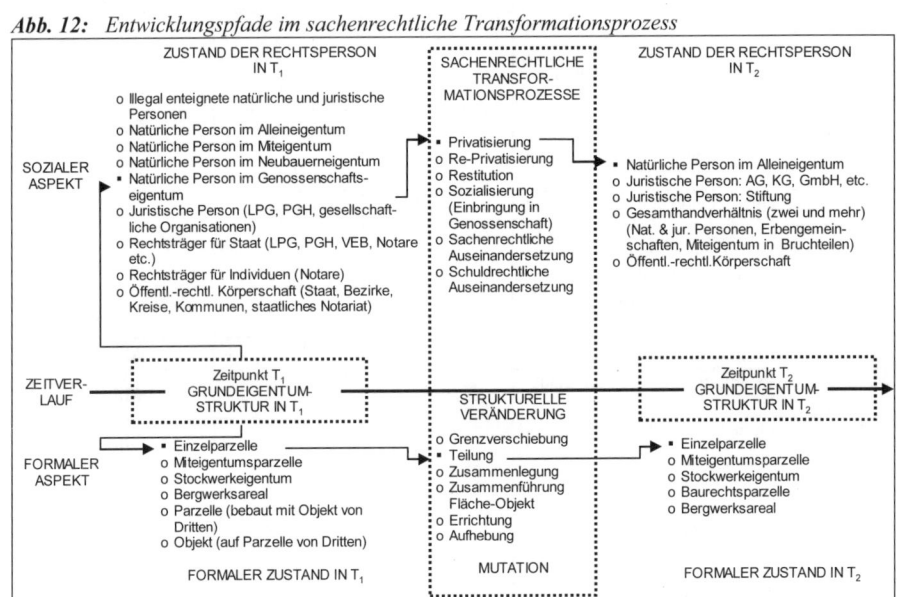

Abb. 12:   Entwicklungspfade im sachenrechtliche Transformationsprozess

SOZIALER ASPEKT	ZUSTAND DER RECHTSPERSON IN T_1 o Illegal enteignete natürliche und juristische Personen o Natürliche Person im Alleineigentum o Natürliche Person im Miteigentum o Natürliche Person im Neubauerneigentum • Natürliche Person im Genossenschaftseigentum o Juristische Person (LPG, PGH, gesellschaftliche Organisationen) o Rechtsträger für Staat (LPG, PGH, VEB, Notare etc.) o Rechtsträger für Individuen (Notare) o Öffentl.-rechtl. Körperschaft (Staat, Bezirke, Kreise, Kommunen, staatliches Notariat)	SACHENRECHTLICHE TRANSFOR- MATIONSPROZESSE • Privatisierung o Re-Privatisierung o Restitution o Sozialisierung (Einbringung in Genossenschaft) o Sachenrechtliche Auseinandersetzung o Schuldrechtliche Auseinandersetzung	ZUSTAND DER RECHTSPERSON IN T_2 • Natürliche Person im Alleineigentum o Juristische Person: AG, KG, GmbH, etc. o Juristische Person: Stiftung o Gesamthandverhältnis (zwei und mehr) (Nat. & jur. Personen, Erbengemeinschaften, Miteigentum in Bruchteilen) o Öffentl.-rechtl.Körperschaft
ZEITVER- LAUF	Zeitpunkt T_1 GRUNDEIGENTUM-STRUKTUR IN T_1	STRUKTURELLE VERÄNDERUNG	Zeitpunkt T_2 GRUNDEIGENTUM-STRUKTUR IN T_2
FORMALER ASPEKT	• Einzelparzelle o Miteigentumsparzelle o Stockwerkeigentum o Bergwerksareal o Parzelle (bebaut mit Objekt von Dritten) o Objekt (auf Parzelle von Dritten) FORMALER ZUSTAND IN T_1	o Grenzverschiebung • Teilung o Zusammenlegung o Zusammenführung Fläche-Objekt o Errichtung o Aufhebung MUTATION	• Einzelparzelle o Miteigentumsparzelle o Stockwerkeigentum o Baurechtsparzelle o Bergwerksareal FORMALER ZUSTAND IN T_2

Quelle: LEU (1988: 118) und eigene Darstellung

Die Darstellung verdeutlicht die mit den sachenrechtlichen Veränderungen einhergehende Vereinfachung der Eigentumsverhältnisse: Bestanden vor dem Transformationsprozess noch acht Varianten des Eigentums (Alleineigentum, Miteigentum, Neubauerneigentum, Genossenschaftseigentum, juristische Personen, Rechtsträge für Staat, Rechtsträger für Individuen und öffentlich-rechtliche Körperschaften), wurden diese durch die verschiedenen sachenrechtlichen Transformationsprozesse auf fünf reduziert (Natürliche Personen, juristische Personen,

Gesamthandverhältnisse und öffentlich-rechtliche Körperschaften). Obgleich mit einer solchen Vereinfachung sachenrechtlicher Beziehungen erhebliche Vorteile im Bereich des Flächen- und Immobilienmarktes verbunden sind, muss an dieser Stelle auch auf die erhebliche Komplexität des Prozesses an sich eingegangen werden: Gerade aus sozio-ökonomischer Sicht zeigt sich, dass die Verringerung der Anzahl der Rechtsverhältnisse zwar zu einer Vereinfachung der Rechtsbeziehungen führte, der dahin führende Prozess allerdings von einer signifikanten Komplexität geprägt war, da die prä-transformatorischen sachenrechtlichen Beziehungen nicht linear in post-transformatorische umgewandelt wurden, vielmehr ergaben sich mehrdimensionale Restrukturierungszwänge und –pfade.[31]

An dieser Stelle muss aber in diesem Kontext auf ein Kuriosum der sachenrechtlichen Transformation in Ostdeutschland hingewiesen werden, das sich auf die Diskrepanz zwischen der theoretischen Wiederherstellung voller sachenrechtlicher Verfügungsrechte einerseits und der tatsächlichen Optionsausübung andererseits bezieht. Abb. 13 illustriert, dass die beiden Prozesse der Restitution und Privatisierung, die als Wiederherstellung voller Eigentumsrechte verstanden werden können, zwar in einigen Fällen tatsächlich zur Ausnutzung dieser Rechte führten, in den meisten Fällen jedoch nur für einen kurzen Augenblick ausgenutzt wurden, um erneut Einschränkungen der Eigentumsrechte hinzunehmen. Natürlich bedeuten die eigentumsrechtlichen Einschränkungen nach 1990 keine ähnlich apodiktische Einschränkung wie die der LPG, doch lässt sich hier zumindest im Sinne LEUs eine Kontinuität erkennen.

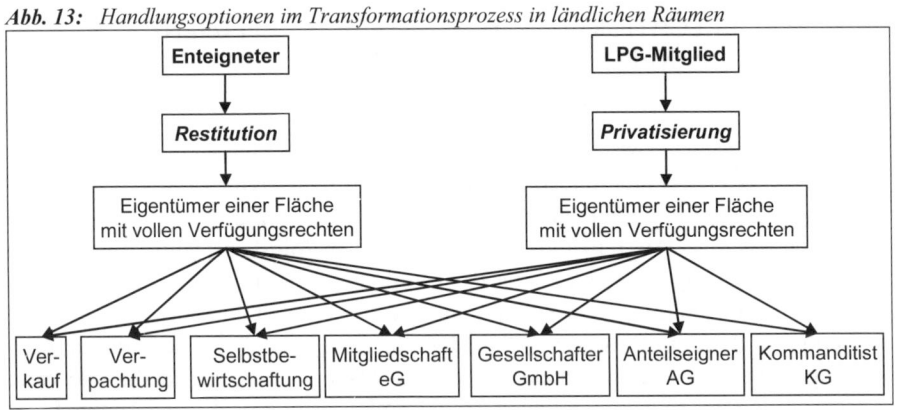

Abb. 13: Handlungsoptionen im Transformationsprozess in ländlichen Räumen

Quelle: Eigene Darstellung

Besondere Aussagekraft erhält diese Übersicht der Handlungsoptionen durch den überproportionalen Teil der Landeigentümer, die sich einer juristischen Person angeschlossen haben und somit wieder eingeschränkte Verfügungsrechte wahr-

---

31 Als Beispiel sei hier der Fall eines Genossenschaftsbauern angeführt, der neben seinem eigenen Neubauerneigentum geerbtes (=Miteigentum) und erworbenes (=Volleigentum) in eine LPG eingebracht hatte; im Zuge der Transformation restrukturierte sich die ehemalige LPG in mehrere Unternehmen unterschiedlicher Rechtsform, an denen er nun (Flächen-) anteile besaß.

nehmen können. Insofern sind hier trotz aller Handlungsoptionen eindeutige Persistenzen zu erkennen.

Einen erheblichen Anteil an diesen transformationsinternen Restrukturierungszwängen hatte die spezifische Regelung der Trennung von Grund- und Immobilieneigentum durch das Konstrukt der Nutzungsverträge. Um das Grundstück und die darauf errichtete Immobilie eigentumsrechtlich wieder zusammenzuführen, bedurfte es komplizierter, rechtliches Neuland betretende schuld- und sachenrechtlicher Regelungen (Schuldrechtsanpassungsgesetz und Sachenrechtsbereinigungsgesetz von 1994). Neben diesen zu Beginn des Transformationsprozesses aktuellen sachenrechtlichen Beziehungen müssen in einem sachenrechtlichen Veränderungsprozess, der neben einer Rechtsangleichung bzw. Rechtsrestauration auch die Wiederherstellung historischer, durch als illegal angesehene Rechtsakte versunkene Rechtsbeziehungen verfolgt, auch Aspekte der Kontinuität Berücksichtigung finden. Diese historische Dimension fügt eine weitere Komplexitätsebene mit ein, da Rechtsbeziehungen aus solchen illegalen Rechtsakten hervorgegangen sein können und nun unwirksam wären. Bevor also in Kap. 4.5 die tatsächliche sachenrechtliche Rekonfiguration im Systemwechsel von Sozialismus/ Planwirtschaft zu Kapitalismus/Marktwirtschaft erläutert und analysiert wird, soll nachfolgend die Frage thematisiert werden, in welchem Verhältnis die Wünsche nach Gerechtigkeit, Kontinuität und Effizienz im Transformationsprozess zueinander standen.

4.4 GERECHTIGKEIT, KONTINUITÄT UND EFFIZIENZ ALS RAHMENBEDINGUNGEN DER TRANSFORMATION IN OSTDEUTSCHLAND

Zu den Hauptschwierigkeiten und -konfliktpunkten des sachenrechtlichen Transformations- oder Veränderungsprozesses zählt die Abwägung zwischen drei Zielsetzungen, die in ihrer Bedeutung als Rahmenbedingungen und im internationalen Vergleich sogar als Abgrenzungselemente einzelner Politiken identifiziert werden können. Eine genauere Betrachtung der jeweiligen Ziele der Herstellung von Gerechtigkeit, der Duldung von Kontinuität und der Implementation von Effizienz verdeutlicht allerdings, dass einfache Modelle der Gegensätzlichkeit dieser Zielsetzungen weder zutreffend noch zielführend als Erklärungsansatz für die reale Ausgestaltung des sachenrechtlichen Transformationsprozesses sein können. Insofern ist hier BRUNNER (2000: 79) nicht uneingeschränkt zuzustimmen, wenn er die Gegensätzlichkeit der Ziele beschreibt: „Liberale Gerechtigkeitsvorstellungen gebieten eine Rückgabe des enteigneten Vermögens an ihre früheren Eigentümer bzw. deren Rechtsnachfolger; die Kraft des Faktischen, volkswirtschaftliche Überlegungen der Investitionsförderung und soziale Rücksichtnahmen stehen dem entgegen."

Die folgenden Ausführungen sollen zunächst diese drei Zielsetzungen im Licht der offiziellen Dokumente und Gesetze des Wiedervereinigungsprozesses erhellen und somit nachweisen, dass der Gesetzgeber bei seinem Wirken zwar die

Gegensätzlichkeit der Ziele erkannte, aber dennoch versuchte, sie miteinander in Einklang zu bringen. Daran schließt sich dann ein Versuch der Darstellung und definitorischen Umschreibung der drei Zielsetzungen an, in der besonders herausgearbeitet werden soll, welche Teilaspekte sie umfassen und wie sie auf der Ebene dieser Teilaspekte miteinander verbunden sind und somit weitreichende Interdependenzen aufweisen. Am Schluss dieser Betrachtungen muss dann auch die Frage nach dem Charakter der Beziehungen zwischen den einzelnen Zielen stehen: Sind sie konträr, überlappend, interdependent oder komplementär? Letztlich geht es um die Frage der Legitimität der Verfolgung unterschiedlicher Ziele im sachenrechtlichen Transformationsprozess: Wo liegen die Vor- und Nachteile eindimensionaler bzw. mehrdimensionaler Zielsysteme?

Grundsätzlich sind bei der Betrachtung der Rechtsentwicklung in Bezug auf sachenrechtliche Beziehungen im Vereinigungsprozess Deutschland zwei Themenbereiche zu differenzieren: Die Privatisierung der staatlichen Unternehmen zur Einführung marktwirtschaftlicher Strukturen und zur Steigerung der Effizienz der Unternehmen und die Regelungen des Umgangs mit enteigneten Flächen und Objekten.[32]

4.4.1 Privatisierung

Während die Frage der Einführung marktwirtschaftlicher Strukturen und der Privatisierung der staatlichen Unternehmen bereits früh noch durch die DDR in Angriff genommen wurde und nur wenig Konfliktpotential mit den Konzeptionen westdeutscher Politiker in sich barg, zeigten sich gerade im Bereich der Frage offener Vermögensfragen erhebliche und bis heute wirksame Differenzen. Als Beispiel für den relativ hohen Harmonisierungsgrad der ost- und westdeutschen Privatisierungspolitiken sei hier auf das Landwirtschaftsanpassungsgesetz vom 29.6.1990 (GESETZ ÜBER DIE STRUKTURELLE ANPASSUNG DER LANDWIRTSCHAFT AN DIE SOZIALE UND ÖKOLOGISCHE MARKTWIRTSCHAFT IN DER DEUTSCHEN DEMOKRATISCHEN REPUBLIK) verwiesen, das zwar fünf Mal ergänzt wurde, an dessen Grundaussagen (Wiedereinrichtung von Privateigentum an Land, Chancengleichheit für alle Unternehmensarten, Regelungen zur Umwandlung der LPG, Schaffung einer nachhaltig wirtschaftenden und wettbewerbsfähigen Landwirtschaft) aber festgehalten wurden.[33] Im Übrigen weist Tab. 12 eindrücklich nach, dass die sachenrechtlichen, privatisierungsrelevanten Fragen im landwirtschaftlichen Sektor rasch gelöst wurden.

---

32 Die Frage der Reorganisierung staatlichen Eigentums zwischen Bund, Ländern, Kreisen und Kommunen gehört ebenfalls zu diesem Komplex, soll aber hier wie in der gesamten Betrachtung ausgeblendet bleiben (vgl. dazu auch KÖNIG/HEIMANN 1996)
33 Ergänzungen waren eine Beschleunigung des Umwandlungsprozesses, der Entscheidungsstrukturen im Umwandlungsprozess und der Regelung der Auszahlung von Inventarbeiträgen und Anteilen bei Ausscheiden der Mitglieder (vgl. BECKMANN/HAGEDORN 1997: 114).

Tab. 12: *Chronologie der wichtigsten Ereignisse mit sachenrechtlichem Bezug im Bereich der Landwirtschaft*

Zeitpunkt	Ereignis
9.11.1989	Öffnung der Grenzen
12.2.1990	Privatbesitz an Produktionsmittel wird in der DDR erlaubt
1.3.1990	Gründung der Treuhandanstalt (THA)
18.3.1990	Volkskammerwahlen
17.6.1990	Landwirtschaftsanpassungsgesetz
1.7.1990	Beginn der Wirtschafts-, Währungs- und Sozialunion
6.7.1990	Marktorganisationsgesetz der DDR (MOG-DDR)
6.7.1990	Fördergesetz der DDR
3.10.1990	Inkrafttreten des Einigungsvertrags
1.1.1991	Inkrafttreten der EG-Verordnung zu Übergangsmaßnahmen und Anpassungen im Agrarbereich
7.7.1991	Novellierung des Landwirtschaftsanpassungsgesetz
1.1.1992	Zwangsauflösung der verbliebenen LPGs

Quelle: *Eigene Angaben*

Ähnliches gilt für den Bereich der Privatisierung von volkseigenen Unternehmen durch die THA: Bereits am 12.2.1990 wurde am Runden Tisch von Wolfgang Ullmann ein Vorschlag eingebracht, eine Treuhandanstalt für das volkseigene Vermögen zu gründen; bereits am 1.3.1990 wurde die Treuhandanstalt gegründet und die Umwandlungsverordnung für das Volkseigentum (UmwandlungsVO) erlassen. Sie wurde durch das Treuhandgesetz vom 17.6.1990 präzisiert, das durch den Einigungsvertrag bestätigt und seither bis zum Ende der Tätigkeit der THA (31.12.1994) nur unwesentlich verändert wurde.[34]

4.4.2 Regelung offener Vermögensfragen

Als weitaus konfliktträchtiger erwies sich die Frage der Regelung offener Vermögensfragen – ein Umstand, der sich im wesentlichen darauf zurückführen lässt, dass die drei Ziele der Erreichung von Gerechtigkeit, der Erhaltung von Kontinuität und der Schaffung von Effizienz von den beteiligten Akteuren unterschiedlich stark gewichtet wurden. Die Konfliktträchtigkeit offener Vermögensfragen hatte sich bereits 1972 bei den Verhandlungen zum Grundlagenvertrag zwischen der Bundesrepublik Deutschland und der Deutschen Demokratischen Republik erwiesen, in dem in einem Protokollvermerk die unterschiedlichen Auffassungen mit den Worten „Wege der unterschiedlichen Rechtspositionen zu Vermögensfragen konnten durch den Vertrag nicht geregelt werden." dargestellt wurden (MOTSCH 2004: Rd. Nr. 2).

Im Transformationsprozess nach 1989 fand die Frage der Regelung offener Vermögensfragen zunächst in der „Gemeinsamen Erklärung der Regierungen der

---

34 Vgl. zur Entwicklung der Treuhandanstalt BLECKMANN/ERBERICH (2004), LIEDTKE (1993), JUNGE (1996) oder, insbesondere aus landwirtschaftlicher Sicht, LÖHR (2002).

Bundesrepublik Deutschland und der Deutschen Demokratischen Republik zur Regelung offener Vermögensfragen vom 15. Juni 1990" besondere Beachtung, da hier nicht nur in 12[35] Eckpunkten die Regelungen des späteren Vermögensgesetzes (mit zwei Auslassungen[36]) umrissen wurden, sondern auch die dahinter stehenden Motivationen benannt wurden. Als Globalziel wird hier die Schaffung eines sozial verträglichen Ausgleichs unterschiedlicher Interessen genannt, wobei die Leitsätze der Rechtssicherheit, Rechtseindeutigkeit und des Rechts auf Eigentum die Lösung der anstehenden Vermögensfragen gestalten sollen. Zu den Zielen der Regelung gehört auch die dauerhafte Sicherung des Rechtsfriedens.

Bereits diese präambelähnliche Einleitung verdeutlicht den Facettenreichtum entsprechender Regelungen: Der Aspekt der Gerechtigkeit durch den Bezug auf Rechtssicherheit und Rechtseindeutigkeit wird ebenso angesprochen wie die Frage der Kontinuität bestehender sachenrechtlicher Beziehungen gegen konkurrierende Ansprüche, die als „Ausgleich unterschiedlicher Interessen" umschrieben werden. Die Nennung der Sozialverträglichkeit und der dauerhaften Sicherung des Rechtsfriedens impliziert eine Intention, die auch auf die Schaffung effizienter, die sozio-ökonomische Entwicklung nur gering beeinflussende Regelungen hinweist.

Ebenso wie die grundsätzlichen Zielsetzungen der Gemeinsamen Erklärung lassen sich ihre 12 Eckwerte, die so als Grundlagen in die Regelung des Vermögensgesetzes einflossen, unter den Aspekten von Gerechtigkeit, Kontinuität und Effizienz betrachten:

- Irreversibilität der Enteignungen auf besatzungsrechtlicher bzw. besatzungshoheitlicher Grundlage (1945–1949): An diesem Eckwert, der später zu umfangreichen und bis heute andauernden Diskussionen und gerichtlichen Auseinandersetzungen aller Ebenen führte, lässt sich der Konflikt widerstreitender Interessen in der Regelung sachenrechtlicher Veränderungen im Transformationsprozess am deutlichsten ablesen: Die Maßnahme erscheint fundamental ungerecht, gerade wenn berücksichtigt wird, dass die Enteignungen des DDR-Regimes eben doch rückgängig gemacht werden. Allerdings erscheint es gegenüber den Neubauern, die auf diesem Land ihre Betriebe errichtet hatten und die zum großen Teil als Flüchtlinge bereits vor 1945 vertrieben und enteignet worden waren, ungerecht, sie ihrer eingeschränkten bzw. bestätigten Eigentumsrechte zu berauben. Natürlich impliziert diese Maßnahme auch die Kontinuität von privaten und staatlichen Betrieben und macht sie so weniger anfällig für die Ängste und Ungewissheiten des Fortbestehens im Transformationsprozess. Letztlich umfasst diese Regelung auch Elemente der Effizienzsicherung, da die auf diesen Flächen wirtschaftenden Unternehmen entweder als Staatsbetriebe (VEG) eindeutig dem Privatisierungsprimat der THA unterstanden oder als in

---

35 Die Gemeinsame Erklärung nennt 14 Eckpunkte, von denen bei systematischer Betrachtung aber zwei (Regelung der Abwicklung und Beauftragung von Experten zur Abklärung weiterer Einzelheiten) als hier nicht relevant angesehen werden können.

36 Die 14 Eckpunkte der Gemeinsamen Erklärung erwähnen nicht den im späteren Einigungsvertrag (Art. 41) benannten Vorrang von Investitionen vor Restitution und die Einbeziehung der verfolgungsbedingten Vermögensverluste der NS-Opfer.

die LPG eingebrachte Privatunternehmen den Transformationsprozess von einer aus sachenrechtlichen Sicht unbeschwerten Position betrachten konnten.
- Aufhebung von Treuhandverwaltung und ähnlichen Maßnahmen mit Verfügungsbeschränkungen über Grundeigentum, Gewerbebetriebe und sonstige Vermögen von Personen, die aus der DDR flohen oder deren Eigentum aus anderen Gründen in staatliche Verwaltung übernommen wurde: Der Aspekt der Herstellung von Gerechtigkeit steht hier vor der Kontinuität von sachenrechtlichen Beziehungen und der Hoffnung auf ein wirtschaftliches Engagement der Eigentümer.
- Enteignetes Grundvermögen wird grundsätzlich den ehemaligen Eigentümern oder ihren Erben zurückgegeben, sofern sie nicht statt dessen eine Entschädigung beanspruchen: Eine eindeutig gerechtigkeitsorientierte Regelung, die allerdings durch zwei Ausnahmen relativiert wird:
  - Grundstücke und Gebäude für den Gemeingebrauch, den komplexen Wohnungsbau, eine gewerbliche Nutzung und neue Unternehmenseinheiten können nicht zurückgegeben werden; die früheren Eigentümer erhalten eine Entschädigung: Diese Regelung stellt die gesamtstaatlichen Interessen an Effizienz und Kontinuität über die Vermittlung von Gerechtigkeit.
  - Zurückzuübereignende Immobilien, die von Bürgern der DDR in redlicher Weise[37] erworben wurden, sind nicht zurückzugeben, statt dessen ist ein sozial verträglicher Ausgleich durch den Tausch von Grundstücken oder durch Entschädigungszahlungen zu leisten: Eine Einsetzung der Alteigentümer hätte hier die Enteignung der Neueigentümer, die redlich erworben hatten, zur Folge gehabt; eine solche Regelung wäre mit dem Wesensgehalt des Vermögensgesetzes nicht vereinbar und würde als ungerecht bewertet werden. KOCH (2004: 67) weist außerdem darauf hin, dass der Redlichkeitsbegriff den in der Gemeinsamen Erklärung geforderten sozialverträglichen Ausgleich dokumentiert.
- Grundstücke und Immobilien, die durch ökonomischen Zwang in Volkseigentum übernommen wurden, werden ebenfalls restituiert: Die Interpretation der DDR-Maßnahmen zur Beschränkung von sachenrechtlichen Beziehungen an nicht selbst genutzten Grundstücken und Immobilien lässt sich auf Überlegungen über den gerechten Charakter dieser Maßnahmen zurückführen.
- Mieterschutz und bestehende Nutzungsrechte der Bürger der DDR bleiben gewahrt: Durch diese Regelung sollte eine sozialverträgliche Regelung erreicht werden und der Rechtsfrieden im Verhältnis zwischen Neueigentümern und Mietern gesichert werden.

---

37 Der Begriff der Redlichkeit ist weder im GBG noch VermG positiv beschrieben, es existiert nur eine Negativliste in § 4 Abs. 3 Buchst. a–c VermG (Rechts-/Verfahrensverstöße, unlautere Machenschaften, Zunutzemachen von Willensmängeln). FRICKE/MÄRKER (2002: 280–284) interpretieren diese Regelung nicht als einen sozialverträglichen Bestandsschutz, sondern als bewusste Herabsetzung der DDR-Flüchtlinge gegenüber den in der DDR verbliebenen Erwerbern, womit sie allen Erwerbern enteigneter Grundstücke eine gewisse Unredlichkeit unterstellen, was ihrer Meinung nach durch die Aktivitäten der „Erwerberlobby" dokumentiert wird.

- Verwaltete Betriebe werden zurückgegeben, wobei der Eigentümer sein Betriebsvermögen übernimmt: Diese Regelung reflektiert nicht nur den Willen der Schaffung von Gerechtigkeit, sondern auch den Wunsch nach der möglichst raschen Einführung marktwirtschaftlicher und somit effizienter Wirtschaftsstrukturen.
- Enteignete Eigentümer erhalten die Möglichkeit, ihr Unternehmen als Ganzes oder Gesellschaftsanteile bzw. Aktien des Unternehmens zu erhalten. Hier wird die ökonomische Zielsetzung der Regelung besonders deutlich, da anspruchsberechtigte Eigentümer entweder ihr vollständiges Unternehmen zurückerhalten, oder aber, falls dies durch die Verschmelzung nicht mehr möglich sein sollte, Anteile oder Aktien. Somit sollten die langwierigen Entflechtungsprozesse von Unternehmen vermieden werden.
- Machtmissbrauch, Korruption, Nötigung oder Täuschung als unlautere und unredliche Machenschaften, die die Rückübertragung von so enteigneten bzw. erworbenen Immobilien zwingend notwendig machen. Diese Regelung steht im Zusammenhang mit der Frage des redlichen Erwerbs, wendet sich aber nicht an die Pflicht zu einem sozialverträglichen Ausgleich, sondern betont den Aspekt der Gerechtigkeit, der auch in einer nachträglichen Anwendung rechtsstaatlicher Standards seinen Ausdruck finden kann.
- Vermögenseinziehungen in Zusammenhang mit rechtsstaatswidrigen Strafverfahren müssen durch ein strafrechtliches Rehabilitierungsgesetz geregelt werden, um so rechtsstaatlichen Standards zu genügen.
- Anteilsrechte an Altguthaben der DDR müssen nach der Wirtschafts- und Währungsunion bedient werden.
- Devisenbeschränkungen im Zahlungsverkehr beider Staaten entfallen mit der Wirtschafts- und Währungsunion und erlauben somit die Einlösung von Anteilsrechten bzw. die Ablösung von Hypotheken.

Die besondere Bedeutung der Elemente Gerechtigkeit, Kontinuität und Effizienz in Bezug auf sachenrechtliche Veränderungen wird auch bei einer Betrachtung des sog. „Gemeinsamen Briefs des Bundesministeriums des Auswärtigen und des amtierenden Außenministers der DDR an die Außenminister der Sowjetunion, Frankreichs, Großbritanniens und der Vereinigten Staaten" vom 14.9.1990 deutlich: In diesem Dokument, das sich auf die endgültige Regelung des Status Deutschlands im sog. „Zwei-plus-Vier-Vertrag" vom 12. September 1990 bezieht, teilen die Außenminister der beiden deutschen Staaten den Außenministern der ehemaligen Besatzungsstaaten u.a. mit, dass die Aussagen der Gemeinsamen Erklärung der beiden Regierungen zur Regelung offener Vermögensfragen vom 15. Juni 1990 nicht nur Teil des Einigungsvertrages sein werden, sondern auch darüber hinaus insofern als sakrosankt gelten, als dass die Bundesrepublik Deutschland gemäß Art. 41 Abs. 3 EinigV keine widersprechenden Regelungen erlassen darf; somit sind die Enteignungen auf besatzungsrechtlicher bzw. besatzungshoheitlicher Grundlage (1945–1949) nicht mehr rückgängig zu machen.

In welcher Rangfolge die Begriffe Gerechtigkeit, Kontinuität und Effizienz bei diesen Überlegungen stehen, verdeutlicht eine Analyse des Textes: Zunächst wird konstatiert, das die Regierungen der Sowjetunion und der DDR keine Möglichkeit sehen, die damals getroffenen Maßnahmen zu revidieren, was weniger als ein Anerkenntnis der Legitimität der Enteignungen zu sehen ist (vgl. FRICKE/ MÄRKER 2002: 243) als ein Einsehen in die faktische Unmöglichkeit der Wiederherstellung alter Rechtsbeziehungen; insofern wird hier der Aspekt der Effizienz in den Vordergrund gerückt. Das Element der Kontinuität wird im nächsten Satz zum Ausdruck gebracht, in dem die Regierung der BRD diese Entscheidung im Hinblick auf die historische Entwicklung zur Kenntnis nimmt. Nachrangig erscheint die Frage der Herstellung von Gerechtigkeit, da erst einem künftigen gesamtdeutschen Parlament eine abschließende Entscheidung über etwaige staatliche Ausgleichsleistungen vorbehalten ist. Gerade die in diesem Dokument und anderen Verlautbarungen gewählte Betonung des Effizienz- und Kontinuitätsgedankens vor der Schaffung von Gerechtigkeit hat wesentlich dazu geführt, dass die Entscheidung des Ausschlusses von Restitutionsregelungen für besatzungsrechtliche bzw. besatzungshoheitliche Enteignungen kontrovers diskutiert wird und bis heute Gegenstand juristischer Auseinandersetzungen ist.[38]

Die eigentliche sachenrechtliche Regelung von Enteignungsmaßnahmen ist im Vermögensgesetz vom 29. Oktober 1990 bzw. in der Anmeldeverordnung vom 11. Juli 1990 niedergelegt; beide Dokumente beinhalten eine Umsetzung der Eckpunkte der Gemeinsamen Erklärung und sind insofern als ein Versuch des Ausgleichs zwischen Gerechtigkeit, Kontinuität und Effizienz zu sehen. Zur Verdeutlichung dieser These sei darauf verwiesen, dass sich der Gedanke der Herstellung von Gerechtigkeit durch das VermG in mehreren Dimensionen nachzeichnen lässt: Zweifellos sollen durch die Regelungen des VermG Sachverhalte des Teilungsunrechts der beiden deutschen Staaten geregelt und – wenn möglich – gemildert bzw. korrigiert werden; gleichzeitig sollten sachenrechtliche Veränderungen, die durch unlautere Machenschaften, rechtsstaatswidrigen Gerichtsentscheidungen und Regierungsbeschlüssen rückgängig gemacht werden.[39] Ein weiterer Aspekt von Gerechtigkeit liegt aber auch darin, dass sich der Rückwirkungszeitraum des VermG nicht nur auf die DDR-Herrschaft bzw. – indirekt als Ausschluss – auch auf die Besatzungszeit bezieht, sondern dass auch der Zeitraum der nationalsozialistischen Gewaltherrschaft vom 31.1.1933 bis zum 8.5.1945 Berücksichtigung fand. Die Entscheidung, diesen Zeitraum mit in die Regelung aufzunehmen, basiert übrigens nicht auf der Gemeinsamen Erklärung, die diesen Aspekt nicht erwähnt, sondern auf unveröffentlichte zwischenstaatliche Vereinbarungen, zumal

---

38 Als höchstrichterliche Entscheidung zu dieser Frage gilt neben der Entscheidungen des Bundesverfassungsgerichts vom 23.4.1991 (sog. Bodenreformurteil) (BVerfGE 84, 90ff) und vom 23.4.1996 (sog. Bodenreform-II-Beschluss) (BVerfG NJW 1996, 1966) die Entscheidung des Europäischen Gerichtshofs für Menschenrechte vom 30.3.2005, in dem der Ausschluss der Restitution und die Gewährung einer Ausgleichs- anstelle einer Entschädigungsleistung nach EALG für rechtmäßig erklärt wird.
39 In diesem Zusammenhang ist darauf hinzuweisen, dass der Einigungsvertrag und das Vermögensgesetz den Ausdruck „Wiedergutmachung" vermeiden, da dieser nach bundesdeutscher Tradition in Zusammenhang mit den Regelungen zur NS-Gewaltherrschaft verwandt wird; keinesfalls sollten hier durch eine identische Wortwahl die Verbrecher beider Regimes auf eine Stufe gestellt werden (MOTSCH 2004: Rd. Nr. 10).

bereits die Regierung de Maizière entsprechende Verhandlungen mit jüdischen Organisationen führte und gleichfalls der US-Außenminister Baker die jüdisch-israelischen Interessen wahrnahm (FRICKE/MÄRKER 2002: 193). Obgleich es sich hier eindeutig um eine gerechtigkeitsorientierte Maßnahme handelt, durch die die Wiedergutmachungsregelungen der Bundesrepublik auch auf Ostdeutschland, wo nie entsprechende Anstrengungen unternommen worden waren, ausgedehnt werden sollten, betonen FRICKE und MÄRKER (2002: 193), dass der alternative Weg einer schlichten Ausdehnung der westdeutschen Gesetze auf Ostdeutschland aus fiskalischen Gründen nicht gewählt wurde, da er mit einer Besserstellung der Berechtigten verbunden gewesen wären. Sie monieren in diesem Zusammenhang, dass man den Betroffenen keinen Sonderstatus im Sinne einer grundlegenden Andersbehandlung zugebilligt hatte.[40] Ebenso kann man diese Regelung als Ausdruck der Kontinuität rechtsstaatlichen Handelns in Bezug auf die Regelung desselben Sachverhaltes interpretieren; dass nicht auf das originäre Instrument der alliierten und westdeutschen Wiedergutmachungsgesetzgebung (vgl. SCHWARZ 1974 und 1989) zurückgegriffen wurde, mag auch darin begründet liegen, dass die Fälle der mehrfachen Sukzession von unredlichen und redlichen Erwerbsfällen als ein Charakteristikum Ostdeutschlands gelten müssen und in der westdeutschen Gesetzgebung kaum Berücksichtigung fanden.

Gesichtspunkte der Effizienz prägen das VermG in seinen Regelungen zur wirtschaftlichen Inwertsetzung von restitutionsbehafteten Objekten und Flächen. Hierbei kann angesichts der wirtschaftlichen Entwicklung Ostdeutschlands durchaus von einer Anpassung an die Realitäten gesprochen werden, da das 1990 zusammen mit den VermG erlassene „Gesetz über besondere Investitionen" zu wenig Wirkung zeigte und bereits am 11.3.1991 durch das „Gesetz zur Beseitigung von Hemmnissen bei der Privatisierung von Unternehmen und zur Förderung von Investitionen" erweitert wurden. Letztlich wurde durch das Investitionsvorranggesetz vom 14.7.1992 eine Möglichkeit geschaffen, Restitutionsanspruch und Investitionswillen so zu miteinander zu verbinden, dass ein Vorrang für Investitionen ermöglicht und gleichzeitig ein – wenn auch nur finanzieller – Ausgleich in Höhe des Verkehrswertes für den Restitutionsberechtigten gewährt wurde. Ausmaß und Wirkungsintensität dieser effizienzsteigernden und den Grundstücksmarkt bzw. die Investitionstätigkeit anregenden Regelung werden allerdings auch in der Literatur von zwei grundsätzlichen Positionen heraus betrachtet, die hier kurz und anhand zweier Extreme verdeutlicht werden sollen: So lehnen WASSERMANN und MÄRKER (1993: 140) das gesamte Prinzip der Gewährung von Vorrang- oder Vorfahrtverfahren für Investitionen gegenüber vermögensrechtlichen Ansprüchen ab

---

40 Allerdings muss hier angemerkt werden, dass innerhalb der Systematik der Regelung offener Vermögensfragen schon ein Sonderstatus eingeräumt wurde, da die Jewish Claims Conference als Alleinanspruchstellerin jüdischer Interessen in ihrer Anspruchstätigkeit nicht nur von den Fristen des § 30a VermG befreit ist, sondern auch die Beweiserleichterungen der Alliierten Rückerstattungsordnungen Geltung finden, wonach die Rechtmäßigkeit vermögensrechtlicher Regelungen zwischen Ariern und Juden nach 1933 nachgewiesen werden muss; mithin wurde also die Unrechtmäßigkeit dieser Regelungen vorausgesetzt und zahlreiche Gerichtsverfahren verhindert.

und brandmarken sie als eine Aushöhlung des in der Gemeinsamen Erklärung beschlossenen Rückgabeprinzips. Demgegenüber nimmt BALLHAUSEN (1994) einen konträren Standpunkt ein, wenn er die mit einem vermögensrechtlichen Anspruch verbundene Verfügungs- und Veränderungssperre als ein Grundübel für ausbleibende Investitionen bezeichnet.[41]

4.4.3 Sektorale Betrachtung: Landwirtschaft

Im Kontext einer Untersuchung von Gerechtigkeit, Kontinuität und Effizienz im Transformationsprozess bedarf neben der Restitutionsgesetzgebung auch die Privatisierung bzw. Umwandlung landwirtschaftlicher Betriebe einer besonderen Betrachtung, da der Gesetzgeber hier in ganz ähnlicher Weise ein Zielsystem entwickeln musste, das den drei allgemeinen Transformationszielen entsprach. Die nachfolgenden Ausführungen beziehen sich auf die Ausgestaltung der Neuordnung der privaten landwirtschaftlichen Betriebe und beinhalten somit nicht den Prozess der Umwandlung der staatlichen VEG, der nach den ökonomischen Gesichtspunkten der THA ausgestaltet war und sich in seinen Grundelementen nur unwesentlich von der Privatisierung von Industrieunternehmen unterschied (vgl. dazu LUFT 1998, LÖHR 2002 oder ECKART/WOLLKOPF 1994). Im ersten Abschnitt des Landwirtschaftsanpassungsgesetz, das bereits 29. Juni 1990 durch die Volkskammer der DDR erlassen wurde, später aber umfangreichen Veränderungen in den Abschnitten zur eigentumsrechtlichen und betriebswirtschaftlichen Neuordnung der Betriebe unterlag, werden die Ziele und somit auch die möglichen Zielkonflikte der Restrukturierung landwirtschaftlicher Betriebsstrukturen erläutert:
- § 1 fordert die Wiederherstellung und Gewährleistung von Privateigentum an Grund und Boden und die auf ihr beruhende Bewirtschaftung in der Land- und Forstwirtschaft und verfolgt somit den Gedanken der Effizienzsteigerung durch Privatunternehmen.
- § 2 betont die Gleichheit und wettbewerbliche Chancengleichheit der Eigentumsformen und nennt hierbei bäuerliche Familienwirtschaften, freiwillig[42] von den Bauern gebildete Genossenschaften und andere landwirtschaftliche Unternehmen. Neben effizienzorientierten Überlegungen, die sich zum einen aus dem Grundgedanken des Wettbewerbs, aber auch zum anderen aus transaktionskostenökonomischen Berechnungen speisen, spielt hier der Aspekt der Kontinuität eine große Rolle, da offenbar die Betriebsform genossenschaftlicher Kooperation per se als akzeptabel angesehen wurde; ihre Attraktivität sah man darin, dass vorhandene Strukturen und Organisationsmuster weiter genutzt werden konnten (vgl. JASTER/FILLER 2003: 13, WELSCHOF 1995 oder HAGEDORN 1997). Im weitesten Sinne kann man in der Betonung von Chancengleichheit für alle Betriebsformen auch gerechtigkeitsbezogene Ele-

---

41 Zu den tatsächlichen Auswirkungen der Regelung muss hier auf Kap. 6 und 7 zur Frage der wirtschaftlichen Auswirkungen sachenrechtlicher Regelungen nachgegangen wird.
42 Das hier gewählte Adjektiv „freiwillig" charakterisiert automatisch die bestehenden Genossenschaften als Zwangszusammenschlüsse.

mente verfolgen, da bspw. im Sinne RAWLS (1999) soziale Gerechtigkeit auch implizieren würde, dass man den am wenigsten privilegierten Unternehmen besondere Unterstützung gewährt.
- § 3 nennt als Zielsetzung des Gesetzes die Entwicklung einer vielfältig strukturierten Landwirtschaft und die Gewährleistung der Voraussetzungen für die Wiederherstellung leistungs- und wettbewerbsfähiger Landwirtschaftsbetriebe. Auch in dieser Formulierung lassen sich die Elemente Effizienz und Kontinuität wieder erkennen; es bleibt allerdings unklar und somit der Interpretation des Lesers überlassen, auf welchen Zeitraum und vor allem auf welche Betriebsformen sich der Begriff der „Wiederherstellung leistungs- und wettbewerbsfähiger Landwirtschaftsbetriebe" bezieht: Ein Bezug auf vorsozialistische Züge würde die in weiten Teilen Ostdeutschlands vorherrschende Gutsherrschaft reinkarnieren wollen – angesichts der heute bestehenden Strukturen mit einer Dominanz von Großbetrieben kein abwegiger Gedanke –, während die Wiederherstellung vorkollektiver Strukturen (bis 1953) indirekt die Ergebnisse der Bodenreform anerkennen würde – und somit keinen Widerspruch zur Anerkennung ihrer Ergebnisse im Vermögensgesetz heraufbeschwören würde.
- Der Aspekt der Gerechtigkeit findet sich im letzten Halbsatz der § 3, in dem die in der Landwirtschaft tätigen Menschen an der Einkommens- und Wohlstandsentwicklung zu beteiligen sind. Hierbei handelt es sich nicht nur um eine Forderung, die die Agrarberichte der Bundesregierung regelmäßig aufstellen und als Indikator für die Qualität ihrer Arbeit darstellen (zuletzt im Agrarbericht 2005 unter Kapitel 4 „Sozialpolitik für die in der Landwirtschaft Tätigen"), sondern auch um eine Persistenz sozialistischer Landwirtschaftspolitik, die durch die Kollektivierung u.a. die Industrialisierung und somit auch die Gleichstellung der in Industrie und Landwirtschaft Beschäftigten erreichen wollte.

Diese Betrachtung verdeutlicht das Zielsystem der Transformation des landwirtschaftlichen Sektors und somit auch die dadurch impliziten Konflikte, die nicht nur innerhalb dieses Aufgabenbereichs der Betriebsumwandlung, sondern auch mit anderen Transformationsprozessen bestanden: Langwierige Restitutionsprozesse erschwerten die Umwandlung ehemaliger LPG bzw. die Neueinrichtung von Betrieben, während die Tätigkeit der THA zur Privatisierung der VEG keineswegs unterstützend wirkte, da Flächen und Objekte nicht sofort verfügbar waren.

Neben diesen vorgesetzlichen Vorgaben und Gesetzen zu sachenrechtlichen Veränderungen im Transformationsprozess muss hier noch mit dem Treuhandgesetz (THAG) auf den Bereich der Privatisierung eingegangen werden, der im Gegensatz zu den vorherigen Dokumenten durch eine spezifische Fokussierung auf ein Effizienzziel charakterisiert ist; nur am Rande spielt hier die Frage der Kontinuität eine Rolle, allerdings auch nur in effizienzzentrierten Kontext, wenn durch die Erhaltung einzelner Betriebsteile das Privatisierungsziel erreicht werden kann. Die den Gesetzgeber leitenden Intentionen sind in der Präambel niedergelegt und umfassen mit der Rückführung der unternehmerischen Tätigkeit des Staates durch Privatisierung, der Herstellung der Wettbewerbsfähigkeit der Unternehmen, der Sicherung und Schaffung von Arbeitsplätzen und der Bereitstellung von Grund und Boden für wirtschaftliche Zwecke ausschließlich ökonomische Zielsetzungen. Zu den Punkten, in denen der Effizienzgedanke des Gesetzes von Aspekten der Kontinuität berührt wird, zählt die Frage der Stellung von Sanierungsanstrengungen im Verhältnis zur Privatisierungsstrategie. Diese, in der Literatur und öffentlichen Diskussion in voller Breite behandelte Frage wird auch aus Sicht der Rechtswissenschaften widersprüchlich beantwortet, wobei BLECKMANN und ERBERICH (2004: Rd. Nr. 28–30) darauf verweisen, dass der Aspekt der Privatisierung zwar vorrangig im § 1 Abs. 1 Satz 1 THAG „Das volkseigene Vermögen ist zu privatisieren" genannt wird, sich daraus aber weder aus einfach- noch aus verfassungsrechtlicher Sicht ein Privatisierungsprimat ableiten lässt, da beide Begriffe per se zusammengehören und die Wahrung des gesamtwirtschaftlichen Zusammenhanges zwischen Ost und West ein solches Vorgehen postuliert.

4.4.4 Gerechtigkeit, Kontinuität und Effizienz aus systematischer Sicht

Im Anschluss an diese Darstellung der jeweiligen Zielsetzungen in den für die sachenrechtliche Dynamik relevanten Dokumenten nähert sich der zweite Teil nun der Gerechtigkeit, Kontinuität und Effizienz aus systematischer Sicht, d.h. es soll dargestellt werden, wie sich diese drei Punkte als Rahmenbedingungen der Transformation in Ostdeutschland interpretieren lassen und aus welchen Teilregelungen sie konstruiert sind.

Im Zuge eines Transformationsprozesses, der aus der Perspektive eines Systemwettbewerbs auf dem Sieg des „besseren" Systems begründet ist[43], gewinnt der Aspekt der Gerechtigkeit eine herausgehobene Bedeutung, da sich die Überlegenheit des eigenen Systems so anschaulich und auch gegen soziale oder wirtschaftliche Abwertungsprozesse dokumentieren lässt. Zu den Kernelementen der Schaffung von Gerechtigkeit in sachenrechtlichem Kontext zählen demnach die Implementation von Rechtsstaatlichkeit, die Auseinandersetzung mit der Vergangenheit und letztlich auch die Demonstration von Rechtsstaatlichkeit, historischem Bewusstsein und Korrekturwillen als symbolische Politik. Die Übertragung westdeutscher Standards auf Westdeutschland – als Institutionen- und Instrumententransfer bezeichnet (vgl. bspw. LEHMBRUCH 1995 oder WOLLMANN 1995) und mit dem der Bürgerrechtlerin Bärbel Boley zugesprochenen Satz des „Wir wollten Gerechtigkeit und erhielten den Rechtsstaat" auf eine Kurzformel gebracht – erweist sich hier als wichtiger Schritt, da aus sachenrechtlicher Perspektive nicht

---

43 Bereits der von CASSEL (1984) herausgegebene Band zur Wirtschaftspolitik im Systemvergleich illustriert durch die Zusammenschau der wirtschaftspolitischen Konzeptionen und der wirtschaftspolitischen Praxis nicht nur eine Synopse der Systeme, sondern weist auf Unzulänglichkeiten der jeweiligen Systeme hin – allerdings überwiegen in den sozialistischen Wirtschaftssystemen die Unzulänglichkeiten. Auch LÖSCH (1996: 19) spricht von erfolgreichen Marktwirtschaften in Westeuropa. Lediglich die Diskussionen zwischen JOHN KENNETH GALBRAITH und STANISLAW MENSCHIKOW (1989) sind von einer Position gekennzeichnet, die weniger den Erfolg der Markwirtschaft als das Scheitern der Planwirtschaft darstellen.

nur das Grundbuch- und Katasterwesen restrukturiert wurde (vgl. SCHMIDTBAUER 1992), sondern auch Gerichte mit der Aufarbeitung der Vergangenheit befasst wurden.

Grundsätzlich zeigt sich in der Debatte um den Transfer rechtsstaatlicher Strukturen von West nach Ost neben einem stark gegenwarts- und zukunftsgerichteten Aspekt, der u.a. auch von den Grundsätzen der Herstellung gleichwertiger Lebensbedingungen geprägt ist, auch der Drang nach einer Aufarbeitung der Vergangenheit. Für den Aspekt sachenrechtlicher Veränderungen beruht dieses Verlangen auf zwei Säulen: Zum einen auf dem Interesse der DDR-Regierung, einzelne sachenrechtliche Vorgänge – hier die Enteignungen zwischen 1945 und 1949 – für unantastbar zu erklären und somit alle anderen unrechtmäßigen Enteignungen als korrigierbar zu kennzeichnen, um zum anderen auf dem rechtsstaatlichen Verständnis, dass die Ergebnisse rechtsstaatswidriger Akte keinen Bestand haben können.[44] Die Auseinandersetzung mit der Vergangenheit – sei es als Vergangenheitsvergegenwärtigung im Sinne HERMANN LÜBBES (2001) oder als Vergangenheitsbewältigung – setzt hierbei das gegenwärtige Verständnis von Gerechtigkeit als Norm und identifiziert so Rechtsakte, die zu korrigieren sind. Vergangenheitsvergegenwärtigung ist dabei ein erster Schritt und mit dem Begriff des historischen Bewusstseins bzw. dem Interesse an der Vergangenheit verbunden (vgl. dazu LÜBBE 1981 und 1985, LYNCH 1972 oder LOWENTHAL 1985). Für den Aspekt sachenrechtlicher Veränderungen erhält es allerdings erst dann Relevanz, wenn von ihm eine Bereitschaft zum Schuldeingeständnis und zur aktiven Bewältigung anstelle der Verdrängung ausgeht. Im deutschen Transformationsprozess ist dies durchaus der Fall, da zum einen die Bundesrepublik Deutschland nach 1945 einen solchen Prozess bereits erfolgreich durchlaufen hatte und zum anderen auch die Deutsche Demokratische Republik zu einer Lösung offener Vermögensfragen bereit war.[45] Den Konflikt zwischen einer Totalrevision und dem Weiterbestehen aller in der Vergangenheit geschaffenen Zustände verdeutlicht STROBL (1992: 85) und interpretiert die Lösung des Weiterbestehens von DDR-Entscheidungen unter dem Vorbehalt ihrer Rechtsstaatlichkeit als klassischen Mittelweg.

Subsumiert man die einzelnen gerechtigkeitsbezogenen Anmerkungen zur sachenrechtlichen Dynamik nach 1990 (u.a. HOFFMANN 1995, FOXMAN (1999), BÖNKER/OFFE (1994), POGANY (1997), WASSERMANN/MÄRKER (1993), FRICKE/

---

44 Insofern kann der gesamte Komplex der Regelung offener Vermögensfragen nur eingeschränkt (für die Fälle, in denen die DDR enteignete und die enteigneten Flächen oder Objekte nicht zweckgebunden nutzte) durch die Eigentumsgarantie des Art. 14 GG begründet werden; grundsätzlicher ist hier die Rechtsstaatsgarantie.

45 FRICKE/MÄRKER (2002: 40) schießen in ihrer Wertung der Erklärung des Ministerrats der DDR zu den eigentumsrechtlichen Fragen vom 1.3.1990 über das Ziel hinaus, da diese primär die Frage der besatzungsrechtlichen und besatzungshoheitlichen Enteignungen und deren Fortbestand anspricht und um die Beachtung der Gesetze und Rechtsvorschriften der DDR bittet. Dass eine große Anzahl dieser Gesetze und Rechtsvorschriften bzw. darauf beruhenden Rechtsakte keinen rechtsstaatlichen Maßstäben entsprachen, war zu diesem Zeitpunkt bereits deutlich, zumal nur drei Monate später ein Rehabilitierungsgesetz erlassen wurde.

MÄRKER (2002)) und die Regelungen der einschlägigen Gesetze, so lassen sich die folgenden gerechtigkeitsbezogenen Defizite identifizieren:
- Besatzungsrechtliche und besatzungshoheitliche Enteignungen und Konfiskationen bleiben unberührt und werden nur durch das EALG ausgeglichen.
- Unterschiedliche Gruppen von Restitutionsberechtigten haben unterschiedlich hohe Wahrscheinlichkeiten, den illegalen Charakter des Eigentumsentzugs nachzuweisen und ihr Eigentum zurückzuerhalten.
- Im Kontext des Investitionsvorranggesetzes standen sich im Wettbewerb der Investoren unterschiedlich gut mit Kapital und Know-how ausgestattete Gruppen aus Ost und West gegenüber.
- Durch den universellen Rechtsanspruch der Jewish Claims Conference stehen den Opfern rassischer Verfolgung im Vergleich zu den Opfern weltanschaulicher oder politischer Verfolgung durch das NS-Regime bessere Erfolgschancen zu.
- Die verfahrensrechtliche Bearbeitung der Anträge scheint teilweise von Zufälligkeiten geprägt zu sein: So wurden zu Beginn der Bearbeitung von Restitutionsanträgen ungenaue geographische Ortsangaben einem weiten Suchmuster unterworfen; im Zuge der weiteren Bearbeitung wurde dieses deutlich kleiner. Die prinzipiell mögliche Restitution von Opfern sowjetischer Militärtribunale ist nur dann gegeben, wenn die Generalstaatsanwaltschaft in Moskau nicht nur das Urteil des Militärtribunals aufhebt, sondern auch ausdrücklich den Vermögenseinzug widerruft.
- Obgleich das Vermögensgesetz das Ziel verfolgt, das durch die Teilung Deutschlands hervorgerufene Unrecht zu heilen, bleiben mit der Frage der Mauergrundstücke oder der Zwangsumsiedlungen im Grenzgebiet zur Bundesrepublik Deutschland zwei wichtige Aspekte des Teilungsunrechts unbeachtet.
- Im Vergleich zur Korrektur vermögensrechtlicher Eingriffe wurden Fragen der strafrechtlichen Rehabilitierung oder einer generellen Wiedergutmachung sozialistischen Unrechts, wie sie BÖNKER und OFFE (1994: 333) ansprechen, vernachlässigt. Ablesen lässt sich dieser Trend auch an der Popularität von DAHNS (1994) Buch zum Kampf um Häuser und Wohnungen in Ostdeutschland.

Deutlich wird, dass die Korrektur rechtsstaatswidriger Enteignungen nicht vollständig den Anforderungen an Gerechtigkeit, wie sie HÖFFE (2001) entwickelt hat, entsprechen können, da Kontinuitäts- und Effizienzfragen ebenso Berücksichtigung finden mussten. Gleichzeitig ist mit MÄNICKE-GYÖNGYÖSI (1996: 13) auch darauf zu verweisen, dass die Nutzung von Gerechtigkeitsformeln im Transformationsdiskurs auch von Überlegungen beeinflusst werden kann, in denen die eigentlichen Interessen der politischen Handlungsträger verdeckt werden sollen. Im Falle der Restitution könnte dieser Aspekt auf die Klientelpolitik der FDP angewandt werden, die den Grundsatz „Rückgabe vor Entschädigung" massiv unterstützte (CZADA 1997: 40). Ebenso dient der Bezug auf die Schaffung von Gerechtigkeit auch der Förderung der Akzeptanz bestimmter Entscheidungen, da durch dieses normative Argument situationsbezogene Gegenargumente (z.B. zur wirtschaftlichen Situation) entkräftet werden können.

4 Private sachenrechtliche Beziehungen in geographisch relevanten Kontexten 175

Obgleich der Frage der Gerechtigkeit im sachenrechtlichen Transformationsprozess gerade von publizistischer Seite große Bedeutung zugewiesen wird und mit jeder neuen Gerichtsentscheidung neu diskutiert und erörtert wird[46], spielt diese Frage in der wissenschaftlichen Auseinandersetzung mit dem Gerechtigkeitserleben im Wiedervereinigungsprozess offenbar keine große Rolle. So werden in den Beiträgen des von SCHMITT und MONTADA (1999) herausgegebenen Sammelbandes zwar immer wieder sachenrechtliche Veränderungen erwähnt – so auch als Elemente des Zugangs zur sozialen Marktwirtschaft bzw. zu Wirkungsmechanismen der Ökonomie im Beitrag von WINKLER (1999: 140) – doch finden sich in den Auswertungen der empirischen Untersuchungen keine Bezüge zu dieser Thematik. Einen Erklärungsansatz für diese Beobachtung bieten FREY/JONAS (1999: 332) an, die davon ausgehen, dass die Bürger der Neuen Bundesländer, Gewinn- und Verlusterlebnisse durch die Wiedervereinigung auf sog. Erlebniskonten buchen und somit positive mit negativen Erlebnissen abgleichen. Entsprechend dem Stand des Erlebniskontos wird dann Gegenwart und Zukunft unterschiedlich interpretiert.

Aus rechtsgeographischer Perspektive ergeben sich hier für sachenrechtliche Aspekte faszinierende Einblicke, da räumlich differenzierte Veränderungsintensitäten im sachenrechtlichen Bereich mit anderen sozio-ökonomischen Begleiterscheinungen der Transformation abzugleichen sind: Räumliche Differenzierungen im Erleben sachenrechtlicher Veränderungen lassen sich anhand der Studien von REIMANN (2000) und WIKTORIN (2000) für kernstädtische Räume, GLOCK/KELLER (2002) für suburbane Räume und BORN/BLACKSELL (2001) für ländliche Räume identifizieren; fraglich ist hier dann, ob die medienwirksame Auseinandersetzung mit Restitutionsansprüchen im Prenzlauer Berg und Kleinmachnow mit der scheinbaren Akzeptanz der Verhältnisse in ländlichen Räumen in Bezug gesetzt werden kann. Hier sind sicherlich weitere Forschungsarbeiten notwendig.

Kontinuität als Rahmenbedingung der sachenrechtlichen Dynamik in Ostdeutschland erscheint zunächst als Widerspruch zur herrschenden Auffassung, dass gerade in Ostdeutschland im Vergleich zu anderen postsozialistischen Staaten ein besonders abrupter Systemwechsel stattfand.[47] Eine Analyse der Politiken und Dokumente zur sachenrechtlichen Transformationen lässt allerdings drei Dimension von Kontinuitäten oder Persistenzen erkennen, die nicht alle mit REISSIG (1993: 16) dadurch zu erklären sind, dass das Ziel der Transformation die Herstellung einheitlicher Lebensverhältnisse, die Übernahme des westdeutschen Wirtschafts-, Institutionen- und Rechtssystems und der Transfer von Normen, Regeln und Eliten gewesen sei und die BRD mithin als Modell und Akteur der Transformation und Integration gelten könne. Unbestritten kann dies für die Frage der Wiedergutmachung von nationalsozialistischem Unrecht gelten, die den west-

---

46 Vgl. zahlreichen Beiträgen in deutschen Tageszeitungen zu gerechtigkeitsrelevante Aspekte der sachenrechtlichen Behandlung der Bodenreform durch den OLG-Präsidenten a.D. RUDOLF WASSERMANN und den Journalisten EDGAR HASSE.
47 BEYME (1994: 167) bezeichnet dabei den spezifischen Entwicklungspfad der Demokratie in Ostdeutschland als „Kollaps des Sozialismus und Machtübernahme der Gegenelite".

deutschen Standard erreichen sollte. Dagegen wirft die Ausgestaltung der landwirtschaftlichen Besitzstrukturen durch das LAG die Frage auf, welche Strukturen zu reinstallieren bzw. zu erhalten sind: Die heute vorherrschenden Großbetriebe spiegeln zum einen die industrialisierte Landwirtschaft der DDR wider, erinnern zum anderen aber auch in den nördlichen Landesteilen an die Gutswirtschaft. Die Förderung von Familienbetrieben verlängerte erfolgreich das agrarstrukturelle Leitbild Westdeutschlands und transportiert es nach Ostdeutschland (vgl. WILSON 1998: 124, BÖHME 1992: 51, LÜCKEMEYER 1993: 205, dagegen THÖNE 1993: 109). Kontinuität entsteht natürlich auch per se durch die Regelungen des Vermögensgesetzes, da die Ausschlusstatbestände des § 5 VermG nicht nur die Eigentumsverhältnisse, sondern auch funktionale Eigenschaften der Objekte konservierten.

Bei der Bewertung des Aspektes der Kontinuität spielt daher die Perspektive des Betrachters eine wesentliche Rolle: Interpretiert er die Besatzungszeit und die DDR als ein relativ kurzes Intermezzo der deutschen Geschichte, verschieben sich seine Maßstäbe der Kontinuität zu vorsozialistischen Strukturen: Die Restitution und Privatisierung knüpfen an diese Zeit an. Kontinuität im Sinne der Betrachter, die Einzelstrukturen der DDR erhalten wollen, umfasst allerdings nicht nur augenscheinlich konträre Positionen wie die positive Bewertung der Unmöglichkeit der Restitution, sondern auch in fast konvergenter Weise identische Prozesse, die lediglich unterschiedlichen Interpretationen unterliegen: Die heutigen Großbetriebe können als Fortbestand der LPG-Strukturen und als wiederauflebende Güter gesehen werden. Wie stark der Aspekt der Kontinuität eingeschätzt wird, lässt sich an zwei Beiträgen maßgeblicher Kritiker der sachenrechtlichen Regelungen nach 1990 ablesen: FROMME (1999) charakterisiert die Transformation des politischen, wirtschaftlichen und sozialen Systems der DDR als „abgebrochene Revolution von 1989/90" und führt an, dass die alte Ordnung zwar gestürzt, aber keine neue Ordnung etabliert wurde. Stattdessen blieb vor allem die Eigentumsstruktur erhalten, was auch damit zu erklären sei, dass es eine Kontinuität von Entscheidungsträgern gegeben habe. Noch prägnanter formuliert WASSERMANN (1996) die Kontinuität in der Betriebsführung und der wirtschaftlichen Dominanz durch die LPG-Nachfolgeunternehmen und tituliert deren Geschäftsführer als „Rote Barone".

Letztlich zählt das Streben nach Effizienz zu den Hauptzielen der Transformation, da gerade im Falle Deutschlands nicht nur der Prozess der Angleichung der Lebensverhältnisse möglichst kurz gehalten werden, sondern auch die notwendigen Investitionen und Finanztransfers von West nach Ost überschaubar bleiben sollten. Umgesetzt wurde dieses politische Ziel durch mehrere Maßnahmen, die sich für die ländlichen Räume direkt in der Ausgestaltung der zukünftigen landwirtschaftlichen Strukturen und der Geschwindigkeit der Privatisierung der VEG niederschlug. Obgleich die Umstrukturierung der landwirtschaftlichen Strukturen der DDR mit hohen sozio-ökonomischen Kosten durch den Verlust von Arbeitsplätzen verbunden war, bewirkte sie innerhalb weniger Jahre eine Restrukturierung, die die Wettbewerbs- und Zukunftsfähigkeit ostdeutscher landwirtschaftlicher Unternehmen sicherstellte. Zu diesem Prozess trug auch die rasche Umwandlung der VEG in Privatunternehmen bei.

Als deutlicher Ausdruck der Effizienzbemühungen des Gesetzgebers ist auch die Politik des Umgangs mit den ehemals volkseigenen Flächen und Objekten zu sehen: Während die BVVG als Verwaltungsbehörde der Flächen eine umfangreiche Flächenbevorratung betrieb und betreibt und so mit Hilfe einer durchaus umstrittenen Pachtpolitik (GERKE 2001: 93) die kapitalschwachen LPG-Nachfolgeunternehmen unterstützte, fokussierte die TLG ihre Aktivitäten zunächst auf den Verkauf und später auf die renditeorientierte Vermietung des eigenen Immobilienportfolios. Gleichzeitig dienten die Erlöse beider Institutionen in Milliardenhöhe der Finanzierung des EALG-Fonds zur Auszahlung der Entschädigungen und Ausgleichszahlungen an die Opfer von Konfiskationen und Enteignungen in Ostdeutschland.

Zusammenfassend kann man der Bewertung des sachenrechtlichen Transformationsprozesses durch CZADA (1997: 6) zustimmen: „Die Regelung offener Vermögensfragen, die Privatisierung der Wirtschaft und der Verwaltungsaufbau in den neuen Bundesländern war mehr als der politisch-administrative Normalbetrieb von Unwägbarkeiten und situativem Anpassungshandeln gekennzeichnet. Die formal vorgesehen (juristische), die sachlich gebotene (ökonomische) und die informell ausgehandelte (politische) Problemlösung bilden ein Spannungsverhältnis zwischen der Wiederherstellung von früheren Eigentumsrechten nach dem juristischen Üblichkeitsprinzip, der Schaffung neuer, ökonomisch effizienter Eigentumsrechte und der Eigentumsbegründung als Vorgang des politischen Interessenausgleichs."

Allerdings muss an dieser Stelle auch darauf hingewiesen werden, dass die hier geschilderten Rahmenbedingungen der sachenrechtlichen Transformation und der ihnen innewohnenden Redundanzen auch aus einer anderen Perspektive betrachtet werden können und mithin zu einer schwerwiegenden Kritik an den einschlägigen Regelungen geführt haben; hierbei soll insbesondere auf die Schnittstellen von Restitution und Kontinuität mit dem Gedanken der Effizienz eingegangen werden.

Obgleich in der wirtschaftswissenschaftlichen Literatur der Konflikt zwischen Einnahmemaximierung und Verteilungsgerechtigkeit überwiegend für die Fälle betrachtet wird, in denen das verteilungspolitische vor dem einnahme- bzw. effizienzsteigernden Ziel im Vordergrund gestanden hat (z. B. HEINRICH 1994), hat sich in Deutschland eine Diskussion darum entwickelt, ob durch den bewussten Verzicht auf eine verteilungspolitische Maßnahme – hier die Einbeziehung der Bodenreform in die Restitutionsregelung – nicht ein erheblicher Effizienzverlust entstanden ist. Die an dieser, durch großformatige Zeitungsanzeigen in den Blickpunkt der Öffentlichkeit gerückten Kampagne Beteiligten gehen davon aus, dass durch eine Rückgabe der Bodenreformflächen an die Alteigentümer neben 1,5 Mio. Arbeitsplätzen auch 300 Mrd. € Steuereinnahmen entstanden wären (DIE WELT vom 3.1.2000); darüber hinaus wären die Kosten für BVVG und TLG nicht entstanden (HASSE 2000). Leider fehlt diesen Zahlen jeglicher seriöser Verifizierungsansatz, da eine bloße Weiterrechnung der Beschäftigtenzahlen von 1945 im gewerblichen Bereich oder die Übertragung westdeutscher Agrarstrukturen mit Betriebsgrößen von 30 ha und dem damit verbundenen Arbeitskräftebesatz angesichts der landschaftlichen Ausstattung und dem nicht mehr flächenhaft existierenden bäuerlichen Selbstverständnis nicht möglich erscheint.

Im Schnittbereich von Kontinuität und Effizienz hingegen liegen heute bereits Erkenntnisse vor, die zwar episodischen Charakter aufweisen, aber verdeutlichen, dass ein solcher Zusammenhang durchaus gegeben ist und eventuell in den Überlegungen zur Neugestaltung sachenrechtlicher Verhältnisse nicht in ausreichendem Maße Berücksichtigung fand: Es scheint Anhaltspunkte dafür zu geben, dass das bewusste Anknüpfen an Familientraditionen durch Enteignete in Ostdeutschland positive regionale Entwicklungsanstöße geben kann. Zu diesen Anstößen zählt neben der Sanierung von Gebäuden in der Größenordnung von Einzelhöfen bis Herrenhäusern auch der Versuch, durch hohes persönliches Engagement und zuweilen unökonomisches Verhalten an alte Familientraditionen anzuknüpfen und beispielsweise auf kulturellem Gebiet fördernd zu wirken. Nicht immer bleibt ein solches Engagement frei von Ressentiments der Bevölkerung gegenüber den Rückkehrern, wobei allerdings keinerlei empirisch nachprüfbare Daten vorliegen (vgl. zu diesem Komplex WEIS 1999, RIETZSCHEL 2000 und SCHNECK 2003; als jüngstes positives Beispiel VON BECKER 2005).

Abschließend bedarf es noch einer Auseinandersetzung mit den drei am Anfang dieser Betrachtung aufgeworfenen Fragen nach der Trennschärfe der einzelnen Ziele, des konträren oder komplementären Charakters und der Vor- und Nachteile ein- bzw. mehrdimensionaler Zielsysteme. Deutlich wird, dass die drei hier betrachteten Rahmenbedingungen bzw. Zielsetzungen der sachenrechtlichen Transformation nicht getrennt voneinander gesehen werden können, sondern überlappende Aspekte aufweisen. Allerdings ergibt sich diese Überlappung weniger aus dem originären Charakter der Ziele, sondern im wesentlichen Umfang durch ihre Umsetzung durch die gesetzgebenden Institutionen. CZADA (1997: 6) spricht in diesem Zusammenhang von einem Spannungsverhältnis zwischen juristischen, ökonomischen und politischen Problemlösungen und unterstellt somit indirekt einen konträren Charakter der jeweiligen Lösungen. Tatsächlich lässt sich eine solche Trennung nicht stringent durchführen, da durchaus komplementäre und interdependente Aspekte zu berücksichtigen sind: So folgt die Aufarbeitung rechtsstaatswidrigen Handelns in der SBZ bzw. DDR nicht ausschließlich juristischen Leitlinien, sondern muss und kann auch sozialstaatliche Implikationen berücksichtigen – Ausdruck einer solchen Abwägung zwischen Rechts- und Sozialstaat ist die Regelung des EALG, die aus finanzpolitischen Gründen eine differenzierte Höhe der Ausgleichs- gegenüber der Entschädigungsleistung vorsieht.

Hiermit stellt sich dann die Frage nach der Legitimität der Verfolgung unterschiedlicher Ziele im Transformationsprozess, die dahingehend zu beantworten ist, dass das übergeordnete Ziel des Einigungsprozesses – die Herstellung der Einheit Deutschlands in politischer, wirtschaftlicher und sozialer Hinsicht – ein solches Zielsystem geradezu forderte. Obgleich der Einigungsprozess für große Teile der Bevölkerung als einschneidendes belastendes Ereignis in Erinnerung geblieben ist, war es durch die Etablierung eines mehrdimensionalen Zielsystems auf dem Feld der sachenrechtlichen Veränderungen möglich, die Zahl der Verlierer klein zu halten und in sozialer Hinsicht breit zu streuen.

Eine Analyse der öffentlichen Auseinandersetzung mit Fragen der restitutionsbedingten sachenrechtlichen Dynamik unterstreicht diese These: In der Öffentlichkeit fanden mit der Diskussion um den „Häuserkampf" in Kleinmachnow, der Ausklammerung der SBZ-Enteignungen und der Frage jüdischer Ansprüche eigentlich nur drei Komplexe breite Aufmerksamkeit. Angesichts der hohen Anzahl an konflikt- und geräuschlos abgearbeiteten Fälle, die rein rechnerisch jeden dritten ostdeutschen Haushalt direkt betroffen hätten, lässt sich für den Bereich der Restitution eine positive Bilanz ziehen.

Im Bereich der Privatisierung lassen sich zwar auch positive Implikationen des mehrdimensionalen Zielsystems erkennen, da eine leistungs- und wettbewerbsfähige Agrarstruktur geschaffen wurde, doch stehen diesem Befund die massiven Freisetzungen von Arbeitskräften in der Landwirtschaft entgegen. Für LPG-Mitglieder mit wenig Land, geringem Ausbildungsniveau und mangelndem Mut zur Eigeninitiative stellte der Ausgleich zwischen Gerechtigkeit für zwangskollektivierte Mitglieder, Kontinuität für Betriebsgrößen und Leitungskader und Effizienz der Betriebe kein hinreichend tragfähiges Konzept dar. Kritikern des Privatisierungskonzeptes in der Landwirtschaft wie LÖHR (2002) oder LUFT (1998) ist entgegenzuhalten, dass eine Abkehr von multidimensionalen Zielsystemen hin zum Primat eines isolierten Zieles zu Prozessen geführt hätte, wie sie in den osteuropäischen Staaten zu beobachten sind, wo erst durch den Beitritt zur Europäischen Union beharrende von dynamischen Prozessen abgelöst wurden.

4.5 PERSISTENZEN, BRÜCHE UND DYNAMISCHE NEU- BZW. REKONFIGURATIONEN SACHENRECHTLICHER BEZIEHUNGEN

Innerhalb einer Darstellung sachenrechtlicher Beziehungen in einem sozialen, wirtschaftlichen und landschaftlichen Kontext stellt sich abschließend die Frage nach der raum-zeitlichen Dimension dieser Beziehungen. Bereits die Erläuterungen in den vorherigen Abschnitten lassen erahnen, dass ein Bezug auf die gerade in der Historischen Geographie verwendete Terminologie der Persistenzen, Brüche und dynamischen Neukonfigurationen (NITZ 1995, DENECKE 1997) hier ein gut nutzbares Interpretationsmuster liefern kann.

Die Analyse der Entwicklung sachenrechtlicher Beziehungen anhand dieses Betrachtungsrasters geschieht dabei in vier Teilen: Zunächst werden die sachenrechtlichen Transformationsprozesse in Ostdeutschland nach 1945 zusammenfassend dargestellt, wobei insbesondere auf hier inhärente Zusammenhänge einzelner Maßnahmen eingegangen werden soll. Daran schließt sich mit der Darstellung der Entwicklungspfade sachenrechtlicher Dynamik die Implementation raum-zeitlicher Betrachtungselemente an, bevor dann die eigentliche Dynamik aus Persistenzen, Brüchen und Neu- bzw. Rekonfigurationen erläutert wird. Am Schluss steht der Versuch, die Dynamik der sachenrechtlichen Entwicklung auch im Raum erkennbar zu machen, wozu auf das Konzept von Schichten der rechtlichen, wirtschaftlichen, sozialen und geographischen Implikationen zurückgegriffen wird. Das so entstehende synthetische Gebilde unterschiedlicher Schichten mit differenzierter historischer Reichweite verdeutlicht zum einen die Komplexität des Problems und der damit zusammenhängenden Lösungsansätze und zum anderen die „historische Tiefe" einer Landschaft, die mehreren Umformungsperioden unterlag, die im Gegensatz zu früheren historischen Prozessen noch heute im Gedächtnis der dort lebenden Menschen präsent sind.

4.5.1 Sachenrechtliche Veränderungen

Eine erste Übersicht (Abb. 14) verdeutlicht schematisch die sachenrechtlichen Veränderungen in Ostdeutschland nach 1945, die durch Privatisierung, Reprivatisierung, Restitution und Unternehmensumwandlung gekennzeichnet sind. Eine herausgehobene, da historisch besonders weit zurückreichende Stellung kommt den Enteignungen, Konfiszierungen und (Zwangs-)Verkäufen nationalsozialistisch Verfolgter zu, da diesen Gruppen erst nach 1990 Wiedergutmachung zukam.

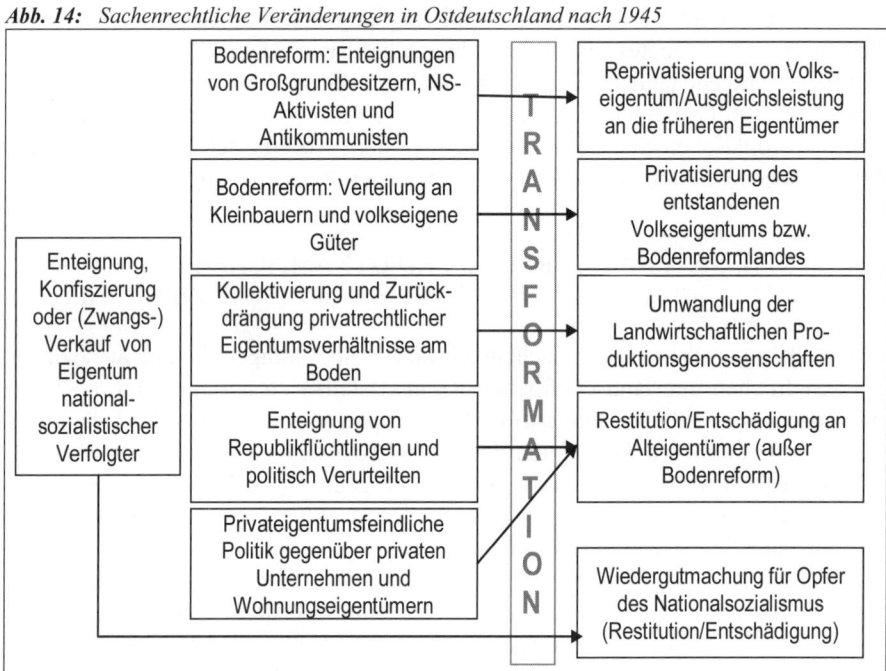

Abb. 14: Sachenrechtliche Veränderungen in Ostdeutschland nach 1945

Quelle: Eigene Darstellung

Tabelle 13 verdeutlicht die Bedeutung der jeweiligen sachenrechtlichen Veränderungen durch den Versuch einer Quantifizierung des Umfangs der jeweiligen Maßnahmen; leider muss diese Darstellung unvollständig bleiben, da für einzelne Kategorien keine genauen bzw. einheitlichen Daten vorhanden sind. Weiterhin findet sich in dieser Übersicht eine Präzisierung einzelner sachenrechtlicher Veränderungen nach 1990, da die Notwendigkeit der Zahlung einer Entschädigung nach § 4 VermG ebenso aufgezeigt ist, wie die Sonderregelung des Zweiten Vermögensrechtsänderungsgesetzes (2. VermRÄndG) , das Neubauern ohne Bezug zur Landwirtschaft nachträglich enteignete und erst 2004 durch einen Beschluss des Europäischen Gerichtshofes für Menschenrechte in Straßburg für menschenrechtswidrig erklärt wurde.

Tab. 13: *Sachenrechtliche Veränderungen in ländlichen Räumen Ostdeutschlands nach 1933*

	Umfang	Lösung nach 1990
1933–1945	– Enteignung/Konfiszierung/ (Zwangs-) Verkauf von Eigentum national-sozialistischer Verfolgter – Verkauf an Profiteure und Arisierung	– Restitution – Entschädigung bei vernichteten oder redlich erworbenen Objekten – 148.307 beantragte Vermögenswerte, davon 13 % erledigt
1945–1949 Konfiszierungen durch die sowjetische Militäradministration	– Enteignung von 14.089 landwirtschaftlichen Unternehmen mit 3.298.082 ha (meist über 100 ha, Staatsland/forst, Eigentum von Nazi-Aktivisten und Anti-Kommunisten)	– Ausgleich durch Entschädigungs- und Ausgleichsleistungsgesetz – Re-Privatisierung an Alteigentümer – Für 516.962 Vermögenswerte, darunter 130.573 Grundvermögen, beantragt
1945–1949 Bodenreform	– 210.276 Neubauernstellen (Immler) – Vergrößerung von 125.714 Betrieben unter 5 ha → 2.123.965 ha – Volkseigene Güter mit 1.174.057 ha	– Bodenreform-Land: – Modrow-Gesetz → Bestätigung der Eigentumsrechte für Neubauern – Privatisierung der VEG durch Treuhandanstalt – 2. VermRÄndG (1992): Enteignung der Neubauern ohne Bezug zur Landwirtschaft bzw. Restitution an jüdische Alteigentümer und NS-Widerstand – Entscheidung des EuGHMR von 2004: Notwendigkeit der Rückgängigmachung der o.g. Enteignungen (28.000 Fälle in Brandenburg, 100.000 ha und 70.000 Personen in Ostdeutschland) – Entscheidung des EuGHMR von 2005: Bestätigung der Regelungen des 2. VermRÄndG
1949–1989 Enteignungen	– Ca. 907.026 ha (WARBECK) – 5.878 devastierte Betriebe mit 209.046 ha – 24.211 enteignete Betriebe mit 697.980 ha (Bell)	– Restitution durch Vermögensgesetz (802.113 Antragsteller/Anträge für 2.11.225 Grundstücke; 97,39 % erledigt)
1952–1989 Kollektivierung	– 4,530 LPG auf 82,2 % der LNF (1989) – 580 VEG auf 7,5 % der LNF (1989) – Private Nutzung auf 4,5 % (1989)	– Dekollektivierung durch Landwirtschaftsanpassungsgesetz → Wiedereinrichter, Liquidation, neue Betriebsformen (AG, eG, GmbH, KG) (30.082 Betriebe) (2003) – Privatisierung durch Treuhandanstalt (1,4mio ha)

Quellen: EUROPEAN COURT OF HUMAN RIGHTS *(2004)*, KLESMANN *(2004)*, DIERING *(2004)*, SPIEGEL-ONLINE *(2004)*, HAMBURGER ABENDBLATT *(2004)*, ALBRECHT/ALBRECHT *(1996: 38)*, BAROV *(2004)*; ECKART/WOLLKOPF *(1994: 13)*, HAGEDORN *(1997: 202)*, WIEGAND *(1994: 78)*, WARBECK *(2000)*, BELL *(1992)*, STATISTISCHES BUNDESAMT *(2004)*

4.5.2 Entwicklungspfade sachenrechtlicher Beziehungen

Die Darstellung der sachenrechtlichen Veränderungen in ländlichen Räumen Ostdeutschlands deutet bereits inhärente Zusammenhänge einzelner Enteignungsmaßnahmen an, da diese Prozesse sowohl durch ausgeprägte zeitliche Zäsuren einerseits und starke zeitliche Interdependenzen andererseits charakterisiert sind. So lassen sich mit den Zeiträumen der NS-, SMAD- und DDR-Regimes durchaus drei deutlich abgegrenzte Perioden unterschiedlicher sachenrechtlicher Eingriffe erkennen; gleichzeitig stehen diese aber miteinander in enger Verbindung, da bspw. die Profiteure der NS-Enteignungen und Konfiskationen durch die SMAD bzw. später durch die DDR enteignet wurden. Abbildung 15 verdeutlicht diese Zusammenhänge durch die Darstellung von Entwicklungspfaden sachenrechtlicher Beziehungen.

Abb. 15: *Entwicklungspfade sachenrechtlicher Beziehungen für landwirtschaftliche Unternehmen in Ostdeutschland nach 1933 (vereinfachtes Schema)*

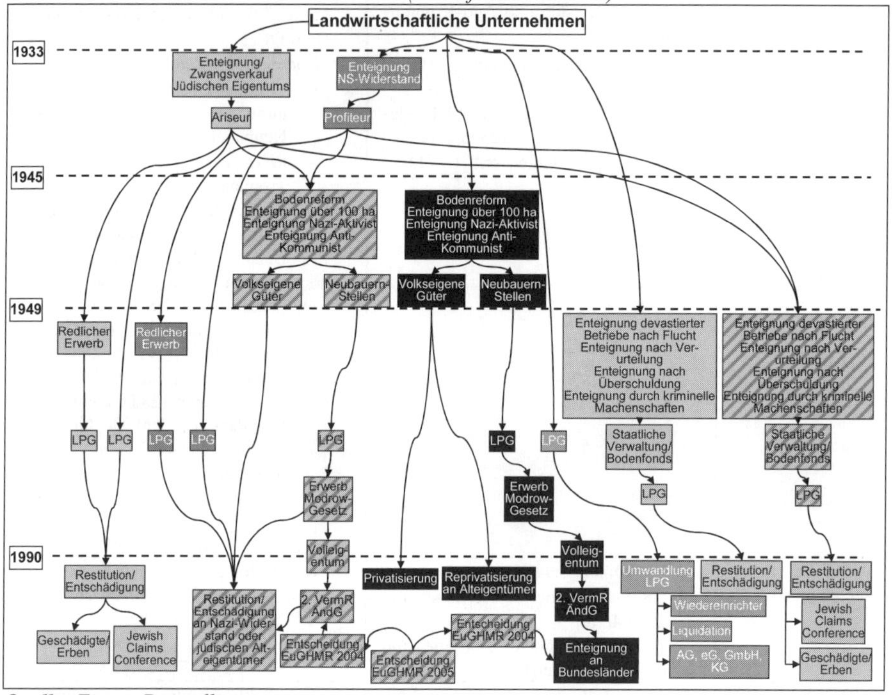

Quelle: Eigene Darstellung

Zusammenfassend lässt sich für die Dynamik sachenrechtlicher Veränderungen eine Differenzierung in fünf Untergruppen vornehmen:

– Die Enteignung bzw. der Zwangsverkauf jüdischen Eigentums zwischen 1933 und 1945
– Die Enteignung des NS-Widerstands zwischen 1933 und 1945
– Die Enteignung von Betrieben über 100 ha bzw. von Nazi-Aktivisten oder Anti-Kommunisten nach 1945 durch die Bodenreform

- Die Kollektivierung von Betrieben, die nicht von der Bodenreform betroffen waren
- Die Enteignung von Betrieben durch die DDR nach 1949

Innerhalb der oben dargestellten drei Perioden intensiver sachenrechtlicher Veränderungen können vier wesentliche Prozesse identifiziert werden:

- Enteignungen durch die NS-Administration: Jüdisches Eigentum und NS-Widerstand
- Bodenreform gegen Betriebe über 100 ha, Nazi-Aktivisten und Anti-Kommunisten
- Kollektivierung in LPG
- Enteignungen durch DDR nach 1949

Nach 1990 erfolgten dann fünf Korrekturen der historischen Eingriffe in sachenrechtliche Beziehungen:

- Restitution oder Entschädigung an jüdische Alteigentümer, NS-Widerstand und DDR-Entschädigte
- Privatisierung der VEG
- Gewährung von Volleigentum an Neubauern durch Modrow-Gesetz (inklusive spätere Enteignung durch 2. VermRÄndG) (durch EuGHMR im Jahre 2004 für menschenrechtswidrig erklärt (Entscheidung vom 22. Januar 2004 „Jahn and others v. Germany"[48]); aufgehoben durch EuGHMR im Jahre 2005 (Entscheidung vom 30. Juni 2005 „Jahn and others v. Germany"[49])
- Reprivatisierung der Bodenreformopfer durch Einräumung von Vorkaufsrechten bei Privatisierung
- Umwandlung der LPG durch Wiedereinrichter, Umwandlung oder Liquidation mit Neugründung

Die Darstellung der sachenrechtlichen Entwicklungspfade illustriert aber auch die Komplexität der Materie, da mehrere Enteignungsphasen dasselbe Grundstück betroffen haben konnten. Neben der Komplexität der Fälle selbst ergibt sich eine besondere Schwierigkeit aber auch durch die Langwierigkeit der Verfahren durch mehrere Instanzen (bis zum Europäischen Gerichtshof für Menschenrechte bzw. der UN-Menschenrechtskommission) und die im Laufe dieser Verfahren erlassenen und später wieder zurückgenommenen Entscheidungen, wie sie beispielhaft für die Fälle der durch das Zweite Vermögensrechtsänderungsgesetz von 1992 betroffenen Neubauern vorliegen: Hier wurden die Eigentumsrechte des Neubauern zunächst durch bundesdeutsche Instanzen entzogen und der Besitz entschädigungslos zugunsten der Länder eingezogen; 2004 stellte die Kleine Kammer des EuGHMR die Menschenrechtswidrigkeit dieser Regelung fest; im Sommer 2005 korrigierte die Große Kammer des EuGHMR diese Entscheidung und bestätigte die bundesdeutsche Regelung. Für die Betroffenen verbindet sich mit dieser Entscheidungssequenz eine extreme Verunsicherung. Nicht dargestellt sind außerdem

---

48 Fundstelle: www.echr.coe.int/Eng/Press/2004/Jan/judgemntJahnandothers.htm (abgerufen am 22.1.2005)

49 Fundstelle: http://www.echr.coe.int/fr/press/2005/juin/ arrêtdegrandechambrejahnetautrescallemagne300605.htm (abgerufen am 30. Juni 2005)

die Fälle, in denen ausländischer Besitz betroffen war, da hier zusätzliche Komplikationen eintreten können.[50]

4.5.3 Persistenzen und Neu- bzw. Rekonfigurationen sachenrechtlicher Beziehungen

Die Konstruktion von Entwicklungspfaden erlaubt in einem weiteren Abstraktionsschritt die Systematisierung der sachenrechtlichen Dynamik in Persistenzen und Neu- bzw. Rekonfigurationen sachenrechtlicher Beziehungen, wobei die Brüche in der Entwicklung sachenrechtlicher Beziehungen als Determinanten für die Charakterisierung der Prozesse dienen. Als Brüche werden hier die sachenrechtlichen Veränderungen durch den NS-Staat, die SMAD, die DDR – differenziert in Enteignungen und Kollektivierungen – und die Bundesrepublik Deutschland nach 1990 verstanden, wobei die zeitliche Parallelität der beiden durch die DDR angestoßenen Brüche aus Enteignungen und Kollektivierungen zugunsten eines Nacheinanders der beiden Prozesse aufgelöst wird. Ein derartiges Modell der Entwicklung sachenrechtlicher Beziehungen bedarf weiterhin einer Eindeutigkeit der Maßstabsebene, da entsprechende transformatorische Prozesse gerade im landwirtschaftlichen Sektor auf einer Makro- (Struktur) oder Mikro- (Betrieb)Ebene betrachtet werden können. Da sich sachenrechtliche Beziehungen zunächst auf einzelne Betriebe auswirken, soll hier die Mikroebene im Mittelpunkt der Betrachtung stehen; wesentlich sind hierbei allerdings nicht die betriebswirtschaftlichen Entwicklungen des Betriebs durch Vergrößerungen, Verkleinerungen oder Teilungen, sondern die sachenrechtlichen Veränderungen zwischen Privateigentum, Kollektiveigentum oder Staatseigentum. In Abbildung 16 sind nun mit der vollständigen bzw. partiellen Persistenz, der Neukonfiguration und der Rekonfiguration schematisch die vier möglichen dynamischen Entwicklungsprozesse dargestellt.

---

50 Zu diesen Komplikationen zählen die Fälle, in denen die DDR durch bilaterale Abkommen Entschädigungen für Enteignungen ausländischen Eigentums leistete; grundsätzlich sind diese von den Regelungen des VermG ausgenommen. Wurde allerdings der Besitz eines NS-Ariseurs oder Profiteurs mit ausländischer Nationalität durch die DDR enteignet und entschädigt, bleibt für die Bundesrepublik Deutschland dennoch die Pflicht der Entschädigung bzw. Restitution an die Erben oder Vertreter der durch die Nationalsozialisten Geschädigten.

4 Private sachenrechtliche Beziehungen in geographisch relevanten Kontexten

Abb. 16: *Schema der Brüche, Persistenzen, Neu- und Rekonfigurationen sachenrechtlicher Beziehungen in Ostdeutschland nach 1933*

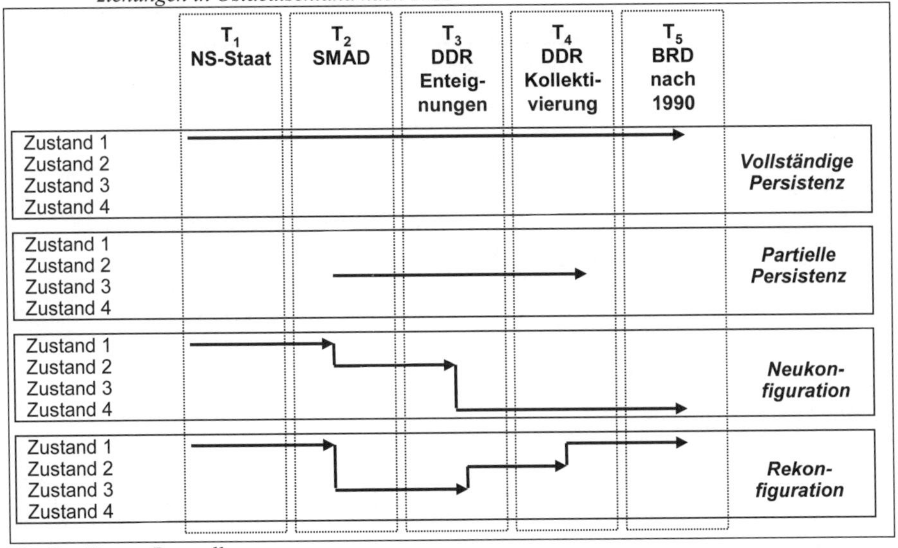

	T_1 NS-Staat	T_2 SMAD	T_3 DDR Enteignungen	T_4 DDR Kollektivierung	T_5 BRD nach 1990	
Zustand 1 Zustand 2 Zustand 3 Zustand 4	───	───	───	───	───	***Vollständige Persistenz***
Zustand 1 Zustand 2 Zustand 3 Zustand 4			───→			***Partielle Persistenz***
Zustand 1 Zustand 2 Zustand 3 Zustand 4	──┐		└──┐		└──→	***Neukonfiguration***
Zustand 1 Zustand 2 Zustand 3 Zustand 4	┐	└──┐	└──┐	└──→		***Rekonfiguration***

Quelle: *Eigene Darstellung*

Angesichts der deutlichen Brüche kommt der vollständigen Persistenz von Betrieben sicherlich eine untergeordnete Rolle zu; dennoch ist zu vermuten, dass eine signifikante Anzahl solcher Betriebe existieren muss, da im Jahr 1989 durch 3.558 private Landwirtschaften einschließlich Kirchengüter 5,4 % oder 335.000 ha der Landwirtschaftlichen Nutzfläche der DDR bewirtschaftet wurden (THÖNE 1993: 97). Wegen der relativen Seltenheit der vollständigen Persistenz erscheint es angebracht, mit dem Begriff der partiellen Persistenz das Überdauern eines Betriebes über mindestens zwei Brüche hinweg zu bezeichnen. Obgleich unter diesem Begriff nur ein Ausschnitt der historischen Entwicklung beschrieben werden kann, erschließt sich die Notwendigkeit dieser terminologischen Differenzierung schon dadurch, dass mit einer solchen partiellen Persistenz ein erheblicher stabilisierender und somit den späteren postsozialistischen Transformationsprozess nachdrücklich vereinfachender Prozess verbunden war.

Im Gegensatz zu den Persistenzen stehen die Prozesse, in deren Verlauf die sachenrechtlichen Beziehungen erheblichen Veränderungen unterworfen waren. Hierbei ist zunächst die Neukonfiguration sachenrechtlicher Beziehungen zu nennen, in deren Verlauf eine Strukturveränderung stattfand. Demgegenüber unterlagen die Betriebe im Falle der Rekonfiguration zwar einer oder mehrerer Strukturveränderungen, erreichten aber am Ende des Prozesses einen strukturell ähnlichen Zustand wie zu Beginn des Prozesses. Rekonfigurationsprozesse können dabei noch weiter je nach Lage- oder Strukturgleichheit in Rekonfigurationen 1. oder 2. Ordnung differenziert werden. Zum besseren Verständnis sei hier auf einige Beispiele verwiesen (Tabelle 14):

Tab. 14: *Persistenz, Neukonfiguration, Rekonfiguration als dynamische Entwicklungsprozesse sachenrechtlicher Beziehungen in ländlichen Räumen*

Prozess	Beispiel
Vollständige Persistenz	Kleinbäuerliche Familienbetriebe
	Kirchengüter
Partielle Persistenz	LPG → eG
	Staatsbetrieb → VEG → Staatsbetrieb
Neukonfiguration	Großbetrieb → VEG → Kleinbetriebe
	Bäuerliche Betriebe → LPG → Großbetrieb als juristische Personen
	Staatsbetrieb → VEG → LPG → Privatbetrieb
Rekonfiguration	Einzelhof → LPG → Einzelhof (identisch) (= 1. Ordnung)
	Einzelhof → LPG → Einzelhof (strukturgleich) (= 2. Ordnung)
	Großbetrieb → VEG → Großbetrieb (identisch) (= 1. Ordnung)
	Großbetrieb → VEG → Großbetrieb (strukturgleich) (=2. Ordnung)

Quelle: *Eigene Darstellung*

4.5.4 Die Dynamik sachenrechtlicher Entwicklungen im Raum

Diese Überlegungen zu Brüchen, Persistenzen und Neu- bzw. Rekonfigurationen sachenrechtlicher Beziehungen weisen über ihren originären rechtlichen bzw. rechtsgeographischen Ursprung hinaus eine erhebliche Relevanz für landschaftliche, wirtschaftliche und soziale Prozesse auf, da sachenrechtliche Festlegungen immer Implikationen für Landschaftsgestaltung sowie wirtschaftliches und soziales Handeln aufweisen. Insofern sind die aus Persistenzen und Neu- bzw. Rekonfigurationen sachenrechtlicher Beziehungen hervorgegangenen landschaftlichen, wirtschaftlichen und sozialen Implikationen als einzelne Schichten in der Landschaft sichtbar.

Mithin entstehen also aus sachenrechtlichen Prozessen Raumstrukturen, die nicht nur die fünf Brüche, sondern auch die Kombinationsmöglichkeiten einzelner Maßnahmen verdeutlichen. Somit werden hier also synthetische Schichten konstruiert, wie sie HAGGETT in seiner Strandleben-Allegorie (1972: 1–19) oder BLOMLEY (2001b) in seiner Darstellung der „Landscapes of Property" in Vancouver schildert und die über weite Strecken von einzelnen Betrachtungsrichtungen – wirtschaftlich, sozial, landschaftlich – geprägt sind. Nicht nur aus Sicht der Historischen Geographie, sondern auch aus der Perspektive der Geography of Law ist dabei besonders darauf hinzuweisen, dass die einzelnen Schichten, die in Anlehnung an die wüstungsbezogene Terminologie FEHNs (1975) in rezenter oder fossiler Form vorkommen können, über eine differenzierte Reichweite in die Vergangenheit verfügen können.

Das Verhältnis von Persistenz, Re- bzw. Neukonfiguration leistet also einen erheblichen Beitrag zur Landschaftsbewertung aus Angewandter Historisch-Geographischer Sicht, da somit Historische Kulturlandschaften von modernen Landschaften differenziert und nach ihren Ursachen hin klassifiziert werden können (vgl. dazu bspw. PALANG 1998). Die so entstandene „historische Tiefe" einer

Landschaft, die sowohl im Landschaftsbild und der Wirtschafts- und Sozialstruktur sichtbar wird, als auch im Gedächtnis der Menschen präsent ist, dient als Bezugsrahmen wirtschaftlichen und sozialen Handelns und kann somit dazu beitragen, den gegenwärtigen Strukturwandel in den ländlichen Räumen Ostdeutschlands nicht ausschließlich anhand sozio-ökonomischer Entwicklungsprozesse und -determinanten zu erklären, sondern auch die Landschaft selbst und ihr „Gedächtnis" als Ursache menschlichen Handels mit einzubeziehen.

Dieser Ansatz ist keineswegs neu und wurde bereits in den 1970er Jahren durch LYNCH (1972) und LOWENTHAL (1975) entwickelt, die darauf hinweisen, dass Raumaneignung und Raumgestaltung letztlich ohne eine Betrachtung der zeitlichen Dimension nicht möglich sind, da nur so eine eigene Raumbewertung entwickelt werden kann. Die Bewertung eines Raumes hängt dabei u.a. von der sozialen Rolle des Beobachters in der Gesellschaft und deren Gesellschaftsbild ab – ein Aspekt, der gerade in der ostdeutschen Abfolge stark ideologisch basierter Regimes an Bedeutung gewinnt.

Zusammenfassend kann für die Analyse der Persistenzen, Brüche und dynamischen Neu- bzw. Rekonfigurationen sachenrechtlichen Beziehungen festgehalten werden, dass von ihnen ein erhebliches Potential für die Bewertung der Umwelt und der zu dieser spezifischen Umweltausprägungen führenden politischen und wirtschaftlichen Prozessen ausgeht. Wesentlich erscheint hier die Kombination aus physiognomisch sichtbaren und sozial erfassbaren Raumstrukturen und Landschaftselementen, die in einem engem Interdependenzverhältnis stehen. Aus Sicht der Geography of Law bedarf eine Analyse der sachenrechtlichen Dynamik auch der Betrachtung der Veränderungen in Landschaft und Wirtschafts- bzw. Sozialstruktur.

5 KONFLIKTPOTENTIALE DER PRIVATISIERUNGS-, REPRIVATISIERUNGS- UND RESTITUTIONSKONZEPTE NACH 1989

An die Darstellung der Inhalte und Rahmenbedingungen der sachenrechtsbezogenen Politiken und Gesetzgebungen nach 1989 schließt sich nun eine Analyse der kritischen Reflexionen durch Öffentlichkeit und Wissenschaft an. Hierbei sollen überblicksartig für die einzelnen sachenrechtlichen Regelungsbereiche der Privatisierung, Reprivatisierung und Restitution die jeweiligen Konfliktfelder aufgezeigt werden und auf alternative Lösungsmöglichkeiten und -anregungen hingewiesen werden. Letztlich wird bei einer solchen Zusammenschau der Betrachtungsfokus zwangsläufig auf die jeweiligen Interessengruppen gelenkt, die hier gerade für den Bereich der Restrukturierung der Landwirtschaft und der Frage der Behandlung der SMAD-Enteignungen signifikante Wirksamkeit entwickelt haben. Am Schluss dieses Kapitels steht der Versuch, mit den Begriffen der Restitutionsreichweite und Restitutionseffektivität ein Instrument zu entwickeln, das sachenrechtliche Veränderungen in einem vergleichenden Ansatz zu klassifizieren vermag.

5.1 HANDLUNGSKONZEPTE UND KONFLIKTFELDER

Für die in sachenrechtlichem Kontext zu behandelnden Fallgruppen der Privatisierung, Reprivatisierung und Restitution ergibt sich lediglich für die Privatisierung und Reprivatisierung eine Abfolge unterschiedlicher Handlungskonzepte, während für die Restitutionsregelung eine relative Konstanz angenommen werden kann.[1] Für den Komplex der Privatisierung und Reprivatisierung lässt sich mit der Abfolge der DDR-Konzeptionen, der Verwertungsrichtlinie der THA von 1992, dem Drei-Phasen-Modell (sog. Bohl-Papier) von 1992 und dem EALG von 1994 sowohl eine inhaltliche Reorientierung der Konzepte als auch eine differenzierte Durchsetzungsfähigkeit der beteiligten Interessen ablesen.

Die nachfolgende Tabelle fasst die Kerninhalte der einzelnen Regelungen zusammen und erläutert die damit verbundenen Konflikte und Interessensartikulationen. Besondere Bedeutung kommt hierbei der abschließenden Bewertung des EALG zu, das im Gegensatz zu den ursprünglichen Vorstellungen der DDR bzw. der Verwertungsrichtlinie der THA nicht von marktwirtschaftlichen, sondern von klientelorientierten Ansätzen geprägt ist.

---

1 Die Konstanz der Restitutionspolitiken erschließt sich aus einer Betrachtung der jeweiligen Vermögensrechtsänderungsgesetze, die weniger rechtliches Neuland i.S. eine Veränderung der Grundkonzeption betraten, als bereits im Gesetz vorhandene konzeptionelle Überlegungen präzisierten und hervorhoben. Als Beispiel für solche Veränderungen gilt das Investitionsvorranggesetz, das Regelungen des VermG verstärkte.

Tab. 15: *Privatisierungskonzepte in Ostdeutschland, 1990–1994*

Jahr	Bezeichnung und Kernaussagen	Konflikte und Interessenartikulation
1990	**Umwandlungsverordnung und Treuhandgesetz der DDR** – Verpflichtung aller Kombinate und volkseigener Betriebe zur Umwandlung in Kapitalgesellschaften in Form einer GmbH oder AG; ausnahmsweise auch in andere Rechtsformen (Genossenschaften, Personengesellschaften o.ä.) – Umsetzung der Vorgaben des Staatsvertrages über die Schaffung einer Währungs-, Wirtschafts- und Sozialunion vom 18.5.1990	– Hoher zeitlicher Druck zur Umwandlung – Zunächst nur Möglichkeit der Umwandlung in Kapitalgesellschaft; später erst auch in andere Rechtsformen
1992	**Verwertungsrichtlinie der THA (Verwaltungsratsbeschluss vom 26.6.1992)** – Verwertung prioritär nach Wirtschaftlichkeitsgesichtspunkten – Verkauf vor Verpachtung – Ermittlung der Käufer durch Ausschreibungsverfahren zur Wahrung von Objektivität und Transparenz – Kaufpreis soll i.d.R. Verkehrswert sein • Pachtkauf- und ähnliche Subventionsmodelle nur als Ergänzung	– Geringe Berücksichtigung der Interessen der Alteigentümer – Politische Grundsatzdiskussion über Abwägung zwischen Verkauf, Verpachtung und Entschädigung

1992	**Drei-Phasen-Modell (sog. Bohl-Papier vom Oktober 1992)**
	– Phase I (1992–1995/96):
	  – Langfristige Verpachtung über 12 Jahre
	  – Pachtpreisgebot ohne Einfluss auf Verpachtungsentscheidung
	  – Entscheidung für Pächter nach dessen Betriebskonzept
	  – Bei Gleichwertigkeit Prioritätenliste: Wiedereinrichter und ortsansässige Neueinrichter vor LPG-Nachfolgeunternehmen vor westdeutschen Neueinrichtern
	– Phase II (ab 1995/96):
	  – Veräußerung von Land zu subventionierten Preisen in zwei Teilprogrammen:
	    a. Landerwerbsprogramm für nicht-restitutionsberechtigte Alteigentümer (Entschädigung)
	    b. Siedlungskaufprogramm für pachtende Wiedereinrichter und Neueinrichter (Eigentumsbildung)
	  – Kaufpreis orientiert sich am Ertragswert
	– Abschließende Phase III:
	  – Freier Verkauf der restlichen Flächen
	  – Orientierung am Verkehrswert
		– Vorschaltung einer Verpachtungsphase
		– Starke administrative Transformationsmechanismen verdrängen marktliche Instrumente
		– Beschränkung des Marktzuganges beim Flächenverkauf in Phase II stark adressatenorientiert eingeschränkt

1994	**Entschädigungs- und Ausgleichsleistungsgesetz vom 24.9.1994**
	– Bemessung der Höhe der Entschädigungs- und Ausgleichsleistung:
	  – Dreifacher Einheitswert von 1935
	  – Starke degressive Staffelung der Höhe der Entschädigungs- und Ausgleichsleistungen
	  – Einberechnung des erhaltenen Lastenausgleichs
	  – Ausgabeform der Entschädigung als eine in 2004 fällige Schuldverschreibung
	– Gestaltung des Flächenerwerbsprogramms:
	  – Verkauf zum Dreifachen des Einheitswertes von 1935
	  – Belastung mit zwanzigjährigem Veräußerungsverbot
	  – Zum Kauf berechtigt sind ortsansässige Neueinrichter, Wiedereinrichter oder juristische Personen mit langfristigen Pachtverträgen
	  – Obergrenzen bei Erwerb:
	    – Maximal 6.000 Bodenpunkte dürfen erworben werden
	    – Erwerb soll Eigentumsanteil an der Betriebsfläche nicht auf über 50 % bringen
	  – Restriktionen für nicht wirtschaftende Alteigentümer (SMAD-Opfer):
		– Der ursprüngliche Regelungszweck der Schaffung von Kaufoptionen für Alteigentümer ohne Restitutionsanspruch gerät in den Hintergrund
		– Vollständige Ausschaltung des Wettbewerbs
		– Priorität der Pächter gegenüber anderen Mitbewerbers, insbesondere gegen Alteigentümer ohne Restitutionsansprüche
		– Interessen der wirtschaftenden Landwirte stehen vor denen der Alteigentümern

- Erwerbsanspruch beträgt nur die Hälfte des Entschädigungsbetrages vor Abzug des erhaltenden Lastenausgleichs
- Nachrangig gegenüber anderen Gruppen
- Zwang zur Weiterverpachtung für insgesamt 18 Jahre an die bisherigen Pächter
- Reduktion der Bodenpunkte-Obergrenze auf 3.000 Bodenpunkte

Quellen: BLECKMANN/ERBERICH (2004), KLAGES (1994: 112–116)

Angesichts der zahlreichen Beiträge zu dieser Thematik soll hier weniger eine Aneinanderreihung der einzelnen Konfliktfelder und Kritikpunkte vorgenommen werden, sondern vielmehr zunächst eine Matrix der Konfliktfelder, ihrer Inhalte und Wertigkeiten und schließlich möglicher Alternativen erstellt werden, um so die Kernelemente der kritischen Auseinandersetzung mit sachenrechtlichen Veränderungen identifizieren zu können. Eine solche Vorgehensweise erlaubt nicht nur die Synopse verschiedener Kritikansätze über die drei sachenrechtlichen Fallgruppen hinaus, sondern bietet auch die Möglichkeit, in einem weiterführenden abstrahierenden Schritt den Bezug zu Gerechtigkeit, Kontinuität und Effizienz als Rahmenbedingungen der sachenrechtlichen Transformation herzustellen.

Tab. 16: Konfliktfelder und alternative Lösungsmöglichkeiten im sachenrechtlichen Transformationsprozess

	Konfliktfeld	Konfliktgegenstand	Wertigkeit des Konfliktgegenstandes	Alternative Lösungsmöglichkeiten
Privatisierung	Konzeption	Zielkonflikte des LAG: - Bis zur Novellierung 1991 Ziel der Überleitung der LPG in Genossenschaften nach BRD-Recht mit Zielkonflikt der Gewährung von Privateigentum und der Schaffung bäuerlicher Einzelbetriebe - Auch Novellierung kein ausreichendes Instrumentarium zur Lösung der Probleme der langjährigen Eigentumsfeindlichkeit, zur Entschädigung von Unrecht oder zur Beseitigung fundamentaler Strukturmängel ostdeutscher Betriebe (THÖNE 1993: 102–104)	hoch	
	Konzeption	Konzeptionslosigkeit der Privatisierung zwischen der Berücksichtigung der ökonomischen, ökologischen, strukturellen und eigentumsrechtlichen Besonderheiten (WIEGAND 1994: 78)	hoch	
	Konzeption	Konsensorientierte Politik der LPG-Privatisierung zwischen Gruppen unterschiedlicher Interessen (LPG-Aussteiger und LPG-Fortführer) (WARBECK 2000: 201)	hoch	Rückgriff auf alternative Konfliktlösungsmechanismen: Schlichtung- und Mediation (WARBECK 2000: 204)
	Konzeption	Innerer Widerspruch in Privatisierungspolitik: Novellierung des LAG in 1991 mit Stärkung der Mitglieder und Schwächung der LPG, während gleichzeitig im europäischen Wettbewerb leistungs- und konkur-	mittel	

Konzeption	renzfähige Betriebe geschaffen werden sollten (CLASEN/JOHN 1996: 200) Konzentration der Privatisierungstätigkeit der BVVG auf Großbetriebe (OST-THÜRINGER ZEITUNG 2003)	mittel	
Konzeption	Schwierigkeiten der regionalen Differenzierung der ländlichen Räume in Untergruppen mit unterschiedlichen Strukturen und Entwicklungschancen (WILSON 1998: 141)	niedrig	
Konzeption	Privatisierung als Mittel zur Co-Finanzierung der Kosten der deutschen Einheit (PERGANDE 2002)	hoch	
Konzeption	Privatisierung als Transfer von Vermögenswerten von Ost und West (OFFERMANN 1994: 111)	mittel	
Klientelorientierung	Keine Nutzung der möglichen politischen Handlungsfreiheit zur Restrukturierung der Landwirtschaft, sondern Kontinuität der Industrialisierung der Landwirtschaft (MÜLLER 1996: 44)	hoch	Entwicklung einer bäuerlich strukturierten und ökologisch und ökonomisch zukunftsweisenden Landwirtschaft
Klientelorientierung	Transformation der Rechtsform LPG ist nur Transformation der Vermögenswerte zugunsten bestimmter Gruppen aufgrund von konzeptionellen Fehlern des LAG und seiner praktischen Umsetzung (DETTMER 1993: 110)	mittel	
Klientelorientierung	Bevorzugung von LPG-Nachfolgeunternehmen durch Pachtvergabekommissionen (GERKE 2001: 93) und somit langfristiger Schutz vor Wiedereinrichtern (LÜCKEMEYER 1993: 207)	hoch	Verpachtung öffentlicher Flächen nach sozialen und ökologischen Kriterien (GERKE 2001: 94)
Klientelorientierung	Zweites Vermögensrechtsänderungsgesetz als Enteignung der Rechtsinhaber von Bodenreformland (DIETRICH 1998)	hoch	Entscheidung des Europäischen Menschenrechtsgerichtshofs von 2004
Umsetzung	Unklare wirtschaftspolitische Aufgabenstellung für THA durch Politik (PRIEWE 1994: 29/30)	hoch	
Umsetzung	Fehlerhafte Restrukturierung landwirtschaftlicher Unternehmen: Umwandlung, Vermögensauseinandersetzung, Umstrukturierung (BAYER 2002)	hoch	
Umsetzung	Vermögensauseinandersetzungen in LPG (JASTER/FILLER 2003: 13)	mittel	Rückgriff auf alternative Konfliktlösungsmechanismen: Schlichtung- und Mediation (WARBECK 2000: 204)
Umsetzung	Kriminelle Machenschaften im Privatisierungsprozess (ANDRESEN 2002)	hoch	
Umsetzung	Zeitliches Auseinanderfallen der Privatisierungs- und Entschädigungs-Ausgleichsleistungs-Gesetzgebung trotz funktionaler Verknüpfung (WARBECK 2000: 191)	hoch	
Folgen	Unternehmerische Belastung durch Altschulden kaum tilgbar (THÜRINGER LANDESANSTALT FÜR LANDWIRTSCHAFT 2000)	hoch	

	Folgen	Divergenz zwischen der schwierigen Privatisierung landwirtschaftlicher Flächen und der leichten Privatisierung von Forstflächen durch die BVVG (TOPARKUS 2003)	niedrig	
	Folgen	Verzögerte Immobilienprivatisierung durch TLG führt zu höheren Belastungen von Gemeinden und Bürgern (MARTEN 1999)	niedrig	
	Folgen	Interessenkontroverse zwischen Naturschutz und BVVG (DIE WELT 2000b)	niedrig	
Reprivatisierung	Konzeption	Qualität des EALG als Entschädigungsgesetz oder als unzulässige Beihilfe für bestimmte Unternehmen (EXNER 1996)	hoch	
	Konzeption	Reprivatisierung mit externer Transformationslogik gegen die Interessen von Bundesländern und betriebswirtschaftlichen Gesichtspunkten (CLASEN/ JOHN 1996: 203)	hoch	
	Konzeption	Unverständnis für Umgang mit Bodenreform durch Heeremann (PRAGAL 1997)	mittel	Neue Bodenreform mit Umverteilung von Teilflächen der Großunternehmen an Klein- und Mittelbetriebe
	Konzeption	Mangelnde Qualität des EALG für Alteigentümer: zu geringe Leistungen und zu langer Zeitraum (REUTER 2003)	mittel	
	Klientelorientierung	Regelungen des EALG schneiden Alteigentümer von ihrem Besitz ab, auch wenn sie kaufen wollen, da ortsansässige Neu- und Wiedereinrichter Priorität genießen (SEMKAT 1998)	mittel	Stärkere Position der Alteigentümer im Reprivatisierungsprozess
	Klientelorientierung	Mutwilliger Verzicht auf Investitionen durch Alteigentümer (600 Mrd. DM; 1,5 Mio. Arbeitsplätze) (DIE WELT 2000a)	mittel	Restitution für Opfer der SMAD-Enteignungen und Konfiskationen
Restitution	Konzeption	Ambivalente demokratieunterstützende Funktion der Restitutionsregelung: – Demonstration des Rechtsstaates – Bevorzugung von Groß- gegenüber Klein- und Mittelbetrieben im InVorG (MUSEKAMP 1992: 363)	mittel	
	Konzeption	Aufweichung der ursprünglichen Zielsetzung der Schaffung von Gerechtigkeit zugunsten anderer Interessen (Wirtschaftsentwicklung, Interessen der Verfügungsberechtigten, redliche Erwerber, unzureichende Ausstattung der Ämter mit Sach- und Personalmitteln) (WASSERMANN/ MÄRKER 1993)	hoch	
	Konzeption	Verfehlte Politik des Grundsatzes „Restitution vor Entschädigung": Abmilderung statt Beseitigung von Investitionshemmnissen, Bevorteilung des Anspruchstellers im Investitionsverfahren, administrative Hindernisse, kontraproduktives Entschädigungsgesetz (NÖLKEL 1993)	hoch	„Entschädigung vor Restitution" als Grundsatzalternative: Zwang zum unternehmerischen Handeln von Alteigentümern
	Konzeption	Zielkonflikt zwischen Restitutions-, Bestandsschutz- und Investitionsinteresse (DREES 1995: 169)	hoch	Investitionsvoranggesetz

Konzeption	Restitutionsregelung als Investitionshemmnisfaktor (DREES 1995: 166 ff.)	hoch	
Konzeption	Schaffung unterschiedlicher Rechtsstellungen für Opfer sozialistischer sachenrechtlicher Festlegungen (MUSEKAMP 1992: 364)	hoch	
Umsetzung	Unklare und widersprüchliche Behandlung der von der russisches Justiz Rehabilitierten, die als restitutionsberechtigt gelten könnten (WARBECK 2000: 214)	mittel	
Umsetzung	Personelle Kontinuität von DDR-Enteignungs- und Restitutionspersonal (DRESEN 2002: 66)	niedrig	
Folgen	Hemmung der wirtschaftlichen Entwicklung durch Restitutionsregelung und langsame, inkompetente Verwaltung (MUSEKAMP 1992: 367)	mittel	
Folgen	Chancenungleichheit unterschiedlicher Gruppen von Antragstellern (BORN/ BLACKSELL 2001)	mittel	
Folgen	Schwierigkeiten der Bewertung von verfolgungsbedingtem Verkaufsdruck in NS-Zeit: Verzögerungen der Lösung (JUNGE WELT 2003)	mittel	
Folgen	Wegen der späten Schaffung des EALG konnten die Antragsteller keine rationale Abwägung zwischen Restitution und Entschädigung treffen, weshalb sie Restitution und somit den möglichen Verkaufserlös wählten: Verzögerung (SCHMIDT/ KAUFMANN 1992: 45)	hoch	
Folgen	„Mythenbildung" der Restitution als Haupthindernis der wirtschaftlichen Entwicklung (PRÜTZEL-THOMAS 1995: 125)	hoch	

Quellen: *Siehe Tabelle und eigene Darstellung*

Eine Zuordnung der Konfliktfelder und -gegenstände zu den als Rahmenbedingungen der sachenrechtlichen Veränderungen identifizierten Begriffen der Gerechtigkeit, Kontinuität und Effizienz verweist auf die Kerninhalte und Intentionen der jeweiligen Regelungen, die aus Sicht der Kritiker nicht konsequent umgesetzt wurden. Für den Bereich der Privatisierung konzentrieren sich die Konflikte auf Aspekte der Effizienz, die sowohl durch die Konzeption der Regelungen als auch deren Umsetzung hervorgerufen werden. Fragen der Implementation von Gerechtigkeit oder der Herstellung von Kontinuität im betrieblichen Bereich spielen demgegenüber gleichwertige, aber untergeordnete Rollen. Die Regelungsinhalte der Reprivatisierung nehmen entsprechend ihrer Ausrichtung zwischen ökonomisch orientierter Privatisierung und Anknüpfung an alte, durch als Unrechtsmaßnahmen bewertete Konfiskationen eine Zwischenstellung ein, da gerechtigkeits- und effizienzbezogene Konflikte in gleichem Ausmaß auftreten. Letztlich korrespondiert der hohe Anteil an gerechtigkeitsbezogenen Konflikten im Segment der Restitution mit der Zielsetzung der Regelung.

Zusammenfassend lässt sich festhalten, dass die hier identifizierten Konfliktfelder einerseits das Spannungsverhältnis zwischen Gerechtigkeit, Kontinuität und Effizienz als Rahmenbedingungen und Oberziele der sachenrechtlichen Transformationsprozesses widerspiegeln, andererseits aber die qualitativ und quantitativ intensive Kritik an den jeweiligen Konzeptionen und Umsetzungen auch auf erhebliche Implementations- und Vermittlungsdefizite seitens der politischen Akteure hinweisen.

5.2 INTERESSENGRUPPEN

Weiterführend muss nun auf die Rolle der unterschiedlichen Interessengruppen eingegangen werden, da diese durch ihre Tätigkeit den öffentlichen Diskurs um Fragen der sachenrechtlichen Dynamik in Ostdeutschland maßgeblich mitgestalten. Der Schwerpunkt soll hierbei auf die Entstehung und die inhaltliche Ausrichtung dieser Gruppen stehen; eine politikwissenschaftliche Analyse i.S. einer Betrachtung der tatsächlichen Auswirkungen der Tätigkeit dieser Gruppen auf Politik, Öffentlichkeit und Einzelpersonen kann hier nicht geleistet werden. Aus rechtsgeographischer Sicht ist diese Auslassung allerdings kein Nachteil, da die Adressaten der Tätigkeit nur in geringem Umfang im Untersuchungsgebiet angetroffen wurden.

Die Bedeutung von Lobbygruppen im Transformationsprozess ist anschaulich von LEHMBRUCH (1995: 30–32) im Kontext von Defiziten geschildert worden: Als ein Element der Koordinationsdefizite analysiert er, wie konsultative Mechanismen im politischen Entscheidungsfindungsprozess zumindest teilweise suspendiert werden und im Falle der Verhandlungen zur deutschen Einheit asymmetrische Strukturen aus voll ausgeformten versus sich entwickelnden Verhandlungsnetzwerken entstanden. Diese Unausgeglichenheit bestand nicht nur auf Regierungsebene, sondern auch im Bereich der sektoralen Organisations- und Politiknetzwerke, was letztlich zu einer mangelnden Berücksichtigung ostdeutscher Interessen führte. Diese mangelnde Einbindung korporativer Akteure in den Entscheidungsfindungsprozess illustriert LEHMBRUCH (1995: 32) an dem folgenden Beispiel: „Es spricht beispielsweise einiges für die Vermutung, dass das Zustandekommen der so umstrittenen Restitutionsregelung des Einigungsvertrages, die für Enteignungsopfer der DDR den Vorrang der Rückgabe vor Entschädigung (die „Naturalrestitution") statuierte, solchen situativen Rationalitätsdefiziten des Entscheidungsprozesses zuzuschreiben ist: Der in dieser Materie zuständige Bundesjustizminister, der selbst keine nennenswerte gesellschaftliche Ressortklientel hat, war zwar in dieser Sache allem Anschein nach Adressat erfolgreicher, politisch gestützter Lobbyisten. Aber für die Berücksichtigung der höchst negativen Auswirkungen, die die Naturalrestitution auf Investitionen oder auf kommunale Entwicklungsplanung haben würde, fehlten in dieser Phase offenbar die institutionellen Fürsprecher, so dass eine enge justizpolitische Problemsicht (und die Interessen einer relativ kleinen Gruppe von Enteignungsopfern) den Ausgang des Entscheidungsprozesses bestimmten." HAGEDORN (1997: 207) differenziert die Policy-Netzwerke im Entscheidungsprozess der Privatisierung in die traditionellen landwirtschaftlichen und finanzpolitischen Netzwerke in Bonn und das Landwirtschaftsnetzwerk in Ostdeutschland, das aus den jeweiligen Landesministerien und

Berufsvertretungen zusammengesetzt war. Neben dieser Ungleichheit zwischen etablierten und neu geformten Netzwerken ist auch darauf zu verweisen, dass gerade die Berufsverbände und Interessengruppen in Ostdeutschland von einem hohem Maß an Heterogenität geprägt waren, da hier unterschiedliche Interessen aufeinander stießen.

Einen Eindruck dieser Heterogenität vermittelt bereits BAMMEL (1991: 72), der die einzelnen landwirtschaftlichen Verbände als Interessenvertretungen einer bestimmten Betriebsform und nicht eines Berufsstandes charakterisiert. Die weitere Entwicklung der landwirtschaftlichen Interessenvertretungen bei DETTMER (2001) verweist zum einen auf die Dichotomie einer Verbändestruktur aus dem Deutschen Bauernverband, dem der überwiegende Teil der LPG-Nachfolgeunternehmen und etwas 10 % der privaten Landwirte angehören, und den fünf großen Verbänden der privaten Landwirte, die regional differenziert und nicht kooperativ agieren; zum anderen erscheint die Dominanz des Deutschen Bauernverbandes bei den LPG-Nachfolgeunternehmen anachronistisch, da er zumindest in Westdeutschland als Vertreter bäuerlicher Familienbetriebe gilt. Als Grund für diesen Policywechsel gibt GERKE (2003: 54) die Übernahme des aus der Vereinigung der gegenseitigen Bauernhilfe (VdgB) hervorgegangenen Bauernverbandes der DDR durch den Deutschen Bauernverband an. In seinen Augen hat der Deutsche Bauernverband durch seine Verbundenheit zum Landwirtschaftsministerium und zur CDU wesentlich zur agrarpolitischen Zielsetzung der Förderung von Großbetrieben beigetragen.[2] Zu den Konfliktpunkten zwischen den jeweiligen „Blöcken" aus LPG-Nachfolgeunternehmen und bäuerlichen Betrieben zählen die bevorzugte Vergabe von Pachtflächen an Großbetriebe, deren im EALG festgelegte Vorkaufsrechte für gepachtete Flächen, die Höhe der Subventionen und die Regelung der Altschulden, deren Löschung bzw. Stundung einen erheblichen Vorteil für die LPG-Nachfolgeunternehmen nach sich ziehen würde (MÄRKISCHE ALLGEMEINE ZEITUNG 2004). DETTMER (2001: 88/89) subsumiert die agrarpolitischen Unterschiede und Gemeinsamkeiten beider Verbandsgruppen (vgl. Tab. 17).

Tab. 17: Unterschiede und Gemeinsamkeiten zur Agrarpolitik in den landwirtschaftlichen Berufsvertretungen in den NBL

Verbände bäuerlicher Unternehmen	Deutscher Bauernverband
Agrarstruktur	
– Bäuerliche Landwirtschaft auf Basis von Familienbetrieben	– Gleicher Entwicklungsspielraum für alle Betriebs- und Unternehmensformen
– Familienbetriebe als effizienteste Betriebe bei entsprechender Faktorausstattung	– Intensivere Förderung für juristische Personen gegenüber Familienbetrieben
– Besondere Förderung von Existenzgründungen und Junglandwirten	– Keine Ablehnung der industrialisierten Landwirtschaft
– Ablehnung der industrialisierten Landwirtschaft (=bodenungebundene, auf Fremdarbeitskräfte basierende hochspezialisierte Produktion zur Maximierung der Kapitalinteressen ohne Nachhaltigkeit)	– Existenzgründer als Konkurrenten auf dem Pachtmarkt

2   Als Indikatoren für eine solche erfolgreiche Lobbyarbeit wertet er z.B. das Eintreten gegen eine Kappungsgrenze bei Agrarsubventionen und für eine Streichung der Altschulden der LPG-Nachfolgeunternehmen. Allerdings ist hier zu berücksichtigen, dass GERKE Vorstandsmitglied der Arbeitsgemeinschaft bäuerlicher Landwirtschaft (AbL) ist.

Strukturwandel	
– Noch nicht abgeschlossen – Juristische Personen werden Existenzprobleme bekommen	– Im wesentlichen abgeschlossen – Entwicklungschancen für Agrargenossenschaften
Altschulden	
– Kein Bedarf zur Ablösung der Altschulden – Wenn Altschuldenablösung nur mit Vermögensauseinandersetzung	– Bedarf für Entschuldung der LPG-Nachfolger (ohne Berücksichtigung der Vermögensauseinandersetzung)
Vermögensauseinandersetzung	
– Vermögensauseinandersetzung ist ungerecht und nicht ordnungsgemäß – Stärkere Kontrolle durch Länder notwendig	– Vermögensauseinandersetzung weitgehend abgeschlossen
Bodenreform-Flächenerwerbsprogramm	
– Entschädigungsregelung für Alteigentümer ist unzureichend – gegen verbilligten Landerwerb durch juristische Personen	– Jetzige Regelung ist ausreichend – Befürwortung des verbilligten Landerwerbs durch juristische Personen

Quelle: DETTMER *(2001:88/89)*

Für die Agrargenossenschaften, die sowohl Nachfolgeunternehmen von LPG als auch neu gegründete Unternehmen sein können, hält LASCHEWSKI (1998: 66) fest, dass sie durch ihre Größe und die Integration in den Deutschen Bauernverband gut vertreten sind; als Merkmal dieser Integration wertet er die gleichberechtigte Anerkennung dieses Unternehmensmodell mit anderen landwirtschaftlichen Unternehmensformen innerhalb des Deutschen Bauernverbandes und des Zentralausschusses der deutschen Landwirtschaft.

Im Kontext einer Betrachtung von Konfliktpotentialen der sachenrechtlichen Veränderungen im Transformationsprozess muss auch auf die Vertretungen der Reprivatisierungsgegner – auch als Opfergruppen bezeichnet – eingegangen werden. Unter ihnen ist an erster Stelle die Aktionsgemeinschaft Recht und Eigentum (ARE) zu nennen, die sich als „Zusammenschluss investitionsbereiter, aber durch die Politik rechtswidrig gehinderter Eigentumsgeschädigter" (LANDSKRON 2000) versteht und immer wieder darauf hinweist, dass durch die Entscheidung gegen die Restitution der Opfer der SMAD-Enteignungen und Konfiskationen nicht nur Steuereinnahmen in Milliardenhöhe, sondern auch die Schaffung von Arbeitsplätzen verhindert wurden. Darüber hinaus betont die ARE in ihrer Selbstdarstellung ihr Eintreten für den Rechtsstaat und Ostdeutschland.

Ebenso wie der Hamburger Kaufmann Heiko Peters, der sich seit 1990 vorwiegend mit großformatigen Zeitungsanzeigen (u.a. in Die Welt oder Frankfurter Allgemeine Zeitung) für dieses Anliegen engagiert und nach eigenen Angaben bereits 2,5–3,5 Mio. Euro investiert hat (DIE WELT 2000a), bleibt aber auch die ARE eine Erklärung für die von ihr genannten Zahlen schuldig. Obgleich gerade die Anzeigenserie von Heiko Peters in Wortwahl und grafischer Gestaltung ein hohes Maß an Aggressivität aufweist, ist es bisher nicht zu Anzeigen durch die betroffenen Politiker gekommen; hier liegt die Annahme nahe, dass seine Aktivitäten keine weitere Aufwertung erfahren sollen. Neben der bundesweit agierenden ARE existieren andere Opferverbände, die jedoch unterschiedliche und z.T. konträre Haltungen zur Behandlung der Bodenreform einnehmen: So steht der „Verein gegen die Abwicklung der Bodenreform in Sachsen-Anhalt" in seinem Bemühen um die vollständige Bestätigung des vollwertigen Eigentumscharakters von Bodenreformland den Absichten der ARE und anderer Alteigentümer-Verbände zur Rückgängigmachung der Bodenreform entgegen (DIETRICH 1998).

5.3 DAS KONZEPT DER RESTITUTIONSINTENSITÄT, -KOMPLEXITÄT UND -REICHWEITE ALS INSTRUMENT EINER VERGLEICHENDEN BETRACHTUNG SACHENRECHTLICHER VERÄNDERUNGEN

Die Darstellungen der Konfliktpotentiale sachenrechtlicher Veränderungen im Transformationsprozess Ostdeutschlands verweisen eindrucksvoll auf die bis in die Gegenwart reichenden Wirkungen von Ereignissen und Gesetzgebungsverfahren, die z.T. über 60 Jahre zurückliegen. Die Intensität der Kritik an den jeweiligen Regelungen führt nun zu der Frage, ob durch eine vergleichende Analyse anderer sachenrechtlicher Veränderungsprozesse ein Instrumentarium erstellt werden kann, das eine Bewertung und Kategorisierung der Einzelmaßnahmen erlaubt. Hierzu bedarf es zweier Schritte: Zunächst müssen Parameter identifiziert werden, die dazu dienen können, sachenrechtliche Veränderungen quantitativ und qualitativ zu beschreiben, bevor dann einzelne historische Ereignisse in dieses Erklärungs- und Interpretationsmuster eingefügt werden. Schon eine einfache Reflexion der Vielfältigkeit sachenrechtlicher Veränderungen aus Enteignungen, Neuzuordnungen, Verstaatlichungen oder Privatisierungen – z.T. in mehreren Sequenzen mit gegensätzlichem Charakter – verdeutlicht die Komplexität einer solchen Aufgabe. Zur Simplifizierung dieser Prozessanalyse stehen zwei Wege offen: Zum einen kann der Gesamtprozess in einzelne, durch historische Zäsuren gekennzeichnete Teilprozesse aufgegliedert werden, wodurch Querschnittsbetrachtungen einzelner Epochen erstellt werden könnten. Ein solches Vorgehen würde allerdings die Wirkungszusammenhänge der miteinander in historischer Beziehung stehenden Prozesse unterbrechen. Zum anderen besteht die Möglichkeit, Längsschnittbetrachtungen der besonders relevanten Prozesse Enteignungen, Privatisierungen, Kollektivierungen und Restitution durchzuführen.

Obgleich eine solche Betrachtung primär den Rechtshistorikern zu überlassen ist, soll hier das Konzept der Restitutionsintensität, -komplexität und -reichweite beispielhaft für derartige Bemühungen vorgestellt werden.[3]

Zunächst werden an dieser Stelle anhand dreier deskriptiver Parameter die Grundprobleme jeglicher Restitutionspolitik erörtert, um dann in diese Matrix einzelne historische Restitutionsprozessen zu verorten. Aus der Diskussion der Parameter und der Beispiele heraus sollen dann weitere Analyseebenen identifiziert werden. Eine historische Betrachtung von Restitutionsprozessen gewinnt sehr rasch neben dem deskriptivem Charakter auch komparative Züge, da unter

---

3 Dieses Konzept geht auf einen Vortrag des Verfassers mit dem Titel „Die Neu- und Umverteilung von Eigentum in der neueren Geschichte Westeuropas an ausgewählten Beispielen" während der internationalen Konferenz „Restitution der Eigentumsrechte im postkommunistischen Europa und Bedeutung dieser Erfahrungen für Russland" der Konrad-Adenauer-Stiftung in Moskau im November 2003 zurück.

dem Postulat des raum-zeitlichen Ansatzes die untersuchten Restitutionsprozesse miteinander verglichen werden sollen, um Gemeinsamkeiten und Unterschiede herausarbeiten zu können; hierzu bedarf es aber der Identifikation klar definierter Parameter.

Zentrale Frage jeder Diskussion um Restitutionsprozesse ist die Frage nach dem Umfang der Restitution: Welcher Anteil der enteigneten Güter wird den Alteigentümern in natura zurückgegeben? Diese **Restitutionsintensität** nimmt von dem Extrem vollständiger Rückgabe bis hin zur völligen Versagung von Restitution, Entschädigung oder Ausgleichsleistung ab. Das Schaubild (Abb. 17) verdeutlicht die Entscheidungswege des Gesetzgebers, der zunächst zwischen Staats- und Privatbesitz entscheiden kann und dann auf der Ebene der Restitutionspraxis die Optionen der Totalrestitution, Entschädigungs-, Ausgleichs- oder Persistenzregelung (=Nicht Restitution ohne Entschädigung) wahrnehmen kann. Dieses stark schematisierte Schaubild geht dabei von einer sachlich undifferenzierten Restitutionsregelung aus – selbstverständlich steht es dem Gesetzgeber frei, die unbeweglichen Güter weiter zu differenzieren und nach bestimmten Charakteristika unterschiedliche Restitutionswege zu entwickeln.

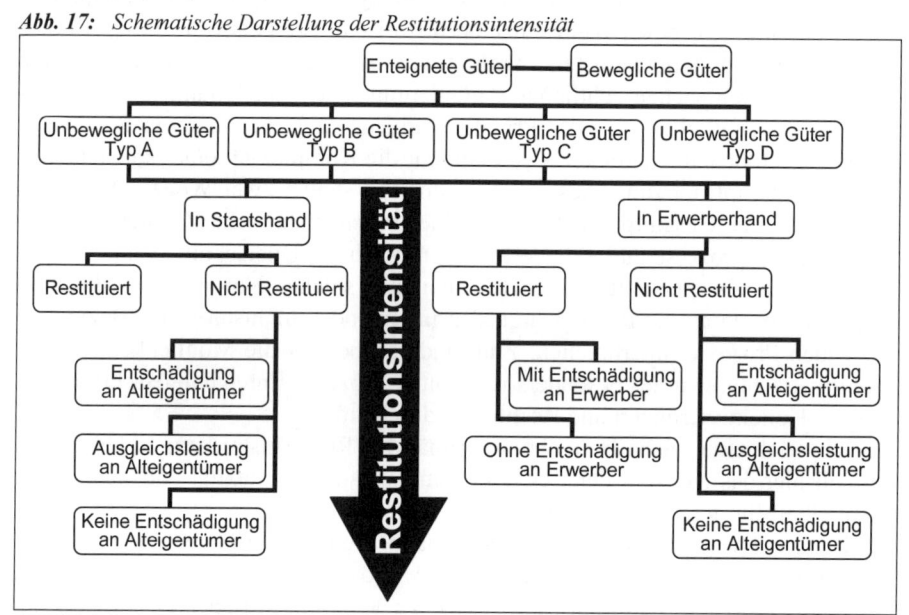

Abb. 17: Schematische Darstellung der Restitutionsintensität

Quellen: Eigene Darstellung

Neben der Intensität der Restitutionsregelung spielt für eine Analyse von Restitutionsprozessen auch die Frage der Komplexität der neuen Eigentumsregelung eine Rolle – ich möchte diesen Aspekt als **Restitutionskomplexität** bezeichnen. Diese Restitutionskomplexität bemisst sich im Wesentlichen aus der Frage, welcher Anteil der früher enteigneten Güter noch in der Verfügungsgewalt des Gesetzgebers ist und somit relativ einfach restituiert werden kann. Das Schaubild (Abb. 18) verdeutlicht, dass die Komplexität von Lösungen zunehmen muss, je weiter der Verfügungsberechtigte vom enteignenden Staat entfernt ist, da sich hier die Notwendigkeit der Berücksichtigung zusätzlicher Eigentumsveränderungen ergibt.

Abb. 18: *Schematische Darstellung der Restitutionskomplexität*

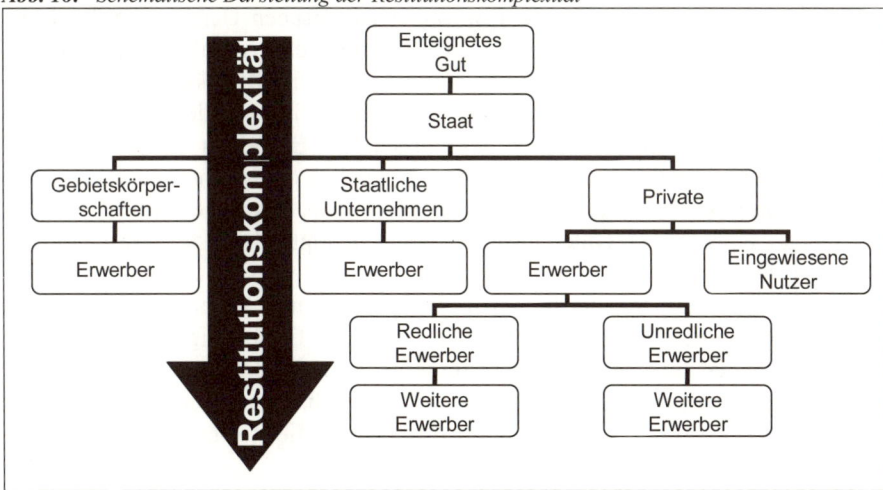

Quelle: *Eigene Darstellung*

Letztlich ergibt sich dann als letzter zu berücksichtigender Parameter die **Restitutionsreichweite**, die bestimmt, wie weit die Restitution in die Vergangenheit reicht, das heißt, welcher Zeitraum zwischen Enteignung, Restitutionsgesetzgebung und Abschluss der Restitution liegt (vgl. Abb. 19)

Abb. 19: *Schematische Darstellung der Restitutionsreichweite*

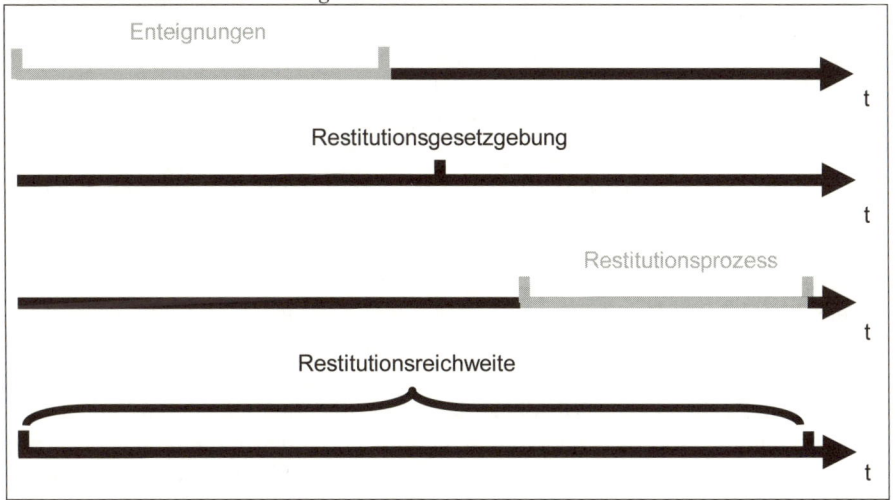

Quelle: *Eigene Darstellung*

In die so entstandene Matrix aus Restitutionsintensität, -komplexität und -reichweite sollen nun sechs Beispiele historischer Restitutionsverfahren eingefügt werden; die Darstellung der jeweiligen historischen Übersichten ist dabei BIEHLER

(1994: 123–156) entnommen, der allerdings entsprechend seiner rechtssystematischen Vorgehensweise ein andere Kategorisierung der Verfahren vornimmt.
Beispiel 1: Athen 403–402 v. Chr.
Im antiken Athen waren nach dem Sturz der athenischen Demokratie durch die Oligarchen umfangreiche Enteignungsmaßnahmen, die vor allem deren politischen Gegner betrafen, vorgenommen worden. Nach der Rückkehr zur Demokratie – unterstützt durch die spartanische Besatzungsmacht – wurde zwischen beiden Parteien ein Ausgleichsabkommen geschlossen. Im Einzelnen sah es prinzipiell vor, dass enteignete Güter – unbelassen ob beweglich oder nicht – zurückzugeben seien. Allerdings wurde die Möglichkeit der bereits geschehenen Veräußerung enteigneter beweglicher Güter insofern berücksichtigt, als dass diese Güter aus Gründen des Gutglaubensschutzes nicht zu restituieren waren. Eine eigene Behörde, die Syndikoi, regelte die entsprechenden offenen Vermögensfragen. Aus den Unterlagen geht nicht hervor, in welcher Höhe Entschädigungen oder Ausgleichsleistungen für Neuerwerber restituierter Immobilien zu zahlen waren; die damals gängige Rechtspraxis deutet auf eine Entschädigungsregelung hin. Über die Dauer der Restitution liegen keine Angaben vor; die Reichweite beträgt allerdings nur ein Jahr.
Beispiel 2: Der Westfälische Frieden 1648
Die wohl umfangreichste Restitution enteigneten Vermögens fand nach einer der längsten kriegerischen Auseinandersetzungen Westeuropas statt. Während der Friedensverhandlungen nach dem Dreißigjährigen Krieg 1648 einigten sich die beteiligten Parteien auf eine vollständige Wiederherstellung des Status Quo Ante vom 1. Januar 1624. Somit waren alle kriegsbedingten Eigentumsveränderungen ohne Berücksichtigung möglicher Veräußerungen wieder rückgängig zu machen. Ausgenommen von dieser Regelung blieben nur die protestantisch gewordenen Klöster und Stifte, die nicht an die Fürstbischöfe zurückgegeben wurden, sondern als im Herrschaftsgebiet belegene weltliche Güter dem Reformationsrecht „Cuius Regio, eius Religio" unterlagen. Aus ähnlichen religiös motivierten Gründen konnten nur diejenigen Exilanten der kaiserlichen Erblande an der Restitution partizipieren, wenn sie am Krieg gegen den Kaiser aktiv teilgenommen hatten. Diese Regelung, deren Durchführung teilweise bis ins nächste Jahrhundert dauerte, kann als eine der umfassendsten Restitutionsregelungen bezeichnet werden.
Beispiel 3: Restitution von Agrarland in Portugal nach 1988
Zu den historischen Beispielen mit geringer Restitutionskomplexität und mittlerer Restitutionsintensität kann man die Restitution von nach 1974 nationalisiertem Agrarland in Portugal zählen. Die hier getroffene Regelung aus dem Jahre 1988 bestimmt die weitgehende Rückgabe der nationalisierten Güter, ermöglicht aber auch die Zahlung von Entschädigung in den Fällen, in denen die bestehenden Agrargenossenschaften erfolgreich wirtschaften und somit in ihrem Bestand gesichert werden sollen.
Beispiel 4: Restitution der Staatsdomänen Hessen-Darmstadt im ehemaligen Königreich Westfalen nach 1814
Weitgehende Eigentumsveränderungen ergaben sich im Zuge der Napoleonischen Kriege und hier insbesondere durch die Gründung des Königreichs Westfalen im

Jahre 1807: Zur Finanzierung der Napoleonischen Kriege veräußerte dessen Bruder Jerôme zahlreiche staatliche Ländereien und Domänen. Nach der Niederlage Napoleons und der zwangsläufigen Auflösung des Königreichs Westfalen verlangten einige der beteiligten Landesherren dann ihr Eigentum zurück, wobei hier an prominentester Stelle der Kurfürst von Hessen steht, der per Dekret von 1814 die Restitution allen veräußerten staatlichen Eigentums an die Rentkammer veranlasste – eine Erstattung des Kaufpreises oder eine Entschädigung der Erwerber war nicht vorgesehen. Nur in langwierigen Verhandlungen und auf Druck der Frankfurter Nationalversammlung wurde es möglich, die pragmatische Lösung des nochmaligen Erwerbs zu günstigen Konditionen einzuschlagen. Zweifellos handelt es sich hier also um einen Restitutionsfall mit hoher Restitutionskomplexität und -intensität.

Beispiel 5: England nach Cromwell (1660)
Als Beispiel für einen weitgehenden Ausschluss der Restitution gilt die Restauration der königlichen Macht in England nach dem Interregnum Cromwells. Der englische König Charles II sprach im „Act of Indemnity and Oblivion" zwar eine umfangreiche Amnestie für seine ehemaligen Gegner aus, doch bedeutete dies nicht die Restitution der unter Cromwell enteigneten Royalisten. Zwar erhielt die Krone ihr Land zurück – ohne Entschädigung für die Neuerwerber zahlen zu müssen –, doch profitierten die betroffenen Royalisten kaum von dieser Restitution, da sie ihre Ansprüche auf dem Rechtsweg per Nachweis der Zwangsveräußerung geltend machen mussten; es wurde keine generelle Lösung für die Opfer Cromwellscher Strafgelder und Strafsteuern gefunden. Demzufolge handelt es sich um eine Lösung, die zwar von hoher Restitutionskomplexität, aber nur geringer Restitutionsintensität geprägt ist.

Beispiel 6: Ludwig XVIII. (1814 ff.)
Vor prinzipiell ähnliche Probleme war Frankreich nach der Rückkehr Ludwigs XVIII. auf den Thron gestellt, da entschieden werden musste, wie mit dem ab 1792 enteigneten Besitz der Emigranten umzugehen sei. Die hier nach langwierigen Verhandlungen und Verzögerungen – u.a. durch die Rückkehr Napoleons – gefundene Lösung sah eine Restitution aller noch in staatlichem Besitz befindlichen Güter an die Alteigentümer vor. Erst 1825 hingegen verständigte man sich auf ein Entschädigungsgesetz für die Alteigentümer, deren Besitz privatisiert worden war, wobei man gleichzeitig die Besitzrechte der Neuerwerber legitimierte. Obgleich keine Angaben zum Umfang der Weiterveräußerung enteigneter Güter vorliegen, kann man anhand der bereitgestellten Entschädigungssumme davon ausgehen, dass es sich um eine Restitutionsregelung mit hoher Komplexität und höherer Intensität handelt.

Tab. 18: Übersicht der Beispiele für historische Restitutionsvorhaben
Teil A

	Athen (403–402 v. Chr.)	Westfälischer Friede (1648)	Portugal (1988)
Enteignender Akt	Nach Umsturz Enteignung der politischen Gegner der herrschenden Oligarchen	Dreißigjähriger Krieg	Landreform nach Ende der autoritären Herrschaft
Dauer der Enteignung	Ca. 1 Jahr	30 Jahre	14 Jahre
Umfang und Inhalt der Restitutionsregelung	– Restitution unbeweglichen Eigentums – Restitution beweglichen Eigentums – Differenzierung nach aktuellem Eigentumsstatus: keine Restitution veräußerter beweglicher Güter	– Komplette Wiederherstellung des Status Quo Ante vom 1. Januar 1624 – Restitution aller konfiszierten Güter (auch nach Veräußerung) – Ausnahme der Klöster und Stifte, die nicht als Eigentum der Fürstbischöfe, sondern als eigenständige Einheiten angesehen wurden – Protestantische Exilanten der Erblande erhielten ihr Eigentum nur, wenn sie am Krieg gegen den Kaiser teilgenommen hatten	– Restitution oder Entschädigung – Grundlage für Restitution oder Entschädigung war die Bewertung der Wirtschaftlichkeit der Landwirtschaftsgenossenschaften auf dem enteigneten Großgrundbesitz
Restitutionsdauer	Unbekannt	Bis zu 120 Jahre	Ca. 5 Jahre

Teil B

	Hessen-Darmstadt (1814)	England nach Cromwell (1669)	Ludwig XVIII. (1814 ff.)
Enteignender Akt	Veräußerung von staatlichen Ländereien und Domänen zur Finanzierung der Kriegsführung durch das Königreich Westfalen	Enteignungen zur Finanzierung des Parlamentes und zur Schwächung politischer Gegner (Royalisten)	Konfiskation und Verstaatlichung der Güter der Emigranten nach 1792
Dauer der Enteignung	7 Jahre	18 Jahre	23 Jahre
Umfang und Inhalt der Restitutionsregelung	– Restitution zugunsten der kurfürstlichen Rentkammer – Keine Entschädigung für Erwerber, aber in vielen Einzelfällen pragmatische Lösung durch nochmaligen, günstigen Wiederkauf	– Rückgabe des Kron- und Kirchengutes (ohne Entschädigung, aber mit Pachtangebot für Erwerber) – Rückgabe von Privateigentum in Einzelfällen durch Rechtsweg – Keine Restitution oder Entschädigung für zwangsweise veräußertes Privateigentum	– Rückgabe der noch in Staatsbesitz befindlichen Güter – Entschädigungsregelung für bereits veräußerte Güter – Legitimierung der Erwerber

Restitutionsdauer	1 Jahr (für Wiedererwerb unbekannt)	Für Kron- und Kirchengüter unmittelbar Für anderes Eigentum unbekannt	Rückgabe: Unmittelbar mit Gesetz (1814) Entschädigung (1825)

Quelle: Eigene Darstellung und BIEHLER *(1994)*

Abb. 20 verdeutlicht den deutlichen Zusammenhang zwischen Restitutionsreichweite und der gewählten Restitutionsintensität. Mit Ausnahme der Restaurationsbemühungen nach den Verwüstungen des Dreißigjährigen Krieges wurden dort intensive Restitutionsmaßnahmen ergriffen, wo die Enteignung erst relativ kurz zurücklag (Athen und Hessen-Darmstadt). Weiter in die Vergangenheit zurückreichende Enteignungen hingegen können offenbar nur mit Hilfe weniger intensiver Restitutionsmaßnahmen korrigiert werden. Der Aspekt der Restitutionskomplexität hingegen scheint in keinem Zusammenhang mit der Restitutionsreichweite zu stehen, da es den jeweiligen Regimen natürlich frei stand, Veräußerungen enteigneten Besitzes durchzuführen.

Abb. 20: *Verortung der Beispiele in die Matrix aus Restitutionsintensität, -komplexität- und Reichweite*

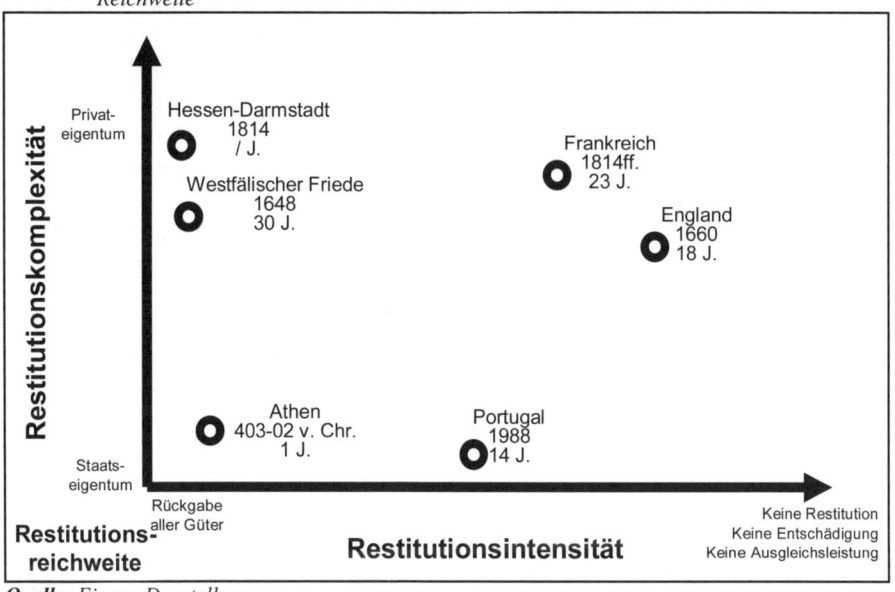

Quelle: Eigene Darstellung

Zusammenfassend lässt sich festhalten, dass die Parameter Restitutionskomplexität und Restitutionsintensität gut geeignet scheinen, um wesentliche Mechanismen der Restitution enteigneten Besitzes zu verdeutlichen. Ihr Erklärungswert nimmt aber stark ab, wenn die eigentlichen Triebkräfte innerhalb der Gesellschaft oder dem juristischen System zur Ausformulierung bestimmter Regelungen erklärt werden sollen. Auf diesem Hintergrund ist es natürlich aufschlussreich, dass die Restauration königlicher Macht nach Revolutionen oder Bürgerkriegen in den Fällen England und Frankreich nicht zu einer umfangreichen Restitution der exilierten oder unterdrückten Königstreuen geführt hat – eigentumsrechtlich scheint sich die Loyalität zu Königen nicht zu lohnen.

Wie bereits eingangs erwähnt, bedarf der Versuch der komparativen Analyse von Restitutionsvorgängen der Heranziehung weiterer Analyseebenen. Die relative Freiheit der Legislative bzw. der Exekutive zur Ausgestaltung von Restitutionsregelungen erzwingt natürlich die Frage nach diesen Regelungen innewohnenden Prinzipien bzw. Intentionen. Dementsprechend wird sich der nachfolgende Abschnitt in Anlehnung an die in Kap. 4 entwickelten Rahmenbedingungen sachenrechtlicher Veränderungen darauf konzentrieren, zusätzliche Analyseebenen zu definieren und die geschilderten Darstellungen daraufhin zu untersuchen.

Eine erste Analyseebene tangiert sicherlich den politischen Hintergrund der Restitution, wobei hier allerdings weniger innenpolitischer Erwägungen Berücksichtigung finden sollen, sondern vielmehr das der Restitution innewohnende gesamtpolitische Konzept verdeutlicht werden soll. In diesem Zusammenhang kann man beispielsweise deutlich zwischen der Restauration der alten Ordnung in vorwiegend retrospektiver Sicht und der Restauration einer alten Ordnung mit progressiven/zukunftsorientierten Elementen differenzieren. Als Beispiel für die erste Variante eignet sich besonders gut die Restauration der ehemaligen hessisch-darmstädtischen Güter, die unabhängig von den aktuellen Besitzverhältnissen ausschließlich auf die Herstellung des Ancien Regime bezogen war. Demgegenüber stehen dann Regelungen wie in Portugal, wo es galt, eine Restitution so zu gestalten, dass die Landwirtschaftlichen Produktionsgenossenschaften unter bestimmten Auflagen in ihrer Existenz gesichert wurden.

Eine weitere Analyseebene erschließt sich mit der Einbeziehung sozialer und ökonomisch funktionaler Strukturen. Erneut eröffnen Restitutionsregelungen hier die Möglichkeit zur Restauration einer alten, inzwischen überkommenen Struktur oder zur behutsamen Modifikation entstandener Strukturen. So kann man die Restauration der alten Ordnung von 1624 nach dem Dreißigjährigen Krieg durchaus als die Wiederherstellung sozialer und ökonomischer funktionierender Strukturen interpretieren. Die theoretische Option der Bestätigung der Kriegsergebnisse hätte angesichts der lokal differenzierten Verwüstungen zu dysfunktionalen Strukturen geführt.

Restitutionsprozesse sind gerade, aber nicht nur in absolutistischen Regimen immer mit ideologischen Zielrichtungen verbunden. Besonders deutlich wird dies bei der Restitution der westfälischen Güter, wodurch der Kurfürst von Hessen in die Lage versetzt war, Günstlinge und Unterstützer Napoleons, an die die Güter oftmals vergeben worden waren, materiell zu schädigen. Natürlich wurde mit der Restitution auch der Code Napoleon als damals fortschrittliches Gesetzbuch abgeschafft.

Es gibt auch eine juristische Analyseebene, in der zu reflektieren ist, ob und wieweit Aspekte der Gerechtigkeit und Rechtssicherheit bei der Gestaltung von Restitutionsregelungen Berücksichtigung fanden. Zu verweisen ist hier beispielsweise auf die Athener Regelung der Nicht-Restitution von bereits veräußertem Eigentum: Offenbar wurde hier dem Institut des Gutglaubensschutzes des Warenverkehrs höherer Wert zugemessen als der Frage der ungesetzlichen Enteignung.

Eine weitere denkbare Analyseebene betrifft die Frage nach der moralischen Dimension der Restitution: Gerade in den Fällen mit hoher Restitutionskomplexität, d.h. mit einem hohen Anteil an weiterveräußertem Eigentum, stellt sich immer die Frage, ob hier nicht durch Restitution trotz aller Entschädigungsregelungen für die Erwerber doch letztendlich Enteignungen durchgeführt werden. Gerade die Fragen des redlichen Erwerbs oder der Perpetuierung von Nutzungs- zu Eigentumsrechten erzwingen hier die Auseinandersetzung mit gesellschaftlichen Normen wie der Sozialen Gerechtigkeit zwischen Enteigneten und Erwerbern. Gerade im Falle Englands nach dem Sturz Cromwells wird die Komplexität dieser Überlegungen deutlich: Die hier getroffene Regelung der Einräumung des gerichtlichen Weges zur Wiedererlangung des Eigentums und des weitgehenden Ausschlusses einer automatischen Rückgabe zwangsweise enteigneter Güter erlauben eine – im Zweifelfall vor Gericht zu klärende – Klärung des Rechtsschutzes für Eigentumsrechte.

Zusammenfassend lässt sich zunächst festhalten, dass bereits bei einer Betrachtung von nur sechs historischen Restitutionsvorgängen die theoretischen Möglichkeiten des Restitutionsrechts in Bezug auf die jeweilige Restitutionskomplexität und Restitutionsintensität ausgeschöpft wurden; Restitutionsregelungen lassen sich demnach mit diesem Modell gut beschreiben, ohne die jeweiligen Restitutionspolitiken berücksichtigen zu müssen. Die Restitutionspolitiken selbst scheinen wesentlich von der Restitutionsreichweite beeinflusst zu sein, da die Restitutionsintensität zugunsten von Entschädigungsleistungen umso mehr abnimmt, wie der enteignende Akt in der Vergangenheit zurückliegt. Für eine komparative Analyse kann auf die Parameter Komplexität, Intensität und Reichwerte als deskriptive Elemente zurückgegriffen werden; explanatorischen Charakter können vergleichende Studien zur Restitution nur dann gewinnen, wenn zusätzliche Analyseebenen, die die politischen, funktionalen, ideologischen, juristischen und moralischen Hintergründe und Motivationen, die zu der spezifischen Ausgestaltung der Restitutionsregelung geführt haben, berücksichtigt werden.

Aus diesem Versuch der Entwicklung eines explanatorischen Rahmens für unterschiedliche Restitutionsprozesse ergeben sich weiterführend zwei Fragestellungen: Zum einen bedarf es noch der Einordnung des Restitutionsprozesses in Ostdeutschland nach 1945 in diese Matrix und zum anderen stellt sich die Frage, ob und wieweit die anderen Teilprozesse sachenrechtlicher Veränderungen ebenfalls durch eine solche Matrix beschrieben werden können. Ein Versuch der Einordnung der ostdeutschen Restitutionsprozesse findet sich in Kap. 6.4.2 im Anschluss an die Darstellung der sachenrechtlichen Veränderungen in Ostdeutschland; Nationalisierungs-, Kollektivierungs-, Reprivatisierungs- und Privatisierungsprozesse lassen sich hingegen kaum durch vergleichbare Ansätze beschreiben, da sie weniger von Nuancen der jeweiligen Regelungen – mit Ausnahme der Privatisierungsregelungen – als von quantitativen und zeitlichen Parametern gekennzeichnet sind: Prinzipiell geht es um die Frage, wie viele Flächen oder Objekte innerhalb eines bestimmten Zeitraums einem Wechsel in der Eigentümerstruktur von privat zu staatlich oder umgekehrt unterworfen waren. Da es sich um zukunftsgerichtete Maßnahmen handelt, besteht zunächst eine ungleich höhere und nicht durch vorgegebene Strukturen eingeschränkte Freiheit der politischen Akteure. Gleichzeitig unterliegen diese Akteure nicht nur innenpolitischen, sondern auch außenpolitischen Zwängen durch die Weltbank oder die Welthandelsorganisation, die die Vergabe von Finanzmitteln mit der Durchführung eigentumsrechtlicher Verfahren koppeln und so beträchtlichen Einfluss ausüben können.

6 DIE DYNAMIK DER EIGENTUMSVERHÄLTNISSE IN OSTDEUTSCHLAND

Nachdem in den vorherigen Kapiteln die theoretischen Grundlagen für die Betrachtung sachenrechtlicher Veränderungen im Transformationsprozess erläutert wurden, soll nun der Frage nachgegangen werden, welche raumbezogenen, wirtschaftlichen und sozialen Implikationen mit diesen Veränderungen verbunden waren. Dieser, über weite Strecken von eigenen empirischen Arbeiten geprägte Abschnitt untergliedert sich in eine allgemeine Darstellung der Dynamik der Eigentumsverhältnisse und die Identifikation und Bewertung der landschaftlichen, wirtschaftlichen und sozialen Auswirkungen der sachenrechtlichen Dynamik.

6.1 METHODISCHES VORGEHEN ZUR ABGRENZUNG DES UNTERSUCHUNGSGEBIETES

Zu den wesentlichen Problemen, die sich aus der Aufgabenstellung einer Dokumentation und Bewertung der geographischen Relevanz sachenrechtlicher Veränderungen ergeben, zählt die Frage der Auswahl der geeigneten Betrachtungsebene bzw. Raumeinheit. Als zu berücksichtigende Parameter gelten dabei die Verfügbarkeit von Daten und die Zugangsmöglichkeiten zu darüber hinaus reichenden Informationen:
- Verfügbarkeit von Daten in historischer Perspektive seit 1930
- Verfügbarkeiten von Daten in räumlich konstanter Perspektive
- Verfügbarkeit von Daten der jeweiligen Akteure (ARoV, BVVG, TLG, AfL)
- Zugangsmöglichkeiten zu regionalen und lokalen Behörden und Entscheidungsträgern für Expertengespräche
- Zugangsmöglichkeiten zur Bevölkerung für Befragungen und Erfahrungsberichte
- Zugangsmöglichkeiten zu den Landwirten für Befragungen und Erfahrungsberichte

Weiterhin besteht gerade in geographischer Perspektive die Notwendigkeit, Raumausschnitte zu wählen, in denen neben der vollen Verfügbarkeit der Daten und Informationen auch der Aspekt der Vergleichbarkeit unterschiedlicher Räume gegeben ist.

Wie bereits in Kap. 1.4 dargelegt konnte das ursprüngliche Ziel einer vergleichenden Untersuchung zwischen den von der Gutswirtschaft geprägten nördlichen und von einzelbäuerlichen Wirtschaften dominierten südlichen Landesteilen Ostdeutschlands nicht erreicht werden, da für die Länder Thüringen und Sachsen kein Zugang zu den als zentral bewerteten Aktenbeständen der Ämter zur Regelung offener Vermögensfragen gewährt wurde.

208   6 Die Dynamik der Eigentumsverhältnisse in Ostdeutschland

Um trotz dieser Schwierigkeiten einen Gesamtüberblick über die Dynamik sachenrechtlicher Veränderungen geben zu können, wurde ein methodisches Vorgehen gewählt, dass den Betrachtungsfokus und somit auch das Analyseraster in Stufen vom Gesamtraum Ostdeutschland über die Teilräume der Länder bis hin zu einzelnen Ämtern bzw. Gemeinden verengt und so eine differenzierte Betrachtung ermöglicht. Somit lässt sich für Teilräume (Länder) eine vergleichende Betrachtung realisieren, während die Konzentration auf eine Teilregion eine Zusammenschau aller themenrelevanten Aspekte und Informationsquellen ermöglicht und somit die Dynamik sachenrechtlicher Veränderungen exemplarisch darstellt.

Als Teilregion für eine solche spezifische Betrachtung wurde der Landkreis Uecker-Randow und das darin gelegene Amt Löcknitz (Gebietsstand 2003)[1] gewählt (vgl. Abb. 21). Die Auswahl dieser Teilregion war einerseits von der Verfügbarkeit von Daten und andererseits von der landesgeschichtlichen Entwicklung des Raumes determiniert, da es sich hier um einen Bereich handelt, der von einer hohen sachenrechtlichen Dynamik geprägt ist: Die vorherrschende Gutsherrschaft wurde durch die Reichssiedlungsgesetzgebung der Weimarer Republik stark zugunsten kleiner und mittlerer Unternehmen modifiziert. Mit der Bodenreform, der Kollektivierung und der eigentumsrechtlichen Neuordnung nach 1990 folgten weitere tiefgreifende Veränderungsprozesse.

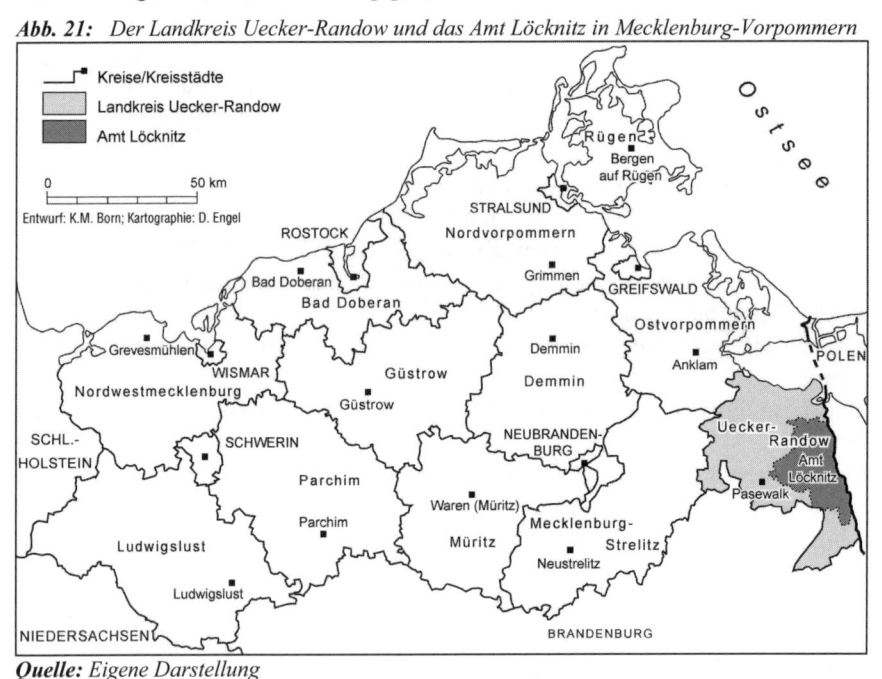

Abb. 21: Der Landkreis Uecker-Randow und das Amt Löcknitz in Mecklenburg-Vorpommern

Quelle: Eigene Darstellung

---

1   Im Jahre 2004 wurde das Amt Löcknitz im Zuge der Gemeindegebietsreform mit dem südlich gelegenen Amt Penkun zum Amt Löcknitz-Penkun zusammengelegt.

6.2 DER UNTERSUCHUNGSRAUM

Der Untersuchungsraum des heutigen Landkreises Uecker-Randow und des heutiges Amtes Löcknitz kann aus landschaftskundlicher Sicht (SCHULTZE 1955) zwei Großlandschaften zugeordnet werden: Der nördliche Teil gehört dem nordostmecklenburgischen Flachland an, während der südliche Teil zum Rückland der mecklenburgischen Seenplatte gezählt wird. Im Einzelnen finden sich im heutigen Landkreis Uecker-Randow die folgenden Teillandschaften:[2]

Tab. 19: Übersicht der Teillandschaften des Untersuchungsgebietes nach SCHULTZE (1955)

Landschaft	Lage	Bodengestalt: – Allgemeine Charakteristik, Höhe, Relief – Morpholog. Formentyp	Boden: – Bodenart – Bodentyp – Bodengüte	Hydrologie	Klima: – Allg. Charakteristik – Temperatur – Niederschläge	Vegetation Natürliche Waldgesellschaften
023 Ueckermünder Heide	NO-Mecklenburg. Südlich des kleinen Haffs der Oder zu beiden Seiten der Uecker	– Flaches, bisweilen in einzelnen Stufen (Haffstauseeterrassen) absetzendes Sandgebiet mit max. 25 m Höhe; von feuchten Niederungen durchzogen – Sanftwellige Grundmoräne	– Überwiegend Sandboden mit Gefahr von Sandflug bei Trockenlagen – Stark gebleichte rostfarbene Waldböden mit mächtigen Orterde- und Ortsteinbildungen; organische Nassböden – Schlechteste Böden Mecklenburgs. Ackerwertzahlen 15–25.	Häufige, durch entsprechende Winde verursachte Stauwirkungen, lassen Bäche und Flüsse weit ausufern. Stau bis Torgelow möglich	– Teil der östlichen mecklenburgischen Trockengebiete. Frostgefahr in den moorigen Niederungen – Jahresmittel: 7,5–8 Grad – Jahressumme: 550 mm	Auf den Dünen Kiefern-Mischwald, in den Senken feuchter Stieleichen-Birken- und Erlenwald

---

2   Die Darstellung folgt hier der landschaftlichen Charakterisierung von SCHULTZE (1955: 76ff.), die angesichts der Fragestellung der vorliegenden Arbeit ausreichend erscheint.

033 Ucker-märkische Lehmplatte	Beiderseits der oberen Uecker	– Flachwelliges bis flachhügeliges Geschiebemergelgebiet in 50–100m Höhe mit einzelnen aufgesetzten Hügelzügen. Von gewundenen, steil eingeschnittenen Bachbetten und geschlossenen Hohlformen und Muldentälern durchzogen. Von N nach S laufen langgestreckte Niederungen, z.T. mit Rinnen- und Beckenseen gefüllt. Flachmoore in den Niederungen. – Flachhügeliges glaziales Aufschüttungsgebiet	– Vorherrschend sandige Lehmböden. Nur um Prenzlau ausgedehnte Sandböden. – Vorwiegend schwach gebleichte braune Waldböden. In den Niederungen organische Nassböden – Ackerwertzahl 35–50	Abflusslose Mulden und Seebecken. In den Talzügen gefällsarme Wasserläufe. Im Frühjahr größere Wasserführung mit Überschwemmungen	– Das Gebiet gehört zu dem südöstlichen Trockenraum, der Meereseinfluß ist kaum mehr spürbar – Jahresmitte l um 8 Grad – Jahressumme: 500–600 mm	Buchen-Trauben-eichen-wald
034 Randow-Niederung	In die Uckermarkische Lehmplatt eingesenkte Talniederung zwischen Schwedt und Löcknitz	– Ebene, steilwandig begrenzte, mehrere km breite Talniederung mit 14 m hohen Talwasserscheide und Gefälle von NB nach SO – Mit Alluvionen gefüllte fluvioglaziale Schmelzwasserrinne	– Flachmoor- und anmoorige Böden – Organische Nassböden – Vorwiegend Moorböden	Randow und Welse, Entwässerungsgräben. Hochwasser	– Jahresmitte l 7,5–8 Grad – Jahressumme: 500–540 mm	Erlenwald

Quelle: SCHULTZE *(1955: 76–77, 84–86)*

6 Die Dynamik der Eigentumsverhältnisse in Ostdeutschland   211

Abb. 22: Die Zuordnung des Untersuchungsgebiets zur Gliederung der naturbedingten Landschaften von SCHULTZE (1955)

Quelle: SCHULTZE (1955: Fig. 13 (Tafel 13))

Bedingt durch die naturräumliche Lage ist der Untersuchungsraum zwei Agrarregionen Mecklenburg-Vorpommerns zuzuordnen: Die nördliche, durch den spätglazialen Haffstausee geprägte Heidelandschaft der Ueckermünder Heide wird zur Agrarregion V „Ostvorpommern und südostmecklenburgisches Seengebiet" gezählt, während der südliche, dem Uckermärkischen Hügelland zugehörige Teil ein Teilbereich der Agrarregion IV „Ostmecklenburgischer Höhenrücken mit vorgelagertem mecklenburgisch-vorpommerschen Grundmoränengebiet" (ALBRECHT/ ALBRECHT 1996: 49) darstellt. Die Voraussetzungen für eine landwirtschaftliche Nutzung sind aufgrund der physisch-geographischen Raumausstattung als mittel bis schlecht zu bezeichnen, da im nördlichen Bereich nur Bodenpunkte zwischen

15 und 30, im südlichen, teilweise durch Lehmböden gekennzeichneten Bereich bis zu 45 Bodenpunkte erreicht werden.

Vor einer Darstellung der für die Dynamik sachenrechtlicher Beziehungen besonders relevanten Daten zur agrarstrukturellen Entwicklung muss auf die Schwierigkeiten der Gewinnung statistischer Daten und ihrer Übertragbarkeit hingewiesen werden: Der heutige Landkreis Uecker-Randow unterlag im Laufe seiner Entwicklung deutlichen territorialen Veränderungen, so dass die nachfolgenden Übersichten zur landwirtschaftlichen Entwicklung immer auf dem Hintergrund der jeweiligen territorialen Entwicklung zu sehen sind. Abb. 23 verdeutlicht, dass der Landkreis Uecker-Randow aus unterschiedlichen Gebietseinheiten zusammengefasst wurde – zwischen 1949 und 1990 zählten sogar Gemeinden des heutigen Landes Brandenburg zum damaligen Kreis Pasewalk. Neben dieser Zäsur durch die Wiedereinführung der Bundesländer und den damit verbundenen territorialen und transformatorischen Schwierigkeiten[3] erweist sich die Schaffung der Großkreise im Jahre 1994 als eine weitere Schwierigkeit zur Dokumentation historischer Entwicklungsprozesse, da einige Kreise zwar zusammengelegt (Pasewalk und Ueckermünde), andere aber geteilt wurden (Strasburg). Auf der hier dargestellten Gemeindeebene ergeben sich durch die Einrichtung von Amtsgemeinden und deren sukzessive Zusammenlegung ähnlicher Probleme.

---

3 Zu diesen transformatorischen Schwierigkeiten zählt bspw. die Notwendigkeit, die in Bergholz gelegene LPG Bergholz-Brüssow nicht nur unter betriebswirtschaftlichen Gesichtspunkten zu restrukturieren, sondern auch zu berücksichtigen, dass ein großer Teil der Flächen in einem anderen Bundesland liegen würde und somit in den Verwaltungsbereich anderer landwirtschaftlicher und naturschutzrechtlicher Institutionen fallen würde. Tatsächlich wurde die LPG im Jahre 1990 erst geteilt und dann restrukturiert.

6 Die Dynamik der Eigentumsverhältnisse in Ostdeutschland   213

Abb. 23: *Die Veränderungen der territorialen Gliederung des heutigen Landkreises Uecker-Randow, 1925 bis heute*

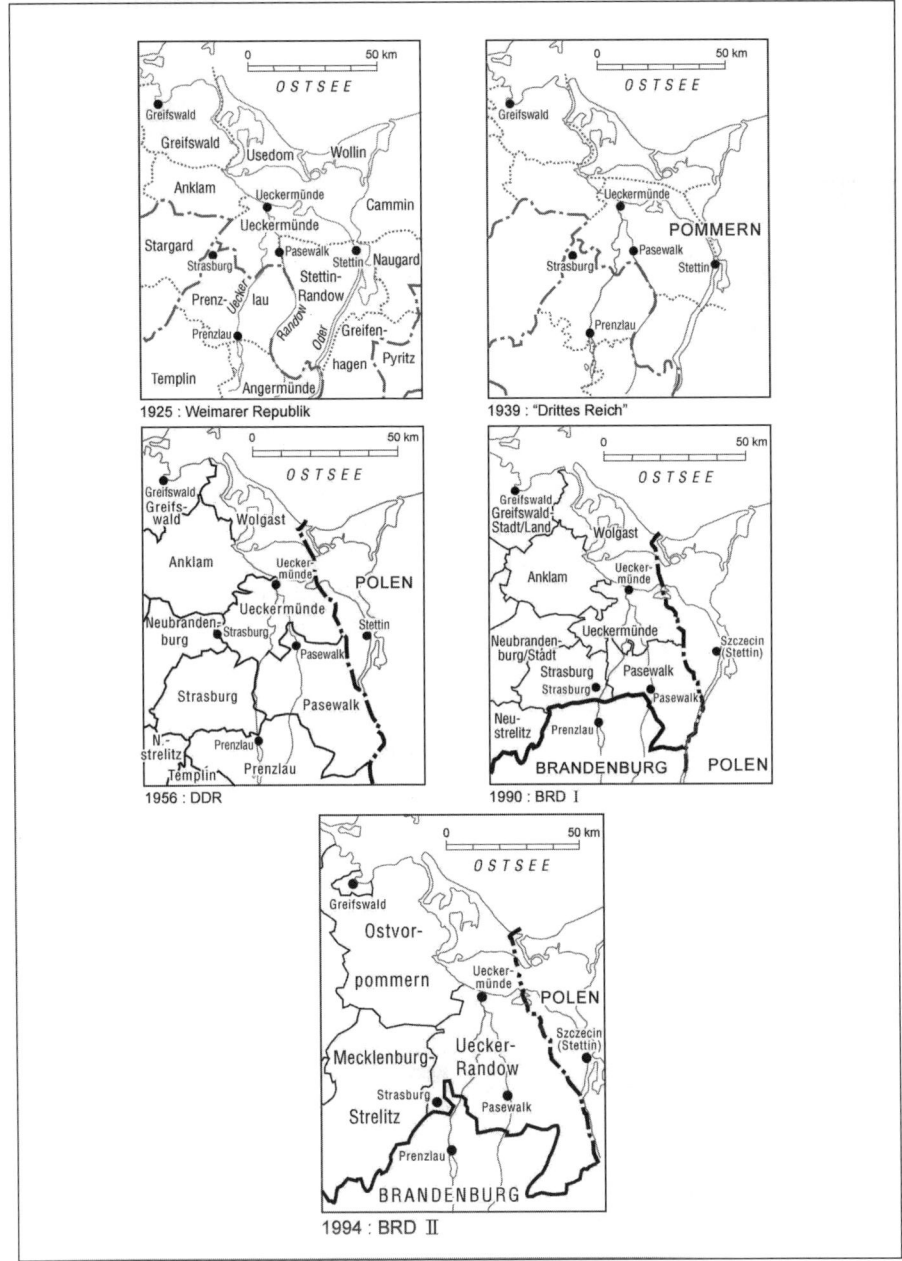

Quellen: *Statistik des Deutschen Reiches, 1927 und 1939, Statistisches Jahrbuch der DDR 1990, Statistisches Jahrbuch Mecklenburg-Vorpommern 1992 und 2004.*

Der Landkreis Uecker-Randow kann im Sinne einer raumplanerischen Kategorisierung als „Strukturschwacher ländlicher Raum mit sehr starken Entwicklungsproblemen" (BUNDESAMT FÜR BAUWESEN UND RAUMORDNUNG 2000: 8) bezeichnet werden. Die in Tab. 20 aufgeführten Strukturmerkmale verdeutlichen diese Einschätzung.

Tab. 20: Strukturmerkmale des LK Uecker-Randow und des Amtes Löcknitz

	LK Uecker-Randow	Amt Löcknitz
Anteil der in der Landwirtschaft Beschäftigten	2003: 5,4 %	1998: 15,4 %
Anteil der LN an der Gesamtfläche	2002: 51,9 %	1998: 65,6 %
Bevölkerungsdichte	2002: 50 E/km²	1998: 32 E/km²
Anteil der über 50-Jährigen an der Gesamtbevölkerung	2002: 36,6 %	1998: 34,6 %
Bevölkerungsentwicklung	1990–2004: -18,4 %	1990–1998: -9,3 %
Wanderungssaldo	2004: -1514 (=-19 pro 1000 E)	1998: -73 (=-9 pro 1000 E)
Arbeitslosenquote	2002: 27,2 %	n/a
Bodenqualität	EMZ: 20–30	EMZ: 20–30

Quellen: Statistisches Jahrbuch Mecklenburg-Vorpommern, 2001, 2002 und 2003

Im Raumordnungsbericht 2005 ergibt sich allerdings durch die Neufassung der BBR-Raumstrukturtypen, die eine problemorientierte Grundtypisierung auf der Basis von Bevölkerungsdichte und Zentrenerreichbarkeit erlaubt, eine weitaus differenzierte Betrachtung des Untersuchungsgebietes, das nun mit den drei Raumstrukturtypen „Zwischenraum geringer Dichte", „Peripherraum mit Verdichtungsansätzen" und „Peripherraum sehr geringer Dichte" Gebiete mit unterschiedlicher Entwicklungspotentialen umfasst. Abb. 24. stellt beide Raumkategorisierungen der BBR nebeneinander.

Abb. 24: Raumkategorien und Raumstrukturtypen der BBR 2001 und 2005

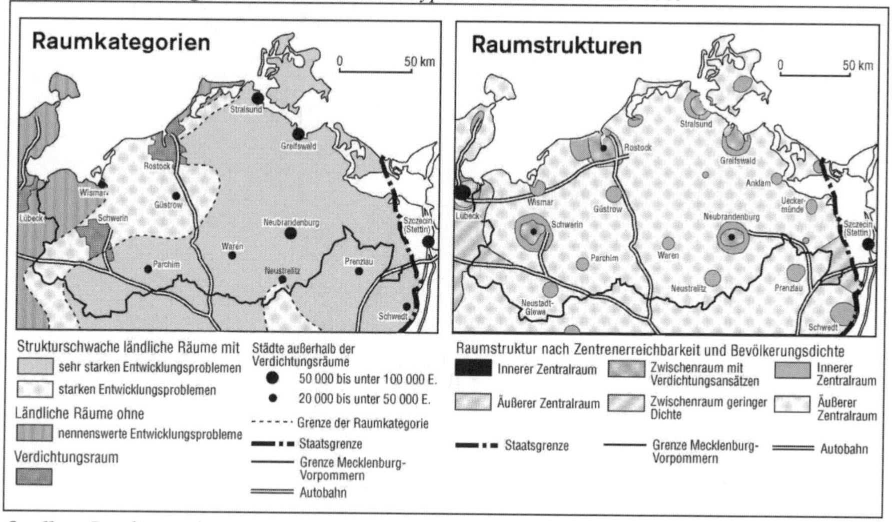

Quellen: Bundesamt für Bauwesen und Raumordnung (2001: 8 und 2005: 20)

Zur Darstellung der Dynamik sachenrechtlicher Beziehungen im Landkreis Uecker-Randow genügt an dieser Stelle – im nächsten Abschnitt werden für unterschiedliche Raumausschnitte Ostdeutschlands weitere Informationen zusam-

6 Die Dynamik der Eigentumsverhältnisse in Ostdeutschland   215

mengetragen – der Verweis auf die agrarstrukturelle Entwicklung nach Betriebsgrößen seit 1925.

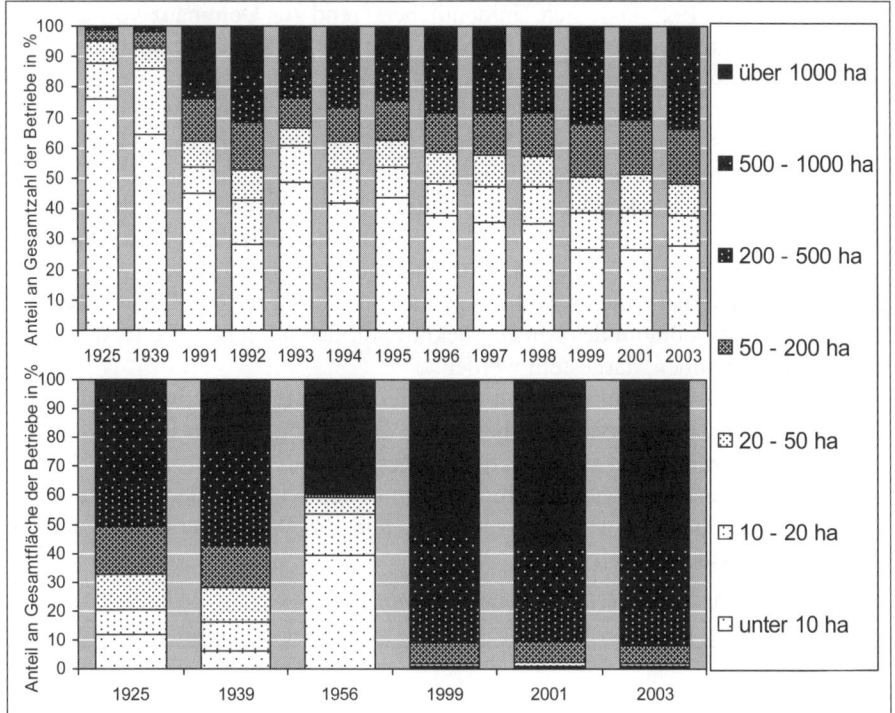

Abb. 25: *Veränderung der Agrarstruktur im nordöstlichen Vorpommern: Anzahl der Betriebe nach Flächengröße und Anteil an Gesamtfläche der Betriebe, 1925–2003*

Quelle: Statistik des Deutschen Reiches: Landwirtschaftliche Betriebszählungen vom 16. Juni 1925 und 17. Mai 1939 (Kreise Prenzlau, Ueckermark, Randow), Statistische Jahrbücher Mecklenburg-Vorpommern 1991–2003 (Kreise Strasburg, Pasewalk und Ueckermünde bzw. Uecker-Randow); eigene Berechnungen

Abb. 25 verdeutlicht den strukturellen Wandel der Agrarstruktur im nordöstlichen Vorpommern, der für die Anteile der einzelnen Unternehmensgrößen an der Gesamtzahl eine deutliche Reduzierung der Anzahl der Kleinbetriebe ausweist, die insofern der allgemeinen landwirtschaftlichen Entwicklung entspricht. Weitaus differenzierter zeigt sich die Entwicklung seit 1990, da sich hier die Auswirkungen der Privatisierungs-, Reprivatisierungs- und Restitutionspolitiken beobachten lassen: Während die relativ hohen Anteile der Großbetriebe über 500 ha in den Jahren 1991 und 1992 fast ein Viertel der Gesamtbetriebszahl erreichten und somit die Landwirtschaftsstrukturen widerspiegelten, ergibt sich ab 1993 eine deutliche Zäsur. Die Zunahme der Betriebe bis 20 ha lässt sich auf den Transformationsprozess und sachenrechtlich induzierte Veränderungen zurückführen, der allerdings rasch von allgemeinen landwirtschaftlichen Veränderungsprozessen überlagert wurde, so dass am Ende des Prozesses eine Agrarstruktur steht, in der die

Betriebe bis 50 ha die Hälfte aller Betriebe bilden; gleichzeitig stabilisiert sich die Zahl der Großbetriebe über 200 ha auf gleichem Niveau.

Weitaus aussagekräftiger erscheinen die Daten zum Anteil der einzelnen Betriebsgrößen an der Gesamtfläche, obgleich hier nur Daten für fünf Zeiträume verfügbar sind: Seit 1925 lässt sich ein deutlicher Trend zur Dominanz von Großbetrieben beobachten, so dass heute Betriebe über 500 ha 80 % der landwirtschaftlichen Fläche im Landkreis Uecker-Randow bewirtschaften. Offenbar entwickelte also der Transformationsprozess nach 1990 keine restaurierende Wirkung, da bereits 1990 die Unternehmen unter 50 ha in der Flächennutzung keine Rolle mehr spielten – im Jahr 1939 bewirtschafteten sie aber noch 29 % der Fläche.

Zur weiteren Charakterisierung des Untersuchungsraumes aus landwirtschaftlicher Sicht bedarf es nun noch der Betrachtung der einzelnen Unternehmensrechtsformen und deren Anteile an der Gesamtzahl der Betriebe bzw. der Flächennutzung. Hierbei sollen sowohl die Daten für den Landkreis Uecker-Randow als auch für den Teilraum des Amtes Löcknitz, für den umfangreiche Restitutionsdaten erhoben wurden, dargestellt werden.

Gerade für Ostdeutschland erhält die Differenzierung der landwirtschaftlichen Unternehmen nach Rechtsformen besondere Bedeutung, da die Rechtsform des Unternehmens zum einen retrospektiv als Reaktion auf sachenrechtliche Festlegungen der unterschiedlichen rechtlichen Grundlagen[4] interpretiert werden kann, und zum anderen die Zukunftsperspektiven und die Wettbewerbsfähigkeit von Unternehmen widerspiegelt.

Tab. 21: Übersicht über mögliche Unternehmensrechtsformen

	Unternehmen natürlicher Personen			Unternehmen juristischer Personen		
Einzelunternehmen	Personengesellschaften			Kapitalgesellschaften		Nicht-Kapital Gesellschaften
	Gesellschaft des bürgerlichen Rechts (GbR)	Offene Handelsgesellschaft (OHG)	Kommandit gesellschaft (KG)	Gesellschaft mit beschränkter Haftung (GmbH)	Aktiengesellschaft (AG)	eingetragene Genossenschaften (e.G.)
	Mischformen sind möglich (GmbH & Co. KG)					

Quelle: Eigene Darstellung

Im Einzelnen sind vier Haupttypen zu unterscheiden, die den Hauptgruppen der Unternehmen natürlicher oder juristischer Personen zuzuordnen sind (vgl. WELSCHOF 1995: 38–43):
– Einzelunternehmen werden durch eine einzelne natürliche Person geführt und betrieben. Der Einzelunternehmer bestimmt die Unternehmenspolitik, haftet

---

4 Zu diesen sachenrechtlichen Festlegungen gehören die Vorschriften des LAG für die Umwandlung DDR-genossenschaftlicher Unternehmen (§§ 4–52 LAG) in andere Betriebsformen oder die privilegierte Stellung von Neu- bzw. Wiedereinrichtern; das VermG legt in § 6 Regelungen für die Wiedereinrichtung von Unternehmen fest. Darüber hinaus bestehen mit dem Treuhandgesetz und dem D-Markbilanzgesetz weitere Vorschriften, die durch ihre Ausgestaltung Einfluss auf die Entscheidung über die zukünftige Unternehmensrechtsform nahmen.

aber auch alleine und unbeschränkt mit seinem Betriebs- und Privatvermögen. Einzelunternehmen sind im landwirtschaftlichen Bereich Westdeutschlands als Familienwirtschaften die dominierende Betriebsform.
- Personengesellschaften zeichnen sich dadurch aus, dass sich mehrere Personen vertraglich zu einem bestimmten Zweck vereinigen und so eine Gruppe persönlich, unbeschränkt und gesamtschuldnerisch haftender Gesellschafter bilden. Da jeder Gesellschafter in das Unternehmen einen vertraglich festgelegten Kapitalanteil eingebracht hat, werden Gewinne und Verluste des Unternehmens entsprechend seines Kapitalanteils auch an ihn weitergegeben. Die Rechtsform der Personengesellschaft wird bisher nur von kleineren Betriebsgemeinschaften mit wenigen Gesellschaftern bzw. Komplementären und Kommanditisten genutzt. Aufschlussreich sind die möglichen Implikationen für die Charakterisierung des Unternehmens: Vater-Sohn-GbR sind als Familienwirtschaften zu interpretieren, da hier oftmals der Hofübergang geregelt werden soll; Personengesellschaften mit einen geschäftsführenden Gesellschafter und weiteren, kapital- und flächeneinbringenden Gesellschaftern können als Lohnarbeitsbetriebe angesehen werden.
- Kapitalgesellschaften zeichnen sich durch eine strikte Trennung zwischen Mitgliedern und organisatorischer Einheit aus, so dass Gesellschafter (=Kapitalgeber) und Geschäftsführung nicht identisch sein müssen. Wesentlich für den Erfolg der Kapitalgesellschaften ist die Höhe der Einlagen der einzelnen Gesellschafter, die einerseits die Kreditfähigkeit, andererseits über Stimmrechte die betrieblichen Grundsatzentscheidungen des Unternehmens beeinflussen kann.
- In Genossenschaften ist die unmittelbare gesellschaftsrechtliche Umsetzung der genossenschaftlichen Arbeitsverfassung kennzeichnendes Element, wobei im Gegensatz zu den Kapitalgesellschaften die einzelnen Mitglieder unabhängig vom eingebrachten Kapital gleiche Mitbestimmungsrechte innehaben. Durch die Organe des Vorstandes, Aufsichtsrates und der Generalversammlung ist eine weitreichende Partizipation der Mitglieder an der Unternehmensführung vorgesehen.

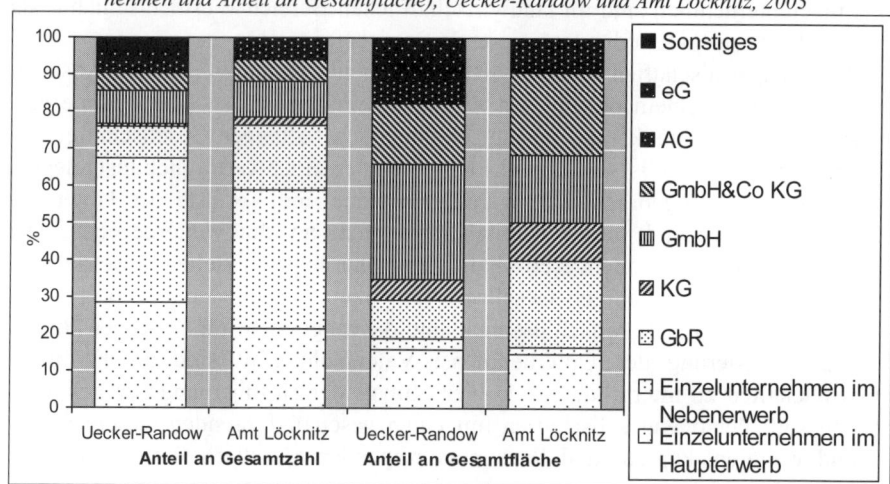

Abb. 26: *Differenzierung der Unternehmen nach Rechtsform (Anteil an Gesamtzahl der Unternehmen und Anteil an Gesamtfläche), Uecker-Randow und Amt Löcknitz, 2003*

Quelle: Amt für Landwirtschaft Ferdinandshof (2004), eigene Berechnung

Abb. 26 illustriert den Anteil der jeweiligen Unternehmensrechtsform an der Gesamtzahl der Unternehmen und an der Gesamtfläche im Landkreis Uecker-Randow und dem Amt Löcknitz im Jahre 2003: Deutlich wird erneut die Diskrepanz zwischen dem hohen Anteil von Einzelunternehmen an der Zahl der Unternehmen (67,4 % und 58,8 %) und ihrer geringen flächenmäßigen Repräsentanz (18,7 % und 16,5 %). Demgegenüber dominieren die Unternehmen juristischer Personen mit 65,4 % bzw. 60 % an der Gesamtfläche.

Zusammenfassend lässt sich die Agrarstruktur des Landkreises Uecker-Randow als großbetrieblich (im Durchschnitt verfügen die Unternehmen über 376 ha, 80 % der landwirtschaftlichen Fläche wird durch Unternehmen über 500 ha bewirtschaftet) und von nicht familienbezogenen Unternehmen geprägt (Familienwirtschaften bearbeiten nur 28 % der Fläche) bezeichnen. Allerdings muss hier einschränkend darauf hingewiesen werden, dass der Anteil der Familienbetriebe an der Gesamtbetriebszahl mit 76 % recht hoch liegt, so dass von einer gewissen gesellschaftsprägenden Wirkung dieser Unternehmensform ausgegangen werden kann.

Im nachfolgenden Abschnitt erfolgt eine Darstellung der Entwicklung der Agrarstruktur in Ostdeutschland, um bereits an dieser Stelle räumliche Disparitäten herausarbeiten zu können und das eigene Untersuchungsgebiet über geographische Parameter hinaus „verorten" zu können.

6.3 DIE ENTWICKLUNG DER AGRARSTRUKTUR IN OSTDEUTSCHLAND

Angesichts der sachenrechtlichen Fragestellung kann an dieser Stelle die Darstellung der Agrarstrukturen in Ostdeutschland auf die relevanten Parameter der Betriebsgröße und der Rechtsform der Betriebe reduziert werden. Weiterführende

6 Die Dynamik der Eigentumsverhältnisse in Ostdeutschland   219

Analysen zur landwirtschaftlichen Entwicklung in Ostdeutschland können zum einen der in Kap. 2.2.5 besprochenen Literatur und zum anderen den Agrarberichten der Bundesregierung (BMELF bzw. BMVEL 1991ff.), in der die Darstellung Ostdeutschlands breiten Raum einnimmt, entnommen werden.

Bevor auf die Veränderungen der Agrarstrukturen in Ostdeutschland nach 1990 vertieft eingegangen wird und somit der Bezug zu transformationsbedingten sachenrechtlichen Bedingungen hergestellt wird, soll nochmals kurz auf die Entwicklung unter sozialistischen Verhältnissen rekurriert werden: Abb. 11 verdeutlicht den Rückgang privatwirtschaftlicher landwirtschaftlicher Betriebsformen zwischen 1950 und 1965 und illustriert den Anstieg des staatlichen bzw. staatlich kontrollierten Sektors der VEG und LPG. Die Verstaatlichung und Kollektivierung der Landwirtschaft in Verbindung mit mehreren strukturverändernden Prozessen (Industrialisierung der Landwirtschaft, Trennung von Pflanzen- und Tierproduktion, Einrichtung von Kooperationen etc.) führte zu einer Agrarstruktur, die von wenigen spezialisierten Großbetrieben dominiert war (vgl. Abb. 27a und b). Der Vergleich zwischen der Anzahl der landwirtschaftlichen Unternehmen und der von ihnen bewirtschafteten Fläche muss die unterschiedliche Flächenausstattung von Betrieben der Tier- und Pflanzenproduktion berücksichtigen: VEG bzw. LPG der Tierproduktion verfügten in der Regel über keine oder nur sehr geringe Flächenausstattung, da sie ihr Futter von den Pflanzenbaubetrieben erhielten. Dementsprechend dominieren die Pflanzenbetriebe in der Flächenausstattung – ein Sachverhalt, der für die Restrukturierung und insbesondere die Zusammenführung von Tier- und Pflanzenproduktion von großer Bedeutung war.

Insgesamt wurden nur 5,8 % der landwirtschaftlichen Nutzfläche von privaten oder privatrechtlichen Betrieben bewirtschaftet. Zu diesen 3.588 Betrieben zählen neben den Privatwirtschaften der Genossenschaftsmitglieder auch Kirchengüter (LUFT 1998: 27).

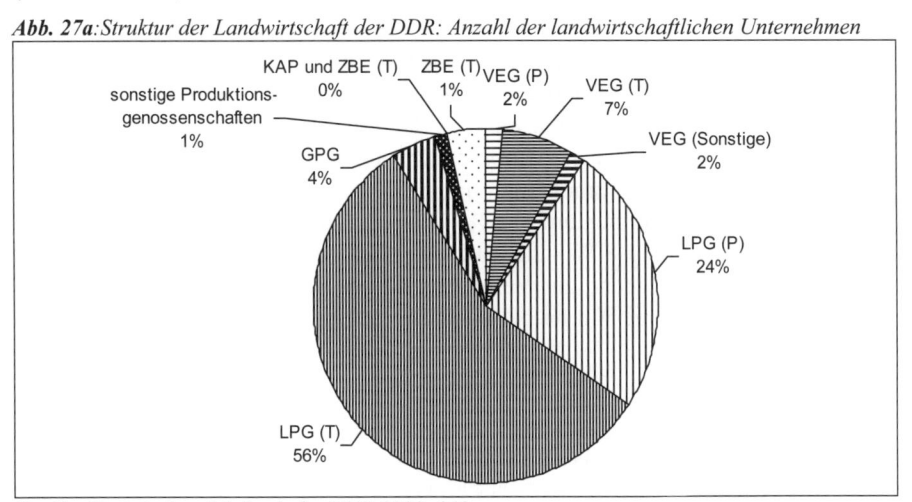

Abb. 27a:Struktur der Landwirtschaft der DDR: Anzahl der landwirtschaftlichen Unternehmen

Quelle: Statistisches Jahrbuch der DDR 1990: 212

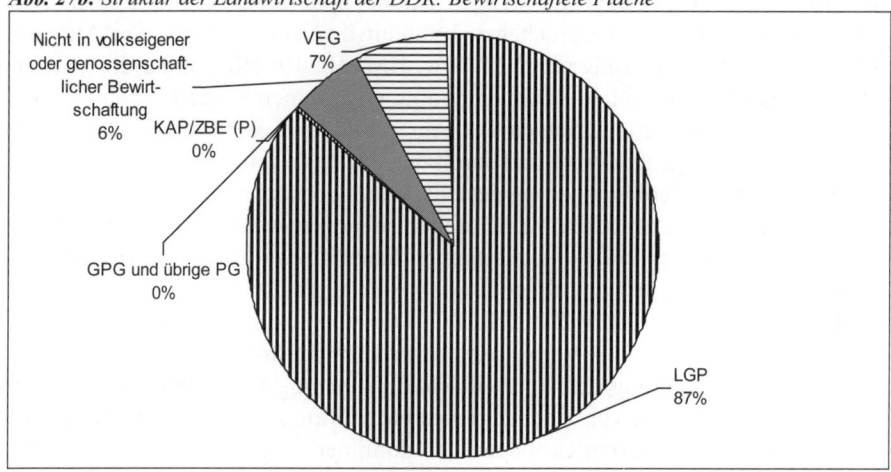

Abb. 27b: *Struktur der Landwirtschaft der DDR: Bewirtschaftete Fläche*

- Nicht in volkseigener oder genossenschaftlicher Bewirtschaftung 6%
- KAP/ZBE (P) 0%
- VEG 7%
- GPG und übrige PG 0%
- LGP 87%

Quelle: Statistisches Jahrbuch der DDR 1990: 212

Diese Zahlen verdeutlichen den starken Veränderungsdruck, der mit der Einführung privatwirtschaftlicher Wirtschaftsformen auf dem Landwirtschaftssektor lastete, wobei der Auflösung bzw. Umwandlung der LPG und der Privatisierung der VEG die größte Bedeutung zukam.

Die postsozialistische Entwicklung nach 1990 ist von signifikanten Strukturveränderungen im Zeitraum zwischen 1991 und 2003 geprägt (Abb. 28). Zunächst fällt der starke Rückgang der Kleinbetriebe unter 2 ha auf, deren Anteil an den Betrieben um 22,2 % zurückging. Hier zeigt sich zum einen ein individueller Rückzug aus der Landwirtschaft, der in Verbindung zu den Eigenwirtschaften der LPG-Mitglieder bis 1990 zu sehen ist. Für einen bestimmten Zeitraum erschien eine solche Bewirtschaftung noch sinnvoll bzw. wurde traditionell weitergeführt, zu einem späteren Zeitpunkt wurde die Bewirtschaftung dann aufgegeben und der Betrieb aufgelöst bzw. die Flächen veräußert.[5] Zum anderen dokumentiert dieser Prozess die relative Kapitalstärke bzw. den Expansionswillen anderer Unternehmen. Am deutlichsten nimmt die Zahl der Unternehmen zwischen 2 und 100 ha zu, die überwiegend als Nebenerwerbsbetriebe anzusprechen sind. Gegenüber diesem Zuwachs um 15,5 % erhöht sich die Anzahl der Unternehmen mit Betriebsgrößen von 100–500 ha nur um 8, 5%. Geschrumpft ist der Anteil der Großbetriebe über 500 ha um 1,8 % – für Betriebe über 1000 ha sogar um 3 %. Noch deutlicher wird dieser Trend zur Verbreiterung des Sockels der mittelgroßen Betriebe zwischen 100 und 500 ha bei einer Betrachtung des jeweilgen Anteils an

---

5   Gespräche mit Bewohnern der Dörfer ergaben als Motivationen für die Aufgabe der Betriebe neben der Arbeitsbelastung, der Verfügbarkeit von Nahrungsmitteln und den geringen Einkunftsmöglichkeiten aus diesem Anbau auch das Streben nach Flächenallokation durch die Unternehmensform „Natürliche Personen", die offenbar über entsprechende Kapitalreserven verfügten. Insofern ist dieser Prozess nicht als Sozialbrache zu verstehen, da ja kein Brachland entstand.

6 Die Dynamik der Eigentumsverhältnisse in Ostdeutschland 221

der landwirtschaftlichen Fläche. Großbetriebe verloren 17,3 %, während mittelgroße Betriebe ihren Anteil um 14 % steigern konnten.

Abb. 28: *Veränderung der Agrarstruktur in Ostdeutschland: Anzahl der Betriebe nach Flächengröße und Anteil an Gesamtfläche der Betriebe, 1991–2003*

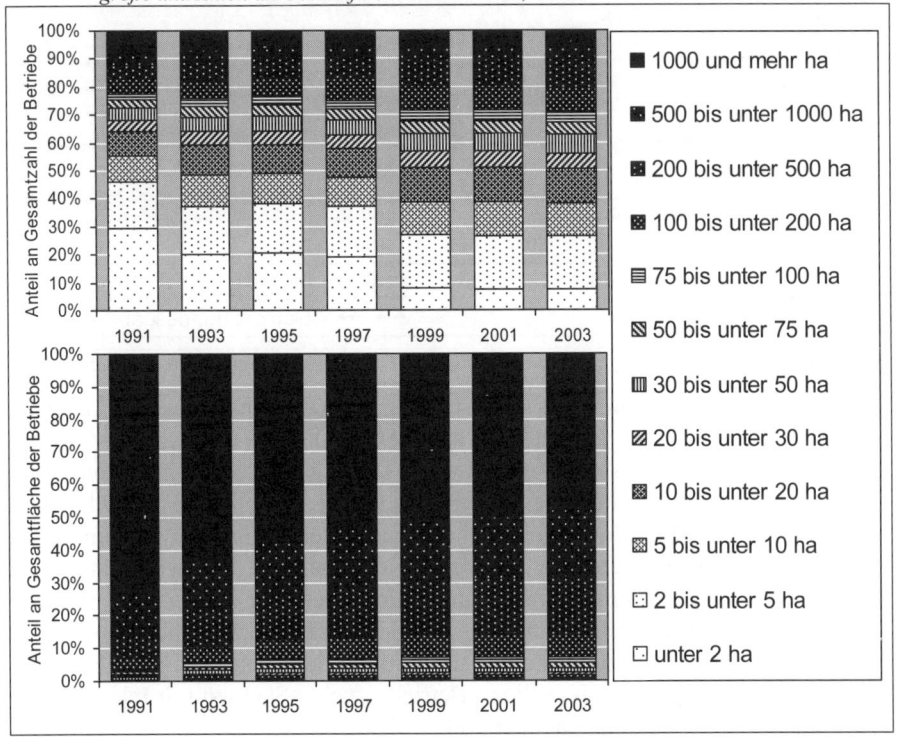

Quelle: Statistisches Bundesamt: Fachserie 3, Reihe 2.1.1, 1991–2003, eigene Berechnung

Die Darstellung der Entwicklung der durchschnittlichen Betriebsgröße der landwirtschaftlichen Betriebe seit 1992 (Abb. 29) illustriert neben den regionalen Differenzierungen, die sich im wesentlichen aus Bodenbeschaffenheit und einzelbäuerlichen Traditionen herleiten lassen, den Ablauf der Transformation, der offenbar bereits 1995 im wesentlichen abgeschlossen war und nur noch zu leichten Korrekturen innerhalb der Betriebsstrukturen führte. Der Leiter des Amtes für Landwirtschaft in Ferdinandshof datiert den Zeitpunkt der Konsolidierung der Betriebe im Landkreis Uecker-Randow erst in die zweite Hälfte des Jahres 1996 und begründet dies mit einigen massiven Umstrukturierungen nicht mehr existenzfähiger LPG-Nachfolgeunternehmen.[6]

---

6 Gespräche mit Herrn Wedewardt vom 27.1.2001 und 4.4.2005.

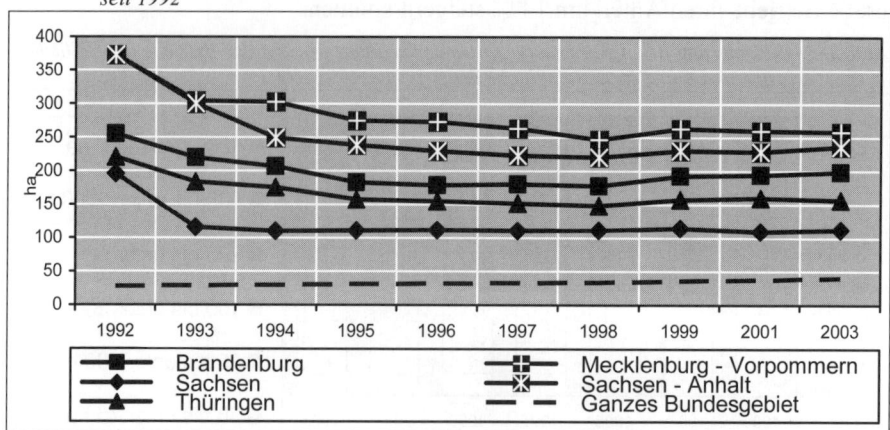

Abb. 29: *Entwicklung der durchschnittlichen Betriebsgröße der landwirtschaftlichen Betriebe seit 1992*

Quelle: Statistisches Bundesamt: Fachserie 3, Reihe 2.1.1, 1991–2003, eigene Berechnungen

Dieser Befund einer zumindest länderspezifischen Differenzierung der landwirtschaftlichen Entwicklung unterstreicht auch Abb. 30: Im Vergleich zu Mecklenburg-Vorpommern und Sachsen-Anhalt weist Thüringen zwar den höchsten Rückgang an landwirtschaftlichen Kleinstbetrieben auf, jedoch stieg der Anteil mittlerer Betriebe. Der Transformations- und Konsolidierungsprozess in den durch Großbetriebe gekennzeichneten Ländern Brandenburg, Sachsen-Anhalt und Mecklenburg-Vorpommern ist sowohl durch den Rückgang der Zahl der Betriebe über 100 ha, als auch durch den Anstieg der Betriebszahlen zwischen 100–500 ha dokumentiert. Den Auflösungsprozess der Großbetriebe zeigt auch die Entwicklung des Flächenanteils der jeweiligen Betriebe, wobei Sachsen mit relativ geringen Veränderungen im Segment über 200 ha charakterisiert ist.

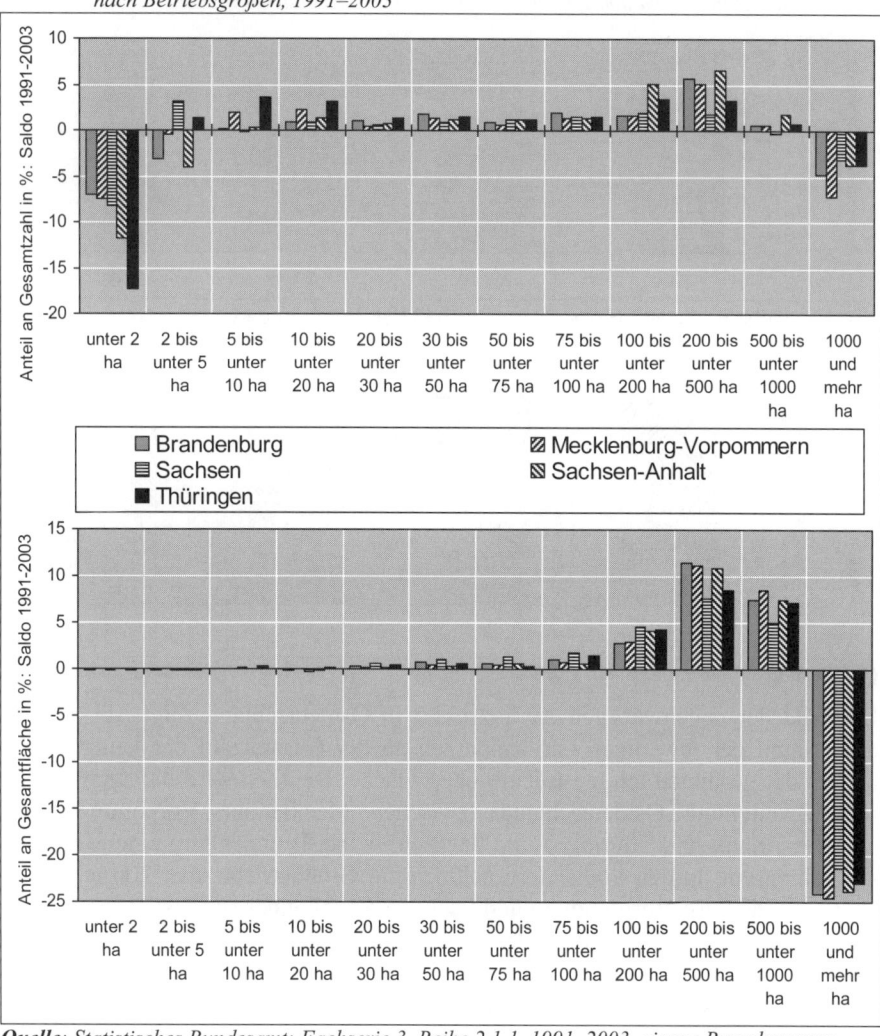

6 Die Dynamik der Eigentumsverhältnisse in Ostdeutschland 223

Abb. 30: Regionale Differenzierung: Entwicklung der Anteile an Gesamtzahl und Gesamtfläche nach Betriebsgrößen, 1991–2003

Quelle: Statistisches Bundesamt: Fachserie 3, Reihe 2.1.1, 1991–2003, eigene Berechnungen

Zu den Parametern der agrarstrukturellen Entwicklung zählt auch die rechtliche Stellung der jeweiligen Betriebe; leider liegen hier nur Daten ab 1997 vor, so dass der Zeitraum der agrarstrukturellen Transformation und Konsolidierung nicht abgedeckt wird. Dennoch verdeutlicht Abb. 31 die dominierende Stellung der juristischen Personen, die trotz ihrer geringen Anzahl über die Hälfte der landwirtschaftlichen Fläche bewirtschaften. Natürliche Personen stellen demgegenüber zwar die Mehrzahl der Unternehmen: Dieses Missverhältnis zwischen Repräsentanz in der Fläche und der Anzahl der Unternehmen kann auch als ein Grund für agrarpolitische Zersplitterung bzw. Polarisierung in Ostdeutschland angesehen werden (vgl. Kap. 5).

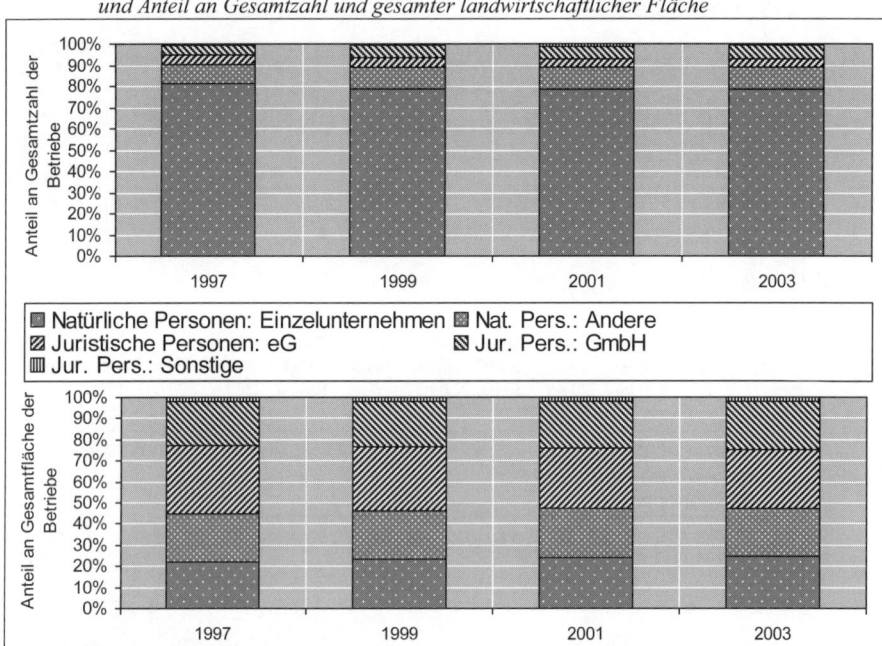

Abb. 31: *Die agrarstrukturelle Entwicklung in Ostdeutschland nach Rechtform der Unternehmen und Anteil an Gesamtzahl und gesamter landwirtschaftlicher Fläche*

Quelle: *Statistisches Bundesamt: Fachserie 3, Reihe 2.1.1, 1997–2003, eigene Berechnungen*

Das Bild der gegenwärtigen Agrarstruktur in Ostdeutschland zeigt Abb. 32 mit dem Anteil der jeweiligen Größenklassen an der Gesamtzahl der Unternehmen und an der gesamten landwirtschaftlichen Fläche. Deutlich wird die agrarstrukturelle Zweiteilung Ostdeutschlands zwischen Mecklenburg-Vorpommern und Sachsen-Anhalt und Thüringen und Sachsen, wobei Brandenburg eine Mittelstellung einnimmt. In den Südländern nehmen die Großbetriebe über 200 ha gegenüber Mecklenburg-Vorpommern und Sachsen-Anhalt einen um fast 10 % geringeren Anteil ein, was dazu führt, dass ihre Agrarstruktur in Bezug auf die Anzahl der Unternehmen ausgeglichener erscheint. Diesen Aspekt verdeutlicht auch die Betrachtung des Anteils der Größenklassen an der Fläche, die in Mecklenburg-Vorpommern, Brandenburg und Sachsen-Anhalt von Betrieben über 500 ha dominiert ist. In Sachsen und Thüringen ist der Anteil dieser Großbetriebe geringer, so dass Mittelbetriebe einen größeren Anteil an der Flächenbewirtschaftung aufweisen. Natürlich erklärt sich eine solche länderbezogene Differenzierung, die eigentlich durch regionalbezogene Daten erweitert werden müsste, zunächst aus der unterschiedlichen Raumausstattung, da die schlechten Böden der Grundmoränen Großbetrieben bessere Möglichkeiten zur effektiven extensiven Bewirtschaftung eröffnen. Als eine weitere Ursache für diese agrarstrukturelle Differenzierung kann auch auf agrarstrukturelle Traditionen verwiesen werden, die in Regionen mit tief verwurzelten Einzelbetrieben zur Wiederherstellung solcher Unternehmen geführt haben (vgl. die Beispiele bei WANNENWETSCH 1995: 131ff. oder KLÜTZ/ PETERS/BRÜCKNER 1991). Letztlich können auch förderpolitische Maßnahmen

6 Die Dynamik der Eigentumsverhältnisse in Ostdeutschland 225

durch die jeweiligen Länder zum heutigen Bild der Agrarstruktur beigetragen haben – hier ist nicht nur auf die im LAG geregelten Möglichkeiten für Neu- und Wiedereinrichter zu verweisen, sondern auch auf Sonderprogramme der Länder bspw. zur Förderung des ökologischen Landbaus.

Abb. 32: *Anteil der Größenklassen landwirtschaftlicher Unternehmen an der Gesamtzahl der landwirtschaftlichen Unternehmen und an der gesamten landwirtschaftlichen Fläche*

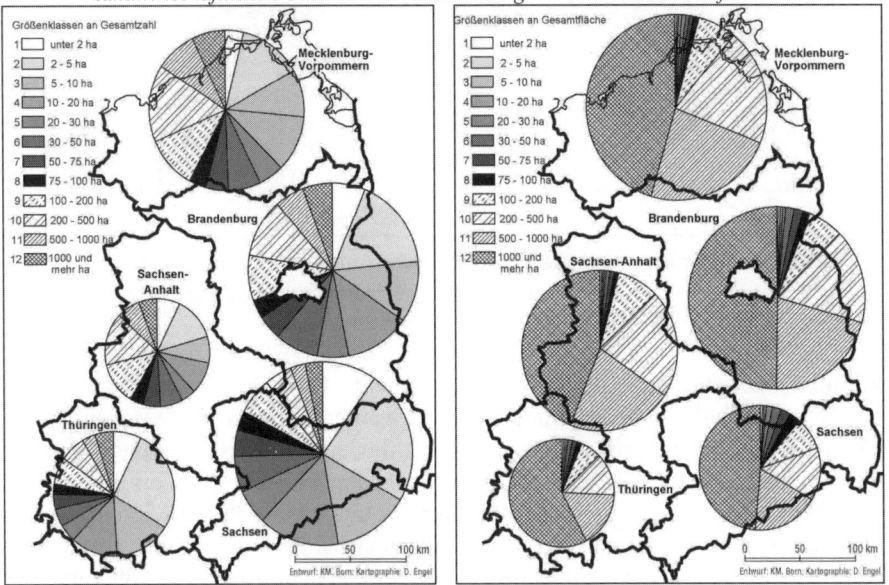

Quelle: Statistisches Bundesamt: Fachserie 3, Reihe 2.1.1, 2003, eigene Berechnungen

Zu den in einem geographischen Kontext schwerwiegenden Problemen der agrarstrukturellen Transformation nach 1990 zählt die Entwicklung der Erwerbstätigkeit im landwirtschaftlichen Sektor in Ostdeutschland. Abb. 33 verdeutlicht, dass nicht nur der Anteil dieser Beschäftigtengruppe unter den Gesamtbeschäftigten von 10,8 % auf 3,2 % fiel, sondern diesem Transformationsprozess zwischen 1989 und 2003 auch ca. 723.000 Arbeitsplätze zum Opfer fielen. Allerdings muss an dieser Stelle auf die unterschiedlichen Zählweisen in der Erwerbsstatistik zwischen der DDR und der BRD hingewiesen werden: Die in den LPG und den VEG Beschäftigten wurden pauschal dem landwirtschaftlichen Sektor zugeschlagen, auch wenn sie eigentlich in nicht-landwirtschaftlichen Bereichen wie Kindergärten oder Baubrigaden beschäftigt waren. Die Auswirkungen der landwirtschaftlichen Transformation auf die Beschäftigten hat NEU (2001: 242) beispielhaft dargestellt: Von den 719 Beschäftigten dreier LPG wurden 84 % entlassen, wobei die Priorität bei Frauen, Unqualifizierten und Nicht-Bodeneigentümern lag. Von den Entlassenen fanden nur 28 % eine neue Beschäftigung, was zu einem massiven Anstieg der Arbeitslosenquote, der Frühverrentung und letztlich auch der Abwanderung führte.

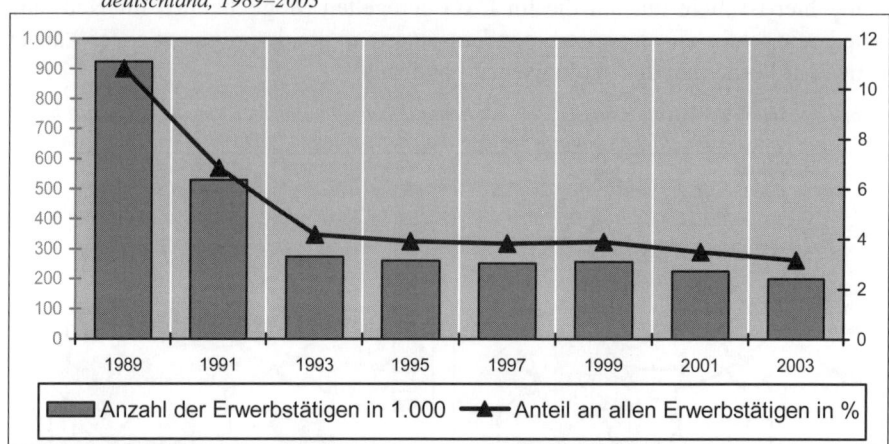

Abb. 33: *Entwicklung der Erwerbstätigkeit in Land- und Forstwirtschaft, Fischerei in Ostdeutschland, 1989–2003*

■ Anzahl der Erwerbstätigen in 1.000   ▲ Anteil an allen Erwerbstätigen in %

Quelle: Statistisches Jahrbuch der DDR 1990; Statistische Jahrbücher der Bundesrepublik Deutschland 1991–2003.

Zusammenfassend kann für Ostdeutschland eine fast völlige Umstrukturierung des landwirtschaftlichen Sektors konstatiert werden. Hierbei ist zwischen der eigentlichen Transformations- und einer anschließenden Konsolidierungsphase zu differenzieren, da sich die innerhalb des recht kurzen Zeitraums bis Ende 1991 transformierten Unternehmen nicht immer als überlebensfähig erwiesen. Zu den wesentlichen Trends dieser Prozesse zählt zunächst die zahlen- und flächenmäßige Verkleinerung der Großbetriebe und die gleichzeitige Vergrößerung der Klein- und Mittelbetriebe. Während in der ersten Transformationsphase diese Prozesse recht gut anhand der Vorgaben des LAG erklärt werden können, kommen bei der anschließenden Konsolidierungsphase mehrere Erklärungsansätze zusammen, die zum einen in der Transformation selbst und zum anderen in den Veränderungen der nationalen und europäischen Landwirtschaftspolitik zu suchen sind. In der Fläche dominieren in Ostdeutschland die Großbetriebe, die allerdings nur in geringem Ausmaß zur Zahl der Unternehmen beitragen. In Bezug auf die Rechtsformen der landwirtschaftlichen Unternehmen halten sich natürliche und juristische Personen die Waage.

Aus sozialgeographischer Perspektive ergeben sich durch die Umstrukturierungsprozesse zwei wesentliche Problemfelder: Die massive Reduzierung der Arbeitsplätze im landwirtschaftlichen Bereich belastet die Gemeinden der ländlichen Räume und trägt zu Arbeitslosigkeit, Frühverrentung und selektiver Migration bei. Die flächen-, aber nicht zahlenmäßige Dominanz der Großunternehmen führt zu Spannungen innerhalb des landwirtschaftlichen Sektors; am deutlichsten sind diese Konflikte an der Organisation der Standesvertretungen ablesbar, in der Groß- gegen Kleinbetriebe stehen. Die post-sozialistische Konsolidierungsphase ist nach herrschender Meinung abgeschlossen, so dass die gegenwärtigen Veränderungen auf den Einfluss der EU-Landwirtschaftspolitik zurückgeführt werden können.

Im nächsten Abschnitt werden mit der Privatisierung, Restitution und Reprivatisierung die drei Hauptelemente der sachenrechtlichen Transformation in Ostdeutschland dargestellt. Hierbei liegt der Betrachtungsmaßstab auf Ostdeutschland und fokussierend auf das Untersuchungsgebiet.

6.4 SACHENRECHTLICHE ENTWICKLUNGEN

Zu den hier zu betrachtenden sachenrechtlichen Veränderungen zählen mit der Privatisierung, Restitution und Reprivatisierung drei Bereiche, die sowohl durch unterschiedliche Institutionen als auch durch unterschiedliche Regionalisierungsgrade gekennzeichnet sind. Insofern ergibt sich hier die Schwierigkeit, über die Gesamtdaten für Ostdeutschland hinaus Regional- bzw. Lokaldaten zu erhalten. Insofern muss an dieser Stelle konstatiert werden, dass die hier wiedergegebenen Daten als unvollständig zu bezeichnen sind.

Dennoch vermitteln die Daten einen guten Überblick über das Ausmaß und die Intensität der sachenrechtlichen Veränderungen und bereiten somit die anschließende Analyse der raumwirksamen Auswirkungen dieser Veränderungen umfassend vor.

Zu den Hauptschwierigkeiten in der quantitativen Bewertung der sachenrechtlichen Entwicklung in Ostdeutschland nach 1990 zählen die unzureichenden Angaben zum Flächenumfang, der von Privatisierung, Reprivatisierung und Restitution betroffen sein kann. WILSON (1998: 127) nennt einen Gesamtflächenanteil von 12,6 % für die Privatisierung volkseigener Flächen, 51,6 % für genossenschaftlich genutzte Flächen, 22,1 % für Neubauern der Bodenreform und 9,5 % für Flächen von Enteignungsopfern; 4,2 % der Flächen waren in privatem oder kirchlichem Eigentum.[7]

6.4.1 Privatisierung

Für den Bereich der Privatisierung ist zwischen dem Aufgabenbereich der BVVG als bodenbezogener und der TLG als gebäudebezogener Privatisierungsdienstleister zu unterscheiden, wobei eine exakte Differenzierung nicht möglich ist, da beide Institutionen auch Objekte des jeweiligen Gegenübers in ihrem Portfolio halten. Der Schwerpunkt der Darstellung wird sich aus landwirtschaftlicher Sicht auf die BVVG beschränken, da die TLG in erster Linie im städtischen Raum tätig

---

7 WILSON (1998) nennt keine Quellen für diese Zahlen; es kann vermutet werden, dass wesentliche Kernzahlen aus den Übersichten zur Bodenreform (vgl. Tab. 7) oder den Größenangaben der VEG und LPG (vgl. Abb. 27a) abgeleitet sind. Ob und wieweit diese Angaben die umfangreichen Dynamiken des Austauschs zwischen den einzelnen Eigentums-, Besitz- und Nutzungskategorien (z.B. die Rückgabe bzw. das Einziehen von Bodenreformland in den Bodenfonds, die Verteilung des Eigentums von geflüchteten Landeigentümern an die LPG zur treuhänderischen Verwaltung oder zur besitz- oder eigentumsrechtlichen Nutzung) widerspiegeln, bleibt offen.

war. Darüber hinaus muss bereits hier auf den Bereich der Restitution verwiesen werden, bei dem die TLG als Verfügungsberechtigte in hohem Maße integriert ist.

Den Auftrag zur Privatisierung des ehemals volkseigenen Vermögens der Land- und Forstwirtschaft in Ostdeutschland nahm in Zuge der Treuhandgesetzgebung zunächst das für das Sondervermögen Land- und Forstwirtschaft innerhalb der Treuhandanstalt zuständige Direktorat für Landwirtschaft wahr, bevor im April 1992 die BVVG als Treuhand- und Bankentochter gegründet wurde. Ihr obliegt allerdings nur die Verwertung und Verwaltung der Flächen im Auftrag und auf Rechung der THA, die somit weiterhin Eigentümerin der Flächen bleibt (vgl. MÜNCH/BAUERSCHMIDT 2002).

Für ganz Ostdeutschland verdeutlicht Abb. 34, dass der Flächenverkauf durch die BVVG von drei Phasen gekennzeichnet ist. Von 1993 bis 1996 bleibt die Zahl der veräußerten Flächen gering, jedoch zeigt der Bereich der Waldprivatisierung erste Fortschritte. Zwischen 1997 und 2000 werden zwar deutlich mehr Flächen privatisiert, doch zeigt sich eine Stagnationsphase von 1998 bis 2000. Erst 2001 steigen die Verkäufe dann wieder an und erreichen mit Werte über 110.000 ha pro Jahr (2001–2003) deutliche Steigerungsraten. Für das Verkaufsjahr 2004 werden allerdings nur 93.000 ha gemeldet.

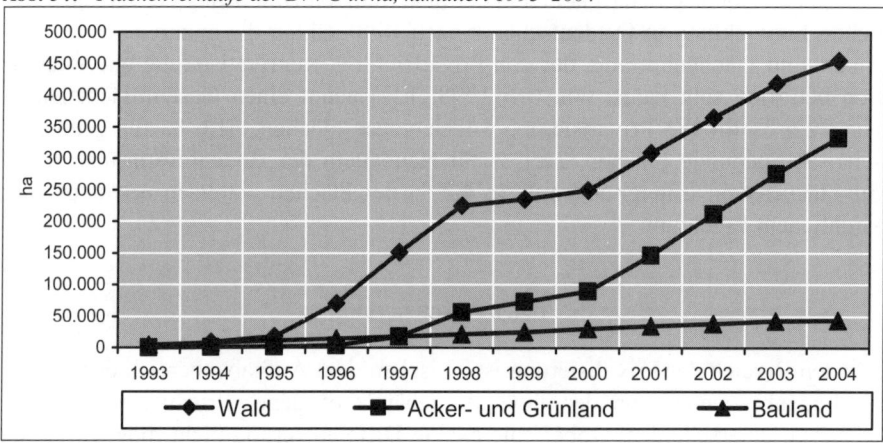

Abb. 34: Flächenverkäufe der BVVG in ha, kumuliert 1993–2004

Quelle: Jahresberichte der BVVG, 1993–2004

Die zweite Aufgabe der BVVG besteht in der Verwaltung und Verwertung landwirtschaftlicher Flächen durch Pacht. Abb. 35 zeigt die dominierende Rolle der BVVG als Verpächter auf dem ostdeutschen Bodenmarkt, dokumentiert aber auch den Rückgang der Verpachtung zugunsten des Verkaufs von Flächen: Die Gesamtpachtfläche der BVVG ist von 1995 bis 2004 um 367.371 ha oder 35,4 % zurückgegangen, gleichzeitig verringerte sich der Anteil der BVVG-Pachtflächen an der gesamten landwirtschaftlichen Nutzfläche von 18,8 % auf 12,1 %. Die Analyse der Länderdaten ergibt überdurchschnittliche BVVG-Verpachtungsanteile für Brandenburg und Mecklenburg-Vorpommern, während Sachsen und Thüringen weit unterdurchschnittliche Werte aufweisen. Als Erklärungsansatz kann hier zum einen auf die differenzierte landwirtschaftliche Struktur aus DDR-Zeiten verwiesen werden, die durch eine relativ höhere Zahl an VEG und damit an THA/ BVVG-Flächen in Brandenburg und Mecklenburg-Vorpommern charakterisiert war, und zum anderen die besseren landwirtschaftlichen Bedingungen und die stärkere Finanzkraft der natürlichen Personen gegenüber den juristischen Personen, die durch Altschulden belastet sind, herangezogen werden. Insofern spiegeln die Betriebsergebnisse der BVVG auch in bestimmtem Ausmaß die landwirtschaftliche Struktur und die Finanzausstattung der Betriebe wider.

Abb. 35: *Verpachtung landwirtschaftlicher Flächen durch die BVVG und Anteil an der landwirtschaftlichen Gesamtfläche*

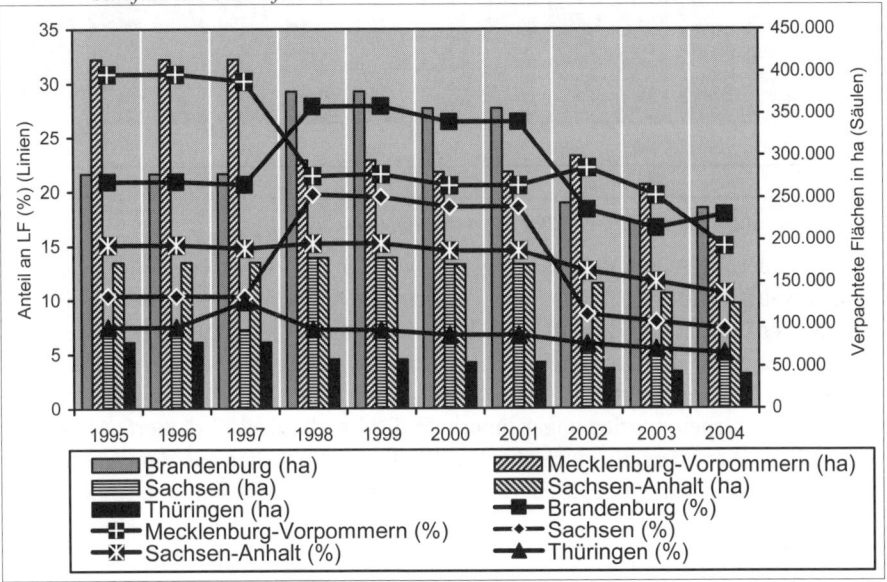

Quelle: Jahresberichte der BVVG, 1993–2004; Statistische Jahrbücher der Bundesrepublik Deutschland 1995–2004; eigene Berechnungen

Die Erlöse der BVVG aus Verkauf und Verpachtung zwischen 1993 und 2004 (Abb. 36) repräsentieren nur eingeschränkt die Daten der Grundstücksverkäufe bzw. Verpachtungen, da sie den jeweiligen Anstiegen nicht folgen – vielmehr ist hier die Preisbildung im landwirtschaftlichen Bodenmarkt entscheidend.

Aus sachenrechtlicher Perspektive kommt diesen Zahlen eine hohe Bedeutung zu, da sie eine der wesentlichen Einnahmequellen des Entschädigungsfonds nach EALG darstellen: § 10 EntschG regelt, dass der Entschädigungsfond u.a. durch die Veräußerungsgewinne der THA in Höhe von 3 Mrd. DM (ca. 1,5 Mrd. €) und zusätzlich durch die Hälfte der Erlöse aus Vermögensveräußerungen gefüllt werden soll. Insofern wurde die Tätigkeit der BVVG auch von diesem Anspruch dominiert (vgl. das Gespräch mit dem damaligen Staatssekretär im Bundesfinanzministerium Dr. Manfred Overhaus bei MÜNCH/BAUERSCHMIDT (2002: 159 ff.), der explizit auf die wichtigen finanziellen Beiträge der BVVG verweist.).

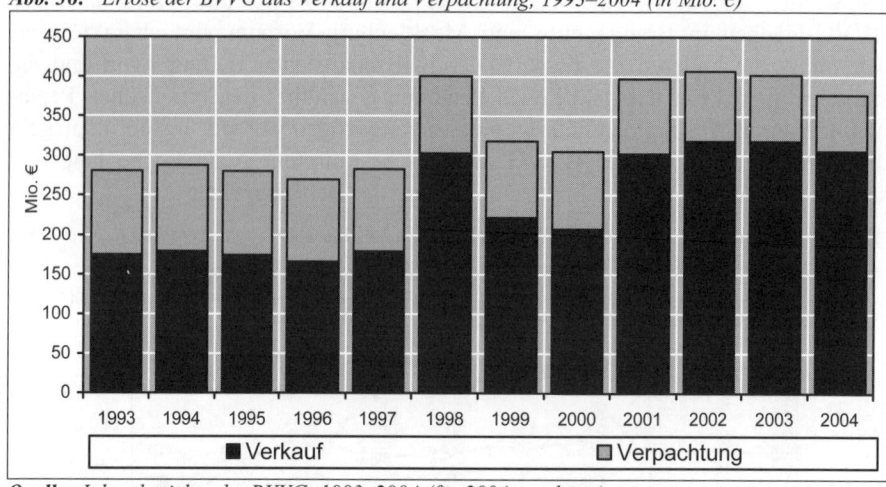

Abb. 36: *Erlöse der BVVG aus Verkauf und Verpachtung, 1993–2004 (in Mio. €)*

Quelle: *Jahresberichte der BVVG, 1993–2004 (für 2004 geschätzt)*

Die Veräußerungs- und Verpachtungstätigkeit der BVVG ist eng mit Fragen des „Ausverkaufs Ostdeutschlands" bzw. mit der Bevorzugung bestimmter landwirtschaftlicher Gruppen verknüpft (vgl. Kap. 5). Anhand des statistischen Materials für 2001 kann für den Landkreis Uecker-Randow nachgewiesen werden, dass die von der BVVG veräußerten Flächen überwiegend an Käufer aus den NBL gingen; 63,7 % der Flächen wurden sogar innerhalb der Landkreises veräußert. Allerdings verdeutlicht die Übersicht auch die Kaufkraft der Erwerber aus den Alten Bundesländern, die zwar nur 11,8 % der Kaufverträge abschlossen, aber 34,6 % der Flächen erwarben (Tab. 22).

Tab. 22: *Privatisierung von BVVG-Flächen im LK Uecker-Randow, 2001*

	Gesamt	Käufer aus den NBL (%)	Käufer aus den ABL (%)
Abgeschlossene Kaufverträge	322	88,2	11,8
Veräußerte Fläche in ha	5369,4404	65,4	34,6

Quelle: *Material der BVVG-Niederlassung Neubrandenburg; eigene Berechnungen*

Die Bewertung der Verpachtungstätigkeit der BVVG erfordert zunächst die Differenzierung der Personen, Gruppen und Unternehmen, die bei der Privatisierung durch die BVVG gemäß § 3 ALG berücksichtigt werden (Tab. 23).

Tab. 23: *Kategorien von erwerbsberechtigten Personen, Gruppen und Unternehmen für BVVG-Flächen*

Kategorie	Erläuterung
I	**Ortsansässige Wiedereinrichter**: Am 3.10.1990 ortsansässige Personen, die ihren ursprünglichen land- und/oder forstwirtschaftlichen Betrieb wieder selbst bewirtschaften wollen, einschließlich derer, die eine Personengesellschaft (GbR) gebildet haben.
II	**Wiedereinrichter mit Restitutionsansprüchen**: Personen, die im Zusammenhang mit der Wiedereinrichtung ihres ursprünglichen land- und/oder forstwirtschaftlichen Betriebes ortsansässig werden und ihren Betrieb selbst bewirtschaften wollen, einschließlich derer, die eine Personengesellschaft (GbR) gegründet haben.
III	**Wiedereinrichter ohne Restitutionsansprüche**: Personen, bei denen die Rückgabe ihres ursprünglichen Betriebes aus rechtlichen oder tatsächlichen Gründen ausgeschlossen ist sowie natürliche Personen, denen Vermögenswerte durch Enteignung auf besatzungsrechtlicher oder -hoheitlicher Grundlage entzogen worden sind.
IV	**Ortsansässige Neueinrichter**: Personen, die am 03.10.1990 ortsansässig waren und einen land- und/oder forstwirtschaftlichen Betrieb neu errichtet haben.
V	**Neueinrichter**: Personen, die in Zusammenhang mit der Betriebseinrichtung ortsansässig werden.
VI	**Juristische Personen**: Unternehmen in der Rechtsform der e.G. (eingetragene Genossenschaft), der GmbH oder OG sowie Mischformen, wie z.B. GmbH & Co. KG.
VII	**Sonstige**: Verträge ohne Angaben der Pächterkategorie oder solche, in denen die Kategorie der Antragsteller (Pächter; Käufer) nicht identifizierbar ist.

Quelle: *Organisationshandbuch der BVVG (2004)*

Die Differenzierung der Verpachtungstätigkeit der BVVG nach Antragstellern und Ländern (Abb. 37) unterstreicht zunächst die Dominanz der juristischen Personen auf dem Pachtmarkt, denen zur Sicherung ihrer Existenz als direkte oder indirekte Nachfolgeunternehmen der LPG bzw. VEG eine privilegierte Stellung zuerkannt wurde. Ortsansässige Wiedereinrichter und Neueinrichter sind in gleicher Stärke vertreten, während Wiedereinrichter mit/ohne Restitutionsansprüche (per se überwiegend aus den Alten Bundesländern) nur in geringem Umfang am Pachtmarkt partizipieren. Anhand dieser Daten lässt sich eine Benachteiligung entlang von ABL-NBL-Differenzierungen nicht nachvollziehen, da die dominierende Gruppe der Juristischen Personen sowohl aus direkten LPG-Nachfolgern als auch aus später akquirierten Unternehmen bestehen kann.[8] Leider reicht der Differenzierungsgrad nicht aus, um ortsansässige und hinzugekommene Neueinrichter zu unterscheiden. Der Konflikt im ostdeutschen Pachtmarkt scheint vielmehr zwischen Unternehmen unterschiedlicher Betriebsgröße ausgeprägt zu sein, da ortsansässige Wieder- und Neueinrichter nur über bis zu 100 ha (Grenze der Bodenreformenteignung) Bodeneigentum verfügen können.

---

8   Als Beispiel kann hier die LPG Bergholz gelten, dessen Nachfolgebetrieb inzwischen durch einen Landwirt aus Westdeutschland übernommen wurde.

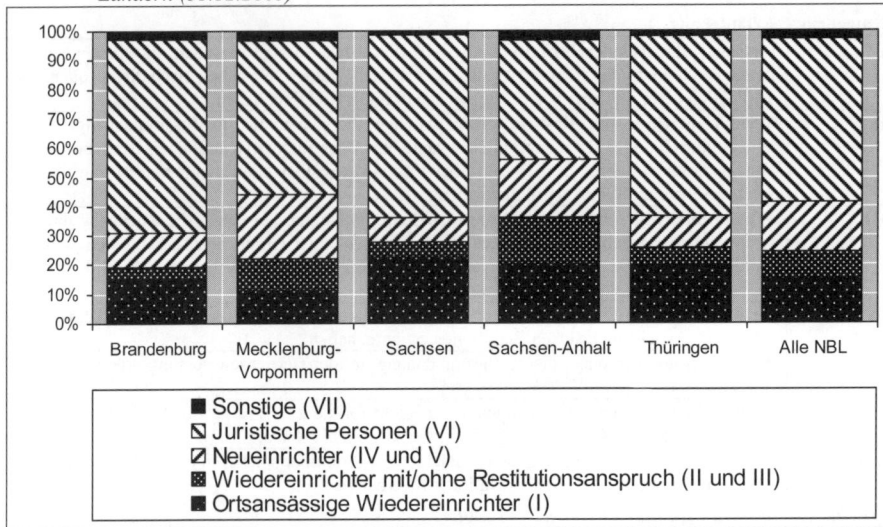

Abb. 37: *Differenzierung der durch die BVVG verpachteten Flächen nach Antragstellern und Ländern (31.12.2003)*

■	Sonstige (VII)
◨	Juristische Personen (VI)
▨	Neueinrichter (IV und V)
▨	Wiedereinrichter mit/ohne Restitutionsanspruch (II und III)
■	Ortsansässige Wiedereinrichter (I)

Quelle: *Präsentation „Ostdeutscher Boden – heiß umworben und doch billig" von Dr. Wilhelm Müller (Geschäftsführer der BVVG) während der Grünen Woche Berlin 2004*

Für den Landkreis Uecker-Randow liegen für 2001 detaillierte Zahlen vor (Abb. 38): Auch hier wird der Pachtmarkt von den juristischen Personen dominiert; am 3.10.1990 ortsansässige Wieder- und Neueinrichter pachten fast 30 % der Flächen; zu dieser orts- bzw. regionsbezogenen Gruppe kann man die Wiedereinrichter mit Restitutionsansprüchen (0,7 %) zuzählen, da diese offenbar an früher bestehende Beziehungen anknüpfen wollen. Bemerkenswert erscheint, dass nicht ortsansässige Neueinrichter, die keinen Betrieb in der Rechtsform einer juristischen Person gegründet haben, nur in geringem Maße (7 %) am Pachtmarkt teilhaben – entweder ist ihre Zahl an den Gesamtunternehmen zu gering oder sie hatten die Möglichkeit, Flächen zu erwerben.

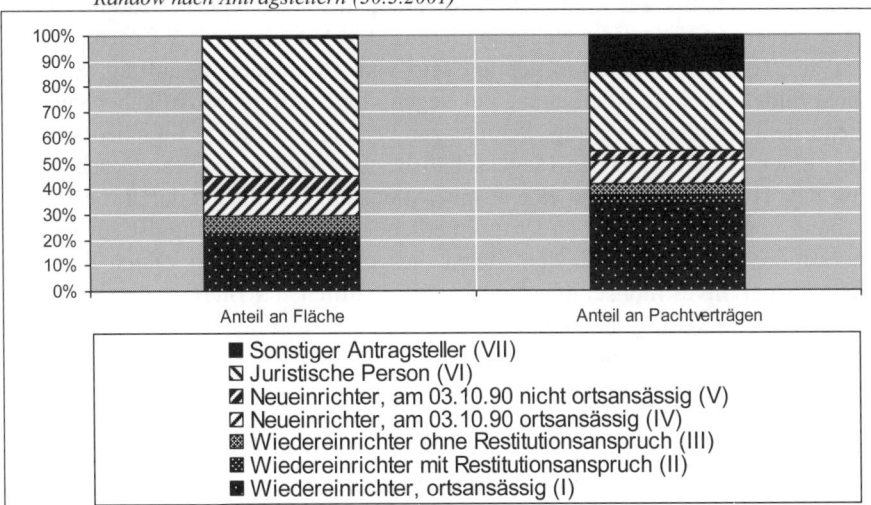

6 Die Dynamik der Eigentumsverhältnisse in Ostdeutschland 233

Abb. 38: *Differenzierung der durch die BVVG verpachteten Flächen im Landkreis Uecker-Randow nach Antragstellern (30.3.2001)*

- Sonstiger Antragsteller (VII)
- Juristische Person (VI)
- Neueinrichter, am 03.10.90 nicht ortsansässig (V)
- Neueinrichter, am 03.10.90 ortsansässig (IV)
- Wiedereinrichter ohne Restitutionsanspruch (III)
- Wiedereinrichter mit Restitutionsanspruch (II)
- Wiedereinrichter, ortsansässig (I)

Quelle: Material der BVVG-Niederlassung Neubrandenburg; eigene Berechnungen

Neben der BVVG existiert mit der TLG Immobilien GmbH eine weitere Organisation, deren Aufgabe primär in der Privatisierung der von der THA übernommenen Flächen und Objekte besteht; allerdings tritt dieser Aspekt seit 2000 mehr und mehr in den Hintergrund.

Die TLG – damals TLG Treuhand Liegenschaftsgesellschaft – wurde am 1. Januar 1995 durch die Übertragung der der Treuhandanstalt auf Grund des Treuhandgesetzes und Art. 25 EinigV zugewiesenen Liegenschaften gegründet. Alleiniger Gesellschafter war und ist die Bundesrepublik Deutschland. In der maßgeblichen Verordnung werden allerdings die Aufgaben der neuen Gesellschaft nicht explizit genannt, sondern lediglich drei Ausnahmetatbestände erläutert, die u.a. die Durchführung bereits begonnener Privatisierungsaktivitäten betreffen. Somit galt als Richtschnur für die Tätigkeit der TLG die Privatisierungs- und Sanierungsaufgabe der THA lt. Treuhandgesetz (§§ 1 und 2 TreuhLÜV). Dieser Auftrag, der durch den damaligen Vorstandsvorsitzenden Hemstedt als „Verkaufen – Verkaufen – Verkaufen" charakterisiert wurde[9], verlor mit der Übernahme des Vorstandsvorsitzes durch Thilo Sarrazin im Jahre 1996 an Bedeutung. Zunächst wurde eine Bestandssichtung durchgeführt, die zum Aufbau eines langfristig orientierten Immobilienportfolios, der Abgabe von Flächen an die BVVG und den beschleunigten Verkauf unrentabler Objekte führen sollte. Ein erstes Ergebnis dieser Anstrengungen war die Änderung der TLG-Verkaufsrichtlinie im Juni 1997, in der wesentliche Passagen zur Liegenschaftsverwaltung entfernt und der Aspekt der Verwertung, Verwaltung, Entwicklung und Erwerb von Grundstücken und Gebäuden gestärkt wurde. Den entscheidenden Anstoß zur Veränderung der

---

9 Diese Bewertung entstammt dem Gespräch mit Herrn RA Fitschen am 28.2.2002 in der TLG-Niederlassung Neubrandenburg.

Strategie der TLG brachte das Strategiepapier des Bundesfinanzministeriums und Bundeskanzleramts zur künftigen Ausrichtung der TLG vom 29.2.2000. Kernstück dieser Papiers ist die Neuformulierung der Aufgaben: „Die Geschäftstätigkeit der TLG wird weiterhin geprägt sein vom Privatisierungsauftrag. Schwerpunkt bildet dabei die Abarbeitung der liegenschaftsbezogenen Aufgaben entsprechend dem Treuhand-Auftrag. Parallel zur Erledigung dieser Aufgaben soll die TLG einen ertragbringenden Liegenschaftsbestand aufbauen. Diese Geschäftspolitik des TLG wird über die eigene Investitionstätigkeit hinaus durch die Bereitstellung von Grundstücken an Dritte in erheblichem Umfang Impulse für weitere Investitionen auslösen." Zu den Zielen dieser Neuausrichtung zählen die Ausrichtung der Investitionstätigkeit nach wirtschaftlichen Kriterien, die Verbesserung der Vermarktungsfähigkeit der Liegenschaften und der Aufbau eines ertragstarken Immobilienbestandes. (INTERNES DOKUMENT DER TLG „ENTWICKLUNGSPERSPEKTIVEN DER TLG TREUHAND LIEGENSCHAFTSGESELLSCHAFT MBH" VOM 14.4.2000).

Im Geschäftsbericht für das Jahr 2004 werden die heutigen Aufgaben der TLG durch die Geschäftsführung deutlich akzentuiert, wobei das originäre Arbeitsfeld der Privatisierung nicht mehr genannt wird. „Die TLG Immobilien GmbH ist das Immobilienunternehmen in Ostdeutschland. Wir bauen ein Portfolio aus Industrie-, Gewerbe- und Wohnimmobilien auf, das wir profitabel verwalten und vermieten. Zur Stärkung und weiteren Profilierung führen wir Entwicklungsinvestitionen durch, kaufen ertragreiche Immobilien an und optimieren die immobilienwirtschaftlichen Prozesse im Unternehmen. Wir setzen damit die strategische Ausrichtung, unser Unternehmen in einen aktiven Bestands- und Portfoliomanager mit werthaltigen und zukunftsfähigen Immobilien umzuwandeln, erfolgreich fort." (GESCHÄFTSBERICHT DER TLG IMMOBILIEN GMBH 2004: 9).

Es muss aber an dieser Stelle darauf hingewiesen werden, dass die befragten Gesprächspartner in der TLG-Niederlassung Neubrandenburg deutlich machten, dass die Veräußerung von Objekten hohen Ansprüchen an die Sozialverträglichkeit genügen mussten; im einzelnen wurden den betroffenen Mietern neben der Möglichkeit zum Umzug in andere TLG-Objekte auch finanzielle bzw. beratende Hilfe für den Erwerb der Wohnung oder die Gründung von Wohnungsbaugenossenschaften angeboten (vgl. dazu auch die Überarbeitung der TLG-Richtlinie Wohnungsprivatisierung vom 17.6.1998 bzw. der Verweis auf die Sozialklausel in §§ 556a–c BGB ab 1999).

Der Immobilienbestand der TLG ist 1996 zunächst von einem relativ hohen Anteil nicht-gewerblicher Objekte gekennzeichnet, der sich daraus erklärt, dass zahlreiche durch die THA privatisierte Unternehmen auch über einen erheblichen Immobilienbestand verfügten (Abb. 39). Die regionale Differenzierung nach Bundesländern verdeutlicht einerseits die dominierende Stellung Berlin/Brandenburgs und Sachsen-Anhalts, weist aber andererseits für Thüringen eindrucksvoll nach, dass die dort vorherrschenden Strukturen im Transformationsprozess nicht nur ein weitaus schmäleres Portfolio, sondern auch einen höheren Anteil gewerblicher Objekte geschaffen hatten.

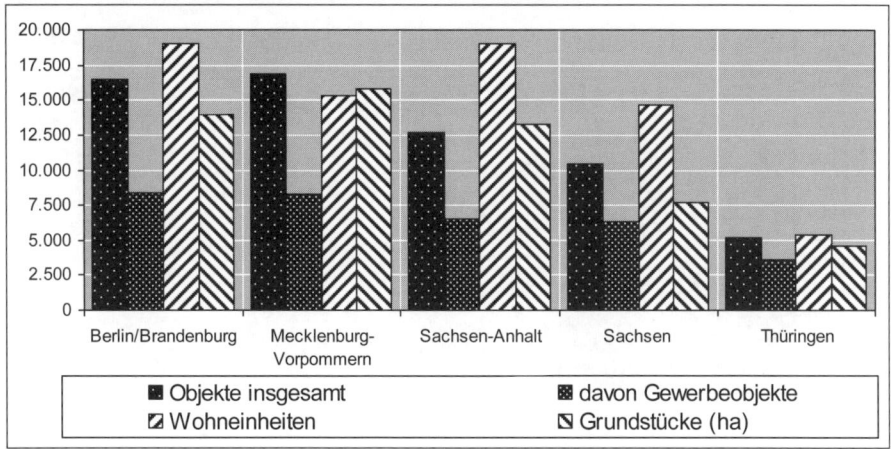

Abb. 39: *Immobilienbestand der TLG am 30.6.1996 nach Ländern*

■ Objekte insgesamt ▩ davon Gewerbeobjekte
▨ Wohneinheiten ◪ Grundstücke (ha)

Quelle: *Geschäftsbericht der TLG 1996; eigene Berechnungen*

Die rasche Umgestaltung des TLG-Immobilienbestandes verdeutlicht Abb. 40: Der Bestand an Immobilien nahm um über 50.000 ab, während innerhalb eines Zeitraums von fast 10 Jahren über 68.000 Verkäufe realisiert wurden. Die offensichtliche Diskrepanz der Bestands- zur Verkaufsstatistik ergibt sich zunächst aus der offenbar umfangreichen Akquisitionstätigkeit der TLG, die durchaus auch den Ankauf, die Sanierung und den Verkauf von Objekten innerhalb eines Jahres umfasste. Ferner ergeben sich Unsicherheiten in der Behandlung restitutionsbehafteter Objekte: In der Statistik werden sie nicht aufgeführt, da sie nur treuhänderisch verwaltet werden; demgegenüber wird der Verkauf dieser Objekte nach Scheitern des Restitutionsantrags als solcher vermerkt. Letztlich differenzieren die statistischen Angaben der Geschäftsberichte nicht eindeutig zwischen den Verkäufen der TLG auf eigene Rechnung und solchen Verkäufen im Auftrag eines Tochterunternehmens im Konzern.[10] Aus sachenrechtlicher Perspektive kann hier zunächst eine umfassende Privatisierungstätigkeit festgehalten werden, wobei allerdings nicht feststellbar ist, ob die 3.621 Objekte, die Ende 2004 im Besitz der TLG waren, „echte" einbehaltene Privatisierungsobjekte oder neu akquirierte Bestandteile des Portfolios waren.

---

10 Am 31.12.2004 war die TLG Immobilien GmbH an 29 Unternehmen zu 100 % beteiligt (GESCHÄFTSBERICHT DER TLG 2004: 67)

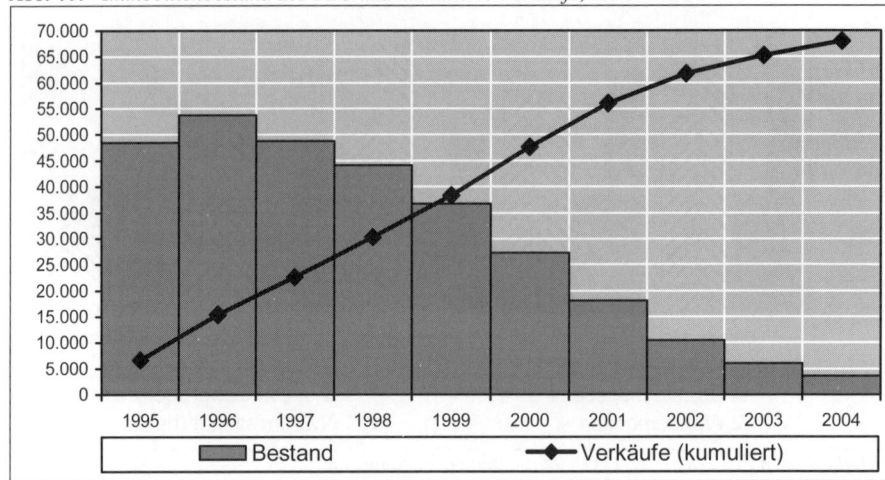

Abb. 40: *Immobilienbestand des TLG und kumulierte Verkäufe, 1995–2004*

Quelle: *Geschäftsberichte der TLG 1995–2004; eigene Berechnungen*

Einen weiteren Hinweis auf die durch den Wandel des Auftrags hervorgerufene selektive Privatisierungstätigkeit der TLG gibt Abb. 41, aus der trotz des Mangels an Differenziertheit ab 2001 hervorgeht, dass die TLG ihr Engagement auf dem Mietwohnungsmarkt seit 1996 stark vermindert hat. Bis 2004 wurde der Anteil der Wohnmietobjekte auf 35 % reduziert, so dass Mietobjekte mit gewerblicher Nutzung dominieren. Diese Entwicklung ist als Reaktion auf die demographische und wirtschaftliche Entwicklung zu sehen, die insbesondere auf dem Mietwohnungsmarkt zu massiven Verzögerungen bei der Verringerung der Leerstandsquote und zu geringen Mieteinnahmen geführt hat. Geht man nun davon aus, dass die nunmehr aus dem Bestand genommenen ca. 60.000 Mietwohneinheiten überwiegend an Privatpersonen oder Immobilienfonds und nur in geringem Umfang an kommunale Wohnungsgesellschaften oder -genossenschaften veräußert wurden, so kann ein erheblicher Privatisierungserfolg in diesem Segment konstatiert werden.

Abb. 41: *Entwicklung der Vermietungstätigkeit der TLG, 1995–2004*

■ Gewerbe/Sonstige ▧ Wohnen ▨ Undifferenziert

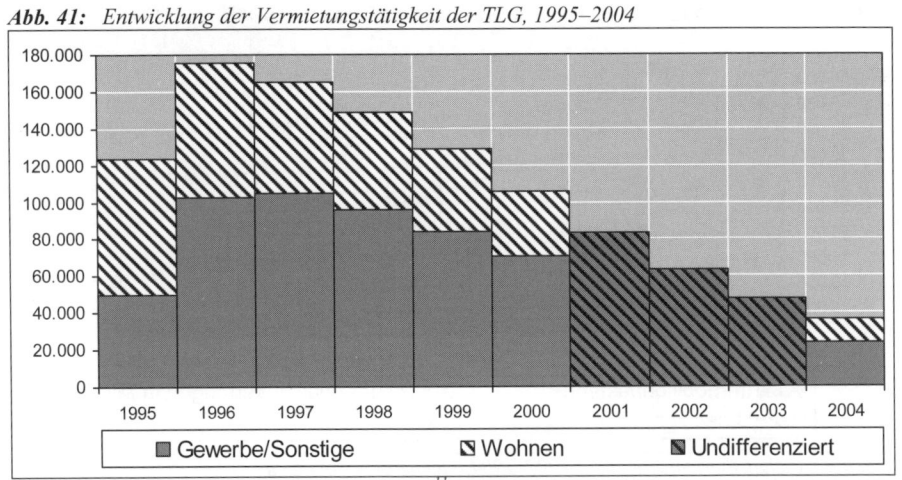

Quelle: Geschäftsberichte der TLG 1995–2004[11]; eigene Berechnungen

Die Analyse der Entwicklung des Immobilienbestandes, des Immobilienvermögens und der Umsatzerlöse der TLG von 1995 bis 2005 (Abb. 42) unterstreicht die verwertungs- und nachhaltigkeitsorientierte Strategie der TLG: Obgleich der Immobilienbestand um 93 % reduziert wurde, sanken die Umsatzerlöse nur um 75 % und das Immobilienvermögen sogar nur um 41 %. Mithin lassen sich erneut aus diesen Ergebnissen die starken finanzpolitischen Aktivitäten der TLG und weniger deren transformatorische Anstrengungen erkennen, da offenbar die renditestarken Objekte dem privaten Markt entzogen wurden und weiterhin in staatlicher Hand blieben. Ihre Jahresüberschüsse – seit 2001 werden Überschüsse erwirtschaftet und betrugen 2004 33, 8 Mio. € – werden allerdings nicht zur Deckung des Entschädigungs- und Ausgleichsleistungsfonds genutzt, sondern dienen ausschließlich der Erhöhung der Eigenkapitalquote des Unternehmens.

---

11 Für 2001–2003 liegen keine nach Wohnen und Gewerbe/Sonstiges differenzierten Daten in den Geschäftsberichten vor.

Abb. 42: *Immobilienbestand, Immobilienvermögen und Umsatzerlöse der TLG, 1995–2004*

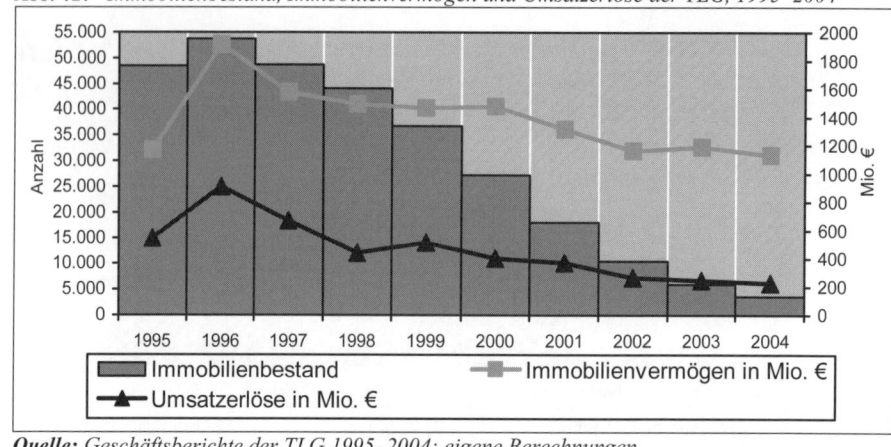

Quelle: *Geschäftsberichte der TLG 1995–2004; eigene Berechnungen*

Der oben angesprochene Strategiewechsel der TLG ab 1996 lässt sich auch im Landkreis Uecker-Randow beobachten, da ab diesem Zeitpunkt die Zahl der privatisierten Wohnungen stark gegenüber der von Objekten zunimmt und somit auf den Verkauf von Großsiedlungen oder anderen Mehrfamilienhäusern verweist. Der Rückgang der Privatisierungsaktivitäten seit 2000 ist nicht nur mit dem Strategiewechsel, sondern auch mit dem weitgehenden „Ausverkauf" entsprechender Objekte verbunden (Abb. 43).[12]

Abb. 43: *Verkäufe der TLG im Landkreis Uecker-Randow, 1991–April 2004*

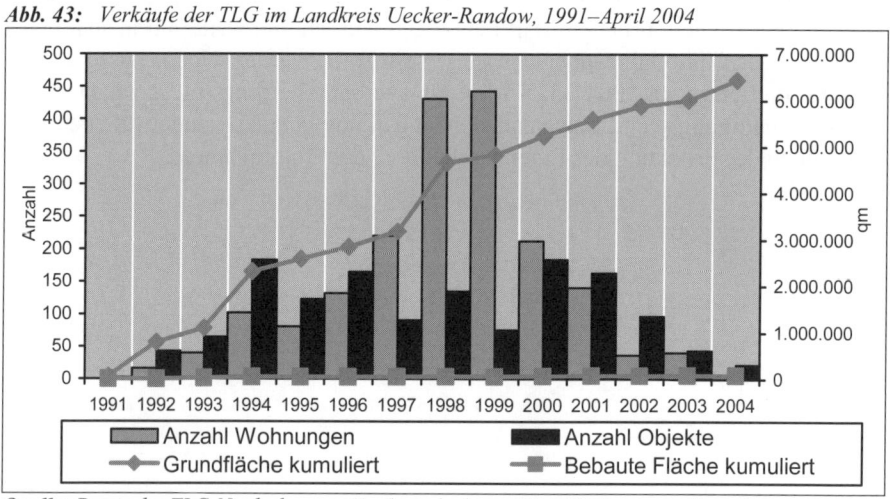

Quelle*: Daten der TLG-Niederlassung Neubrandenburg (26.4.2004), eigene Berechnungen*

Eine differenzierte Betrachtung der bis April 2004 durch die TLG veräußerten Objekte dokumentiert zum einen die starke Position des Wohnungsbereichs innerhalb des Portfolios der TLG (zusammen 51,8 %) und zum anderen den großen

---

12 Im Juli 2005 wies der Online-Katalog der TLG nur noch 7 Immobilienangebote für den Landkreis Uecker-Randow aus (www.tlg.de; abgerufen am 17.7.2005)

Beitrag der TLG zur Inwertsetzung von Grundstücken (Abb. 44): Von den 408 unbebauten Grundstücken dürfte es sich zumindest nach dem Portfolioausgleich mit der BVVG um Bauerwartungsland handeln; deren Verkauf sollte eine beschränkte Investitionstätigkeit zur Folge haben. Räumlich war die Tätigkeit der TLG übrigens nicht auf die städtischen Zentren Eggesin, Pasewalk, Strasburg, Torgelow und Ueckermünde fokussiert, da hier nur 32 % aller Objekte bzw. 21 % aller Flächen (aber 45 % der bebauten Flächen) veräußert wurden (Quelle: Daten der TLG-Niederlassung Neubrandenburg (26.4.2004)).

Abb. 44: *Differenzierung der bis April 2004 durch die TLG veräußerten Objekte nach Anzahl der Objekte*

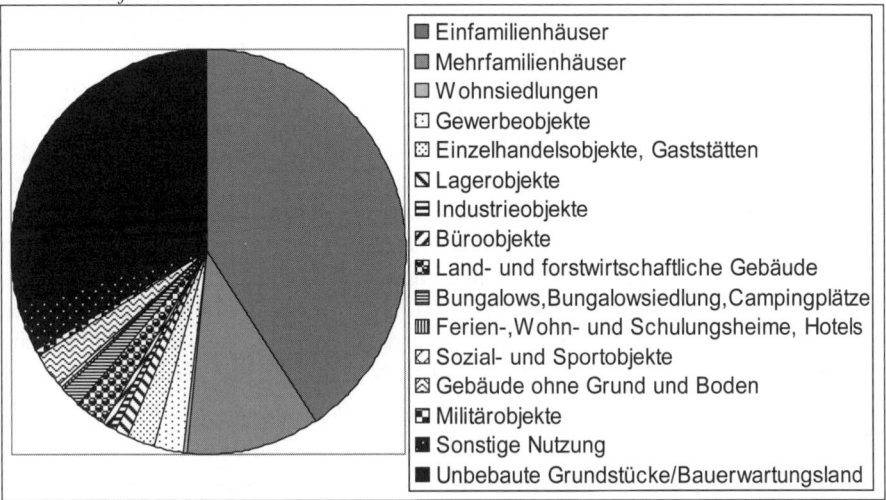

Quelle: Daten der TLG-Niederlassung Neubrandenburg (26.4.2004), eigene Berechnungen

Zusammenfassend weist die Tätigkeit der TLG im Vergleich mit der der BVVG eine deutlich geringere Bedeutung für den Transformationsprozess im Landkreis Uecker-Randow auf; die geringe Relevanz ergibt sich im Wesentlichen aus der starken landwirtschaftlichen bzw. ländlichen Prägung des Landkreises, so dass für die „klassischen" TLG-Aufgaben der Privatisierung von Mehrfamilienhäusern, Gewerbe- und Industrieobjekten kaum Objekte vorhanden waren. Daher betraf die Tätigkeit der TLG im Landkreis Uecker-Randow nur 12,6 % der Baufläche und nur 4,7 % der Wohnungen (Datenbestand bezogen auf 2002).

6.4.2 Restitution

Die Regelung offener Vermögensfragen in den Neuen Bundesländern zählt zu den wichtigsten sachenrechtlichen Prozessen, da sie nicht nur zahlreiche Gebäude und Flächen umfasst, sondern auch in der Öffentlichkeit umfassend und kontrovers diskutiert wird. Obgleich zur Restitutionsfrage auch die Regelung nicht-materieller Vermögenswerte wie bewegliche Sachen, Schutz-, Vorkaufs-, Grundpfand-,

Nutzungs- oder Mietrechte gehört, konzentrieren sich die nachfolgenden Ausführungen auf Immobilien, Grundstücke und Grundstücksanteile.

Um einen möglichst vollständigen Überblick über diesen Aspekt der sachenrechtlichen Dynamik zu geben, soll an dieser Stelle nur ganz Ostdeutschland behandelt werden; die weitergehenden Analysen für das Amt Löcknitz, die Städte Ueckermünde und Gotha folgen in Kap. 7.

Abb. 45 verdeutlicht das Ausmaß der Restitutionsansprüche in Ostdeutschland und erklärt so die hohe Aufmerksamkeit, die dieses Thema in der Öffentlichkeit und den Medien genießt. Der Prozess der Antragstellung begann bereits vor der Wiedervereinigung bzw. vor den ersten politischen Entscheidungen zur Regelung offener Vermögensfragen: Von den 394 Anträgen im Amt Löcknitz wurden drei vor dem 15.6.1990 (Gemeinsame Erklärung zur Regelung offener Vermögensfragen) gestellt; die Antragsteller stammten aus Ostdeutschland bzw. dem Ausland. Der rasche Anstieg der Zahl der betroffenen Vermögenswerte auf über 2 Mio. in 1992 überraschte und machte zugleich deutlich, dass große Teile der Bevölkerung in den Neuen Bundesländern in irgendeiner Form von diesen Anträgen betroffen sein mussten (rein rechnerisch kam auf jeden 8. Bürger der NBL ein Antrag; bezieht man die Zahl an antragsbelasteten Gebäuden mit darin gelegenen Wohnungen mit ein, ergibt sich eine noch höhere Relevanz der Restitutionsfrage). Gerade städtische Bereiche waren in besonderem Ausmaß von Restitutionsforderungen betroffen: REIMANN (1997: 304) errechnet für ausgewählte ostdeutsche Städte Belastungsquoten zwischen 28 % (Cottbus) und 82 % (Potsdam).

Abb. 45: *Antragsentwicklung für die Restitution von Immobilien und Flächen in Ostdeutschland, 1991–2004*

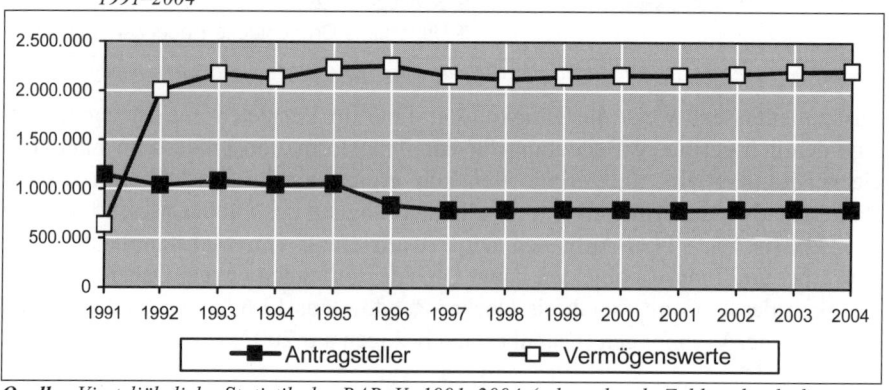

Quelle: *Vierteljährliche Statistik des BARoV, 1991–2004 (schwankende Zahlen durch die unterschiedliche Berücksichtigung der Zahlen in Berlin); eigene Berechnungen*

Die Belastung ländlicher Räume lässt sich anhand der vorliegenden Daten nicht flächenhaft ergründen; es muss allerdings von starken regionalen Differenzierungen ausgegangen werden, da die Entwicklungsprozesse der Landwirtschaft in Ostdeutschland nach 1945 insofern eine Rolle gespielt haben müssen, als agrarstrukturelle Charakteristika besondere Relevanz erhielten. Zu diesen Charakteristika können die Anzahl der Neubauern, die Betriebsstruktur der Altbetriebe (Betriebe über 20 ha unterlagen besonderem Abgabendruck) und die Dauer und Intensität

6 Die Dynamik der Eigentumsverhältnisse in Ostdeutschland   241

des Kollektivierungsprozesses gezählt werden. Die Variabilität dieser Belastung verdeutlicht Abb. 46 für das Amt Löcknitz mit deutlichen Differenzierungen zwischen den einzelnen Gemeinden.

Abb. 46: *Anteil der restitutionsbelasteten Fläche an der landwirtschaftlichen Nutzfläche im Amt Löcknitz*

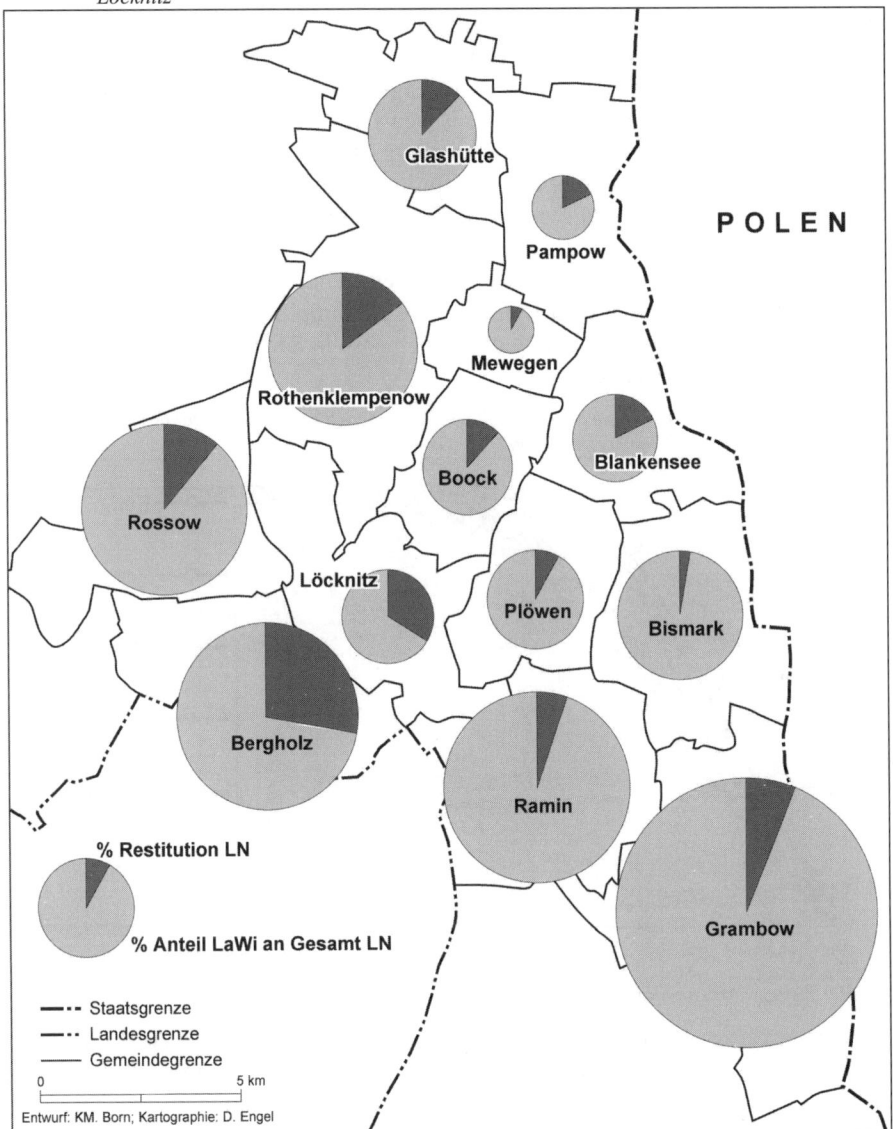

Quelle: Statistisches Landesamt Mecklenburg-Vorpommern, Daten des ARoV Anklam, eigene Berechnungen

Angesichts der hohen Zahl der Anträge und der Komplexität der Materie muten die Angaben zur Bearbeitung vermögensrechtlicher Anträge überraschend an: Innerhalb von 10 Jahren wurden 95 % der Anträge bearbeitet (Abb. 47); diese Zahl gewinnt durch einen Vergleich mit der Restitution nach 1945 in der US-amerikanischen Zone Westdeutschlands noch an Bedeutung, da dort Ende 1957 zwar schon 98 % aller 117.00 Anträge bearbeitet waren, aber es sich auch um eine geringere Anzahl und vergleichsweise unkomplizierte Fälle gehandelt hatte (SCHWARZ 1974: 88ff.). Seit 1997 verflacht sich die Kurve merklich, was darauf schließen lässt, dass nunmehr die schwierigen Fälle mit komplizierter Rechtslage, multiplen Enteignungen und verworrenen Eigentumsverhältnissen bearbeitet werden. Die Interpretation der länderspezifischen Bearbeitungsquoten muss zunächst die besondere Lage Berlins und Brandenburgs berücksichtigen: Die hohe Belastung Berlins mit innerstädtischen Restitutionsansprüchen und die hohe Anzahl und Komplexität der Anträge aus dem brandenburgischen Umland (Kleinmachnow) hat sicherlich mit dazu beigetragen, dass diese beiden Länder erst relativ spät das Niveau der anderen Länder erreichten. Andererseits zeigt sich am Beispiel Mecklenburg-Vorpommerns die relative Unkompliziertheit der Ansprüche in ländlichen Räumen, während die guten Ergebnisse in Sachsen auch dem erhöhten Personaleinsatz zuzurechnen sind.[13]

Abb. 47: *Entwicklung der Bearbeitung offener Vermögensfragen bei Immobilien und Flächen nach Bundesländern, 1991–2004*

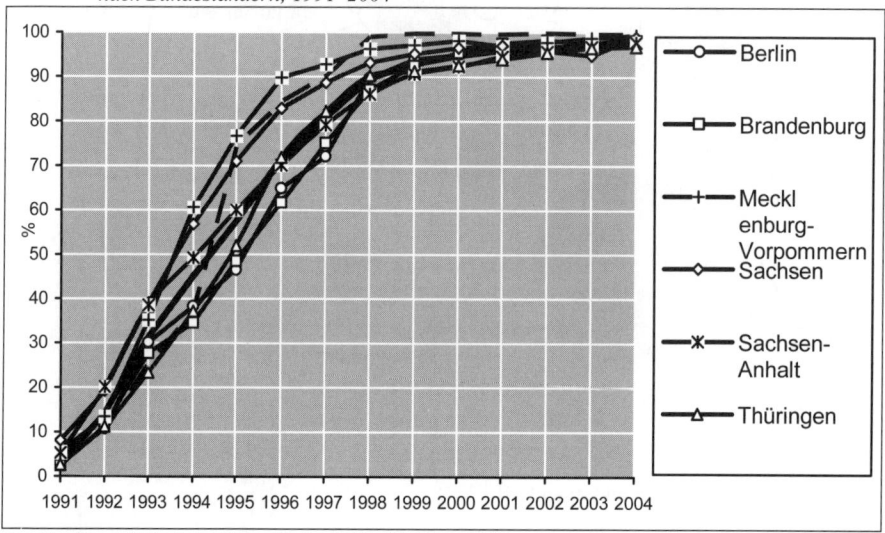

Quelle: *Vierteljährliche Statistik des BARoV, 1991–2004; eigene Berechnungen*

Der gegenwärtige Bearbeitungsstand von 98 % erlaubt gesicherte Aussagen über die Entscheidungen durch die Ämter zur Regelung offener Vermögensfrage. Hierzu ist es zunächst notwendig, die einzelnen Entscheidungsarten zu erläutern und auf ihre sachenrechtlichen Implikationen zu untersuchen.

---

13 1997 kamen auf einen Mitarbeiter in den sächsischen Ämtern zur Regelung offener Vermögensfragen 648 Vermögenswerte; in Thüringen waren es bspw. 839.

- Restitution umfasst die Rückübertragung eines Vermögenswertes an den ursprünglichen Eigentümer, seine Erben oder andere Berechtigte[14].
- Die Aufhebung staatlicher Verwaltung setzt den Eigentümer wieder in seine vollen Eigentumsrechte ein; im Gegensatz zur Restitution wurde der Eigentümer nicht aus dem Grundbuch gestrichen, sondern das Objekt lediglich staatlicher, treuhänderischer Verwaltung unterworfen.
- Gemäß dem Wahlrecht aus § 8 VermG können Alteigentümer zwischen Restitution und Entschädigung wählen; eine Entschädigung wird auch in den Fällen gewährt, in denen eine Rückgabe aus den in §§ 4 und 5 VermG genannten Gründen nicht mehr möglich ist. In diesen Fällen ergeht ein Entschädigungsgrundlagenbescheid.
- Die Gründe für die Ablehnung eines Restitutionsantrages können unterschiedlicher Natur sein und dabei auch für den Antragsteller positive Inhalte vermitteln. Natürlich wird ein Antrag abgelehnt, wenn der Antragsteller keinen Nachweis seines Anspruches (Erbschein etc.) vorlegen kann oder das Amt zur Regelung offener Vermögensfragen im Amtsermittlungsverfahren keine Anhaltspunkte für eine frühere Eigentümerschaft oder aber einen unrechtmäßigen Verlust dieses Eigentums finden kann. Ein Restitutionsantrag wird aber auch dann abgelehnt, wenn kein enteignender Akt vorlag und das Eigentum noch im Grundbuch auf den Antragsteller eingetragen ist. Für den Antragsteller beinhaltet dieser Ablehnungsbescheid somit eine Bestätigung seines verloren geglaubten Eigentumsrechts. Insofern kann die Kategorie der Ablehnungen nicht vollständig negativ betrachtet werden.
- Antragsteller haben zu jedem Zeitpunkt des Verfahrens die Möglichkeit, ihren Antrag zurücknehmen; als Gründe für eine solche Rücknahme kommen die irrtümliche Antragstellung, der Verzicht zugunsten anderer Antragsteller aus einer Erbengemeinschaft oder aber der Verzicht wegen hoher zu erwartender Belastungen (Hypotheken, Sanierungsbedarf etc.) des Objektes in Frage.

Insgesamt wurden in den Neuen Bundesländern bis zum 31.12.2004 in 26,0 % der Fälle Eigentumsrechte zurückgegeben oder staatliche Verwaltungsmaßnahmen beendet; die Ablehnungsquote liegt bei 49,0 %, in 14,4 % der Fälle nahmen die Antragsteller die Anträge zurück (48). Die z. T deutlichen Unterschiede zwischen den Bundesländern können nicht schlüssig erklärt werden, da hierzu eine systematische Analyse aller Anträge und Entscheidungen nötig wäre. Erklärungsmuster betreffen immer nur einzelne Länder und lassen systematische Zuordnungen oder Typisierungen nicht zu:[15]

- Auffällig ist zunächst die Sonderstellung Sachsen-Anhalts, das einen hohen Anteil an erfolgreichen und einen geringen Anteil an Ablehnungen von Restitutionsanträgen aufweist. Ohne in den Reflex der Unterstellung postsozialisti-

---

14 Gemäß § 3 Abs. 3 S. 2 VermG kann der Anspruch auf Rückübertragung, Rückgabe oder Entschädigung abgetreten, verpfändet oder gepfändet werden. Hierzu bedarf es wie bei allen Immobiliengeschäften der notariellen Beurkundung.

15 Das Bundesamt zur Regelung offener Vermögensfragen hat die Regelung der Vermögensansprüche der Parteien und Massenorganisationen der DDR an sich gezogen; insofern sind seine Entscheidungen gesondert zu bewerten.

244   6 Die Dynamik der Eigentumsverhältnisse in Ostdeutschland

scher Seilschaften oder personeller Kontinuitäten (WASSERMANN/MÄRKER 1993: 141) zu verfallen, kann hier angeregt werden, die Nähe zu Niedersachsen als Grund für eine verstärkte Flüchtlingsbewegung mit späteren Enteignungen in Erwägung zu ziehen. Die Restitution nach sog. Republikflucht ist aufgrund der Dokumentation in Ost- und Westdeutschland einfach zu bewerkstelligen. Fraglich bleibt dann allerdings, warum für Mecklenburg-Vorpommern oder Thüringen nicht ein ähnliches Phänomen zu beobachten ist.

- Die im Vergleich zu ganz Ostdeutschland hohe Ablehnungsquote in Sachsen könnte mit dem relativ hohen Verstädterungsgrad zusammenhängen: Die Maßnahmen der DDR zur Verstaatlichung des städtischen Wohnungsangebotes (Überschuldung, Zwang zur Eigentumsübertragung etc.) können nicht in allen Fällen als enteignend gelten (insbesondere die Frage des Eintritts der Überschuldung oder der Ausübung von Zwang zu einer Verkaufs- oder Übertragungstransaktion). Gleichzeitig bestand für die Alteigentümer bzw. deren Erben angesichts der betroffenen hohen materiellen Werte ein erheblicher Anreiz, Anträge zu stellen.

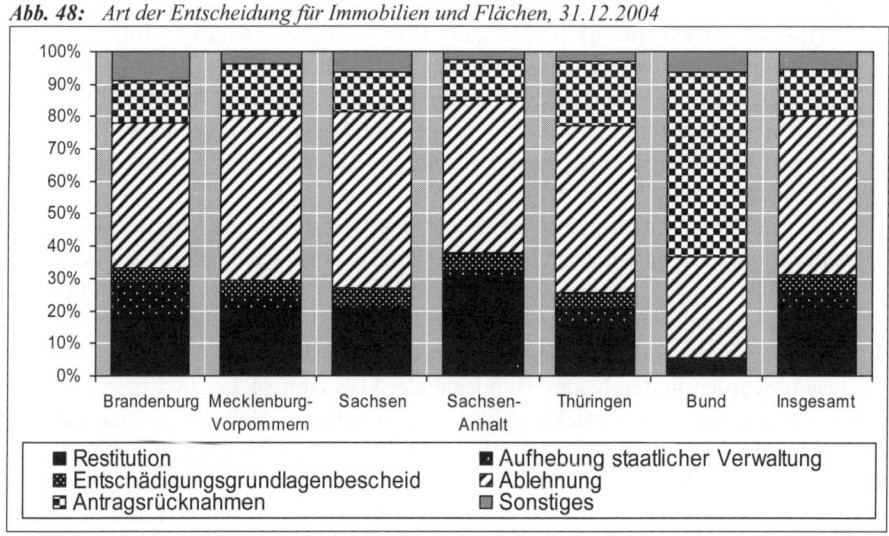

Abb. 48: Art der Entscheidung für Immobilien und Flächen, 31.12.2004

Quelle: Vierteljährliche Statistik des BARoV, 1991–2004 (für Berlin keine Angaben); eigene Berechnungen

Zu den wesentlichen Kritikpunkten an der Restitutionsregelung zählt ihre vermeintliche investitionshemmende Wirkung. Die Analyse von Abb. 49 legt nahe, dass die Ämter zur Regelung offener Vermögensfragen diese Problematik durchaus erkannt hatten und nach Lösungsmöglichkeiten suchten: Der relativ hohe Anteil an positiven Entscheidungen bis 1995 ist nämlich nicht ausschließlich damit zu erklären, dass zuerst gestellte Anträge bessere Aussichten auf Restitution hatten; vielmehr drängt sich der Eindruck auf, die Mitarbeiter der Vermögensämter hätten nicht weisungsgemäß die Anträge entsprechend ihres Eingangs bearbeitet, sondern besonders Erfolg versprechende oder leicht bearbeitbare Anträge bevorzugt. Eine andere Interpretationsmöglichkeit unterstellt eine zunehmende Restrik-

6 Die Dynamik der Eigentumsverhältnisse in Ostdeutschland   245

tivität im Bearbeitungsprozess: Für unklare oder geographisch unpräzise formulierte Anträge wurde der Ermittlungsaufwand verringert.[16]

Abb. 49: *Entwicklung der Entscheidungsarten für Immobilien und Flächen, 1992–2004*

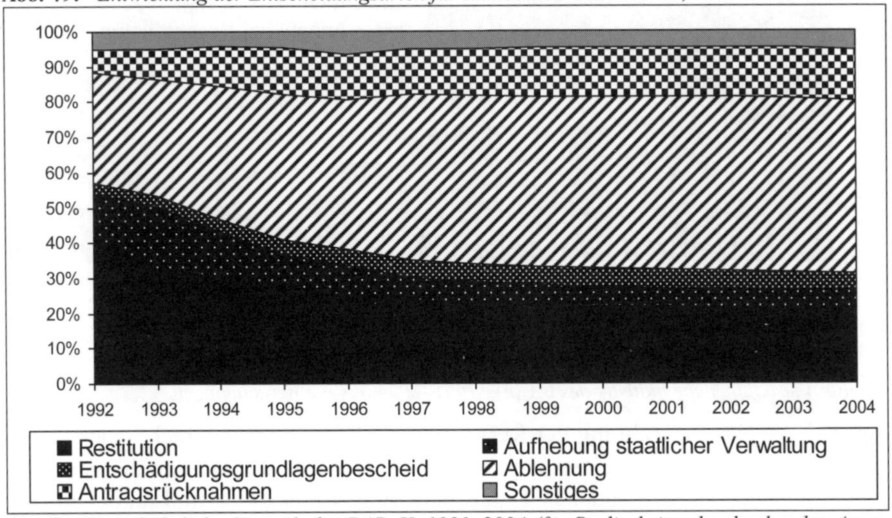

[Flächendiagramm mit Legende:
■ Restitution
▨ Entschädigungsgrundlagenbescheid
▨ Antragsrücknahmen
■ Aufhebung staatlicher Verwaltung
▨ Ablehnung
▨ Sonstiges]

Quelle: Vierteljährliche Statistik des BARoV, 1991–2004 (für Berlin keine durchgehenden Angaben); eigene Berechnungen

Zusätzliche Hinweise zur Interpretation der Bearbeitungsgeschwindigkeit und insbesondere zur politischen Bewertung der Priorität der Regelung offener Vermögensfragen können Abb. 50 entnommen werden. Obgleich der Rückgang der Anzahl der Vermögensämter in einem engen Zusammenhang mit Kreisgebietsreformen in den Neuen Bundesländern steht, darf nicht übersehen werden, dass der Abbau der Beschäftigtenzahlen bereits 1995 einsetzte: Zu diesem Zeitpunkt waren erst 57 % der Anträge bearbeitet, wobei die Steigerungsraten von Quartal zu Quartal geringer ausfielen und die Erledigungsquote langsam verflachte. Angesichts der Personalsituation ist eine rasche Lösung der noch offenen Vermögensfragen nicht in Sicht.[17]

---

16 In den Gesprächen mit dem Verfasser wiesen die Mitarbeiter und Mitarbeiterinnen der Vermögensämter in Thüringen und Mecklenburg-Vorpommern nur theoretisch auf diese Interpretationsmöglichkeiten hin; die Zunahme restriktiver Bearbeitungsprozesse wurde auch im Hinblick auf die öffentlichen Forderungen nach einer raschen Regelung der offenen Vermögensfragen nicht ausgeschlossen.
17 Der Quartalsbericht IV/2004 des BARoV war mit „Restitution und Entschädigung bleiben in den neuen Bundesländern weiterhin zu lösende Aufgaben" überschrieben.

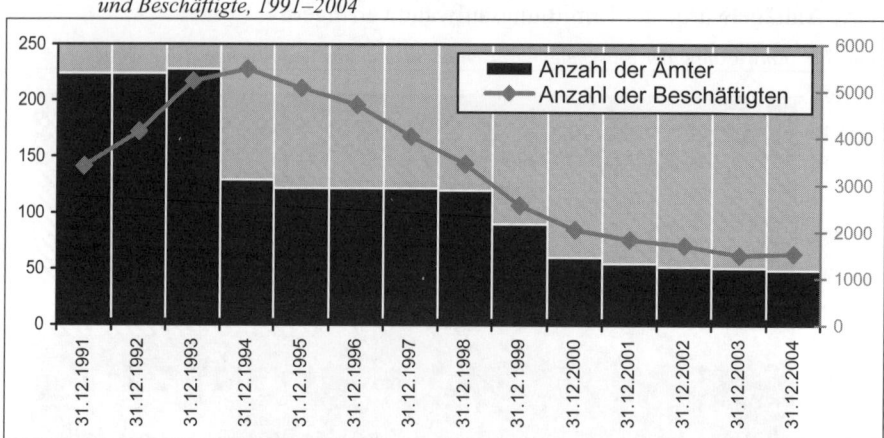

Abb. 50: *Entwicklung der Bearbeitung: Anzahl der Ämter zur Regelung offener Vermögensfragen und Beschäftigte, 1991–2004*

Quelle: *Vierteljährliche Statistik des BARoV, 1991–2004; eigene Berechnungen*

Am Schluss der Betrachtung der Restitution als Element sachenrechtlicher Dynamik steht die Auseinandersetzung mit der Akzeptanz der Entscheidungen. Obgleich anhand der vorhandenen Daten eine Bewertung der grundsätzlichen Akzeptanz des Restitutionsprozesses nicht möglich ist, erlaubt die Analyse der Daten zum Widerspruchs- und Verwaltungsgerichtsverfahren Rückschlüsse auf die Qualität der Arbeit in den Ämtern zur Regelung offener Vermögensfragen. Hierzu muss allerdings einschränkend angemerkt werden, dass das Amtsermittlungsprinzip aus § 31 VermG, das nur die Mitwirkung des Antragstellers vorsieht, geradezu zum Stellen von Anträgen einlädt, da der Aufwand für den Antragsteller gering ist; insofern ist die hohe Zahl der Anträge und der Ablehnungen zumindest partiell erklärbar.

Abb. 51 verdeutlicht, dass die abgelehnten Antragsteller nur in geringem Maße (zwischen 14,5 % und 16,7 % bei Widerspruchs- und zwischen 2,9 % und 12,5 % der Fälle) auf die beiden verwaltungsrechtlichen Verfahren zur Überprüfung von Entscheidungen zurückgreifen. Das Widerspruchsverfahren sieht vor, dass nach Einlegen des Widerspruchs der entsprechende Bescheid durch den Widerspruchsausschuss, dem der betroffene Sachbearbeiter nicht angehört, überprüft wird. Gegen einen Bescheid des Widerspruchsausschusses kann der Antragsteller eine Nachprüfung vor einem Verwaltungsgericht beantragen; die Verfahren sind in beiden Fällen kostenfrei und bedürfen nur im Falle des Verwaltungsgerichts einer anwaltlichen Vertretung. Der Anstieg der Verwaltungsgerichtsverfahren von 2,9 % auf 12,5 % lässt sich durch die zeitliche Verzögerung erklären, da erst nach einem Widerspruchsverfahren ein Verwaltungsgerichtsverfahren angestrengt werden kann.

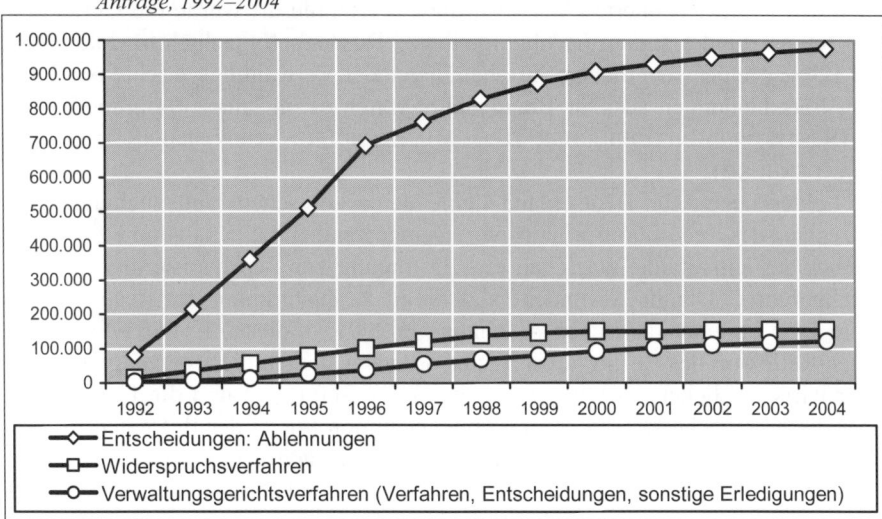

6 Die Dynamik der Eigentumsverhältnisse in Ostdeutschland 247

Abb. 51: *Anzahl der Widerspruchs- und Verwaltungsgerichtsverfahren in Bezug auf abgelehnte Anträge, 1992–2004*

◇ Entscheidungen: Ablehnungen
□ Widerspruchsverfahren
○ Verwaltungsgerichtsverfahren (Verfahren, Entscheidungen, sonstige Erledigungen)

Quelle: *Vierteljährliche Statistik des BARoV, 1991–2004; eigene Berechnungen*

Eine Einschätzung über die Qualität der Entscheidungen der Ämter zur Regelung offener Vermögensfragen erlaubt Abb. 52, die die außergewöhnlich hohe Bestätigung der jeweiligen Entscheidungen durch die nächst höhere Instanz dokumentiert. Tatsächlich beschränkt sich die Kritik an der Arbeit der Vermögensämter im Wesentlichen auf den Vorwurf einer zu langsamen Bearbeitung.

Abb. 52: *Erfolgsquote der Widersprüche und verwaltungsgerichtlichen Überprüfungen, 31.12.2004*

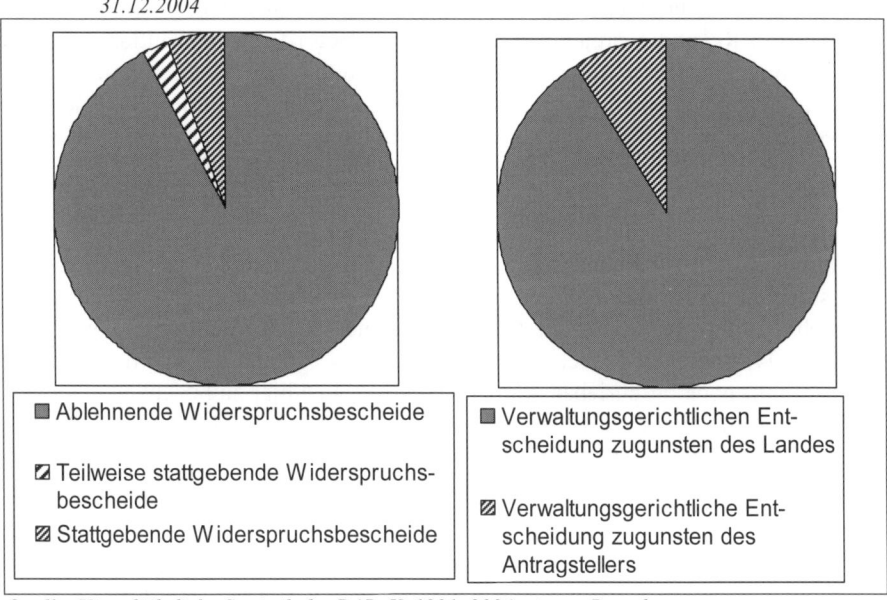

■ Ablehnende Widerspruchsbescheide
▨ Teilweise stattgebende Widerspruchsbescheide
▨ Stattgebende Widerspruchsbescheide

■ Verwaltungsgerichtlichen Entscheidung zugunsten des Landes
▨ Verwaltungsgerichtliche Entscheidung zugunsten des Antragstellers

Quelle: *Vierteljährliche Statistik des BARoV, 1991–2004; eigene Berechnungen*

Eine Analyse des verfügbaren statistischen Materials zur Restitution entkräftet auch den häufig geäußerten Vorwurf, diese Verfahrensart würde die Gerichte in den Neuen Bundesländern nachhaltig stören: Tatsächlich machten im Jahre 2002 die 124 vermögensrechtlichen Entscheidungen der Verwaltungsgerichte nur 2,3 % aller Entscheidungen aus; für Brandenburg waren es im Jahr 2004 immerhin 6,6 % (STATISTISCHE JAHRBÜCHER 2003 MECKLENBURG-VORPOMMERN UND 2005 BRANDENBURG).

Leider liegen für Deutschland keine demoskopischen Untersuchungen zur Akzeptanz des Restitutionsprinzips vor. Demgegenüber hat das Institute for Social Studies der Universität Warschau eine Befragung zur Reprivatisierung in Polen durchgeführt.[18] Demnach wandelte sich die 65 % Zustimmung zur Restitution im Jahre 1991 zu einer faktischen Ablehnung in 2001; in diesen Kontext einer kritischen Reflexion des Restitutionsprinzips ordnet sich auch die Überzeugung negativer wirtschaftlicher Auswirkungen (60 % der Befragten) und die Unsicherheit über die moralische Rechtfertigung von Restitution (48 % der Befragten für moralische Rechtfertigung, 36 % ja und nein, 15 % dagegen (ZARYCKI 2003)).

Die Rückgabe illegal enteigneten Eigentums in Ostdeutschland ist von drei Besonderheiten bestimmt: Die hohe Zahl der Anträge bzw. der mit Anträgen belasteten Grundstücke, der nach anfänglichen Schwierigkeiten rasche und – im Vergleich zum historischen Vorgänger aus der Nachkriegszeit – bereits früh fast abgeschlossene Regelungsprozess und letztlich die relativ geringe Erfolgsquote der Anträge. Überraschend erscheint die hohe Akzeptanz der Entscheidungen bzw. die Qualität der Entscheidungen, die nicht zu einer übermäßigen Belastung der ostdeutschen Justiz führten.

Abschließend erfolgt an dieser Stelle die Einordnung der Restitutionsregelung in das in Kap. 5.3 entwickelte Schema aus Restitutionsintensität, Restitutionskomplexität und Restitutionsreichweite. Unter dem Begriff der Restitutionsintensität ist subsumiert, welchen Anteil der enteigneten Gütern den Alteigentümern in natura zurückgegeben wird; sie nimmt von dem Extrem vollkommener Rückgabe zur völligen Versagung von Restitution, Entschädigung oder Ausgleichsleistung ab. Für den im Rahmen dieser Untersuchung behandelten Fall wird die Einordnung dadurch erschwert, dass die Regelung prinzipiell den Ausschluss der Restitution von Enteignungen auf besatzungsrechtlicher oder -hoheitlicher Grundlage zugunsten einer Ausgleichsleistung vorsieht und gleichzeitig komplexe Entschädigungsregelungen für den Fall des freiwilligen Verzichts oder der sachlichen Unmöglichkeit der Restitution bestehen. Mit einer Restitutionsquote von 26 % (31.12.2004) und einer Entschädigungsquote von 4 % kann die Restitutionsquote als nicht sehr hoch beschrieben werden – allerdings ist hier zu bedenken, dass sich zahlreiche Anträge auf nicht restituierbare Sachverhalte wie SMAD-Enteignungen oder Bodenreformenteignungen bezogen, so dass es zu einer erheblichen Verzerrung der tatsächlichen Restitutionsintensität kam. Ohne den Ergebnissen aus Kap.

---

18 Die Ergebnisse wurden im November 2003 auf der internationalen Tagung „Restitution der Eigentumsrechte im postkommunistischen Europa und Bedeutung dieser Erfahrungen für Russland" der Konrad-Adenauer-Stiftung in Moskau durch Dr. Tomasz Zarycki vorgestellt.

6 Die Dynamik der Eigentumsverhältnisse in Ostdeutschland 249

7, die auf diese Schwierigkeiten verweisen und sie für das Amt Löcknitz auch quantifizieren können, vorgreifen zu wollen, kann dennoch festgehalten werden, dass die Restitutionsintensität als mittel bis hoch einzuschätzen ist, auch wenn die Versagung der Restitution für die SMAD-Enteignungen massive Einschränkungen nach sich zogen.

Der Begriff der Restitutionskomplexität umschreibt die Entfernung der momentanen Verfügungsberechtigten vom enteignenden Staat. Dieser Aspekt ist für Ostdeutschland besonders schwer zu analysieren, da durch die Einbeziehung der Nazi-Enteignungen von 1933 bis 1945 und der daraus resultierenden Abfolgen aus Arisierungen und Enteignungen durch SMAD und/oder DDR eine besondere Komplexität erreicht wurde. Demgegenüber stehen die Enteignungen der DDR, die meist nur eine Stufe der Veräußerung an Nutzer, redliche oder unredliche Erwerber kennt und dementsprechend eine geringe Restitutionskomplexität aufweist. Zusammenfassend kann also von einer niedrigen bis geringen Restitutionskomplexität ausgegangen werden.

Die Restitutionsreichweite selbst beträgt 57 Jahre mit der Unterbrechung von 1945 bis 1949.

Abb. 53 stellt dar, wie der Restitutionsprozess in Ostdeutschland in die in Abb. 20 wiedergegebene Matrix eingeordnet werden kann.

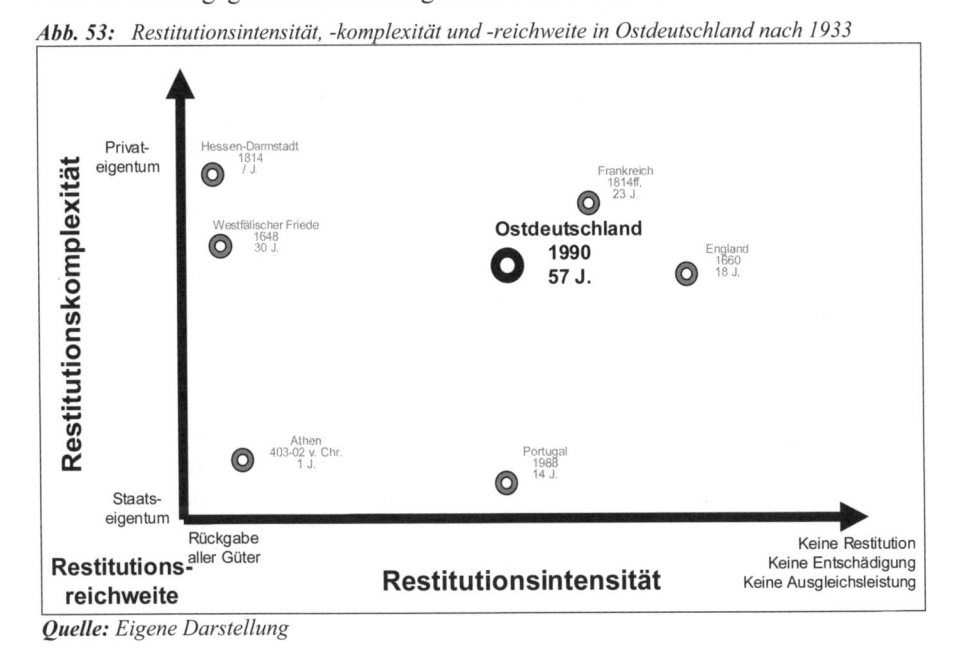

Abb. 53: Restitutionsintensität, -komplexität und -reichweite in Ostdeutschland nach 1933

Quelle: Eigene Darstellung

6.4.3 Reprivatisierung

Die dritte Säule der sachenrechtlichen Transformationsprozesse in Ostdeutschland umfasst die Reprivatisierung von Flächen, die auf besatzungsrechtlicher bzw. besatzungshoheitlicher Grundlage enteignet wurden und deren Restitution durch § 1 Abs. 8 Buchst. a ausgeschlossen ist. Der Begriff der Reprivatisierung deutet schon an, dass es sich um die Veräußerung der Flächen an die ehemaligen Alteigentümer handelt. Da diese Rechtsmaterie als hochkomplex und immer noch umstritten gilt – das EALG wurde erst im September 1994 erlassen und war seither Gegenstand mehrerer verfassungsrechtlicher Überprüfungen – soll an dieser Stelle eine Kurzeinführung stehen, die sich an die Ausführungen bei FRICKE/MÄRKER (2000: 450ff.), MEIXNER (2005) und der Broschüre „FRAGEN UND ANTWORTEN ZUM FLÄCHENERWERB NACH DEM ENTSCHÄDIGUNGS- UND AUSGLEICHSLEISTUNGSGESETZ (EALG) UND DER FLÄCHENERWERBSVERORDNUNG IN DEN FÜNF NEUEN BUNDESLÄNDERN" der BVVG orientiert. Obwohl über die Flächenerwerbsverordnung Reprivatisierung und Privatisierung miteinander verschränkt sind, soll hier der Schwerpunkt auf der Reprivatisierung liegen; dass diese Verschränkung von Reprivatisierung und Privatisierung zu massiven Konflikten zwischen den jeweils begünstigten Gruppen der langfristig pachtenden Personen des Privatrechts und der ehemaligen Eigentümer führt, ist bereits in Kap. 5 dargestellt worden.

- Das EALG und das Flächenerwerbsprogramm sollen zum einen den Forderungen der Bodenreformopfer nach Erwerbsmöglichkeiten ihrer verlorenen Ländereien und Wälder nachkommen und zum anderen Pächtern von ehemals volkseigenen Flächen den Erwerb dieser Flächen ermöglichen. Hierfür stehen ca. 1 Mio. ha landwirtschaftliche Flächen und 400.000 ha Wald zur Verfügung.
- Für den begünstigten Erwerb von Flächen gelten für die unterschiedlichen Fallgruppen unterschiedliche Höchstgrenzen und Bemessungsgrundlagen:
  - **Ortsansässige Wieder- und Neueinrichter** bzw. **LPG-Nachfolgeunternehmen** können bis zu 600.000 Ertragsmesszahlen[19] erwerben, wobei der Eigentumsanteil nicht mehr als die Hälfte der landwirtschaftlich genutzten Fläche übersteigen darf.
  - **Nicht selbst wirtschaftende Opfer der Bodenreform** und **DDR-Enteignungsopfer**, die durch den Eignungsausschluss des VermG keine Restitutionsansprüche geltend machen können, sind einem komplizierterm System von Regeln, Ausnahmen und Verweisungen unterworfen: Sie können nicht mehr als die Hälfte ihrer Ausgleichleistung- bzw. Entschädigung zum Erwerb von Ertragsmesszahlen einsetzen und nicht mehr als 300.000 Ertragsmesszahlen erwerben – insofern ist ihr maximaler Anspruch gegenüber den Pächtern der

---

19 Das bewertungsrechtliche Instrumentarium der Ertragsmesszahlen geht auf die Reichsbodenschätzung von 1934 zurück, wobei der Ertragsmesszahlen die Ergebnisse der Bodenschätzung als Maß der natürlichen Ertragsbedingungen der landwirtschaftlichen Nutzung in die Fläche übertragen – sie sind also das Produkt aus Acker- und Grünlandzahl und der Größe der Bodenfläche in Ar. Um auf die gängige Einheit ha zu kommen, wird die Ertragsmesszahl durch 1.000 dividiert, wodurch Bodenpunkte entstehen (600.000 Ertragsmesszahlen entsprechen 6.000 Bodenpunkten).

Flächen halbiert. Sie erhalten keinen Anspruch auf den Erwerb ihrer früheren Flächen und müssen gegenüber den Flächenansprüchen der Pächter zurückstehen.
- Der Kaufpreis wird grundsätzlich nach dem Verkehrswert mit einem Abschlag von 25 Prozent errechnet; die Wertansätze wurden im Bundesanzeiger am 19. Oktober 2000 veröffentlichen und entsprechen dem Dreifachen des Einheitswerts von 1935.

Durch eine Intervention der Europäischen Kommission, die das EALG und das Flächenerwerbsprogramm alter Fassung Ende 1998 für teilweise mit EU-Recht unvereinbar hielt, entstand eine bis zum 24. Oktober 2000 andauernde Verkaufssperre der Flächen durch die BVVG. Tatsächlich hat die überarbeitete Fassung des EALG nur in geringem Maße die Einwände der Europäischen Kommission, die eine Benachteiligung von EU-Bürgern beim Flächenerwerb monierte, berücksichtigt: Zwar partizipieren nun Nicht-ortsansässige Neueinrichter auch von der Neufassung, doch bleiben ihre Erwerbsmöglichkeiten gering, da fast 95 % der Flächen durch ortsansässige Unternehmen oder LGP-Nachfolgeunternehmen gepachtet sind (FRICKE/MÄRKER 2001: 461).

Die folgenden Ausführungen versuchen, die Tätigkeit der Ämter zur Regelung offener Vermögensfragen (in ihrem Zuständigkeitsbereich liegt die Abarbeitung der EALG-Fälle) und die Veräußerung durch die BVVG zu dokumentieren. Hierbei kann auf statistisches Material des BARoV und der BVVG zurückgegriffen werden. Da die Reprivatisierungsregelung einen nur geringen räumlichen Umfang aufweist – die Mehrzahl der Anträge soll durch Geldzahlungen befriedigt werden – werden an dieser Stelle die Angaben zu Umfang und Bearbeitungsstand der Reprivatisierung kursorisch gehalten. Demgegenüber erlauben die Daten der BVVG weitaus detailliertere Einblicke in den räumlichen Umfang der Reprivatisierung und können dazu beitragen, die Dynamik sachenrechtlicher Veränderungen in Ostdeutschland weitergehend zu differenzieren.

Da das EALG erst mit erheblicher zeitlicher Verzögerung in Kraft treten konnte und die statistische Erfassung der Anträge erst 1996 begann, ergaben sich rasch sehr hohe Zuwächse bei den Antragszahlen, die bis heute zunehmen (Abb. 54).

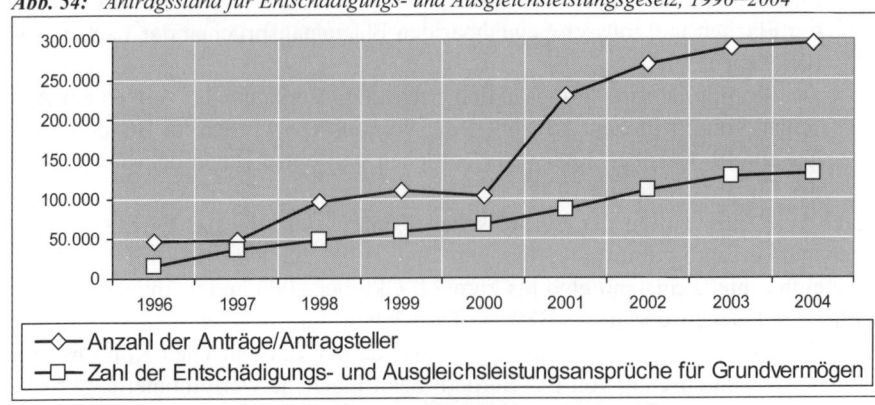

6 Die Dynamik der Eigentumsverhältnisse in Ostdeutschland

Abb. 54: *Antragsstand für Entschädigungs- und Ausgleichsleistungsgesetz, 1996–2004*

Quelle: *Vierteljährliche Statistik des BARoV, 1996–2004; eigene Berechnungen*

Insgesamt umfassen diese Anträge auch 8.7000 Anträge auf den begünstigten Erwerb nach EALG und betreffen ca. 7 % der landwirtschaftlichen Nutzfläche, wobei Mecklenburg-Vorpommern mit 9,19 % deutlich stärker betroffen ist als Thüringen mit 3,28 % (Abb. 55). Vergleicht man den Umfang der Enteignung privater Eigentümer durch die Bodenreform (siehe Tab. 5: ca. 2.628.600 bzw. 2.649.099 ha) mit dem Umfang der beantragten Fläche (ca. 396.000 ha), so wird deutlich, dass zum einen keinerlei Trend zur Wiederherstellung überkommener landwirtschaftlicher Strukturen identifizierbar ist, und zum anderen zwar weitaus mehr Anträge als Enteignungen vorliegen, aber offenbar nur in geringem Maße auch tatsächlich Flächen nachgefragt werden – ein Erklärungsansatz liegt in der möglichen Distanz der Antragsteller zur Landwirtschaft.

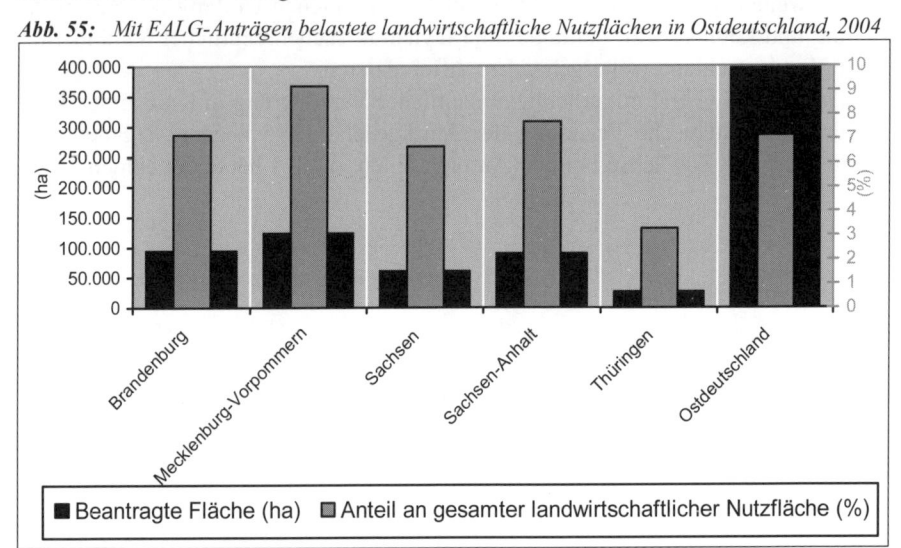

Abb. 55: *Mit EALG-Anträgen belastete landwirtschaftliche Nutzflächen in Ostdeutschland, 2004*

Quelle: *Geschäftsbericht der BVVG 2004; eigene Berechnungen*

6 Die Dynamik der Eigentumsverhältnisse in Ostdeutschland   253

Demgegenüber dokumentiert eine Betrachtung des Bearbeitungsstandes nicht nur die offensichtliche Komplexität der Materie, sondern auch die Konzentration der Personalressourcen der Ämter zur Regelung offener Vermögensfragen auf die Regelung der Restitutionsfälle. 2004 liegt die Bearbeitungsquote bei 72,1 %. Im Gegensatz zu den Restitutionsverfahren liegt die Erfolgsquote allerdings bei 68,6 %.

In der Differenzierung der Stattgaben für Grundvermögen manifestiert sich das hohe Verwertungsinteresse der jeweiligen Antragsteller, da der Großteil der Entscheidungen land- und forstwirtschaftliche Vermögen und Geschäfts- und Mietwohngrundstücke betrifft (Abb. 56). Mietwohngrundstücke und gemischt genutzte Grundstücke spielen eine vergleichsweise geringe Rolle. Die zeitliche Entwicklung der Stattgaben dokumentiert die hohe und nur langsame zurückgehende Nachfrage nach landwirtschaftlichen Flächen, während Wohngebäude stärker nachgefragt werden.

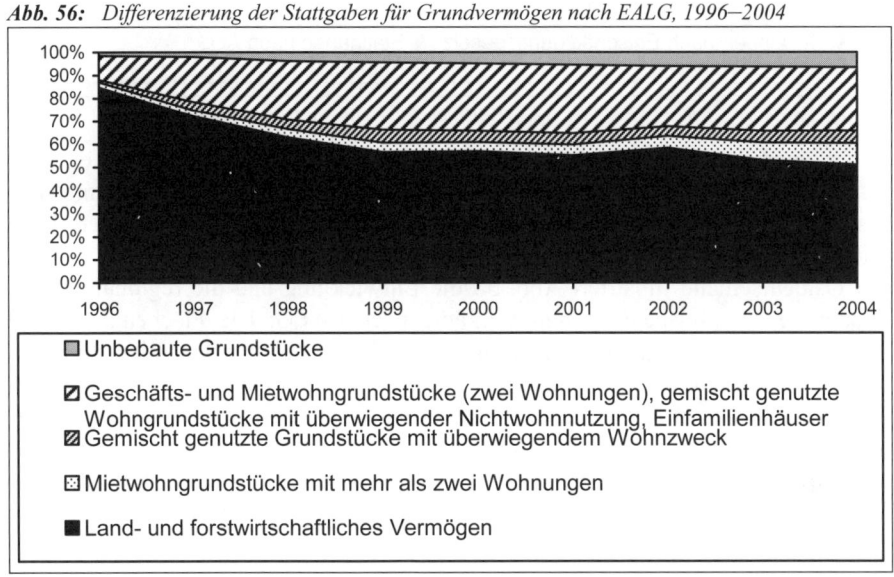

Abb. 56: Differenzierung der Stattgaben für Grundvermögen nach EALG, 1996–2004

□ Unbebaute Grundstücke

▨ Geschäfts- und Mietwohngrundstücke (zwei Wohnungen), gemischt genutzte Wohngrundstücke mit überwiegender Nichtwohnnutzung, Einfamilienhäuser
▨ Gemischt genutzte Grundstücke mit überwiegendem Wohnzweck

▩ Mietwohngrundstücke mit mehr als zwei Wohnungen

■ Land- und forstwirtschaftliches Vermögen

Quelle: Vierteljährliche Statistik des BARoV, 1996–2004; eigene Berechnungen

Der Bearbeitungsstand der Reprivatisierungsanträge vermittelt umfangreiche regionale Differenzierungen (Abb. 57): Berlin weist die geringsten und Thüringen die höchsten Quoten positiv beschiedener Anträge auf. Während die Flächenländer Brandenburg und Mecklenburg-Vorpommern eng zusammen liegen, überrascht in Sachsen-Anhalt der hohe Anteil von abgelehnten Anträgen. Bisher liegen weder in der Literatur noch durch die Ämter zur Regelung offener Vermögensfragen Erklärungsansätze für diese starken regionalen Differenzierungen vor; eventuell bedarf es hier einer Perspektive bis zur endgültigen Regelung der Reprivatisierungsansprüche, zu denen dann auch Informationen zur landwirtschaftlichen Betriebsstruktur zugezogen werden können.

254 6 Die Dynamik der Eigentumsverhältnisse in Ostdeutschland

Abb. 57: *Regionale Differenzierung des Bearbeitungsstandes, 31.12.2004*

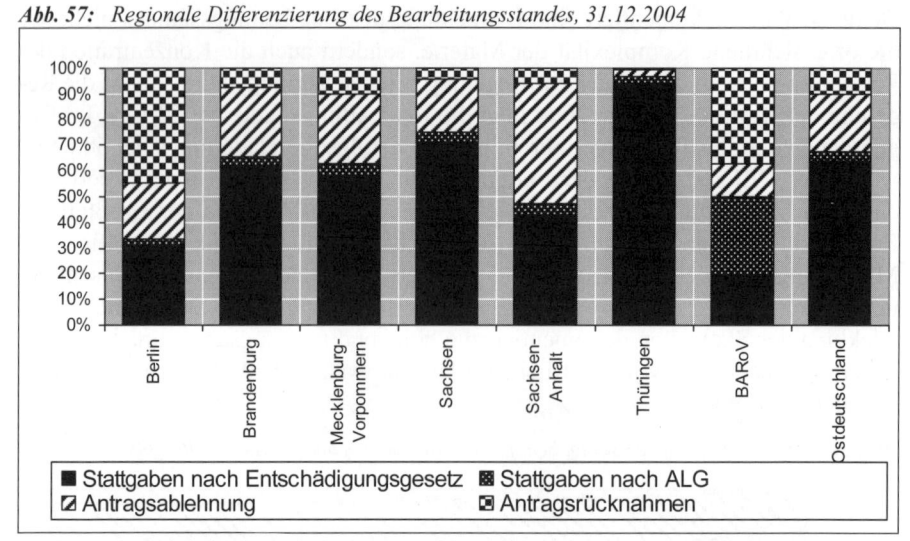

[Bar chart showing regional differentiation across Berlin, Brandenburg, Mecklenburg-Vorpommern, Sachsen, Sachsen-Anhalt, Thüringen, BARoV, Ostdeutschland]

■ Stattgaben nach Entschädigungsgesetz   ▩ Stattgaben nach ALG
▨ Antragsablehnung   ▣ Antragsrücknahmen

Quelle: *Vierteljährliche Statistik des BARoV, 1996–2004; eigene Berechnungen*

Neben der Erledigung von Anträgen nach EALG durch die Ämter zur Regelung offener Vermögensfragen nimmt die Arbeit der BVVG im Reprivatisierungsprozess eine bedeutende Stellung ein, da hier nicht nur gerechtigkeits-, sondern auch effektivitätsorientierte Motivationen eine Rolle spielen.

Für Ostdeutschland illustriert Abb. 58 die Entwicklung und die regionale Differenzierung der preisbegünstigten Verkäufe nach EALG: Die Flächenländer mit dem größten Anteil an LPG-Nachfolgeunternehmen nehmen hier eine dominierende Stellung ein; darüber hinaus verzeichnen sie mit einem Anteil der Flächen über 50 ha von über 67 % eine Dominanz relativ starker landwirtschaftlicher Betriebe. In Thüringen und Sachsen werden demgegenüber wesentlich kleinere Flächen preisbegünstigt veräußert, was zum einen im geringeren Umfang der Bodenreform und zum anderen in den kleineren landwirtschaftlichen Unternehmen begründet liegt.

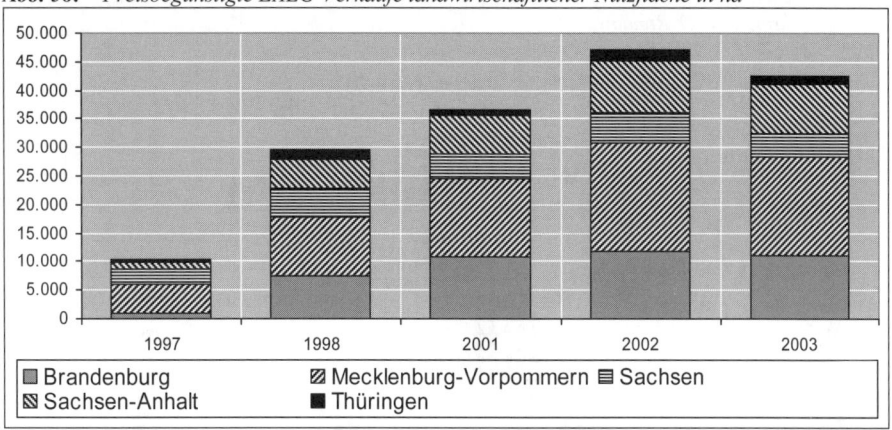

6 Die Dynamik der Eigentumsverhältnisse in Ostdeutschland 255

Abb. 58: *Preisbegünstigte EALG-Verkäufe landwirtschaftlicher Nutzfläche in ha*

Am 30.12.1998 wurde der begünstigte Flächenverkauf aufgrund des EU-Einspruchs unterbrochen. Zwischen Januar 1999 und Oktober 2000 wurden keine Flächen veräußert. Die wenigen Fälle des Restjahres 2000 wurden 2001 zugeschlagen.
Quelle: *Statistisches Bundesamt: Fachserie 3, Reihe 2.4, 1997–2003; eigene Berechnungen*

Die rasche Implementation des begünstigten Flächenverkaufs nach EALG dokumentiert Tab. 24: Sowohl die Zahl der Veräußerungsfälle als auch die der veräusserten Fläche nimmt seit 1997 kontinuierlich zu. Demgegenüber bleibt der Umfang eines einzelnen Verkaufs stabil, während die Ertragsmesszahlen zurückgehen – offenbar sind die günstigen Lagen bereits veräußert bzw. das verfügbare Kontingent an EMZ ausgeschöpft.

Tab. 24: *Begünstigter Verkauf landwirtschaftlicher Flächen nach EALG in Mecklenburg-Vorpommern, 1997–2002*

Jahr	Erfasste Veräußerungsfälle[a]	Landwirtschaftliche Nutzfläche (ha)	Durchschnittliche Größe der landwirtschaftlichen Nutzfläche pro Veräußerung (ha)	Durchschnittliche Ertragsmesszahl in 100 pro ha (EMZ)
1997	68	5.043	74,16	42,6
1998	154	10.373	67,36	42,9
2001	193	13.753	71,26	40,5
2002	265	19.108	72,11	40,1
2003	252	17.476	69,35	40,4

[a] Am 30.12.1998 wurde der begünstigte Flächenverkauf aufgrund des EU-Einspruchs unterbrochen. Zwischen Januar 1999 und Oktober 2000 wurden keine Flächen veräußert. Die wenigen Fälle des Restjahres 2000 wurden 2001 zugeschlagen.
Quelle: *Statistisches Jahrbuch Mecklenburg-Vorpommern 2004: 189*

Am Schluss dieser Betrachtungen zur Reprivatisierung steht die Analyse der Flächenveräußerungen nach EALG im Landkreis Uecker-Randow. Der Umfang besatzungsrechtlicher bzw. besatzungshoheitlicher Enteignungen ist aufgrund der o.g. territorialen Veränderungen nicht genau zu rekonstruieren. Einen Anhaltspunkt für die Intensität der Enteignungen bietet allerdings die Darstellung der bei den Ämtern zur Regelung offener Vermögensfragen erfassten Anträge auf Restitution bzw. Ausgleichsleistungen. (Abb. 59).

Abb. 59: *Im Zuge der Bodenreform enteignete Unternehmen, Häuser und Grundstücke im Landkreis Uecker-Randow*

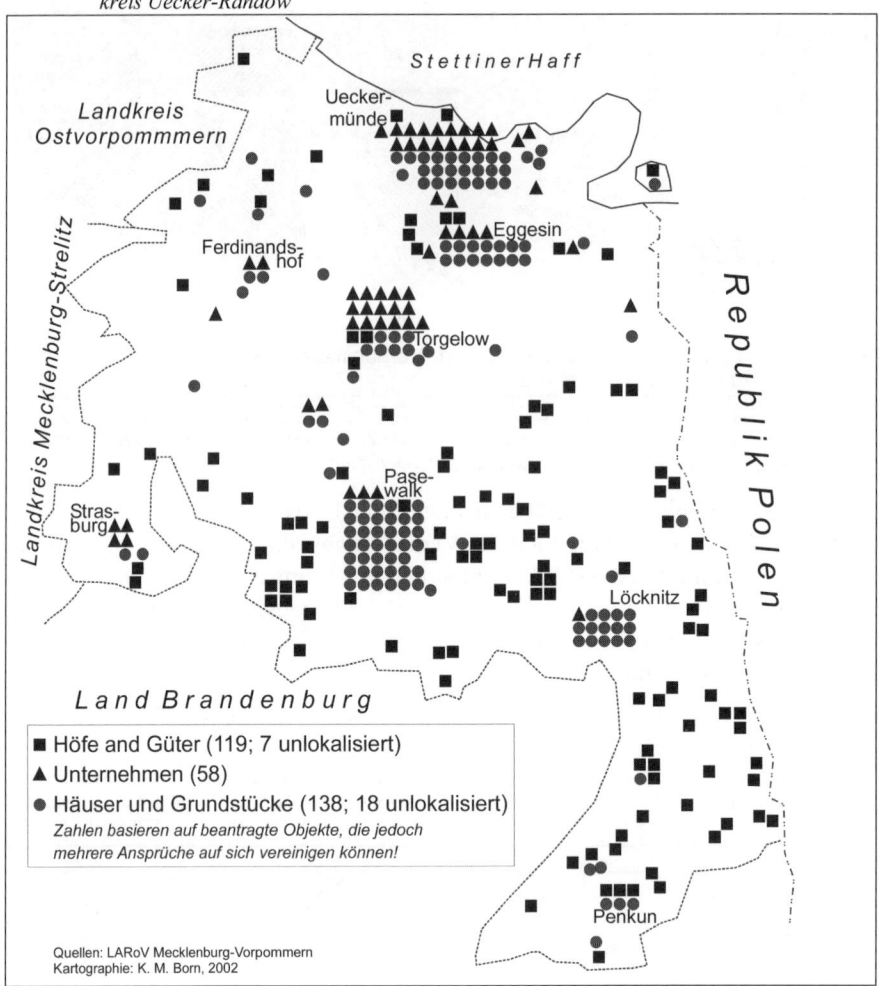

Quellen: *LAROV Mecklenburg-Vorpommern*

Abb. 60 verdeutlicht, dass im Landkreis keine Wiedereinrichter oder Alteigentümer Flächen vergünstigt erworben haben. Stattdessen dominieren die ortsansässigen Wiedereinrichter bzw. restituierte Alteigentümer und Neueinrichter, die zusammen durch 40 Verträge 78 % der Flächen erhielten. Aus sachenrechtlicher Perspektive ist diese Entwicklung dahingehend zu interpretieren, dass trotz der umfangreichen Enteignungen zwischen 1945 und 1949 auf besatzungsrechtlicher oder besatzungshoheitlicher Grundlage offenbar keine Alteigentümer Flächen erworben haben. Gleichzeitig spielen Neueinrichter neben den ortsansässigen Wiedereinrichtern (=ehemalige LPG-Mitglieder) und den juristischen Personen (= LPG-Nachfolgeunternehmen) eine dominierende Rolle, die nicht zuletzt auch durch ihre offensichtliche Finanzkraft unterstützt wird: Sie erwarben im Schnitt

100 ha pro Vertrag, während Wiedereinrichter und juristische Personen nur 49 ha bzw. 77 ha erwerben konnten.

Abb. 60: *Nach EALG veräußerte land- und forstwirtschaftliche Fläche im Landkreis Uecker-Randow, 1998–2003*

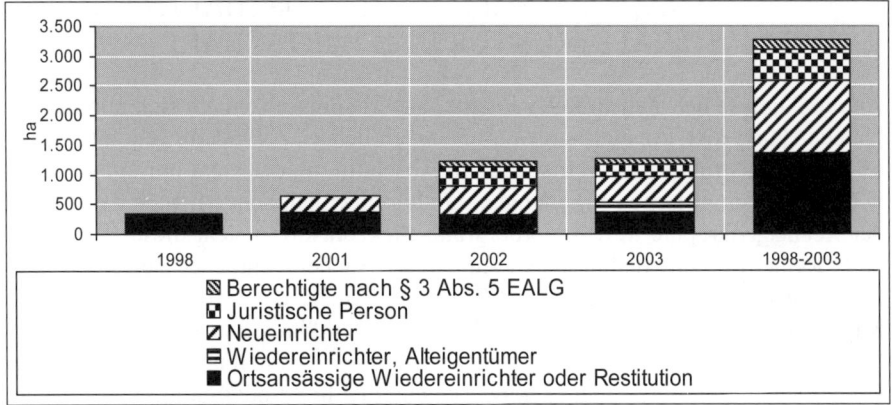

▧ Berechtigte nach § 3 Abs. 5 EALG
▨ Juristische Person
▨ Neueinrichter
▤ Wiedereinrichter, Alteigentümer
■ Ortsansässige Wiedereinrichter oder Restitution

Quelle: Materialien der BVVG-Niederlassung Neubrandenburg (9.6.2004); eigene Berechnungen

Eine zusammenfassende Bewertung der Reprivatisierungsregelungen im sachenrechtlichen Transformationsprozess muss zunächst berücksichtigen, dass es sich mit der erst relativ spät begonnenen und zwischenzeitlich unterbrochenen Regelung nach EALG um ein Feld handelt, das im Vergleich zur Privatisierung oder Restitution in relativ geringem Umfang bearbeitet ist, insofern sind hier keine verlässliche Angaben zu erwarten. Nach Einschätzung der mit der Reprivatisierung betrauten Mitarbeiter bei den ARoV und der BVVG bedarf dieses Geschäftsfeld noch mindestens fünf Jahre. Der Umfang der bisher reprivatisierten Flächen ist mit 7 % der gesamten landwirtschaftlichen Nutzfläche eher gering, wobei die von landwirtschaftlichen Großbetrieben geprägten Länder am meisten betroffen sind; auf den Bodenmarkt in den Neuen Bundesländern wirkt sich die Reprivatisierungstätigkeit insofern aus, als dass in Mecklenburg-Vorpommern 2002 ca. 11 % aller Verkäufe ländwirtschaftlicher Flächen durch das EALG begünstigt waren – mit 19.108 ha erreichten sie fast den Wert „normaler" Verkäufe (20.456 ha) (STATISTISCHES JAHRBUCH MECKLENBURG-VORPOMMERN 2003: 186/187). Allerdings kann aus diesem Befund keine Tendenz zur flächendeckenden Herstellung alter Strukturen abgeleitet werden, da nur einzelne Flächen einzelner Güter erworben werden konnten. Die Betrachtung des Landkreises Uecker-Randow unterstützt diese Einschätzung, da hier keine Alteigentümer vergünstigt Flächen erworben, sondern stattdessen Wiedereinrichter und Neueinrichter besonders aktiv waren. Insofern trägt das EALG hier weder zu einer Rekonstruktion überkommener Strukturen noch zu einer Persistenz jüngerer, durch Enteignungen und Kollektivierung entstandenen Strukturen bei: Das hohe Engagement ortsansässiger Wiedereinrichter und Neueinrichter belegen diese These.

Im nachfolgenden Kapitel erfolgt die Darstellung der landschaftlichen, sozial- und wirtschaftsgeographischen Auswirkungen dieser Regelungen auf das Untersuchungsgebiet.

7 DIE AUSWIRKUNGEN SACHENRECHTLICHER VERÄNDERUNGEN AUF LANDSCHAFT, SOZIALSTRUKTUR UND WIRTSCHAFT

An die Analyse der Dynamik der Eigentumsverhältnisse schließt sich nun mit der Untersuchung der Auswirkungen sachenrechtlicher Veränderungen auf Landschaft, Sozialstruktur und Wirtschaft ein Abschnitt an, der nicht nur am stärksten von eigenen empirischen Erhebungen durchdrungen ist, sondern auch den Aspekt der Rechtsgeographie in den Vordergrund rückt. Insofern steht dieses Kapitel in einer Reihe mit den Ausführungen zur Theorie sachenrechtlicher Beziehungen in Kap. 2 und 4, der Erläuterung der Wesensmerkmale der Geography of Law in Kap. 3 und letztlich der Dynamik der Eigentumsverhältnisse in Kap. 6.

Die Zielsetzung des Kapitels liegt daher in der Darstellung und Analyse der wesentlichen raumwirksamen Veränderungen, die direkt oder indirekt auf sachenrechtliche Veränderungen zurückgeführt werden können bzw. mit ihnen in Verbindung stehen könn(t)en. Von dieser Betrachtung ausgenommen sind allerdings allgemeine Prozesse des wirtschaftlichen und sozialen Strukturwandels, die im Allgemeinen mit der Transformation in Verbindung gebracht werden. Natürlich können die hohe Arbeitslosigkeit, die damit verbundene soziale Segregation, die demographischen Prozesse der Abwanderung bzw. der Überalterung mit den sachenrechtlichen Veränderungen nach 1990 in Beziehung gesetzt werden; sie charakterisieren in dem hier vorgestellten Betrachtungskontext allerdings eher den Hintergrund der wirtschafts- und sozialräumlichen Entwicklung.

Zu den notwendigen Vorbemerkungen zu diesem Kapitel zählt auch der Hinweis auf die bereits vorliegenden Publikationen zu diesem Thema. Sie zeichnen sich allerdings durch eine segmentorientierte Betrachtung aus und vermögen nicht, den Gesamtkomplex raumwirksamer Veränderungen aufgrund sachenrechtlicher Dynamik in seiner Komplexität und seinen Interdependenzen aufzuzeigen. (BORN/BLACKSELL/BOHLANDER 1996, BLACKSELL/BORN/BOHLANDER 1996a und 1996b; BORN 1997, BORN/BLACKSELL/BOHLANDER/GLANTZ 1998, BLACKSELL/BORN 1999, BLACKSELL/BORN 2000, BORN/BLACKSELL 2001, BLACKSELL/BORN 2002a und 2002b, BORN 2004, BORN 2005)

Obgleich sich diese Untersuchung auf ländliche Räume Nordostdeutschlands beschränkt, sollen hier zusätzlich und ergänzend Studien aus anderen ländlichen Räumen (Thüringen: KÜSTER 2002) und städtischen Gebieten (Berlin: GLOCK/HÄUßERMANN/KELLER (2001), GLOCK/KELLER (2002), REIMANN (2000), Gotha: BORN/BLACKSELL/BOHLANDER/GLANTZ (1998) und Ueckermünde: BORN/BLACKSELL (2001)) hinzugezogen werden. Hierbei ist weniger ein Vergleich zwischen städtischen und ländlichen Räumen intendiert, als vielmehr eine Ergänzung der Untersuchung um den wichtigen Aspekt der Entwicklung städtischer Gebäude vorgesehen.

Die Darstellung der Auswirkungen der sachenrechtlichen Transformation ist in drei Betrachtungsfoci unterteilt, die mit Landschaft, Sozialstruktur und Wirtschaft drei Aspekte graduell differenzierter Einflussfelder sachenrechtlicher Dynamik umfassen: Die hier identifizierten Veränderungsprozesse sind nicht ausschließlich, aber in unterschiedlicher Intensität auf sachenrechtliche Veränderungen zurückzuführen. Im Sinne einer Betrachtung der jeweiligen Prozessregler lässt sich so ein unterschiedlicher Stellenwert sachenrechtlicher Prozesse erkennen: Im Bereich des Landschaftsbildes ist die Bedeutung sachenrechtlicher Veränderungen sicherlich besonders hoch, da erst private Eigentums- und Verfügungsrechte Veränderungen ermöglichten; andere denkbare Prozessregler können hier agrarpolitische Entscheidungen oder Marktveränderungen sein. Für die Bereiche der Sozial- und Wirtschaftsstruktur müssen sachenrechtliche Veränderungen in den Gesamtkontext transformatorischer Zusammenhänge eingebettet werden; die Abschätzung ihres Stellenwertes neben anderen Prozessen ist eines der Hauptanliegen dieses Kapitels.

Aus geographischer Perspektive kommt der Betrachtung der durch sachenrechtliche Veränderungen hervorgerufenen Dynamik der Landschaft besondere Bedeutung zu, da diese unmittelbar erkennbar ist und zu ausgeprägten Brüchen in der Kulturlandschaftsentwicklung führen kann. Darüber hinaus eröffnet eine landschaftsbezogene Betrachtung die Möglichkeit einer komplexen, Raum und Zeit umgreifenden Analyse und Bewertung der Auswirkungen sachenrechtlicher Veränderungen. Insofern sind hier analog zum landschaftsgeographischen Integrationsbegriff hohe Erwartungen an das Nebeneinander von Privatisierung, Restitution und Reprivatisierung in ihrer Raumrelevanz geknüpft. Gemäß der Definition von Landschaft bei KLINK (2002: 304/305) („FÜR die Landschaftskunde repräsentiert Landschaft die höchste Integrationsstufe des geographischen Raumes, die alle Bestandteile, die naturbedingten abiotischen und biotischen sowie die anthropogenen (technogenen) in sich vereint. ... Als Landschaftsbild wird die sinnlich wahrnehmbare Erscheinungsform einer Landschaft bezeichnet.") ist mit Auswirkungen auf natur- und kulturlandschaftliche Elemente zu rechnen. Der Aspekt der raum-zeitlichen Entwicklungsdynamik unterstreicht eine Definition von Landschaft aus landschaftsplanerischer Perspektive: „Nach Struktur und Funktion geprägter Ausschnitt der Erdoberfläche, die aus einem Ökosystemgefüge oder Ökotopengefüge besteht. Jede Landschaft hat eine Naturgeschichte und eine Nutzungsgeschichte und zeichnet sich deshalb dadurch aus, dass sie relativ beharrlich ist und doch stetem, manchmal sogar einem sprunghaften Wandel unterliegt." (LEXIKON LANDSCHAFTS- UND STADTPLANUNG 2001: 367).

Die hier vorzunehmende Analyse der Auswirkungen auf die Sozialstruktur im Untersuchungsgebiet orientiert sich weniger an bevölkerungsgeographischen Parametern wie Alter, Geschlecht, Einkommen, Nationalität o.ä., sondern thematisiert weiterreichende sozialgeographische Felder: Fragen der sozialen Kohäsion, der Zunahme von Konflikten und der Herausbildung von Gewinner-Verlierer-Strukturen stehen zunächst im Mittelpunkt des Interesses. Daran schließen sich dann Bewertungen der Akzeptanz der sachenrechtlichen Regelungen und der graduellen Differenzierung in der Partizipation bzw. der Betroffenheit durch die Veränderungen an. Das Zusammenspiel von Betroffenheit, Privilegierung bzw. Marginalisierung aufgrund sachenrechtlicher Veränderungen und die Akzeptanz derartiger Maßnahmen führen zu einer Bewertung der Gerechtigkeitswirksamkeit der Regelungen. Diese soll sowohl objektiv anhand der Auswertung von Entscheidungsakten als auch subjektiv durch Befragungen der Betroffenen erschlossen werden. Diese Betrachtungsperspektive sachenrechtlicher Implikationen bedarf darüber hinaus sowohl einer räumlichen Differenzierung zwischen ländlichen, suburbanen und urbanen Räumen als auch einer Variierung der jeweiligen Fallkomplexität aus einmaligen bzw. mehrfachen sachenrechtlichen Veränderungen (vgl. dazu die schematische Darstellung in Abb. 15).

Die Analyse der Auswirkungen sachenrechtlicher Veränderungen auf das Wirtschaftsgefüge erfordert eine Dokumentation der Dynamik landwirtschaftlicher Strukturen in ländlichen Räumen und den Versuch, Inwertsetzungsprozesse restitutionsbelasteter Objekte im städtischen Raum nachzuvollziehen. Von hoher Relevanz sind hierbei die Akzeptanz und die Bewertung der sachenrechtlichen Veränderungen durch die Betroffenen.

7.1 VERÄNDERUNGEN IM LANDSCHAFTSBILD

Die durch sachenrechtliche Prozesse hervorgerufenen Veränderungen im Landschaftsbild lassen sich durch eine Betrachtung der Landschaftsdynamik anhand der Häufigkeit von Natur- und Kulturlandschaftselementen erfassen: Gerade das Verschwinden großflächiger bzw. nur mit erheblichem Aufwand zu entfernenden Elemente verweist auf veränderte Verfügungsrechte bzw. auf gemeinschaftliche geplante und durchgeführte Großprojekte. Ebenso dokumentieren hinzugefügte Kulturlandschaftselemente gemeinschaftliche Planung bzw. vorhandene Verfügungsrechte. Zur Dokumentation derartiger Veränderungsprozesse wurde für die Flur Bergholz durch einen Vergleich der Luftbilder von 1953 und 1998 die Dynamik der Natur- und Kulturlandschaftsentwicklung dokumentiert und in einer Tabelle zusammengefasst. Zur Verdeutlichung dieses natur- und kulturlandschaftlichen Veränderungsprozesses sind in Abb. 61 für zwei Ausschnitte der Flur Bergholz die entsprechenden Ausschnitte der Befliegungen aus den Jahren 1953, 1987, 1998 und 2004 dargestellt.

7 Die Auswirkungen auf Landschaft, Sozialstruktur und Wirtschaft 261

Abb. 61: *Veränderungen der Natur- und Kulturlandschaft in der Flur Bergholz, 1953, 1987, 1998 und 2004*

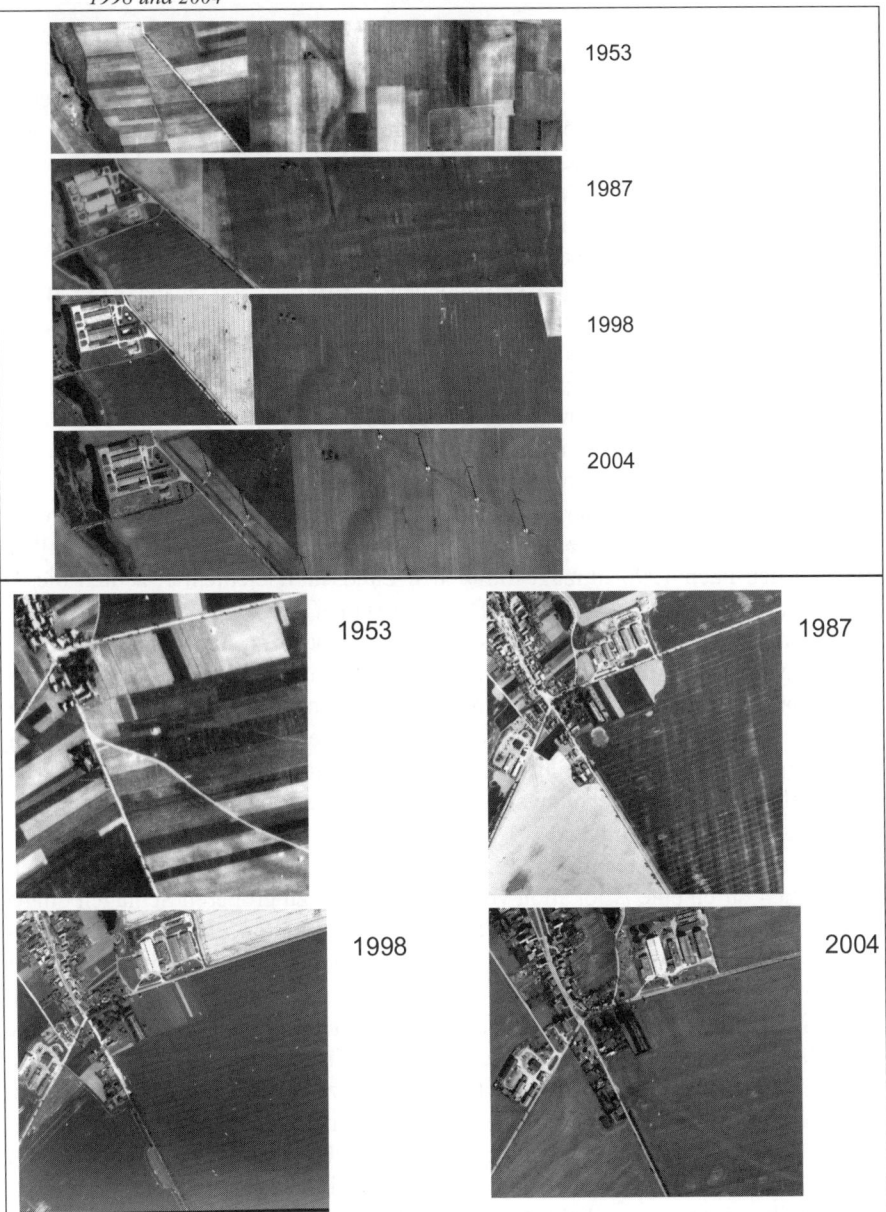

Quelle: Luftbilder von Bergholz 1953, 1987, 1998 und 2004 © Landesvermessungsamt Mecklenburg-Vorpommern, Datengrundlage: Luftbilder und Digitale Orthophotos, Wiedergabe mit Genehmigung Nr. LB/05/2005 und DOP/138/2005

7.1.1 Landschaftselemente

Der Abgleich der für 1953 und 1998 vorliegenden Luftbilder im Maßstab 1 : 22.000 (1953) und 1 : 14.460 (1998) verdeutlicht die überwiegend mit sachenrechtlichen Veränderungen in Verbindung zu bringenden Landschaftsveränderungen in der Flur Bergholz. Die Beseitigung von Erschließungswegen und Baumreihen geschah im Zuge der Kollektivierung und Industrialisierung der Landwirtschaft, die größere Schläge ermöglichte. Im selben Kontext der landwirtschaftlichen Restrukturierung ist auch die Beseitigung von Toteislöchern bzw. die Verrohrung von Bachläufen zu sehen, wobei hier allerdings als konstruktives Element auf die mit der Kollektivierung verbundenen Leistungsfähigkeit der LPG außerhalb der Landwirtschaft durch Baubrigaden zu verweisen ist. Weiterhin muss in diesem Zusammenhang auf die starke lokalpolitische Position der LPG hingewiesen werden, die es ihr ermöglichte, ursprünglich im Besitz der öffentlichen Hand befindliche Anlagen wie bspw. Wege zu beseitigen.

In Bezug auf die neu errichteten Landschaftselemente fällt zunächst die umfangreiche Bauaktivität landwirtschaftlicher Gebäude in Form von Ställen und Scheunen an den Ortsrändern von Bergholz und Caselow auf. Ebenso erwähnenswert ist die Errichtung eines Stauteichs in unmittelbarer Nähe einer Stallanlage. Zu den nach 1990 hinzugekommenen Landschaftselementen zählen die 32 Windenergieanlagen im Norden von Bergholz (vgl. Tab. 25 und Abb. 62).

Grundsätzlich bedarf eine Diskussion der Landschaftsveränderungen über 45 Jahre hinweg einer Auseinandersetzung mit den für die jeweiligen Veränderungen verantwortlichen Prozessreglern. Zunächst kann eine Vielzahl der Änderungen prinzipiell auf den technischen Fortschritt und insbesondere die Mechanisierung der Landwirtschaft zurückgeführt werden. Allerdings verdeutlicht eine Reflexion der damit verbundenen Regelungs- und Entscheidungsprozesse die Bedeutung sachenrechtlicher Festsetzungen:

– Die Umsetzung des technischen Fortschritts in der Landwirtschaft kann nur erfolgreich durch eine Allokation von Einzelflächen zu größeren Schlägen umgesetzt werden. Als Instrument für eine solche Allokation dient neben dem bereits seit der frühen Neuzeit in Gewannflurgebieten bekannten Flurzwang die Flurneuordnung, die auf dem Wege des Flächentausches die Anzahl der Nutzungsparzellen zu vermindern sucht und somit größerer Besitzparzellen und Schläge formt. Dieser langwierige und von nicht unerheblichen Transaktions- bzw. Allokationskosten begleitete Prozess führt zu einer neuen Flurstruktur mit neuen Besitzverhältnissen und einem veränderten – meist deutlich verkürzten – Wege- und Gewässernetz. Eine andere Möglichkeit zur Herstellung von für Großmaschinen geeigneten Flächen ist die Vollkollektivierung der Landwirtschaft, bei der herkömmliche sachenrechtliche Beziehungen zwar weiter bestehen bleiben, die konkrete Nutzung der Landschaft aber davon unabhängig realisiert wird; durch eine solche Maßnahme können insbesondere die Transaktions- und Allokationskosten reduziert werden, da die Mitglieder des Kollektivs nicht in vollem Umfang in die Entscheidungs- und Gestaltungsprozesse integriert sind.

7 Die Auswirkungen auf Landschaft, Sozialstruktur und Wirtschaft

- Zur raschen Umsetzung einer derartigen Flurneuordnung bedarf es umfangreicher finanzieller und politischer Ressourcen: Die Zusammenlegung und Neuvermessung der Flächen sowie die Beseitigung von Feldrainen, Wegen, Baumreihen etc. werden durch Beiträge der Flurbereinigungsgemeinschaft finanziert, während die mit der Flurbereinigung befassten Behörden die politischen Entscheidungsträger überzeugen müssen. Auch hier zeigen sich wiederum die strukturellen Vorteile der Kollektivierung, die die Kosten auf alle Mitglieder verteilen kann bzw. als Verlust in die Bilanz stellen kann; darüber hinaus erlaubt die privilegierte Stellung der LPG-Vorsitzenden innerhalb kommunal- und regionalpolitischer Strukturen eine rasche Umwidmung bzw. eine rasche Nutzung von Flächen in öffentlichem Besitz (z.B. Wege oder Gewässer).
- Die Durchführung von Meliorationsverfahren wird ebenfalls innerhalb kollektivierter Betriebe einfacher, da diese sowohl auf die konzentrierte Leistung aller Mitglieder als auch auf bereits vorhandene spezialisierte Abteilungen innerhalb der Betriebes (z.B. Baubrigaden) zurückgreifen können.

Tab. 25: *Entfernte und neu errichtete Landschaftselemente in der Flur Bergholz, 1953–1998*

Nr.	Entfernte Landschaftselemente	Neu errichtete Landschaftselemente
1		Landwirtschaftliche Anlage
2	Baumreihe	
3	Baumreihe	
4	Baumreihe	
5		Windenergieanlagen
6	Erschließungsweg	
7	Gebäude	
8	Erschließungsweg	
9		Landwirtschaftliches Gebäude
10	Landwirtschaftliches Gebäude	
11		Erschließungsweg
12		Stauteich
13	Erschließungsweg	
14		Ödland
15		Landwirtschaftliches Gebäude
16	Erschließungsweg	
17	Erschließungsweg	
18	Erschließungsweg	
19		Erschließungsweg mit Bäumen
20	Erschließungsweg	
21		Landwirtschaftliche Anlagen
22	Bachlauf	
23		Landwirtschaftliche Gebäude
24		Landwirtschaftliche Gebäude
25	Erschließungsweg	
26	Erschließungsweg	
27	Erschließungsweg	
28	Erschließungsweg	
29	Erschließungsweg	
30		Kiesgrube
31	Erschließungsweg	
32		Gebäude
33		Gebäude
34	Toteisloch	
35	Toteisloch	

Quelle: *Luftbilder der Flur Bergholz 1953 und 1998, eigene Auswertung*

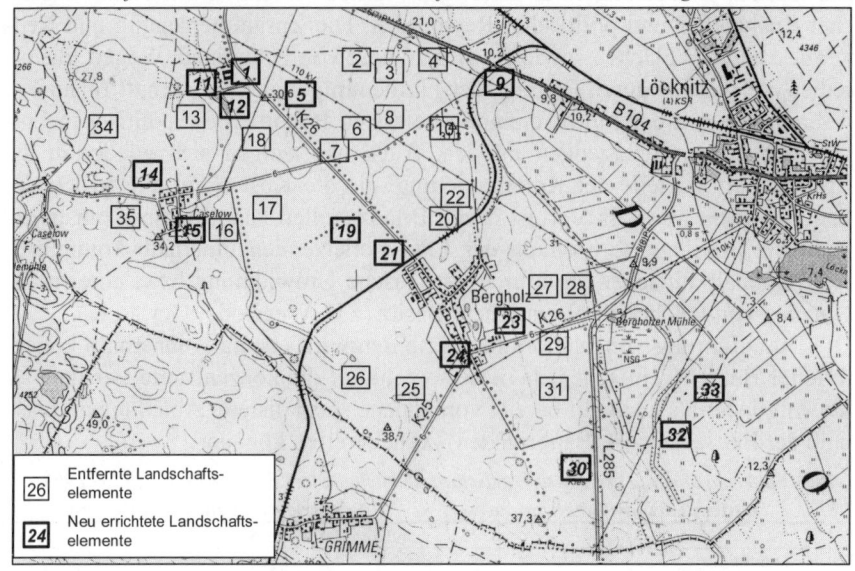

Abb. 62: *Entfernte und neu errichtete Landschaftselemente in der Flur Bergholz, 1953 und 1998*

Quelle: Ausschnitt der topographischen Karte L 2550 Brüssow, eigene Auswertung

Aus landschaftskundlicher Perspektive fällt die Häufung von Eingriffen im unmittelbaren Ortsbereich von Bergholz und Caselow und grundsätzlich außerhalb der Randow-Niederung auf. Die hier vorhandenen Wiesen boten offenbar nur geringe Innovationspotentiale.

7.1.2 Landschaftsbild

Neben den oben dargestellten Eingriffen in das Gefüge von Landschaftselementen werden die Auswirkungen sachenrechtlicher Veränderungen im Landschaftsbild deutlich: Der Vergleich der Flurstruktur zwischen 1953 und 1998 dokumentiert einerseits die massiven Veränderungen im Landnutzungsmuster durch die Kollektivierung, als die ehemals ca. 1.100 differenzierbaren Nutzungsparzellen zu 21 Großschlägen zusammengefasst wurden, andererseits offenbart diese Abfolge aber auch die Persistenz des durch die Kollektivierung entstandenen Flurmusters, das zwischen 1987 und 1998 nur geringe Unterschiede erkennen lässt (Abb. 63). Zur Erklärung für das Fortbestehen bzw. die nur geringen Modifikationen im Landschaftsbild sei hier auf die Veränderungen in der landwirtschaftlichen Struktur in Bergholz verwiesen (vgl. Kap. 7.3): Die Umwandlung der bestehenden LPG in große Einzelunternehmen[1] und die Neueinrichtung von nur einem Unternehmen führten zu der beobachteten Persistenz im Landschaftsbild.

---

1 In Bergholz und Brüssow finden sich ortsübergreifenden LPG. Durch die Lage Brüssows in Brandenburg mussten die LPG entflochten und auf beiden Seiten der Landesgrenze in Einzelunternehmen überführt werden.

7 Die Auswirkungen auf Landschaft, Sozialstruktur und Wirtschaft   265

Abb. 63:   *Flurmuster von Bergholz, 1953, 1987 und 1998*

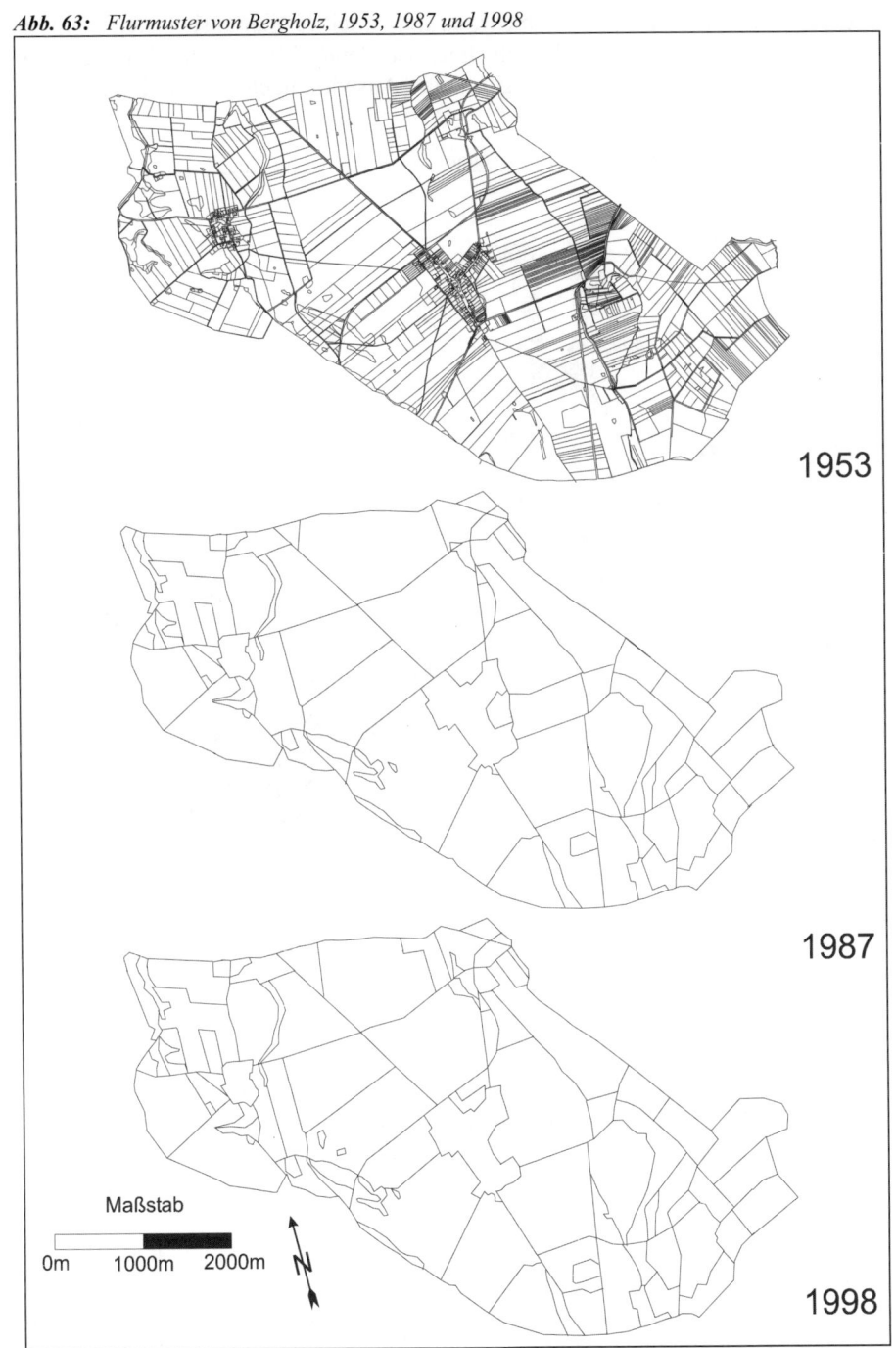

Quelle: *Luftbilder der Flur Bergholz 1953, 1987 und 1998; eigene Auswertung*

Dieser Befund überrascht umso mehr, da der Anteil restitutionsbelasteter und erfolgreich restituierter Flurstücke sehr hoch ist; dennoch hatten diese tief greifenden sachenrechtlichen Veränderungen keine Auswirkungen auf das Landschaftsbild (Abb. 64).

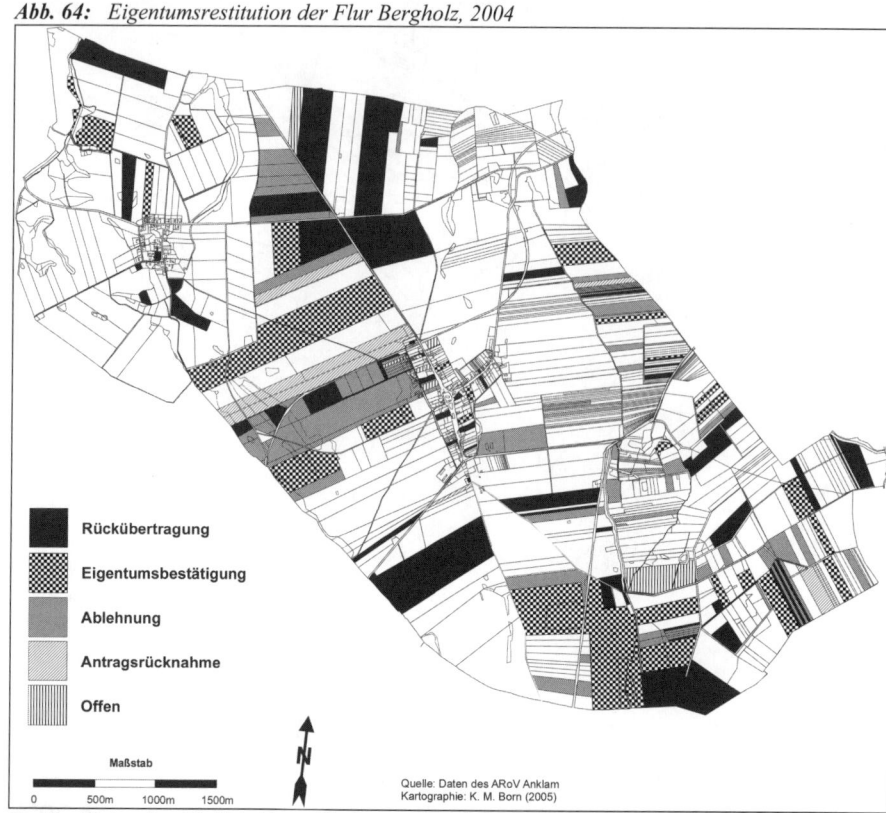

Abb. 64: Eigentumsrestitution der Flur Bergholz, 2004

Quelle: Daten des ARoV Anklam; Flurkarten Bergholz 1:5000; eigene Auswertung

7.1.3 Stadtgestalt

Sachenrechtliche Veränderungen führen ebenso wie in landwirtschaftlich genutzten Bereichen auch in städtischen Räumen zu starken Veränderungen der Physiognomie. Für Ostdeutschland lassen sich dabei mehrere, bereits angesprochene Prozessregler identifizieren, die hier nochmals kursorisch dargestellt werden:[2]

A. 1945–1990
- Sozialistische Städtebaupolitik: Abriss innerstädtischer Wohn- und Arbeitsquartiere und Errichtung neuer Wohngebäude
- Sozialistische Eigentumskonzeption: Vernachlässigung von Privateigentum durch Verbot von nicht selbstgenutztem Wohneigentum, Erschwerung der Un-

---

2 Vgl. dazu HÄUßERMANN (1996b) oder WIKTORIN (2000)

terhaltung von Privateigentum durch Wirtschafts- und Rohstofflenkung, aktive Übernahme von vormals privaten Objekten in kommunales Eigentum
– Sozialistische Wohnungspolitik: Geringe, nicht kostendeckende Mieten und daraus resultierender Sanierungs- und Renovierungsstau

B. Ab 1990
– Verzögerung der Inwertsetzung durch ungeklärte Eigentumsfragen bzw. fehlender Eigentumszuordnung
– Restitution von Objekten an finanz- oder entscheidungsschwache Alteigentümer und daraus resultierende Verzögerung bei der Inwertsetzung
– Restitution von Objekten an finanz- oder entscheidungsstarke Alteigentümer und daraus resultierende rasche Inwertsetzung durch Alteigentümer oder Käufer
– Verkauf von Immobilien an spekulativ handelnde Interessenten mit geringen Mitteln oder zunächst zurückgestelltem Inwertsetzungsinteresse
– Finanzschwache kommunale Eigentümer mit Konzentration auf werthaltige Objekte

Diese Zusammenstellung der sachenrechtsbezogenen Prozesse und Prozessregler in städtischen Räumen fokussiert auf die in dieser Darstellung thematisierten Veränderungen im rechtlichen Status von Objekten – dementsprechend finden sich hier keine Hinweise auf andere, in ihrer Bedeutung gleichsam wichtigen Prozessregler wie die Errichtung von Gewerbeobjekten in Stadtrandlagen, die Zunahme der Wohnsuburbanisierung oder die Abwanderung und sozialräumliche Ausdifferenzierungen in Neubaugebieten.

Die räumlichen Auswirkungen der sachenrechtlichen Transformation nach 1990 in städtischen Räumen sind durch WIKTORIN (2000: 136) in unmittelbare und räumliche Wirkungen einer ersten und zweiten Phase differenziert worden; ihre Darstellung bezieht sich allerdings mit Dresden auf eine Großstadt mit deutlicher wirtschaftlicher und demographischer Dynamik, die nur eingeschränkt den Typus von Klein- oder Mittelstädten der ländlichen Räume umfasst (Abb. 65).

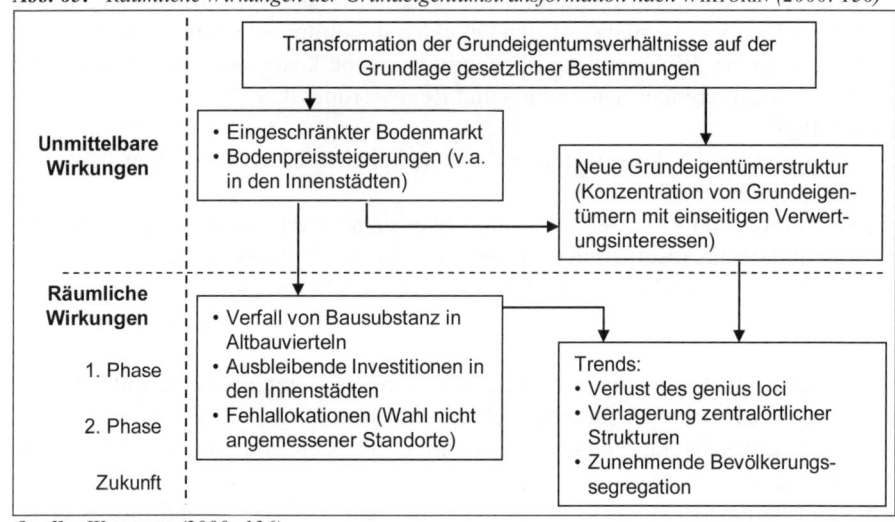

Abb. 65: *Räumliche Wirkungen der Grundeigentumstransformation nach* WIKTORIN *(2000: 136)*

```
                    ┌─────────────────────────────────────────────┐
                    │  Transformation der Grundeigentumsverhältnisse auf der │
                    │         Grundlage gesetzlicher Bestimmungen          │
                    └─────────────────────────────────────────────┘
                                      │
                    ┌─────────────────┴────────────┐
  Unmittelbare     │ • Eingeschränkter Bodenmarkt │
  Wirkungen        │ • Bodenpreissteigerungen (v.a.│    ┌─────────────────────────┐
                   │   in den Innenstädten)       │───▶│ Neue Grundeigentümerstruktur│
                   └──────────────────────────────┘    │ (Konzentration von Grundeigen-│
                                                       │ tümern mit einseitigen Verwert-│
                                                       │ ungsinteressen)          │
                                                       └─────────────────────────┘
  ─────────────────┼──────────────────────────────┼──────────────┼──────────┐
  Räumliche        │                              │              │          │
  Wirkungen        │ • Verfall von Bausubstanz in │              ▼          ▼
                   │   Altbauvierteln             │       ┌────────────────────────┐
  1. Phase         │ • Ausbleibende Investitionen in│     │ Trends:                │
                   │   den Innenstädten           │       │ • Verlust des genius loci│
  2. Phase         │ • Fehlallokationen (Wahl nicht│      │ • Verlagerung zentralörtlicher│
                   │   angemessener Standorte)    │       │   Strukturen            │
                                                          │ • Zunehmende Bevölkerungs-│
  Zukunft                                                 │   segregation          │
                                                          └────────────────────────┘
```

Quelle: WIKTORIN *(2000: 136)*

Für Klein- und Mittelstädte in ländlichen Räumen liegen mit Fallstudien zu Ueckermünde und Gotha eigene Untersuchungen vor, die sich auf die städtebauliche Entwicklung und den Zusammenhang zwischen Restitutionsumfang und Gebäudeentwicklung beziehen. Aus datenschutzrechtlichen Gründen muss hier allerdings auf eine kartographische Umsetzung der Ergebnisse verzichtet werden.

Zur Darstellung der städtebaulichen Entwicklung wurden von 1995 bis 2005 insgesamt 243 im Innenstadtbereich von Ueckermünde gelegene Objekte im Abstand weniger Jahre nach ihrem Gebäudezustand erfasst (Tab. 26). Auffällig ist hier zunächst der generell schlechte Zustand der Gebäude im Jahr 1995, da über 87 % der Gebäude noch unsaniert sind. Der Sanierungsprozess läuft insgesamt schleppend ab – heute ist erst knapp die Hälfte der beobachteten Objekte saniert. Allerdings muss an dieser Stelle unterstrichen werden, dass es sich nur um eine Aufnahme des Gebäudezustandes von außen handelt; somit sind wichtige Sanierungsmaßnahmen im Heizungs- und Sanitärbereich nicht erfasst.

Tab. 26: *Städtebauliche Entwicklung in Ueckermünde, 1995–2005 (243 Objekte)*

Jahr	Unbewohnt (in %)	Unsaniert (Dach, Fenster, Fassade) (in %)	In Sanierung (in %)	Saniert (Dach, Fenster, Fassade) (in %)
1995	5,76	87,24	0,00	7,00
1999	5,76	72,02	0,00	22,22
2003	5,76	55,14	0,82	38,27
2005	1,62	46,28	1,65	50,41

Quelle: Eigene Aufnahme

Eine Einzelbetrachtung der 65 restitutionsbehafteten Objekte innerhalb der Untersuchungsmenge verdeutlicht, dass der häufig geäußerte Vorwurf einer entwicklungsverzögernden Wirkung von Restitutionsansprüchen nur für die ersten Jahre nach der sachenrechtlichen Transformation aufrecht erhalten werden kann. Tat-

7 Die Auswirkungen auf Landschaft, Sozialstruktur und Wirtschaft   269

sächlich weist der restitutionsbehaftete Bestand gegenüber dem Gesamtbestand ab 1999 höhere Sanierungsraten auf (Tab. 27).

Tab. 27: *Städtebauliche Entwicklung restitutionsbehafteter Objekte in Ueckermünde, 1995–2005 (65 Objekte)*

Jahr	Unbewohnt (in %)	Unsaniert (Dach, Fenster, Fassade) (in %)	In Sanierung (in %)	Saniert (Dach, Fenster, Fassade) (in %)
1995	9,23	84,62	0,00	6,15
1999	9,23	63,08	0,00	27,69
2003	9,23	43,08	1,54	46,15
2005	1,56	35,94	3,13	59,38

Quelle: Eigene Aufnahme und Daten des Amtes zur Regelung offener Vermögensfragen Anklam

Weitergehende Erkenntnisse zum Zusammenhang zwischen Stadtgestalt und Eigentumsrückübertragung kann die im Jahre 1997 durchgeführte Fallstudie zu Gotha vermitteln, in der BORN/BLACKSELL/ BOHLANDER/GLANTZ (1998) für einzelne Stadtbereiche exemplarische Untersuchungen vorgelegt haben. Ausgangspunkt dieser Untersuchung war die Beobachtung einer Heterogenität der Gebäudeentwicklung in Gotha zwischen der Regelung offener Vermögensfragen und der wirtschaftlichen Entwicklung. Abb. 66 verdeutlicht, wie in einem fiktiven, die Ergebnisse der Studie repräsentierenden Wohngebiet restitutionsbelastete, -unbelastete, sanierte und unsanierte Gebäude nebeneinander stehen und somit die Schwierigkeiten einer Hypothesenbildung anschaulich vermitteln.[3]

---

[3] Aus datenschutzrechtlichen Gründen darf hier nur eine schematische Skizze eines typischen Wohngebietes in Gotha gezeigt werden; die Verteilung der Restitutionsansprüche und des Gebäudezustandes entspricht aber den in Tab. 28 wiedergegebenen Ergebnissen der eigenen Kartierung.

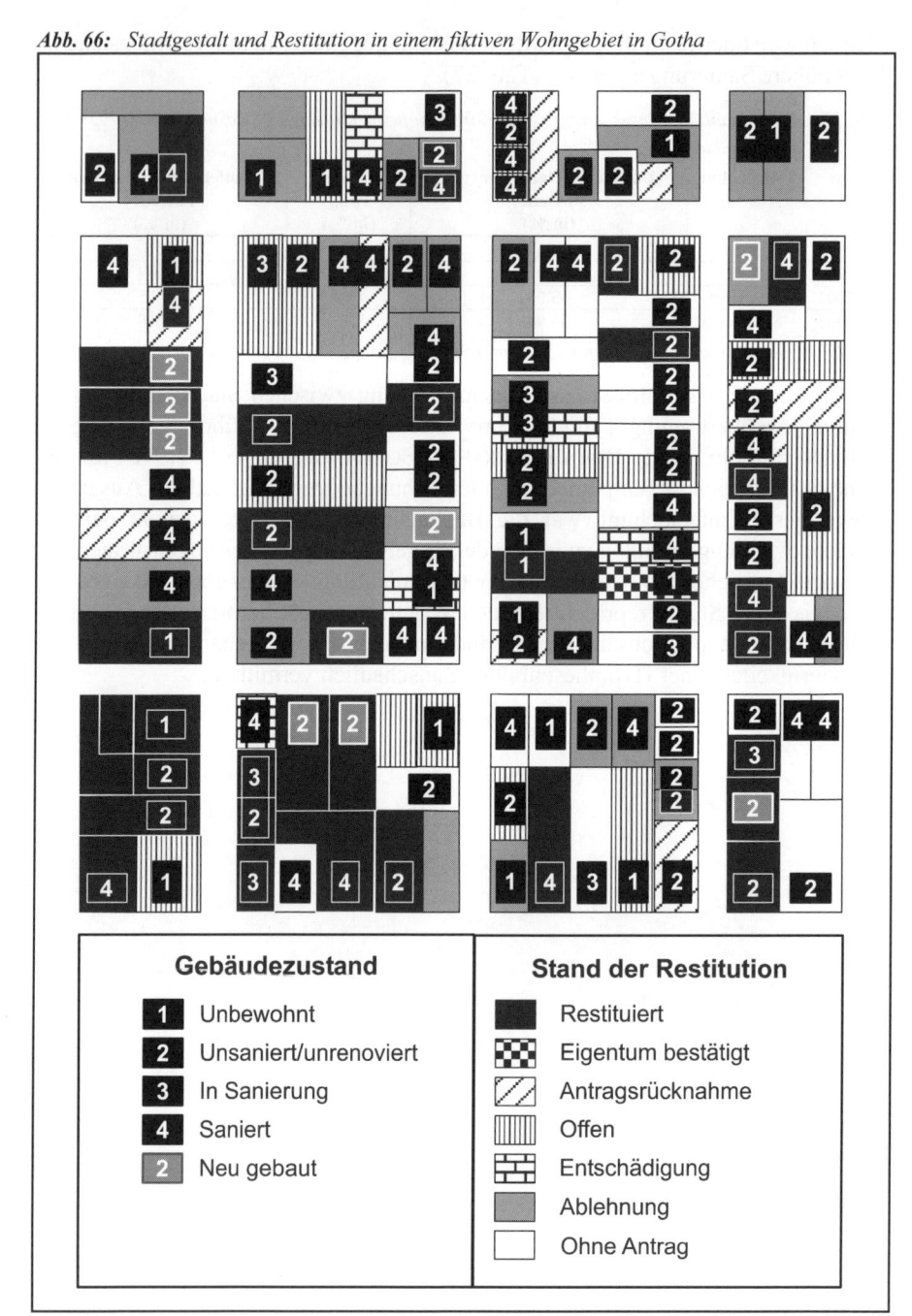

Abb. 66: *Stadtgestalt und Restitution in einem fiktiven Wohngebiet in Gotha*

Gebäudezustand	Stand der Restitution
1 Unbewohnt	Restituiert
2 Unsaniert/unrenoviert	Eigentum bestätigt
3 In Sanierung	Antragsrücknahme
4 Saniert	Offen
2 Neu gebaut	Entschädigung
	Ablehnung
	Ohne Antrag

Quelle: LARoV Thüringen (1998), eigene Aufnahme (1998)

Einen ersten Anhaltspunkt zur Erklärung dieses Bildes liefert hierbei Tab. 28, die Restitutionsansprüche und stadtgestalterische Elemente zusammenführt.

Tab. 28: Anteil restitutionsbelasteter und -unbelasteter Grundstücke im Altbaubereich Gothas (1997)

	Mit Restitutionsanspruch (in %)	Ohne Restitutionsanspruch (in %)	Zusammen (in %)
Ungenutzt	11,3	6,2	17,5
Unsaniert	23,5	22,9	46,4
In Sanierung	2,4	1,3	3,7
Saniert	16,1	9,0	25,1
Neubau	4,6	2,7	7,3
Zusammen	57,9	42,1	100,0

Quelle: Daten des ARoV Gotha und LARoV Thüringen und eigene Aufnahme

Die Problematik der Regelung offener Vermögensfragen für die Stadtentwicklung zeigt sich zunächst in der Anzahl ungenutzter Gebäude: 17,5 % aller Gebäude sind ungenutzt, ohne dass eine Differenzierung zwischen einzelstehenden Ein- und Mehrfamilienhäusern, Teile von Reihenhäusern oder ursprünglich gewerblich genutzten Gebäuden erkennbar wäre. Da 63,5 % dieser Objekte mit Rückübertragungsansprüchen belastet sind, wird erkennbar, dass derartige Ansprüche die Inwertsetzung bzw. die Vermarktung von Gebäuden verzögern können. Zum Zeitpunkt der Erhebung waren für 46,4 % aller Gebäude noch keine äußerlich erkennbaren Sanierungsmaßnahmen durchgeführt worden, wobei sich kein Unterschied zwischen restitutionsbelasteten und unbelasteten Objekten erkennen lässt. Auch hier widerspricht die Gleichverteilung des Entwicklungsrückstandes der These einer entwicklungshemmenden Wirkung von Restitutionsregelungen.

Weitere Rückschlüsse in Bezug auf diese These erlaubt dann allerdings die Betrachtung der in Sanierung befindlichen Objekte. Obwohl es sich um eine Momentaufnahme handelt, fällt auf, dass 65 % der gerade sanierten Gebäude restitutionsbehaftet sind, woraus abgeleitet werden kann, dass diese Gebäude dem Entwicklungsprozess quasi nachhinken. Gegen diese Annahme spricht allerdings ein Blick auf die Zahlen für bereits sanierte Gebäude, bei denen der Anteil restitutionsbehafteter Gebäude signifikant höher ist als der unbelasteter Gebäude: 25,1 % aller Gebäude sind bereits saniert, wovon 64,1 % von ihnen mit Rückübertragungsansprüchen belastet waren. Hier lässt sich also ein Vorsprung im allgemeinen Entwicklungsprozess konstatieren. Gleiches gilt für neu errichtete Gebäude, da hier der Anteil restitutionsbehafteter Flächen mit 63 % höher liegt als der unbelasteter Flächen.

Die Daten verdeutlichen, dass der Prozess der Eigentumsrückübertragung die Inwertsetzung bisher ungenutzter Gebäude nachhaltig hemmt, während genutzte Gebäude und Flächen mit Restitutionsansprüchen gegenüber anderen Gebäuden und Flächen überproportional stark saniert oder neu bebaut wurden. Stadtviertel mit einer hohen Dichte an Restitutionsansprüchen werden also von einem unmittelbarem Nebeneinander von Stagnation und Dynamik geprägt, wobei die Prozessregler einer solchen Entwicklung mannigfaltiger Natur sein können und nicht nur Restitutionsansprüche, sondern auch Sanierungsaufwand, Nutzungs- und Verwertungsmöglichkeiten und Lage innerhalb des Stadtgefüges umfassen. Im Einzelnen sind diese Faktoren aber nur schwer zu quantifizieren, da es sich um miteinander verwobene und teilweise dependente Parameter handelt.

Anhand dieser Beobachtungen und einer weitergehenden Analyse der Verteilungsmuster restitutionsbeeinflusster Objektentwicklungen identifizieren die Autoren dann drei die Stadtentwicklung in Gotha determinierenden Faktoren des Inwertsetzungsprozesses:

- Verfahrensbezogene Faktoren wie die zeitliche Länge des Entscheidungsprozesses wirken sich überaus negativ auf die Stadtgestalt aus, da vor einer Entscheidung nur Instandhaltungsarbeiten zulässig sind. Somit wird der Verfall von Gebäuden nicht substantiell gestoppt, sondern eher noch durch den Leerzug solcher Objekte verstärkt.
- Objektbezogene Faktoren beziehen sich zunächst auf den Zustand des Gebäudes und weiterhin auf Lageparameter planerisch vorgegebener Nutzungs- und Gestaltungsmöglichkeiten. Die so subsumierten Fragen der Verwertbarkeit, der Vermarktung und der Rentabilität von Investitionen sind nicht isoliert von verfahrensbezogen Aspekten zu sehen, da die lange Verfahrensdauer und die Komplexität der Antragslage hohe Anforderungen an die Geduld und die Kooperationswilligkeit möglicher Investoren stellt.
- Letztlich bestimmen aber die persönlichen Entscheidungen der Eigentümer – gleichgültig ob restituierte Alteigentümer oder in ihren Eigentumsrechten bestätigte Wohnungsbaugesellschaften oder redliche Erwerber – die zukünftige Gestaltung des Objekte und mithin auch des gesamtes Stadtbildes. Unbelastete bzw. nicht restituierte Gebäude können durch die Eigentümer weiter behalten oder weiterveräußert werden. Dieser Teilprozess wird im Wesentlichen durch die Entwicklung des Immobilienmarktes bzw. weiterreichend aufgrund eigener Mobilitätserfordernisse gestaltet. Für restitutionsbelastete und den Alteigentümern zurückerstattete Gebäude gilt jedoch ein besonderer, durch die Einmaligkeit des Vorganges hervorgerufener Abwägungsprozess zwischen Behalt und Verkauf: Die in ihren Rechten bestätigten Alteigentümer stehen zwar vor der gleichen Entscheidung wie Eigentümer, unterliegen aber zusätzlich besonderen Bindungen an das Objekt bzw. den Ort, einer Eigennutzung oder der Aufteilung der Ansprüche an Erbengemeinschaften.

Zusammenfassend kommen die Autoren zu dem Ergebnis, dass sachenrechtliche Veränderungen in Ostdeutschland weitgehende städtebauliche Folgen nach sich ziehen können, da die unterschiedlichen Verwertungsinteressen und -kompetenzen von Privateigentümern und Immobiliengesellschaften den Gebäudebestand in unrenovierte und renoviert bzw. neu errichtete Objekte polarisieren. In diesem städtebaulichen Ausdifferenzierungsprozess zeigt sich dann der Vorteil restitutionsbelasteter Objekte: Sie werden bei erfolgreicher Restitution tendenziell rascher abgestoßen und an investitionsfreudige und finanzmittelstarke Käufer veräußert. Unbelastete oder in ihrem sachenrechtlichen Status bestätigte Objekte hingegen leiden unter der Finanzschwäche ihrer Eigentümer.

Ein Vergleich der Veränderungen im Landschaftsbild ländlicher und städtischer Räume durch sachenrechtliche Regelungen verdeutlicht die strukturellen Unterschiede in den Vergleichsgebieten: Während ländliche Räume durch die Dynamik von Eigentumsrechten eher strukturell (von einer kleinräumig gegliederten Kulturlandschaft zu Großblöcken, Verlust von Landschaftselementen, Persistenz von agrarökonomisch verwertbaren Strukturen) verändert wurden, zeigt sich die Individualität bzw. die Zufälligkeit sachenrechtlicher Veränderungen im städtischen Raum deutlich, wo die individuelle Betroffenheit, Verfahrensdauer und der Grad der Entscheidungsfreiheit neuer oder alter Eigentümer stadtbildcharakterisierend und auch polarisierend wirkt.

7.2 SOZIALE VERÄNDERUNGEN

Neben den Umgestaltungen im Landschaftsbild bewirkt die Dynamik sachenrechtlicher Festsetzungen auch umfangreiche Veränderungen in der Sozialstruktur der in dem betroffenen Gebiet lebenden Menschen. Hierbei können direkte von indirekten Auswirkungen differenziert werden, wobei zu den direkten Auswirkungen die unmittelbaren Veränderungen der eigenen Rechtsposition im Hinblick auf ein Objekt zählen, während unter indirekten Auswirkungen die sozialen Implikationen fallen können, die durch sachenrechtliche Veränderungen im weiteren Umfeld des Einzelnen hervorgerufen werden. So zählt die Veränderung der Rechtsposition zur Wirtschafts- oder Wohnfläche (von Nutzer zu Mieter, von Nutzer zu Eigentümer o.ä.) als direkte Auswirkungen, während der Verlust des Arbeitsplatzes infolge von Privatisierungsmaßnahmen oder der Verlust des Zugangs zu bestimmten Räumen infolge von Privatisierung als indirekte Auswirkung subsumiert werden kann.

Um die Auswirkungen der sachenrechtlichen Dynamik auf die Sozialstrukturen im Untersuchungsgebiet darzustellen, kann auf drei Quellen zurückgegriffen werden:
– Daten zur Restitution im Amt Löcknitz vermitteln ein Bild der durch diese spezifische Art eigentumsrechtlicher Dynamik hervorgerufenen Veränderungen und beleuchten insbesondere den für diese Frage so wichtigen Aspekt der Gewinner und Verlierer.
– Die Analyse von Gesprächen mit Betroffenen eigentumsrechtlicher Veränderungen und mit Experten in der Gemeinde Bergholz ermöglicht Einblicke in die Einschätzung der sachenrechtlichen Transformationsprozesse und trägt dazu bei, die Akzeptanz entsprechender Regelungen auch in raum-zeitlicher Perspektive abzuschätzen.
– Eine Befragung der Landwirte im Landkreis Uecker-Randow skizziert nicht nur die Entwicklung der Landwirtschaft auf einzelbetrieblicher Ebene, sondern dokumentiert den Gesamtkomplex eigentumsrechtlicher Veränderungen aus Sicht der Betriebsinhaber, die ihrerseits Neu- oder Wiedereinrichter bzw. LPG-Nachfolgeunternehmen sein können.

7.2.1 Verfahrensgerechtigkeit

Aus sozialwissenschaftlicher Sicht brachte die Regelung offener Vermögensfragen Veränderungen mit sich, die sich mit unterschiedlicher Intensität auf die Sozialstruktur in den betroffenen Gemeinden auswirkten. Zu diesen Auswirkungen zählt zunächst die Differenzierung der Bevölkerung in Unbeteiligte, Antragsteller und Betroffene. Für das Amt Löcknitz, in dem 394 eigentumsrechtliche Restitutionsanträge gestellt wurden, fällt zunächst eine relative Gleichverteilung der Antragsteller auf: 214 oder 54,3 % stammen aus Westdeutschland oder West-Berlin, 170 oder 43,1 % aus Ostdeutschland – davon 113 sogar aus dem Amt Löcknitz – und 10 oder 2,5 % aus dem Ausland. Somit lässt sich zunächst festhalten, dass die Anträge auf Eigentumsrestitution nicht überwiegend aus Westdeutschland gestellt werden, sondern dass zu den Profiteuren des Restitutionsprozesses auch Personen aus Ostdeutschland bzw. aus dem lokalen Umfeld gehören können.

Wie in Kap. 4.4 dargestellt sind die Regelungen zur Lösung offener Vermögensfragen von einer funktionalen Dualität gekennzeichnet: Einerseits sollen illegale eigentumsrechtliche Veränderungen rückgängig gemacht und so Gerechtigkeit wiederhergestellt werden, andererseits verfolgen die Regelungen durch das Investitionsvorranggesetz und die Musterlösung der gütlichen Einigung in § 31 Abs. 5 VermG das Ziel einer raschen und effizienzfördernden Inwertsetzung belasteter Objekte. Ein wesentlicher Indikator für die Implementation dieser Ziele ist die Betrachtung der Antragsteller nach originärer Betroffenheit und Generationenzugehörigkeit; als Arbeitshypothese für eine solche Analyse kann die Überlegung dienen, dass der Aspekt der Herstellung von Gerechtigkeit zunächst dem Personenkreis gegenüber wichtig erscheint, der die Enteignung selbst erlebt hat. Zu diesem Personenkreis können neben den Enteigneten selbst auch die Personen dergleichen oder der nächsten Generation zählen.

Tab. 29 verdeutlicht, dass 84,5 % aller Antragsteller diesem Personenkreis entspringen und somit ein enger emotionaler Zusammenhang vermutet werden kann. Zwischen den drei Antragstellergruppen gibt es deutliche Unterschiede, da aus der Gruppe der ostdeutschen Antragsteller 88,8 % zu dieser Gruppe zählen, während für Westdeutschland nur 80,8 % dieser Gruppe zugehören. Für die Antragsteller aus anderen Staaten fällt der hohe Anteil der Antragsteller der ersten Generation auf: Da es sich um Anträge zur Restitution von zwischen 1933 und 1945 enteignetem jüdischem Vermögen handelt, ist die Zeitspanne zwischen Enteignung und Restitution besonders hoch.

Sollten Restitutionsregelungen einen Beitrag zur sozioökonomischen Entwicklung Ostdeutschlands leisten, ist sicherlich auf den Anteil der Antragsteller aus der ersten oder zweiten Generation zu rekurrieren, da diese über eine notwendige Tatkraft und Finanzstärke verfügen könnten.[4] Diese Personengruppe ist mit 74,3 % unter den westdeutschen Antragstellern besonders stark vertreten, so dass aus dieser Perspektive mit einem Beitrag zur Regionalentwicklung gerechnet werden kann. Die tatsächlichen Auswirkungen dieses Befundes bleiben allerdings

---

4   Mit dieser Kategorisierung soll keineswegs pauschal unterstellt werden, dass die Antragsteller aus dem Kreis der Betroffenen oder dergleichen Generation nicht geeignet erschienen, ihr zurückerhaltenes Eigentum wieder inwertzusetzen und zu erhalten. Gerade aus dem Kreis der 1972 enteigneten Unternehmer liegen hier zahlreiche beeindruckende Beispiele vor; es sei aber die Bemerkung erlaubt, dass die Wiederherstellung eines Unternehmens auf dem Weg der Entflechtung leichter erscheint als der Unterhalt bzw. die Sanierung eines Wohngebäudes in peripheren Räumen.

offenbar sehr gering, da offenbar nur wenige erfolgreiche Antragsteller ihren Wohnsitz in das Amt Löcknitz verlegt haben.[5]

Tab. 29: *Struktur der Antragsteller auf Restitution enteigneten Eigentums im Amt Löcknitz*

	Zahl der Antragsteller	Alle Antragsteller (%)	Antragsteller aus Ostdeutschland (%)	Antragsteller aus Westdeutschland und West-Berlin (%)	Antragsteller aus anderen Staaten (%)
Antragsteller = Enteigneter	83	20,4	22,9	19,1	0
Gleiche Generation	22	5,4	7,1	3,9	0
1. Generation	239	58,7	58,8	57,8	87,5
2. Generation	56	13,8	10,6	16,5	12,5
3. Generation	7	1,7	0,6	2,6	0
SUMME	407	100	100	100	100,0

Quelle: Daten des ARoV Anklam; eigene Berechnungen

Die deutlichsten Auswirkungen der Restitutionsregelungen auf die Sozialstruktur und damit zusammenhängend auch für die soziale Kohäsion im Untersuchungsgebiet ergeben sich aus offenbar ungleichen Chancen der Antragsteller, ihr Eigentum zurückzuerhalten. Der Befund dieser ungleichen Chancen verweist somit auf differenzierte Gewinner-Verlierer-Konstellationen sowohl zwischen Antragstellern aus Ost- und Westdeutschland als auch innerhalb der jeweiligen Gruppe. Um diese Ungleichheiten und die dafür relevanten Faktoren aufzudecken, bedarf es einer intensiven Analyse der vorhandenen Daten, die nicht nur die Erfolgsquote selbst, sondern auch die Gründe für die Enteignung analysieren muss (vgl. BORN/ BLACKSELL 2001).

Abb. 67 verdeutlicht diese Differenzierung der Erfolgsquote zwischen den einzelnen Gruppen von Antragstellern: Gegenüber der Erfolgsquote von 27,9 % für alle Antragsteller ergeben sich deutliche Unterschiede zwischen Antragstellern aus Ost- und Westdeutschland. Antragsteller aus Westdeutschland haben mit einer Erfolgsquote von 39,7 % bessere Chancen auf Restitution als Antragsteller aus Ostdeutschland mit nur 12,9 %. Aus diesem Befund heraus ergibt sich zunächst eine Bestätigung des Trends einer Verlagerung von Eigentumsrechten von Ost nach West. Aus sozialgeographischer Perspektive ist zu diesem Ergebnis aber auch anzumerken, dass zum einen die geringere Erfolgsquote für ostdeutsche Antragsteller zu Frustrationen über den gerechtigkeitstransportierenden Wesensgehalt der Regelung führen kann und zum anderen die höhere Erfolgsquote der westdeutschen Anträge Veränderungen im sachenrechtlichen Gefüge nach sich ziehen kann, die nicht nur von allgemeinen transformationsbezogenen Reflektionen geprägt sein können, sondern auch den Aspekt eines Ost-West-Konfliktes in sich tragen können. Erschwert wird die Reflektion dieser möglichen Auswirkungen von vermeintlichen Ungerechtigkeiten im sachenrechtlichen Transformationsprozess durch die mangelnde Information der Ämter zur Regelung offener Ver-

---

5 Ein Abgleich des örtlichen Telefonbuchs von 1999 mit den Namen der erfolgreichen Antragsteller ergab keine Übereinstimmung; methodisch bedingt kann aber ein Zuzug nicht ausgeschlossen werden, da nicht alle Personen in Telefonbüchern verzeichnet waren. Einem Antrag auf Einsicht in die Zuzugsunterlagen des LK Uecker-Randow wurde nicht entsprochen.

mögensfragen, die zwar auf dem Wege von Presseerklärungen die Fortschritte ihrer Arbeit dokumentieren, aber keine Anhaltspunkte für differenzierte Erfolgsquoten vermitteln. Demgegenüber steht zum einen ein durchaus vorhandenes lokales Wissen um die Antragsteller, die beantragten Objekte und deren Erfolg und zum anderen umfangreiche mediale Auseinandersetzungen um ein massive Verschiebung der Eigentumsrechte nach Westen und einer damit einhergehenden Enteignung der Ostdeutschen (z. B. SEMKAT 1997, SCHMALZ 1997, HASSE 2000, RIETZSCHEL 2000, SALZMANN 2003). Ähnliches gilt für die Antragsteller aus anderen Staaten, die im Amt Löcknitz als ländlich geprägte Region über vergleichsweise geringe Erfolgsquoten verfügen.[6] Diese beiden Faktoren führen zu Verunsicherungen in der Bevölkerung und zu einer Polarisierung in Gewinner und Verlierer des sachenrechtlichen Transformationsprozesses.

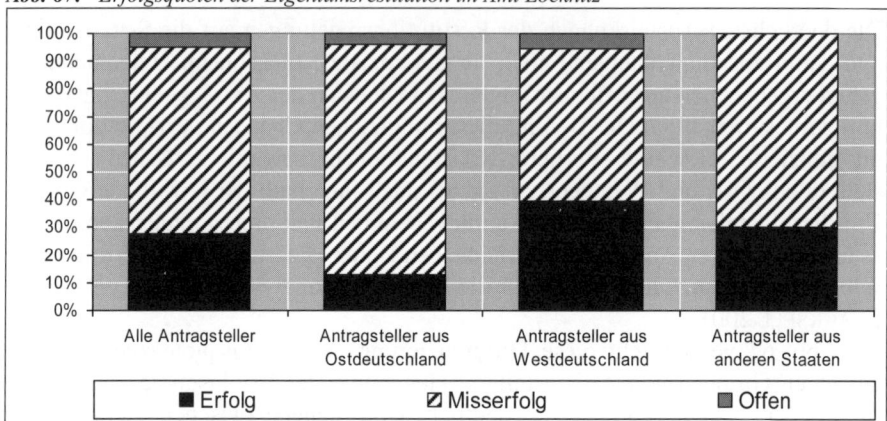

Abb. 67: Erfolgsquoten der Eigentumsrestitution im Amt Löcknitz

Quelle: Daten des ARoV Anklam; eigene Berechnungen

Um die Schwankungen der Erfolgsquoten zwischen den einzelnen Gruppen erklären zu können, genügt eine Betrachtung der spezifischen Enteignungstatbestände, die insbesondere verdeutlicht, warum die Gruppe der ostdeutschen Antragsteller so erfolglos blieb.

Tab. 30 illustriert die von den Antragstellern angeführten und in den Bescheiden des ARoV so wiedergegebenen Gründe für die individuellen Enteignungen und verdeutlicht, dass die Unterschiede in der Erfolgsquote zwischen Antragstellern aus Ost- und Westdeutschland auf unterschiedliche Enteignungstatbestände zurückzuführen sind. Hierbei spielt die Perzeption und Interpretation des Eigentumsverlusts und die Möglichkeiten der juristischen Überprüfung des Tatbestandes eine wesentliche Rolle.

Als herausragendes Beispiel für die Perzeption und Interpretation von Eigentumsverlusten ist der hohe Anteil von Restitutionsanträgen zur Problematik des

---

6 Für den Innenstadtbereich von Ueckermünde liegt die Erfolgsquote jüdischer Antragsteller bei ca. 65 %; REIMANN (2000: 115) nennt für ihr Untersuchungsgebiet in Berlin einen Wert von ca. 80 %.

Bodenreformlandes zu sehen, auf das innerhalb der Gruppe der ostdeutschen Antragsteller 44,7 % aller Anträge entfallen. Im Einzelnen argumentieren die Antragsteller, dass das Zurückfallen des Bodenreformlandes an den staatlichen Bodenfonds bei Tod des Neubauern bzw. die Rückgabe des Landes bei nicht mehr möglicher eigener Bewirtschaftung ein enteignender Akt gewesen sei. Diese, durch die ARoV fast routinemäßig abgearbeiteten und mit Hilfe von Standardformulierungen abgelehnten Fälle (vgl. Anlage 5) illustrieren einerseits das Verständnis von Bodenreformeigentum als Volleigentum durch die Neubauern und erläutern andererseits die weit verbreitete Unzufriedenheit mit der Restitutionsregelung, die als ungerecht empfunden wird.[7]

Aspekte der juristischen Überprüfbarkeit von Enteignungstatbeständen spielen bei der Betrachtung der Fälle eines Verzichts auf Eigentum aufgrund von Überschuldung eine wesentliche Rolle: Als Maßstab für die tatsächlich eingetretene oder unmittelbar bevorstehende Überschuldung eines Objektes dienten die Unterlagen der staatlichen Banken der DDR und die teilweise noch vorhandenen Hypothekenbriefe der Betroffenen. Nicht in allen Fällen waren diese Dokumente vollständig vorhanden, was zur Ablehnung des Antrages führte. Darüber hinaus weist die Regelung im VermG klar definierte Untergrenzen für den Begriff der Überschuldung aus – verzichtete ein Eigentümer auf seinen Besitz, ohne dass eine Überschuldung vorhanden oder erkennbar war, verwirkte er auch spätere Restitutionsforderungen. Ungleich einfacher gestaltete sich die Beweisführung für die Antragsteller aus Westdeutschland, die aufgrund von sog. Republikflucht enteignet wurden. Sie benötigten lediglich Unterlagen eines Grenzdurchgangslagers oder aber der Meldebehörde ihres westdeutschen Ankunftsortes, um ihren Antrag argumentativ unterstützen zu können.

Insofern kann konstatiert werden, dass die unterschiedlichen Erfolgsquoten im Restitutionsprozess im Kern von einer Rezeptions- bzw. Interpretations- und einer Beweisbeschaffungsproblematik herrühren. Tatsächlich wurde kein Antrag auf Restitution von Bodenreformland positiv beschieden; nur 20 % aller Anträge auf Restitution nach Eigentumsverzicht führten zur Restitution, während 67,5 % aller Anträge nach Republikflucht erfolgreich waren.[8]

---

7   Ein weiterer Erklärungsansatz für die hohe Anzahl von Restitutionsanträgen zu Bodenreformflächen mag in der Hoffnung auf eine ungleichmäßige Rechtsprechung liegen, die eventuell zu einer Bestätigung von Bodenreformeigentum als Volleigentum führen könnten. Die MitarbeiterInnen des ARoV Anklam gewannen bei der Bearbeitung der Fälle aber eher den Eindruck eines fehlenden Verständnisses für die besondere Rechtsstellung des Bodenreformlandes.
8   In den anderen Fällen wurde die Rückgabe von Eigentumstiteln begehrt, die entweder nicht im Grundbuch auffindbar waren, sich nie im Eigentum der Antragsteller befunden hatten oder als arisiertes jüdisches Eigentum nicht restituiert werden konnten.

Tab. 30: *Enteignungstatbestände für Restitutionsanträge im Amt Löcknitz*

	Alle Antragsteller (%)	Antragsteller aus Ostdeutschland (%)	Antragsteller aus Westdeutschland (%)	Antragsteller aus anderen Staaten (%)
Nazi-Enteignung	2,5	0,0	2,3	50,0
SMAD-Enteignung	11,9	9,4	13,6	20,0
Verzicht auf Eigentum: Überschuldung	6,3	10,6	3,3	0,0
Zwangsverkauf	1,5	1,2	1,9	0,0
Strafverfahren	1,3	0,6	1,9	0,0
Baulandgesetz/Aufbaugesetz	6,6	2,4	9,8	10,0
Republikflucht	19,5	2,9	33,6	0,0
Sonstige Konfiszierung	3,3	4,1	2,8	0,0
Übertragung an Kommune	1,3	1,8	0,9	0,0
Erbausschlagung	1,0	1,8	0,5	0,0
Machtmissbrauch, Korruption, Nötigung, Täuschung	2,3	2,4	2,3	0,0
Rückgabe Bodenreformland	22,8	44,7	6,5	0,0
Keine Enteignung	17,8	18,2	17,3	20,0
Keine Angaben	1,8	0,0	3,3	0,0

Quelle: Daten des ARoV Anklam; eigene Berechnungen

Neben den unterschiedlichen Erfolgsquoten der drei Gruppen von Antragstellern gingen weitere Irritationen mit sozialem Konfliktpotential von den langen Bearbeitungszeiten der Anträge aus; auch hier lässt eine Betrachtung der drei Gruppen von Antragstellern Unterschiede erkennen. Die Analyse der Bearbeitungszeiten der Restitutionsanträge im Amt Löcknitz (Tab. 31) verdeutlicht zunächst Differenzierungen innerhalb der Perzeption des Sachgebietes der Restitution zwischen den Gruppen: Antragsteller aus Westdeutschland scheinen die Möglichkeiten der Restitutionsregelung schneller erkannt zu haben als die Antragsteller aus Ostdeutschland und anderen Staaten, da ihr mittleres Antragsdatum zwischen sieben und acht Monaten vor dem der anderen Antragsteller liegt. Eine Erklärung liegt sicherlich darin, dass Restitution zunächst als ein Instrument für die enteigneten Bürger Westdeutschlands interpretiert wurde und die Antragsteller in Ostdeutschland mit umfangreichen Problemen in der Sammlung der notwendigen Unterlagen aus Grundbuchämtern und Liegenschaftskatastern kämpfen mussten.

Für Antragsteller aus anderen Staaten gab es sicherlich zunächst ein erhebliches Informations- und Kommunikationsproblem, das sowohl durch Aufrufe in internationalen Zeitungen als auch durch Opferverbände – namentlich die Jewish Claims Conference – gelöst wurde. Deutlich stärker differieren die Angaben für die durchschnittliche Verfahrensdauer der einzelnen Gruppen: Während alle Antragsteller im Durchschnitt ca. 51 Monate auf eine Entscheidung warten mussten, beträgt der Unterschied in den Bearbeitungszeiten von Antragstellern aus Ostdeutschland und Westdeutschland fast ein Jahr. Erklärungsansätze für eine solche Dichotomie liegen zunächst in der Natur der Anträge: Die zahlreichen Anträge auf Restitution von wieder eingezogenem oder zurückgegebenem Bodenreformland erleichterten sicherlich die Arbeit. Andererseits war die Bearbeitung der Anträge aus Westdeutschland mit umfangreichen Archivrecherchen und Abstimmungen (bspw. mit der den Lastenausgleich auszahlenden Behörde) belastet. Bei der Durchsicht der Akten stellte sich außerdem heraus, dass westdeutsche Antragsteller aus der zweiten und dritten Generation erheblich mehr Dokumente (Erbscheine, Verkaufsurkunden etc.) beschaffen mussten als ihre ostdeutschen Pendants. Für Verzögerung sorgte vermutlich auch die höhere Rate der anwaltlichen Unterstützung für westdeutsche und nicht-deutsche Antragsteller.[9]

Tab. 31: Bearbeitungszeiten der Restitutionsanträge im Amt Löcknitz

	Alle Antragsteller	Antragsteller aus Ostdeutschland	Antragsteller aus Westdeutschland	Antragsteller aus anderen Staaten
Datum des ersten Antrags	26.04.1990	26.04.1990	19.05.1990	31.05.1990
Datum des letzten Antrags	11.09.1995	04.10.1994	11.09.1995	10.06.1994
Mittleres Antragsdatum	12.05.1991	12.09.1991	24.01.1991	17.08.1991
Datum der ersten Entscheidung	13.11.1990	19.08.1991	13.11.1990	16.03.1994
Datum der letzten Entscheidung	16.11.2004	16.11.2004	25.03.2003	30.07.1999
Mittleres Entscheidungsdatum	27.08.1995	25.05.1995	05.11.1995	17.12.1995
Kürzeste Verfahrensdauer (in Tagen)	27	50	27	87
Längste Verfahrensdauer (in Tagen)	5152	5152	4559	2441
Mittlere Verfahrensdauer (in Tagen)	1567,3	1342,7	1748,8	1583,7
	4,29 Jahre 51,5 Monate	3,68 Jahre 45,8 Monate	4,79 Jahre 57,5 Monate	4,34 Jahre 53,9 Monate

Quelle: Daten des ARoV Anklam; eigene Berechnungen

Aus der Perspektive der Betrachtung sozialer Folgen des Restitutionsprozesses ist zunächst auf die generelle lange Verfahrensdauer zu verweisen, die sowohl die Antragsteller als auch die Nutzer der betroffenen Objekte erheblichen Verunsicherungen und Drücken aussetzte. Ein Indikator für diese Stresssituation bei Antragstellern und Betroffenen ist der teilweise zu beobachtende Anstieg eines fordernden bzw. aggressiven Untertones in der schriftlichen Kommunikation mit den entsprechenden Sachbearbeitern. Deutlichster Ausdruck einer solchen Stresssituation war die Ermordung der Leiterin des ARoV Wittenberge durch einen Antragsteller (FRANKFURTER ALLGEMEINE ZEITUNG 18.1.2001).

7.2.2 Betroffenheitsmuster

Die nach Antragsteller unterschiedlich langen Verfahrensdauern betrafen nicht nur die Lebenssituation der Nutzer der Objekte, sondern bewirkten insgesamt eine Differenzierung der Bewohner einer Siedlung in von Restitutionsansprüchen belastete und unbelastete Bürger. Das Veränderungsverbot bei fehlendem Negativ-

---

9 40 % der westdeutschen Antragsteller nutzten anwaltliche Hilfe, während nur 8,8 % der ostdeutschen Antragsteller einen Anwalt mit der Wahrnehmung ihrer Interessen beauftragten. 70% aller Antragsteller aus anderen Staaten ließen sich durch Anwälte vertreten. Die anwaltliche Vertretung wirkte sich übrigens nicht auf die Erfolgschancen eines Antrages aus; ebenso wenig verkürzte sie die Bearbeitungszeit.

7 Die Auswirkungen auf Landschaft, Sozialstruktur und Wirtschaft

attest[10] bewirkte zusätzlich eine zeitliche Verzögerung bei der Inwertsetzung bzw. Sanierung der Gebäude – soziale Abgrenzungs- und Segregationsprozesse bis hin zu Umzügen waren die Folgen. Letztlich ergibt sich durch die Restitutionsregelung eine umfassende Differenzierung der Bevölkerung in mehrere Gruppen, wodurch die soziale Kohäsion im Transformationsprozess nicht unterstützt wurde. Welche Bedeutung der Restitution als sozio-ökonomischer Einflussfaktor in Ostdeutschland zukommt, verdeutlicht Abb. 68: Die drei Gruppen der Antragsteller, der Betroffenen als Nutzer von mit Restitutionsanträgen belasteten Objekten und eine Mischgruppe werden von der Art der Entscheidung und der Geschwindigkeit der Entscheidungsfindung direkt tangiert. Da es sich bei den hier angesprochenen Objekten sowohl um Gebäude als auch um land- bzw. forstwirtschaftliche Flächen handeln kann, sind sowohl die wohnliche Situation und somit der Status als Nutzer bzw. Mieter als auch die wirtschaftlichen Potentiale durch die Restitutionsregelung beeinträchtigt. Gerade für die Mischgruppe, deren Zahl nicht quantifizierbar ist, ergeben sich durch mögliche zeitliche Überlagerungen besondere Unsicherheiten.

Abb. 68: *Restitution als sozio-ökonomischer Einflussfaktor in Ostdeutschland*

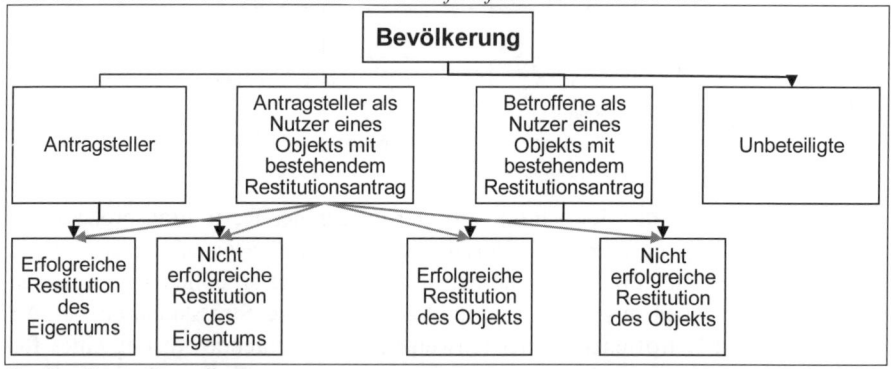

```
                              Bevölkerung
    ┌──────────────┬──────────────────────┬──────────────────────┬──────────────┐
    │ Antragsteller│ Antragsteller als    │ Betroffene als       │ Unbeteiligte │
    │              │ Nutzer eines Objekts │ Nutzer eines Objekts │              │
    │              │ mit bestehendem      │ mit bestehendem      │              │
    │              │ Restitutionsantrag   │ Restitutionsantrag   │              │
    └──────┬───────┴──────┬────────┬──────┴──────┬────────┬──────┴──────────────┘
           ▼              ▼        ▼             ▼        ▼
    ┌──────────┐  ┌──────────┐  ┌──────────┐  ┌──────────┐
    │Erfolgr.  │  │Nicht     │  │Erfolgr.  │  │Nicht     │
    │Restitut. │  │erfolgr.  │  │Restitut. │  │erfolgr.  │
    │des       │  │Restitut. │  │des       │  │Restitut. │
    │Eigentums │  │des       │  │Objekts   │  │des       │
    │          │  │Eigentums │  │          │  │Objekts   │
    └──────────┘  └──────────┘  └──────────┘  └──────────┘
```

Quelle: *Eigene Darstellung*

Generell ist anzumerken, dass die Nutzer eines Objektes mit bestehendem Restitutionsantrag in nur geringem Umfang über den Stand des Verfahrens informiert werden: Zwar fordert § 31 Abs. 2 VermG eine Information der betroffenen Rechtsträger oder staatlichen Verwaltungen sowie durch den Antrag in ihrer Interessen berührten Dritten, doch werden meist nur die Rechtsträger – im Falle von Gebäuden die Wohnungsverwaltungen, im Falle von land- und forstwirtschaftlichen Flächen die BVVG – informiert, so dass die direkt betroffenen Mieter und Pächter erst spät von dem Antrag in Kenntnis gesetzt werden. Die damit verbundene Unsicherheit – gerade in den Dörfern des Untersuchungsgebietes bestand ein umfassender Kenntnisstand möglicher restitutionsbehafteter Objekte – trug mit zu einer sozialen Differenzierung bei.

---

10 Mit Hilfe von Negativattesten konnten Nutzer bzw. Verfügungsberechtigte den anmeldefreien Zustand ihres Gebäudes dokumentieren lassen; nur mit Hilfe dieses Dokumentes war ein Veräußern oder eine Belastung des Grundstückes möglich.

7.2.3 Bewertungs- und Interpretationsmuster

Die wohl umfangreichste Darstellung der sozialen Implikationen der Restitutionsregelung für urbane und suburbane Gebiete findet sich in den von H. HÄUßERMANN, B. GLOCK und C. KELLER erarbeiteten Working Papers des Forschungsprojektes „Eigentumsrückübertragung und der Transformationsprozess in Deutschland und Polen nach 1989" (1999, 2000 und 2001). Obgleich die vorliegende Arbeit die geographischen Implikationen sachenrechtlicher Veränderungen in ländlichen Räumen thematisiert, erscheint eine kursorische Darstellung der Ergebnisse für suburbane Räume wünschenswert, um Gemeinsamkeiten und Unterschiede abschätzen zu können. Hierbei sollte allerdings nicht übersehen werden, dass die Fallstudie in Kleinmachnow nicht uneingeschränkt als repräsentativ für suburbane Räume in Ostdeutschland angesehen werden: Kleinmachnow weist eine vergleichsweise hohe Restitutionsbelastung auf; der Ort verfügt aufgrund der günstigen Lage zu Berlin über eine hohe Attraktivität für Alteigentümer und Nutzer; und die Bewohner haben aufgrund selektiver Zuwanderungen und frühzeitiger Sensibilisierungen für Restitutionsfragen umfangreiche Kenntnisse zur Restitution gesammelt.[11]

Für die in Kleinmachnow lebenden Mieter war der Restitutionsprozess konfliktreich, da sie zu einem beachtlichen Teil zu einem Umzug gedrängt wurden. Der sich entwickelnde Graben zwischen den Gewinnern und Verlierern der Restitutionsregelung ist allerdings durch die Arbeit einer Bürgerinitiative und die daraus resultierende Errichtung einer Ersatzsiedlung für die Verdrängten erheblich verkleinert worden. Interessanterweise hat sich trotz der erheblichen Veränderungen durch den Wegzug bzw. dem Zuzug einzelner Gruppen eine soziale Kohäsion entwickelt, die gerade unter den Verdrängten besonders hoch erscheint. Zu den Elementen dieser Kohäsion zählt aber neben dem Erleiden identischer Schicksale eben auch die heutige Wohnform in in sich geschlossenen Siedlungen. Demgegenüber entwickelte die Restitutionsregelung ein umfassende statusverändernde Wirkung unter den Bewohnern: Die bis 1990 statusprivilegierten Schichten der DDR-Gesellschaft erfuhren gegenüber kleinbürgerlichen und aufstiegsorientierten Mittelschichtlern eine empfindliche Deprivation, da sie zu DDR-Zeiten kein Interesse an einer Eigentumsbildung zeigten und Nutzer blieben anstatt die Möglichkeiten des redlichen Erwerbs zu nutzen. Infolge dieser Verweigerung von Eigentumsbildung zählten sie zu den Verlierern der Restitution; allerdings konnten sie diesen Nachteil partiell durch ein entschiedenes Engagement für die Ausweichsiedlungen kompensieren.

Soziale Auswirkungen zeigte die Restitutionsregelung in Kleinmachnow aber auch für Antragsteller: Da politische Flüchtlinge häufiger enteignet wurden als wirtschaftliche Flüchtlinge, deren Häuser unter staatliche Verwaltung genommen

---

11 Große Teile Kleinmachnows lagen bis 1990 im Grenzbereich der DDR und unterlagen einer besonderen Zuzugsüberwachung; die Diskussion um die Eigentumsfrage in Kleinmachnow begann bereits 1990, nimmt breiten Raum in DAHNs Darstellung der Restitutionsproblematik (1994) ein und erzeugte ein umfangreiches Medienecho. Darüber hinaus fällt der hohe Organisationsgrad der Bewohner Kleinmachnows auf.

wurden, sind sie nun bei der Restitution massiv dadurch benachteiligt, dass ihre enteigneten Häuser redlich erworben wurden und somit nicht mehr restituiert, sondern nur noch mit Entschädigungen abgegolten werden.

Gerade für Kleinmachnow spielt die Bewertung des Restitutionsprozesses aus den unterschiedlichen Perspektiven eine entscheidende Rolle und verdeutlicht den differenzierenden und die gruppenübergreifende soziale Kohäsion nicht unterstützende Charakter der Regelung. Während die redlichen Erwerber die Restitution als konfliktfrei und weitgehend folgenlos für die eigene Situation wahrnehmen, empfinden sie die Mieter betroffener Häuser als massive, emotional wie materiell belastende Eingriffe. Allerdings werden die langfristigen Folgen von den Mietern je nach ihrer posttransformatorischen Wohnsituation unterschiedlich betrachtet, da mit der Restitution auch die Möglichkeit bzw. die Notwendigkeit zum Erwerb von Eigentum in den Ausweichsiedlungen verknüpft war. Diejenigen hingegen, die kein Eigentum erwarben, sondern in eine Mietwohnung umzogen, interpretieren die Folgen sachenrechtlicher Regelungen als sozialen Abstieg. Ambivalent sehen die Nutzer der Objekte die Entwicklung nach 1990, da sie über einen Bestandsschutz verfügten und zwar in ihren Augen von Nutzern zu Mietern abstiegen, aber in ihrer gewohnten Umgebung bleiben durften.

Weitaus schwerwiegender waren die Folgen der Restitutionsregelung für die soziale Kohäsion in Kleinmachnow: Neben den sozialen Differenzierungen der Bevölkerung überlagert ein Marginalisierungsgefühl die Erfahrungen im sachenrechtlichen Transformationsprozess: Die moralisch erworbenen Rechte der Bewohner seien nicht ausreichend gewürdigt worden, durch den Zuzug westdeutscher, statushöherer Bürger sei das vorher vorhandene Gemeinschaftsgefühl verloren gegangen. Dieser Verlust an immaterieller Lebensqualität wird im Falle Kleinmachnow durch eine subjektiv wahrgenommene Verschlechterung des Wohnumfeldes durch eine Nachverdichtung unterstützt (zusammenfassend nach HÄUßERMANN/GLOCK/KELLER 2001).

In der ländlichen Gemeinde Bergholz wurde der Prozess der sachenrechtlichen Reorganisation durch Restitution aus drei unterschiedlichen Perspektiven wahrgenommen; erst die synoptische Betrachtung dieser drei Perspektiven verdeutlicht, in welchem Umfang Restitution dazu beitrug, soziale Strukturen in Bergholz zu verändern bzw. die Selbsteinschätzung der Bergholzer als soziales Gemeinwesen zu prägen.

Die nachfolgende Darstellung dieser drei Betrachtungs- und Interpretationsperspektiven folgt nicht notwendigerweise deren Bedeutung, sondern gibt lediglich die Reihenfolge wieder, in der sie sowohl während der Runden-Tisch-Gespräche als auch in Einzelgesprächen genannt wurden. Gerade die periphere Lage Bergholz' in einem der strukturschwächsten Landkreise Deutschlands kann als Erklärungshintergrund dafür dienen, dass die Gesprächspartner als wichtigste Auswirkung der Restitutionsregelung auf Bergholz das Ausbleiben jeglicher Eigennutzung oder Investitionen durch die restituierten Alteigentümer nannten. Der Verkauf bzw. die Verpachtung der landwirtschaftlichen Flächen stand im Mittelpunkt des Interesses der Alteigentümer und führte zu unterschiedlichen Bewertungen innerhalb der Gesprächsrunde: Während die Bürgermeister von Bergholz und des Nachbarorts Caselow hier ausbleibende Investitionen oder Bevölkerungszuwächse beklagten, äußerten die in der Landwirtschaft tätigen Teilnehmer ihre Zufriedenheit mit dieser Entwicklung, die ihre eigenen wirtschaftlichen Interessen und somit auch ihre soziale Stellung als führende Landbesitzer des Ortes nicht gefährdete.

Eine zweite Betrachtungsebene thematisiert die mit der Restitutionsregelung verbundene normative Prinzipiengerechtigkeit: Im Mittelpunkt dieser Betrachtung stehen der Vergleich und die Bewertung unterschiedlicher Sachverhalte, die mit der Rückgabe enteigneten Eigentums in Verbindung gebracht werden. Zunächst wurde hier auf die unterschiedlichen Lebenswege von Flüchtlingen aus Bergholz und der in Bergholz verbliebenen Bevölkerung hingewiesen und in der mangelnden Berücksichtigung der divergenten materiellen und politischen Entwicklung ein wesentliches Element von Ungerechtigkeit identifiziert. Aus dieser Perspektive heraus erscheint Restitution dann den Gesprächsteilnehmern als doppelte Begünstigung.

Innerhalb dieses Betrachtungskontextes der normativen Prinzipiengerechtigkeit spielt weiterhin ein Aspekt eine wesentliche Rolle, der eng mit den Lebens- und Arbeitsbedingungen in ländlichen Siedlungen und darüber hinaus mit den in derartig strukturierten Gemeinwesen etablierten Wertsystemen zusammenhängt: Die Gesprächspartner, die im übrigen offenbar über alle Restitutionsanträge und deren Erfolg informiert gewesen waren, differenzierten sorgfältig zwischen solchen Alteigentümern, die einen offensichtlichen Grund für das Verlassen des Ortes vorweisen konnten[12], solchen Alteigentümern, die ihre Hofstelle vor ihrer Flucht geordnet an Freunde oder Nachbarn weitergaben, und solchen Alteigentümer, die „sich bei Nacht und Nebel ohne Rücksicht auf ihr Vieh davonmachten". Gerade dieser offensichtliche Bruch mit bäuerlichen Traditionen einer Verantwortlichkeit für Tiere und Fläche bewegte die Teilnehmer der Gesprächsrunde, die Rückgabe der Flächen an die Alteigentümer als ungerecht zu charakterisieren. Zu diesen, hier als lokale Werte und Verhaltensmuster zusammengefassten Einstellungen der Bevölkerung zählt dann sicherlich auch die Ablehnung des Personenkreises, der nach Antragstellung in Bergholz seine Besitzansprüche massiv und ohne jede Zurückhaltung, Freundlich- oder Höflichkeit vorbrachte. Es muss in diesem Zusammenhang aber auch darauf verwiesen werden, dass die Anwendung lokaler Werte und Verhaltensmuster auch als Element der Segregation zwischen „uns" und den anderen dienen kann.

Die letzte Perspektive der Betrachtung von Restitution greift den Aspekt der Verfahrensgerechtigkeit auf: Die Vermutung einer systematischen Bevorteilung westdeutscher gegenüber ostdeutscher Antragsteller durch die ARoV-Leitung bzw. die dort tätigen westdeutschen Rechtsanwälte sowie grundsätzlich durch die Gesetzgebung prägt die Gesamtbewertung des Restitutionsprozesses in Bergholz.

Zusammenfassend kann festgehalten werden, dass aus der Perspektive der Bewohner von Bergholz Restitution zwar keine direkten Veränderungen der Sozi-

---

12 Im Zuge der Unruhen nach dem 17. Juni 1953 war ein Bewohner erheblichem staatlichen Druck ausgesetzt, so dass er später die DDR verließ.

alstruktur oder der sozialen Kohäsion nach sich zog, aber der Verfahrensablauf an sich, das Auftreten der Antragsteller, deren Ansprüche und die letztlich ausbleibenden Investitionen das Gefühl der Marginalisierung und Ignorierung durch die Regierungen in der Landes- und Bundeshauptstadt weiter verstärkte.

Eine differenzierte Herangehensweise an die sozialen Auswirkungen der Restitutionsregelung vermittelte eine im Landkreis Uecker-Randow durchgeführte Expertenrunde, an der neben der Leiterin des ARoV, des Amtes für Landwirtschaft und der Planungsbehörde der Stadt Pasewalk auch Vertreter der Wohnungsunternehmen in Pasewalk teilnahmen. Die Teilnehmer wiesen zunächst darauf hin, dass aus sozio-ökonomischer Sicht die Eigentumsrestitution weder positive noch negative Effekte gehabt hätte, da die wirtschaftliche Entwicklung der Region von anderen Determinanten abhänge. Im Laufe der Diskussion stellte sich allerdings heraus, dass insbesondere in Bezug auf die Entwicklung des Stadtbildes Pasewalk durchaus negative Einflüsse identifiziert werden können, da einzelne Gebäude immer noch sanierungsbedürftig und in einem allgemein sehr schlechten Zustand seien.

Für die ländlichen Räume scheint die Frage der Eigentumsrestitution fast keine Relevanz zu besitzen, da lediglich Pachtverhältnisse geändert wurden, aber keine neuen Betriebe die Betriebsstruktur in Uecker-Randow beeinflussten. Übereinstimmend wiesen die Teilnehmer bereits an dieser Stelle auf die Frage der Gerechtigkeit der Restitutionsregelung hin: Oft seien Personen mit scheinbar gleicher Ausgleichsstellung mit unterschiedlichen Entscheidungen konfrontiert gewesen, wodurch zwar keine menschlichen Tragödien, aber sozialer Sprengstoff zwischen „Verlierern" und „Gewinnern" der Restitutionsregelung entstanden sei.

Abschließend wurde zu diesem Komplex festgehalten, dass tatsächlich ja nur wenig Eigentum an die alten Eigentümer zurückgegeben wurde und sich daher die sozialen und wirtschaftlichen Auswirkungen der Restitutionsregelung in engen Grenzen hielten. Problematischer sei vielmehr die weit verbreitete Unkenntnis der Antragsteller zu Verfahren und Antragsobjekten gewesen, da der komplizierte Verfahrensablauf und die weit überhöhten Erwartungen an die finanziellen Verwertungsmöglichkeiten der Objekte im nachhinein zu Enttäuschungen geführt habe – dies gilt aber eher für ortsfremde Antragsteller.

Abschließend ging die Diskussionsrunde der Frage „Eigentumsrestitution und Soziale Gerechtigkeit" nach. Bereits in der vorherigen Diskussion waren immer wieder Beispiele für soziale Ungerechtigkeiten, besonders im Bereich der Restitution landwirtschaftlicher Betriebe, genannt worden, so dass hier zunächst konstatiert wurde, dass Gerechtigkeit zu allererst aus ganz persönlicher Sicht gesehen werde: Was dem einen gerecht erscheint, ist für den anderen ungerecht. Zentraler Konfliktpunkt war wohl die Intention des Gesetzgebers, einen sozialverträglichen Ausgleich zwischen den Interessen der Antragsteller und der Verfügungsberechtigten zu schaffen, was angesichts der Komplexität des Verfahrens, der unterschiedlichen Hintergründe der Enteignungen und letztlich auch der unterschiedlichen Erwartungshaltungen unmöglich war. Als hilfreich erwies sich der Hinweis, dass vor Ort die Frage der Gerechtigkeit nur eine untergeordnete Rolle spielt, da die Klausel des redlichen Erwerbs einen großen Personenkreis in ihren Besitzrechten schützt. In Hinblick auf eine zukünftige Entschädigungsregelung ergibt sich allerdings eine völlig andere Dimension sozialer Gerechtigkeit, da die hier zu erwartenden Diskrepanzen einer finanziellen Entschädigung gegenüber den wirtschaftlichen Verwertungsmöglichkeiten restituierter Grundstücke und Gebäude weitere Ungerechtigkeiten der Restitutionsregelung offenbaren werden.

Deutlich wird, dass auch die Experten die sozialen Auswirkungen der Restitutionsregelung weniger in massiven Veränderungen der Sozialstruktur, wie sie in Kleinmachnow zu beobachten waren, sehen als vielmehr die Implikationen für die soziale Kohäsion und das Verständnis des sachenrechtlichen Transformationsprozesses als gerechtigkeitstransportierendes Instrument betonen. Ähnlich wie die in unterschiedlichem Maße betroffene Bevölkerung stellen sie die Frage der Gewinner und Verlierer des sachenrechtlichen Veränderungsprozesses in den Mittelpunkt ihrer Bewertung.

Neben der Restitutionsregelung kommt den sachen- und schuldrechtsbezogenen Regelungen eine besondere Bedeutung zu, da sie in umfangreichem Maße zu einer Veränderung der sachenrechtlichen Stellung einzelner Mitglieder der Bevölkerung führte. Die sozialen Auswirkungen beider Regelungen zeichnen sich im Gegensatz zur Restitution außerdem dadurch aus, dass fast ausschließlich ein ostdeutscher Personenkreis betroffen ist. Die jeweiligen Regelungen sehen vor, den Nutzern von Gebäuden auf nichteigenem Boden ein Wahlrecht zwischen Anspruch auf Bestellung eines Erbbaurechts oder auf Ankauf des erfassten Grundstücks zu offerieren (Sachenrechtsbereinigungsgesetz, vgl. VOSSIUS (1995: Rd.Nr. 17)) oder eine Zusammenführung des Eigentums an Grundstücken mit Eigentum an Baulichkeiten, Anpflanzungen und Meliorationsanlagen herbeizuführen (Schuldrechtsbereinigungsgesetz, vgl. THIELE/KRAJEWSKI/RÖSKE (1995: Rd.Nr. 8)). Mithin verfolgen diese Regelungen also die Umwandlung von Besitz- bzw. Nutzungs- in Eigentumsrechten.

Der Umfang dieser Regelungen lässt sich nicht erschließen, da die Verfahren notariell abgewickelt werden und in der allgemeinen Justizstatistik nicht aufgeführt sind: Lediglich VOSSIUS (1995: Rd.Nr. 17) nennt eine Schätzung von 300.000 Fällen. Die sozialen Implikationen dieser Regelung berühren zwei Aspekte sachenrechtlicher Veränderungen: Die Möglichkeit, Nutzungs- bzw. Besitzrechte in Eigentumsrechte umzuwandeln, hängt zum einen davon ab, ob eine DDR-Nutzungsurkunde (sog. „Blaue Urkunde") ausgestellt oder ein nutzungsrechtlicher Vertrag abgeschlossen wurde. Da Nutzungsurkunden für vollständig enteignete Flächen und Nutzungsverträge für zwangsverwaltete Flächen genutzt wurden, ergibt sich in der transformatorischen Regelung eine Ungleichbehandlung: Nutzungsurkunden erleichtern die Zusammenführung von Gebäude- und Bodeneigentum, da der Eigentümer des Bodens die Kommune war. Im Falle von Nutzungsverträgen trat aber nach Abschluss des Restitutionsverfahrens der Alteigentümer ein, mit dem nun eine Einigung erzielt werden musste.

Obgleich FRICKE/MÄRKER (2002: Rd.Nr. 826–829) eine grundsätzliche Bevorteilung der Erwerber sehen, kann dieser Befund für Kleinmachnow und Bergholz nicht nachvollzogen werden, wobei allerdings die lokalen Gegebenheiten einer relativen Vernachlässigung sachenrechtlicher Überlegungen durch die regimetreue Bevölkerung in Kleinmachnow und der geringe Anteil an DDR-Nutzungsrechten in Bergholz Berücksichtigung finden müssen. Aus sozialwissenschaftlicher Perspektive besteht die besondere Bedeutung beider Regelungen gerade in der Überleitung von Nutzungs- zu Eigentumsrechten, wobei angesichts der Besonderheiten der Nutzungsbedingungen – Erhaltungspflicht der Nutzer, Vererbbarkeit der Nutzungsverträge, geringe Nutzungsentgelte – bereits von voreigentumsrechtlichen Beziehungen gesprochen werden kann. Bisher ist diese Thematik allerdings nicht durch empirische Untersuchungen umfassend erschlossen worden.

Einen weiteren Anhaltspunkt für die Bewertung der sozialen Auswirkungen des sachenrechtlichen Transformationsprozesses kann eine Betrachtung der Entwicklung landwirtschaftlicher Unternehmen bieten: Die Wiederbegründung bzw. Neugründung von Unternehmen veränderte ebenso wie das mit der wirtschaftlicher Transformation einhergehende Ansteigen der Arbeitslosigkeit bzw. des frühzeitigen Ausstiegs aus dem Erwerbsleben die soziale Situation in den ländlichen Räumen. Für Bergholz kumuliert diese Einschätzung in der Charakterisierung der Region als das „Armen- und Altenheim Deutschlands". Aufschlüsse über die Bewertung der sozialen Veränderungen ergab die im Februar 2004 durchgeführte schriftliche Befragung der 51 im Landkreis Uecker-Randow tätigen landwirtschaftlichen Unternehmen mit einer Rücklaufquote von 39,2 % (= 20 Unternehmen). Explizit wurde in dieser Befragung um eine Bewertung des Privatisierungsprozesses im Hinblick auf Gerechtigkeit/Fairness und die soziale Abfederung des Restrukturierungsprozesses gebeten, wobei eine fünfstufige Skalierung zwischen gerecht/fair (= 1) und ungerecht/unfair (= 5) bzw. sehr gute Unterstützung (= 1) und ungenügende Unterstützung (= 5) angeboten wurde (Abb. 69).

Die für die soziale Kohäsion im Untersuchungsgebiet besonders wichtige Frage der Fairness des landwirtschaftlichen Restrukturierungsprozesses verdeutlicht die insgesamt neutrale Einschätzung durch alle Befragten (3,15). Betrachtet man nun allerdings die einzelnen Betriebsformen und somit mittelbar auch die an diese Betriebe geknüpften sozialen Gruppen, so lässt sich eine deutliche Polarisierung erkennen: Während Familienbetriebe und GbR den Restrukturierungsprozess positiv bewerten, empfinden ihn die GmbHs als Nachfolgeunternehmen der LPG als ungerecht. Noch unzufriedener äußern sich mit 3,5 die Nebenerwerbslandwirte, die durch ihre Erfahrungen bei der Umgestaltung der LPG auch am stärksten betroffen waren. Vergleichbare Ergebnisse – allerdings mit einer noch stärkeren Polarisierung – liegen für die Bewertung der sozialen Abfederung des Restrukturierungsprozesses vor: Auch hier bewerten die Hauptbetroffenen den Prozess deutlich negativer als die Familienunternehmen bzw. die GbR.

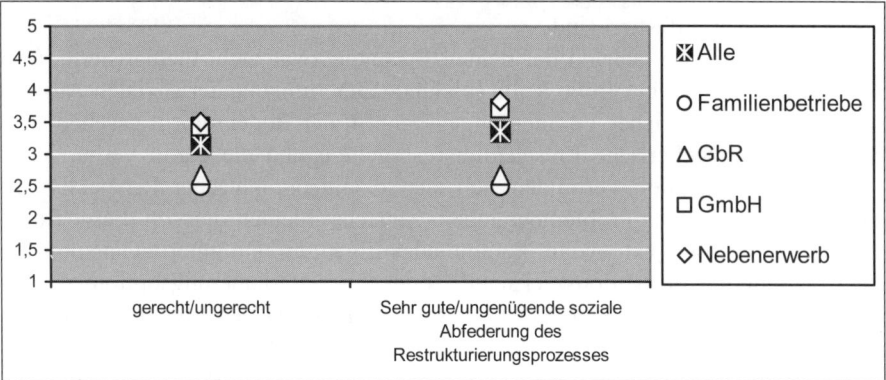

Abb. 69: *Fairness und soziale Abfederung des Restrukturierungsprozesses*

Quelle: *Eigene Befragung landwirtschaftlicher Unternehmen im LK Uecker-Randow (Februar 2004, n=20)*

Diese Teilergebnisse der Befragung vermitteln die Schwierigkeiten der Kategorisierung landwirtschaftlicher Unternehmen in Ostdeutschland, da einfache ökonomische bzw. sozio-ökonomische Analysen von Betriebsergebnissen und Standardeinkommen nicht ausreichen, um Verlierer und Gewinner des sachenrechtlichen Transformationsprozesses zu identifizieren. Vielmehr wird anhand dieser Fragestellung deutlich, dass für eine Kategorisierung die Reflektion der gegenwärtigen sozio-ökonomischen und eigentumsrechtlichen Situation gegenüber der prätransformatorischen zu betrachten ist. Eine derartige Betrachtung der sozialen Auswirkungen sachenrechtlicher Veränderungen muss neben dem bereits geschilderten Überlappungsbereich sozialer und ökonomischer Perspektiven auch die zeitliche Komponente mit einbeziehen. Während der sachenrechtliche Transformationsprozess zumindest formal an bestimmte zeitliche Vorgaben gebunden war (Umwandlung der LPG, Bearbeitungszeitraum der Restitutionsanträge etc.), fließt in die Bewertung des Restrukturierungsprozesses auch eine Einschätzung der späteren, evtl. nicht direkt mit dem Transformationsprozess in kausaler Verbindung stehenden Entwicklung in unbestimmter Qualität und Quantität mit ein. Insofern lässt sich eine Unschärfe der sachenrechtsbezogenen Aussagen nicht vermeiden.

Zusammenfassend fällt es schwer, eine abschließende Bewertung der sozialen Auswirkungen der sachenrechtlichen Veränderungen und insbesondere des Restitutionsprozesses zu erstellen. Zunächst ist hier auf eine deutliche Abhängigkeit von lokalen Gegebenheiten hinzuweisen, die sich vor allem in den Unterschieden zwischen urbanen, suburbanen und ländlichen Räumen manifestiert. In urbanen und suburbanen Räumen ist nicht nur die Dichte der Restitutionsfälle und somit auch der Differenzierung der sachenrechtlichen Veränderungen zwischen Privatisierung, Reprivatisierung und Restitution höher, sondern es ergeben sich auch ausgeprägtere soziale Differenzierungen, die wie im Falle von Kleinmachnow sogar zu einer sozialen Segregation führen können. Demgegenüber erlangte Restitution zwar auch in Bergholz eine erhebliche Bedeutung, die allerdings weniger in den sozioökonomischen Erscheinungen als in der Frage der Gerechtigkeit der Regelung bzw. der Abwägung zwischen dörflichen Normen und überörtlichen Gesetzgebungen manifestiert sind.

Eine zusätzliche, anhand der beiden Beispiele zwar nicht thematisierte, aber vor allem in Gotha eine große Rolle spielende Determinante der sozialen Auswirkungen sachenrechtlicher Veränderungen kann in der Bodenreform gesehen werden: Die gesetzgeberische Entschädigungsregelung und die damit verbundenen Ausnahmetatbestände[13] verbinden sich aus sozialgeographischer Perspektive zu mehreren fokussierten Problembereichen. Zunächst bleiben die von dieser Regelung betroffenen Objekte weiter kommunales Eigentum und unterliegen somit einem potentiellen Investitionsrückstand[14] oder einer Veräußerungsoption; weiterhin bestehen in diesem Kontext Diskurse zwischen den betroffenen ehemaligen Eigentümern und der lokalen Bevölkerung, die sowohl kohäsionsfördernd als auch -hemmend wirken können (z. B. WEIS 1999, RIETZSCHEL 2000, MISCHKE 2004, VON BECKER 2005).

Für eine Bewertung der sozialen Implikationen sachenrechtlicher Veränderungen darf nicht außer acht gelassen werden, dass sie in hohem Maße von sozioökonomischen Parametern beeinflusst werden, wodurch das lokale Nebeneinander von Wiedereinrichtern, Neueinrichtern und LPG-Nachfolgeunternehmern auch dadurch eine soziale Dimension erhält, als dass man auf diesen Regelungen basierenden Betrieben die Existenz abspricht bzw. den Erfolg bzw. Misserfolg der Unternehmen mit der sachenrechtlichen Transformation in Verbindung bringt. Diese lokalen Variationen der sozialen Implikationen sachenrechtlicher Veränderungen können sowohl mit den Veränderungen in der Landwirtschaftsstruktur und deren Begleitumstände als auch mit individuellen Konstellationen der wirtschaftlichen Leistungsfähigkeit bzw. dem Erfolg in Verbindung gebracht werden.

Insofern bedarf es bei der folgenden Betrachtung der wirtschaftlichen Auswirkungen der sachenrechtlichen Transformation auch einer Berücksichtigung sozialer Aspekte, wie sie bspw. für Bergholz in Zusammenhang mit der Errichtung der Windkraftanlage thematisiert werden können.

7.3 WIRTSCHAFTLICHE VERÄNDERUNGEN

Die Analyse und Bewertung der Auswirkungen sachenrechtlicher Veränderungen auf die Wirtschaftsstruktur in peripheren Räumen bedarf zunächst eines Versuches der Abgrenzung unterschiedlicher wirtschaftsstruktureller und wirtschafts-

---

13 Zu diesen Ausnahmetatbeständen gehört die Restitution von durch die Bodenreform enteigneten Objekten bei vorheriger Enteignung durch das nationalsozialistische Regime zwischen 1933 und 1945 und die Restitution bei Vorlage eines Rehabilitierungsurteils mit Rücknahme der Enteignung durch die russische Militärstaatsanwaltschaft.

14 Dieser, vor allem in Gotha zu beobachtende Investitionsrückstand erklärt sich aus der zunächst dringenderen Sanierung bzw. Bestandsreduzierung im Segment der Geschoßwohnungsbauten der Wohnungsbaugesellschaften. In Gotha wie in Pasewalk bestand die Strategie der kommunalen Wohnungsunternehmen in einer bevorzugten Behandlung der von Sanierungsrückstand, sozialer Segregation und Entleerung bedrohten DDR-Plattenbauten.

räumlicher Prozesse nach ihren Ursachen, da für die Themenstellung der vorliegenden Arbeit nur solche Veränderungsprozesse relevant sind, die direkt auf sachenrechtliche Veränderungen zurückzuführen sind. Demnach sind alle Prozesse, die auf nachgelagerte wirtschaftspolitische Entscheidungen zurückgehen (bspw. die Arbeit der THA oder die Agrarpolitik von Land, Bund und EU) hier nicht zu betrachten. Ebenso konzentrieren sich die nachfolgenden Ausführungen auf die landwirtschaftlichen Unternehmen im Untersuchungsraum.

Die Analysen sind dabei in vier Abschnitte unterteilt: Zunächst wird die Entwicklung der landwirtschaftlichen Unternehmen nach 1950 auf einer einzelbetrieblichen Betrachtungsebene nachvollzogen, um die Konzentrations- und Restrukturierungsprozesse nachzeichnen zu können. Anhand zweier Fallbeispiele soll demonstriert werden, wie der post-sozialistische Transformationsprozess landwirtschaftlicher Betriebe gestaltet wurde und welche Auswirkungen er auf die heutige Landwirtschaftsstruktur hat. Aus wirtschaftsräumlicher Sicht ist es in diesem Zusammenhang unerlässlich, auf die Entwicklung der Unternehmen einzugehen, einen Standortvergleich zwischen sozialistischen und post-sozialistischen Unternehmen vorzunehmen und somit Verflechtungen sowie Kontinuitäten und Diskontinuitäten darzustellen. In einem Exkurs werden anschließend die Ergebnisse einer Studie zur Transformation der LPG in Thüringen vorgestellt, die anhand einer Typisierung des Restrukturierungsprozesses verdeutlichen, durch welche Faktoren die Privatisierung der LPG beeinflusst waren. Am Ende dieses Abschnitts steht die Bewertung des sachenrechtlichen Transformationsprozesses aus der Sicht der betroffenen Unternehmer, so dass neben wirtschaftsstrukturellen und -räumlichen Implikationen auch herausgearbeitet werden kann, wie die durch den Transformationsprozess in unterschiedlicher Intensität betroffenen Gruppen diese Prozesse beurteilen.

7.3.1 Die Agrarstrukturentwicklung im Amt Löcknitz ab 1953

Eine Analyse der Agrarstrukturentwicklung im Amt Löcknitz auf der Ebene einzelner Betriebe (Abb. 70) dokumentiert die unterschiedlichen Phasen der sachenrechtlichen Entwicklung. Hierzu wurden die in den Archiven verfügbaren Informationen zu den einzelnen Unternehmen seit 1950 aufgenommen und grafisch umgesetzt; auf die Nennung der einzelnen Unternehmen wurde dabei aus technischen Gründen verzichtet. Ab 1953 setzt im Untersuchungsgebiet die Kollektivierung der Landwirtschaft ein. Die sich hier zunächst entwickelnde Agrarstruktur ist nicht nur von dem Nebeneinander unterschiedlicher LPG-Typen geprägt, sondern zeichnet sich auch durch eine starke räumliche Differenzierung der Betriebsgrößen aus. So wurden im Bereich der späteren Kooperation Grambow weitaus mehr und damit auch kleinere LPG gegründet als im Kooperationsbereich Bismark. Generell zeigen sich aber mehrere Schritte der Verschmelzung von LPG zu größeren Einheiten (um 1964 und 1974), bis letztlich im Jahre 1989 nur noch 11 Unternehmen, die in fünf Kooperationsbereichen organisiert waren, vorhanden waren. Dieser Restrukturierungsprozess der LPG ist allerdings nicht mit sachen-

rechtlichen Implikationen verbunden, da die mit der Kollektivierung eingeführten sachenrechtlichen Beschränkungen weiter bestanden bzw. im Zuge des Überganges von Typ I zu Typ III nur graduell angepasst wurden und lediglich die Organisationsform verändert wurde. Demgegenüber weist der 1990 einsetzende sachenrechtliche Transformationsprozess drei Ausformungen auf:
- Die am 25.3.1981 gegründete LPG (P) Bismark (LPG-Register Kreis Pasewalk Nr. 152) mit 2551 ha und 151 Mitgliedern löste sich am 31.7.1990 auf, wurde am selben Tag als LPG-Bismark neugegründet und gab Teile an die LPG (T) Vereinte Kraft Plöwen ab. Am 1.7.1992 wandelte sich dann in die Agrargenossenschaft Bismark eG um, die allerdings am 20.3.2001 liquidiert und aus dem Genossenschaftsregister gestrichen wurde. Es handelt sich hierbei um den einzigen Fall einer betrieblichen Kontinuität ohne weitgehende Restrukturierung.
- Alle anderen LPG wurden innerhalb der jeweiligen Kooperationen[15] neu strukturiert und als juristische Personen (meist GmbH & Co KG) weitergeführt. Ein wesentliches Element dieser Umgestaltung der Betriebe war die Zusammenführung der Tier- und Pflanzenproduktion und die Gestaltung überlebensfähiger Betriebe. Als wichtiges Instrument zur Umsetzung dieser Strategie galt die Einrichtung von Management- oder Verwaltungsgesellschaften, die die dazugehörigen Kommanditgesellschaften verwalteten und deren Gesellschafter persönlich hafteten. Gerade im Bereich der ehemaligen Kooperation Grambow hat sich dabei mit den Agrargesellschaften Grambow und Ramin mit den Geschäftsführern Nitschke und Reim ein umfangreiches Geflecht an landwirtschaftlichen Unternehmen gebildet. Eine ähnliche Entwicklung nahm die LPG Jungrinderaufzucht in Grünhof, die sich in drei Aktiengesellschaften aufgegliedert hat.
- Im Zuge des Privatisierungs- und Reprivatisierungsprozesses – kein einziger restituierter Betrieb wurde wieder eingerichtet – entstanden ab 1990 insgesamt 47 landwirtschaftliche Unternehmen in den Betriebsformen GbR, Haupterwerbsbetrieb und Nebenerwerbsbetrieb, von denen im Jahre 2004 noch 35 existierten. Einige dieser Unternehmen wurden von ehemaligen Führungskräften der früheren LPG gegründet und sind heute aufgrund ihrer Größe und Wettbewerbsfähigkeit gut aufgestellt. Der Leiter des Amtes für Landwirtschaft Ferdinandshof[16] beschrieb diese Gruppe als Mischung als professionellen, gut ausgebildeten und integrierten Haupterwerbslandwirten, neu hinzugekommenen Neueinrichtern mit hohem Spezialisierungsgrad (ökologischer Landbau, Pferdezucht etc.) und Nebenerwerbslandwirte ohne Perspektive im nicht-landwirtschaftlichen Bereich.

Als beispielhaft für den sachenrechtlichen Transformationsprozess und die daraus entstandenen Restrukturierungen landwirtschaftlicher Unternehmen können die

---

15 Im heutigen Amt Löcknitz waren drei Kooperationsbereiche eingerichtet: Rothenklempenow (LPG-P Rothenklempenow, LPG-T Rothenklempenow, LPG-T Blankensee, ZGE Grünhof), Grambow (LPG-P Grambow, LPG-T Ramin, LPG-T Schwennenz) und Bismark (LPG-P Bismark, LPG-T Plöwen). Die Betriebe in Bergholz und Caselow gehörten zur Kooperation Brüssow, Zerrenthin zu Polzow und Sonnenberg zu Glasow.
16 Gespräch mit Herrn Wedewardt am 27.1.2001 und 4.4.2005.

7 Die Auswirkungen auf Landschaft, Sozialstruktur und Wirtschaft

LPG in Bergholz und Ramin gelten. Die am südlichen Rand des Amtes Löcknitz gelegenen LPG in Bergholz und Brüssow standen 1990 unter der besonderen Herausforderung, dass eine Neuordnung ihrer Betriebsbereiche nicht nur aus betriebswirtschaftlichen Gründen durch eine Zusammenführung der Tier- und Pflanzenproduktion erforderlich war, sondern auch durch die künftige Zugehörigkeit Brüssows zum Bundesland Brandenburg unerlässlich erschien. Daher wurden die LPG in Bergholz (Tierproduktion) und in Brüssow (Pflanzenproduktion) in je eine Agrar AG und eine Landwirtschaftliche Produktionsgesellschaft in Bergholz und Brüssow geteilt. 1992 verschmolzen dann die Bergholzer Agrar AG, die Bergholzer Landwirtschaftliche Produktionsgesellschaft AG und die Brüssower Agrar AG zur Bergholzer Agrar AG, die allerdings bereits 1996 in Gesamtvollstreckung geriet; ihre Flächen werden im wesentlichen durch den Agrarbetrieb Luitjens KG als Neueinrichter bewirtschaftet.

In Ramin und Grambow hatten sich die beiden LPG bereits im Oktober 1990 zur Kooperation Grambow zusammengeschlossen, um so durch eine Neuordnung der Tier- und Pflanzenproduktion die Agrargesellschaft Grambow und die Raminer Agrar GmbH & Co KG mit jeweils zugehörigen VerwaltungsGmbH zu bilden. Durch die Übernahme der Agrargesellschaft Grambow GmbH durch die Raminer Agrar GmbH & Co KG und der Einsetzung von H. Nitschke als Geschäftsführer beider Unternehmen mit identischer Geschäftsstelle wurde nach einem dreijährigem „Intermezzo" im September 1993 der Kooperationsbereich Grambow mit neuen Betriebsformen, aber weitgehend gleicher Struktur und Fläche wieder restauriert.

292   7 Die Auswirkungen auf Landschaft, Sozialstruktur und Wirtschaft

Abb. 70: Agrarstrukturelle Dynamik im Amt Löcknitz, 1950–2004

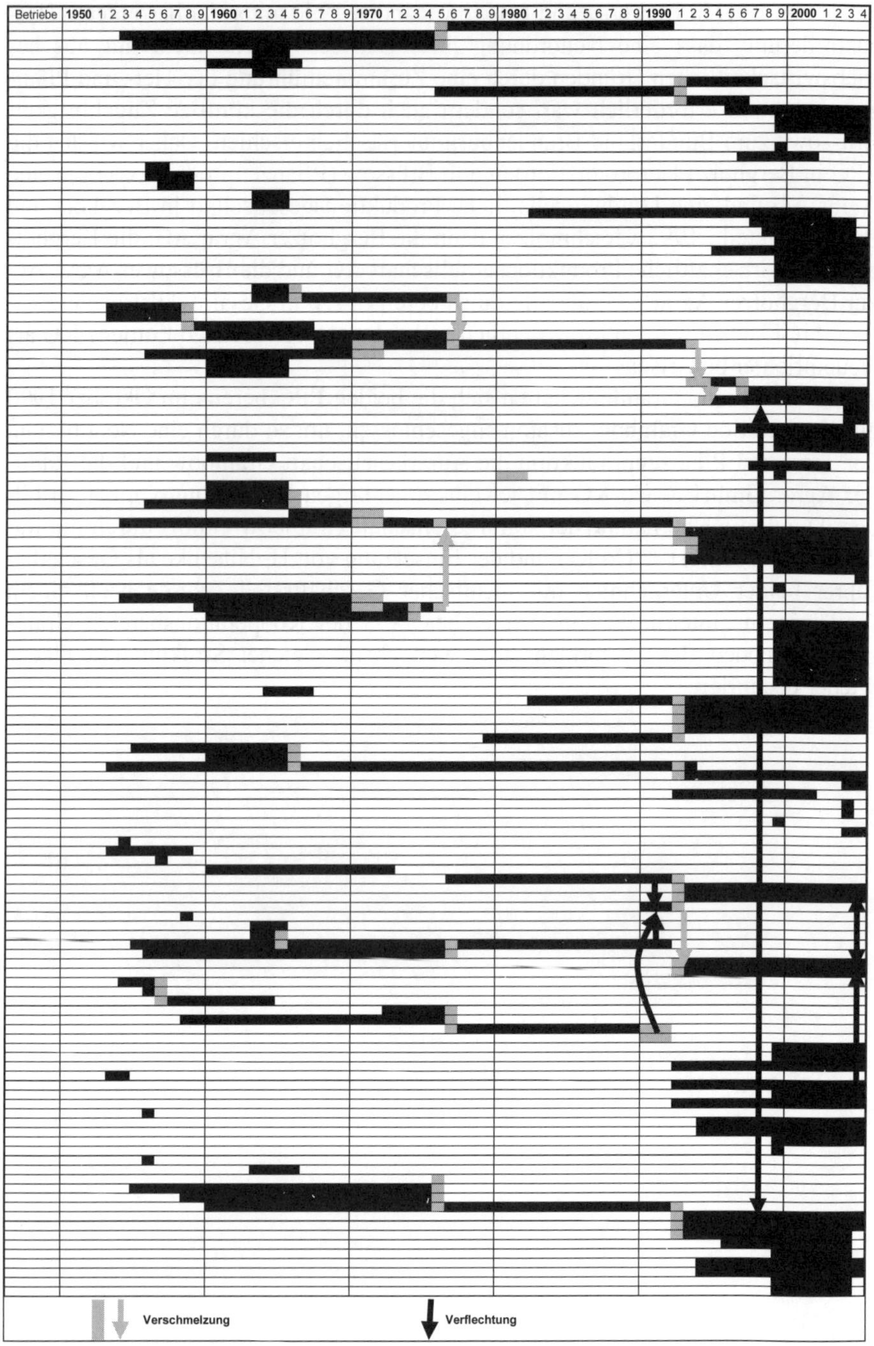

↓ Verschmelzung   ↓ Verflechtung

Quelle: Handelsregister A und B des Amtsgerichts Neubrandenburg, LPG-Register Neubrandenburg, Akten der Bank für Landwirtschaft und Nahrungsgüterwirtschaft der DDR – Filiale Pase-

7 Die Auswirkungen auf Landschaft, Sozialstruktur und Wirtschaft 293

walk, Betriebspläne, Jahresabschlussberichte, Aktenvermerke und Kreditverträge der LPG (Bestände des Kreisarchivs Uecker-Randow und des Landeshauptarchivs Mecklenburg-Vorpommern)

Im Kontext dieser Analyse der Unternehmensentwicklung seit 1950 bedarf es zunächst einer Untersuchung der für das Beispiel Ramin beschriebenen Verflechtungen von Unternehmen, um den tatsächlichen Wandel der Agrarstruktur herausarbeiten zu können. Hierzu wurde die durch das Amt für Landwirtschaft Ferdinandshof erstellte Liste der landwirtschaftlichen Unternehmen auf identische Unternehmensstandorte und Kommunikationsmöglichkeiten (Telefon und Fax) überprüft und zusätzlich durch die im Handelsregister dargestellten Unternehmensverschränkungen ergänzt. Abb. 71 verdeutlicht die Veränderung der Agrarstruktur, da die Durchschnittsgrößen der Betriebe in der Betriebsform AG, GmbH und GmbH & Co KG deutlich wachsen und sich somit der Größenvorteil dieser Unternehmen gegenüber den GbR und Familienbetrieben weiter erhöht.

Abb. 71: Durchschnittliche Betriebsgröße der landwirtschaftlichen Unternehmen im Amt Löcknitz nach Unternehmensformen, unaggregiert und aggregiert (2004)

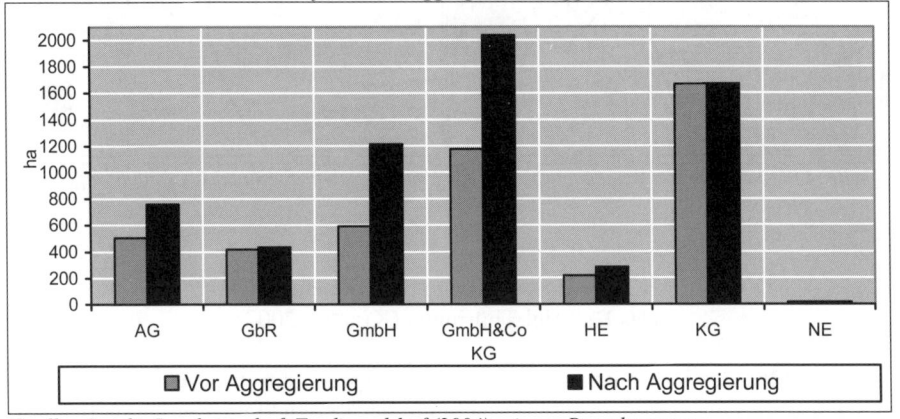

Quelle: Amt für Landwirtschaft Ferdinandshof (2004); eigene Berechnungen

Für die Untersuchung der wirtschaftsstrukturellen Auswirkungen sachenrechtlicher Veränderungen spielen neben den betrieblichen Verflechtungen, die durchaus auf prätransformatorische Bedingungen der Kooperationen und Leitungspersönlichkeiten zurückzuführen sind, auch Fragen der standörtlichen Entwicklung und damit verbundener Fragen von Kontinuitäten und Diskontinuitäten eine bedeutende Rolle. Abb. 72 verdeutlicht zunächst, wie nach 1990 im Zuge des Privatisierungs- und Reprivatisierungsprozesses neue Betriebsstätten errichtet bzw. alte LPG-Betriebsstätten und nicht mehr genutzte Höfe wieder in einzelbetriebliche Nutzung genommen werden. Zu den Ergebnissen des Transformationsprozesses zählt in hohem Maße das Nebeneinander von Kontinuitäten und Diskontinuitäten, das sich am Beispiel des Fortbestandes der landwirtschaftlichen Unternehmen in Bergholz und Grünhof ebenso wie in der Ausdifferenzierung der Betriebe im südöstlichen Teil des Untersuchungsgebietes mit Einzelunternehmen und GmbHs manifestiert.

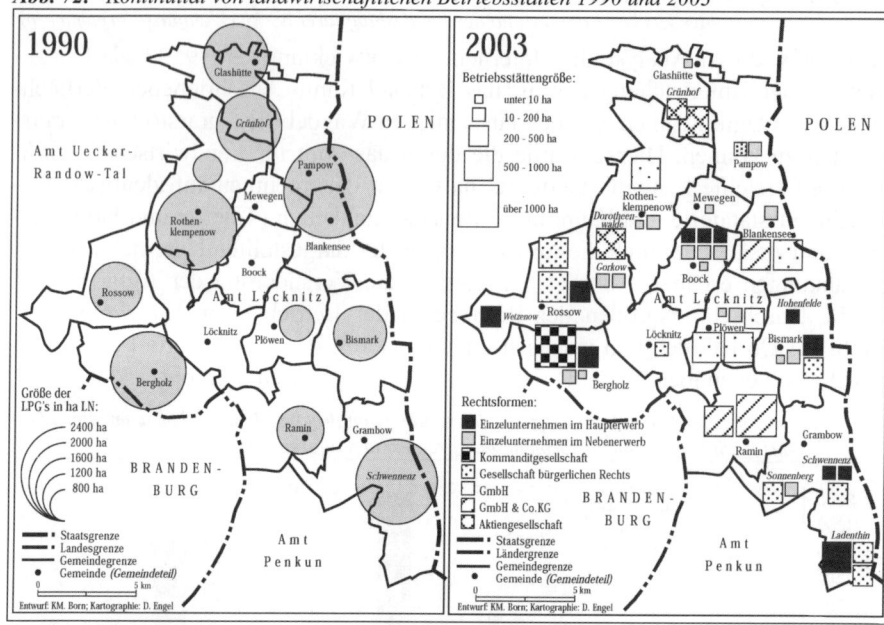

Abb. 72: *Kontinuität von landwirtschaftlichen Betriebsstätten 1990 und 2003*

Quelle: LPG Register Neubrandenburg; Amt für Landwirtschaft Ferdinandshof 2003; eigene Berechnungen

7.3.2 Die Entwicklung von Kooperationen: Das Beispiel Thüringen (KÜSTER 2002)

Da die Größe des Untersuchungsgebietes in Vorpommern mit drei Kooperationsbereichen für eine systematische Betrachtung der Entwicklung der landwirtschaftlichen Unternehmen aus sachenrechtlicher Perspektive zu klein ist, wird hier auf die umfang- und detailreiche Arbeit von KÜSTER (2002) zurückgegriffen, die für alle 1989 in Thüringen bestehenden Kooperationen eine Systematik der transformatorischen Entwicklung aus agrarsoziologischer Sicht entwickelt hat. Der Wert dieser Arbeit liegt nicht nur in der Fülle des empirischen Materials, das durch die Auswertung der Agrarstatistik und die Analyse von Interviews mit Betriebsleitern zusammengetragen wurde, sondern auch in dessen lückenloser Dokumentation, die es ermöglicht, sachenrechtliche Aspekte herauszuarbeiten.[17] Die nachfolgende Interpretation der Ergebnisse von KÜSTER gliedert sich in zwei Abschnitte: Zunächst werden in einer Übersicht die vier Varianten der Restrukturierung von landwirtschaftlichen Kooperationen in Thüringen dargestellt und die sachenrecht-

---

17 Frau Dr. Küster hat einer Auswertung ihres Materials aus sachenrechtlicher Perspektive durch den Verfasser dieser Arbeit ausdrücklich zugestimmt; nicht zuletzt auch, um über ihren eigenen agrarsoziologischen Ansatz hinaus rechtsgeographische Erkenntnisse gewinnen zu können.

lichen Implikationen ihrer Genese herausgearbeitet. Daran schließt sich dann die Analyse der statistischen Daten zur unternehmerischen Transformation an.

Die vier von KÜSTER identifizierten Varianten der postsozialistischen Entwicklung von Kooperationen verdeutlichen zum einen die organisatorischen Schwierigkeiten, denen die Kooperationen und ihre Teilbetriebe nach 1989 ausgesetzt waren, und illustrieren zum anderen aber auch, dass durchaus eine gewisse Wahlfreiheit bestand, diese aber durch die Leitung der Einzelbetriebe der Kooperation, der individuellen Mitglieder und letztlich auch der naturräumlichen Ausstattung eingeschränkt war. Die nachfolgende Tabelle (Tab. 32) nennt die Charakteristika der jeweiligen Variante, deren inhaltliche Begründung durch die Betriebsleiter sowie die darin enthaltenen sachenrechtlichen Inhalte. Die Analyse der sachenrechtlichen Konnotationen verdeutlicht den plötzlichen Bedeutungszuwachs des Eigentums der LPG-Mitglieder sowohl für die Leitung des Betriebs als auch für die jeweiligen Mitglieder.

Hierbei zeigen sich allerdings einige Asymmetrien zwischen Betriebsleitung und Mitgliedern, die die Bedeutung der Betriebsleiter im Transformationsprozess unterstreichen. Für die Betriebsleiter stellte sich zunächst die Notwendigkeit, den Zugriff auf die Flächen der Mitglieder durch Pachtverträge abzusichern und den Verlust durch Wiedereinrichter gering zu halten, insbesondere die LPG (T) standen hier vor besonderen Herausforderungen, da sie zwar über die Flächen ihrer Mitglieder verfügten, aber weder Maschinen noch Know-how für die Flächenbewirtschaftung vorweisen konnten. Die Eigentümer der Flächen standen vor den Wahl, einen eigenen Betrieb zu gründen, die Flächen zu verpachten oder zu veräußern; für die beiden letzten Möglichkeiten konnten sie während der Umwandlungsversammlung der LPG bereits vorzeitig Weichenstellungen vornehmen.

Tab. 32: Varianten der Entwicklung Thüringer landwirtschaftlicher Kooperationen nach 1989 (KÜSTER 2002)

Variante	Charakteristika	Begründung	Sachenrechtliche Konnotationen
Fusion zwischen LPG einer Kooperation	– Aus mehreren LPG (P) und LPG (T) entstehen Mischbetriebe – In 44 von 190 Kooperationsgebieten – Entstehung großer Betriebe mit durchschnittlich 2.526 ha LF/Betrieb – Auf 14,6 % der Fläche wurden aus 114 LPG und anderen Betrieben 44 Rechtsnachfolgen (→ Konzentration)	– Angewiesensein auf die Pachtverträge aller LPG-Mitglieder der Kooperation – Schlechte natürliche Bedingungen – Keine Konkurrenzsituation der Leiter untereinander – Zusammenführung von Tier- und Pflanzenproduktion mit großflächiger Bewirtschaftung – Politische Überzeugung – Gerechte Lösung der Altschuldenfrage – Gerechte Vermögensauseinandersetzung in der Kooperation	– Kontinuität der Verpachtung der Fläche durch die Mitglieder – Wechselseitige Übernahme der Altschulden – Verlagerung der Vermögensauseinandersetzung in postsozialistische Betriebsformen

Fusion mit Aufteilung der LPG (P)	– Aufteilung der LPG (P) gemäß den Bereichen der LPG (T) und Zusammenschluss zu einem Mischbetrieb – In 47 von 190 Kooperationsgebieten – Entstehung mittelgrosser Betriebe mit durchschnittlich 1.341 ha LF/Betrieb – Aus 167 Ausgangsbetrieben entstanden 122 Rechtsnachfolger	– Persönliches Verhältnis der jeweiligen Leiter der LPG – Streben nach kleineren Betrieben in der Größe vor der KAP-Bildung – Tierproduktion strebte nach etablierter Flächennutzung	– Persistenz bestehender Pachtverträge der Mitglieder der LPG (P) und „Eigennutzung" der Fläche der Mitglieder der LPG (T)
Mischvarianten	– Im Kooperationsbereich Mischung aus Fusionen, Fusionen mit Aufteilung der LPG (P), Formwechsel, Liquidationen, Abspaltungen, Auflösungen, Hohlkörperbildung und Konkurse – In 47 von 190 Kooperationsgebieten – Entstehung mittelgrosser Betriebe mit durchschnittlich 1.149 ha LF/Betrieb	– Siehe andere Varianten, aber hochgradig individualisiert und fragmentiert	– Siehe andere Varianten, aber hochgradig individualisiert und fragmentiert
Formwechsel	– Individuelle Umstrukturierung der LPG zu Marktfruchtbetrieben und Tierhaltungsbetrieben – In 52 von 190 Kooperationsgebieten – Entstehung von großen Marktfruchtbetrieben bei hoher Liquidierungsrate der LPG (T)-Nachfolger	– Ökonomische Interessen der Mitglieder (v.a. der nicht mehr in der LPG beschäftigten, landbesitzenden Mitglieder) – Vermeidung der Fusion mit verschuldeten Betrieben – Vermeidung von Einkommensgefällen bei Fusion mit einkommensschwächeren Betrieben – Fehlende Legitimation der Leiter	– Wahrnehmung der vollen Eigentumsrechte durch die Mitglieder – Sicherung der eigentumsbezogenen Rente

Quelle: KÜSTER (2002: 157ff.); eigene Darstellung

Aus der Übersicht wird deutlich, dass sachenrechtliche Aspekte im landwirtschaftlichen Restrukturierungsprozess eine nicht zu unterschätzende Rolle spielten und gerade durch ihre Novität Betriebsleiter und (Flächen-)Eigentümer vor erhebliche Herausforderungen stellten; in dem kurzen Restrukturierungsprozess mussten beide Seite erst lernen, mit den Ansprüchen und Intentionen der anderen Seite umzugehen. Im Zuge der beiden Fusionsvarianten scheint sich ein ertragreiches Miteinander herausgebildet zu haben, während die Varianten des Formwechsels bzw. der Mischformen auf ein unausgeglichenes Verhältnis hinweisen.

7 Die Auswirkungen auf Landschaft, Sozialstruktur und Wirtschaft

Die nachfolgenden Übersichten (Abb. 73) verdeutlichen den Umfang der jeweiligen Varianten nach Anzahl der Unternehmen und deren Flächenanteil. Zunächst wird deutlich, dass der Weg der Weiterführung der Kooperation durch eine Fusion der beteiligten LPG weder zahlen- noch flächenmäßig zu den favorisierten Varianten gehört, ganz offenbar zeigt sich hier, dass der schwierige Koordinations- und Verhandlungsprozess in einem im Vergleich zu den anderen Varianten geringeren Umfang stattgefunden hat. Demgegenüber sind die drei anderen Varianten beinahe gleich verteilt – lediglich die Variante des Formwechsels der einzelnen LPG nimmt heute mit fast 30 % der LF einen geringfügig höheren Anteil als die Fusion mit Aufteilung oder die Mischvarianten ein. Für die Entwicklung einer auf neu- oder wiedereingerichteten Haupterwerbsbetrieben – als Familienbetrieben oder GbR – basierenden Landwirtschaft, wie von verschiedenen politischen Gruppierungen im Transformationsprozess postuliert, scheinen Mischvarianten und Formwechsel einzelner LPG am günstigsten zu sein.

Abb. 73: *Varianten der postsozialistischen Entwicklung von Kooperationen in Thüringen: Anteil der 1995 bestehenden Betriebe an der Gesamtzahl (oben) und der Gesamtfläche (unten)*

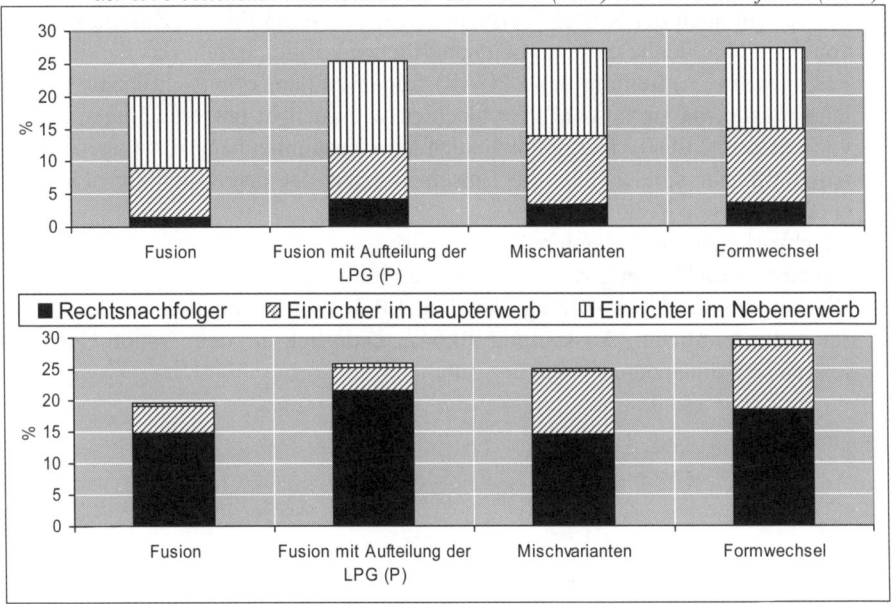

Quelle: KÜSTER (2002: 414); eigene Berechnungen

In den von KÜSTER durchgeführten Interviews mit den Betriebsleitern der Unternehmen, die am Umwandlungsprozess der Kooperationen beteiligt waren, verdichtet sich die Erkenntnis, dass der nach 1990 eingeschlagene Weg zur Umwandlung der an der Kooperation beteiligten Betriebe im wesentlichen von vier Faktoren abhing: Die Spezialisierung der LPG als Tier- oder Pflanzenproduktion determinierte deren Zwang, Mischbetriebe zu organisieren oder als spezialisierter Einzelbetrieb von Marktschwankungen und Verflechtungsbeziehungen abhängig zu bleiben; das wirtschaftliche Ergebnis bzw. die wirtschaftlichen Perspektiven des Unternehmens bestimmten seine Attraktivität im Fusionsprozess bzw. in den

Mischvarianten; die Persönlichkeit der Leiter bzw. die Rolle der Berater prägten strategische Entscheidungen; letztlich entschieden die Mitglieder, deren Bindung an die Landwirtschaft bzw. deren sachenrechtlichen Interessen den weiteren Kurs der LPG.

Aus geographischer Sicht stellt sich nun aber die Frage, ob und wieweit die naturräumliche Ausstattung des Untersuchungsgebiets bestimmte Varianten besonders gefördert hat, oder ob zusätzlich noch andere Determinanten zu berücksichtigen sind: KÜSTER (2002: 169) nennt hier insbesondere die Enklave des katholischen Eichsfelds, das der Kollektivierung bis 1960 widerstehen konnte und nach 1990 die geringsten Tendenzen zur Weiterführung der Kooperationen als Fusionen aufwies. Die nachfolgende Übersicht (Abb. 74) verdeutlicht die regionalen Differenzierungen in Zusammenhang mit der landwirtschaftlichen Gunstlage.

- Die Umwandlungsvariante „Fusion" wurde offenbar bevorzugt in Regionen mit schlechten landwirtschaftlichen Bedingungen gewählt, ihr Anteil ist im Thüringer Wald und Südwestthüringen besonders hoch; für einen solchen Bezug spricht auch der Korrelationskoeffizient von -0,58 für den Zusammenhang von Anteil an Fläche und Landwirtschaftlicher Vergleichszahl (LVZ).
- Fusionen mit Aufteilung der LPG (P) folgen keinem offensichtlichen Verteilungsmuster, da sie sowohl in schlechten wie auch in besseren Lagen häufig vorkommen. Mit -0,31 ergibt sich auch kein Zusammenhang mit Lageparametern. Offenbar spielen hier die Entscheidungen der beteiligten Betriebsleiter eine bedeutende Rolle.
- Mischvarianten sind gleichmäßig in Thüringen verteilt, wobei in besseren Lagen eine Zurückhaltung zu diesem Umwandlungstyp zu erkennen ist.
- Die individuelle Umwandlung einzelner LPG zeigt die deutlichste Beziehung zur naturräumlicher Ausstattung (0,64): Lediglich in den Ostlöß-Gebieten setzten sich die anderen Varianten durch.

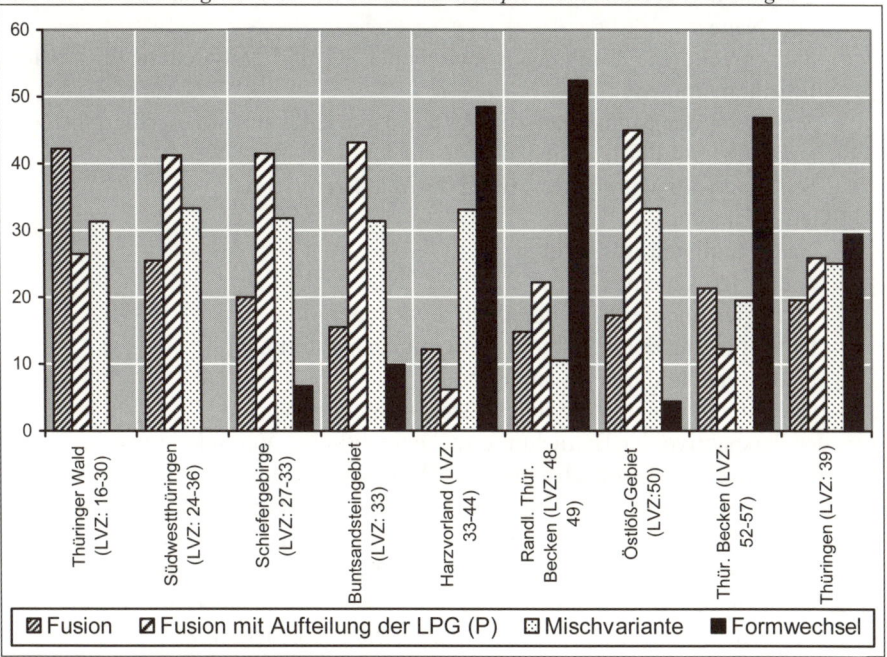

Abb. 74: *Umwandlungsvarianten der Flächen von Haupterwerbsbetrieben in Thüringen*

Quelle: *Küster (2002: 414); eigene Berechnungen*

Die hier anhand der Untersuchungsergebnisse von KÜSTER (2002) wiedergegebenen Trends in der postsozialistischen Entwicklung von landwirtschaftlichen Betrieben in Ostdeutschland verdeutlichen die Schwierigkeiten einer derartigen Betrachtung aus prozessorientierter Perspektive: Die einzelnen Prozesse der sachenrechtlichen Umwandlung der Betriebe und der betriebswirtschaftlichen Anpassung an marktwirtschaftliche Strukturen sind zwar anhand statistischer Übersichten gut ablesbar, es scheint aber demgegenüber kaum möglich, die einzelnen Prozessfaktoren in ihrer Bedeutung zu erfassen. Für landwirtschaftliche Unternehmen im sachenrechtlichen Transformationsprozess spielen dabei offenbar mehrere Faktoren eine entscheidende Rolle; die daran beteiligten Faktoren lassen sich zu Bündeln aus internen und externen Faktoren zusammenstellen. Die Besonderheit des Transformationsprozesses in Ostdeutschland aus unterschiedlichen Privatisierungs-, Reprivatisierungs- und Restitutionssträngen erlaubt darüber hinaus auch eine Differenzierung in von der Betriebsleitung steuerbare und weniger oder nicht steuerbare interne Faktoren.

– Interne Faktoren:
  – Strategien der Leitungsebene: Kooperationsrat bzw. individuelle LPG bzw. ZBE/ZGE
  – Spezialisierungsrichtung der LPG
  – Betriebswirtschaftliche Parameter der LPG: Schuldenstand, Ausrüstung
  – Sachenrechtliche Einigungen zwischen den LPG einer Kooperation über sachenrechtliche Implikationen gemeinsamer Anlagen

- Qualität der Beziehungen zu anderen LPG der Kooperation bzw. in räumlicher Nähe
- Sachenrechtliche Einigungen zwischen LPG und Mitgliedern über offene Eigentumsfragen
- Strategien der Mitarbeiter: Interessen der wieder in ihre Verfügungsrechte eingesetzten LPG-Mitglieder
- Strategien der Mitarbeiter: Anteil der Wiedereinrichter
- Externe Faktoren:
  - Naturräumliche Ausstattung
  - Anteil der Neueinrichter
  - Strategien anderer LPG innerhalb der Kooperation
  - Unterstützung durch öffentliche Beratungsinstitutionen
  - Unterstützung durch private Berater
  - Unterstützung durch kreditgewährende Institutionen

Aus der Perspektive der Betrachtung sachenrechtlicher Veränderungen im Transformationsprozess ist zunächst auf das Wiedererlangen von Eigentumsrechten durch die Mitglieder der LPG zu verweisen. Die Ausübung dieser Rechte, insbesondere des Rechts zur Herauslösung des eigenen Eigentums aus dem Betrieb, bzw. die Option, von diesem Recht auch Gebrauch zu machen, engten die Handlungsoptionen der Unternehmensleiter ein, zwangen sie aber gleichzeitig, den LPG-internen Entscheidungsprozess transparenter und demokratischer zu gestalten. KÜSTER (2002: 163ff.) dokumentiert an mehreren Stellen, wie die Vorsitzenden der LPG auf die Interessen der LPG Rücksicht nehmen mussten.

Zu diesem Kontext der Erlangung sachenrechtlicher Eigenständigkeit gehört auch die nun gegebene unternehmerische Freiheit auf unterschiedlichen Ebenen: Innerhalb einer Kooperation konnten die LPG unterschiedliche Optionen zur Restrukturierung wählen; ebenso konnten innerhalb einer LPG die einzelnen Abteilungen bzw. innerhalb der Kooperation die ZBE/ZGE unter Führung eines energischen Abteilungsleiters unterschiedliche Strategien verfolgen.

Ein wesentlicher Aspekt der sachenrechtlichen Implikationen im Umwandlungsprozess landwirtschaftlicher Unternehmen umfasst weiterhin den ressourcenintensiven Prozess der sachenrechtlichen Klärung unternehmensinterner und externer Objekte: Zwischen einzelnen LPG müssen Eigentumsrechte für gemeinsam errichtete Objekte ausgehandelt werden, innerhalb der LPG stellen die auf LPG-Flächen errichteten Wohngebäude ein erhebliches Regulationsproblem mit Implikationen für die Mitglieder und die betriebswirtschaftliche Bilanzierung des Unternehmens dar. Letztlich wurde der sachenrechtliche Transformationsprozess auch durch Genossenschaftsmitglieder ohne Bezug zur Landwirtschaft oder zur Region erschwert, da diese im Umwandlungsprozess Partikularinteressen vertreten haben.

7.3.3 Die Entwicklung sachenrechtlicher Beziehungen aus der Perspektive der Betriebsinhaber und Unternehmensleiter

Für eine Abschätzung der wirtschaftsgeographischen Implikationen sachenrechtlicher Veränderungen im Untersuchungsgebiet sollen abschließend noch die Ergebnisse der Unternehmensbefragung vorgestellt und diskutiert werden. Ziel dieser Befragung war neben der Erhebung struktureller Veränderungen vor allem die Bewertung des Restrukturierungsprozesses aus Sicht der Betriebsinhaber und Unternehmensleiter.

Insgesamt wurden im Februar 2004 alle 51 landwirtschaftlichen Unternehmen im Amt Löcknitz angeschrieben und um das Ausfüllen eines Fragebogens gebeten. Insgesamt antworteten 20 Unternehmen, was einer Rücklaufquote von 39,2 % entspricht. Im Einzelnen handelt es sich um 14 Vollerwerbsbetriebe, davon vier Familienbetriebe, drei GbR und sieben GmbH, und sechs Nebenerwerbsbetriebe. Diese Verteilung ähnelt der Gesamtverteilung aller Betriebe im Amt Löcknitz, wobei GmbH überrepräsentiert sind. Die Ergebnisse der Befragung weisen für die einzelnen Betriebsformen ebenso eine hohe, über 31 % liegende Repräsentativität auf (vgl. Tab. 33).

Tab. 33: Repräsentativität der Umfrage: Betriebsformen

	Befragte Betriebe	Anteil an befragten Betrieben (%)	Alle Betriebe	Anteil an allen Betrieben (%)	Repräsentativität (%)
Vollerwerbsbetriebe	14	70,0	28	54,90	50,00
Davon Familienbetriebe	4	20,0	11	21,57	36,36
GbR	3	15,0	9	17,65	33,33
GmbH	7	35,0	8	15,69	87,50
Nebenerwerbsbetriebe	6	30,0	19	37,25	31,58

Quelle: Eigene Befragung, Unternehmensliste des Amtes für Landwirtschaft Ferdinandshof 2003

In Bezug auf die Betriebsgrößen ergibt sich eine geringere Repräsentativität, da die befragten Unternehmen mit Ausnahme der GmbH überdurchschnittlich groß waren (Tab. 34). In Zusammenhang mit der Untersuchung sachenrechtlicher Zusammenhänge bzw. der Bewertung des sachenrechtlichen Transformationsprozesses ergibt sich hieraus allerdings nur eine geringe Beeinträchtigung der Ergebnisse, da der hier betrachtete Prozess weniger mit der Größe des Unternehmens als mit der gewählten Betriebsform an sich variiert.

Tab. 34: Repräsentativität der Umfrage: Betriebsgrößen

	Befragte Betriebe (ha)	Alle Betriebe (ha)
Alle	481,45	312,41
Vollerwerbsbetriebe	679,71	280,87
Familienbetriebe	447	215,2
GbR	535	419,4
GmbH	874,7	885,1
Nebenerwerbsbetriebe	18,33	15,75

Quelle: Eigene Befragung, Unternehmensliste des Amtes für Landwirtschaft Ferdinandshof 2003

Für eine Beurteilung des Restrukturierungsprozesses bedarf es zunächst der Klärung der Entstehungsumstände der an der Befragung beteiligten Betriebe. Für die Gründung der Unternehmen ergibt sich eine deutliche Differenzierung zwischen den GbR und GmbH und den anderen Unternehmen, da Familienbetriebe und Nebenerwerbsbetriebe später errichtet wurden. Auffällig erscheint die zeitliche Abfolge 1991 bzw. 1991,3 für GbR und GmbH, dann 1992,3 für die Nebenerwerbsstellen und erst 1993,5 für die Familienbetriebe – allerdings fanden alle Gründungen von Familienbetrieben im Jahre 1993 und 1994 statt und stehen somit in unmittelbarem Zusammenhang mit der Etablierung der GbR und GmbH. Demgegenüber wurden Nebenerwerbsbetriebe auch noch 2000 gegründet, wobei nicht ersichtlich ist, ob es sich um die Reduzierung eines Vollerwerbsbetriebs handelt (Tab. 35)

Tab. 35: *Gründungsjahre der befragten Unternehmen*

	Minimum	Maximum	Mittelwert
Familienbetriebe	1993	1994	1993,5
GbR	1990	1992	1991
GmbH	1990	1992	1991,3
Nebenerwerbsbetriebe	1990	2000	1992,3

Quelle: *Eigene Befragung*

Tab. 36 verdeutlicht die dominierende Rolle der Nachfolgeunternehmen und der Wieder- bzw. Neueinrichter. Allerdings erscheinen die Zahlen für die Zahl der Nebenerwerbsbetriebe als Neueinrichter nicht plausibel, zumal einige der Befragten angaben, vorher in einer Genossenschaft beschäftigt gewesen zu sein. Es könnte sich mithin tatsächlich um Neueinrichter handeln, die aber dann über extrem wenig Flächen verfügen würden, oder aber um ein mangelndes Verständnis der Differenzierung von Neu- und Wiedereinrichtern bei den befragten Landwirten.

Tab. 36: *Entstehungsumstände der befragten Betriebe*

	Alle	Familienbetrieb	GbR	GmbH	Nebenerwerbsbetrieb
Betriebsumwandlung einer ehemaligen LPG durch die ehemaligen Genossenschaftsbauern	7		1	6	
Betriebsumwandlung einer ehemaligen LPG mit Hilfe von westdeutschen Investoren					
Betriebsumwandlung einer ehemaligen LPG mit Hilfe von ausländischen Investoren					
Betriebsumwandlung mehrerer ehemaliger LPG (Kooperationen)					
Wiedergründung durch einen ehemaligen Genossenschaftsbauern	6	2	2	1	1
Neugründung durch einen ehemaligen Privatbauern	6	2			4

Quelle: *Eigene Befragung*

Im Zusammenhang mit der Entstehung der jeweiligen landwirtschaftlichen Betriebe ist die retrospektive Betrachtung des administrativen Prozesses der Betriebserrichtung von großer Bedeutung, da hierdurch Gemeinsamkeiten und Unterschiede zwischen den einzelnen Betriebsformen herausgearbeitet werden kön-

7 Die Auswirkungen auf Landschaft, Sozialstruktur und Wirtschaft

nen. Zur Beurteilung des Prozesses wurde eine fünfstufige Skala von 1=leicht bis 5=schwierig vorgegeben (Tab. 37). Grundsätzlich überwiegt eine negative Haltung zum administrativen Prozess der Betriebseinrichtung (3,75), es ergeben sich allerdings deutliche Differenzierungen zwischen den Gruppen der Familienbetriebe und Nebenerwerbsbetriebe mit negativer Bewertung und den GbR bzw. GmbHs mit positiverer Bewertung.

Tab. 37: Bewertung des administrativen Prozesses der Errichtung des Betriebs

	Minimum	Maximum	Mittelwert
Alle	2	5	3,75
Familienbetriebe	3	5	4
GbR	2	3	2,67
GmbH	2	5	3,71
Nebenerwerbsbetriebe	3	5	4,17

Quelle: Eigene Befragung

Hinweise für die Gründe dieser differenzierten Betrachtung durch Familien- und Nebenerwerbsbetriebe könnte eine Analyse der Bewertung der Unterstützung durch Institutionen aus dem landwirtschaftlichen Bereich geben (Abb. 75). Hierbei zeigt sich zunächst eine im Vergleich zur vorherigen Frage deutlich positivere Bewertung: Lediglich die Unterstützung durch kreditgebende Stellen wird überdurchschnittlich schlecht bewertet, während die Befragten mit der Arbeit der landwirtschaftlichen Unternehmensverbände sehr zufrieden zu sein scheinen. Innerhalb der Befragten können zwei Differenzierungen identifiziert werden: Nebenerwerbslandwirte fühlen sich besonders gut unterstützt, während GmbH und GbR die Unterstützung in geringerem Maße wahrgenommen haben. Die vier Institutionen mit sachenrechtlichem Bezug (Grundbuchamt, Liegenschaftsdienst, Amt zur Regelung offener Vermögensfragen und Prüfungskommission) werden insgesamt positiv bewertet, Unterschiede ergeben sich lediglich durch die unterschiedliche Intensität der notwendigen Zusammenarbeit: So kommt der Arbeit der Grundbuchämter, der Liegenschaftsdienste und der Prüfungskommissionen für die GmbH und GbR als LPG-Nachfolgeunternehmen mit einem großen Anteil an gepachteten Flächen eine größere Bedeutung zu. Da diese Institutionen durch ihr Aufgabengebiet und anfängliche technische und personelle Minderausstattungen den Anforderungen der landwirtschaftlichen Unternehmen nicht in vollem Umfang genügen konnten, überrascht diese Bewertung nicht (vgl. SCHMIDTBAUER 1992).

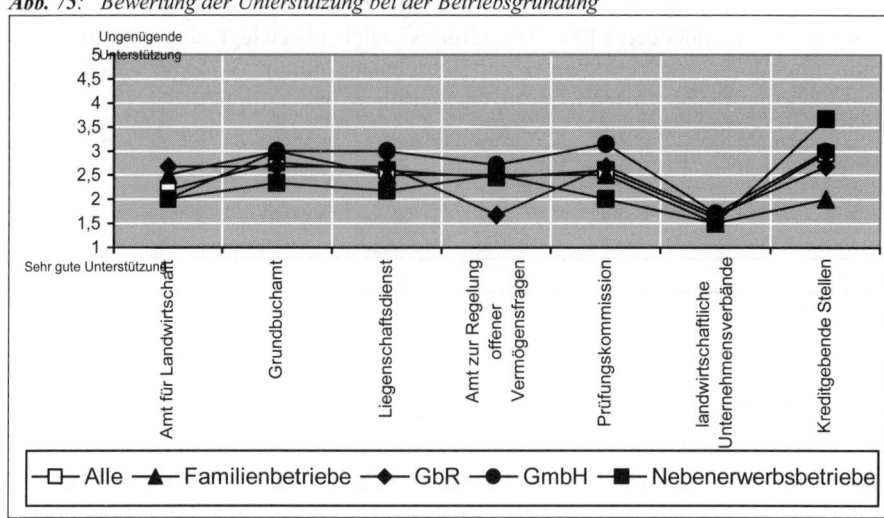

Abb. 75: *Bewertung der Unterstützung bei der Betriebsgründung*

Quelle: *Eigene Befragung*

In einer weiterführenden Frage wurde der Prozess der Privatisierung der ostdeutschen Landwirtschaft beleuchtet, wobei die Befragten anhand von Gegensatzpaaren und einer fünfstufigen Skala von 1 (positiv) bis 5 (negativ) Aussagen zur allgemeinen Charakteristik des Transformationsprozesses, zu landwirtschaftlichen Auswirkungen und zur öffentlichen und berufsständigen Unterstützung treffen sollten (Tab. 38).

Bei der Betrachtung der Bewertung durch alle Befragten fällt zunächst die neutrale bis negative Einschätzung der meisten Punkte auf: Lediglich die effizienzbezogenen Bewertungen und die Einschätzung der Unterstützung durch die Berufsverbände werden positiv bewertet. Demgegenüber bestehen erhebliche Defizite im Bereich der sozialen Abfederung des Restrukturierungsprozesses, der Herstellung gerechter Regelungen und der agrarstrukturellen Umgestaltung. Insofern kann aus diesen Ergebnissen – wenn auch mit einigen Einschränkungen für den Bereich der ökonomischen Auswirkungen – von einem nicht erreichten Ziel der sachenrechtlichen Transformationsgesetzgebung gesprochen werden; allerdings leiten diese Befunde auch ab, dass zwischen den drei Zielen der Herstellung von Gerechtigkeit, der Schaffung effizienter Betriebe und der Kontinuität von Strukturen keine deutlichen Ungleichgewichte herrschen (wobei allerdings angemerkt werden muss, dass wirtschaftliche Aspekte von erfolgreichen Betriebsinhabern besser bewertet wurden).

Weitaus aufschlussreicher für eine Analyse der wirtschaftlichen Auswirkungen des sachenrechtlichen Transformationsprozesses erscheint die in den Antworten deutlich hervortretende Differenzierung von Betriebsinhabern mit im Vergleich zu allen anderen positiveren bzw. negativeren Einschätzungen. Hierbei lässt sich mit Ausnahme der Bewertung einer Unterstützung privatrechtlichen Engagements eine deutliche Gruppenbildung zwischen Familienbetrieben und GbR auf der einen und GmbH und Nebenerwerbsbetrieben auf der anderen Seite erkennen. Hier ist ganz offensichtlich auf grundlegende sachenrechtlich und ökonomisch bedingte Zusammenhänge zu verweisen: Familienbetriebe und GbR sind zwar aus betriebsrechtlicher Perspektive unterschiedliche Betriebsformen, entsprechen aber de facto derselben Grundstruktur: Von den 12 im Amt Löcknitz vorhandenen GbR sind fünf Familienbetriebe, da die Gründer und Gesellschafter derselben Familie entspringen. Demgegenüber weisen GmbH und Nebenerwerbsbetriebe keine gemeinsamen Strukturmerkmale auf, bewerten die einzelnen zur Abstimmung vorgelegten Teilaspekte der Transformation aber ähnlich negativ.

Als Erklärungsansätze können hier psychologische und ökonomische Hintergründe angeführt werden:[18] Die Geschäftsführer der GmbH sehen sich als Nachfolgeunternehmen der LPG in einem permanenten Rechtfertigungszwang zwischen den objektiv wahrnehmbaren Betriebsstrukturen, die durchaus als konkurrenzfähig angesehen werden[19], und den sozioökonomischen Rahmenbedingungen, die ausgelöst durch den Zwang zur Rationalisierung (=Arbeitsplatzverlust) ihre Unternehmer als Gewinner des Transformationsprozesses sehen; gleichzeitig lastet auf den Betrieben neben einer erheblichen Altschuldenlast auch der Zwang zur Kooperation mit den Eigentümern kleinerer Flächen, die angepachtet werden. Dass Nebenerwerbslandwirte den Transformationsprozess eher negativ interpretieren, lässt sich dahingehend erklären, dass sich die Hoffnungen, die sie als ehemalige Genossenschaftsbauern in die Eigenständig als Landwirte gesetzt haben, nicht erfüllt haben. Sie müssen nun feststellen, dass sie mit den Haupterwerbsbetrieben nicht konkurrieren können.

Die Abweichung von dieser Verteilung im Kontext der Bewertung einer Bevorteilung oder Benachteiligung privatwirtschaftlichen Engagements ist aus der Perspektive der Familienbetriebe und GmbH leicht erklärbar: Sie sehen ihre Partikularinteressen in diesem spezifischen Feld nicht ausreichend berücksichtigt.

---

18 Die nachfolgenden Ausführungen beziehen sich auf zahlreiche, z.T. informelle Gespräche, die der Verfasser im Amt Löcknitz mit Landwirten geführt hat.
19 Zu diesem Urteil kommt Herr Wedewardt (Leiter des Amts für Landwirtschaft Ferdinandshof).

Tab. 38: *Bewertung der sachenrechtlichen Transformation*

	Alle (n=20)	Familienbetriebe (n=4)	GbR (n=3)	GmbH (n=7)	Nebenerwerbsbetriebe (n=6)
effizient/ineffizient	2,60	2,00	1,67	3,00	3,00
gerecht/ungerecht	3,15	2,50	2,67	3,43	3,50
Sehr gute/ungenügende soziale Abfederung des Restrukturierungsprozesses	3,35	2,50	2,67	3,71	3,83
Verbesserung/Verschlechterung der Agrarstruktur	3,10	2,00	2,67	3,57	3,50
Schaffung konkurrenzfähiger/nicht konkurrenzfähiger Betriebe	2,70	2,00	1,67	3,14	3,17
Schaffung effizienter/ineffizienter Betriebe	2,65	2,00	2,00	2,71	3,33
Schaffung effizienter/ineffizienter landwirtschaftlicher Strukturen	2,85	2,50	1,67	3,43	3,00
Bevorteilung/Benachteiligung privatwirtschaftlichen Engagements	2,80	3,00	1,67	2,71	3,33
Sehr gute/Ungenügende Unterstützung durch Verwaltung	2,75	2,50	2,33	3,14	2,67
Sehr gute/Ungenügende Unterstützung durch Berufsverbände	2,25	2,00	1,67	2,29	2,67

Quelle: *Eigene Befragung*

Zusammenfassend lässt sich als Ergebnis der Befragung landwirtschaftlicher Betriebe zur Dynamik sachenrechtlicher Beziehungen festhalten, dass der Gesamtkomplex der Veränderungen von allen beteiligten Betrieben neutral bis negativ beurteilt wird; lediglich die begleitende Unterstützung des Prozesses durch Verwaltung und Verbände wurde besonders hervorgehoben. Insofern unterscheiden sich die Unternehmen in diesem Punkt von den Teilnehmern der Runden-Tisch-Gespräche, die die Unparteilichkeit der Arbeit der ARoV in Zweifel gezogen hatten. Die Ergebnisse der Befragung verdeutlichen allerdings gerade in ihrer Polarisierung zwischen Familienbetrieb und GbR auf der einen und GmbH und Nebenerwerbsbetrieben auf der anderen Seite die unterschiedlichen Erfahrungen im Transformationsprozess und die subjektiv wahrgenommene Berücksichtigung eigener Partikularinteressen.

Nach Aussage der Geschäftsführerin des Bauernverbandes im Landkreis Uecker-Randow[1] impliziert dieses Ergebnis allerdings keine Polarisierung oder Spaltung der Bauernschaft insgesamt: Sie betonte dabei, dass der Zusammenhalt der Landwirte, die langjährigen persönlichen Kontakte – mehrere Wiedereinrichter waren in leitender Stelle in den LPG beschäftigt und kennen daher die Geschäftsführer der LPG-Nachfolgebetriebe – und vor allem der Zwang zur Kooperation in der Pachtfrage keine Diskurse, wie sie öffentlich zwischen DBV und den Verbänden der Wieder- und Neueinrichter geführt werden, aufkommen lassen (vgl. Kap. 5).

Dass die neutrale bis negative Bewertung des sachenrechtlichen Transformationsprozesses nur geringe Auswirkungen auf die Einschätzung der zukünftigen

---

1 Interview mit Frau Dr. Marscheider am 16.4.2004.

7 Die Auswirkungen auf Landschaft, Sozialstruktur und Wirtschaft

Entwicklung des Betriebes hatte, illustrieren die kurz- und langfristigen Perspektiven der Betriebsinhaber (Tab. 39). Für die nächsten drei Jahre sehen die meisten Betriebsinhaber eine Spezialisierung des Betriebes vor; nur ein Haupterwerbs- und ein Nebenerwerbsbetrieb gehen davon aus, ihre Betriebe aufgeben zu müssen. Demgegenüber verdreifacht sich der Anteil der Betriebsaufgaben für die nächsten zehn Jahre, wobei allerdings nur Familienbetriebe und Nebenerwerbsbetriebe betroffen sind: Als ein Grund für diese pessimistische Haltung ist sicherlich die auch in den Alten Bundesländern vorherrschende Sorge um das Weitergeben des Betriebs an einen Erben oder Nachfolger.

Tab. 39: Kurz- und langfristige Erwartungen der Betriebsinhaber

Erwartungen an die Zukunft: Die nächsten drei Jahre	Alle	Familienbetriebe	GbR	GmbH	Nebenerwerbsbetriebe
Vergrößerung des Betriebs	3		1	2	
Verkleinerung des Betriebs	2	2			
Spezialisierung des Betriebs	8	2		3	3
Ausweitung der Produktpalette	4		1	2	1
Aufgabe des Betriebs	2				2
Erwartungen an die Zukunft: Die nächsten zehn Jahre					
Vergrößerung des Betriebs	5		1	2	2
Verkleinerung des Betriebs					
Spezialisierung des Betriebs	4	2	1	1	
Ausweitung der Produktpalette	4			4	
Aufgabe des Betriebs	6	2			4

Quelle: Eigene Befragung

Aus diesen Befunden kann geschlossen werden, dass die Einrichtung von Unternehmen in der Betriebsform GbR und GmbH durchaus nachhaltige Auswirkungen nach sich zieht, da dieser Betriebsform offenbar auch unabhängig von ihrer Betriebsgröße stabile Zukunftsaussichten vorausgesagt werden. Insofern muss zu den Auswirkungen des sachenrechtlichen Veränderungsprozesses in Ostdeutschland auch die Schaffung von Unternehmen mit langfristiger und dabei nicht an Betriebsgrößen gekoppelten Perspektiven gezählt werden.

Zusammenfassend kann die Befragung von Betriebsinhabern im Amt Löcknitz dahingehend interpretiert werden, dass von ihnen der sachenrechtliche Transformationsprozess an sich neutral bis negativ bewertet wird; eine Ausnahme in dieser Einschätzung ergibt sich nur für die Unterstützung durch staatliche Institutionen und Unternehmensverbände, deren Arbeit positiv gewürdigt wurde. Darüber hinaus zeichnet sich die Evaluierung des Prozesses durch das Vorherrschen von Partikularinteressen und den dadurch determinierten Perspektiven aus: So wird eine mögliche Unterstützung von LPG-Nachfolgeunternehmen oder von Familienunternehmen durch die jeweiligen Gruppen konträr bewertet. In der perspektivischen Einschätzung der zukünftigen Entwicklung zeigt sich ein ökonomischer Nachhaltigkeitseffekt zugunsten der Betriebsform „Juristische Person", die im Vergleich zu familienorientierten Betrieben bessere Entwicklungsmöglichkeiten für ihre Betriebe sehen.

Exkurs: Sachenrechtliche Auswirkungen von Windenergieanlagen

In den ländlichen Räumen Nordostdeutschlands wird seit mehreren Jahren eine umfangreiche Debatte um die Nutzung der Windenergie geführt. Die hierbei von den beiden Seiten der Befürworter und Gegner vorgebrachten Argumente orientieren sich an Fragen der ökologischen und landschaftlichen Wertigkeit dieser Anlagen, die jeweils konträr zueinander bewertet werden; nur ein kleiner Teil des Diskurses berücksichtigt zusätzlich wirtschaftliche Aspekte, in denen neben Fragen der Zulässigkeit von Steuerabschreibungsmodellen und der festgesetzten Höhe der Einspeisungsvergütung auch mögliche zusätzliche Kosten für die Stromversorger thematisiert werden. Auffällig erscheint, dass diese Diskurse von der Perspektive der Outsider geführt werden bzw. für die in den betroffenen Regionen lebenden Menschen nur die negativen Aspekte aufzeigen.

Diesen Positionen sollen hier aus sachenrechtlicher Sicht zwei Argumente entgegengehalten werden, die in der bisherigen Diskussion keine oder keine hervorgehobene Bedeutung innehaben. Zunächst ist darauf hinzuweisen, dass die Möglichkeit zur Errichtung von Windkraftanlagen in den in Planungsdokumenten vorgesehenen Gebieten unmittelbar mit dem durch die sachenrechtliche Transformation wiedererlangten vollen Verfügungsrechte über das Eigentum in Verbindung zu setzen ist. Objektiv ist dieses Recht durch die Sozialpflichtigkeit des Eigentums aus Art. 14 GG bereits eingeschränkt; Resultat dieser Sozialpflichtigkeit ist der Genehmigungsvorbehalt für derartige Anlagen. Mit der vorgenommenen Restitution oder Privatisierung musste der Eigentümer also erkennen, dass er seine Eigentumsrechte zwar vollständig zurückerhalten hatte, sie aber nicht vollständig nutzen konnte – eine Erkenntnis, die in Deutschland aufgrund der langen Tradition der Sozialpflichtigkeit von Eigentum leicht zu vermitteln war, während bspw. in Polen unter restituierten Eigentümern Unverständnis für entsprechende Regelungen zu registrieren waren (SKAPSKA 2000, SKAPSKA/BRYDA/KADYLO 2000, SKAPSKA/BRYDA/KADYLO 2001, SKAPSKA 2002). Dass aus Landwirten „Windmüller" werden können, erscheint im Übrigen auch dann einleuchtend, wenn man die Errichtung einer Windenergieanlage als Lagerente und als Nutzung der klimatischen Vorzüge einer Lage interpretiert – mithin ähnliche Abwägungsprozesse wie im Pflanzenbau.

Ein zweiter Aspekt des Verhältnisses sachenrechtlicher Beziehungen und Windkraftanlagen wird bei einer Betrachtung der Lage der Windkraftanlagen in einer Katasterkarte deutlich. In Bergholz führte die sachenrechtliche Transformation zur Wiederherstellung des alten Katasterbildes, wie es in Abb. 63 sichtbar ist. Dementsprechend liegen die Windkraftanlagen heute in unterschiedlichen Parzellen mit unterschiedlichen Eigentümern. Die in Zusammenhang mit der Errichtung von Windkraftanlagen anfallenden Einnahmen (Verkauf der Fläche bzw. erstmalige Pachtgebühr, Entschädigungs- und Aufwandzahlungen etc.) kommen direkt dem Eigentümer der Parzelle und – im Falle einer Wiederherstellung der alten Katasterstruktur – einer Vielzahl von Eigentümern zugute. In Bergholz liegen die 32 Windenergieanlagen auf den Parzellen von sieben unterschiedlichen Eigentümern. Mithin lässt sich also argumentieren, dass die Wiederherstellung alter sachenrechtlicher Beziehung bei einer entsprechenden Streulage des Besitzes und großflächiger Windenergieanlagen durchaus breit gestreute zusätzliche Einkommen generieren und somit sozial stabilisierend wirken kann.[21]

7.4 ZWISCHENFAZIT

Zusammenfassend kann für die Frage der Wirksamkeit der Veränderung sachenrechtlicher Beziehungen auf Landschaft, Sozialbeziehungen und Wirtschaftsstruktur festgehalten werden, dass die Regelungen der Privatisierung, Reprivatisierung und Restitution in unterschiedlicher Intensität in allen drei Bereichen sichtbar sind. In besonderer Intensität äußert sich die Dynamik sachenrechtlicher Beziehungen dabei im Landschafts- und Siedlungsbild, wo Parzellenstrukturen, Landschaftselemente, Gebäudeensembles und Gebäudezustände diese Veränderungen nachhaltig dokumentieren.

In ihrer Wirksamkeit lassen sich diese Veränderungen auch in Sozialbeziehungen der Bevölkerung nachweisen, wobei neben der Gewinner-Verlierer-Differenzierung und den Betroffenheitsebenen als Antragsteller oder Nutzer auch Fragen der Interpretation und Bewertung der jeweiligen gesetzlichen Regelungen und der daraus resultierenden Veränderungen thematisiert werden müssen. Gerade in randstädtischen, von Veränderungsprozessen geprägten Regionen Berlins ist hier ein erhebliches Konfliktpotential zu konstatieren.

Wirtschaftliche Auswirkungen umfassen die transformatorische Entwicklung der LPG und Kooperationen und somit auch die Gestaltung der posttransformatorischen Agrarwirtschaft. Obgleich die bestehende Agrarstruktur deutliche Anleihen an das vorhergehende System der Großbetriebe macht, bedarf es einer genauen, differenzierenden Analyse der Strukturen und Prozesse. Das dabei entstehende Nebeneinander von Kontinuität und Wandel wirkt sich auch auf die Einschätzung des sachenrechtlichen Wandels durch die jeweiligen Akteure aus, die kontrovers und partikularinteressengeleitet ausfällt.

Der hier vorgenommene Versuch der Quantifizierung und Qualifizierung der Bedeutung sachenrechtlicher Veränderungen im Transformationsprozess war immer wieder von der Notwendigkeit der Einschätzung anderer transformatorischer Prozesse geprägt. Aus dieser Perspektive heraus soll im nachfolgenden Kapitel versucht werden, die Veränderungen sachenrechtlicher Beziehungen in die anderen raum- und sozialwirksamen Transformationsprozesse einzubetten; hierbei sollen allerdings weniger Wirkungszusammenhänge als Parallelitäten und Veränderungsprozesse im Mittelpunkt der Betrachtung stehen.

---

21 Leider war es nicht möglich, Angaben zum quantitativen Umfang dieser zusätzlichen Einkommen von den Bewohnern in Bergholz zu erhalten – schon die relative Zurückhaltung der Bewohner bzw. Betroffenen bei dieser Frage lässt die tatsächliche Relevanz dieses Sachverhaltes erahnen.

8 DIE DYNAMIK DER EIGENTUMSVERHÄLTNISSE IM KONTEXT ANDERER RAUM- UND SOZIALWIRKSAMER PROZESSE

Nachdem im vorangegangenen Abschnitt die Auswirkungen der Veränderungen sachenrechtlicher Beziehungen aus landschafts-, sozial- und wirtschaftsgeographischer Perspektive beleuchtet und abschließend die Schwierigkeiten einer Differenzierung zwischen sachenrechtlich und nicht-sachenrechtlich induzierter Veränderungen konstatiert wurden, soll nun versucht werden, die Relevanz der Dynamik sachenrechtlicher Beziehungen im Kontext anderer raum- und sozialwirksamer Prozesse zu ergründen. Hierbei soll zunächst der Frage nach einer möglichen Abgrenzung sachenrechtlich begründeter von nicht-sachenrechtlich begründeten Prozessen nachgegangen werden, bevor dann in einem zweiten Schritt eine Quantifizierung und Qualifizierung beider Prozesstypen versucht wird. Aufgrund der für frühere sachenrechtliche Transformationsschritte (1933–1945, 1945–1949, 1959–1953) nicht in ausreichender Tiefe vorhandenen Daten beschränkt sich diese Darstellung auf die Entwicklung nach 1990.

Im Kern dieses Kapitels stehen der Diskurs und die Klärung der Fragen, ob und wieweit dieser Teilaspekt des Transformationsprozesses zur Peripherisierung und Marginalisierung ländlicher Räume beigetragen hat, er einem solchen Prozess entgegengewirkt hat und von ihm kurz-, mittel- oder langfristige Effekte zu erwarten sind. In diesem Zusammenhang bedarf es dann auch der Herausarbeitung der Bedeutung sachenrechtlicher Regelungen für die Schaffung der heutigen landwirtschaftlichen Strukturen.

8.1 NICHT SACHENRECHTLICH BEDINGTE RAUM- UND SOZIALWIRKSAME PROZESSE IN OSTDEUTSCHLAND

Die Betrachtung komplexer geographischer oder sozialwissenschaftlicher Entwicklungen in Zeit und Raum leidet immer unter dem hohen Verflechtungs- und Interdependenzgrad derartiger, aus mehreren Teilprozessen mit zahlreichen Prozessreglern und Faktoren zusammengesetzter Prozesse; insofern besteht eine erste Schwierigkeit in der Identifizierung und Abgrenzung der „nicht sachenrechtlich bedingten raum- und sozialwirksamen Prozesse". Analog zu der in Kap. 7 vorgenommenen Differenzierung sollen hier demnach Prozesse betrachtet werden, die in ihrer Ursächlichkeit nicht direkt oder unmittelbar mit sachenrechtlichen Aspekten in Verbindung gebracht werden können. Angesichts der engen Verzahnung von wirtschafts- und sozialräumlichen Prozessen und Wirkungsgefügen ist eine solche Abgrenzung nicht unproblematisch, da sachenrechtliche Aspekte in der Umgestaltung der sozial- und wirtschaftsräumlichen Strukturen erkennbar sind. Um weitere definitorische Schwierigkeiten zu vermeiden und das Vorhaben prak-

8 Die Dynamik der Eigentumsverhältnisse im Kontext anderer Prozesse

tikabel zu gestalten, soll im Prozessgefüge zwischen sachenrechtlicher Veränderung und nicht sachenrechtlicher Veränderung mindestens ein Zwischenprozess eingefügt sein: So ist die Abwanderung aus den ländlichen Gebieten durch die hohe Arbeitslosigkeit erklärbar; die Arbeitslosigkeit selbst resultiert aus sachenrechtlichen Veränderungen.

Bevor auf die einzelnen raum- und sozialwirksamen Prozesse eingegangen wird, soll an dieser Stelle das Gesamtbild der Peripherisierung ländlicher Räume kursorisch dargestellt werden; weiterführende Angaben finden sich in den Ausführungen zu den einzelnen Teilprozessen. Der „Regionale Teufelskreis" von HENKEL (1993: 310) illustriert die Entwicklung in peripheren ländlichen Räumen durch die Kompilation von wirtschaftlichen, sozialen und politischen Teilaspekten und verdeutlicht die wechselseitigen Verflechtungen (Abb. 76). Hauptfaktoren einer derartigen Entwicklung sind Arbeitslosigkeit, Kauf- und Finanzkraft, Steuerungsmöglichkeiten und Arbeitsplatzangebote; ein Zusammenhang zur Dynamik sachenrechtlicher Beziehungen lässt sich allerdings nur für zwei dieser Faktoren begründen: Die wirtschaftliche Stagnation und die hohe Arbeitslosigkeit lässt sich in den ländlichen Räumen Ostdeutschlands eindeutig auf Prozesse der Privatisierung zurückführen, da sowohl durch die THA/BvS als öffentlicher Akteur als auch durch die LPG als privatwirtschaftliche Akteure in großer Zahl Beschäftigte und Unternehmensteile abgestoßen wurden. Der zweite von sachenrechtlichen Veränderungen beeinflusste Faktor umfasst die sinkende kommunale Finanzkraft: Zwar wurden die Kommunen auf dem Wege der Vermögenszuordnung in ihrer Ausstattung verbessert, da zahlreiche volks- oder genossenschaftliche Anlagen und Flächen nun wieder in Kommunalbesitz gelangten, gleichzeitig waren damit auch durch Unterhaltungspflichten, Kontaminierungen und Erschließung hohe Lasten verbunden. Die zeitliche Kongruenz dieser Ausgabenbelastung mit sinkendem Steueraufkommen betraf die kommunale Finanzkraft in erheblichem Maße.

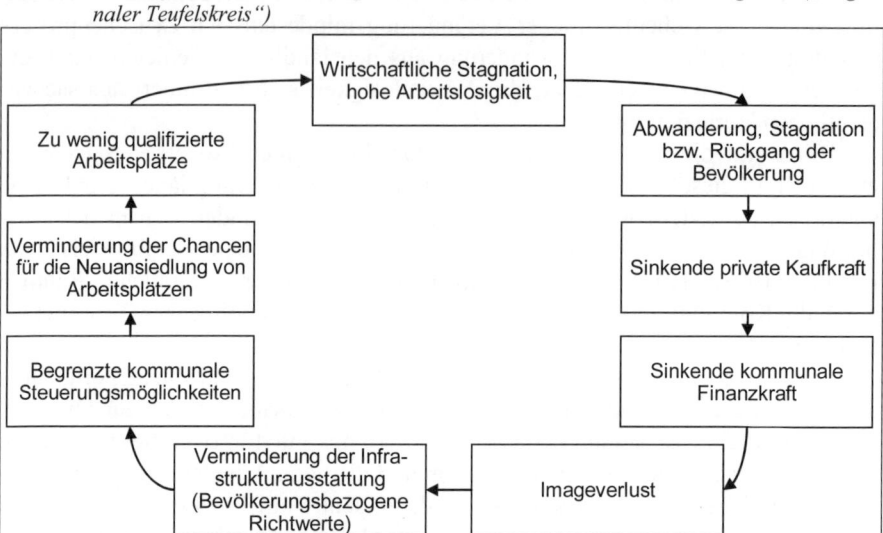

Abb. 76: *Wirkungskette zur Ausbildung von Strukturschwächen in ländlichen Regionen ("Regionaler Teufelskreis")*

```
                    ┌─────────────────────────┐
         ┌─────────→│ Wirtschaftliche Stagnation,│──────────┐
         │          │  hohe Arbeitslosigkeit  │          │
         │          └─────────────────────────┘          ↓
┌──────────────────┐                          ┌──────────────────┐
│ Zu wenig qualifi-│                          │ Abwanderung, Stag-│
│ zierte           │                          │ nation bzw. Rück- │
│ Arbeitsplätze    │                          │ gang der Bevölker.│
└──────────────────┘                          └──────────────────┘
         ↑                                              ↓
┌──────────────────┐                          ┌──────────────────┐
│ Verminderung der │                          │ Sinkende private │
│ Chancen für die  │                          │ Kaufkraft        │
│ Neuansiedlung    │                          │                  │
│ von Arbeitsplätz.│                          └──────────────────┘
└──────────────────┘                                   ↓
         ↑                                   ┌──────────────────┐
┌──────────────────┐                          │ Sinkende kommunale│
│ Begrenzte kommu- │                          │ Finanzkraft      │
│ nale Steuerungs- │                          └──────────────────┘
│ möglichkeiten    │                                   ↓
└──────────────────┘    ┌────────────────────┐ ┌──────────────────┐
         ↑              │ Verminderung der   │ │                  │
         └──────────────│ Infrastrukturaus-  │←│  Imageverlust    │
                        │ stattung (Bevölker-│ │                  │
                        │ ungsbezogene Richt-│ └──────────────────┘
                        │ werte)             │
                        └────────────────────┘
```

Quelle: HENKEL *(1993: 251)*

Dieses auf die wesentlichen Zusammenhänge der Entstehung von Strukturschwäche in ländlichen Räumen bezogene Schema kann die Vielzahl der strukturverändernden Prozesse in Ostdeutschland nicht vollständig wiedergeben; es vermittelt jedoch eindrucksvoll, welche Auswirkungen wirtschaftsräumliche und -strukturelle Veränderungen haben können.

Schon eine kurze Reflexion der in Ostdeutschland nach 1990 ablaufenden Restrukturierungsprozesse legt es nahe, für diesen Raum und diese Periode kein derartiges Schema zu entwickeln, da die Interaktionen zwischen den einzelnen Prozessfaktoren zu übermäßigen Simplifikationen zwingen müssten. Alternativ wäre es denkbar, den Transformationsprozess zeitlich zu differenzieren und einzelne Teilabschnitte der Transformation zu untersuchen. Hier läge die Schwierigkeit darin, die in Ostdeutschland in unterschiedlicher Geschwindigkeit abgelaufenen Prozesse synoptisch zusammenzuführen und zu Abschnitten der Transformation zu aggregieren.

Demgegenüber erscheint es einfacher, die einzelnen Veränderungsprozesse sektoral zu ordnen und darzustellen. Die innerhalb der Sektoren vorkommenden Interdependenzen und Abhängigkeiten ergeben sich ebenso wie die Verflechtungen und Beziehungen zwischen den jeweiligen Sektoren. Darüber hinaus eröffnet diese Vorgehensweise zahlreiche Möglichkeiten des Vergleichs mit den in Kap. 7 dargestellten und an sektoralen Kategorien orientierten Auswirkungen der sachenrechtlichen Dynamik. Dementsprechend und der geographische Perspektive dieser Arbeit folgend sollen nachfolgend die wichtigsten Veränderungen von Siedlungs-

und Landschaftsbild, Infrastruktur, Wirtschaft, Gesellschaft und Planung dargestellt werden.[1]

8.1.1 Siedlungs- und Landschaftsbild

Obgleich der Aspekt der Verbesserung der unmittelbaren Lebensumwelt durch den Bau von Kläranlagen, den Anschluss an verbesserte Wasser-, Strom- und Telekommunikationsleitungen und die Reduzierung der Umweltbelastungen durch neue Heizungsanlagen meist zu den Verbesserungen im Bereich der Infrastruktur gezählt wird, soll er hier unter den Veränderungen des Siedlungs- und Landschaftsbildes subsumiert werden: Die sich über Jahre hinwegziehenden Baumaßnahmen, die geringeren Belastungen durch Staub und Gase und die längere Bestandszeit von Farbaufträgen an Gebäuden transformierten das Erscheinungsbild ostdeutscher Siedlungen und Landschaften in erheblicher Weise. Zu diesen Umgestaltungsprozessen von Siedlung und Landschaft müssen aber auch die umfangreichen gestalterischen Eingriffe durch Verkehrsprojekte gezählt werden: Neue Autobahnen tangieren wertvolle Kultur- und Naturlandschaften[2], Eisenbahnlinien ohne ebenerdige Bahnübergänge zerschneiden Städte[3]. Andererseits wurden im Zuge des Transformationsprozesses und der Implementation von an Nachhaltigkeitskriterien orientierten Politiken auch zahlreiche Natur- und Kulturlandschaften unter Schutz gestellt.[4] Zu diesem Komplex zählt auch die Begrenzung des Braunkohlenabbaus.

Neben diesen Umgestaltungsprozessen von Natur und Landschaft fällt in einer diachronen Betrachtung vor allem die gestalterische Veränderung der Gebäudesubstanz seit 1990 ins Auge. Die Verfügbarkeit von Baumaterialien und die Orientierung an neuen, nicht orts- oder regionsgebundenen Baustilen und -materialien führten in zahlreichen Orten zum Verlust traditioneller Gestaltungselemente.[5]

---

1 Die Darstellung der transformationsbezogenen Veränderungsprozesse verzichtet bewusst auf die Nennung von Quellen; diese sind in Kap. 2.2 und 2.3 genannt worden. Die umfangreichste Dokumentation und Analyse der Veränderungen in Ostdeutschland bietet die Schriftenreihe der Kommission für die Erforschung des sozialen und politischen Wandels in den neuen Bundesländern (KSPW). Stattdessen werden einzelne Beispiele für die besprochenen Prozesse angeführt.
2 So tangieren und zerschneiden bspw. die Autobahn A 20 und die Schnellbahntrasse Berlin-Hannover wertvolle Biotope.
3 Als Beispiel sei hier auf die Gemeinde Brieselang in Brandenburg verwiesen, die durch eine Bahnstrecke in Brieselang-Ost und West geteilt ist.
4 In Ostdeutschland sind nach 1990 sieben Nationalparke eingerichtet worden: Vorpommersche Boddenlandschaft (1990), Jasmund (1990), Müritz (1990), Unteres Odertal (1995), Hochharz (1990), Hainich (1997), Sächsische Schweiz (1990).
5 So lässt sich in zahlreichen Siedlungen das „Verhängen" von Fachwerk durch Pseudoverklinkerungen zur Verbesserung der Isolierung beobachten.

In ähnlicher Weise wurden die überkommenen und seit 1945 nur mit wenigen Eingriffen veränderten Siedlungsgrundrisse überformt.[6]

Die schwerwiegendsten Veränderungen im Erscheinungsbild ostdeutscher Siedlungen sind aber mit den Migrationsbewegungen nach 1990 (s.u.) verknüpft: Einzelgebäude und Gebäudekomplexe stehen leer, werden dem Verfall überlassen oder sind bereits durch Abriss zu Freiflächen transformiert worden. Gleichzeitig ergibt sich durch die Phänomene der Suburbanisierung und der Reurbanisierung eine erhebliche Ausdifferenzierung des innerstädtischen Gebäudebestandes, die zusätzlich durch den Zuzug westdeutscher Bürger verstärkt wird und das Nebeneinander von Neu und Alt im Siedlungsbild hervorstechen lässt.

8.1.2 Infrastruktur

Zu den wesentlichen Veränderungen, die der Transformationsprozess in ländlichen Regionen Ostdeutschlands mit sich brachte, zählen sicherlich die umfassenden Erneuerungen bzw. Neuerrichtungen von Infrastrukturen im Siedlungs- und Landschaftsbereich. Hier ist zunächst auf die bereits genannten Verbesserungen bei der Ver- und Entsorgung zu verweisen.

Allerdings darf die Entwicklung der infrastrukturellen Ausstattung nicht als eine durchgängige Verbesserung des 1990 vorhandenen Angebots interpretiert werden, vielmehr handelt es sich um einen Anpassungsprozess, der von technischen Standards, verfügbaren finanziellen Mitteln und Defiziten gesteuert war. Dieser Ausdifferenzierungsprozess kann nachfolgend anhand der Entwicklung der Versorgungs- und Verkehrsinfrastruktur in Teilen des Landkreises Uecker-Randow nachvollzogen werden.

Der Aspekt der Versorgung der Bevölkerung der ländlichen Räume gehört aus der Perspektive dieser Untersuchung sicherlich zu den Bereichen, in denen die unmittelbaren und mittelbaren Folgen der sachenrechtlichen Transformation nur schwer voneinander zu trennen sind: Einerseits besteht kein Zweifel daran, dass die Privatisierung der durch Staatsunternehmen vorgehaltenen Infrastruktur auch mit deren Verschwinden in einen kausalen Zusammenhang gebracht werden kann; andererseits bleibt aber festzuhalten, dass nicht nur die Privatisierung an sich, sondern auch andere Faktoren wie bspw. die verbesserten Mobilitätsangebote und der Einzug des großflächigen Einzelhandels für diese Entwicklung verantwortlich gemacht werden können. Für das Amt Löcknitz kommt als zusätzliche Erschwernis hinzu, dass die durchschnittliche Siedlungsgröße nur bei 317 Einwohnern (31.12.1998) liegt, wodurch die Rentabilität dörflicher Versorgungseinrichtungen nur in den größeren Gemeinden gewährleistet sein kann. Abb. 77 verdeutlicht die geringe infrastrukturelle Ausstattung der Siedlungen im Amt Löcknitz – außer-

---

6 Angerdörfer wurden durch die Anlagerung von Neubaugebieten oder die Bebauung des Angers in ihrem physiognomischen Erscheinungsbild ebenso verändert wie Marschhufendörfer durch die Errichtung von zusätzlichen Gebäuden auf der Marschseite gestalterisch modifiziert wurden.

8 Die Dynamik der Eigentumsverhältnisse im Kontext anderer Prozesse   315

halb des Unterzentrums Löcknitz existieren nur sieben Versorgungseinrichtungen[7] – und deren nur niedrigfrequente Anbindung an das ÖPNV-Netz. Die ländlichen Siedlungen sind gemäß dem Regionalen Raumordnungsprogramm Vorpommern (REGIONALER PLANUNGSVERBAND VORPOMMERN 1998) auf das Unterzentrum Löcknitz und das Mittelzentrum Pasewalk ausgerichtet. Den Abbau der Versorgungsdienstleistungen dokumentiert eine Aufnahme der in der Physiognomie der Siedlungen noch erkennbaren Relikte früherer DDR-Versorgungseinrichtungen: Alle LPG-Standorte (vgl. Abb. 72) und zusätzlich die Gemeinden Grambow, Löcknitz, Boock und Mewegen verfügten über Verkaufsstellen.

Abb. 77: *Infrastrukturelle Ausstattung der ländlichen Siedlungen im Amt Löcknitz (ohne Löcknitz), 2003*

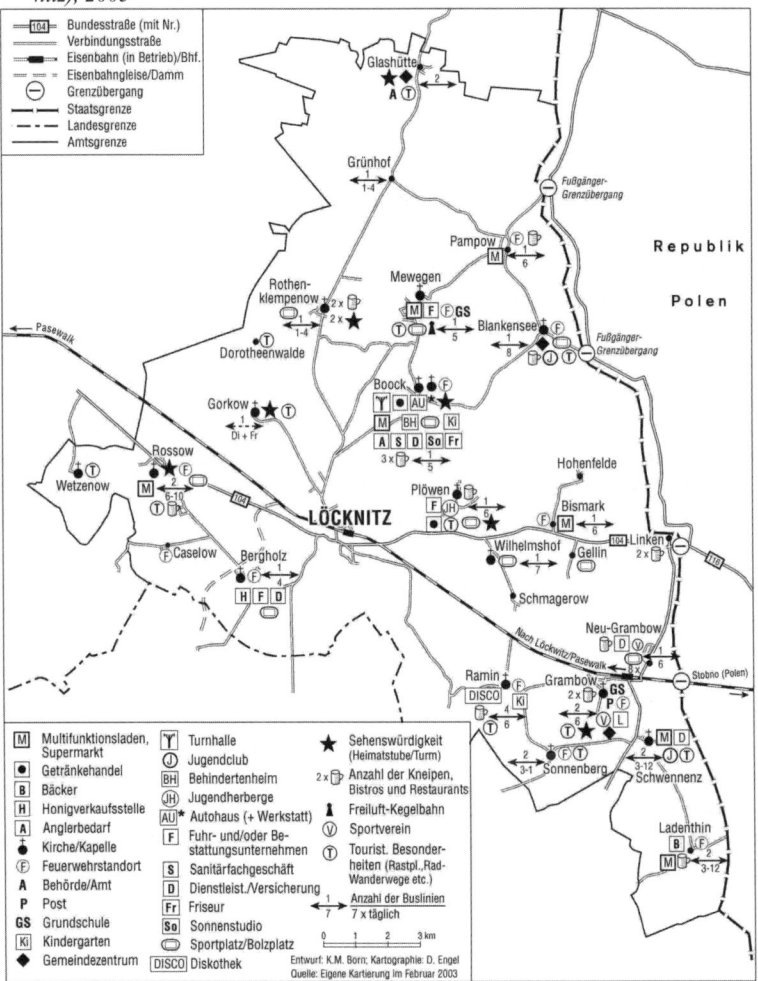

Quelle: Eigene Kartierung im Februar 2003

7   Multifunktionsläden in Pampow, Mewegen, Boock, Bismark, Schwennenz, Ladenthin und Rossow.

Weitaus komplexer stellt sich die Entwicklung der Verkehrsinfrastruktur dar: Hier stehen den deutlichen Verbesserungen durch den Neu- und Ausbau von Bundesstraßen, Autobahnen und Schienensträngen als Verbindungen zwischen Mittel- und Oberzentren deutlichen Reduzierungen des Angebots in der Fläche gegenüber. So sind im Amt Löcknitz einzelne Straßenverbindungen zurückgebaut worden, während andere nicht weiter unterhalten und mithin unbenutzbar werden.[8] Demgegenüber wurde die Region durch den Ausbau der B 106 und den Ausbau der A 20 überregional besser vernetzt. Eine ähnliche Differenzierung zwischen Aus- und Rückbau lässt sich auch für das Schienennetz beobachten, das einerseits durch ICE-Strecken die Verbindung zwischen Metropolen stärkte und andererseits durch Streckenstilllegungen weite Regionen vom Schienenverkehr abkoppelte (vgl. auch Abb. 77).

8.1.3 Wirtschaft

Da der Großteil der Veränderungen in der Wirtschaftsstruktur Ostdeutschlands unmittelbar mit der Dynamik sachenrechtlicher Beziehungen in Verbindung gebracht werden kann, muss sich diese Darstellung auf einige wenige Aspekte beschränken, die anderen Ursachen zuzuschreiben sind.

Zunächst ist hier auf die Veränderungen der landwirtschaftlichen Produktion zu rekurrieren, die zum einen auf geänderte Märkte zurückzuführen sind und zum anderen durch politische Vorgaben angestoßen wurden. Der Verlust der Marktbeziehungen zu Osteuropa kann zwar auch aus sachenrechtlicher Perspektive mit der erzwungenen Umwandlung der Betriebe erklärt werden, hängt aber vermutlich eher mit der Verteuerung der Produkte nach der Einführung der Wirtschafts- und Währungsunion zusammen. Ein nach 1990 feststellbares verändertes Konsumverhalten der Bürger in Ostdeutschland, das sich in einer Abwendung von ostdeutschen Produkten und einer Reduzierung des individuellen Fleischkonsums manifestierte, führte ebenfalls zu einer Ausdifferenzierung landwirtschaftlicher Strukturen, die nicht auf sachenrechtliche Beziehungen zurückgeführt werden können. Zu den Auswirkungen agrarpolitischer Entscheidungen zählt die im Vergleich mit Westdeutschland weit fortgeschrittene Ökologisierung der Landwirtschaft, die heute in Ostdeutschland auf 4,7 % der Landwirtschaftlichen Nutzfläche (3,2 % des Ackerlandes, 11 % des Dauergrünlandes) wirtschaftet.[9]

Weiterhin wurden die Wirtschaftsstruktur und hier insbesondere der Einzelhandel durch die Flächenhaftigkeit und die Ballung von Einzelhandelsangeboten in Stadtrandlage transformiert. Erneut handelt es sich um einen nicht klar abgrenzbaren Fall, da die Standorttheorie des Einzelhandels als Gründe für diese Ansied-

---

8   Beispiele für den Rückbau von Straßenverbindungen sind die Ortsverbindung zwischen Caselow und Brüssow, die nur noch bis zur Heidemühle besteht; dem Verfall überlassen werden bspw. die Ortsverbindungen Grünhof-Pampow, Bismark-Blankensee oder Rossow-Bergholz.
9   Demgegenüber werden in Westdeutschland nur 3 % der LF ökologisch bewirtschaftet: 2,1 % des Ackerlandes und 4,7 % des Dauergrünlandes (STATISTISCHES JAHRBUCH BUNDESREPUBLIK DEUTSCHLAND 2003: 158; Daten für 2001)

lung auf hohe eigentums- und besitzrechtliche Unsicherheiten in der Innenstadt verweist; tatsächlich muss aber auch darauf hingewiesen werden, dass die Errichtung großflächiger, mit breitem Warensortiment ausgestatteten Einkaufszentren kein Transformations-, sondern eher ein Lokalisierungskennzeichen der 1990er Jahre war. Dieser Prozess hatte weitreichende Auswirkungen auf die nach 1990 auch durch sachenrechtliche Transformationen entstandenen Einzelhandelsstrukturen in Ostdeutschland, die dem Druck der Großunternehmen nicht mehr standhalten konnten und vom Markt verdrängt wurden.

Zu den wirtschaftsstrukturellen Veränderungen im Zuge des Transformationsprozesses kann auch die Entwicklung des touristischen Angebots in Ostdeutschland gezählt werden, wobei hier die Umwandlung der ehemaligen betriebseigenen Einrichtungen ausdrücklich als sachenrechtlich induziert ausgenommen werden muss.[10] Dennoch bleibt hier ein erheblicher Bestand an neu entstandenen touristischen Einrichtungen, deren Wirtschafts- und Beschäftigungseffekt in zahlreichen Regionen strukturprägend ist.[11]

Wirtschaftspolitische Auswirkungen der Transformation zeigen sich in zwei Aspekten. Die Ausbeutung von Bodenschätzen folgt nun nicht ausschließlich wirtschaftlichen Überlegungen, sondern muss auf einem demokratietheoretischen Hintergrund ebenso Partizipation, Verhältnismäßigkeit und Transparenz sicherstellen. Ähnliche Effekte wirtschaftspolitischer Entscheidungen manifestieren sich in der Nutzung regenerativer Energien, die im dünn besiedelten Ostdeutschland nicht nur günstigere Standortbedingungen vorfinden, sondern auch zur Generierung zusätzlicher Einkommen führen (vgl. Kap. 7 Exkurs).

8.1.4 Gesellschaft

Die gesellschaftlichen Transformationsprozesse, die nicht wie die hohe Arbeitslosigkeit auf sachenrechtliche Veränderungen zurückzuführen sind, offenbaren sich zunächst in den hohen Abwanderungsraten der Neuen Bundesländer, die nach 1991 ca. 2,18 Mio. Einwohner verloren haben, während nur 1,28 Mio. Menschen zuwanderten. Mit diesem Abwanderungsprozess meist jüngerer Menschen verband sich eine ebenso dramatische Überalterung der Gesellschaft vor allem in ländlichen Regionen.

Neben diesen demographischen Transformations- und Schrumpfungsprozessen gewinnt die soziale Segregation eine immer stärkere Bedeutung in der

---

10 Die Transformation dieses Sektors wird durch die deutliche Abnahme entsprechender Einrichtungen verdeutlicht: 1989 gab es im heutigen Mecklenburg-Vorpommern 32.928 betriebliche Erholungseinrichtungen, 1991 bestanden noch 221 Erholungs-/Ferienheime und Schulungsheime, deren Zahl im Jahre 2003 auf 153 zurückgegangen war (STATISTISCHES JAHRBUCH MECKLENBURG-VORPOMMERN 1991, 1992 und 2003).

11 Die touristische Entwicklung Mecklenburg-Vorpommern lässt sich am Anstieg der Beherbergungsstätten von 1.069 im Jahre 1992 auf 2.656 im Jahre 2003 bzw. von 66.336 auf 170.645 Betten ablesen (STATISTISCHES JAHRBUCH MECKLENBURG-VORPOMMERN 2003: 268).

ostdeutschen Gesellschaft: Soziale Segregation entsteht hier nicht nur durch die Abwanderung bestimmter Bevölkerungsschichten in die Alten Bundesländer, sondern auch durch die sozial differenzierend wirkenden Suburbanisierungs- und Reurbanisierungsprozesse sowie den Zuzug von gegen den Strom wandernden Westdeutschen. Gerade in Neubaugebieten der Städte und in peripheren ländlichen Räumen blieben sozial schwache und alte Menschen zurück, angesichts ihrer materiellen und sozialen Situation leiden sie unter starken Marginalisierungsgefühlen innerhalb sozialer und geographischer Kontexte – sie fühlen sich verlassen und vergessen.

Die Kürze dieser Darstellung vermittelt bereits einen Eindruck von der hohen Wirkungsintensität sachenrechtlicher Veränderungen auf gesellschaftliche Kontexte, so dass nur wenige Prozesse identifiziert werden konnten, die nicht unmittelbar auf sachenrechtliche Veränderungen zurückgeführt werden können.

8.1.5 Räumliche Planung

Unter erheblichem Transformationszwang stand auch die räumliche Planung in Ostdeutschland: Zwar verfolgte sie mit ähnlichen Instrumenten und Konzepten die Gestaltung der Siedlungen und Landschaft, doch entstammten einige ihrer Konzepte Vorstellungen der sozialistischen Raumentwicklung. Der Transfer westlicher Ideen im Städtebau zeigte sich in einer gestalterischen und funktionalen Revitalisierung der Innenstadt, der Aufwertung von Wohngebieten, der Zulassung und Lenkung von Suburbanisierungsprozessen und letztlich der Propagierung der räumlichen Nähe von Wohnen und Arbeiten, die gerade bei sozialistischen Großprojekten zu monofunktionalen Wohn- und Gewerbe- bzw. Industrievierteln geführt hatte.

Die Raumplanung sah sich dabei mit erheblichen Schwierigkeiten konfrontiert, da weite Teile Ostdeutschlands nicht nur als periphere Räume zu klassifizieren waren, sondern auch durch den Strukturwandel überdurchschnittlich stark von Arbeitslosigkeit und Abwanderung betroffen waren. Für die Raumplanung in Ostdeutschland ergab sich dadurch die Notwendigkeit, für aus Westdeutschland weitgehend unbekannte Phänomene angepasste Lösungen zu finden. Abb. 78 verdeutlicht die Erreichbarkeit von Mittel- und Oberzentren und dokumentiert die relativ schlechte Wirksamkeit des zentralörtlichen Systems in Regionen geringer Bevölkerungsdichte.

8 Die Dynamik der Eigentumsverhältnisse im Kontext anderer Prozesse   319

Abb. 78: *Erreichbarkeit von Mittel- und Oberzentren in Ostdeutschland, 2004*

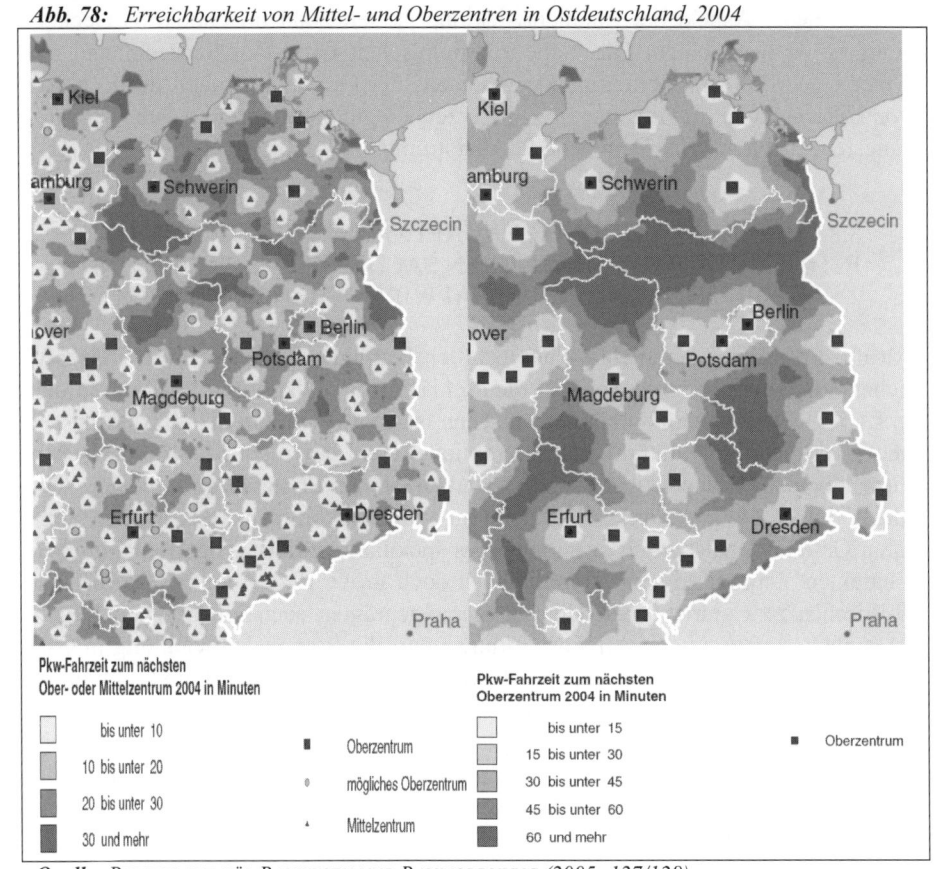

Quelle: BUNDESAMT FÜR BAUWESEN UND RAUMORDNUNG *(2005: 127/128)*

Weitere Kennzeichen der Übertragung westlicher Planungskonzeptionen auf Ostdeutschland manifestieren sich in wirtschaftlichen Großprojekten ohne Nachhaltigkeitscharakter sowie in der Ausweisung von Gewerbe- und Wohnflächen ohne regionales räumliches Muster, was letztlich zu einem erheblichen Überangebot und Leerständen führte.

Für die räumliche Planung erwies sich außerdem die hohe Zahl an Konversionsflächen als erhebliche Herausforderung, da die Objekte einer neuen Nutzung zuzuführen waren und für die in starkem Maße mit verschiedenen Stoffen kontaminierten Flächen Entwicklungspläne erstellt werden mussten.

In diesem Zusammenhang eines umfangreiches Flächenangebotes ist auch auf die Bedeutung Ostdeutschlands für die Erreichung international verbindlicher Ziele des Natur- und Landschaftsschutzes zu verweisen, deren Resultat der überproportionale Anteil Ostdeutschlands an FFH- und EUROPA2000-Flächen ist. Auch hier war die Raumplanung vor besondere Aufgaben gestellt und prägte durch ihre Entscheidungen wesentlich das landschaftliche Erscheinungsbild in zahlreichen Regionen.

Ein neuer Aspekt der Raumentwicklung ist seit 2004 im Landkreis Uecker-Randow zu beobachten: Die Nähe zur polnischen Großstadt Szczecin und die Unterschiede im Immobilienmarkt beiderseits der Grenze bedrohen die Existenz von Unternehmen im Grenzbereich und erzeugen gleichzeitig durch Suburbanisierungstendenzen aus Szczecin neue Pendlerströme.[12]

8.2 GEGENWÄRTIGE UND ZUKÜNFTIGE INTERAKTIONEN UND INTERDEPENDENZEN ZWISCHEN SACHENRECHTLICHEN UND ANDEREN RAUM- UND SOZIALWIRKSAMEN PROZESSEN

An die Erörterung der nicht-sachenrechtlich bedingten sozialen und wirtschaftlichen Veränderungsprozesse in Ostdeutschland, die als konträre Position zu den in Kap. 7 dargestellten Vorgängen zu sehen ist, muss sich nun die Diskussion der gegenwärtigen und zukünftigen Interaktionen und Interdependenzen zwischen diesen beiden Gruppen raum- und sozialwirksamer Prozesse anschließen. Obgleich die nachfolgenden Ausführungen nicht umhin kommen, von einem bestimmten Grad an Unsicherheit aufgrund ihres spekulativen oder prognosenähnlichen Charakters geprägt zu sein, kommt ihnen doch große Bedeutung zu, da die von politischen bzw. juristischen Überlegungen geprägten sachenrechtlichen Regelungsinhalte bei zu intensiven Auswirkungen auf die Regionalentwicklung in Ostdeutschland korrigiert und angepasst werden könnten; dieser Punkt gilt umso mehr über Ostdeutschland hinaus für solche Staaten, die den gesamten Prozess oder einzelne Teilprozesse sachenrechtlicher Regelungen noch vor sich haben. Bevor die einzelnen Aspekte der Interaktionen und Interdependenzen dargestellt werden, sei an dieser Stelle noch kurz ein Überblick über die wesentlichen Fortschritte der sachenrechtlichen Regelungen erlaubt:

– Im Bereich der Privatisierung ist die Umwandlung der LPG und VEG inzwischen abgeschlossen und es hat sich ein offenbar stabiles System aus landwirtschaftlichen Unternehmen unterschiedlicher Größe und Rechtsform gebildet. Die ehemals volkseigenen Flächen werden weiterhin in umfangreichem Maße von der BVVG als größter Landbesitzer Ostdeutschland über langfristige Pachtverträge verpachtet; mittel- und langfristig sollen die Flächen veräußert werden und der Bestand an bundeseigenen landwirtschaftlichen Flächen reduziert werden. Die TLG als immobilienorientierte Verwertungsorganisation der volkseigenen Objekte ist inzwischen zu einem Immobiliendienstleister in Ostdeutschland transformiert worden und bewirtschaftet nicht nur die eigenen, aus

---

12 Im Zuge eines durch den Verfasser geleiteten Geländepraktikums konnten im März 2005 Unternehmen und Bewohner des Landkreises Uecker-Randow zu ihren Hoffnungen und Erwartungen bezüglich des Beitritts Polens zur EU befragt werden; im Ergebnis kann eine ambivalentes Haltung zwischen einer aktiven Nutzung des Oberzentrums Szczecin und massiven Befürchtungen vor polnischen Arbeitskräften festgehalten werden. In diesem Zusammenhang sei allerdings auch noch auf die These von KRÄTKE/BORST (2004: 61 ff.) verwiesen, die ein „Überspringen" der unmittelbaren Grenzregionen bei Investitionen postulieren.

ihrem originären Auftrag stammenden Immobilien, sondern kauft und errichtet darüber hinaus renditestarke Objekte. Sie soll als Immobiliendienstleister langfristig am Markt aktiv bleiben.

- Die Reprivatisierung der durch die Bodenreform entschädigungslos konfiszierten Flächen und Objekte ist erst ansatzweise in Angriff genommen worden und wird sicherlich nicht vor 2010 abgeschlossen sein; die Kombination unterschiedlicher Optionen zwischen Annahme einer Ausgleichsleistung oder Umwandlung der Ausgleichsleistung in verbilligtem Boden macht es schwierig, konkrete Voraussagen über die Bedeutung dieses Prozesses für die weitere Entwicklung der ländlichen Räume Ostdeutschlands zu treffen.
- Die Restitution ist fast abgeschlossen: die noch zu bearbeitenden Fälle sind nur langfristig oder gar nicht mehr zu lösen und werden keine größeren raum- oder sozialwirksamen Implikationen nach sich ziehen (BUNDESAMT ZUR REGELUNG OFFENER VERMÖGENSFRAGEN 2005)

Aus sozioökonomischer Sicht und angesichts der dramatischen demographischen Veränderungen in Ostdeutschland (BUNDESAMT FÜR BAUWESEN UND RAUMORDNUNG 2005: 27ff.) gewinnen die nach 1990 durchgeführten sachenrechtlichen Regelungen eine erhebliche Relevanz für die weitere Entwicklung in ländlichen Räumen. Zunächst ist hier darauf zu verweisen, dass Restitution und Privatisierung mit ihren mittelbaren und unmittelbaren Implikationen die Intensität eines möglichen Rückwanderungsprozesses der transformationsbedingten Binnenmigranten aus Ostdeutschland beeinflussen könnte. Hierbei wird in Erwägung gezogen, dass ein Teil des durch Restitutions- und Privatisierungsregelungen zu Eigentümern von Häusern gewordenen Personenkreises[13] diese angesichts deren geringer Vermarktungschancen nach abgeschlossenem Berufsleben in Westdeutschland wieder nutzen wird. Durch diese Rückwanderung dann älterer Menschen würde die demographische Entwicklung zwar nur abgeflacht, aber gleichzeitig auch wichtige regionalökonomische Impulse gegeben (BORN/GOLTZ/SAUPE 2004: 115–117; Beispiel für Rückwanderung bei SCHNECK (2003)). Obgleich der Umfang dieser Rückwanderung nur schwer prognostiziert werden kann, muss auf die Interdependenzen mit anderen raumwirksamen Prozessen hingewiesen werden: Der bauliche Verfall von ländlichen Siedlungen, die Verschlechterung des Angebots an wohnortnahen Versorgungseinrichtungen und die Vernachlässigung bzw. der Rückbau von Verkehrsinfrastrukturen würden als abstoßende Argumente für eine solche Rückwanderung angesehen werden und sorgfältig gegen den Wunsch zur Erhaltung des nach 1990 wieder- oder neugewonnenen Eigentums abgewogen werden.

Umfangreiche Zusammenhänge mit den gegenwärtigen Entwicklungsprozessen lassen sich für eine zweite Gruppe an Zuwanderern nach Ostdeutschland identifizieren: Einige der reprivatisierten Alteigentümer von zwischen 1945 und

---

13 Dieser Personenkreis (und seine Erben) lässt sich in drei Gruppen differenzieren: die direkt durch Restitution wieder in die Eigentumsrechte eingewiesenen Alteigentümer; die durch die Regelung des Schuld- bzw. Sachenrechts zu Eigentümern gewordenen ehemaligen Nutzer, und die durch Restitution oder Privatisierung verdrängten ehemaligen Nutzer oder Mieter, die nach 1990 Eigentum erworben haben.

1949 konfiszierten Objekten zeichnen sich durch eine intensive Bindung mit ihrem früheren Eigentum und dessen Umfeld aus, so dass sie bei Rückkauf ihrer Güter nicht nur engagiert Landwirtschaft betreiben, sondern auch versuchen, an alte Traditionen der kulturellen und wirtschaftlichen Entwicklung anzuknüpfen. Obgleich der Umfang einer solchen „Revitalisierung" ländlicher Räume durch Reprivatisierer nur geschätzt werden kann – hier stehen exemplarische Medienberichte intentional gefärbten Erwartungen von Lobbygruppen gegenüber (WEIS 1999, RIETZSCHEL 2000; HASSE 2000; beispielhaft OTT/ABROMEIT 2005 oder VON BECKER 2005) – bleibt erneut auf den Zusammenhang zwischen der Motivation zur Rückkehr und der dann gegenwärtigen Raumausstattung zu verweisen: Überalterte, von Regressionsprozessen gekennzeichnete Regionen werden nur wenig Zuwanderer anziehen.

Bevor auf die beiden Aspekte der Entwicklung der Landwirtschaft und der Umwelt eingegangen wird, muss noch die Tätigkeit der TLG beleuchtet werden: Obgleich die TLG in ihren eigenen internen Handlungsanweisungen die Notwendigkeit sozialen Handelns betont, kann ein Konflikt zwischen diesem Anspruch und der Verpflichtung zu renditeorientiertem Handeln nicht geleugnet werden; angesichts des schwieriger werdenden Immobilienmarktes vor allem in Klein- und Mittelstädten kann ein Primat der Renditeerwirtschaftung vermutet werden. Allerdings hängt die Entwicklung des Immobilienmarktes eben auch von anderen Prozessen der wirtschaftlichen Entwicklung in Ostdeutschland ab. Ein zweiter Punkt, in dem die TLG massiv in den Entwicklungsprozess eingreift, umfasst die gegenüber privaten Konkurrenten weitaus bessere Ausgangsposition der TLG, die mit einem umfangreichen Portfolio in den Privatisierungsprozess startete und nach einigen Jahren deutlicher Verluste nicht nur Gewinne erwirtschaftet, sondern auch ein quantitativ und qualitativ hochwertiges Portfolio aufweist; diese durch die TLG bewirtschafteten Objekte stehen den privaten Immobiliendienstleistern nicht mehr zur Verfügung. Somit wird also der eigentlich intendierte Privatisierungsauftrag nicht nur von Immobilien, sondern auch von Immobiliendienstleistern erschwert.

Für den landwirtschaftlichen Sektor ergeben sich mehrere Interaktionen und Interdependenzen sachenrechtlicher mit nicht-sachenrechtlich induzierten Prozessen. Zunächst ist hier auf die Arbeit der BVVG zu verweisen, die nicht nur durch ihre Verpachtungs-, sondern auch durch ihre Verwertungstätigkeit erheblichen Einfluss auf die Gestaltung der Agrarstrukturen nehmen kann. Als Institution, die ihre Aktivitäten in hohem Maße mit den regionalen und örtlichen Akteuren des landwirtschaftlichen Sektors abstimmt[14], steht sie an der Nahtstelle zwischen Sachenrecht und Landwirtschaftspolitik. Ein weiterer, die wirtschaftliche Leistungsfähigkeit und die zukünftige Agrarstruktur betreffender Aspekt rührt von der immer noch nicht zufriedenstellend gelösten Altschuldenfrage ab: Die damit belasteten LPG-Nachfolgeunternehmen können diese Schulden zwar in ihre Bilanz

---

14 Die Leiterin der Niederlassung Neubrandenburg betonte während zweier Interviews (28.1.2001 und 5.4.2005), dass sie ihre Entscheidungen über Verpachtung und Verkauf grundsätzlich mit dem Amt für Landwirtschaft und dem Bauernverband abstimmt.

steuermildern einsetzen, werden aber gleichzeitig durch sie behindert, langfristige und umfangreiche Kredite zur Modernisierung und Expansion aufzunehmen. Der gegenwärtig durch die Unternehmensgröße noch gegebene Produktivitätsvorsprung ostdeutscher landwirtschaftlicher Unternehmen könnte bei einer zunehmenden Konzentration der westdeutschen Landwirtschaft verloren gehen und zahlreiche Unternehmen in ihrer Existenz bedrohen. Letztlich lässt sich für den Landwirtschaftssektor in Ostdeutschland durch den spezifischen Transformationsprozess auch noch ein Nachhaltigkeitsvorsprung gegenüber westdeutschen Betrieben erkennen: Im Gegensatz zu Familienbetrieben oder GbR haben Unternehmensformen mit Geschäftsführern weniger Schwierigkeiten, Nachfolger zu rekrutieren; dementsprechend sehen sie ihre Zukunft weitaus positiver als ihre Konkurrenten (vgl. Kap. 7.3) (WIENER 2004: 105).

Letztlich gehen von sachenrechtlich induzierten Veränderungsprozessen auch zahlreiche Interaktionen mit dem Leitbild der umweltverträglichen Regionalentwicklung aus. Hierbei ist zunächst die offensichtliche Unterstützung des biologischen Landbaus zu nennen, die sich daraus ergibt, dass im Privatisierungs- und Reprivatisierungsprozess von Flächen und Objekten dem Betriebskonzept eine hohe Bedeutung zukommt. Hier ergibt sich erneut eine Schnittstelle zwischen Landwirtschaftspolitik und Regelung sachenrechtlicher Probleme, die auch zu nachhaltigen Konzepten führen kann. Weiterhin unterstützt die BVVG aktiv Naturschutzprojekte, indem sie aus ökologischer Sicht wertvolle Flächen an Umweltschutzinitiativen zum marktüblichen oder aber symbolischen Preisen abgibt (MÜNCH/BAUERSCHMIDT 2002: 105–107).[15] Zu diesem Kontext zählen dann auch die aufgrund ungeklärter Eigentumsverhältnisse oder zu hoher Pächterzahlen noch nicht in Angriff genommenen Flurbereinigungen, die den Prozess der Monotonisierung der Agrarlandschaft nicht weiter verstärken können; andererseits betreffen die ebenso noch nicht vorgenommenen Flächenzusammenlegungen die Arbeit der Großunternehmen, die Hunderte von Pachtverträgen abschließen müssen.

Die Darstellung verdeutlicht den hohen Grad an Interdependenzen und Interaktionen, die sich im Zuge der Transformation zwischen den sachenrechtlich und nicht sachenrechtlich induzierten Teilprozessen ergeben haben. Obgleich beide Prozesse weitgehend parallel zueinander stattfanden, besteht nur ein Wirkungs- und kein Gestaltungszusammenhang zwischen beiden Teilprozessen, da die wirtschaftlichen und sozialen Implikationen der Transformationsprozesse nur im Fall des Investitionsvorranggesetzes deutliche Auswirkungen auf die Gestaltung der sachenrechtlichen Regelung der Transformation hatten.

Obgleich an dieser Stelle bereits Verbindungen zwischen landwirtschaftlicher Entwicklung und Sachenrecht dargestellt wurden, soll nachfolgend der Versuch

---

15 Nach Angaben der BVVG hat sie bis Ende 2004 ca. 27.000 ha Naturschutzflächen an Länder, Naturschutzverbände und – vereinzelt – Einzelpersonen übertragen. Der Jahresbericht 2004 weist für Ende 2004 noch einen Bestand von ca. 21.500 ha auf (BVVG 2004: 9). Allerdings ergeben sich hier auch Konflikte zwischen den jeweiligen Nutzergruppen aus Landwirten und Naturschutzverbänden, die dazu führen, dass die BVVG aus einer Position der Verwaltung von Flächen zu einer Vermittlung zwischen Partikularinteressen gedrängt wird (DIE WELT 2000b).

unternommen werden, sachenrechtliche Transformation und post-produktivistische Interpretationsmuster der Landwirtschaftsentwicklung in Beziehung zu setzen.

8.3 DIE GEGENWÄRTIGEN LANDWIRTSCHAFTLICHEN STRUKTUREN ZWISCHEN SACHENRECHTLICHER TRANSFORMATION UND POST-PRODUKTIVISTISCHER LANDWIRTSCHAFT

Die in den vorherigen Abschnitten niedergelegten Erkenntnisse zu den raum- und sozialwirksamen Prozessen im Transformationsprozess vermitteln ein anschauliches Bild der landschaftlichen, wirtschaftlichen und gesellschaftlichen Veränderungen in Ostdeutschland; die vorgenommene Differenzierung zwischen sachenrechtlich und nicht-sachenrechtlich begründeten Prozessen dient neben der Abklärung der Wertigkeit beider Faktorengruppen auch der Analyse der Steuerbarkeit des weiteren Entwicklungsprozesses, soweit er mit der Dynamik sachenrechtlicher Beziehungen in Verbindung gebracht werden kann. Im nun folgenden Abschnitt sollen die Ergebnisse der an Idealen der Gerechtigkeit, der Kontinuität und der Effizienz orientierten Transformationspolitiken in Ostdeutschland mit den Erkenntnissen der als „New Rural Agricultural Geography" (MARSDEN 1996: 246) bekannt gewordenen Forschungsrichtung der Geographie kontrastiert werden. Hierzu erfolgt zunächst ein kursorischer Überblick über die durchaus kontrovers diskutierte und bewertete landwirtschaftliche Entwicklung in Ostdeutschland und die zukünftigen Perspektiven ländlicher Räume, bevor dann die Grundzüge des neuen Interpretationsmusters erläutert werden.

Die im Zuge der Transformation in Ostdeutschland entstandenen landwirtschaftlichen Strukturen sind über weite Strecken von einem Unternehmenstyp geprägt, der in Deutschland nach 1945 nur noch vereinzelt vorkam: Mit dem Ende der Gutswirtschaft, der Propagierung der Familienbetriebe in Westdeutschland bzw. der der Kollektivierung bestanden kaum noch landwirtschaftliche Betriebe, die sich selbst als unternehmerisch handelnde Betriebe empfanden. Die durch die Privatisierung und Reprivatisierung entstandenen Strukturen der „Unternehmerischen Landwirtschaft" charakterisieren JASTER/FILLER (2003: 39) wie folgt:
– „Vollerwerbsbetriebe mit überdurchschnittlicher Flächenausstattung
– Arbeitgeberstatus mit Mehrpersonenbeschäftigung in Lohnarbeitsverfassung
– Tragen des unternehmerischen Risikos
– Rationelle Formen der inneren Unternehmensorganisation
– Herausbildung von überbetrieblicher Spezialisierung, Kooperation und Arbeitsteilung in Produktion und am Markt
– Ausgeprägte fachliche und persönliche Erfahrungen sowie Motivation im Management großer Betriebsstrukturen und gleichzeitig schlanker Managementstrukturen bei Nutzung der rasant gestiegenen Möglichkeiten des technischen Fortschritts."

Auf dem Hintergrund nationaler und internationaler agrarpolitischer Entwicklungen rechnen sie damit, dass sich diese Entwicklung als stabil erweist und die hier

beschriebene landwirtschaftliche Struktur mittel- und langfristig gegenüber den anderen Betriebsformen (Haupt-, Neben- und Zuerwerbsbetriebe in Familienbesitz) an Bedeutung gewinnt. Als Gründe für eine solche Entwicklung geben sie an:
– Die Unternehmensführungen haben sich in den letzten Jahren als wettbewerbsfähig erwiesen;
– Die Möglichkeiten zur Gründung von Einzelunternehmen bzw. zur Erweiterung der Flächenausstattung bestehender Betriebe sind durch die an langen Pachtzeiten orientierte Pachtpolitik der BVVG und dem Privatisierungserfolg ausgeschöpft;
– Die Wettbewerbsfähigkeit hängt zunehmend von Effekten aus Arbeitsteilung, Kooperation und Unternehmensverflechtungen in allen Bereichen der landwirtschaftlichen Wertschöpfungskette ab;
– Insgesamt zeichnen sich die Unternehmerischen Betriebe durch eine gewachsene Finanzkraft und eine gestiegene Akzeptanz für notwendige Fremdfinanzierung aus, wodurch es ihnen leichter fällt, auf veränderte Rahmenbedingungen zu reagieren. (JASTER/FILLER 2003: 39)

Diese Thesen werden kontrovers diskutiert, da sie aus agrarökonomischer Perspektive formuliert waren und eine einzelne Akteursgruppe in ländlichen Räumen besonders akzentuiert darstellen.

Allerdings kommen die Geographen GERTRUD und WOLFGANG ALBRECHT in ihrer Bewertung des Transformationsprozesses zu einem ähnlichen Ergebnis: Sie konstatieren der landwirtschaftlichen Struktur in Mecklenburg-Vorpommern mit seinen 4.400 Betrieben, von denen ein großer Anteil juristische Personen sind und ca. 80 % über 500 ha landwirtschaftliche Nutzfläche ausweisen, hervorragende Voraussetzungen für den sich verschärfenden Wettbewerb in Europa: „Damit besitzt Mecklenburg-Vorpommern unter allen Bundesländern, ja sogar unter allen Regionen der EU, die günstigste Betriebsgrößenstruktur." (ALBRECHT/ALBRECHT 1996: 44)

Demgegenüber kommt GERKE (2001 und 2003) aus der Perspektive der Wieder- und Neueinrichter zu einer anderen Einschätzung der Wettbewerbsfähigkeit und zukünftigen Entwicklung der Landwirtschaft in Mecklenburg-Vorpommern. Zunächst kritisiert er den hohen Anteil öffentlicher Flächen im landwirtschaftlichen Bereich, der durch die Flächen der BVVG und der Landgesellschaft M-V ca. 30 % der landwirtschaftlichen Nutzfläche ausmachen. Angesichts der Dimensionen dieser Pachtflächen erfuhr die Arbeit der Pachtkommissionen eine zusätzliche Aufwertung. Darüber hinaus erkannte er einen hohen Anteil an extensiven Anbausystemen mit Prämienfrüchten und Marktfruchtbetrieben mit hohem Rationalisierungsniveau und hohen Gewinnen; diese Entwicklung führt seiner Meinung nach zu einer schrittweisen Verdrängung der Klein- und Mittelbetriebe vom Markt. Aus sozialer Perspektive bemängelt er die unbefriedigende soziale Situation der abhängig Beschäftigten, deren Lohn unter Tarif- und Richtlöhnen stehe und die im Winter von Entlassungen bedroht seien.

Die hier dargestellten Kontroversen in der Diskussion der Ergebnisse des Transformationsprozesses entspringen sicherlich unterschiedlichen Betrachtungsperspektiven (Kontinuitätsfragen bei ALBRECHT/ALBRECHT und partikularinteressenkonforme Interpretationen bei GERKE), sie verdeutlichen aber nachdrücklich die Dualität der Lebens- und Arbeitsverhältnisse in ländlichen Räumen: Sie sind gerade in peripherer Lage von hohen Arbeitslosenquoten, Abwanderungsraten und Altenquotienten geprägt, während sie gleichzeitig erfolgreiche Agrarunternehmen aufweisen. Die sich aus diesem Spannungsverhältnis ergebende Entfremdung der Menschen und ihre psychologische Belastung ist leicht nachvollziehbar, müssen sie doch miterleben, wie die von ihnen mit aufgebauten Strukturen entweder aufgeteilt („filetiert") werden, oder aber nach Privatisierung und Umwandlung zu einem hochprofitablen Unternehmen werden.

Die zukünftigen Perspektiven ländlicher Räume sind im Raumordnungsbericht 2005 (BUNDESAMT FÜR BAUWESEN UND RAUMORDNUNG 2005: 204 ff.) beispielhaft dargestellt: Sie sollen als Funktionalräume für Landwirtschaft, Tourismus und Ökologie dienen und darüber hinaus als Zielorte von Wanderungen älterer Menschen bzw. in stadtnahen Räumen als Suburbanisierungsziele zusätzliche Funktionen übernehmen. In diesem Ansatz nähert sich die BBR übrigens nur in geringem Maße dem in der deutschen Agrargeographie diskutierten zukünftigen multifunktionalen Charakter ländlicher Räume. Zu diesen Funktionen des ländlichen Raums zählen (HENKEL 1999: 33; BBR 2005: 204):

– Eigenständige Siedlungs- und Lebensraumfunktion für die ländliche Bevölkerung
– Agrarproduktionsfunktion
– Ökologische Funktion
– Standortfunktion für sperrige und flächenintensive Infrastrukturen und Großvorhaben
– Erholungs- und Tourismusfunktion
– Ressourcenbereitstellungsfunktion: Erneuerbare und nicht-erneuerbare Ressourcen
– Raumreservenfunktion: Ökobilanzierung, Zuwanderung spezifischer Gruppen (Senioren, Aus- und Übersiedler etc.)
– Erholungsfunktion

Multifunktionale Interpretationsmuster der ländlichen Räume sind eng mit den Diskursen um die zunehmende, Überschüsse produzierende Intensivierung und Produktivitätssteigerung der Landwirtschaft verwoben. Dieser Übergang, von LOWE/MURDOCH/MARSDEN/MUNTON/FLYNN (1993) als „Post-Productivist Transition" bezeichnet, umfasst die Reduzierung der quantitativen Produktion durch staatliche Eingriffe, Preis- und Marktpolitiken sowie Subventionen; am Ende des Prozesses steht eine Erhöhung der Qualität der landwirtschaftlichen Produkte und eine Diversifizierung der Landnutzung und der Beschäftigungsformen (ILBERY/ BOWLER 1998: 57). Ländliche Räume werden so zu Regionen der Produktion und der Konsumption und unterliegen einem deutlichen funktionalen und räumlichen Diversifizierungsprozess, der nicht zu deutlich abgegrenzten Sphären bestimmter Nutzungen, sondern auch zu Überlappungen führt. Obgleich die Theorie der Post-Produktivistischen Landwirtschaft stark aus dem angelsächsischen Raum und den dort vorherrschenden Entwicklungen der ländlichen Räume geprägt ist, lassen

sich zumindest einige Teile für zentrennahe oder semiperiphere Räume in Deutschland übertragen. Der Prozess selbst ist von folgenden Teilprozessen gekennzeichnet (MARSDEN 1998: 15/16):
- Stadt-Land-Verschiebung von Bevölkerung und wirtschaftlichen Aktivitäten
- Neue Nachfrageformen der Zugewanderten
- Neue Gewerbe- und Industrieansiedlungen
- Steigende Abhängigkeit der Landnutzung von externen Akteuren: Einzelhandel, Großhändler als Auftraggeber
- Suche nach neuen nicht-landwirtschaftsorientierten Einkommensquellen
- Neue soziale Kategorisierungen und steigender Einfluss der Zugewanderten

Aus der Analyse dieser Prozesse heraus, die standortgebunden in unterschiedlicher Intensität auftreten können, kann MARSDEN (1998: 17/18) schließlich vier Idealtypen zukünftiger ländlicher Räume entwickeln, in denen das Nebeneinander von produktivistischen und post-produktivistischen Wirtschaftsformen in unterschiedlicher Intensität ausgestaltet ist.[16]

Dieser hier kurz umrissene Versuch einer theoretischen Durchdringung der zumindest in Großbritannien und Teilen Nordamerikas – vor allem in New England – zu beobachtenden Veränderungsprozesse ist allerdings nicht unkommentiert geblieben, da zum einen die Frage der Begrenzung auf diese beiden Staaten und zum anderen die Rolle der handelnden Subjekte weiterer Diskussionen bedarf. Zu den profiliertesten Kritikern dieses Ansatzes gehört GEOFF WILSON, der in zwei programmatischen Aufsätzen der Frage einer begrenzten territorialen Gültigkeit der Theorie der Post-Produktivistischen Transition und der Einbeziehung akteurs- bzw. handlungstheoretischer Hintergründe nachgegangen ist (WILSON 2001 und 2002). Als Ursachen und Komponenten der Post-Produktivistischen Transition identifiziert er dabei:
- Verlust der zentralen Rolle der Landwirtschaft in der Gesellschaft und damit einhergehender Verlust der ideologischen und wirtschaftlichen Sicherheit für Landwirte
- Schwächung der korporativen Beziehungen zwischen Agrarministerium und Agrarlobby
- Kritische Einstellung der Öffentlichkeit gegenüber produktivistischen Bewirtschaftungsmethoden
- Steigender Einfluss neuer Akteure aus Umwelt-, Verbraucher- und Tierschutz und damit Infragestellung der Kompetenz und Autorität von Landwirten bzw. deren Lobbyvertretern in Frage des Umwelt- und Landschaftsschutzes
- Entstehung neuer Produktions- und Absatzsysteme mit starken horizontalen und vertikalen Verflechtungen
- Negative Effekte der Globalisierungsdebatten und des damit verbundenen korporativen Einflusses global handelnder Unternehmen (z.B. im Bereich genmanipulierter Produkte)

---

16   Er differenziert dabei zwischen Preserved Countryside, Contested Countryside, Paternalistic Countryside und Clientelist Countryside und bezieht neben den Produktionsformen auch die Einflussmöglichkeiten unterschiedlicher sozialer Gruppen im ländlichen Raum mit ein.

– Verbreiterung des Ressourcenbegriffes in ländlichen Räumen: Von Rohstoff- und Lebensmittelproduktion zu Erholung, Wohnen und Naturschutz
– Veränderte Agrarpolitik mit starken Regionalisierungstendenzen und neuen Agrarumweltprogrammen
– Entwicklung neuer nachhaltiger Produktionstechniken

Schon anhand dieser kursorischen Zusammenstellung der maßgeblichen Faktoren für die postulierte Transition landwirtschaftlicher Produktionsmethoden und einer gesellschaftlichen Neubewertung der ländlichen Räume wird deutlich, dass der Prozess selbst von unterschiedlichen Akteuren angestoßen wurde, wobei die Akteure selbst aus unterschiedlicher Perspektive die ländlichen Räume und die darauf basierende Produktion betrachten. Interne Akteure wie die Landwirte, die in sich eine heterogene Gruppe darstellen, oder die Gestalter der Agrarpolitik treffen dabei auf externe Akteure wie Umweltverbände oder die aus unterschiedlichen Motivationen an ländlichen Räumen interessierte Öffentlichkeit. Der Wandel selbst ergibt sich in einem intensiven Aushandlungsprozess der beteiligten Interessensvertreter.

Fraglich bleibt allerdings die Übertragbarkeit dieses Konzeptes auf Westeuropa, das gerade in der Phase, in der Großbritannien vom Post-Produktivismus geprägt war, umfassende produktivistische Prozesse erlebte, die zur Ausformung von „super-produktivistischen" Agrarstrukturen bspw. in den Niederlanden oder Südostspanien führte (VOTH 2002). Das stichhaltigste Argument für eine Übertragbarkeit des in Großbritannien entwickelten Gedankenmodells auf Westeuropa scheint die Agrarpolitik der EU und der nachgelagerten Länder zu sein, in der in steigendem Umfang Fragestellungen des Ressourcenschutzes und der Nachhaltigkeit sowie der außerlandwirtschaftlichen Regionalentwicklung thematisiert werden. Zu den wesentlichen Unterschieden, die gegen eine Übertragung von Großbritannien auf Westeuropa sprechen, zählen zunächst die unterschiedlichen Rechtsformen in ländlichen Räumen, die am ehesten als „Verlust der legalen und ideologischen Sicherheit der britischen Landwirte bezüglich ihrer Landeigentumsrechte" (WILSON 2002: 118) bezeichnet werden können. Hinzu kommt ein ungleich stärkerer Suburbanisierungsdruck bzw. eine deutliche stärkere Polarisierung zwischen ländlich und städtisch und dementsprechend bei den Konsumenten der ländlichen Räume zu einer Idyllisierung. Die markantesten Gegensätze betreffen aber die Frage der mit dem Post-Produktivismus verbundenen Extensivierung landwirtschaftlicher Produktion, die zum einen durchaus kleinräumige Differenzierungen zwischen Extensivierung und Intensivierung hervorbringen kann und zum anderen gerade im Mittelmeerraum noch nicht als Handlungsoption gesehen wird. Entsprechend dieser Kritik an einem Konzept, das territoriale Homogenität und Einheitlichkeit des Handelns unterschiedlicher Akteure postuliert, schlägt WILSON (2002: 121) den Begriff des „Multifunktionalen Agrarregimes" vor, der den Wandel landwirtschaftlicher Produktionsformen in territorialer Heterogenität und aus entscheidungstheoretischer Perspektive interpretiert. Dieser Ansatz könnte dazu dienen, das Nebeneinander unterschiedlicher Produktionsformen sowohl aus territorialer, d.h. mit landwirtschaftspolitischen und gesellschaftlichen Aspekten verbundener Perspektive, als auch aus handlungstheoretischer, d.h. die

Entscheidungsfreiheit landwirtschaftlicher Betriebsinhaber und Verbraucher berücksichtigender Perspektive zu betrachten.

Ohne auf die weiteren Implikationen dieser Diskussion eingehen zu wollen, deren Übertragung auf Deutschland aufgrund unterschiedlicher sozio-ökonomischer, planerischer und politischer Parameter schwierig erscheint, soll an dieser Stelle der Versuch unternommen werden, die mit sachenrechtlichen Veränderungen verbundenen Restrukturierungen der ostdeutschen Landwirtschaft mit den von ILBERY/BOWLER (1998: 63 und 70/71) entwickelten Prozessen der Industrialisierung und post-produktivistischen Transition und der später von WILSON (2002) entwickelten Multifunktionalität in Einklang zu bringen.

Interpretiert man die Entwicklung der DDR-Landwirtschaft bis 1989 als einen permanenten Prozess der Industrialisierung und Spezialisierung der Landwirtschaft, stellt sich die Frage, ob und wieweit die post-produktivistische Transition im Transformationsprozess Ostdeutschlands zu beobachten ist; mithin bedarf es hier also der Abwägung, ob der Transformationsprozess der ostdeutschen Landwirtschaft nur als Restrukturierungsprozess im sachenrechtlichen Kontext oder als Modernisierungsprozess zu verstehen ist. Für Vorpommern kann festgehalten werden, dass mit der Persistenz großer Betriebseinheiten und der Einführung kleiner und mittlerer Betriebe vermutlich beide Prozesse nebeneinander ablaufen. Extensivierungsvorhaben stehen hier neben Diversifizierungen, Spezialisierungen und Expansionen in nicht-produktionsorientierte Zweige der Landwirtschaft (Reiterhöfe etc.).

Der Prozess der Industrialisierung der Landwirtschaft hat sich insofern durch die Umwandlung der LPG fortgesetzt, als im Vergleich zur sozialistischen Landwirtschaft die Produktion intensiviert (stärkere Mechanisierung, weniger Personaleinsatz, stärkere Abhängigkeit von vor- und nachgelagerten Industrien, steigende Verschuldung etc.), konzentriert (arbeitsteilige Betriebsorganisation, polarisierte Betriebsgrößen etc.) und spezialisiert wurde (Arbeitsteiligkeit, Produktion weniger ausgewählter Produkte etc.). Allerdings lässt sich hier festhalten, dass diese drei Teilprozesse nicht in gleicher Intensität durchgeführt wurden, sondern graduell abhängig von der Form des Betriebs und des Transformationspfades differieren. Die Übertragung des Modells einer post-produktivistischen Transition gerät im Kontext post-transformatorischer Restrukturierungen in peripheren Räumen an ihre Grenzen, da die Unternehmer und Landwirte sicherlich die notwendigen Extensivierungs- und Diversifizierungsentscheidungen getroffen haben, aber wesentliche Kernelemente des Modells aufgrund der peripheren Lage und der schlechten naturräumlichen Ausstattung nicht umsetzen konnten: Unternehmen haben sich nicht in kleinere und flexiblere Einheiten aufgeteilt und sie konnten ebenso wenig außerlandwirtschaftliche Aktivitäten aufnehmen. So beträgt die Extensivierungsquote im Landkreis Uecker-Randow nur 19 %; es handelt sich überwiegend um Familienunternehmen. Als ein Indikator für den post-produktivistischen Wandel lässt sich hingegen die Ökologisierung der Produktion nennen.

In ihrer Studie zur weiteren Entwicklung der Landwirtschaft in Deutschland kommen WILSON/ WILSON (2001: 274) zu dem Ergebnis einer zukünftigen räumlichen Differenzierung der deutschen Agrarlandschaft, die im wesentlichen durch naturräumliche, finanzpolitische und agrarpolitische Parameter gekennzeichnet ist. So gehen sie davon aus, dass Bayern und Baden-Württemberg aufgrund der vorhandenen familienbetriebsbezogenen Agrarstruktur und einem entsprechenden politischen Bekenntnis zu dieser Betriebsform die notwendigen Änderungen weitaus besser vornehmen können als andere Länder, die aus fiskalischen (Rheinland-Pfalz, Brandenburg, Mecklenburg-Vorpommern und Thüringen), agrarstrukturellen (wettbewerbsfähige Betriebe in Sachsen-Anhalt, Schleswig-Holstein und Niedersachen) oder agrarpolitischen (schwache Lobby in Nordrhein-Westfalen, Hessen und Sachsen) Gründen kaum noch Anstrengungen zur Umstrukturierung vornehmen können. Für Ostdeutschland sind hier insbesondere die Ausführungen zur Implementation und Adaption multifunktionaler Transitionskonzepte (WILSON/ WILSON 2001: 275) von großer Bedeutung, da profit- und mengenorientierte Agrarbetriebe sicherlich weitaus größeren Schwierigkeiten entgegensehen als die im Text angesprochenen Nebenerwerbslandwirte.

Zusammenfassend kann die Anwendbarkeit dieses Modells nur partiell bestätigt werden, wobei die Neu- und Wiedereinrichter eher post-produktivistisch wirtschaften als die Nachfolgeunternehmen der LPG, die diesem Prozess nur in einzelnen Schritten folgten und stattdessen aufgrund ihrer Größe weiterhin die Produktion großer Mengen in guter Qualität verfolgen. Mit dieser Analyse verbindet sich auch die Erkenntnis, dass innerhalb des auf die Dynamik der Sachenrechte bezogenen Zielsystems von Gerechtigkeit, Effizienz und Kontinuität durchaus adressatenspezifische Variationen bestanden. Ebenso adressatenorientiert stellen sich die Anreize für post-produktivistische Wirtschaftsformen dar, die zur Vermeidung weiterer Überschüsse besonders große und produktionsstarke Unternehmen ansprechen. Somit wurden die LPG in ihrer Restrukturierung mit zwei verschiedenen und konträren Zielsystemen konfrontiert; Resultate dieses Konfliktes sind zum einen die kleinen und mittleren Gemischtbetriebe der Neu- und Wiedereinrichter, die auch in wesentlichen Teilen die Extensivierung der landwirtschaftlichen Produktion tragen, und zum anderen die Nachfolgeunternehmen mit weitergeführter Spezialisierung im Bereich der Tierhaltung, wo sie 82 % aller Rinder und 70 % aller Schweine im Landkreis Uecker-Randow halten.

Insgesamt muss Ostdeutschland wohl als ein Sonderfall der landwirtschaftlichen Entwicklung angesehen werden, da die durch die Gemeinsame Agrarpolitik, die nationale Agrarstrukturpolitik und die gesellschaftlichen Interessen vorgehaltenen post-produktivistischen Transitionselemente auf das aus sachenrechtlicher Perspektive entwickelte Zielsystem aus Gerechtigkeit, Effizienz und Kontinuität stießen; hierbei kam als wesentliches Element die divergierenden Interessenlagen der Handelnden im landwirtschaftlichen Bereich zum Tragen. Mithin kann von einer eingeschränkten Entscheidungsfreiheit der Akteure aus LPG-Nachfolgeunternehmen, Wieder- und Neueinrichtern ausgegangen werden, da sie auf dem Hintergrund dynamischer Entwicklungen mit der Persistenz eigener Denk- und Produktionsmuster konfrontiert waren. Zu diesen tradierten Handlungs- und Bewertungsschemata, die polarisierend zwischen Großbetrieben unterschiedlicher Extensivierungsstufe und Klein- und Mittelbetrieben mit intensiver Wirtschaftsform schwankten, traten die Einflussnahmen der landwirtschaftlichen

Fachvertretungen, die den Auftrag der Schaffung wettbewerbsfähiger und nachhaltig wirtschaftenden Unternehmen aus der jeweiligen Perspektive interpretierten und ihren Mitgliedern kommunizierten. Insofern ist in Ostdeutschland weniger an ein von territorialen, um in der Sprache der Post-Produktivismus-Theoretiker zu bleiben, oder von multifunktionalen im Sinne WILSONs Parametern geprägte Entwicklung anzuknüpfen als vielmehr die gegenwärtige Gestaltung der ostdeutschen Landwirtschaft als vorläufiger Endpunkt unterschiedlicher Entwicklungspfade im Sinne einer Pfadabhängigkeit von sachenrechtlich induzierten Veränderungsprozessen zu interpretieren.

9 DIE GEOGRAPHY OF LAW UND DIE DYNAMIK SACHENRECHTLICHER BEZIEHUNGEN

Nachdem in den vorhergehenden Kapiteln der Dynamik sachenrechtlicher Beziehungen im Transformationsprozess Ostdeutschlands nachgegangen und diese aus der Perspektive der Geography of Law einer eingehenden Untersuchung ihrer Raumwirksamkeit, ihrer sozialen und wirtschaftlichen Implikationen unterzogen wurde, erfolgt nun eine zusammenfassende Darstellung und Wertung der Ergebnisse. Hierbei soll insbesondere die Klärung der disziplintheoretischen Frage nach dem Stellenwert der Geography of Law im Allgemeinen und der Betrachtung der Dynamik von sachenrechtlichen Beziehungen im Speziellen als methodischer Ansatz der Geographie erörtert werden. An diese Diskussion, die im Wesentlichen den in Kap. 1.2.1 aufgeworfenen Fragen folgt, schließt sich ein Ausblick auf zukünftige Anwendungsmöglichkeiten des Ansatzes für die Geographie – und hier insbesondere der Geographie der ländlichen Räume an.

9.1 IDENTIFIKATION DER RAUMRELEVANZ SACHENRECHTLICHER FESTLEGUNGEN

Obgleich in früheren geographischen Studien die Raumrelevanz sachenrechtlicher Festlegungen bereits dargelegt war (z. B. GALLUSSER 1979, LEU 1988), bestand im Falle Ostdeutschlands die besondere Komplikation, dass nicht nur die sachenrechtlichen Beziehungen an sich, sondern auch deren Dynamik, die sich als eine Abfolge von Enteignungs-, Konfiszierungs-, Redistributions-, Restitutions-, Reprivatisierungs- und Privatisierungsprozessen manifestierte, erfasst und analysiert werden sollten. Grundsätzlich bestehen aus methodischer Sicht keine Schwierigkeiten, sachenrechtliche Beziehungen aus geographischer Perspektive zu untersuchen, da sie einerseits in Grundbüchern, Pacht-, Bewirtschaftungs- oder Nutzungsverträgen schriftlich fixiert und andererseits zumindest partiell auch in der Physiognomie der Landschaft identifizierbar sind. Allerdings darf hierbei nicht in Vergessenheit geraten, dass beide Erscheinungsformen nicht kongruent sein müssen, da Pacht-, Bewirtschaftungs- und Nutzungsverträge zu einer starken Abweichung zwischen dem physiognomischen Erscheinungsbild und der Katasterkarte führen können. Dieser in allen landwirtschaftlich genutzten Regionen sichtbare Effekt vollständiger Besitzrechte, die dann auch Verpachtungen etc. zulassen[1], ist in Ostdeutschland um die zusätzliche Dimension der Unangepasstheit der Katasterkarten an die physiognomische Wirklichkeit, in der zahlreiche, in den Katasterkarten dargestellte Elemente der Natur- und Kulturlandschaft nicht mehr existie-

---

1 Die Unvollständigkeit der Landrechte der Neubauern der Bodenreform war eben dadurch geprägt, dass eine weitere Verpachtung des Landes nicht möglich war.

ren, erweitert.² Hinzu kommt, dass einige Eigentümer von Flächen nicht im Verpachtungsprozess involviert sind, ihre Flächen aber dennoch gewohnheitsrechtsmäßig weiter bewirtschaftet werden.³ Mithin entstehen hier also drei Schichten sachenrechtlich beeinflusster Objekteigenschaften: Die Fläche kann in ihrer physiognomische Wirklichkeit beobachtet werden; sie kann als Nutzungswirklichkeit mit vorhandenen bzw. nicht vorhandenen Pachtverträgen wahrgenommen werden, und sie kann als sachenrechtliche Wirklichkeit im Grundbuch bzw. der Katasterkarte manifestiert werden.

Aus geographischer Perspektive standen neben diesen methodischen Anforderungen auch Fragen der geographischen Dimension sachenrechtlicher Beziehungen im Mittelpunkt des Interesses. Diese „Verräumlichung" rechtlicher Festsetzungen, wie sie von der Geography of Law in unterschiedlichen Ausprägungsstufen von deskriptiven, raumgestaltenden bzw. -analysierenden bis post-modernen Ansätzen postuliert wird, lässt sich gerade für sachenrechtliche Festsetzungen besonders gut dokumentieren, da dieser Teilbereich der juristischen Betrachtung auf geographisch fassbare – und im hier geschilderten Fall immobile – Objekte beschränkt ist. Als Beobachtungsebenen für sachenrechtliche Beziehungen und ihre Dynamik wurden dabei die Physiognomie des Objektes sowie die mit dem Objekt verbundenen Sozial- und Wirtschaftsstrukturen identifiziert und in ihren räumlichen Ausprägungen analysiert. Eine derartige, die Dynamik von Veränderungen thematisierende Betrachtung beschränkt sich allerdings nicht auf die Analyse der quantitativen Veränderungen der sachenrechtlichen Beziehungen in einem raumzeitlichen Kontext, sondern verfolgt in einem qualitativen Ansatz auch die Wahrnehmung und Interpretation sachenrechtlicher Veränderungen aus der Perspektive der Bewohner ländlicher und städtischer Räume. Für das Untersuchungsgebiet im Landkreis Uecker-Randow konnten umfangreiche Veränderungen der Physiognomie der Landschaft durch die Beseitigung bzw. Neuanlage von (Kultur-) Landschaftselementen einzelnen Phasen der sachenrechtlichen Dynamik zugeordnet werden; ebenso zeigten sich anhand einer Analyse des sachenrechtlichen Sonderfalls der Restitution von zwischen 1933 und 1945 bzw. 1949 und 1989 enteigneten Eigentums deutliche Indikatoren für Veränderungen der Sozialstruktur, die auch durch eine gesellschaftliche Bewertung des Prozesses unterstützt wurden; die Rekonstruktion der Unternehmensentwicklung nach Beginn der Kollektivierung und die Analyse der gegenwärtigen Unternehmensstruktur verdeutlichten die wirtschaftsgeographischen Implikationen der Dynamik sachenrechtlicher Beziehungen.

Allerdings muss an dieser Stelle auch darauf hingewiesen werden, dass eine Untersuchung sachenrechtlicher Veränderungen im Zuge eines politischen, sozialen und wirtschaftlichen Transformationsprozesses vor die Schwierigkeit gestellt ist, Veränderungsprozesse eindeutig sachenrechtlichen und nicht allgemein trans-

---

2 Hierbei handelt es sich überwiegend um Parzellen für nicht mehr existierende Wege oder Gebäude.
3 Hierzu gehören nach Aussagen von Landwirten aus dem Amt Löcknitz insbesondere die Wegeparzellen, die ohne Pacht bewirtschaftet werden.

formatorischen Ursachen zuzuordnen. Obgleich sich diese Untersuchung der Dynamik sachenrechtlicher Beziehungen nach 1990 in Ostdeutschland mit einer Thematik auseinandersetzt, die zu den Kernthemen der Transformation gehörten, darf nicht übersehen werden, dass zahlreiche raumwirksame Prozesse in Ostdeutschland auf andere Faktoren zurückzuführen sind. Mit Hilfe des Rückgriffs auf die Unmittelbarkeit der Wirkung wurde versucht, nur solche Prozesse mit in die Untersuchung einzubeziehen, die auf sachenrechtliche Veränderungen zurückgingen. Anhand dieser Festlegung ist es bspw. nicht möglich, die Abwanderung aus Ostdeutschland nach 1990 mit sachenrechtlichen Veränderungen in Verbindung zu bringen, da das Hauptmotiv für derartige Wanderungen in der Arbeits- und Perspektivlosigkeit der Menschen zu suchen ist; diese beide Faktoren können zwar auf Privatisierungseffekte, aber auch auf andere wirtschaftpolitische Entscheidungen zurückgeführt werden; insofern ist keine Unmittelbarkeit gegeben.

Die hier bearbeiteten sachenrechtlichen Prozesse der Privatisierung, Reprivatisierung und Restitution sind in ihrer kausalen juristisch-politischen Herleitung, ihrem verwaltungstechnischem Ablauf und ihren raumwirksamen Implikationen von einer hohen Komplexität geprägt, da sie einerseits parallel nebeneinander abliefen, andererseits aber durchaus konträre Teilziele verfolgten. Diese Komplexität erschwert somit die Ermittlung von Phasen sachenrechtlicher Neugestaltung und Neuordnung sowie die Herausarbeitung kausaler Beziehungen zwischen den jeweiligen Ausprägungen der Dynamik sachenrechtlicher Beziehungen.

Im Transformationsprozess Ostdeutschlands zeigt sich diese Komplexität insbesondere darin, dass die sachenrechtlichen Teilprozesse der Privatisierung, Reprivatisierung und Restitution identische Raumeinheiten mehrfach betreffen können, bspw. in der Abfolge Nazi-Enteignung und Arisierung zwischen 1933 und 1945, SMAD-Enteignung zwischen 1945 und 1949, Republikflucht und Übergabe der Flächen an einen Nutzer nach 1949. Neben dieser objektbezogenen Betrachtungsperspektive ist aber auch darauf zu verweisen, dass einzelne Bevölkerungsgruppen als Antragsteller und Betroffene (z. B. als Antragsteller in einem restitutionsbelasteten Gebäude) auftauchen können, und somit einfache Dichotomien zwischen Gewinnern und Verlierern des Transformations- bzw. sachenrechtlichen Regelungsprozesses in ihrem Erklärungsgehalt limitiert wirken. Ebenso ist zu berücksichtigen, dass einzelne Bevölkerungsgruppen hervorgehoben von sachenrechtlichen Veränderungen betroffen sein können (z. B. Neubauern ohne Eigentumschance oder Alteigentümer als SMAD-Enteignete) und somit zu einer weiteren sozialen Ausdifferenzierung der Gesellschaft in den ländlichen Räumen Ostdeutschlands beitragen können.

So wie durch sachenrechtliche Veränderungen eine vielschichtige Kulturlandschaft entstehen kann, ist die Raumrelevanz der sachenrechtlichen Veränderungen auch als vielschichtiges Ganzes zu betrachten. Die heutigen Eingriffe in sachenrechtliche Beziehungen entwickeln eine historische Relevanz in zweifacher Weise: Erstens werden verschüttete Rechtsbeziehungen durch Restitution oder Reprivatisierung wieder hergestellt; zweitens werden gegenwärtige Rechtsbeziehungen mit einer genau definierten historischen Reichweite verändert: Dieser eigentlich alltägliche Vorgang, der allen sachenrechtlichen Verträge innewohnt, bekommt im Transformationsprozess aber eine besondere Wertung, da er sich zum einen auf eine überkommene bzw. in Abschluss befindliche Zeitschicht bezieht und zum anderen als eine Bündelung von vielen, dem Transformationsprozess zugeordneten und einen zeitlich klar umrissenen Zeitpunkt (z.B. Privatisierungs-, Enteignungs- und Kollektivierungswellen oder systematische, mit Gesetzen verbundene Diskriminierungswellen einzelner Gruppen) umfassende Maßnahmen zu verstehen ist. Insofern kann hier konstatiert werden, dass die Dynamik sachenrechtlicher Beziehungen in Ostdeutschland als ein Bündel unterschiedlicher Prozesse mit jeweils individueller vergangenheitsbezogener raum-zeitlicher Wirkungsintensität verstanden werden kann.

Einer solchen retrospektiven Betrachtung ist allerdings entgegenzuhalten, dass die Reorganisation sachenrechtlicher Beziehungen – als Restitution an die Alteigentümer, als Privatisierung an die Öffentlichkeit oder als Reprivatisierung an eine privilegierte Gruppe – im gleichen Maße eine gegenwartsbezogene raum-zeitliche Wirkungsintensität entwickelt, da die damit verbundenen Prozesse eine unterschiedliche Bearbeitungszeit in Anspruch nahmen und bis heute andauern; darüber hinaus weisen sie sowohl vom Ergebnis als auch von der Bearbeitungsdauer her regionale Differenzierungen auf.

Letztlich bedarf diese Diskussion auch des Hinweises auf die räumliche Differenzierung der Qualität sachenrechtlicher Veränderungen in Bezug auf die Umsetzung der in den jeweiligen Gesetzen postulierten Herstellung von Gerechtigkeit, Kontinuität und Effizienz. Für die ländlichen Räume manifestiert sich diese räumliche Differenzierung primär in unterschiedlichen landwirtschaftlichen Strukturen. Durch die vermutete Langlebigkeit der neu geschaffenen sachenrechtlichen Beziehungen nach einer intensiven Reorganisationsphase ordnet diese räumliche Differenzierung der Dynamik sachenrechtlicher Veränderungen im Transformationsprozess zusätzlich eine zukunftsbezogene raum-zeitliche Dimension zu.

9.2 DIE GEOGRAPHY OF LAW ALS ERKLÄRUNGSANSATZ GEGENWÄRTIGER UND HISTORISCHER SACHENRECHTLICHER PROZESSE MIT GEOGRAPHISCHER RELEVANZ

Neben der Frage der Raumwirksamkeit sachenrechtlicher Beziehungen ist hier auch zu erörtern, ob und wie weit die Ansätze der Geography of Law genutzt werden können, um gegenwärtige und historische Prozesse mit geographischer Relevanz erklären zu können. Zunächst muss hier hervorgehoben werden, dass ein Großteil der die Geography of Law begründeten Studien in städtischen Räumen und den dort vorherrschenden Entwicklungsdynamiken bzw. Konfliktintensitäten durchgeführt wurden. Für ländliche Räume hingegen dominieren Studien zu Veränderungen der Landrechte durch Privatisierungen in postsozialistischen Transformationsprozessen; ein Großteil dieser Studien ist auf Entwicklungsländer beschränkt. Entsprechend diesen Befunden ist an dieser Stelle also zu diskutieren, ob diese räumlich und thematisch stark fokussierten Konzepte auch auf die komplexe, von einer Motivationsvielfalt geprägte Entwicklung in Ostdeutschland zu übertragen oder ob die durch die Dynamik sachenrechtlicher Beziehungen hervorgerufenen Veränderungsprozesse nicht zweckmäßiger aus der Perspektive der gesamtgesellschaftlichen Transformation und Adaption marktwirtschaftlicher Denk- und Verhaltensmuster zu erklären sind.

Zur Beantwortung dieser Fragen ist zunächst differenziert der Sinngehalt und die Erklärungswirksamkeit des sachenrechtlich orientierten Ansatzes für Gegenwart und Vergangenheit zu klären: Ohne Zweifel kann der hier vertretene rechtsgeographische Betrachtungsansatz mit seinen drei Ansatzpunkten des Rechtsvergleichs, der Analyse und Bewertung der raumwirksamen Auswirkungen sowie der postmodernen Interpretationsansätze gut für gegenwärtige Prozesse genutzt werden, da er aufeinander aufbauend die wesentlichen Dimensionen sachenrechtlicher Beziehungen ohne methodische Schwierigkeiten dokumentiert und analysiert. Ebenso gut nutzbar ist er für historische Prozesse, die noch im Gedächtnis der Beteiligten bzw. Betroffenen vorhanden sind und die daher anhand von Befragungen rekonstruierbar werden. Da dieser Betrachtungsansatz über weite Strecken die gesellschaftlichen Auswirkungen bzw. die kontextbezogene Wahrnehmung und Interpretation der sachenrechtlichen Veränderungen thematisiert, muss sich eine Analyse von historischen Prozessen ohne Zeitzeugen auf schriftliche Überlieferungen zur weiterführenden Interpretation stützen; somit lassen sich zwar die raumwirksamen Auswirkungen in hinreichender Tiefenschärfe ergründen, die Implikationen der Regelungen auf den Einzelnen bzw. einzelne Gruppen im Sinne postmoderner Ansätze können aber nur eingeschränkt erfasst werden.

Der spezifische Sinngehalt der Untersuchung der Dynamik sachenrechtlicher Beziehungen im Transformationsprozess erschließt sich insbesondere dadurch, dass diese einen entscheidenden Bestandteil der Transformation darstellen und somit eine Klammer bilden zwischen den wirtschaftlichen, sozialen und gerechtigkeitsbezogenen politischen Intentionen der Transformation; sie stellen somit ein integratives Element und eine Querschnittsbetrachtung der Transformationsforschung dar, die der Gefahr unterliegt, segmentarisch wirtschaftliche, soziale und politische Aspekte isoliert voneinander zu betrachten. Für einen derartigen Untersuchungsansatz spricht auch, dass sie eine einzige und mit dem Konstrukt der Unmittelbarkeit auch relativ gut abgrenzbare Wirkungskette untersucht und somit in der Lage ist, einzelne Prozessregler zu identifizieren.

Bewertet man nun diesen Untersuchungsansatz auf dem Hintergrund des geographischen Leitmotivs der Untersuchung und Analyse raum-zeitlicher Veränderungen, bleibt hervorzuheben, dass sich hierfür Persistenzen, Brüche oder Revitalisierungen besonders gut eignen, wenn sie im Landschaftsbild sichtbar werden und auf Faktoren und Prozessregler zurückgeführt werden können. Die Betrachtung sachenrechtlicher Veränderungen nimmt diesen Analyseansatz auf und wendet ihn auf eine Kategorie von Dynamiken mit besonders hoher Raum- und Sozialwirksamkeit sowie gut dokumentierten Prozessreglern an.

Der alternativ diskutierte Weg einer Erklärung der Transformation mit Hilfe eines Rekurses auf die Adaption von marktwirtschaftlichen und privateigentumsbezogenen Denk- und Verhaltensmustern reicht demgegenüber nicht aus, um die

Komplexität sachenrechtlicher Beziehungen darzustellen: Insbesondere das Denkmodell einer Adaption erscheint als zu simplifiziert, da sich die Anerkennung sachenrechtlicher Veränderungen nach Gruppenzugehörigkeit, Betroffenheit, Interessenslage und individueller Bewertung der Dynamik aus Veränderungen und Korrekturen differenzieren lässt. So erklärt der Ansatz einer graduell differenzierten Adaption marktwirtschaftlicher Denk- und Verhaltensmuster zwar die soziale Ausdifferenzierung in Gewinner und Verlierer des Transformationsprozesses, bleibt aber bei der Analyse der Beweggründe für diese differenzierte Adaption hinter den Möglichkeiten einer auf sachenrechtliche Veränderungen und damit einhergehenden wirtschaftlichen und gesellschaftlichen Implikationen fokussierten Untersuchung zurück.

9.3 DIE BEDEUTUNG DER DYNAMIK SACHENRECHTLICHER BEZIEHUNGEN IM TRANSFORMATIONSPROZESS

Die Implikationen, die die verschiedenen Regelungen zur Anpassung sachenrechtlicher Beziehungen an das westdeutsche Wirtschafts-, Sozial- und Politiksystem hervorriefen, müssen insbesondere in ihrer Wirkung auf die wirtschaftliche Entwicklung in Ostdeutschland differenziert nach ländlichen und städtischen Räumen sowie nach Entwicklungs-, Stagnations- und Regressionsräumen betrachtet werden; insofern verstellt hier die umfangreiche und generalisierende öffentliche Kritik an der Arbeit der Treuhandanstalt und der Ämter zur Regelung offener Vermögensfragen den Blick auf die Realitäten in Ostdeutschland. Tatsächlich lässt sich bspw. durch die Verzögerungswirkung der Klärung offener Vermögensfragen ein Prozess ableiten, der nach dieser Verzögerung zu einer nachhaltigeren Inwertsetzung von Immobilien führt, was anhand eines erhöhten Sanierungsanteils im Stadtbild ablesbar ist. Ebenso verbindet sich mit der Privatisierung und Restitution ländlicher Flächen nicht nur eine – in ihrem Umfang – begrenzte Wiederanknüpfung an landwirtschaftliche Traditionen, sondern auch eine auf Pachteinnahmen basierende Ergänzung der Einkommen der in hohem Umfang von Arbeits- und Perspektivlosigkeit geprägten Bevölkerung Ostvorpommerns. Ungleich intensiver wirkten sich die Veränderungen in Entwicklungsräumen aus, die – wie am Beispiel Kleinmachnow ausgeführt – nicht nur zur sozialen Segregation einzelner Gruppen geführt hat, sondern auch durch die Wertsteigerung der Immobilien und Grundstücke Alteigentümern und redlichen Erwerbern umfangreiche Vorteile bescherten.

Die originäre Bedeutung der Dynamik sachenrechtlicher Beziehungen im Transformationsprozess zeigt sich in ihren physiognomischen, sozialen und wirtschaftlichen Auswirkungen, die in hohem Maße von einem Nebeneinander von Persistenzen, Brüchen, Differenzierungen und Revitalisierungen i.S. einer Anknüpfung an historische Begebenheiten geprägt ist. Obgleich an dieser Stelle nicht der Eindruck vermittelt werden soll, die sachenrechtlichen Beziehungen unter den Bedingungen des Sozialismus in der DDR könnten als eindimensional bewertet werden, soll hier doch darauf hingewiesen werden, dass der Versuch der Bearbeitung mehrerer enteignender, redistributiver und kollektivierender Prozesse sowohl in seiner historischen Reichweite als auch in seiner gegenwärtigen Komplexität zur Entwicklung einer Kulturlandschaft geführt hat, deren physiognomisches Erscheinungsbild über die darunter liegenden sozio-ökonomischen und sachenrechtlichen Beziehungen hinwegtäuscht.

Das Verhältnis sachenrechtlicher zu transformatorischen Entwicklungen ist zunächst davon geprägt, dass sachenrechtliche Veränderungen als relativ originäre, d.h. eng mit dem Kernbereich der Transformation verbundene Bereiche, charakterisiert werden können; dementsprechend entwickeln sie eine weit reichende Wirkung im Transformationsprozess: Neben sozio-ökonomischen Entwicklungen können wirtschaftsstrukturelle Standortmuster im landwirtschaftlichen Bereich auf sie ebenso zurückgeführt werden, wie sie wesentlichen Anteil an der Differenzierung der Bevölkerung in Gewinner und Verlierer hatten. Unmittelbare Wirkungen entfalteten sachenrechtliche Veränderungen in der Bewertung des Transformationsprozesses: Hervorgerufen durch den Zwang zur Bewertung historischer sachenrechtlicher Eingriffe in der DDR wurden die Menschen dazu angehalten, ihr eigenes Verhältnis zum Eigentum und zu den transformationsbedingten sachenrechtlichen Veränderungen zu bestimmen. Angesicht der Quantität und Intensität der Betroffenheit beeinflussten sachenrechtliche Fragen die Bewertung des Transformationsprozesses.

Abschließend ist zur Frage der Bedeutung sachenrechtlicher Beziehungen in Transformationsprozessen aber noch darauf hinzuweisen, dass sie nur dann wichtige Prozessregler der Transformation sein können, wenn diese tatsächlich das System der Eigentums-, Besitz- und Nutzungsrechte tangieren.

9.4 ZIELE, IMPLEMENTATIONSSTRATEGIEN UND REZEPTION SACHENRECHTLICHER VERÄNDERUNGEN IN OSTDEUTSCHLAND

Der sachenrechtliche Transformationsprozess in Ostdeutschland nach 1990 war von den drei Zielen der Herstellung von Gerechtigkeit, der Sicherung von Kontinuität und dem Streben nach Effizienz gekennzeichnet: Obgleich die jeweiligen zielbezogenen Gesetzgebungen (Vermögensgesetz, Landwirtschaftsanpassungsgesetz und Treuhandgesetz) von ihrer spezifischen Aufgabenstellung durchdrungen sind, nimmt der Aspekt der Schaffung ökonomisch effizienter Strukturen eine dominierende Rolle ein; so wurde das Vermögensgesetz mehrfach geändert und ergänzt, um bessere Rahmenbedingungen für Investitionen in restitutionsbelastete Immobilien zu schaffen; ebenso kann argumentiert werden, dass der dem Landwirtschaftsanpassungsgesetz innewohnende Gedanke der Sicherung des Fortbestehens der LPG-Strukturen auch von dem Willen zur Schaffung wettbewerbsfähiger landwirtschaftlicher Unternehmen durchdrungen war. Derartige Zielkonflikte sind aus allen Transformationsprozessen bekannt, in denen Gesellschafts- und Wirtschaftsstrukturen fundamental umgestaltet werden und sowohl von Seiten der politischen Entscheidungsträger als auch der involvierten gesellschaftlichen Gruppen Veränderungen im politischen, sozialen und wirtschaftlichen Bereich postuliert werden. Im Falle Ostdeutschlands bleibt aber gerade der Aspekt der Schaffung bzw. Wiederherstellung von Gerechtigkeit unklar, da zwar inhaltlich durch die Einbeziehung der NS-Verbrechen ein weiter Bogen zur Wiedergutmachung totalitärer verbrecherischer Aktivitäten geschlagen wird, aber gleichzeitig die Investitionsvorrangregelung ökonomische vor gerechtigkeitsstiftende Interessen stellt. Der langwierige Weg zur Ausformulierung des EALG dokumentiert diesen Konflikt ebenso wie die konträr erscheinenden Verweise auf die vermeintliche investitionshemmende Wirkung der Restitutionsregelung bzw. auf vermutete investitionsfördernde Effekte der Wiedereinsetzung der Alteigentümer.

In diesem Kontext ist der Frage nachzugehen, in welchem Verhältnis vergangenheits- und zukunftsorientierte Strategien zur Einführung privater sachenrechtlicher Beziehungen standen, d.h. welchen Stellenwert die Regelungen der Restitution und Reprivatisierung gegenüber der Privatisierung gewonnen hatten. Zunächst dokumentiert die Ausblendung einzelner Epochen aus der Restitutions- und Reprivatisierungsregelung auf der einen und der Automatismus der Aufwertung von Nutzungsrechten zu Eigentumsrechten bzw. die Anerkennung redlicher Erwerber auf der anderen Seite die Dichotomie dieser Regelung, die insofern vergangenheitsorientiert erscheint, als dass existierende eigentumsähnliche Rechtsformen anerkannt und umgewandelt wurden, aber in der Ablehnung der mit umfangreichen sozialen und finanziellen Kosten verbundenen Restitution der Enteignungen auf besatzungsrechtlicher Grundlage zwischen 1945 und 1949 eine Zukunftsorientierung erkennen lässt. Den Verweis auf eine potentielle investitionsfördernde Wirkung von Restitution, die sowohl von der Bundesregierung als auch im Falle der besatzrechtlichen Enteignungen durch die Opferverbände angeführt wird, unterstreicht hier nur diese Dichotomie, indem eine Zukunftsorientiertheit vergangenheitsorientierter Antragsteller postuliert wird. Zur Erklärung dieses Phänomens kann auf den Zusammenhang zwischen Restitutionsreichweite und Restitutionsintensität verwiesen werden, der nahe legt, dass länger zurückliegende Enteignungen in geringem Maße zurückgenommen werden als jüngere. Die Restitution jüdischen und anderen Eigentums, das zwischen 1933 und 1945 enteignet wurde, stellt hier einen Sonderfall der deutsch-deutschen Rechts- und Verwaltungspraxisangleichung dar.

Die Tätigkeit der Verwaltungsinstitutionen im sachenrechtlichen Transformationsprozess nach 1990 war von einer maßgeblichen Orientierung an dem spezifischen Auftrag zur Privatisierung und Klärung offener Vermögensfragen geprägt. Allerdings zeigen sich innerhalb der Erfüllung dieser Aufgaben deutliche aufgaben- und strategieorientierte Brüche bei allen beteiligten Institutionen: Hierbei standen Beschleunigungs- und Effizienzsteigerungsverfahren bei den Ämtern zur Regelung offener Vermögensfragen (ARoV) und der Bodenverwaltungs- und -verwertungsgesellschaft (BVVG) einem profitorientierten Paradigmenwechsel im Immobiliengeschäft der Treuhandliegenschaftsgesellschaft (THA) gegenüber: Während die Restitutions- und Reprivatisierungsagenturen von Immobilien und Flächen sowie die Privatisierungsagenturen landwirtschaftlicher Flächen ihren Bestand möglichst rasch abbauen sollten, entwickelte die Privatisierungsagentur für Immobilien eine Strategie zum Aufbau eines nachhaltig erfolgreichen Portfolios. Obgleich diesen Institutionen eine Schlüsselfunktion im Transformationsprozess zukam, da fast jede raumwirksame Entscheidung mit ihnen abgestimmt werden musste, nutzten sie diese in zu geringem Maße, da die Entscheidungszeiten zu lange blieben, kaum gütliche Einigungen ausgehandelt wurden und die Abkehr vom Prinzip der Antragsbearbeitung nach Eingangsreihenfolge zu spät erfolgte. Die Vielfalt an Institutionen, die die föderative und gebietskörperschaftorientierte Organisation Ostdeutschlands widerspiegelt, wirkte sich ebenso hemmend aus. Letztlich fehlte eine universelle „Sachenrechtsagentur", in der alle Belange der Dynamik sachenrechtlicher Beziehungen zusammengeführt wurden.

Obgleich das Fehlen einer solchen Institution bzw. die Vielfalt an Institutionen mit unterschiedlichen Handlungsintentionen die Perzeption der sachenrechtlichen Regelungen durch die Bevölkerung in geringem Umfang beeinflusste, ging von der individuellen Betroffenheit bzw. Interessenlage eine weitaus größere Bedeutung aus, da ca. ein Drittel der Bevölkerung in Ostdeutschland direkt oder indirekt von der postsozialistischen Dynamik sachenrechtlicher Beziehungen betroffen war. In der Bewertung dieser Prozesse durch die Bevölkerung kamen in starkem Umfang sozialisationsbedingte Einstellungen zum Tragen, da bspw. in Kleinmachnow die dem Konzept privater Eigentumsverhältnisse kritisch gegenüberstehenden Bewohner des ehemaligen Grenzgebietes die Rückgabe der Gebäude an die Alteigentümer und ihren damit verbundenen Statusverlust von Nutzern zu Mietern aus ideologischen Gründen ablehnten, während im ländlichen Umfeld des Dorfes Bergholz in Vorpommern die Bewertung von Restitutionsmaßnahmen mit der Einhaltung dörflicher und bäuerlich geprägter Verhaltensweisen des Enteigneten verknüpft wurden. Hierbei treten fein differenzierte Abwägungen zwischen den individuell erlebten Vor- und Nachteilen des Antragstellers zu einer Bewertung des individuellen Handelns des Antragstellers im Umfeld der Enteignung. Dieser normativ gesteuerten Differenzierungen im Rezeptions- und Bewertungsprozess sachenrechtlicher Regelungen durch die Bevölkerung stehen juristische Festlegungen gegenüber, die sowohl von schwer nachvollziehbaren Ausnahmetatbeständen (für die Enteignungen zwischen 1945 und 1949) als auch von bürokratischen Selbstverstärkungseffekten (in Form des Vertrauens auf die Richtigkeit von Hypothekenberechnungen oder der Regelung zum Nachweis der Ausübung von Zwang bei der Vermögensübertragung) durchsetzt sind. Die Komplexität der sachenrechtlichen Veränderungen, die Vielfalt der damit betrauten Institutionen und die offensichtliche Diskrepanz zwischen gesetzlich fixierten Normen und individuellen bzw. sozialisationsabhängigen Handlungsmustern trugen zu einer überwiegend negativen Bewertung des sachenrechtlichen Transformationsprozesses bei; hierzu ist allerdings auch anzumerken, dass der in den ländlichen Räumen ab 1990 erlebbare Peripherisierungs- und Abwertungsprozess wesentlich zu dieser Einschätzung beigetragen hat.

9.5 DER STELLENWERT RECHTSGEOGRAPHISCHER PERSPEKTIVEN BZW. DER BETRACHTUNG DER DYNAMIK SACHENRECHTLICHER BEZIEHUNGEN ALS METHODISCHER ANSATZ DER GEOGRAPHIE DER LÄNDLICHEN RÄUME

Die Ergebnisse dieser Studie zur geographischen Relevanz sachenrechtlicher Beziehungen und insbesondere ihrer Dynamik legen aus einer Vielzahl von Gründen den Schluss nahe, dass es sich um einen lohnenden Ansatz mit hohem Erkenntnisgewinn für die Geographie ländlicher Räume handelt. Angesichts der bisherigen, auf städtische Räume begrenzten oder für ländliche Räume eher theoretisch ausgeformten Anwendungsbeispiele dieses Ansatzes war diese Schlussfolgerung nicht kohärent zu erwarten und soll hier anhand einer Übersicht der Begründungszusammenhänge dargelegt werden:

- Sachenrechtliche Beziehungen stellen immer Mensch-Umwelt-Beziehungen dar, indem sie das Verhältnis des Einzelnen zu bestimmten Objekten aus einer juristischen Perspektive beleuchten.
- Sachenrechtliche Beziehungen verbinden Raum, Zeit und Gesellschaft, indem sie verdeutlichen, wo das Objekt belegen ist, wer der frühere, gegenwärtige und zukünftige Eigentümer, Besitzer oder Nutzer des Objektes ist, und welchen Status die mit dem Objekt in Verbindung zu bringenden Individuen in sozialer Abgrenzung gegenüber ihrer Umwelt als Eigentümer, Besitzer, Verpächter, Pächter, Nutzer, illegaler Nutzer oder Dulder illegaler Nutzer haben.
- Die Untersuchung der Dynamik sachenrechtlicher Beziehungen kann als eine Detailstudie innerhalb der Black Box nicht weiter ausdifferenzierter Eigentums- und Besitzrechte in ihrer Bedeutung für die Ausgestaltung ländlicher Räume gelten.
- Sachenrechtliche Beziehungen entwickeln in ihrer physiognomischen, sozial- und wirtschaftsgeographischen Ausprägung eine spezifische Raumwirksamkeit.
- Die Untersuchung und Analyse der Dynamik sachenrechtlicher Beziehungen ist als ein wichtiger Beitrag für eine prozessorientierte Betrachtung der ländlichen Räume anzusehen, da durch sie ein wesentlicher Prozessregler ländlicher Entwicklung weiter differenzierend betrachtet wird.
- Die Analyse sachenrechtlicher Beziehungen in ihrer sichtbaren und nicht sichtbaren Dimension erlaubt Einblicke in die Wahrnehmung der Agrarlandschaft aus der Sicht der in ihr lebenden und arbeitenden Bevölkerung, die sie in einem raum-zeitlichen Kontext nicht nur als Nutzungs- und Erholungs-, sondern auch als Sachenrechtslandschaft wahrnimmt. Die Betrachtung der Dynamik sachenrechtlicher Beziehungen verleiht dieser Analyseebene zusätzliche historische Tiefe.
- Die Betrachtung der Dynamik sachenrechtlicher Beziehungen liefert in der Transformationsdebatte einen wesentlichen Beitrag zur Ausdifferenzierung der Motive transformatorischer Maßnahmen: Gerechtigkeit, Kontinuität und Effizienz werden nicht mehr global für die gesamte Transformation betrachtet, sondern umreißen als normative Maßstäbe die Querschnittsbetrachtung eines

Teilaspekts der Transformation; sie unterscheiden sich damit wesentlich von der isolierten fragmentarischen Analyse der Effizienzsteigerung anhand der Bankenreformen, der Umsetzung von Gerechtigkeit anhand der Aufarbeitung der Unterlagen des Ministeriums für Staatssicherheit oder der Wahrung von Kontinuität anhand des Personalbestandes.

- Sachenrechtliche Beziehungen erklären Disparitäten zwischen dem Erscheinungsbild der Kulturlandschaft und dem Katasterbild.
- Die Analyse der Dynamik sachenrechtlicher Beziehungen quantifiziert und qualifiziert Erklärungshintergründe für räumlich differenzierte Entwicklungsunterschiede, indem sie die hemmende oder fördernde Wirkung einzelner sachenrechtlicher Maßnahmen verdeutlicht.
- Sachenrechtliche Beziehungen können im Transformationsprozess durch die Neu- oder Wiederzuordnung von Rechten die soziale Stabilität in ländlichen Räumen unterstützen.
- Die Analyse der Dynamik sachenrechtlicher Beziehungen beinhaltet insofern einen verhaltenstheoretischen Ansatz, als die Wahrnehmung sachenrechtlicher Beziehungen bzw. die Interpretation der damit verbundenen Veränderungsprozesse wichtige Anhaltspunkte für das Verhalten und Handeln der in ländlichen Räumen lebenden Menschen gibt.
- Die individuelle Bewertung sachenrechtlicher Veränderungen trägt gerade bei intensiven und in der Bevölkerung breit gestreuten Betroffenheiten in wesentlichem Maße zu einer Gesamtbewertung des Transformationsprozesses insgesamt bei.
- Durch eine Analyse sachenrechtlicher Regelungen im Transformationsprozess können die Zusammenhänge zwischen Engagement und Passivität im ostdeutschen Regenerierungsprozess dechiffriert werden: Das Engagement von Alteigentümern aufgrund lokaler Identität oder ideeller familiärer Verpflichtungen ist mit der Passivität von rendite- und verwertungsorientierten Eigentümern nach Massenprivatisierungen in Verbindung zu bringen; die Entwicklung zivilgesellschaftlicher Strukturen kann aus dieser Perspektive auch mit der spezifischen Ausformung sachenrechtlicher Regelungen erklärt werden.
- Die Analyse sachenrechtlicher Beziehungen kann diskursive Objekte in der Landschaft offen legen: Aus dieser Perspektive ist zwischen Objekten, die bereits vor der Transformation in ihrem sachenrechtlichen Charakter diskutiert wurden (z.B. durch die SMAD konfiszierte Schlösser von Gegner des Nationalsozialismus oder Eigentum von Arisieren), und Objekten, die erst in der Transformation aus sachenrechtlicher Sicht konträr bewertet wurden (transformierte Nutzungsrechte, kurzfristig ins Grundbuch eingetragene Objekte), zu differenzieren. Außerdem werden durch derartige Betrachtungen auch solche Objekte identifiziert und diskutiert, deren Entwicklung nach der Transformation dichotom zwischen Sanierung und Persistenz schwankte.
- Mit der Klärung sachenrechtlicher Beziehungen in Ostdeutschland verbinden sich umfangreiche geopolitische Prozesse, wie anhand der kürzlich wieder aufgelebten Diskussion um die Ansprüche deutscher Vertriebener in Polen aufgezeigt werden kann. Ebenso dient der Export des deutschen Modells aus Resti-

tution, Reprivatisierung und Privatisierung dem Wunsch nach der Implementation privater sachenrechtlicher Beziehungen ohne die dominierende Kontinuität früherer staatlicher Akteure.

Trotz der Fülle der hier angerissenen Begründungszusammenhänge für die Integration rechtsgeographischer Perspektiven in die Methodik der Betrachtung ländlicher Räume muss auch auf einige limitierende und relativierende Aspekte einer derartigen Betrachtung eingegangen werden. Rechtsgeographische Betrachtungsansätze weisen einen hohen Eigenwert vor allem bei den raum- und sozialwirksamen Prozessen auf, die in starkem Maße von rechtlichen Regelungen beeinflusst oder sogar determiniert sind, dies gilt beispielhaft für die Untersuchung der Auswirkungen planerischer Festsetzungen. Aus diesem Befund heraus ist dann allerdings auch ableitbar, dass die Untersuchung von Prozessen, die offenbar von anderen Prozessreglern und Faktoren beeinflusst werden, von einem Nebeneinander unterschiedlicher Betrachtungs- und Interpretationsmuster geprägt sein muss; rechtsgeographische Betrachtungen können hier sowohl einen eigenständigen Platz neben anderen, aber auch einen explanatorisch-ergänzenden Platz einnehmen. Dieser methodologische Einwand selbst ist insofern relevant, als die Analyse eines Phänomens bzw. eines Prozesses per se durch die individuelle Perspektive und das forschungsleitende Interesse des Wissenschaftlers beeinflusst ist; es kann also bereits am Anfang einer Untersuchung zu einer Über- oder Unterbewertung rechtsgeographischer Aspekte kommen.

Weiterhin zeigt sich die rechtsgeographische Perspektive in zahlreichen Fällen als eine von der Gegenwart dominierte Betrachtungsweise, da vor allem bei Untersuchungen der Raumwirksamkeit rechtlicher Festsetzungen die aktuelle Rechtslage Berücksichtigung findet. Demgegenüber bedürfen die modernen, das Verhältnis von Recht, Raum und Gesellschaft beleuchtende Ansätze einer historischen Tiefe, um den Wandel gesellschaftlicher Rechtsperzeptionen wahrnehmen und in seiner Bedeutung für die gegenwärtige Ausprägung bewerten zu können.

Letztlich – und dieses Argument wiegt schwer – können rechtsgeographische Betrachtungen vor allem im Kontext raumwirksamer Rechtsfolgenuntersuchungen einen mechanistischen Charakter annehmen und einfache Verbindungen zwischen Ursache und Wirkung herstellen, ohne andere prozessbeeinflussende Faktoren in ausreichender Intensität und Diskussion mit in die Gesamtbetrachtung einfließen zu lassen.

9.6 AUSBLICKE AUF ZUKÜNFTIGE ANWENDUNGSMÖGLICHKEITEN DES ANSATZES FÜR DIE GEOGRAPHIE DER LÄNDLICHEN RÄUME

Die hier vorgestellte Analyse der Dynamik sachenrechtlicher Beziehungen in Ostdeutschland nach 1945 kann aus historisch-geographischer Perspektive auch auf sachenrechtliche Beziehungen der Vergangenheit angewandt werden. Neben sektoralen Betrachtungen einzelner Rechtsgebiete wie bspw. der Wasserrechte können auch komplexe Flurverfassungen und Flurgestaltungen aus dieser Perspektive analysiert werden. So lassen sich Flurformen nicht nur als physiognomische Erscheinungsform von Flurverfassungen und Bewirtschaftungsregelungen interpretieren, sondern auch als Ausdruck bzw. als räumliche Konsequenz bestimmter sachenrechtlicher Festlegungen deuten: Der mit der Flurform der Zelgen verbundene Flurzwang, die Gewährung von Überfahrrechten und die Organisation zeitgleicher ackerbaulicher Aktivitäten stellen rechtlich verbindliche Absprachen sachenrechtlichen Inhalts dar. Mögliche Anknüpfungspunkte einer solchen Analyse wären die Ausgestaltung dieser Festsetzungen, ihre Aushandlung zwischen den sozial differenzierten Bauern und der Sanktionsmöglichkeiten bei Nichteinhaltung der Absprachen.

Aus der Perspektive der gegenwärtigen Entwicklungen in ländlichen Räumen bietet sich die Analyse der Restrukturierungsprozesse aus sachenrechtlicher Sicht an: Wie werden Betriebe vererbt? Wie sind Verkauf und Verpachtung organisiert und welche raumwirksamen Implikationen gehen von dieser Dynamik der sachenrechtlichen Beziehungen aus?

Grundsätzlich kann der hier verfolgte Ansatz auf alle Transformationsprozesse übertragen werden, in denen distributive mit redistributiven Politiken konkurrieren. Hierunter fallen sowohl post-sozialistische als auch post-autoritäre wie post-koloniale Transformationsprozesse mit starken sachenrechtlichen Implikationen.

Die Analyse der Dynamik sachenrechtlicher Beziehungen aus geographischer Perspektive steht erst am Anfang einer Entwicklung, wie sie die Anthropologie oder die Stadtsoziologie durch eine Verrechtlichung ihrer Betrachtungsansätze bereits genommen haben; die räumliche Dimension spielt in diesen Disziplinen (noch) eine untergeordnete Rolle. Hier eröffnet sich mit der Verräumlichung sachenrechtlicher Beziehungen für die Geographie ein lohnendes Betätigungsfeld, zu dessen Erschließung ich mit dieser Untersuchung einen Baustein beigetragen zu haben erhoffe.

QUELLENVERZEICHNIS

A. LITERATUR

ABLER, RONALD; ADAMS, JOHN S.; GOULD, PETER (1971): Spatial organization: the geographer's view of the world. Englewood Cliffs, N. J..

ABRAHAMS, RAY (1996): Introduction. Some thoughts on recent land reforms in Eastern Europe. In: ABRAHAMS, R. (Hrsg.): After socialism. Land reform and social change in Eastern Europe. Providence, Oxford, S. 1–22.

ALBRECHT, GERTRUD (1996): Agrarwirtschaft: Was folgt auf die LPG? In: WEIß, W. (Hrsg.): Mecklenburg-Vorpommern. Brücke zum Norden und Tor zum Osten. Gotha, S. 117–134.

ALBRECHT, GERTRUD; ALBRECHT, WOLFGANG (1996): Die Entwicklung der Landwirtschaft in Mecklenburg-Vorpommern. Zwischenbemerkungen zum Transformationsprozess. In: ECKART, K.; KLÜTER, H. (Hrsg.): Aktuelle sozialökonomische Strukturen, Probleme und Entwicklungsprozesse in Mecklenburg-Vorpommern. Berlin, S. 37–52.

ALEXANDER, GREGORY S. (Hrsg.) (1994): A fourth way? Privatization, property, and the emergence of new market economies. New York.

ANDERSEN, UWE (2004a): Marktwirtschaft. In: NOHLEN, D.; SCHULTZE, R.-O. (Hrsg.): Lexikon der Politikwissenschaft. Theorien, Methoden, Begriffe. München, S. 514–515.

ANDERSEN, UWE (2004b): Planwirtschaft. In: NOHLEN, D.; SCHULTZE, R.-O. (Hrsg.): Lexikon der Politikwissenschaft. Theorien, Methoden, Begriffe. München, S. 559–660.

ANDRESEN, MAREN (2002): Das Netz der alten Genossen. In: Der Spiegel 10/2002, S. 64–66.

ARMBRUST, PETER (2001): Der besatzungsrechtliche und -hoheitliche Vermögenszugriff in der SBZ: Rechts- und Tatsachenprobleme am Beispiel Sachsen-Anhalts. Baden-Baden.

ARNOLD, ADOLF (1997): Allgemeine Agrargeographie. Gotha und Stuttgart.

BACKHAUS, JÜRGEN; NUTZINGER, HANS C. (1982): Theorie der Eigentumsrechte – Ein fruchtbarer Ansatz. In: BACKHAUS, J.; NUTZINGER, H. C. (Hrsg.): Eigentumsrechte und Partizipation. Frankfurt/M., S. 1–14.

BALLHAUSEN, WERNER (1994): Die schlimmen Folgen des Rückgabeprinzips. In: Kritische Justiz 27, S. 214–217.

BAMMEL, OTTO (1991): Die Meinungen der landwirtschaftlichen Verbände zur künftigen Agrarpolitik in den Ländern der ehemaligen DDR. In: MERL, S.; SCHINKE, E. (Hrsg.): Agrarwirtschaft und Agrarpolitik in der ehemaligen DDR im Umbruch. Berlin, S. 71–78.

BARTLING, HARTWIG (1991): Anpassungsprobleme der Agrarwirtschaft in den neuen Bundesländern. In: GRÖNER, H.; KANTZENBACH, E.; MAYER, O. G. (Hrsg.): Wirtschaftspolitische Probleme der Integration der ehemaligen DDR in die Bundesrepublik. Berlin, S. 219–244.

BASTIAN, UWE (2003): Sozialökonomische Transformationen im ländlichen Raum der neuen Bundesländer. (Dissertation am Otto-Suhr-Institut für Politikwissenschaft der FU Berlin). Berlin.

BATHELT, HARALD; GLÜCKLER, JOHANNES (2002): Wirtschaftsgeographie. Ökonomische Beziehungen in räumlicher Perspektive. 2. korr. Auflage. Stuttgart.

BATT, JUDY (1994): Political dimensions of privatization in Eastern Europe. In: ESTRIN, S. (Hrsg.): Privatization in Eastern Europe. London, S. 83–91.

BAUM, ECKHARD (2001): Stichwort „Bodenrecht". In: MABE, J. E. (Hrsg.): Afrika-Lexikon. Stuttgart, S. 103–104.

BAYER, WALTER (2003): Zusammenfassung der Ergebnisse des DFG-Forschungsprojektes „Rechtsprobleme der Restrukturierung landwirtschaftlicher Unternehmen in den neuen Bundesländern nach 1989" (unter http://www.recht.uni-jena.de/z03/Dfg/Zusammenfassung.pdf verfügbar; abgerufen am 25.11.2003).

BECK, STEFAN VON DER (1996): Die Konfiskationen in der Sowjetischen Besatzungszone von 1945 bis 1949. Ein Beitrag zu Geschichte und Rechtsproblemen der Enteignungen auf besatzungsrechtlicher und besatzungshoheitlicher Grundlage. Frankfurt/M..
BECKER, HANS (1998): Allgemeine Historische Geographie. Stuttgart.
BECKER, LAWRENCE C. (1977): Property Rights. Philosophical Foundations. London
BECKER, PETER VON (2005): Das Märchen von Karwe. In: Der Tagesspiegel vom 10.12.2005.
BECKMANN, VOLKER; HAGEDORN, KONRAD (1997): Decollectivisation and privatisation policies and resulting structural changes of agriculture in Eastern Europe. In: SWINNEN, J. F. M.; BUCKWELL, A.; MATHIJS, E. (Hrsg.): Agricultural privatisation, land reform and farm restructuring in Central and Eastern Europe. Aldershot, S. 105–160.
BEIMBORN, ANNELIESE (1959): Wandlungen der dörflichen Gemeinschaft im hessischen Hinterland : eine geographisch-volkskundliche Untersuchung von sechs Gemeinden des Kreises Biedenkopf. (= Marburger Geographische Schriften 12). Marburg.
BELL, WOLFGANG (1992): Enteignungen in der Landwirtschaft der DDR nach 1949 und deren politische Hintergründe. (Schriftenreihe des Bundesministers für Ernährung, Landwirtschaft und Forsten – Angewandte Wissenschaft H. 413). Münster-Hiltrup.
BENDA-BECKMANN, FRANZ UND KEEBET VON (1999): A functional analysis of property rights, with special reference to Indonesia. In: MEIJL, T. VAN; BENDA-BECKMANN, F. VON (Hrsg.): Property rights and economic development; land and natural resources in southeast Asia and Oceania. London, S. 15–56.
BERNHARD, HANS (1915): Die Agrargeographie als wissenschaftliche Disziplin. In: Petermanns Mitteilungen 61, S. 12–18.
BERNIEN, MARITTA (1995): Umbruch der Arbeit in der Landwirtschaft der neuen Länder. In: SCHMIDT, R.; LUTZ, B. (Hrsg.): Chancen und Risiken der industriellen Modernisierung Ostdeutschlands. (Schriftenreihe der Kommission für die Erforschung des sozialen und politischen Wandels in den neuen Bundesländern e.V. (KSPW) Bd. 7). Berlin, S. 357–374.
BERZL, SUSANNE (2001): Völkerrechtliche Beurteilung der Bodenkonfiskationen in der Sowjetischen Besatzungszone Deutschland (1945 bis 1949) und die Berücksichtigung dieser Rechtslage in der Rechtsordnung der Bundesrepublik Deutschland. Aachen.
BEYME, KLAUS VON (1994): Ansätze zu einer Theorie der Transformation der ex-sozialistischen Länder Osteuropas. In: MERKEL, W. (Hrsg.): Systemwechsel 1. Theorien, Ansätze und Konzeptionen. Opladen, S. 141–171.
BEYME, KLAUS VON; NOHLEN, DIETER (1997): Systemwechsel. In: NOHLEN, D. (Hrsg.): Wörterbuch Staat und Politik. Bonn, S. 765–776.
BICHLER, HANS (1981): Landwirtschaft in der DDR. Berlin.
BIEHLER, GERNOT (1994): Die Bodenkonfiskationen in der Sowjetischen Besatzungszone Deutschlands 1945 nach Wiederherstellung der gesamtdeutschen Rechtsordnung 1990. Berlin.
BISCHOFF, BERNHARD (1994): Grundstückswerte in den neuen Bundesländern. Wie sich ungeklärte Eigentumsfragen auf Verkehrswerte auswirken. Berlin.
BISMARK, JOHANNES VON (1999): Wiedergutmachung von Enteignungsunrecht. Landrestitution nach einem Systemwechsel. Das südafrikanische Gesetz zur Restitution von Landrechten von 1994 unter vergleichender Berücksichtigung des deutschen Rechts der offenen Vermögensfragen. Aachen.
BLACK, DONALD (1976): The behavior of law. London.
BLACKSELL, MARK (2006): Political Geography. Abingdon.
BLACKSELL, MARK; BORN, KARL MARTIN (1999): Private property restitution: the geographical consequences of official government policies in Central and Eastern Europe. (=Working Paper No. 1 des Forschungsprojekts „Eigentumsrückübertragung und der Transformationsprozess in Deutschland und Polen nach 1989") Plymouth.

BLACKSELL, MARK; BORN, KARL MARTIN (2000): Property restitution in rural areas: The case of Bergholz. (=Working Paper No. 7 des Forschungsprojekts „Eigentumsrückübertragung und der Transformationsprozeß in Deutschland und Polen nach 1989") Plymouth.

BLACKSELL, MARK; BORN, KARL MARTIN (2002a): Private property restitution: the geographical consequences of official government policies in Central and Eastern Europe. In: The Geographical Journal 168 (2), S. 178–190.

BLACKSELL, MARK; BORN, KARL MARTIN (2002b): Rural property restitution in Germany's New Bundesländer: the case of Bergholz. In: Journal of Rural Studies 18, S. 325–338.

BLACKSELL, MARK; BORN, KARL MARTIN; BOHLANDER, MICHAEL (1996a): The geographical consequences of property restitution in Germany's new Bundesländer since unification. In: Europa Regional 4 (4), S. 14–19.

BLACKSELL, MARK; BORN, KARL MARTIN; BOHLANDER, MICHAEL (1996b): Settlement of property claims in former East Germany. In: Geographical Review 86 (2), S. 198–215.

BLACKSELL, MARK; BORN, KARL MARTIN; BOHLANDER, MICHAEL (2000): Law, legal services, and the postcommunist transitition in Germany`s New Bundesländer. In: Environment and Planning C: Government and Policy 18, S. 255–270.

BLACKSELL, MARK; ECONOMIDES, KIM; WATKINS, CHARLES (1991): Justice outside the city. Access to legal services in rural Britain. Harlow.

BLACKSELL, MARK; WATKINS, CHARLES; ECONOMIDES, KIM (1986): Human geography and law: a case of separate development in social science. In: Progress in Human Geography 10 (3), S. 371–396.

BLECKMANN, ALBERT; ERBERICH, INGO (2004): Die Treuhandanstalt und ihre Unternehmen. In: RÄDLER, A. J. (Hrsg.) (Stand 2004): Vermögen in der ehemaligen DDR. Rechtshandbuch zur Durchsetzung und Abwehr von Ansprüchen (Loseblattsammlung). Herne.

BLECKMANN, ALBERT; PIEPER, HANS-GERD (2004): Die verfassungsrechtlichen Probleme der Vermögensregelung des Einigungsvertrags. In: RÄDLER, A. J. (Hrsg.) (Stand 2004): Vermögen in der ehemaligen DDR. Rechtshandbuch zur Durchsetzung und Abwehr von Ansprüchen (Loseblattsammlung). Herne.

BLOMLEY, NICHOLAS (2000a): „Geography of law". In: The Dictionary of Human Geography. 4. Auflage. Oxford, S. 435–438.

BLOMLEY, NICHOLAS (2000b): „Property rights". In: The Dictionary of Human Geography. 4. Auflage. Oxford, S. 651.

BLOMLEY, NICHOLAS (2001a): Introduction to section 3: property and the city. In: BLOMLEY, N.; DELANEY, D.; FORD, R. T. (Hrsg.): The Legal Geographies Reader. Oxford, S. 115–117.

BLOMLEY, NICHOLAS (2001b) Landscapes of property. In: BLOMLEY, N.; DELANEY, D.; FORD, R. T. (Hrsg.): The Legal Geographies Reader. Oxford, S. 118–229.

BLOMLEY, NICHOLAS (2004): The boundaries of property: lessons from Beatrix Potter. In: The Canadian Geographer 48 (2), S. 91–100.

BLOMLEY, NICHOLAS; DELANEY, DAVID; FORD, RICHARD T. (Hrsg.) (2001): The Legal Geographies Reader. Oxford.

BLOMMESTEIN, HANS J.; MARRESE MICHAEL; ZECCHINI, SALVATORE (1991): Centrally planned economies in transition: An introductory overview of selected issues and strategies. In: BLOMMESTEIN, H. J.; MARRESE, M. (Hrsg.): Transformation of planned economies. Property rights reform and macroeconomic stability. Paris, S. 11–28.

BODENVERWERTUNGS- UND -VERWALTUNGS GMBH (2001): Fragen und Antworten zum Flächenerwerb nach dem Entschädigungs- und Ausgleichsleistungsgesetz (EALG) und der Flächenerwerbsverordnung in den fünf neuen Bundesländern. Broschüre. Berlin.

BODENVERWERTUNGS- UND -VERWALTUNGS GMBH: Jahresberichte 1993–2004. Berlin.

BOESLER, KLAUS-ACHIM (1969): Kulturlandschaftswandel durch raumwirksame Staatstätigkeit. Berlin.

BOESLER, KLAUS-ACHIM (1983): Politische Geographie. Stuttgart.

BÖHM, HANS (1980): Bodenmobilität und Bodenpreisgefüge in ihrer Bedeutung für die Siedlungsentwicklung. Bonn.
BÖHME, KLAUS (1992): Die Diskussion um die Zukunft der landwirtschaftlichen Betriebe im Osten Deutschlands – Bäuerlicher Familienbetrieb, Produktivgenossenschaft, Agrarunternehmen? In: BRÜCKNER, T.; PETERS, A., ROHDE, J.; SAALFELD, I. (Hrsg.): LPG – Was nun? Agrarkonzentration im Osten Deutschlands – Die Neugestaltung des ländlichen Raumes. Hannover, S. 47–60.
BOHLANDER, MICHAEL; BLACKSELL, MARK; BORN, KARL MARTIN (1996): The legal profession in East Germany – past, present and future. In: International Journal of the Legal Profession 3, S. 255–275.
BOHRISCH, DIRK (1996): Die sozialistische Grundeigentumsordnung und deren Überleitung in die bundesdeutsche Rechtsordnung. Die Überleitung der DDR-Eigentumsformen durch den Einigungsvertrag in bürgerlich-rechtliches Eigentum im Sinne des bürgerlichen Gesetzbuches. Göttingen.
BÖNKER, FRANK; OFFE, CLAUS (1993): The morality of restitution – Considering on some normative questions raised by the transition to a private economy. In: BÖNKER, F.; OFFE, C.; PREUß. U. K. (Hrsg.): Efficiency and justice of property restitution in East Europe. (=ZERP-Diskussionspapier 6(93). Bremen, S. 1–46.
BÖNKER, FRANK; OFFE, CLAUS (1994): Die moralische Rechtfertigung der Restitution des Eigentums. Überlegungen zu einigen normativen Problemen der Privatisierung in postkommunistischen Ökonomien. In: Leviathan 22, S. 318–352.
BORCHERDT, CHRISTOPH (1996): Agrargeographie. Stuttgart.
BORN, KARL MARTIN (1996): Raumwirksames Handeln von Verwaltungen, Vereinen und Landschaftsarchitekten zur Erhaltung der Historischen Kulturlandschaft und ihrer Einzelelemente. Eine vergleichende Untersuchung in den nordöstlichen USA (New England) und der Bundesrepublik Deutschland. Frankfurt.
BORN, KARL MARTIN (1997): The return of confiscated land and property in the new Länder: the process and its geographical implications. In: Applied Geography 17 (4), S. 371–384.
BORN, KARL MARTIN (2004): The dynamics of property rights in post-communist East-Germany. In: PALANG, H.; SOOVÄLI, H.; ANTROP, M.; SETTEN, G. (Hrsg.): European rural landscapes: persistence and change in a globalising environment. Dordrecht: Kluwer, S. 315–332.
BORN, KARL MARTIN (2005): Justice in the East German restitution process. In: PEIL, T.; JONES, M. (Hrsg.): Landscape, law and justice. Oslo, S. 230–241.
BORN, KARL MARTIN; BLACKSELL, MARK (2001): The relative fairness of property restitution: Evidence from Ueckermünde. (=Working Paper No. 9 des Forschungsprojekts „Eigentumsrückübertragung und der Transformationsprozess in Deutschland und Polen nach 1989") Plymouth.
BORN, KARL MARTIN; BLACKSELL, MARK; BOHLANDER, MICHAEL (1996): Die Regelung offener Vermögensfragen in den Neuen Bundesländern: Ausmaß und geographisch relevante Auswirkungen. In: Geographische Zeitschrift 85 (3/4), S. 238–248.
BORN, KARL MARTIN; BLACKSELL, MARK; BOHLANDER, MICHAEL (1997): Zweites Staatsexamen oder Juristen-Diplom: Anwälte in denen Neuen Bundesländern. In: Mitteilungen der Bundesrechtsanwaltskammer (1), S. 2–5.
BORN, KARL MARTIN; BLACKSELL, MARK; BOHLANDER, MICHAEL (1999): Rechtsanwälte in den Neuen Bundesländern: Die Entwicklung eines Rechtsanwaltssystems aus Alt und Neu In: Mitteilungen der Bundesrechtsanwaltskammer (1), S. 12–20.
BORN, KARL MARTIN; BLACKSELL, MARK; BOHLANDER, MICHAEL; GLANTZ, STEPHAN (1998): Stadtgestalt und Eigentumsrückübertragung in den Neuen Bundesländern. In: Berichte zur deutschen Landeskunde 72 (3), S. 175–193.
BORN, KARL MARTIN; GOLTZ, ELKE; SAUPE, GABRIELE (2004): Wanderungsmotive zugewanderter älterer Menschen. Ein anderer Blick auf die Entwicklungsprobleme peripherer Räume in Brandenburg. In: Raumforschung und Raumordnung 62 (2), S. 109–120.

BORN, MARTIN (1974): Die Entwicklung der deutschen Agrarlandschaft. Darmstadt.
BORN, MARTIN (1977). Geographie ländlicher Siedlungen 1. Stuttgart.
BORST, RENATE (1996): Volkswohnungsbestand in Spekulantenhand? Zu den möglichen Folgen der Privatisierung von ehemals volkseigenen Wohnungen in den neuen Bundesländern. In: HÄUßERMANN, H.; NEEF, R. (Hrsg.): Stadtentwicklung in Ostdeutschland. Soziale und räumliche Tendenzen. Opladen, S. 107–128.
BOWYER-BOWER, TANYA A. S. (Hrsg.) (2002): Land reform in Zimbabwe : constraints and prospects. Aldershot.
BRAINARD, LAEL S. (1991): Strategies for economic transformation in central and eastern Europe: Role of financial market reform. In: BLOMMESTEIN, H.; MARRESE, M. (Hrsg.): Transformation of planned economies. Paris, S. 95–108.
BROCKER, MANFRED (1993): Arbeit und Eigentum. Der Paradigmenwechsel in der neuzeitlichen Eigentumstheorie. Darmstadt.
BROHM, WINFRIED (2001): Öffentliches Baurecht. München.
BRÜCKER, HERBERT (1995): Privatisierung in Ostdeutschland – eine institutionenökonomische Analyse. Frankfurt/M..
BRUNNER, DIETER (1996): Strukturen im ländlichen Raum: Siedlung und Flur. In: WEIß, W. (Hrsg.): Mecklenburg-Vorpommern. Brücke zum Norden und Tor zum Osten. Gotha, S. 61–72.
BRUNNER, GEORG (2000): Privatisierung in Osteuropa. In: SCHACK, H.; HORN, N. (Hrsg.): Gedächtnisschrift für Alexander Lüderitz. München, S. 63–85.
BUNDESAMT FÜR BAUWESEN UND RAUMORDNUNG (2001): Raumentwicklung und Raumordnung in Deutschland. Bonn.
BUNDESAMT FÜR BAUWESEN UND RAUMORDNUNG (2005): Raumordnungsbericht 2005. Bonn.
BUNDESAMT ZUR REGELUNG OFFENER VERMÖGENSFRAGEN BARoV) (1991ff.): Pressemitteilungen zum Stand der Regelung offener Vermögensfragen. (Quartalsstatistik). Berlin.
BUNDESANSTALT FÜR VEREINIGUNGSBEDINGTE SONDERAUFGABEN (BvS) (2003): „Schnell privatisieren, entschlossen sanieren, behutsam stilllegen": ein Rückblick auf 13 Jahre Arbeit der Treuhandanstalt und der Bundesanstalt für vereinigungsbedingte Sonderaufgaben. Abschlussbericht der Bundesanstalt für vereinigungsbedingte Sonderaufgaben (BvS). Berlin.
BUNDESMINISTERIUM DER JUSTIZ (BM JUSTIZ) (1991): Verwaltungshilfe für die Bearbeitung angemeldeter vermögensrechtlicher Ansprüche. In: Deutsch-Deutsche Rechts-Zeitschrift 2, S. 22–25.
BUNDESMINISTERIUM FÜR ERNÄHRUNG, LANDWIRTSCHAFT UND FORSTEN BZW. BUNDESMINISTERIUM FÜR VERBRAUCHERSCHUTZ, ERNÄHRUNG UND LANDWIRTSCHAFT (BMELF BZW. BMVEL) (1991ff.). Agrarbericht der Bundesregierung. Bonn bzw. Berlin.
BUSCH, ULRICH (1997): Der reiche Westen und der arme Osten – Vermögensdifferenzierung in Deutschland. In: BACKHAUS, J.; KRAUSE, G. (Hrsg.): Zur politischen Ökonomie der Transformation. Marburg, S. 9–50.
CARLIN, WENDY (1994): Privatization and deindustrialization in East Germany. In: ESTRIN, S. (Hrsg.): Privatization in Eastern Europe. London, S. 127–153.
CARTER, HAROLD (1995): The study of urban geography. London.
CASSEL, DIETER (Hrsg.) (1984): Wirtschaftspolitik im Systemvergleich. München.
CHILOSI, ALBERTO (1994): Property and management privatization in Eastern European transition. Economic consequences of alternative privatization processes. Florenz.
CLARK, GORDON L. (1981): Law, the state and the spatial integration of the United States. In: Environment and Planning A 13, S. 1197–1228.
CLARK, GORDON L. (1989): The geography of law. In: PEET, R.; THRIFT, N. (Hrsg.): New models in Geography. Vol. I. London, S. 310–337.
CLARK, GORDON L. (2001): Forword. In: BLOMLEY, N.; DELANEY, D.; FORD, R. T. (Hrsg.): The legal geographies reader. Oxford, S. x–xii.

CLASEN, RALF; JOHN, ILKA (1996): Der Agrarsektor. Sonderfall der sektoralen Transformation. In: WIESENTHAL, H. (Hrsg.): Einheit als Privileg. Vergleichende Perspektiven auf die Transformation Ostdeutschlands. Frankfurt/Main, S. 188–263.

CLAUSSEN, LORENZ (1992): Der Grundsatz „Rückgabe vor Entschädigung". Eine bewertende Rückschau. In: Neue Justiz 46 (7), S. 297–299.

CLOKE, PAUL; PHILO, CHRIS; SADLER, DAVID (1991): Approaching Human Geography. London.

CLOUT, HUGH (1996): After the ruins. Restoring the countryside of northern France after the Great War. Exeter.

COHEN, S. B.; ROSENTHAL, L. B. (1971): A geographical model for political systems analysis. In: Geographical Review 54, S. 5–31.

CRAUSHAAR, GÖTZ VON (1991): Grundstückseigentum in den neuen Bundesländern. In: Deutsch-deutsche Rechts-Zeitschrift 2 (19), S. 359–363.

CZADA, ROLAND (1994): Die Treuhandanstalt im politischen System der Bundesrepublik. In: Aus Politik und Zeitgeschichte. Beilage zur Wochenzeitung „Das Parlament" 43/44, S. 31–42.

CZADA, ROLAND (1997): Das Prinzip Rückgabe. Die Tragweite des Eigentums. In: DEUTSCHES INSTITUT FÜR FERNSTUDIENFORSCHUNG AN DER UNIVERSITÄT TÜBINGEN (Hrsg.): Deutschland im Umbruch. Studienbrief 4. Tübingen, S. 1–40.

DAHN, DANIELA (1994): Wir bleiben hier oder Wem gehört der Osten. Reinbek.

DEGETHOFF, JÜRGEN (1991): Stadtsanierung in Düsseldorf : zur Raumwirksamkeit kommunaler Entscheidungsprozesse am Beispiel des lokalen funktionalen Raumstrukturwandels jüngerer Flächensanierungen in der Landeshauptstadt Düsseldorf. Düsseldorf.

DELANEY, DAVID; FORD, RICHARD T.; BLOMLEY, NICHOLAS (2001): Preface: where is law? In: BLOMLEY, N.; DELANEY, D.; FORD, R. T. (Hrsg.): The legal geographies reader. Oxford, S. xii–vvii.

DENECKE, DIETRICH (1997): Quellen, Methoden, Fragestellungen und Betrachtungsansätze der anwendungsorientierten geographischen Kulturlandschaftsforschung. In: SCHENK, W.; FEHN, K.; DENECKE, D. (Hrsg.): Kulturlandschaftspflege. Beiträge der Geographie zur räumlichen Planung. Stuttgart, S. 35–49.

DETER, GERHARD (1995): Die Agrarrevolution in den neuen Ländern. In: Zeitschrift für Agrargeschichte und Agrarsoziologie 43, S. 73–87.

DETTMER, JOCHEN (1993): Die Umstrukturierung der Landwirtschaft in den neuen Bundesländern: Eine Beschreibung der Konzeptlosigkeit. In: Landwirtschaft 1993. Der Kritische Agrarbericht, S. 108–113.

DETTMER, JOCHEN (2001): Von der Vereinigung der gegenseitigen Bauernhilfe zum Deutschen Bauernverband. Die berufsständischen Interessenvertretungen in den ostdeutschen Bundesländern. In: Landwirtschaft 2001. Der Kritische Agrarbericht, S. 85–91.

DIE WELT (2000a): „Der Staat hat sich 600 Milliarden Mark entgehen lassen." Der Hamburger Heiko Peters kämpft für die Opfger der Enteignungen unter sowjetischer Besatzung. In. Die Welt vom 3.1.2000.

DIE WELT (2000b): Ost-Agrarprivatisierer wollen Billigverkäufe fortsetzen. Doch Naturschutzverbände behindern BVVG. In Die Welt vom 12.1.2000.

DIERING, FRANK (2004): „Wer erben will, muss pflügen." In: Die Welt vom 21.1.2004.

DIESER, HARTWIG (1996): Restitution. Wie funktioniert sie und was bewirkt sie? In: HÄUßERMANN, H.; NEEF, R. (Hrsg.): Stadtentwicklung in Ostdeutschland. Soziale und räumliche Tendenzen. Opladen, S. 129–138.

DIESER, HARTWIG; DOLETZKI, STEFAN; WILKE, ANDREAS (1994): Behalten oder verkaufen. Alteigentümer im Konflikt. In: Foyer. Magazin der Stadtverwaltung für Bau- und Wohnungswesen Berlin 4, S. 32–34.

DIETRICH, STEFAN (1998): Schön war die Welt nur im sozialistischen Realismus, und der Schutzpatron der Entrechteten heißt Modrow. In: Frankfurter Allgemeine Zeitung vom 3.4.1998.

DINI, LAMBERTO (1993): Privatization processes in Eastern Europe: Theoretical foundations and empirical results. In: BALDASSARRI, M.; PAGANETTO, L.; PHELPS, E. S. (Hrsg.): Privatization

processes in Eastern Europe: theoretical foundations and empirical results. Basingstoke, S. 9–14.
DIX, ANDREAS (2002): „Freies Land". Siedlungsplanung im ländlichen Raum der SBZ und frühen DDR 1945–1955. Köln.
DOEHRING, KARL (1984): Staatsrecht der Bundesrepublik Deutschland. Frankfurt/M..
DREES, INGRID (1995): Aufarbeitung von SBZ/DDR-Enteignungen im wiedervereinigten Deutschland. Hannover.
ECKART, KARL (1995): Agrarstrukturelle Veränderungen in den neuen Bundesländern. In: ECKART, K. (Hrsg.): Ökologische, ökonomische und raumstrukturelle Prozesse in den neuen Bundesländern: Das Beispiel Sachsen-Anhalt. Berlin, S. 9–44.
ECKART, KARL (1998): Agrargeographie Deutschlands. Gotha, Stuttgart.
ECKART, KARL; WOLLKOPF, HANS-FRIEDRICH (1994): Landwirtschaft in Deutschland. Veränderungen der regionalen Agrarstruktur in Deutschland zwischen 1960 und 1992. Leipzig.
ECKERT, LUCIA (1994): Öffentliches Vermögen der ehemaligen DDR und Einigungsvertrag. Seine Verteilung gemäß Art. 21, 22 Einigungsvertrag. Bonn.
EHLERS, ECKART (1979): Die iranische Agrarreform. Voraussetzungen, Ziele und Ergebnisse. In: ELSENHANS, HARTMUT: Agrarreform in der Dritten Welt. Frankfurt/Main, New York, S. 433–470.
EHRLICH, EUGEN (1936): Fundamental principles of the sociology of law. Cambridge, MASS. (Deutscher Titel: Grundlegung der Soziologie des Rechts. München 1913)
EIDSON, JOHN (2001): Collectivization, privatization, dispossession. Changing property relations in an East German village, 1945–2000. (=Max-Planck-Institute for Social Anthropology Working Papers No. 27). Halle.
EISEN, ANDREAS; KAASE, MAX (1996): Transformation und Transition: Zur politikwissenschaftlichen Analyse des Prozesses der deutschen Vereinigung. In: KAASE, M.; EISEN, A.; GABRIEL, O. W.; NIEDERMAYER, O., WOLLMANN, H. (Hrsg.): Politisches System. (=Berichte zum sozialen und politischen Wandel in Ostdeutschland; Bd. 3).Opladen, S. 5–46.
ESSER, JOSEF (2004): Kapitalismus. In: NOHLEN, D.; SCHULTZE, R.-O. (Hrsg.): Lexikon der Politikwissenschaft. Theorien, Methoden, Begriffe. München, S. 407–409.
ESTRIN, SAUL (1994): Economic transition and privatization: the issues. In: ESTRIN, S. (Hrsg.): Privatization in Eastern Europe. London, S. 3–30.
EUCKEN, WALTER (1952): Grundsätze der Wirtschaftspolitik. Bern, Tübingen.
EUROPEAN COURT OF HUMAN RIGHTS (2004): Case of Jahn and others v. Germany. (Applications nos. 46720/99, 72203/01 and 72552/01). Strasbourg, 22 January 2004.
EXNER, THOMAS (1996): Verkauf von Ackerland sorgt für Zündstoff. In: Die Welt vom 21.8.1996.
FASSMANN, HEINZ (2000): Zum Stand der Transformationsforschung in der Geographie. In: Europa Regional 8, S. 13–19.
FEHN, KLAUS (1975): Extensivierungserscheinungen und Wüstungen. Bemerkungen zu zwei Beiträgen zum Wüstungsschema. In. Erdkunde 29, S. 136–141.
FIEBERG, GERHARD; REICHENBACH, HARALD (1991): Offene Vermögensfragen und Investitionen in den neuen Bundesländern. In: Neue Juristische Wochenschrift 44, S. 1977–1985.
FÖRSTER, HORST (2000): Transformationsforschung: Stand und Perspektiven. In: Europa Regional 8 (2000), S. 54–59.
FORD, RICHARD T. (2001): The boundaries of race: Political geography in legal analysis. In: BLOMLEY, N.; DELANEY, D.; FORD, R. T. (Hrsg.): The legal geographies reader. Oxford, S. 87–104.
FOXMAN, ABRAHAM H. (1999): Eine Stimme aus den USA über die mit Restitutionszahlungen verbundenen Gefahren. Wie definiert man „Gerechtigkeit"? In: Der Standard (Wien) vom 9.8.1999.
FRANKFURTER ALLGEMEINE ZEITUNG (2001): Mord aus Ärger über Wittenberger Behörden. In: Frankfurter Allgemeine Zeitung vom 18.1.2001.

FREESE, CHRISTOPHER (1995): Die Privatisierungstätigkeit der Treuhandanstalt: Strategien und Verfahren der Privatisierung in der Systemtransformation. Frankfurt/M..

FREY, DIETER; JONAS, EVA (1999): Anmerkungen zur Gerechtigkeit anlässlich der deutschen Wiedervereinigung – Theorie und Empirie. In: SCHMITT, M.; MONTADA, L. (Hrsg.): Gerechtigkeitserleben im wiedervereinigten Deutschland. Opladen, S. 331–349.

FRIAUF, KARL HEINRICH (1993): Rechtsfolgen der Enteignung von Grundbesitz und Wohngebäuden in der ehemaligen DDR zwischen 1949 und 1990. Stuttgart.

FRICKE, WEDDIG; MÄRKER, KLAUS (2002): Enteignetes Vermögen in der Ex-DDR. München.

FRIEDLEIN, ANDREAS (1992): Vermögensansprüche in den fünf neuen Bundesländern: Die Enteignungen von Vermögen zwischen 1933 und 1990 auf dem Gebiet der fünf neuen Bundesländer und dessen (Neu)-Zuordnung nach dem Vermögens- und Investitionsrecht. Frankfurt.

FRITSCHE, INGO (1996): Das Verhältnis zwischen zivil- und vermögensrechtlichen Ansprüchen im Restitutionsverfahren. In: Neue Justiz 50 (3), S. 118–125.

FROMME, FRIEDRICH KARL (1999): Die abgebrochene Revolution von 1989/90. In: Frankfurter Allgemeine Zeitung vom 24.11.1999.

GALBRAITH, JOHN KENNETH; MENSCHIKOW, STANISLAW (1989): Kapitalismus und Kommunismus. Ein Dialog. Köln.

GALLUSSER, WERNER A. (1979): Über die geographische Bedeutung des Grundeigentums. In: Geographica Helvetica 4, S. 153–162.

GALLUSSER, WERNER A. (1984): Das Grundeigentum als Indikator der Umweltdynamik. In: BRUGGER, E. A., Furrer, G. et al. (Hrsg.): Umbruch im Berggebiet. Bern, S. 188–202.

GAULKE, KLAUS-PETER; HEUER, HANS (1992): Unternehmerische Standortwahl und Investitionshemmnisse in den neuen Bundesländern. Fallbeispiele auf sechs Städten. Berlin.

GERKE, JÖRG (2001): Landwirtschaft in Mecklenburg-Vorpommern. Beispiel für eine verfehlte Landesagrarpolitik. In: Landwirtschaft 2001. Der Kritische Agrarbericht, S. 92–95.

GERKE, JÖRG (2003): Zur Transformation der Landwirtschaft in Ostdeutschland. Eine Zwischenbilanz. In: Landwirtschaft 2003. Der Kritische Agrarbericht, S. 54–57.

GERTNER, THOMAS (1995): Die Bodenreform in der SBZ und deren zivilrechtliche Auswirkungen bis zur und nach der Herstellung der Einheit Deutschlands. Microfiche UB-FU-Berlin.

GIESEN, BERND; LEGGEWIE, CLAUS (1991): Sozialwissenschaften vis-à-vis. Die deutsche Vereinigung als sozialer Großversuch. In: GIESEN, B.; LEGGEWIE, C. (Hrsg.): Experiment Vereinigung. Ein sozialer Großversuch. Berlin, S. 7–18.

GLAEßNER, GERT-JOACHIM (1993): Von den Grenzen der Marktwirtschaft – Politische und ökonomische Prozesse des Vereinigungsprozesses. In: GLAEßNER, G.-J. (Hrsg.): Der lange Weg zur Einheit. Studien zum Transformationsprozess in Ostdeutschland. Berlin, S. 35–66.

GLOCK, BIRGIT; HÄUßERMANN, HARTMUT; KELLER, CARSTEN (2001): Die sozialen Konsequenzen der Restitution von Grundeigentum in Deutschland und Polen. In: Berliner Jahrbuch für Soziologie 11 (4), S. 533–550.

GLOCK, BIRGIT; KELLER, CARSTEN (2002): Kollektiver Protest ums Eigenheim, individualisierte Konflikte in der Innenstadt. Soziale Folgen der Restitution von Immobilien in Berlin. In: HANNEMANN, C.; KABISCH, S.; WEISKE, C. (Hrsg.): Neue Länder – neue Sitten? Berlin, S. 166–186.

GLUCKMAN, MAX (1943). Essays on Lozi land and royal property. Livingstone.

GRAAFEN, RAINER (1984a): Die rechtlichen Grundlagen der Ressourcenpolitik in der Bundesrepublik Deutschland – Ein Beitrag zur Rechtsgeographie.

GRAAFEN, RAINER (1984b): Zum Problem der Raumwirksamkeit rechtlicher Instrumente aus politisch-geographischer Sicht. In. Geographische Zeitschrift 72, S. 197–210.

GRAAFEN, RAINER (1999): Kulturlandschaftserhaltung und -entwicklung unter dem Aspekt der rechtlichen Rahmenbedingungen. In. Informationen zur Raumentwicklung (5/6), S. 375–380.

GRAAFEN, RAINER (1991): Die räumlichen Auswirkungen der Rechtsvorschriften zum Siedlungswesen im Deutschen Reich, unter besonderer Berücksichtigung von Preußen, in der Zeit der Weimarer Republik. Bonn.

GRAF, KRISTINA (2004): Das Vermögensgesetz und das Neubauerneigentum: Annäherung an ein fremdes Recht. Berlin.
GREGORY, DEREK (2000): „Spatiality". In: The Dictionary of Human Geography. 4. Auflage. Oxford, S. 780–782.
GUNZELMANN, THOMAS (1987): Die Erhaltung der historischen Kulturlandschaft, Angewandte Historische Geographie des ländlichen Raumes mit Beispielen aus Franken. Bamberg.
GUTMANN, GERNOT; KLEIN, WERNER (1984): Wirtschaftspolitische Konzeptionen sozialistischer Planwirtschaften. In: CASSEL, D. (Hrsg.): Wirtschaftspolitik im Systemvergleich. München, S. 93–116.
HAAS, HANS-DIETER (Hrsg.) (1997): Zur Raumwirksamkeit von Großflughäfen : wirtschaftsgeographische Studien zum Flughafen München II. Kallmünz, Regensburg.
HAGEDORN, KONRAD (1991): Konzeptionelle Überlegungen zur Transformation der Landwirtschaft in den neuen Bundesländern. In: MERL, S.; SCHINKE, E. (Hrsg.): Agrarwirtschaft und Agrarpolitik in der ehemaligen DDR im Umbruch. Berlin, S. 19–34.
HAGEDORN, KONRAD (1992): Das Leitbild des bäuerlichen Familienbetriebes in der Agrarpolitik. In: Zeitschrift für Agrargeschichte und Agrarsoziologie 40, S. 53–86.
HAGEDORN, KONRAD (1997): The politics and policies of privatisation of nationalised land in Eastern Europe. In: SWINNEN, J. F. M. (Hrsg.): Political economy of agrarian reform in Central and Eastern Europe. Aldershot, S. 197–235.
HAGGETT, PETER (1972): Geography. A modern synthesis. New York, London.
HALAMA, ANGELIKA (2006): Rittergüter in Mecklenburg-Schwerin. Kulturgeographischer Wandel vom 19. Jahrhundert bis zur Gegenwart.(= Mitteilungen der Geographischen Gesellschaft in Hamburg 98). Stuttgart.
HALL, TIM (1998): Urban Geography. London, New York.
HAMBURGER ABENDBLATT (2004): Wie teuer werden die Enteignungen in Ostdeutschland?. In: Hamburger Abendblatt vom 24.1.2004.
HANN, CHRIS M. (1993): From production to property: Decollectivization and the family-land relationship in contemporary Hungary. In: Man (n: S.) 28, S. 299–320.
HANN, CHRIS M. (1998): Introduction: the embeddednes of property. In: HANN, C. M. (Hrsg.): Property relations. Renewing the anthropological tradition. Cambridge, S. 1–47.
HANN, CHRIS M. (2000). The tragedy of the privates? Postsocialist property relations in anthropological perspective. (=Max-Planck-Institute for Social Anthropology working papers No. 2). Halle.
HARTKE, WOLFGANG (1956): Die „Sozialbrache" als Phänomen der geographischen Differenzierung der Landschaft. In: Erdkunde 10, S. 257–269.
HARVEY, DAVID (1973): Social justice and the city. London.
HASSE, EDGAR S. (2000): Restitutionsverbot verursacht Milliardenschäden. In: DIE WELT vom 4.8.2000.
HÄUßERMANN, HARTMUT (1996a): Die Transformation des Wohnungswesens. In: STRUBELT, W.; GENOSKO, J.; BERTRAM, H.; FRIEDRICHS, J; GANS, P.; HÄUßERMANN, H.; HERLYN, U.; SAHNER, H. (Hrsg.): Städte und Regionen, räumliche Folgen des Transformationsprozesses. (=Berichte zum sozialen und politischen Wandel in Ostdeutschland, Bd. 5). Opladen, S. 289–325.
HÄUßERMANN, HARTMUT (1996b): Von der Stadt im Sozialismus zur Stadt im Kapitalismus. In: HÄUßERMANN, H.; NEEF, R. (Hrsg.): Stadtentwicklung in Ostdeutschland. Soziale und räumliche Tendenzen. Opladen, S. 5–48.
HÄUßERMANN, HARTMUT; GLOCK, BIRGIT; KELLER, CARSTEN (1999): Rechtliche Regelungen und Praxis der restitution in Ostdeutschland seit 1990 unter besonderer Berücksichtigung sozialräumlicher Differenzierungen. (=Working Paper No. 3 des Forschungsprojekts „Eigentumsrückübertragung und der Transformationsprozess in Deutschland und Polen nach 1989") Plymouth.

HÄUßERMANN, HARTMUT; GLOCK, BIRGIT; KELLER, CARSTEN (2000): Eigentumsstrukturen zwischen Persistenz und Wandel: Zu den Folgen der Restitution in suburbanen und innerstädtischen gebieten. (=Working Paper No. 5 des Forschungsprojekts „Eigentumsrückübertragung und der Transformationsprozess in Deutschland und Polen nach 1989") Plymouth.

HÄUßERMANN, HARTMUT; GLOCK, BIRGIT; KELLER, CARSTEN (2001): Gewinner und Verlierer in Kleinmachnow. Die Wahrnehmung der Restitution bei den Betroffenen. (=Working Paper No. 11 des Forschungsprojekts „Eigentumsrückübertragung und der Transformationsprozess in Deutschland und Polen nach 1989") Plymouth.

HEDIN, SIGRID (2005): Land restitution in Estonia in the 1990s: a case study in the former Swedish settlement area. In: PEIL, T., JONES, M. (Hrsg.): Landscape, law and justice. Oslo, S. 242–252.

HEINEBERG, HEINZ (2001): Grundriss Allgemeine Geographie: Stadtgeographie. Paderborn.

HEINEBERG, HEINZ (2003): Einführung in die Anthropogeographie/Humangeographie. Paderborn.

HEINRICH, RALPH P. (1994): Privatisierung in ehemaligen Planwirtschaften. Eine positive Theorie. In: BIESZCZ-KAISER, A.; LUNGWITZ, R.-W.; PREUSCHE, E. (Hrsg.): Transformation – Privatisierung – Akteure. Wandel von Eigentum und Arbeit in Mittel- und Osteuropa. München. S. 44–72.

HEINSOHN, GUNNAR; STEIGER, OTTO (1994): Eigentum und Systemtransformation. In: HÖLSCHER, J.; JACOBSEN, A.; TOMANN, H.; WEISFELD, H. (Hrsg.): Bedingungen ökonomischer Entwicklung in Zentralosteuropa. Bd. 2: Wirtschaftliche Entwicklung und institutioneller Wandel. Marburg, S. 337–347.

HEINSOHN, GUNNAR; STEIGER, OTTO (1996): Eigentum, Zins und Geld. Ungelöste Rätsel der Wirtschaftswissenschaften. Reinbek.

HELLER, WILFRIED (1997): Migration und sozioökonomische Transformation in Südosteuropa: Zur aktuellen Bedeutung des Themas, zu Forschungsdefiziten und zu offenen Fragen. In: HELLER, W. (Hrsg.): Migration und sozioökonomische Transformation in Südosteuropa. München, S. 11–23.

HENKEL, GERHARD (1993): Der ländliche Raum. Stuttgart.

HERBST, LUDOLF; GOSCHLER, CONSTANTIN (Hrsg.): Wiedergutmachung in der Bundesrepublik Deutschland. München.

HETTNER, ALFRED (1947): Allgemeine Geographie des Menschen. Stuttgart.

HEUCHERT, KARSTEN (1989): Das Eigentum in der Theorie der Property Rights. In: Baur, J. F. (Hrsg.): Das Eigentum (=Veröffentlichungen der Joachim-Jungius-Gesellschaft der Wissenschaften Hamburg Bd. 58). Hamburg, S. 125–141.

HEUER, KLAUS (1991): Grundzüge des Bodenrechts in der DDR 1949–1990. München.

HEUER, UWE-JENS (Hrsg.): (1995): Die Rechtsordnung der DDR: Anspruch und Wirklichkeit. Baden-Baden.

HIRN, GERHARD (1993): Agrarpolitik in der Bundesrepublik Deutschland. Instrumente deutscher Agrarpolitik. In: Landwirtschaft 1993. Der kritische Agrarbericht, S. 20–29.

HÖFFE, OTFRIED (2001): Gerechtigkeit. Eine philosophische Einführung. München.

HOFFMANN, DIETHER (1995): Eine Lösung, die Gerechtigkeit schafft, ist wirklichkeitsfremd. In: Frankfurter Rundschau vom 23.8.1995.

HOFMEISTER, BURKHARD (1994). Stadtgeographie. Braunschweig.

HÖLSCHER, JENS (1994): Privatisierung und Privateigentum. In: HÖLSCHER, J.; JACOBSEN, A.; TOMANN, H.; WEISFELD, H. (Hrsg.): Bedingungen ökonomischer Entwicklung in Zentralosteuropa. Bd. 2: Wirtschaftliche Entwicklung und institutioneller Wandel. Marburg, S. 97–127.

HOLT-JENSEN, ARILD (1999): Geography: History and concepts. London.

HOVEN-IGANSKI, BETTINA VAN (2000): Made in the GDR: the changing geographies of women in the post-socialist rural society on Mecklenburg-Westpommerania. Utrecht 2000.

HOWITZ, CLAUS (1997): Die Besonderheiten des ländlichen Raumes in Mecklenburg-Vorpommern. In: HOWITZ, C. (Hrsg.): Die ländlichen Räume in Deutschland und deren Besonderheiten in Mecklenburg-Vorpommern. Rostock, S. 36–49.

HUNTINGTON, ELLSWORTH (1920): Principles of Human Geography. New York.

ILBERY, BRIAN (Hrsg.) (1998): The geography of rural change. Harlow.
ILBERY, BRIAN, BOWLER, IAN (1998): From agricultural productivism to post-productivism. In: ILBERY, B. (Hrsg.): The geography of rural change. Harlow S. 57–84.
IMMLER, HANS (1971): Agrarpolitik in der DDR. Köln.
JASCHENSKY, WOLFGANG (2004): Agrar-Privatisierung bringt unerhofften Geldsegen für Eichel. In: Berliner Zeitung vom 10. Juli 2004.
JASTER, KARL; FILLER, GÜNTHER (2003): Umgestaltung der Landwirtschaft in Ostdeutschland (=Working Paper 68 der Wirtschafts- und Sozialwissenschaften an der Landwirtschaftlich-Gärtnerischen Fakultät der Humboldt-Universität zu Berlin). Berlin.
JENKIS, HELMUT W. (1993): Die Folgen früherer Enteignungen von Grundbesitz in der ehemaligen DDR: eine empirische Erhebung. Stuttgart.
JOHNSTON, RON J. (1984): Residential segregation, the state and constitutional conflict in American urban areas. New York.
JONES, MICHAEL (2004): Landscape, law & justice. Unpublished Report of the project „Landscape, law & justice" at the Norwegian Academy of Science and Letters.
JUNGE WELT (2003): Rückübertragung an jüdische Eigentümer. Bundesverwaltungsgericht sprach Erbengemeinschaft ein 1936 verkauftes Grundstück zu. In: Junge Welt vom 28.11.2003.
JUNGE, IMKE (1996): Der öffentliche Restitutionsanspruch im Vereinigungsrecht. Speyer.
KAPPHAN, ANDREAS (1996): Wandel der Lebensverhältnisse im ländlichen Raum. In: STRUBELT, W.; GENOSKO, J.; BERTRAM, H.; FRIEDRICHS, J; GANS, P.; HÄUßERMANN, H.; HERLYN, U.; SAHNER, H. (Hrsg.): Städte und Regionen, räumliche Folgen des Transformationsprozesses. (=Berichte zum sozialen und politischen Wandel in Ostdeutschland, Bd. 5). Opladen, S. 217–253.
KLAGES, BERND (1994): Privatisierung der Treuhandflächen. In: KLARE, K. (Hrsg.): Entwicklung der ländlichen Räume und der Agrarwirtschaft in den Neuen Bundesländern. (=Landbauforschung Völkenrode, Sonderheft 152). Braunschweig, S. 105–120.
KLEIN, DIETER (1996): Zwischen ostdeutschen Umbrüchen und westdeutschem Wandlungsdruck. In: KOLLMORGEN, R.; REISSIG, R.; WEISS, J. (Hrsg.): Sozialer Wandel und Akteure in Ostdeutschland. (= Schriftenreihe der Kommission für die Erforschung des sozialen und politischen Wandels in den neuen Bundesländern e.V. (KSPW) Bd. 8). Opladen, S. 17–39.
KLESMANN, MARTIN (2004): Wem gehört das Land? In: Berliner Zeitung vom 22.1.2004.
KLINK, HANS-JÜRGEN (2002): Stichwort „Landschaft". In: BRUNOTTE, E.; GEBHARDT, H.; MEURER, M.; MEUBURGER, P.; NIPPER, J. (Hrsg.): Lexikon der Geographie. Heidelberg, S. 304/305.
KLUMPE, WERNER; NASTOLD, ULRICH (1992): Rechtshandbuch Ost-Immobilien: Eigentumserwerb, Immobilienrückerwerb und Grundstücksverkehr in den neuen Bundesländern. Heidelberg.
KLÜTZ, CHRISTEL; PETERS, ANTJE; BRÜCKNER, THOMAS (1992): Die Landwirtschaft in Elxleben und Umgebung: Die Wiedereinrichter Schmidt, Pfeifer und Krieger. In: BRÜCKNER, T.; PETERS, A.; ROHDE, J.; SAALFELD, I. (Hrsg.): LPG – Was nun? Agrarkonzentration im Osten Deutschlands – Die Neugestaltung des ländlichen Raumes. Hannover, S. 92–95.
KOCH, CHRISTIAN (2004): § 4 VermG: Ausschluss der Rückübertragung. In: RÄDLER, A. J. (Hrsg.) (Stand 2004): Vermögen in der ehemaligen DDR. Rechtshandbuch zur Durchsetzung und Abwehr von Ansprüchen (Loseblattsammlung). Herne.
KOCOUREK, ALBERT; WIGMORE, JIM H. (Hrsg.) (1918): Formative influences of legal development. Boston.
KÖHLER, CLAUS (1995): Der Übergang von der Planwirtschaft zur Marktwirtschaft in Ostdeutschland: viereinhalb Jahre Treuhandanstalt. Berlin.
KÖHLER, OTTO (1994): Die große Enteignung: wie die Treuhand eine Volkswirtschaft liquidierte. München.
KÖNIG, KLAUS; HEIMANN, JAN (1996): Aufgaben- und Vermögenstransformation in den neuen Bundesländern. Baden-Baden.

KÖNIG, WOLFGANG; ISERMEYER, FOLKHARD (1993): Standortbestimmung zur Entwicklung landwirtschaftlicher Betriebsstrukturen. In: THOROE, C.; FREDE, H.-G.; LANGHOLZ, H.-J.; WERNER, W. (Hrsg.): Agrarwirtschaft und ländlicher Raum in den neuen Bundesländern im Übergang zur Marktwirtschaft. Frankfurt/M., S. 220–236.

KOOP, MICHAEL, J. (1994): Privatisierung und Effizienz. In: HÖLSCHER, J.; JACOBSEN, A.; TOMANN, H.; WEISFELD, H. (Hrsg.): Bedingungen ökonomischer Entwicklung in Zentralosteuropa. Bd. 2: Wirtschaftliche Entwicklung und institutioneller Wandel. Marburg, S. 287–321.

KORNAI, JANOS (1991): The principles of privatization in Eastern Europe, the fourth Jan Tinbergen Lecture. (Discussion Paper No. 1567, Harvard University) Cambridge (Mass.), S. 11–12.

KÖRNER, HANS (1991): Offene Vermögensfragen in den neuen Bundesländern. München.

KRAMBACH, KURT; WATZEK, HANS (2000): Agrargenossenschaften heute und morgen. Soziale Potentiale als genossenschaftliche Gemeinschaften. Berlin.

KRAMER, ROLF (1992): Soziale Gerechtigkeit: Inhalt und Grenzen. Berlin.

KRÄTKE, STEFAN (1995): Stadt – Raum – Ökonomie. Einführung in aktuelle Problemfelder der Stadtökonomie und Wirtschaftsgeographie. Basel.

KRÄTKE, STEFAN; BORST, RENATE (2004): EU-Osterweiterung als Chance. Perspektiven für Metropolräume und Grenzgebiete am Beispiel Berlin-Brandenburg. Münster.

KREBS, CHRISTIAN (1991): Ökonomische Instrumente zur Regelung eigentumsrechtlicher Probleme und ihre Konsequenzen für die Wirtschaftsintensität der Agrarbetriebe in der ehemaligen DDR. In: MERL, S.; SCHINKE, E. (Hrsg.): Agrarwirtschaft und Agrarpolitik in der ehemaligen DDR im Umbruch. Berlin, S. 97–101.

KREISSIG, VOLKMAR; SCHREIBER, ERHARD (1994): Die Systemtransformation in Ostdeutschland sowie in anderen mittel- und osteuropäischen Reformstaaten – zurückgenommene Industrialisierung versus technologische Modernisierung. In: BIESZCZ-KAISER, A.; LUNGWITZ, R.-W.; PREUSCHE, E. (Hrsg.): Transformation – Privatisierung – Akteure. Wandel von Eigentum und Arbeit in Mittel- und Osteuropa. München. S. 20–43.

KROLL, GEORGIA (1995): Raumstrukturen im Umbruch – Erfahrungen in ländlichen Gebieten Sachsen-Anhalts. In: ECKART, K. (Hrsg.): Ökologische, ökonomische und raumstrukturelle Prozesse in den neuen Bundesländern: Das Beispiel Sachsen-Anhalt. Berlin. S. 45–64.

KRYSMANSKI, RENATE (1967): Bodenbezogenes Verhalten in der Industriegesellschaft. Münster.

KUNZMANN, KLAUS RAINER (1972): Grundbesitzverhältnisse in historischen Stadtkernen und ihr Einfluss auf die Stadterneuerung. Wien.

KÜSTER, KATRIN (1998): Bäuerliche Höfe kontra Agrarfabriken = Wiedereinrichter kontra Rechtsnachfolger? Hintergründe zur landwirtschaftlichen Strukturentwicklung in den neuen Bundesländern. In: Landwirtschaft 1998. Der Kritische Agrarbericht, S. 49–54.

KÜSTER, KATRIN (2001): Verkannte Konflikte. Wie ist es zu den heutigen Betriebsstrukturen in den neuen Bundesländern gekommen. In: Landwirtschaft 2001. Der Kritische Agrarbericht, S. 75–84.

KÜSTER, KATRIN (2002): Die ostdeutschen Landwirte und die Wende. Die Entwicklung der ostdeutschen Landwirtschaftsstrukturen ab 1989 am Beispiel Thüringen – aus agrarsoziologischer Sicht. Kassel.

LAMPLAND, MARTHA (2002): Vom Vorteil „kollektiviert" zu sein: Führungskräfte ehemaliger Agrargenossenschaften in der postsozialistischen Wirtschaft. In: HANN, C. (Hrsg.): Postsozialismus. Transformationsprozesse in Europa und Asien aus ethnologischer Perspektive. Frankfurt/M./New York, S. 55–90.

LANDSKRON, ULRICH (2000): „Aufbau Ost". Milliarden-Investitionen blockiert. In: Ostpreußenblatt vom 12.8.2000.

LASCHEWSKI, LUTZ (1998): Von der LPG zur Agrargenossenschaft. Untersuchungen zur Transformation genossenschaftlich organisierter Agrarunternehmen in Ostdeutschland. Berlin.

LASCHINGER, WERNER; LÖTSCHER, LIENHARD (1978): Basel als urbaner Lebensraum. Basel.

LEHMBRUCH, GERHARD (1995): Rationalitätsdefizite, Problemvereinfachungen und unbeabsichtigte Folgewirkungen im ostdeutschen Transformationsprozess. In: RUDOLPH, H. (Hrsg.): Geplanter Wandel, ungeplante Wirkungen. Handlungslogiken und -ressourcen im Prozess der Transformation. Berlin, S. 25–43.

LEPTIN, GERD (1995): Der wirtschaftliche Umbruch im europäischen Osten: Ostdeutschland, Polen, Tschechien, Slowakei, Ungarn. In: FISCHER, W. (Hrsg.): Lebensstandard und Wirtschaftssysteme. Frankfurt/M., S. 307–356.

LEU, ROBERT W. (1988): Die Landschaft im Spannungsfeld von Raumnutzung und Grundeigentum. Einige grundlegende Gedanken zur eigentumsrechtlichen Landschaftsbetrachtung. In: Geographica Helvetica (3), S. 114–124.

LEXIKON LANDSCHAFT- UND STADTPLANUNG (2001): Stichwort Landschaft. Heidelberg, S. 367.

LICHTENBERGER, ELISABETH (1998): Stadtgeographie. Stuttgart.

LIEDTKE, RÜDIGER (Hrsg.) (1993): Die Treuhand und die zweite Enteignung der Ostdeutschen. München.

LOCHEN, HANS-HERMANN (1993): Zur Arbeit der Ämter zur Regelung offener Vermögensfragen. In: Hill, Hermann (Hrsg.): Erfolg im Osten II. Vorträge und Diskussionen. Baden-Baden, S. 132–145.

LÖHR, HANNS C. (2002): Der Kampf um das Volkseigentum. Eine Studie zur Privatisierung der Landwirtschaft in den neuen Bundesländern durch die Treuhandanstalt (1990–1994). Berlin.

LÖRLER, SIGHARDT (2004): Eigentum/Eigentumsübertragung bei Sachen. In: RÄDLER, A. J. (Hrsg.) (Stand 2004): Vermögen in der ehemaligen DDR. Rechtshandbuch zur Durchsetzung und Abwehr von Ansprüchen (Loseblattsammlung). Herne.

LÖSCH, DIETER (1996): Der Weg zur Marktwirtschaft – Strategiediskussionen im Lichte der transformationspolitischen Erfahrungen. In: KAMINSKI, H. (Hrsg.): Von der Planwirtschaft zur Marktwirtschaft: transformationspolitische Konzepte, ausgewählte Länderberichte, spezifischen transformationspolitische Themenstellungen. Frankfurt.

LOWE, PHILIP; MURDOCH, JONATHAN; MARSDEN, TERRY; MUNTON, RICHARD J.; FLYNN, ANDREW (1993): Regulating the new rural spaces: the uneven development of land. In: Journal of Rural Studies 9, S. 205–222.

LOWENTHAL, DAVID (1975): Past time, present place: Landscape and memory. In: Geographical Review 65, 1–36.

LOWENTHAL, DAVID (1985): The past is a foreign country. Cambridge, MA.

LÜBBE, HERMANN (1981): Zwischen Trend und Tradition. Überfordert uns die Gegenwart? Zürich.

LÜBBE, HERMANN (1985): Die Gegenwart der Vergangenheit. Kulturelle und politische Bedeutung des historischen Bewusstseins. Oldenburg.

LÜBBE, HERMANN (2001): Vergangenheitsvergegenwärtigung. In. Die Welt vom 3.2.2001.

LÜCKEMEYER, MANFRED (1993): Landwirtschaftliche Betriebs- und Organisationsformen in den neuen Bundesländern – Standortbestimmung zur Entwicklung landwirtschaftlicher Betriebsstrukturen. In: THOROE, C.; FREDE, H.-G.; LANGHOLZ, H.-J.; WERNER, W. (Hrsg.): Agrarwirtschaft und ländlicher Raum in den neuen Bundesländern im Übergang zur Marktwirtschaft. Frankfurt/M., S. 203–209.

LUFT, CHRISTA (1996): Die Lust am Eigentum. Auf den Spuren der deutschen Treuhand. Zürich.

LUFT, HANS (1998): Blickpunkt Landwirtschaft. Zum Transformationsprozess ostdeutscher Agrarstrukturen. Frankfurt/M..

LÜHR, THEODOR (1995): Die Bedeutung der Investitionsförderung für den Prozess der Umstrukturierung der Wirtschaft in den neuen Ländern. In: ECKART, K. (Hrsg.): Ökologische, ökonomische und raumstrukturelle Prozesse in den neuen Bundesländern: Das Beispiel Sachsen-Anhalt (=Schriftenreihe der Gesellschaft für Deutschlandforschung 46). Berlin S, 65–70.

LYNCH, KEVIN (1972): What time is this place? Cambridge, MA.

MÄNICKE-GYÖNGYÖSI, KRISZTINA (1996): Zum Stellenwert symbolischer Politik in den Institutionalisierungsprozessen postsozialistischer Gesellschaften. In: MÄNICKE-GYÖNGYÖSI, K. (Hrsg.): Öffentliche Konfliktdiskurse um Restitution von Gerechtigkeit, politische Verant-

wortung und nationale Identität. Institutionenbildung und symbolische Politik in Ostmitteleuropa. Frankfurt/M., S. 13–38.
MANSHARD, WALTER (1968): Einführung in die Agrargeographie der Tropen. Mannheim.
MÄRKISCHE ALLGEMEINE ZEITUNG (2004): Kleinbauern wollen mehr Land. In: Märkische Allgemeine Zeitung vom 14./15.2.2004.
MARSDEN, TERRY (1996): Rural geography trend report: the social and political bases of rural restructuring. In: Progress in Human Geography 20 (2), S. 246–258.
MARSDEN, TERRY (1998): Economic perspectives. In ILBERY, B. (Hrsg.) (1998): The geography of rural change. Harlow, S. 13–30.
MARTEN, RAINER (1999): Leere Hofstellen verfallen immer mehr. Schönwalder Bürgermeister beklagt Stagnation beim Verkauf des Besitzes der Treuhandliegenschaft. In: Nordkurier vom 24.11.1999.
MARX, KARL; ENGELS, FRIEDRICH (1972): Gesammelte Werke Bd. 4. Berlin.
MAYR, ALOIS (Hrsg.) (1997): Regional Transformationsprozesse in Europa. (=Beiträge zur Regionalen Geographie 44). Leipzig.
MEIXNER, RÜDIGER (2005): Kommentar zum Gesetz über staatliche Ausgleichsleistungen für Enteignungen auf besatzungsrechtlicher oder besatzungshoheitlicher Grundlage, die nicht mehr rückgängig gemacht werden können (Ausgleichsleistungsgesetz – AusglLeistG). In: RÄDLER, A. J. (Hrsg.) (Stand 2004): Vermögen in der ehemaligen DDR. Rechtshandbuch zur Durchsetzung und Abwehr von Ansprüchen (Loseblattsammlung). Herne.
MERKEL, WOLFGANG (1994): Struktur oder Akteur, System oder Handlung: Gibt es einen Königsweg in der sozialwissenschaftlichen Transformationsforschung? In: MERKEL, W. (Hrsg.): Systemwechsel 1. Theorien, Ansätze und Konzeptionen. Opladen, S. 303–331.
MERTINS, GÜNTER (1979: Konventionelle Agrarreformen – moderner Agrarsektor im andinen Südamerika. Die Beispiele Ecuador und Kolumbien. In: ELSENHANS, HARTMUT: Agrarreform in der Dritten Welt. Frankfurt/Main, New York, S. 401–432.
MEYER, GÜNTER (1996): Kleine Läden – Große Sorgen. Einzelhandel in den neuen Bundesländern – Beispiel Jena. In. Praxis Geographie 5, S. 26–29.
MEYER, GÜNTER; PÜTZ, ROBERT (1997): Transformation der Einzelhandelsstandorte in ostdeutschen Großstädten. In. Geographische Rundschau 9, S. 492–498.
MIELKE, KAI (1994): Der vermögensrechtliche Restitutionsgrundsatz. In: Kritische Justiz 27, 200–213.
MIESES, LUDWIG VON (1920). Die Wirtschaftsrechung im sozialistischen Gemeinwesen. In: Archiv für Sozialwissenschaft und Sozialpolitik 48, S. 86–121.
MIESES, LUDWIG VON (1922): Die Gemeinwirtschaft. Untersuchungen über den Sozialismus. Jena.
MILL, JOHN STUART (1879): The difficulties of Socialism. In: Fortnightly Review. (Abgedruckt in BLISS, W. D. P. (Hrsg.) (1891): Socialism. New York.
MISCHKE, ROLAND (2004): Junkerland und Junkerhand. In: Die Welt vom 2.2.2004.
MITCHEL, DON (2000): Cultural geography. A critical introduction. Oxford.
MLČOCH, LUBOMIR (1998): The restructuring of property rights through the institutional economist's eyes. In: Srubar, I. (Hrsg.): Eliten, politische Kultur und Privatisierung in Ostdeutschland, Tschechien und Mittelosteuropa. Konstanz, S. 287–301.
MOHR, HANS-JOACHIM (1995): 50 Jahre Bodenreform in den neuen Bundesländern. In: Zeitschrift für Agrargeschichte und Agrarsoziologie 43, S. 211–223.
MOTSCH, RICHARD (2004): Systematische Darstellung der Regelung offener Vermögensfragen in den neuen Bundesländern. In: RÄDLER, A. J. (Hrsg.) (Stand 2004): Vermögen in der ehemaligen DDR. Rechtshandbuch zur Durchsetzung und Abwehr von Ansprüchen (Loseblattsammlung). Herne.
MÜLLER, KORNELIA (1996): Landwirtschaft in Ostdeutschland: Fünf Jahre nach der deutschen Wiedervereinigung. In: Landwirtschaft 96. Der kritische Agrarbericht, S. 41–44.

MÜNCH, RAINER; BAUERSCHMIDT, REINHARD (2002): Land in Sicht. Eine Chronik der Privatisierung des ehemals volkseigenen Vermögens der Land- und Forstwirtschaft in den fünf neuen Bundesländern. Berlin.
MÜNKNER, HANS-HERMANN. (Hrsg.) (1984): Entwicklungsrelevante Frage der Agrarverfassung und des Bodenrechts in Afrika südlich der Sahara (Institut für Kooperation in Entwicklungsländern, Studien und Berichte Nr. 17). Marburg/Lahn.
MUNTON, RICHARD (1995): Regulating rural change: Property rights, economy and environment – a case study from Cumbria, U.K.. In. Journal of Rural Studies 11 (3), S. 269–284.
MUSEKAMP, CLAUDIA (1992): Kontrovers diskutiert: Investitionen und die Rückerstattung von Eigentum in den neuen Ländern. In: Gegenwartskunde. Zeitschrift für Gesellschaft, Wirtschaft, Politik und Bildung 41 (3), S. 363–370.
NEU, CLAUDIA (2001): Handlungsspielräume ehemaliger Genossenschaftsbauern und -bäuerinnen im Transformationsprozess. In. Landwirtschaft 2001. Der Kritische Agrarbericht, S. 240–245.
NITZ, HANS-JÜRGEN (1973): Einführung in die Problematik der Zelgensysteme und das Beispiel des Zweizelgensystems im Kumaon-Himalaya (Indien). In: RATHJENS, C.; TROLL, C.; UHLIG, H. (Hrsg.): Vergleichende Kulturgeographie des südlichen Asiens. Wiesbaden 1973: 1–19.
NITZ, HANS-JÜRGEN (1995): Brüche in der Kulturlandschaftsentwicklung. In: Siedlungsforschung. Archäologie – Geschichte – Geographie 13, S. 9–30.
NOHLEN, DIETER; SCHULTZE, RAINER-OLAF (Hrsg.) (2004): Lexikon der Politikwissenschaft. Theorien, Methoden, Begriffe. München.
NÖLKEL, DIETER (1993): Die Umkehrung des Grundsatzes „Restitution vor Entschädigung" als Instrument zur Förderung von Investitionen in den neuen Bundesländern. In: Deutsches Steuerrecht 31 (51/52), S. 1912–1918.
NOZICK, ROBERT (1974): Anarchy, state, and utopia. Oxford.
NÜSSER, MARCUS; SCHENK, WINFRIED; BUB, GERRIT (2005): Agrar- und Forstgeographie. In: SCHENK, W.; SCHLIEPHAKE, K. (Hrsg.): Allgemeine Anthropogeographie. Gotha und Stuttgart, S. 353–395.
NZSEBEZA, LUNGISILE; HALL, RUTH (Hrsg.) (2007): The land question in South Africa. The challenge of transformation and redistribution. Kapstadt.
OFFE, CLAUS (1996): Varieties of transition. The East European and East German experience. Cambridge.
OFFERMANN, VOLKER (1994): Die Entwicklung der Einkommen und Vermögen in den neuen Bundesländern seit 1990. In: ZERCHE, J. (Hrsg.): Vom sozialistischen Versorgungsstaat zum Sozialstaat Bundesrepublik. Regensburg, S. 96–119.
OSSENBRÜGGE, JÜRGEN (1983): Politische Geographie als räumliche Konfliktforschung. Konzepte zur Analyse der politischen und sozialen Organisation des Raumes auf der Grundlage anglo-amerikanischer Forschungsansätze. Hamburg.
OSTTHÜRINGER ZEITUNG (2003): Milliardeneinnahmen für Bund durch Bodenverkauf. In: Ostthüringer Zeitung vom 11.7.2003.
OTREMBA, ERICH (1938): Stand und Aufgaben der deutschen Agrargeographie. In: Zeitschrift für Erdkunde 6, S. 209–224.
OTT, GUDRUN; ABROMEIT, JUTTA (2005): Wolken über „Sonnenschein". Stiftung Tabea-Haus hat Trägerwechsel der Siethener Kita im Visier. In: Märkische Allgemeine Zeitung vom 29.9.2005.
PAFFRATH, CONSTANZE (2004): Macht und Eigentum: die Enteignungen 1945–1949 im Prozess der deutschen Wiedervereinigung. Köln.
PALANG, HANNES (1998): Landscape changes in Estonia. The past and the future. Tartu.
PAPIER, HANS-JÜRGEN (1995): Eigentumsrechtliche Probleme in den neuen Bundesländern. In: IPSEN, J.; RENGELING, H.-W.; MÖSSNER, J. M. ; WEBER, A. (Hrsg.): Verfassungsrecht im Wandel. Wiedervereinigung Deutschlands – Deutschland in der Europäischen Union – Verfassungsstaat und Förderalismus. Köln, S. 147–166.
PEIL, TIINA; JONES, MICHAEL (Hrsg.) (2005): Landscape, law and justice. Oslo.

PERGANDE, FRANK (2002): Zu schnell privatisiert, zuwenig aufgepasst. In: Frankfurter Allgemeine Zeitung vom 4.6.2002.
POGANY, ISTVAN (1997): Righting wrongs in Eastern Europe. Manchester, New York.
PRAGAL, PETER (1997): „Ein Interessenvertreter kann nie zufrieden sein." Der scheidende Bauernpräsident Constantin Freiherr Heeremann über Subventionen, BSE, ländlichen Strukturwandel und die Bodenreform. In: Berliner Zeitung vom 27.1.1997.
PRIES, SEBASTIAN (1994): Das Neubauerneigentum in der ehemaligen DDR. Frankfurt/M..
PRIEWE, JAN (1994): Die Folgen der schnellen Privatisierung der Treuhandanstalt. Eine vorläufige Schlussbilanz. In: Aus Politik und Zeitgeschichte. Beilage zur Wochenzeitung „Das Parlament" 43/44, S. 21–30.
PRÜTZEL-THOMAS, MONIKA (1995): The property question revisited: the restitution myth. In: German Politics 4, S. 112–127.
PYO, MYOUNG-HWAN (2001): Die Wiedergutmachung kommunistischer Enteignungen in Ostmitteleuropa: Ein Modell für Korea? Köln.
RABINOWICZ, EWA; SWINNEN, JOHAN F. M. (1997): Political economy of privatization and decollectivization of Central and East European agriculture: Definitions, issues and methodology. In: SWINNEN, J. F. M. (Hrsg.): Political economy of agrarian reform in Central and Eastern Europe. Aldershot, S. 1–32.
RÄDLER, ALBERT J. (Hrsg.) (Stand 2004): Vermögen in der ehemaligen DDR. Rechtshandbuch zur Durchsetzung und Abwehr von Ansprüchen (Loseblattsammlung). Herne.
RÄHMER, ANDREAS (2004a): Enteignungsrechtliche Bestimmungen/Inanspruchnahme von Grund und Boden. In: RÄDLER, A. J. (Hrsg.) (Stand 2004): Vermögen in der ehemaligen DDR. Rechtshandbuch zur Durchsetzung und Abwehr von Ansprüchen (Loseblattsammlung). Herne.
RÄHMER, ANDREAS (2004b): Enteignungen zwischen 1945 und 1949. In: RÄDLER, A. J. (Hrsg.) (Stand 2004): Vermögen in der ehemaligen DDR. Rechtshandbuch zur Durchsetzung und Abwehr von Ansprüchen (Loseblattsammlung). Herne.
RÄHMER, ANDREAS (2004c): Grundstücks- und Gebäudeverkehr/Rechtserwerb. In: RÄDLER, A. J. (Hrsg.) (Stand 2004): Vermögen in der ehemaligen DDR. Rechtshandbuch zur Durchsetzung und Abwehr von Ansprüchen (Loseblattsammlung). Herne.
RATZEL, FRIEDRICH (1882): Anthropogeographie I – Grundzüge der Anwendung der Erdkunde auf die Geschichte. Stuttgart.
RATZEL, FRIEDRICH (1891): Anthropogeographie – die geographische Verteilung der Menschen. Stuttgart.
RATZEL, FRIEDRICH (1897): Politische Geographie. München/Leipzig.
RAWLS, JOHN (1999). A theory of justice. Cambridge, Mass..
RECHBERG, CHRISTOPH (Hrsg.) (1996): Restitutionsverbot: die „Bodenreform" 1945 als Finanzierungsinstrument für die Wiedervereinigung Deutschland 1990.
REGIONALER PLANUNGSVERBAND VORPOMMERN (HRSG.): (1998): Regionales Raumordnungsprogramm Planungsregion Vorpommern. Greifswald.
REIMANN, BETTINA (1997): The transition from people's property to private property. Consequences of the restitution principle for urban development and urban renewal in East Berlin's inner-city residential areas. In: Applied Geography 17 (4), S. 301–314.
REIMANN, BETTINA (2000): Städtische Wohnquartiere. Der Einfluss der Eigentümerstruktur. Eine Fallstudie aus Berlin Prenzlauer Berg. Opladen.
REISSIG, ROLF (1993): Transformationsprozess Ostdeutschlands: Entwicklungsstand – Konflikte – Perspektiven. In: REISSIG, R. (Hrsg.): Rückweg in die Zukunft: Über den schwierigen Transformationsprozess in Ostdeutschland. Frankfurt/M., S. 11–48.
REISSIG, ROLF (1996): Perspektivenwechsel in der Transformationsforschung: Inhaltliche Umorientierungen, räumliche Erweiterung, theoretische Innovation. In: KOLLMORGEN, R.; REISSIG, R.; WEISS, J. (Hrsg.): Sozialer Wandel und Akteure in Ostdeutschland. (= Schriftenreihe der

Kommission für die Erforschung des sozialen und politischen Wandels in den neuen Bundesländern e.V. (KSPW) Bd. 8). Opladen, S. 245–262.
REITSMA, HENK A.; KLEINPENNING, JOHAN MARTIN GERARD (1985): The third world perspective. Assen, Maastricht.
REUBER, PAUL; WOLKERSDORFER, GÜNTER (2005): Politische Geographie. In: SCHENK, W.; SCHLIEPHAKE, K. (Hrsg.): Allgemeine Anthropogeographie. Gotha/Stuttgart, S. 629–664.
REUTER, WOLFGANG (2003): Entschädigungen: Endloser Schlamassel. In: Der Spiegel 25/2003 vom 25.8.2003, S. 63.
RIETZSCHEL, THOMAS (2000): Adel verpflichtet. Wie die Erinnerung Herrenhäuser in Mecklenburg rettet. In: FRANKFURTER ALLGEMEINE ZEITUNG vom 18.3.2000.
ROBERTS, BARBARA M. (1992): Transition in Eastern Europe and the sequence of privatisation. Leicester.
RODENBACH, HERMANN-JOSEF (Hrsg.) (1990): Grundstücks- und Immobilienrecht in der DDR. Berlin.
ROGGEMANN, HERWIG (1996): Eigentum in Ost und West – Zur Entwicklung eines Rechtsinstituts aus vergleichender Sicht. In: ROGGEMANN, H. (Hrsg.): Eigentum in Osteuropa. Rechtspraxis in Ost-, Ostmittel- und Südosteuropa mit Einführungen und Rechtstexten. Berlin, S. 17–58.
ROHDE, GÜNTER (Hrsg.) (1990): Grundeigentumsrecht und Bodennutzungsrecht in der DDR: systematische Sammlung der wichtigsten Rechtsvorschriften. Berlin.
ROSTOW, WALT W. (1960): The stages of economic growth. A non-communist manifesto. Cambridge.
ROUBITSCHEK, WALTER (1992): Zum Strukturwandel in der ostdeutschen Landwirtschaft. In: RUPPERT, K. (Hrsg.): Ländliche Räume im Umbruch – Chancen des Strukturwandels. Regensburg, S. 53–67.
RYAN, CHEYNEY C. (1982): Yours, mine, and ours: property rights and individual liberty. In: PAUL, J. (Hrsg.): Reading Nozick. Essays on anarchy, state and utopia. Oxford, S. 323–343.
SADLER, WOLFGANG; JANZEN, JÖRG (1993): Der Wandel im ländlichen Raum des östlichen Brandenburg. Die Gemeinde Heinersdorf als Beispiel. In: ECKART, K. (Hrsg.): Räumliche Bedingungen und Wirkungen des sozial-ökonomischen Umbruchs in Berlin-Brandenburg. Berlin, S. 63–70.
SALZMANN, DIETER (2003): 700 Hausbesitzer bangen um ihre eigenen vier Wände. In: Die Welt vom 28.11.2003,
SCHÄFERS, BERNHARD (1968): Bodenbesitz und Bodennutzung in der Großstadt. Bielefeld.
SCHENK, WINFRIED; SCHLIEPHAKE, KONRAD (Hrsg.)(2005): Allgemeine Anthropogeographie. Gotha und Stuttgart.
SCHILLER, THEO (2004): Sozialismus/Sozialdemokratie. In: NOHLEN, D.; SCHULTZE, R.-O. (Hrsg.): Lexikon der Politikwissenschaft. Theorien, Methoden, Begriffe. München, S. 882–886.
SCHMALZ, PETER (1997): Wann gehörte Rügen wem? Im Rechtsstreit um Deutschlands größte Insel sieht Franz zu Putbus seine Chancen wachsen. In. Die Welt vom 31.7.1997.
SCHMIDT, AXEL; KAUFMANN, FRIEDRICH (1992): Mittelstand und Mittelstandspolitik in den neuen Bundesländern. Stuttgart.
SCHMIDT, HELGA (1991): Die metropolitane Region Leipzig. Erbe der sozialistischen Planwirtschaft und Zukunftschancen. Wien.
SCHMIDT, HELGA (1995): Der Immobilienmarkt in Ostdeutschland: das Beispiel Leipzig-Halle. In: Faßmann, H. (Hrsg.): Immobilien-, Wohnungs- und Kapitalmärkte in Ostmitteleuropa. Wien, S.37–47.
SCHMIDT, ISOLDE (1999): Das Erbrecht an Bodenreformeigentum auf dem Gebiet der früheren Sowjetischen Besatzungszone – DDR von 1945 bis zur Gegenwart. Berlin.
SCHMIDT, MATTHIAS (2004): Boden- und Wasserrecht in Shigar, Baltistan: Autochthone Institutionen der Ressourcennutzung im Zentralen Karakorum. (=Bonner Geographische Abhandlungen 112). Sankt Augustin.

SCHMIDTBAUER, ANDREA (1992): Die Situation der Grundbuchämter der fünf neuen Bundesländer. In: Deutsch-deutsche Rechts-Zeitschrift 3 (5), S. 143–144.
SCHMIDT-JORZIG, EDZARD (1995): Rechtsstaatlich angemessener Ausgleich für die sog. „Alt-Eigentümer 1945/49". In: IPSEN, J.; RENGELING, H.-W.; MÖSSNER, J. M. ; WEBER, A. (Hrsg.): Verfassungsrecht im Wandel. Wiedervereinigung Deutschlands – Deutschland in der Europäischen Union – Verfassungsstaat und Förderalismus. Köln, S.207–230.
SCHMITT, GÜNTHER (1991): Können die LPG und VEG in der ehemaligen DDR überleben? In: MERL, S.; SCHINKE, E. (Hrsg.): Agrarwirtschaft und Agrarpolitik in der ehemaligen DDR im Umbruch. Berlin, S. 35–52.
SCHMITT, MANFRED; MONTADA, LEO (Hrsg.) (1999): Gerechtigkeitserleben im wiedervereinigten Deutschland. Opladen.
SCHMITZ, PETER MICHAEL; WIEGAND, STEPHAN (1991): Die zukünftige Entwicklung der Landwirtschaft in den fünf neuen Bundesländern. Kiel.
SCHNECK, GUDRUN (2003): „In Thyrow bin ich daheim". Vor 50 Jahren verließ Günter Mehlis sein Elternhaus, jetzt saniert er es. In: MÄRKISCHE ALLGEMEINE vom 30.7.2003.
SCHOLZ, FRED (2004): Geographische Entwicklungsforschung. Berlin, Stuttgart.
SCHÖNE, JENS (2000): Landwirtschaftliches Genossenschaftswesen und Agrarpolitik in der SBZ/DDR 1945–1950/51. Stuttgart.
SCHRADER, ACHIM (1966): Die soziale Bedeutung des Besitzes in der modernen Konsumgesellschaft. Köln und Opladen.
SCHRAMM, LOTHAR (2004): Landwirtschaftliches Vermögen. In: RÄDLER, A. J. (Hrsg.) (Stand 2004): Vermögen in der ehemaligen DDR. Rechtshandbuch zur Durchsetzung und Abwehr von Ansprüchen (Loseblattsammlung). Herne.
SCHRÖDER, ERNST-JÜRGEN (1993): Die unternehmerische Tätigkeit des Landes Baden-Württemberg und ihre Raumwirksamkeit. Freiburg/Brsg..
SCHUKALLA, KARL-JOSEF (1998): Traditionelles Bodenrecht und ländliche Entwicklung in Malawi. (=Münstersche Geographische Arbeiten 40). Münster.
SCHULTZE, JOACHIM H. (1955): Die Naturbedingten Landschaften der Deutschen Demokratischen Republik. Gotha.
SCHULZE-VON HANXLEDEN, PETER (1972): Extensivierungserscheinungen in der Agrarlandschaft des Dillgebietes. (Marburger Geographische Schriften 54). Marburg.
SCHUMPETER, JOSEPH A. (1950a): Kapitalismus, Sozialismus und Demokratie. München.
SCHUMPETER, JOSEPH A. (1950b): Der Marsch in den Sozialismus. In: Jahrbuch für Sozialwissenschaft 1, S. 101–112.
SCHWARZ, WALTER (1974): Rückerstattung nach den Gesetzen der Alliierten Mächte. München.
SCHWARZ, WALTER (1989): Die Wiedergutmachung nationalsozialistischen Unrechts durch die Bundesrepublik Deutschland. Ein Überblick. In: HERBST, L.; GOSCHLER, C. (Hrsg.): Wiedergutmachung in der Bundesrepublik Deutschland. München, S. 33–54.
SCHWEISFURTH, THEODOR (2000): SBZ-Konfiskationen privaten Eigentums 1945 bis 1949: völkerrechtliche Analyse und Konsequenzen für das deutsche Recht. Baden-Baden.
SCHWEIZER, Dieter (1994): Das Recht der landwirtschaftlichen Betriebe nach dem Landwirtschaftsanpassungsgesetz: Eigentumsentflechtung, Umstrukturierung, Vermögensauseinandersetzung. Köln.
SEMKAT, UTE (1997): Sorge erwartet die ungeliebten Retter. In. Die Welt vom 14.3.1997.
SEMKAT, UTE (1998): Mühsames Ackern auf unsicherem Boden. In. Die Welt vom 23.3.1998.
SENATSVERWALTUNG FÜR GESUNDHEIT, SOZIALES UND VERBRAUCHERSCHUTZ BERLIN (1997): Sozialstrukturatlas Berlin. Berlin.
SENATSVERWALTUNG FÜR GESUNDHEIT, SOZIALES UND VERBRAUCHERSCHUTZ BERLIN (2003): Sozialstrukturatlas Berlin. Berlin.
SHIN, YONG-HO (1993): Die Übertragbarkeit der deutschen Wiedervereinigungsmodelle auf das geteilte Korea. Frankfurt/M..
SICK, WOLF-DIETER (1993): Agrargeographie. Braunschweig.

SIEBENHÜNER, SIEGFRIED (1995): The small business sector: Development and prospects. In: KOLINSKI, E. (Hrsg.): Between hope and fear. Everyday life in post-unification East Germany. A case study for Leipzig. Keele, S. 53–70.

SKAPSKA, GRAZYNA (2000): Regulation of restitution as a part of Polish transformation. (=Working Paper No. 4 des Forschungsprojekts „Eigentumsrückübertragung und der Transformationsprozess in Deutschland und Polen nach 1989") Plymouth.

SKAPSKA, GRAZYNA (2002): Privatization and its limits in central and eastern Europe: Property rights in transition. In: Slavic Review 61 (4), S. 820–821.

SKAPSKA, GRAZYNA; BRYDA, GRZEGORZ; KADYLO, JAROSLAW (2000): Making sense of fragmentation. Symbols, myths, discourses, and techniques of argumentation on restitution in Poland. (=Working Paper No. 8 des Forschungsprojekts „Eigentumsrückübertragung und der Transformationsprozess in Deutschland und Polen nach 1989") Plymouth.

SKAPSKA, GRAZYNA; BRYDA, GRZEGORZ; KADYLO, JAROSLAW (2001): Ongoing restitution in Poland: Krakow (City Centre and Kazimierz), rural region in southeast Poland (Lemkos region) and Opole region. (=Working Paper No. 10 des Forschungsprojekts „Eigentumsrückübertragung und der Transformationsprozess in Deutschland und Polen nach 1989") Plymouth.

SMITH, FIONA (1996): Housing tenures in transformation: Questioning geographies of ownership in Eastern Germany. In: Scottish Geographical Magazine 112 (1), S. 3–10.

SPIEGEL-ONLINE (2004): Europäischer Gerichtshof: Landenteignung von LPG-Bauern rechtswidrig. Abgerufen am 22.1.2004.

STAATLICHE ZENTRALVERWALTUNG FÜR STATISTIK DER DDR/STATISTISCHES AMT DER DDR (Hrsg.) (1955–1989): Statistisches Jahrbuch der Deutschen Demokratischen Republik. Berlin.

STADELBAUER, JÖRG (2000): Räumliche Transformationsprozesse und Aufgaben geographischer Transformationsforschung. In: Europa Regionaal 8, S. 60–71.

STATISTISCHES BUNDESAMT (2004): Statistisches Jahrbuch der Bundesrepublik Deutschland 2004. Wiesbaden.

STEDING, ROLF (1991): Zur Eigentumsverfassung in der Landwirtschaft und zur Perspektive der LPG aus juristischer Sicht. In: MERL, S.; SCHINKE, E. (Hrsg.): Agrarwirtschaft und Agrarpolitik in der ehemaligen DDR im Umbruch. Berlin, S. 85–96.

STEDING, ROLF (1994): Betrachtungen zur Lage der Genossenschaften und ihrer Mitglieder in den neuen Bundesländern – Zu einigen Aspekten der Umstrukturierung im ostdeutschen Genossenschaftswesen. In: ZERCHE, J. (Hrsg.): Vom sozialistischen Versorgungsstaat zum Sozialstaat Bundesrepublik. Regensburg, S. 176–190.

STODDARD, ROBERT H.; WISHART, DAVID J.; BLOUET, BRIAN W. (1989): Human Geography: Peoples, places, and cultures. Englewood Cliffs, N. J..

STRECKER, OTTO A. (1994): Der Wandel ökonomischer Systeme. Entwicklung und Transformation aus monetärer Sicht an den Beispielen Thailands und Ungarns. (Studien zur monetären Ökonomie Bd. 15). Marburg.

STROBL, BIRGIT (1992): Die Rückgabe von Vermögen in der ehemaligen DDR. Berlin.

STROTHE, ALFRED (1994): Treuhandanstalt: Besser als ihr Ruf? Pinneberg.

STUDENSKY, GENNADIJ A. (1927): Die Grundideen und Methoden der landwirtschaftlichen Geographie. In: Weltwirtschaftliches Archiv 25, S. 179–197.

SWINNEN, F. M. (1997): The choice of privatization and decollectivization in Central and Eastern European agriculture: Observations and political economy hypotheses. In: SWINNEN, J. F. M. (Hrsg.): Political economy of agrarian reform in Central and Eastern Europe. Aldershot, S. 363–398.

SWINNEN, F. M. JOHAN; MATHIJS, ERIK (1997): Agricultural privatisation, land reform and farm restructuring in Central and Eastern Europe: A comparative analysis. In: SWINNEN, J. F. M.; BUCKWELL, A.; MATHIJS, E. (Hrsg.): Agricultural privatisation, land reform and farm restructuring in Central and Eastern Europe. Aldershot, S. 333–375.

TAFF, GREGORY (2005): Justice in land reform in Gauja National Park, Latvia. In: PEIL, T., JONES, M. (Hrsg.): Landscape, law and justice. Oslo, S. 198–208.

TARRANT, JOHN R. (1974): Agricultural Geography. Newton Abbot.
Taylor, William (Hrsg.) (2006): The geography of law. Landscape, identity and regulation. Oxford, Portland.
TEITZ, MICHAEL B. (1978): Law as a variable in urban and regional studies. In: Papers of the Regional Science Association 41, S. 29–41.
THEISSEN, ROLF; PATT, HANS-GEORG (1994): Streit um Grundstücke. Die Abwehr von Alteigentümeransprüchen im Rückübertragungs- und Investitionsvorrangverfahren. Freiburg/Berlin.
THIELE, BURKHARD; KRAJEWSKI, JOACHIM; RÖSKE, HOLGER (1995): Schuldrechtsänderungsgesetz. Kommentierte Textausgabe. München.
THIEME, H. JÖRG; STEINBRING, REINHARD (1984): Wirtschaftspolitische Konzeptionen kapitalistischer Marktwirtschaften. In: CASSEL, D. (Hrsg.): Wirtschaftspolitik im Systemvergleich. München, S. 45–68.
THÖNE, KARL-FRIEDRICH (1993): Die agrarstrukturelle Entwicklung in den neuen Bundesländern: zur Regelung der Eigentumsverhältnisse und Neugestaltung ländlicher Räume. Köln.
THÜRINGER LANDESANSTALT FÜR LANDWIRTSCHAFT (2000): Abschlussbericht: Altschuldensituation in der Thüringer Landwirtschaft. Jena.
TIMASHEFF, NICOLAUS SERGEYEVITCH (1939): An introduction to the sociology of law. Westport, CT.
TINBERGEN, JAN (1993): Kommt es zu einer Annäherung zu den kommunistischen und freiheitlichen Wirtschaftsordnungen? In: Hamburger Jahrbuch für Wirtschafts- und Gesellschaftspolitik 8, S. 11–21.
TLG TREUHAND LIEGENSCHAFTSGESELLSCHAFT MBH bzw. TLG IMMOBILIEN GMBH: Geschäftsberichte 1995–2004. Berlin.
TOMUSCHAT, CHRISTIAN (1996): Eigentum im Zeichen von Demokratie und Marktwirtschaft. In: TOMUSCHAT, C. (Hrsg.): Eigentum im Umbruch: Restitution, Privatisierung und Nutzungskonflikte im Europa der Gegenwart. Berlin, S. 1–24.
TOPARKUS, KATHARINA (2003): Privatisierung der BVVG-Flächen wird zunehmend schwieriger. In: Ostthüringer Zeitung vom 10.11.2003.
TURNOCK, DAVID (Hrsg.) (1998): Privatization in rural Eastern Germany: the process of restitution and restructuring. Cheltenham.
UNGER, BERND (1993): Politische und ökonomische Zwänge der im Wandel befindlichen Agrarwirtschaft Thüringens. In: ECKART, K. (Hrsg.): Thüringen: Räumliche Aspekte des wirtschaftlichen Strukturwandels (=Jenaer Geographische Schriften 3). Jena, S. 9–14.
UNITED NATIONS HUMAN SETTLEMENT PROGRAMME (2001): Istanbul + 5: The United Nations Special Session of the General Assembly for an overall appraisal of the implementation of the Habitat Agenda. New York. 6.–8. June. (verfügbar unter http://www.unchs.org/Istanbul+5/36.pdf, abgerufen am 10.8.2004)
VERDERY, KATHERINE (1994): The elasticity of land: Problems of property restitution in Transylvania. In: Slavic Review 53 (4), S. 1071–1109.
VERDERY, KATHERINE (1998): Property and power in Transylvania's decollectivization. In: HANN, C. M. (Hrsg.): Property relations. Renewing the anthropological tradition. Cambridge, S. 160–181.
VERMÖGENSRECHTLICHE ANSPRÜCHE der DDR-Enteignungsgeschädigten – Texte und Materialien mit Erläuterungen (1990). Herne/Berlin.
VERNON, RICHARD (2003): Against restitution. In: Political Studies 51, S. 542–557.
VITZTHUM, WOLFGANG GRAF (1995): Restitutionsausschluss: Berliner Liste 3, Verfahrensbeteiligung, Entschädigungs- und Ausgleichsleistungsgesetz. Berlin.
VOGELER, INGOLF (1996): State hegemony in transforming the rural landscape of Eastern Germany: 1945–1994. In: Annals of the Association of American Geographers 86 (3), S. 432–458.

VOLGMANN, THOMAS (2003): Enteignung der „Strandbourgeoisie": „Aktion Rose" vor 50 Jahren wurden 621 Hotels und Betriebe an der Ostsee beschlagnahmt. In: Schweriner Volkszeitung vom 3.4.2003, S.6.
VOPPEL, GÖTZ (1999): Wirtschaftsgeographie. Räumliche Ordnung der Weltwirtschaft unter marktwirtschaftlichen Bedingungen. Stuttgart, Leipzig.
VOSSIUS, OLIVER (1995): Sachenrechtsbereinigungsgesetz. Kommentar. München.
VOTH, ANDREAS (2002): Innovative Entwicklungen in der Erzeugung und Vermarktung von Sonderkulturprodukten. Dargestellt an Fallstudien aus Deutschland, Spanien und Brasilien. Vechta.
WAGNER, ADOLPH (1894): Grundlegung der politischen Ökonomie, Zweiter Teil: Volkswirtschaft und Recht, besonders Vermögensrecht, oder Freiheit und Eigenthum in volkswirtschaftlicher Betrachtung. Leipzig.
WAGNER, JENS (1995): Rückgabe und Entschädigung von konfisziertem Grundeigentum: aktuelle Verfassungsrechtsfragen der Bodenreform in der SBZ. Baden-Baden.
WAIBEL, LEO (1933): Probleme der Landwirtschaftsgeographie. Leipzig.
WANNENWETSCH, HELMUT (1995): Die politische und sozioökonomische Bedeutung sowie die zukünftige Entwicklung des Agrarsektors in den neuen Bundesländern, dargestellt am Beispiel einer Landwirtschaftlichen Produktionsgenossenschaft im Freistaat Sachsen. Regensburg.
WARBECK, JOHANNES (2000): Die Umwandlung der DDR-Landwirtschaft im Prozess der Deutschen Wiedervereinigung. Ökonomische Zwänge – Politische Entscheidungen. (Dissertation an der Sozialwissenschaftlichen Fakultät der Ludwig-Maximilians-Universität München) München.
WARDENGA, UTE (2002): Alte und neue Raumkonzepte für den Geographieunterricht. In: Geographie heute 23 (200), S. 8–11.
WASSERMANN, RUDOLF (1996): Wenn die „roten Barone" bevorzugt werden. In. Die Welt vom 28.10.1996.
WASSERMANN, RUDOLF; MÄRKER, KLAUS (1993): Rechtstatsächliche Anmerkungen zur Behandlung der offenen Vermögensfragen. In: Zeitschrift für Rechtspolitik 26, S. 138–142.
WEBER, MAX (1968): Methodologische Schriften. Studienausgabe. Frankfurt.
WEIS, OTTO JÖRG (1999): Adel verpflichtet. Die Junker kehren heim in den deutschen Osten, zuweilen mit Geld, oft mit Tatkraft. In: FRANKFURTER RUNDSCHAU vom 27.10.1999.
WEISS, WOLFGANG (2002): Der ländlichste Raum. Regional-demographische Begründung einer Raumkategorie. In: Raumforschung und Raumordnung 3–4, S. 248–254.
WELFENS, PAUL J. J. (1996): Privatisierung, Wettbewerb und Strukturwandel im Transformationsprozess. In: BRUNNER, G. (Hrsg.): Politische und ökonomische Transformation in Osteuropa. Berlin, S. 173–202.
WELSCHOF, JÜRGEN (1995): Die strukturelle und institutionelle Transformation der landwirtschaftlichen Unternehmen in den neuen Bundesländern. Witterschlick/Bonn.
WERLEN, BENNO (2000): Sozialgeographie. Eine Einführung. Berlin, Stuttgart, Wien.
WERNICKE, IMMO H. (1994): Die Rolle der Treuhand – Volkswirtschaftliche Bedingungen und Konsequenzen der Privatisierung. In: BIESZCZ-KAISER, A.; LUNGWITZ, R.-W.; PREUSCHE, E. (Hrsg.): Transformation – Privatisierung – Akteure. Wandel von Eigentum und Arbeit in Mittel- und Osteuropa. München. S. 235–252.
WHELAN, FREDERICK G. (1980): Property as artifice: Hume and Blackstone. In: PENNOCK, J. R.; CHAPMAN, J. W. (Hrsg.): Property. New York, S. 101–129.
WIEGAND, STEPHAN (1994): Landwirtschaft in den neuen Bundesländern. Struktur, Probleme und zukünftige Entwicklung. Kiel.
WIENER, BETTINA (2004): Großer Nachwuchskräftebedarf an landwirtschaftlichen Fachkräften in den neuen Bundesländern am Beispiel Sachsen-Anhalts. In: LASCHEWSKI, L.; NEU, C. (Hrsg.): Sozialer Wandel in ländlichen Räumen. Theorie, Empirie und politische Strategien. Aachen, S. 93–114.

WIESENTHAL, HELMUT (1996): Die neuen Bundesländer ans Sonderfall der Transformation in den Ländern Ostmitteleuropas. In: Aus Politik und Zeitgeschichte. Beilage zur Wochenzeitung „Das Parlament" 40, S. 46–54.
WIEST, KARIN (1997): Die Neubewertung Leipziger Altbauquartiere und Veränderungen des Wohnmilieus. Gesellschaftliche Modernisierung und sozialräumliche Ungleichheiten. Leipzig.
WIGMORE, JIM H. (1928): A panorama of the world's legal system. 3 Volumes. St. Paul (MN).
WIKTORIN, DOROTHEA (2000): Grundeigentum und Stadtentwicklung nach der Wende. Köln.
WILSON, GEOFF A. (2001): From productivism to post-productivism ... and back again? Exploring the (un)changed nature and mental landscape of European agriculture. In: Transactions of the Institute of British Geographers 26, S. 77–102.
WILSON, GEOFF A. (2002): Post-Produktivismus in der europäischen Landwirtschaft: Mythos oder Realität? In: Geographica Helvetica 57 (2), S. 109–126.
WILSON, GEOFF. A.; WILSON, OLIVIA J. (2001): German agriculture in transition. Basingstoke.
WILSON, OLIVIA J. (1998): Germany. In: TURNOCK, D. (Hrsg.): Privatization in rural Eastern Europe: the process of restitution and restructuring. Cheltenham, S. 120–144.
WINKLER, GUNNAR (1999): Leben in den neuen Bundesländern. Ergebnisse der empirischen Untersuchung „Leben `97". In: SCHMITT, M.; MONTADA, L. (Hrsg.): Gerechtigkeitserleben im wiedervereinigten Deutschland. Opladen, S. 133–148.
WIRTH, EUGEN (1979): Theoretische Geographie. Stuttgart.
WITTMER, GERHARD (1996): Die Klärung offener Vermögensfragen im Land Brandenburg. In: Neue Justiz 50 (10), S. 518–519.
WOLLKOPF, HANS-FRIEDRICH; WOLLKOPF, MEIKE (1992): Funktionswandel der Landwirtschaft in der ostdeutschen Wirtschafts- und Siedlungsstruktur. In: Essener Geographische Arbeiten 24, S. 7–19.
WOLLKOPF, MEIKE (1996): Struktureller und sozialer Wandel in der thüringischen Landwirtschaft. In: Geographische Rundschau 48, S. 18–24.
WOLLMANN, HELLMUT; DERLIEN, HANS-ULRICH; KÖNIG, KLAUS; RENZSCH, WOLFGANG; SEIBEL, WOLFGANG (Hrsg.) (1997): Transformation der politisch-administrativen Strukturen in Ostdeutschland. Opladen.
WORLD BANK (1991): The transformation of economies in Central and Eastern Europe: Issues, progress, and prospects. Washington, DC.
YERSIN, ECKART; LOFING, STEPHAN (1996): 3. Berliner Kongress zur Regelung offener Vermögensfragen am 12./13.10.1995. In: Deutsch-deutsche Rechts-Zeitschrift 7 (1), S. 11–13.
ZAHNERT, DOREEN (2000): Das Recht der Bodenreform der sowjetischen Besatzungszone: unter besonderer Berücksichtigung der zivilrechtlichen Fragen im Zusammenhang mit dem Einigungsvertrag und den Folgegesetzen. Köln/Berlin.
ZAPF, WOLFGANG; HABICH, ROLAND (1995): Die sich stabilisierende Transformation – ein deutscher Sonderweg? In: RUDOLPH, H.; SIMON, D. (Hrsg.): Geplanter Wandel, ungeplanten Wirkungen. Handlungslogiken und -ressourcen im Prozess der Transformation. Berlin, S. 137–159.
ZARYCHY, TOMASC (2003): Opinions on reprivatization in Poland. Powerpoint-Präsentation anlässlich der internationalen Tagung „Restitution der Eigentumsrechte im postkommunistischen Europa und Bedeutung dieser Erfahrungen für Russland" der Konrad-Adenauer-Stiftung in Moskau. Unveröffentlicht.

B. GESETZE, VERORDNUNGEN UND VERTRÄGE

AUFBAUGESETZ vom 6. September 1950 (GBl. Nr. 104 S. 965)
BAUGESETZBUCH (BauGB). In der Fassung der Bekanntmachung vom 27. August 1997 (BGBl. I S. 2141, ber. BGBl. 1998 I S. 137.

BESITZWECHSELVERORDNUNG vom 7. August 1975 (GBl I S. 629)
BÜRGERLICHES GESETZBUCH. In der Fassung der Bekanntmachung vom 2. Januar 2002 BGBl. I S. 42, ber. S. 2909, ber. 2003 I S. 738, geändert durch Gesetze vom 23. März 2002 BGBl. I S. 1163, vom 9. April 2002 BGBl. I S. 1239, vom 21. Juni 2002 BGBl. I S. 2010, vom 15. Juli 2002 BGBl. I S. 2634, vom 19. Juli 2002 BGBl. I S. 2674, vom 23. Juli 2002 BGBl. I S. 2850, vom 24. August 2002 BGBl. I S. 3412, vom 13. Dezember 2003 BGBl. I S. 2547, vom 15. Dezember 2003 BGBl. I S. 2676, vom 27. Dezember 2003 BGBl. I S. 3022, vom 13. Dezember 2003 BGBl. I S. 2547, vom 18. Februar 2004 BGBl. I S. 431, vom 5. April 2004 BGBl. I S. 502, vom 6. April 2004 BGBl. I S. 550.
ENTSCHÄDIGUNGS- UND AUSGLEICHSLEISTUNGSGESETZ (EALG) vom 27. September 1994 BGBl. I S. 2624, ber. durch BGBl. 1995 I S. 110.
FLÄCHENERWERBSVERORDNUNG vom 20. Dezember 1995 (BGBl. I S. 2072)
GEMEINSAME ERKLÄRUNG DER REGIERUNGEN DER BUNDESREPUBLIK DEUTSCHLAND UND DER DEUTSCHEN DEMOKRATISCHEN REPUBLIK ZUR REGELUNG OFFENER VERMÖGENSFRAGEN vom 15. Juni 1990 (=Anlage III zum Einigungsvertrag)
GEMEINSAMER BRIEF DES BUNDESMINISTERS DES AUSWÄRTIGEN, HANS-DIETRICH GENSCHER, UND DES AMTIERENDEN AUßENMINISTERS DER DDR, MINISTERPRÄSIDENT LOTHAR DE MAIZIÈRE AN DIE AUßENMINISTER DER SOWJETUNION, FRANKRIES, GROßBRITANNIENS UND DER VEREINIGTEN STAATEN in Zusammenhang mit der Unterzeichnung des Vertrages über die abschließende Regelung in bezug auf Deutschland. Wiedergegeben nach der im Bulletin v. 14.9.1990 Nr. 109, S. 1156, veröffentlichten Fassung.
GESETZ ÜBER DEN VORRANG FÜR INVESTITIONEN BEI RÜCKÜBERTRAGUNGSANSPRÜCHEN NACH DEM VERMÖGENSGESETZ vom 14. Juni 1992 (INVESTITIONSVORRANGGESETZ – InVorG) (BGBl. I S. 1269; ber. BGBl. 1993 I S. 1811)
GESETZ ÜBER DIE BEREITSTELLUNG VON GRUNDSTÜCKEN FÜR BAUMASSNAHMEN – BAULANDGESETZ - vom 15. Juni 1984 (GBl 1984 I S. 201)
GESETZ ÜBER DIE EIN- UND DURCHFÜHRUNG VON MARKTORGANISATIONEN FÜR LAND- UND ERNÄHRUNGSWIRTSCHAFTLICHE ERZEUGNISSE vom 6. Juli 1990 (MARKTORGANISATIONSGESETZ DER DDR – MOG-DDR) (GBl I 1990 S. 657)
GESETZ ÜBER DIE ENTSCHÄDIGUNG BEI INANSPRUCHNAHME NACH DEM AUFBAUGESETZ – ENTSCHÄDIGUNGSGESETZ vom 24. April 1960 (GBl 1960 S. 257)
GESETZ ÜBER DIE ENTSCHÄDIGUNG NACH DEM GESETZ ZUR REGELUNG OFFENER VERMÖGENSFRAGEN (ENTSCHÄDIGUNGSGESETZ – EntschG) vom 27. September 1994. (BGBl. I S. 2624, ber. BGBl. I 1995 S. 110)
GESETZ ÜBER DIE ERÖFFNUNGSBILANZ IN DEUTSCHER MARK UND DIE KAPITALNEUFESTSETZUNG (D-Markbilanzgesetz). In der Fassung der Bekanntmachung vom 28. Juni 1994 (BGBl. I S. 1842).
GESETZ ÜBER DIE LANDWIRTSCHAFTLICHEN PRODUKTIONSGENOSSENSCHAFTEN vom 2. Juli 1982 (GBl I Nr. 25 S. 443) (LPG-Gesetz 1982)
GESETZ ÜBER DIE STRUKTURELLE ANPASSUNG DER LANDWIRTSCHAFT AN DIE SOZIALE UND ÖKOLOGISCHE MARKTWIRTSCHAFT IN DER DEUTSCHEN DEMOKRATISCHEN REPUBLIK (LANDWIRTSCHAFTSANPASSUNGSGESETZ – LAG). Vom 29. Juni 1990 (GBl DDR I 1990, 642 GBl DDR I 1990, Nr. 42, 642). Neugefaßt durch Bek. v. 3. 7.1991 I 1418, Änderung durch Art. 7 Abs. 45 G v. 19. 6.2001 I 1149.
GESETZ ÜBER STAATLICHE AUSGLEICHSLEISTUNGEN FÜR ENTEIGNUNGEN AUF BESATZUNGSRECHTLICHER ODER BESATZUNGSHOHEITLICHER GRUNDLAGE, DIE NICHT MEHR RÜCKGÄNGIG GEMACHT WERDEN KÖNNEN (AUSGLEICHSLEISTUNGSGESETZ – ALG). Vom 27. September 1994 (BGBl. I S. 2624).
GESETZ VOM 15. JUNI 1984 ÜBER DIE ENTSCHÄDIGUNG FÜR DIE BEREITSTELLUNG MIT GRUNDSTÜCKEN – ENTSCHÄDIGUNGSGESETZ – (GBl 1984 I S. 209)
GESETZ VOM 18. OKTOBER 1945 ÜBER DEN WIEDERAUFBAU VON STÄDTEN UND DÖRFERN IM LANDE THÜRINGEN (RegBl I 1946, 9)

GESETZ ZUR ÄNDERUNG DES VERMÖGENSGESETZES UND ANDERER VORSCHRIFTEN (ZWEITES VERMÖGENSRECHTSÄNDERUNGSGESETZ – 2. VermRÄndG) vom 14. Juli 1992 (BGBl. I S. 1257).

GESETZ ZUR ANPASSUNG SCHULDRECHTLICHER NUTZUNGSVERHÄLTNISSE AN GRUNDSTÜCKEN IM BEITRITTSGEBIET (SCHULDRECHTSANPASSUNGSGESETZ – SchuldRAnpG) vom 21. September 1994 (BGBl. I S. 2538)

GESETZ ZUR FÖRDERUNG DER AGRARSTRUKTURELLEN UND AGRARSOZIALEN ANPASSUNG DER LANDWIRTSCHAFT DER DDR AN DIE SOZIALE MARKTWIRTSCHAFT – Fördergesetz – (FÖRDERGESETZ) vom 6. Juli 1990 (GBl 1990 I, S. 633).

GESETZ ZUR PRIVATISIERUNG UND REORGANISATION DES VOLKSEIGENEN VERMÖGENS (TREUHANDGESETZ). Vom 17. Juni 1990 (GBl. I Nr. 11 S. 300)

GESETZ ZUR SACHENRECHTSBEREINIGUNG IM BEITRITTSGEBIET (SACHENRECHTSBEREINIGUNGSGESETZ – SachenRBerG). Vom 21. September 1994 (BGBl. I S. 2457)

GRUNDGESETZ FÜR DIE BUNDESREPUBLIK DEUTSCHLAND (GG). Vom 23. Mai 1949 BGBl. 1949 S. 1; zuletzt geändert durch Art. 1 G. v. 26. 7.2002 I 2863.

GRUNDSTÜCKSVERKEHRSVERORDNUNG vom 15.12.1977 (GBl 1978 I Nr. 5 S. 73)

STRAFGESETZBUCH DER DDR vom 12.1.1968 (GBl 1968 I S. 1)

VERORDNUNG NR. 102 BETREFFEND DEN WIEDERAUFBAU VON STÄDTEN UND DÖRFERN vom 6. Juli 1946 (ABl Mecklenburg-Vorpommern 1946 S. 100)

VERORDNUNG ÜBER DEN WIEDERAUFBAU IM KRIEG ZERSTÖRTER GEMEINDEN vom 29. Dezember 1945 (VOBl Sachsen-Anhalt 1946 S. 10)

VERORDNUNG ÜBER DIE ANMELDUNG VERMÖGENSRECHTLICHER ANSPRÜCHE vom 11. Juli 1990 (GBL I S. 718) (Neubekanntmachung in der Fassung der Bekanntmachung vom 3. August 1992).

VERORDNUNG ÜBER DIE IN DAS GEBIET DER DDR UND IN DEN DEMOKRATISCHEN SEKTOR VON GROSS-BERLIN ZURÜCKKEHRENDEN PERSONEN vom 11. Juni 1953 (GBl S. 805) (RückkehrerVO)

VERORDNUNG ÜBER DIE NEUFASSUNG DES SÄCHSISCHEN BAUGESETZES vom 1.3.1948 (GVOBl 1948 S. 365)

VERORDNUNG ÜBER NICHTBEWIRTSCHAFTETE LANDWIRTSCHAFTLICHE NUTZFLÄCHEN vom 8. Februar 1951 (GBl S. 75)

VERORDNUNG ZUR SICHERUNG DER BEWIRTSCHAFTUNG DER DEVASTIERTEN LANDWIRTSCHAFTLICHEN BETRIEBE vom 26. März 1952 (GBl S. 226)

VERORDNUNG ZUR SICHERUNG VON VERMÖGENSWERTEN vom 8. Februar 1951 (GBl S. 615) (VermögenssicherungsVO)

VERORDNUNG ZUR ÜBERTRAGUNG VON LIEGENSCHAFTSBEZOGENEN AUFGABEN UND LIEGENSCHAFTSGESELLSCHAFTEN DER TREUHANDANSTALT (TREUHANDLIEGENSCHAFTSÜBERTRAGUNGSVERORDNUNG – TreuhLÜV). Vom 20. Dezember 1994 (BGBl. I S. 3908).

VERORDNUNG ZUR UMWANDLUNG VON VOLKSEIGENEN KOMBINATEN, BETRIEBEN UND EINRICHTUNGEN IN KAPITALGESELLSCHAFTEN (UmwandlungsVO). Vom 1. März 1990 (Gbl. I S. 107, geändert durch § 12 Nr. 9 der Verordnung über die Änderung oder Aufhebung von Rechtsvorschriften vom 28. Juni 1990, GBl. I S. 509)

VERTRAG ÜBER DIE ABSCHLIEßENDE REGELUNG IN BEZUG AUF DEUTSCHLAND. Vom 12. September 1990 (BGBl. II S. 1318). (=Zwei-plus-Vier-Vertrag).

VERTRAG ZWISCHEN DER BUNDESREPUBLIK DEUTSCHLAND UND DER DEUTSCHEN DEMOKRATISCHEN REPUBLIK ÜBER DIE HERSTELLUNG DER EINHEIT DEUTSCHLAND – EINIGUNGSVERTRAG – vom 31. August 1990 (BGBl. II S. 889).

WIEDERAUFBAUGESETZ vom 19. Oktober 1946 (VOBl Brandenburg 1946 S. 379)

ZIVILGESETZBUCH DER DDR vom 19.6.1975 (GBl I Nr. 27 S. 465)

ZWEITE BESITZWECHSELVERORDNUNG vom 7. Januar 1988 (GBl I S. 25)

C. ARCHIVALIEN

Kreisarchiv Uecker-Randow in Pasewalk:
- Bestände aus dem Bereich Land-, Nahrungsgüter- und Forstwirtschaft der Kreise Pasewalk, Ueckermünde und Strasburg (1953–1990)
- Betriebspläne der LPG im Untersuchungsgebiet (1953–1989)
- Jahresabschlussberichte der LPG im Untersuchungsgebiet (1953–1978)
- Kreis Pasewalk: Nachweis über den Plan und den Erfassungsanteil am staatlichen Aufkommen von landwirtschaftlichen Erzeugnissen (1953–1975)
- Kreis Pasewalk: Bericht über die Sicherung des Planes und des Erfassungsanteils am staatlichen Aufkommen von landwirtschaftlichen Erzeugnissen (1954–1976)

Registergericht Neubrandenburg:
- Handelsregister A und B des Amtsgerichts Neubrandenburg
- LPG-Register Neubrandenburg
- Genossenschaftsregister Neubrandenburg

Landeshauptarchiv Mecklenburg-Vorpommern in Schwerin:
- Akten der Bank für Landwirtschaft und Nahrungsgüterwirtschaft der DDR- Filiale Pasewalk (Betriebspläne, Jahresabschlussberichte, Aktenvermerke, Kreditvermerke etc.) (1953–1990)
- Rat des Bezirkes Neubrandenburg: Schriftwechsel mit Ministerien und anderen zentralen Dienststellen der DDR (1958)
- Rat des Bezirkes Neubrandenburg: Statistische Angaben zur politischen und wirtschaftlichen Entwicklung sowie der Kaderpolitik der Kreise Anklam, Pasewalk, Röbel, Teterow und Waren (1956–1958)
- Rat des Bezirkes Neubrandenburg: Statistische Angaben zur Entwicklung der Landwirtschaft (1952–1956)
- Rat des Bezirkes Neubrandenburg: Informationen über die Entwicklung der Land- und Forstwirtschaft sowie über Erfassung und Aufkauf (1952–1956)

ERDKUNDLICHES WISSEN
Schriftenreihe für Forschung und Praxis.
Herausgegeben von **Martin Coy, Anton Escher** und **Thomas Krings**

117. **Winfried Schenk: Waldnutzung, Waldzustand und regionale Entwicklung in vorindustrieller Zeit im mittleren Deutschland.** 1995. 326 S. m. 65 Fig. u. 48 Tab., kt. 978-3-515-6489-7
118. **Fred Scholz: Nomadismus.** Theorie und Wandel einer sozio-ökologischen Kulturweise. 1995. 300 S. m. 41 Photos u. 30 Abb., 3 fbg. Beilagen, kt. 6733-1
119. **Benno Werlen: Sozialgeographie alltäglicher Regionalisierungen.** Band 2: Globalisierung, Region und Regionalisierung. 1997. XI, 464 S., kt. 6607-5
120. **Peter Jüngst: Psychodynamik und Stadtgestaltung.** Zum Wandel präsentativer Symbolik und Territorialität von der Moderne zur Postmoderne. 1995. 175 S. m. 12 Abb., kt. 6534-4
121. **Benno Werlen: Die Geographien des Alltags.** Empirische Befunde. 2006. Ca. 380 S., kt. 7175-8
122. **Zóltan Cséfalvay: Aufholen durch regionale Differenzierung?.** Von der Plan- zur Marktwirtschaft – Ostdeutschland und Ungarn im Vergleich. 1997. XIII, 235 S., kt. 7125-3
123. **Hiltrud Herbers: Arbeit und Ernährung in Yasin.** Aspekte des Produktions-Reproduktions-Zusammenhangs in einem Hochgebirgstal Nordpakistans. 1998. 295 S. m. 40 Abb. u. 45 Tab., 8 Taf. 7111-6
124. **Manfred Nutz: Stadtentwicklung in Umbruchsituationen.** Wiederaufbau und Wiedervereinigung als Streßfaktoren der Entwicklung ostdeutscher Mittelstädte, ein Raum-Zeit-Vergleich mit Westdeutschland. 1998. 242 S. m. 37 Abb. u. 7 Tab., kt. 7202-1
125. **Ernst Giese/Gundula Bahro/Dirk Betke: Umweltzerstörungen in Trockengebieten Zentralasiens (West- und Ost-Turkestan).** Ursachen, Auswirkungen, Maßnahmen. 1998. 189 S. m. 39 Abb., 4 fbg. Kartenbeil., kt. 7374-5
126. **Rainer Vollmar: Anaheim – Utopia Americana.** Vom Weinland zum Walt Disneyland. Eine Stadtbiographie. 1998. 289 S. m. 164 Abb, kt. 7308-0
127. **Detlef Müller-Mahn: Fellachendörfer.** Sozialgeographischer Wandel im ländlichen Ägypten. 1999. XVIII, 302 S., 59 s/w Abb., 31 s/w Fotos, 6 Farbktn., kt. 7412-4
128. **Klaus Zehner: „Enterprise Zones" in Großbritannien.** Eine geographische Untersuchung zu Raumstruktur und Raumwirksamkeit eines innovativen Instruments der Wirtschaftsförderungs- und Stadtentwicklungspolitik in der Thatcher-Ära. 1999. 256 S. m. 31 Tab., 14 Ktn. u. 14 Abb., kt. 7555-8
129. **Peter Lindner: Räume und Regeln unternehmerischen Handelns.** Industrieentwicklung in Palästina aus institutionenorientierter Perspektive. 1999. XV, 280 S. m. 33 Abb., 11 Tab., 1 Kartenbeilage, kt. 7518-3
130. **Peter Meusburger, Hg.: Handlungszentrierte Sozialgeographie.** Benno Werlens Entwurf in kritischer Diskussion. 1999. 269 S., kt. 7613-5
131. **Paul Reuber: Raumbezogene Politische Konflikte.** Geographische Konfliktforschung am Beispiel von Gemeindegebietsreformen. 1999. 370 S. m. 54 Abb., kt. 7605-0
132. **Eckart Ehlers & Hermann Kreutzmann, Eds.: High Mountain Pastoralism in Northern Pakistan.** 2000. 211 S. m. 20 Photos u. 36 Abb., kt. 7662-3
133. **Josef Birkenhauer: Traditionslinien und Denkfiguren.** Zur Ideengeschichte der sogenannten Klassischen Geographie in Deutschland. 2001. 118 S., kt. 7919-8
134. **Carmella Pfaffenbach: Die Transformation des Handelns.** Erwerbsbiographien in Westpendlergemeinden Südthüringens. 2002. XII, 240 S. m. 12 s/w-Fot., 28 Abb., kt. 8222-8
135. **Peter Meusburger / Thomas Schwan, Hrsg.: Humanökologie.** Ansätze zur Überwindung der Natur-Kultur-Dichotomie. 2003. IV, 342 S. m. 30 Abb., kt. 8377-5
136. **Alexandra Budke / Detlef Kanwischer / Andreas Pott, Hrsg.: Internetgeographien.** Beobachtungen zum Verhältnis von Internet, Raum und Gesellschaft. 2004. 200 S. m. 28 Abb., kt. 8506-9
137. **Britta Klagge: Armut in westdeutschen Städten.** Strukturen und Trends aus stadtteilorientierter Perspektive – eine vergleichende Langzeitstudie der Städte Düsseldorf, Essen, Frankfurt, Hannover und Stuttgart. 2005. 310 S. m. 16 fbg. u. 32 s/w- Abb. u. 53 Tab., kt. 8556-4
138. **Caroline Kramer: Zeit für Mobilität.** Räumliche Disparitäten der individuellen Zeitverwendung für Mobilität in Deutschland. 2005. XVII, 445 S. m. 120 Abb., kt. 8630-1
139. **Frank Meyer: Die Städte der vier Kulturen.** Eine Geographie der Zugehörigkeit und Ausgrenzung am Beispiel von Ceuta und Melilla (Spanien/Nordafrika). 2005. XII, 318 S. m. 6 Abb., 3 Farbktn. u. 12 Tab., kt. 8602-8
140. **Michael Flitner: Lärm an der Grenze.** Fluglärm und Umweltgerechtigkeit am Beispiel des binationalen Flughafens Basel-Mulhouse. 2007. 238 S. m. 8 s/w- Abb. u. 4 Farbtaf., kt. 8485-7
141. **Felicitas Hillmann: Migration als räumliche Definitionsmacht.** 2007. 321 S. m. 12 Abb., 3 s/w-Karten, 18 Tab. u. 5 Farbktn., kt. 8931-9
142. **Hellmut Fröhlich: Das neue Bild der Stadt.** Filmische Stadtbilder und alltägliche Raumvorstellungen im Dialog. 2007. 389 S. m. 85 Abb., kt. 9036-0
143. **Jürgen Hartwig: Die Vermarktung der Taiga.** Die Politische Ökologie der Nutzung von Nicht-Holz-Waldprodukten und Bodenschätzen in der Mongolei. 2007. XII, 435 S. m. 54 Abb., 22 Ktn, 92 z.T. fbg Fotos, geb. 9037-7
144. **Karl Martin Born: Die Dynamik der Eigentumsverhältnisse in Ostdeutschland seit 1945.** Ein Beitrag zum rechtsgeographischen Ansatz. 2007. I–XI, 369 S. m. 78 Abb u. 39 Tab., kt. 9087-2

FRANZ STEINER VERLAG STUTTGART

ISSN 0425 - 1741